T0213347

Grundstudium Mathematik

Christoph Luchsinger • Hans Heiner Storrer

Einführung
in die mathematische
Behandlung
der Naturwissenschaften I

Analysis

4. Auflage

Christoph Luchsinger
Institut für Mathematik
Universität Zürich
Zürich, Schweiz

Hans Heiner Storrer
Zürich, Schweiz

ISSN 2504-3641
Grundstudium Mathematik
ISBN 978-3-030-40157-3
https://doi.org/10.1007/978-3-030-40158-0

ISSN 2504-3668   (electronic)

ISBN 978-3-030-40158-0   (eBook)

Die Deutsche Nationalbibliothek verzeichnet diese Publikation in der Deutschen Nationalbibliografie; detaillierte bibliografische Daten sind im Internet über http://dnb.d-nb.de abrufbar.

Birkhäuser

Birkhäuser ist ein Imprint der eingetragenen Gesellschaft Springer Nature Switzerland AG und ist ein Teil von Springer Nature.
Die Anschrift der Gesellschaft ist: Gewerbestrasse 11, 6330 Cham, Switzerland

VORWORT

Das Lehrbuch "Einführung in die mathematische Behandlung der Naturwissenschaften I - Analysis" ist das erste von zwei Büchern, welche seit Jahrzehnten an der Universität Zürich zur Ausbildung von Naturwissenschaftlern eingesetzt werden. Inhaltlich deckt es die notwendigen Themen der Analysis für die Naturwissenschaften und mehr ab: Vektoren, Ableitung, Integral, Differentialgleichungen, Ausbau der Infinitesimalrechnung, Funktionen von mehreren Variablen. Das Buch hilft, die schwierige Übergangsphase vom Gymnasium zum Studium zu meistern: Studierende, die erst nach einer längeren Pause das Studium beginnen, können sich hier individuell auf das Studium vorbereiten. Das Buch dient in dieser Phase auch als Grundlage für Brücken- und Vorbereitungskurse. Weiter schafft das Buch im ersten Jahr des Studiums eine gemeinsame Basis von notwendigem Wissen, auf dem dann weitere Vorlesungen aufbauen. Im Anhang werden zudem die wichtigsten Grundbegriffe aus dem Gymnasium nochmals repetiert. Das Buch hat den Anspruch, mathematisch exakt zu sein. Auf formal-mathematische Beweise wurde aber meist verzichtet. Dem Verständnis dienen viele Erläuterungen und anschauliche, ausführlich vorgerechnete Beispiele aus vielen Anwendungsbereichen und Aufgaben mit Lösungen hinten im Buch. Das Buch wurde für eine einsemestrige, 4 stündige Vorlesung (etwa 56 Vorlesungsstunden plus Übungslektionen) konzipiert. Es lässt Raum für eine eigene Schwerpunktbildung und weitere Themen aus einem speziellen Anwendungsgebiet.

Geplant ist auch eine englische Version, womit international ausgerichtete Universitäten den internationalen Studierenden eine 1:1 Übersetzung anbieten können. Auf der Website www.storrer.org findet man zur kostenlosen Verwendung ein Skript für die Vorlesung mit Lücken (ausgefüllt für Dozierende anforderbar), ein Übungsskript für die Übungsstunde und weiteres Material für diesen ersten Band und die Fortsetzung "Einführung in die mathematische Behandlung der Naturwissenschaften II - Wahrscheinlichkeitsrechnung und Statistik, mit R".

Der grösste Teil des jetzt vorliegenden Buches wurde von Professor H.H. Storrer (1939-2017), langjähriger Professor an der Universität Zürich, verfasst. Wir danken der Familie von Professor Storrer, dass sie uns erlauben, dieses Buch weiter herauszugeben. Christoph Luchsinger studierte und doktorierte an der Universität Zürich, gründete die Stellenbörsen www.math-jobs.com und www.acad.jobs und liest seit Jahren diese Vorlesung an der Universität Zürich. Frau Abigail Sutton danken wir für die Erstellung der Graphiken.

Zürich, im Juli 2019   Christoph Luchsinger

INHALTSVERZEICHNIS

A. VEKTORRECHNUNG

1. VEKTOREN UND IHRE GEOMETRISCHE BEDEUTUNG

(1.1) Überblick

Vektoren dienen dazu, Merkmale zu beschreiben, bei denen es nicht nur auf die Grösse (dargestellt durch eine Zahl), sondern auch auf die Richtung ankommt. Sie lassen sich anschaulich als "gerichtete Strecken" im Raum auffassen. Man unterscheidet dabei

- *Ortsvektoren*, welche Merkmale beschreiben, bei denen Grösse, Richtung und Anfangspunkt von Belang sind, und *(1.3.a)*
- *freie Vektoren*, welche Merkmale darstellen, bei denen nur Grösse und Richtung eine Rolle spielen. *(1.3.b)*

Vektoren werden erst dann richtig nützlich, wenn man mit ihnen rechnen kann. In diesem Kapitel definieren wir deshalb unter anderem

- *Addition* von Vektoren, *(1.6)*
- *Skalarprodukt* von Vektoren, *(1.8)*
- *Vektorprodukt* von Vektoren *(1.9)*

und geben jeweils die zugehörigen Rechenregeln an.

Diese Rechenoperationen ermöglichen es, viele Aussagen aus der Mathematik und aus den Naturwissenschaften (vor allem aus der Physik) in prägnanter Weise mit Vektoren formelmässig zu beschreiben.

Vektoren und Rechenoperationen werden in diesem Kapitel rein geometrisch definiert. Erst im Kapitel 2 wird dann gezeigt, wie sich Vektoren und Rechenoperationen auch durch Zahlen darstellen lassen. Zweck dieser Trennung in zwei Teile ist es, Ihnen die eigenständige Bedeutung der geometrischen Definitionen vor Augen zu führen.

(1.2) Einleitende Beispiele

Sowohl im wissenschaftlichen Bereich als auch im täglichen Leben hat man es häufig mit Grössen zu tun, die durch die Angabe einer Zahl (sowie der zugehörigen Masseinheit) vollständig beschrieben werden. Wir nennen einige willkürliche Beispiele:

© Springer Nature Switzerland AG 2020
C. Luchsinger, H. H. Storrer, *Einführung in die mathematische Behandlung der Naturwissenschaften I*, Grundstudium Mathematik, https://doi.org/10.1007/978-3-030-40158-0_1

- Preis einer Ware (in Fr.),
- Länge einer Strecke (in cm),
- Körpertemperatur (in °C),
- Frequenz eines Radiosenders (in MHz),
- Einwohnerzahl einer Stadt (reine Zahl, ohne Masseinheit).

Daneben gibt es aber auch Grössen, die durch die Angabe einer einzigen Zahl noch nicht vollständig bestimmt sind. Dazu gehören alle jene Merkmale, bei denen es auch auf die Richtung ankommt. Auch hier geben wir einige Beispiele, die wir aber etwas ausführlicher diskutieren wollen:

a) In der Alltagssprache wird die *Geschwindigkeit* eines Fahrzeugs in einem bestimmten Zeitpunkt einfach als eine Zahl (zusammen mit einer Masseinheit, wie etwa km/h) angegeben. Die Richtung, in der sich das Fahrzeug bewegt, geht aus dieser Angabe nicht hervor; sie wird als gegeben angenommen.

Zur vollständigen Angabe der Bewegung des Fahrzeugs ist indessen auch seine Bewegungsrichtung wichtig; man muss etwa sagen: Das Fahrzeug bewegt sich zur Zeit mit 60 km/h Richtung Nordosten. (Genau genommen ist auch diese Angabe noch nicht vollständig. Es müsste zusätzlich erwähnt werden, welches die Abweichung von der Horizontalen ist. Bei einem Flugzeug wäre dies offensichtlich von Bedeutung.)

Man kann nun diesen Sachverhalt veranschaulichen, indem man die Geschwindigkeit durch eine gerichtete Strecke (einen "Pfeil") im Raum beschreibt, deren Länge ein Mass für die Grösse der Geschwindigkeit ist und deren Richtung mit der Bewegungsrichtung des Fahrzeugs übereinstimmt. Die nachstehende Skizze verdeutlicht die Situation*.

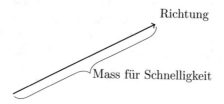

Eine solche gerichtete Strecke nennt man einen Vektor, in diesem konkreten Fall den *Geschwindigkeitsvektor* des Fahrzeugs im betrachteten Zeitpunkt.

Die Geschwindigkeit ist also in der Physik — in Abweichung vom alltäglichen Sprachgebrauch — nicht eine Zahl, sondern ein Vektor. Ihr Betrag (die "Geschwindigkeit" der Alltagssprache, z.B. 60 km/h) wird zur Unterscheidung oft "Schnelligkeit" genannt.

---

* Hier und im folgenden sind die Skizzen naturgemäss zweidimensional; in Wirklichkeit müssen Sie sich die Vektoren im dreidimensionalen Raum denken.

b) Die an einem Massenpunkt angreifende Kraft wird ebenfalls durch einen Vektor, den *Kraftvektor*, beschrieben. Seine Länge ist ein Mass für die Grösse der Kraft, die in Newton (N) gemessen wird, seine Richtung fällt mit der Richtung der Kraft zusammen:

c) Auch die Angabe der Lage eines Punkts im Raum in Bezug auf einen festen Ausgangspunkt kann durch einen Vektor geschehen: Wählen wir als Nullpunkt — wie im Koordinatensystem der Landestopographie üblich — die Sternwarte Bern, so ist (als willkürliches Beispiel) Zizers GR 162 km östlich von diesem Punkt gelegen (dazu kommt ein Höhenunterschied von einigen Metern, der für unsere Skizze vernachlässigt sei):

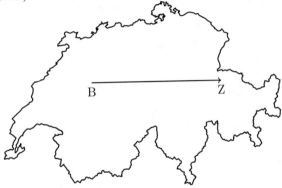

d) Als letztes Beispiel geben wir noch eine innermathematische Anwendung an: Unter einer *Translation* versteht man eine Abbildung des Raumes in sich, bei der jeder Punkt um eine feste Distanz in einer gegebenen Richtung verschoben wird:

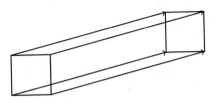

Eine solche Translation wird ebenfalls durch einen Vektor, den *Translationsvektor*, beschrieben.

Bevor wir zur allgemeinen Definition kommen, sehen wir uns die obigen Beispiele nochmals an. Wir stellen dabei fest, dass je nach der gewünschten Anwendung zwei

Varianten des Vektorbegriffs auftreten:

(i) Will man mit einem Vektor eine Kraft (1.2.b) oder die Lage eines Punktes im Raum (1.2.c) beschreiben, so ist neben Richtung und Länge auch der Anfangspunkt des Vektors wichtig: Bei einer Kraft kommt es darauf an, wo sie angreift, und es ist auch nicht dasselbe, ob ein Ort 162 km östlich von Bern oder von Zürich liegt. Immer wenn der Anfangspunkt eines Vektors von Bedeutung ist, spricht man von einem *"Ortsvektor"* (oder von einem "gebundenen Vektor"). Das zweitgenannte Beispiel macht den Namen "Ortsvektor" besonders plausibel.

(ii) In den beiden andern Beispielen dagegen ist der Anfangspunkt des Vektors irrelevant:

- Die Geschwindigkeit eines Fahrzeugs (1.2.a) ist durch ihren Betrag (60 km/h) und ihre Richtung (NE) vollständig festgelegt.

- Entsprechendes gilt für eine Translation des Raumes oder der Ebene: In (1.2.d) stellt jeder der vier eingezeichneten Pfeile dieselbe Verschiebung dar.

In diesen beiden Fällen ist die zu beschreibende Grösse durch Richtung und Länge vollständig bestimmt, der Anfangspunkt spielt keine Rolle. Man spricht hier von einem *"freien Vektor"*.

(1.3) Der Begriff des Vektors

Gestützt auf die obigen Beispiele definieren wir Ortsvektoren und freie Vektoren allgemein:

a) <u>Ortsvektoren</u>

Unter einem *Ortsvektor* $\vec{v}$ versteht man eine *gerichtete Strecke* im dreidimensionalen Raum. "Gerichtet" bedeutet dabei, dass der eine der beiden Begrenzungspunkte der Strecke als *Anfangspunkt P*, der andere als *Endpunkt Q* festgelegt ist.

Da diese beiden Punkte den Ortsvektor $\vec{v}$ vollständig beschreiben, kann man $\vec{v}$ auch als geordnetes Paar von Punkten interpretieren. Will man Anfangs- und Endpunkt effektiv angeben, so schreibt man

$$\vec{v} = \overrightarrow{PQ}.$$

Die Länge der Strecke PQ heisst *Betrag* (oder *Länge*) des Ortsvektors $\vec{v} = \overrightarrow{PQ}$. Dieser Betrag wird mit

$$|\vec{v}|$$

bezeichnet. Da eine Länge nie negativ sein kann, gilt stets $|\vec{v}| \geq 0$. Wenn beispielsweise $\vec{v}$ eine Geschwindigkeit darstellt, dann ist $|\vec{v}|$ die "Schnelligkeit" (vgl. den Schluss von (1.2.a)).

b) Freie Vektoren

Da es bei einem freien Vektor (z.B. bei einer Translation) nicht auf den Anfangspunkt ankommt, ist der "Pfeil", der den gewünschten Sachverhalt darstellt, nicht eindeutig festgelegt. Vielmehr beschreiben alle Ortsvektoren, welche dieselbe Richtung und denselben Betrag haben, unabhängig von ihrem Anfangspunkt dieselbe Situation. Beispielsweise stellen alle folgenden Pfeile dieselbe Translation dar.

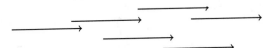

Um dieser "Gleichberechtigung" Ausdruck zu verleihen, versteht man nun unter einem *freien* Vektor die Menge aller Ortsvektoren, die zueinander parallel und gleichgerichtet sind und gleichen Betrag haben. Anders ausgedrückt: Zwei Ortsvektoren gehören genau dann zum selben freien Vektor, wenn sie durch Parallelverschiebung auseinander hervorgehen.

Aus praktischen Gründen stellt man einen freien Vektor nicht dadurch dar, dass man (wie etwa in der obigen Skizze) viele zueinander parallele Pfeile zeichnet. Man beschränkt sich vielmehr darauf, einen beliebigen dieser Pfeile anzugeben, der gewissermassen alle übrigen vertritt. Welchen *Vertreter* man auswählt, ist unwesentlich; man passt die Auswahl dem Problem an.

Unter dem Betrag eines freien Vektors versteht man selbstverständlich den Betrag eines Vertreters dieses freien Vektors.

Von nun an wollen wir *Ortsvektoren* stets als solche bezeichnen (wobei der Anfangspunkt P angegeben werden oder aus dem Zusammenhang ersichtlich sein muss). Unter einem *Vektor* (ohne weitere Präzisierung) werden wir stets einen freien Vektor, bzw. in der Praxis immer irgendeinen *Vertreter* dieses freien Vektors verstehen.

Es ist dann ohne weiteres gestattet, im Verlauf einer Rechnung einen andern Vertreter desselben (freien) Vektors zu wählen. Diese beiden Vertreter gehen durch Parallelverschiebung auseinander hervor. Man sagt dann kurz, aber ungenau, dass diese beiden Vektoren gleich seien. Die genaue Aussage wäre: Die beiden vertreten denselben freien Vektor. (In diesem Sinn sind also alle in der obigen Skizze eingezeichneten Vektoren gleich.)

Mit anderen Worten: Vektoren (es sei wiederholt: als Vertreter von freien Vektoren) dürfen beliebig parallel verschoben werden, Ortsvektoren dagegen nicht, da deren Anfangspunkt fest gegeben ist.

c) Zusammenfassung

Ortsvektor:	Freier Vektor:
einzelner "Pfeil"	Menge von "Pfeilen"
Symbolisiert – Richtung – Betrag – Anfangspunkt	Symbolisiert – Richtung – Betrag

Schliesslich sei noch erwähnt, dass die Bezeichung $\vec{v}$ sowohl für Orts- als auch für freie Vektoren gebraucht wird; der Zusammenhang wird stets klarstellen, was gemeint ist. In der kurzen Notation $\vec{v}$ geht zwar der Bezug zum Anfangspunkt verloren, aber dieser ist im hauptsächlich betrachteten Fall der freien Vektoren ohnehin irrelevant.

(1.4) Der Nullvektor

Ein Ortsvektor, dessen Anfangs- und Endpunkt zusammenfallen, heisst *Nullvektor*. Er hat den Betrag 0 und *keine* Richtung, ist also gewissermassen ein zu einem Punkt zusammengeschrumpfter Vektor. Der "freie Nullvektor" besteht in diesem Sinne aus allen Punkten des Raumes:

$\cdot\ P$

$\cdot\ Q$

Die verschiedenen Vertreter ($\overrightarrow{PP}$, $\overrightarrow{QQ}$) etc. werden wie oben erläutert als gleich aufgefasst und mit dem einheitlichen Symbol

$$\vec{0}$$

bezeichnet.

(1.5) Allgemeines zum Rechnen mit Vektoren

Wie wir gesehen haben, können Vektoren dazu verwendet werden, naturwissenschaftliche Begriffe wie "Geschwindigkeit" oder "Kraft" zu beschreiben. Um aber die Gesetze formulieren zu können, welchen diese Begriffe gehorchen, muss man mit Vektoren rechnen können. Wir werden deshalb in den nächsten Abschnitten Rechenoperationen für Vektoren einführen und in späteren Kapiteln (8 und 14) auch einiges über die Differential- und Integralrechnung für Vektoren sagen.

Als erstes werden wir erklären, wie man Vektoren addiert. Entsprechend unserer geometrischen Definition des Vektorbegriffs wird auch die Addition mittels einer geometrischen Konstruktion durchgeführt.

Um falsche Vorstellungen zu vermeiden, müssen Sie sich zum vorneherein im Klaren sein, dass die Addition von Vektoren wenigstens zunächst nichts mit der alltäglichen Addition von Zahlen zu tun hat, obwohl derselbe Name ("Addition") und dasselbe Zeichen (+) verwendet werden. Es handelt sich vielmehr um eine neuartige Rechenoperation für neuartige, von Zahlen verschiedene mathematische Objekte, eben für Vektoren.

Allerdings werden wir bald Parallelen und Analogien feststellen, welche die Verwendung des Namens "Addition" rechtfertigen. So gelten dieselben Grundregeln wie für die Addition gewöhnlicher Zahlen (vgl. (1.6.d)), und in (2.4) werden wir sehen, dass man rechnerisch die Addition von Vektoren auf die Addition von Zahlen zurückführen kann.

Was das Produkt anbelangt, so werden wir zwei verschiedene Produkte von Vektoren einführen. Auch diese Definitionen sind von geometrischer Natur.

Alle diese geometrischen Konstruktionen und Definitionen sind von grosser anschaulicher Bedeutung, sind sie doch Vorgängen aus der Natur nachgebildet. Für die praktische Durchführung von Rechnungen ist es aber wesentlich, dass man nicht nur geometrisch, sondern auch zahlenmässig mit Vektoren umgehen kann. Wie dies vor sich geht, wird in Kapitel 2 gezeigt. Diese Aufteilung auf zwei Kapitel hat zum Zweck, den anschaulich-naturwissenschaftlichen Gehalt der Vektorrechnung deutlich vom rein rechnerischen Teil abzutrennen.

(1.6) Addition und Subtraktion von Vektoren

a) <u>Motivation</u>

Experimente ergeben, dass sich Kräfte und Geschwindigkeiten nach dem sogenannten "Parallelogrammgesetz" "addieren".

(i) Parallelogramm der Kräfte:

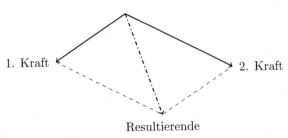

Resultierende

(ii) Ein Flugzeug habe relativ zur Luft die Geschwindigkeit $\vec{v}$ (true airspeed TAS), die Luft habe relativ zum Boden die Geschwindigkeit $\vec{w}$. Die Geschwindigkeit $\vec{r}$ des

Flugzeugs relativ zum Boden lässt sich dann aus der folgenden Zeichnung ablesen:

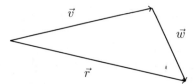

(iii) Aehnliches gilt in der Geometrie für Translationen: Eine Verschiebung um $\vec{u}$, gefolgt von einer Verschiebung um $\vec{v}$ ist gleichbedeutend mit einer Verschiebung um $\vec{w}$, gemäss folgender Skizze:

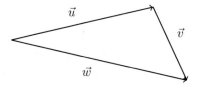

b) Definition der Addition

Gestützt auf die obigen Beispiele (zunächst auf (ii) und (iii), der Fall (i) wird anschliessend auch noch zu seinem Recht kommen) definiert man die *Addition* von Vektoren wie folgt:

Es seien $\vec{a}$ und $\vec{b}$ zwei (freie) Vektoren. Man wählt einen beliebigen Vertreter von $\vec{a}$ aus und schliesst an seinen Endpunkt P jenen Vertreter von $\vec{b}$ an, dessen Anfangspunkt gleich P ist.

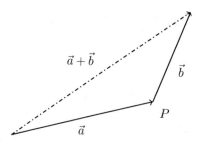

Unter dem *Summenvektor* $\vec{a} + \vec{b}$ von $\vec{a}$ und $\vec{b}$ versteht man nun den Vektor, der in dieser Situation vom Anfangspunkt von $\vec{a}$ zum Endpunkt von $\vec{b}$ führt, bzw. (da es sich um freie Vektoren handelt) jeden dazu parallelen (und gleichgerichteten) Vektor.

In der obigen Konstruktion haben $\vec{a}$ und $\vec{a} + \vec{b}$ denselben Anfangspunkt, $\vec{b}$ dagegen ist verschoben. Die folgende Variante, die dem Kräfteparallelogramm abgeguckt ist und natürlich dasselbe Resultat liefert, verwendet nur Ortsvektoren mit Anfangspunkt O.

Es seien $\vec{a} = \overrightarrow{OP}$, $\vec{b} = \overrightarrow{OQ}$ zwei Vektoren. Dann ist

$$\vec{a} + \vec{b} = \overrightarrow{OR},$$

wo R der 4. Eckpunkt des Parallelogramms* mit den weiteren Ecken O, P, Q ist:

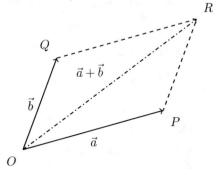

c) Der entgegengesetzte Vektor

Ein Fahrzeug habe eine bestimmte Geschwindigkeit $\vec{v}$; beispielsweise soll es sich mit 60 km/h in Richtung Nordosten bewegen. Es ist nun anschaulich klar, wann ein anderes Fahrzeug die "entgegengesetzte Geschwindigkeit" haben wird. Dies ist dann der Fall, wenn es sich mit 60 km/h in Richtung Südwesten bewegt. Diese entgegengesetzte Geschwindigkeit bezeichnet man mit $-\vec{v}$.

Analog kann man von der zu $\vec{F}$ entgegengesetzten Kraft $-\vec{F}$ sprechen. Wenn $\vec{F}$ den Betrag von 10 N hat und vertikal nach unten gerichtet ist, dann hat $-\vec{F}$ denselben Betrag und ist vertikal nach oben gerichtet.

Allgemein definiert man den zu $\vec{a}$ *entgegengesetzten Vektor* $-\vec{a}$ als den Vektor, der dieselbe Länge wie $\vec{a}$, aber die entgegengesetzte Richtung hat:

$$\vec{a} = \overrightarrow{PQ} \qquad P \longrightarrow Q$$

$$-\vec{a} = \overrightarrow{QP} \qquad P \longleftarrow Q$$

(Bei freien Vektoren ist noch eine beliebige Parallelverschiebung gestattet.)

Aufgrund der Definition der Vektoraddition ist dann sofort klar, dass

$$\vec{a} + (-\vec{a}) = \vec{0} \quad \text{und} \quad (-\vec{a}) + \vec{a} = \vec{0}$$

ist.

---

* Dieses Parallelogramm kann auch "ausgeartet" sein, nämlich dann, wenn $\vec{a}$ und $\vec{b}$ gleiche oder entgegengesetzte Richtung haben. In diesem Fall ist sinngemäss vorzugehen.

Diese Beziehung hat in konkreten Fällen eine ganz anschauliche Bedeutung:

- Zwei entgegengesetzte Kräfte heben sich auf (vgl. Beispiel (i), der Nullvektor ist dahingehend zu interpretieren, dass keine Kraft wirkt).

- Aehnlich kann Beispiel (ii) interpretiert werden: Ist die Geschwindigkeit $\vec{w}$ der Luft relativ zum Boden gleich $-\vec{v}$, wo $\vec{v}$ die Geschwindigkeit des Flugzeugs relativ zur Luft ist, so gilt für $\vec{r}$, die Geschwindigkeit des Flugzeugs relativ zum Boden $\vec{r} = \vec{v} + (-\vec{v}) = \vec{0}$, was bedeutet, dass das Flugzeug sich relativ zum Boden gar nicht bewegt (unangenehm für die Passagiere).

d) Rechenregeln für die Addition von Vektoren

Die so definierte Addition von Vektoren erfüllt nun genau die gleichen Grundregeln wie die Addition von Zahlen, nämlich:

(1) $\vec{a} + \vec{b} = \vec{b} + \vec{a}$, für alle Vektoren $\vec{a}, \vec{b}$.

(2) $(\vec{a} + \vec{b}) + \vec{c} = \vec{a} + (\vec{b} + \vec{c})$, für alle Vektoren $\vec{a}, \vec{b}, \vec{c}$.

(3) Es gibt ein *Neutralelement* bezüglich der Addition, nämlich den Nullvektor $\vec{0}$, der die folgende Eigenschaft hat:
$\vec{a} + \vec{0} = \vec{0} + \vec{a} = \vec{a}$, für alle Vektoren $\vec{a}$.

(4) Zu jedem Vektor $\vec{a}$ gibt es den *entgegengesetzten Vektor* $-\vec{a}$, der die folgende Eigenschaft hat:
$\vec{a} + (-\vec{a}) = \vec{0}$ (und analog $(-\vec{a}) + \vec{a} = \vec{0}$).

Kommentare

1) Regel (1) ist das *Kommutativ-*, Regel (2) das *Assoziativgesetz*.

2) Weil diese Regeln völlig analog zu den Rechenregeln für die Addition von gewöhnlichen Zahlen sind, darf man mit Vektoren in Bezug auf die Addition (und auch auf die weiter unten in e) definierte Subtraktion) genauso rechnen, wie man es für Zahlen gewohnt ist.

3) Die Übereinstimmung der Regeln für Vektoren mit jenen für Zahlen ist natürlich noch kein Beweis für deren Richtigkeit. Vielmehr müssen sie unter Verwendung der geometrischen Definition begründet werden.

Die Regeln (1) und (2) entnimmt man den beiden folgenden Skizzen (jene für (2) müssen Sie sich räumlich — dreidimensional — vorstellen).

(3) ergibt sich sofort aus der Definition des Nullvektors (1.4), während (4) bereits weiter oben erwähnt wurde.

4) Schliesslich sei noch darauf hingewiesen, dass im allgemeinen der Betrag einer Summe von Vektoren verschieden von der Summe der Beträge ist: $|\vec{a} + \vec{b}| \neq |\vec{a}| + |\vec{b}|$. Wie man der geometrischen Definition sofort entnimmt, gilt aber die sogenannte *Dreiecksungleichung* $|\vec{a} + \vec{b}| \leq |\vec{a}| + |\vec{b}|$, vgl. auch (26.8).

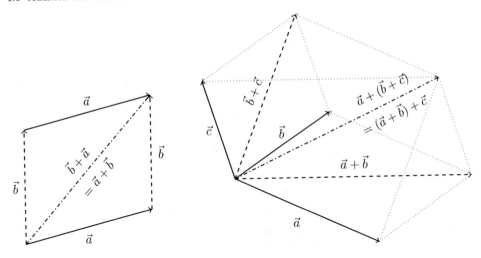

e) Subtraktion von Vektoren

Die *Differenz* von Vektoren wird unter Verwendung bereits bekannter Begriffe definiert. Wir setzen nämlich in Analogie zum Rechnen mit Zahlen

$$\vec{a} - \vec{b} := \vec{a} + (-\vec{b}) .$$

In der folgenden Skizze ist diese Definition mit Ortsvektoren (Anfangspunkt O) nachvollzogen worden:

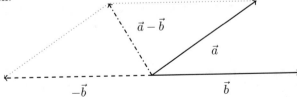

Etwas einfacher sieht die geometrische Interpretation für freie Vektoren aus, wo wir $\vec{a} - \vec{b}$ parallel verschieben dürfen. Wir bringen $\vec{a} - \vec{b}$ im Endpunkt von $\vec{b}$ an und erhalten folgendes Bild:

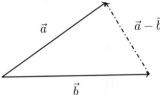

Es lohnt sich, den Sachverhalt in einem Sätzchen festzuhalten:

$\vec{a} - \vec{b}$ ist der Vektor, der vom Endpunkt von $\vec{b}$ zum Endpunkt von $\vec{a}$ geht (beachten Sie die Reihenfolge!), wobei $\vec{a}$ und $\vec{b}$ denselben Anfangspunkt haben müssen.

> (1.7) Multiplikation eines Vektors mit einem Skalar

Wir geben zuerst ein Motivation für die nachstehende Definition. Wenn der Vektor $\vec{v}$ eine Geschwindigkeit eines Körpers K darstellt, so wird die doppelte Geschwindigkeit $2\vec{v}$ durch einen Vektor beschrieben, der dieselbe Richtung wie $\vec{v}$, aber die doppelte Länge hat. Auch die Multiplikation eines Geschwindigkeitsvektors mit einer negativen Zahl macht Sinn, wenn man das Minuszeichen als Richtungsumkehr auffasst: Der Vektor $-0.5\vec{v}$ stellt die Geschwindigkeit eines Körpers dar, der sich entgegengesetzt zu K und mit halber "Schnelligkeit" bewegt.

Nun zur allgemeinen Beschreibung: Es sei also $r \in \mathbb{R}$ (diese Bezeichnungen werden in (26.2) und (26.3) erläutert) ein Skalar*, $\vec{a}$ sei ein Vektor. Wir definieren jetzt den Vektor $r\vec{a}$ und unterscheiden dazu drei Fälle:

- $r > 0$: Hier ist $r\vec{a}$ der Vektor, welcher dieselbe Richtung wie $\vec{a}$ hat und dessen Betrag das r–fache des Betrags von $\vec{a}$ ist:

$$|r\vec{a}| = r|\vec{a}| .$$

- $r = 0$: $r\vec{a} = 0\vec{a}$ wird als Nullvektor definiert:

$$0\vec{a} := \vec{0} .$$

- $r < 0$: Hier ist $r\vec{a}$ der Vektor, welcher die entgegengesetzte Richtung von $\vec{a}$ hat und dessen Betrag das $|r|$–fache des Betrags von $\vec{a}$ ist:

$$|r\vec{a}| = |r||\vec{a}| = (-r)|\vec{a}| .$$

Der Betrag $|r|$ wird in (26.8) erläutert.

Der Vektor $r\vec{a}$ heisst auch *Vielfaches* von $\vec{a}$. Die eben festgelegte Multiplikation eines Vektors mit einer Zahl genügt den folgenden Rechenregeln, die sich ohne grosse Mühe geometrisch beweisen liessen. Die erste Formel beispielsweise folgt sofort aus dem Strahlensatz, wie Sie anhand einer Skizze feststellen können.

---

* Reelle Zahlen, die im Zusammenhang mit Vektoren auftreten, werden zur Verdeutlichung oft *Skalare* genannt.

$$r(\vec{a} + \vec{b}) = r\vec{a} + r\vec{b}$$
$$(r + s)\vec{a} = r\vec{a} + s\vec{a}$$
$$r(s\vec{a}) = (rs)\vec{a}$$
$$1\vec{a} = \vec{a}$$
$$(-1)\vec{a} = -\vec{a}$$

für alle Vektoren $\vec{a}$, $\vec{b}$ und alle Skalare r, s.

Ein Vektor wird *Einheitsvektor* genannt, wenn er den Betrag 1 hat. Jeder Vektor $\vec{a} \neq \vec{0}$ kann mittels Division durch $|\vec{a}|$ (d.h. durch Multiplikation mit dem Inversen der Zahl $|\vec{a}|$) zu einem Einheitsvektor $\vec{a}_1$ gemacht werden:

$$\vec{a}_1 := \frac{1}{|\vec{a}|}\vec{a} \quad \text{ist ein Einheitsvektor, denn} \quad |\vec{a}_1| = \left|\frac{1}{|\vec{a}|}\vec{a}\right| = \frac{1}{|\vec{a}|}|\vec{a}| = 1 \ .$$

(1.8) Das Skalarprodukt (englisch: dot product, scalar product, inner product)

a) Eine Motivation aus der Physik

Längs einer Geraden bewegt sich ein Massenpunkt, auf den eine zur Fortbewegungsrichtung parallele konstante Kraft wirkt.

Kraft ⟶ Weg

Die geleistete Arbeit wird in diesem Fall durch die Formel

Arbeit := Kraft mal zurückgelegter Weg

definiert. Vom gymnasialen Physikunterricht ist hierzu die Formel $W = Fs$ bekannt, wobei allenfalls korrekterweise Vektoren zum Einsatz kommen sollten. Diese Formel gilt aber nicht mehr im allgemeineren Fall, wenn die Kraft nicht parallel zur Fortbewegungsrichtung wirkt. Um dies formelmässig korrekt zu erfassen, betrachten wir zuerst das folgende rechtwinklige Dreieck. Es gilt $\cos\varphi = \frac{u}{F}$, also $u = F\cos\varphi$.

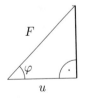

Damit sind wir vorbereitet, die allgemeinere Formel herzuleiten:

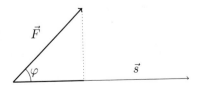

$\vec{F}$ = Kraft.

$\vec{s}$ = gerichtete Strecke, welche der Massenpunkt zurückgelegt hat.

Hier wirkt nicht mehr der volle Betrag $|\vec{F}|$ der Kraft, sondern nur noch der Betrag ihrer Projektion auf die Richtung des Vektors $\vec{s}$. Da diese Projektion den Betrag $|\vec{F}|\cos\varphi$ hat, gilt für die geleistete Arbeit W:

$$W = \text{Weg mal "projizierte Kraft"} = |\vec{s}|\,|\vec{F}|\cos\varphi\,.$$

Beachten Sie dabei, dass $\vec{s}$ und $\vec{F}$ Vektoren sind, dass aber die Arbeit W ein Skalar ist. Es sei ferner darauf hingewiesen, dass $\cos\varphi$ für $\frac{\pi}{2} < \varphi < \frac{3\pi}{2}$ negativ ist. Dies hat zur Folge, dass W positiv oder negativ wird, je nachdem, ob die Projektion von $\vec{F}$ in die Richtung von $\vec{s}$ oder in die entgegengesetzte Richtung zeigt.

Die Grundeigenschaften der trigonometrischen Funktionen sowie Angaben über das eben verwendete Bogenmass finden Sie in (26.15).

b) Definition des Skalarprodukts

Ausgehend von der obigen Motivation definieren wir das *Skalarprodukt* von zwei beliebigen Vektoren $\vec{a}$ und $\vec{b}$ durch die Formel

$$\boxed{\ \vec{ab} := |\vec{a}|\,|\vec{b}|\,\cos\varphi\,,\ }$$

wo φ der Winkel zwischen $\vec{a}$ und $\vec{b}$ ist.

Manchmal schreibt man auch $\vec{a}\cdot\vec{b}$ statt $\vec{ab}$.

Obige Definition ist die geometrische, die Definition mit Hilfe von Zahlen und Koordinaten folgt in Kapitel 2.

c) Bemerkungen

1) Es sei betont, dass das Skalarprodukt von zwei Vektoren eine *Zahl* (d.h. ein Skalar) ist.

2) Wenn $\vec{a}$ oder $\vec{b}$ der Nullvektor ist, dann ist der Winkel φ nicht bestimmt. In diesem Fall setzt man natürlich $\vec{ab} = 0$.

3) Der Zwischenwinkel φ ist nicht eindeutig festgelegt:

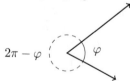

$2\pi - \varphi$ φ

Zum Glück ist aber $\cos\varphi = \cos(2\pi-\varphi)$, sodass der Wert des Skalarprodukts nicht davon abhängt, welcher Zwischenwinkel gewählt wird.

4) Für $0 \le \varphi \le 2\pi$ ist $\cos\varphi$ genau dann gleich Null, wenn $\varphi = \frac{\pi}{2}$ oder $\varphi = \frac{3\pi}{2}$ ist. Daher gilt für $\vec{a} \neq \vec{0}$ und $\vec{b} \neq \vec{0}$:

Das Skalarprodukt $\vec{ab}$ ist genau dann gleich Null, wenn $\vec{a}$ und $\vec{b}$ senkrecht aufeinander stehen.

5) Da $\cos 0 = 1$ ist, gilt für das Skalarprodukt eines Vektors mit sich selbst die Formel

$$\vec{a}\vec{a} = |\vec{a}|^2 \quad \text{oder kurz}$$

$$\boxed{\vec{a}^2 = |\vec{a}|^2 \,.}$$

6) Es sei noch ausdrücklich darauf hingewiesen, dass man im Skalarprodukt nicht "kürzen" oder "dividieren" darf: Aus $\vec{a}\vec{b} = \vec{a}\vec{c}$ folgt im allgemeinen nicht, dass $\vec{b} = \vec{c}$ ist. (Beispielsweise gibt es viele verschiedene Vektoren $\vec{v}$, die auf $\vec{a}$ senkrecht stehen; für alle diese gilt $\vec{a}\vec{v} = 0$.)

7) Unsere Definition für das Skalarprodukt entstammt zwar der Physik, es gibt aber auch viele innermathematische Anwendungen für diese Operation; wegen Bemerkung 4) wird das Skalarprodukt sicher überall dort eine Rolle spielen, wo zueinander senkrechte Vektoren betrachtet werden. Wegen Bemerkung 5) kann es zur Längenbestimmung verwendet werden und in Kapitel 2 werden wir auch sehen, wie das Skalarprodukt zur Winkelberechnung eingesetzt werden kann.

8) Um nochmals auf die Physik zurückzukommen: Die geleistete Arbeit wird durch die Formel $W = \vec{F}\vec{s}$ definiert. Diese Formel ist aber noch nicht die allgemeinste Definition: Sie gilt nur bei geradliniger Bewegung und bei konstanter Kraft. Wir werden später sehen, wie die Formel im Fall lautet, wo die Kraft variabel ist, aber in der Bewegungsrichtung wirkt (9.3) und schliesslich in (14.4) den allgemeinsten Fall (beliebige Bewegung, beliebig variable Kraft) behandeln.

9) Die Wahl der Bezeichnung Skalar*produkt* wird dadurch begründet, dass ähnliche Regeln wie für das Produkt von Zahlen gelten, wie wir nun sehen werden.

d) Rechenregeln für das Skalarprodukt

Für das Skalarprodukt gelten die folgenden Rechenregeln:

> (1) $\vec{a}\vec{b} = \vec{b}\vec{a}$, für alle $\vec{a}$, $\vec{b}$ (Kommutativgesetz).
>
> (2) $(r\vec{a})\vec{b} = r(\vec{a}\vec{b})$, für alle $\vec{a}$, $\vec{b}$ und alle $r \in \mathbb{R}$.
>
> (3a) $(\vec{a} + \vec{b})\vec{c} = \vec{a}\vec{c} + \vec{b}\vec{c}$, für alle $\vec{a}$, $\vec{b}$, $\vec{c}$ (Distributivgesetze).
>
> (3b) $\vec{a}(\vec{b} + \vec{c}) = \vec{a}\vec{b} + \vec{a}\vec{c}$,

Die Regeln lassen sich wie folgt begründen:

(1) Dies folgt sofort aus der Definition.

(2) Hier muss man eine Fallunterscheidung treffen.

Für $r \geq 0$ ist $(r\vec{a})\vec{b} = |r\vec{a}|\,|\vec{b}|\cos\varphi = r|\vec{a}|\,|\vec{b}|\cos\varphi = r(\vec{a}\vec{b})$.

Für $r < 0$ hat $r\vec{a}$ die zu $\vec{a}$ entgegengesetzte Richtung. Die Winkel verhalten sich gemäss der folgenden Figur:

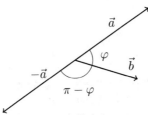

Es ist dann $(r\vec{a})\vec{b} = |r\vec{a}|\,|\vec{b}|\cos(\pi-\varphi) = |r|\,|\vec{a}|\,|\vec{b}|\cos(\pi-\varphi) = (-r)|\vec{a}|\,|\vec{b}|\cos(\pi-\varphi) = r|\vec{a}|\,|\vec{b}|\cos\varphi = r(\vec{a}\vec{b})$, wobei die Beziehung $\cos(\pi - \varphi) = -\cos\varphi$ benützt wurde.

(3) Die Begründung für die Distributivgesetze ist etwas komplizierter. Sie finden sie im Anhang (27.2).

e) Eine Anwendung

Unter Benutzung der Rechenregeln für das Skalarprodukt und der Definition der Differenz $(\vec{a} - \vec{b} = \vec{a} + (-\vec{b}))$ kann man sich überlegen, dass die Formel $(a + b)(a - b) = a^2 - b^2$ auch für Vektoren gilt, was wohl nicht sehr überrascht, denn die Rechenregeln für Vektoren (Addition und Skalarprodukt) sind ja dieselben wie für Zahlen. Beachten wir noch die Bemerkung 5) von oben, wonach $\vec{a}^2 = |\vec{a}|^2$ ist, so erhalten wir

$$(\vec{a} + \vec{b})(\vec{a} - \vec{b}) = \vec{a}^2 - \vec{b}^2 = |\vec{a}|^2 - |\vec{b}|^2 \ .$$

Diese Beziehung hat eine hübsche Anwendung: Die Vektoren $\vec{a}$ und $\vec{b}$ spannen ein Parallelogramm auf. Dessen Diagonalen sind durch die Vektoren $\vec{a}+\vec{b}$ und $\vec{a}-\vec{b}$ gegeben.

Wenn nun $\vec{a}$ und $\vec{b}$ gleich lang sind, dann handelt es sich beim Parallelogramm um einen Rhombus. Wegen $|\vec{a}| = |\vec{b}|$ folgt aus der obigen Formel, dass

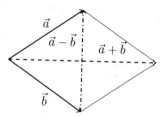

$$(\vec{a} + \vec{b})(\vec{a} - \vec{b}) = 0$$

ist. Nach Bemerkung 4) in c) oben stehen dann $\vec{a} + \vec{b}$ und $\vec{a} - \vec{b}$ senkrecht aufeinander. Dies bestätigt die aus der elementaren Geometrie bekannte Tatsache, dass die Diagonalen in einem Rhombus einen rechten Winkel bilden.

(1.9) Das Vektorprodukt (Kreuzprodukt, vektorielles Produkt oder äusseres Produkt)

englisch cross product or vector product

a) Definition des Vektorprodukts

Neben dem eben besprochenen Skalarprodukt zweier Vektoren, welches eine reelle Zahl ist, existiert noch eine weitere Verknüpfungsmöglichkeit, nämlich das *Vektorprodukt*, welches zu zwei Vektoren $\vec{a}$ und $\vec{b}$ einen neuen Vektor $\vec{a} \times \vec{b}$ liefert. Die nachstehende Definition mag auf den ersten Blick etwas willkürlich erscheinen, es zeigt sich aber, dass sie in vielen Fällen gut angewendet werden kann.

Wir geben nun die Definition des Vektorprodukts.

Es seien $\vec{a}$ und $\vec{b}$ Vektoren. Der Zwischenwinkel φ sei so festgelegt, dass $0 \leq \varphi \leq \pi$ gilt. Unter dem Vektorprodukt $\vec{a} \times \vec{b}$ versteht man nun den Vektor, der die folgenden drei Eigenschaften hat:

(A) <u>Richtung</u>: $\vec{a} \times \vec{b}$ steht senkrecht (normal) auf der von $\vec{a}$ und $\vec{b}$ aufgespannten Ebene.

(B) <u>Orientierung</u>: Die Vektoren $\vec{a}$, $\vec{b}$ und $\vec{a} \times \vec{b}$ bilden in dieser Reihenfolge ein *Rechtssystem*. Damit ist folgendes gemeint: Man streckt Daumen und Zeigefinger der rechten Hand flach aus und den Mittelfinger nach oben. Wenn der Daumen in Richtung $\vec{a}$ und der Zeigefinger in Richtung $\vec{b}$ zeigt, so zeigt der Mittelfinger in Richtung $\vec{a} \times \vec{b}$.

(C) <u>Betrag</u>: Für den Betrag von $\vec{a} \times \vec{b}$ gilt

$$|\vec{a} \times \vec{b}| = |\vec{a}|\,|\vec{b}| \sin \varphi .$$

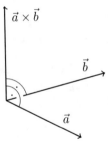

Diese drei Forderungen legen $\vec{a} \times \vec{b}$ eindeutig fest. Die Bedeutung des Vektorprodukts liegt primär darin, dass es erlaubt, formelmässig einen zu zwei gegebenen Vektoren normalen Vektor darzustellen. Dies ist sehr praktisch, wenn man gewisse Vorgänge aus der Physik beschreiben will. Es seien an dieser Stelle etwa der Drall, das Drehmoment und die Lorentzkraft erwähnt.

b) <u>Kommentare</u>

Zu (A): Wenn (mindestens) einer der beiden Vektoren $\vec{a}$ und $\vec{b}$ der Nullvektor ist oder wenn $\vec{a}$ und $\vec{b}$ gleiche oder entgegengesetzte Richtung haben, dann spannen $\vec{a}$ und $\vec{b}$ gar keine Ebene auf. Die Forderung (A) ist dann sinnlos. In diesem Fall setzt man $\vec{a} \times \vec{b} = \vec{0}$ (dies steht wegen $\sin 0 = \sin \pi = 0$ im Einklang mit (C)). Speziell ist $\vec{a} \times \vec{a} = \vec{0}$.

Zu (B): Die Orientierung kann auch mit einer (normalen) Schraube (oder mit einem Zapfenzieher, wenn Ihnen das besser gefällt) beschrieben werden: Das Vektorprodukt $\vec{a} \times \vec{b}$ zeigt in die Richtung, in der sich eine in der Achse von $\vec{a} \times \vec{b}$ liegende Schraube bewegt, wenn man sie so dreht, dass $\vec{a}$ auf dem kürzesten Weg in $\vec{b}$ übergeführt wird.

Zu (C): $|\vec{a} \times \vec{b}|$ ist gerade der Flächeninhalt des von $\vec{a}$ und $\vec{b}$ aufgespannten Parallelogramms mit der Seite $|\vec{a}|$ und der Höhe $|\vec{b}| \sin \varphi$.

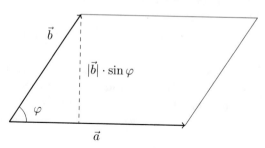

c) Rechenregeln für das Vektorprodukt

Für das Vektorprodukt gelten die folgenden Formeln:

---

(1) $\vec{b} \times \vec{a} = -(\vec{a} \times \vec{b})$,   für alle Vektoren $\vec{a}, \vec{b}$.

(2) $(r\vec{a}) \times \vec{b} = \vec{a} \times (r\vec{b}) = r(\vec{a} \times \vec{b})$,   für alle $\vec{a}, \vec{b}$ und alle $r \in \mathbb{R}$.

(3) $(\vec{a} + \vec{b}) \times \vec{c} = \vec{a} \times \vec{c} + \vec{b} \times \vec{c}$,
$\vec{a} \times (\vec{b} + \vec{c}) = \vec{a} \times \vec{b} + \vec{a} \times \vec{c}$,   für alle Vektoren $\vec{a}, \vec{b}, \vec{c}$.

Ungewohnt ist, dass wegen (1) das Kommutativgesetz *nicht* gilt (man spricht hier von "Antikommutativität"). Dies bedingt eine gewisse Vorsicht im Umgang mit dem Vektorprodukt. Die Formeln (3) sind die Distributivgesetze.

d) Begründung der Rechenregeln

Die Formel (1) gilt wegen der "Rechte-Hand-Regel". Beim Vertauschen von $\vec{a}$ und $\vec{b}$ (Daumen und Zeigefinger) wird der Mittelfinger in die entgegengesetzte Richtung gestreckt. Die Formel (2) wird ähnlich wie jene für das Skalarprodukt bewiesen, wobei man für negative r etwas aufpassen muss. Für Details sei auf den Anhang (27.2) verwiesen, wo Sie auch die Begründung für (3) finden.

Es sei noch erwähnt, dass beim Vektorprodukt — genau wie beim Skalarprodukt — nicht gekürzt werden darf.

(1.10) Anwendungen in der Geometrie

Der Vektorbegriff ist, wie bereits mehrfach erwähnt, in den Naturwissenschaften, insbesondere in der Physik, unentbehrlich. Vektoren werden aber auch in der Geometrie verwendet. In diesem Abschnitt werden einige Beispiele hierzu gegeben. Es geht dabei aber keineswegs um eine systematische Behandlung der Vektorgeometrie, vielmehr soll anhand einiger Grundaufgaben ein kleiner Einblick in dieses Gebiet gegeben und der Nutzen der Vektorrechnung aufgezeigt werden.

Einige dieser Aufgaben werden in Kapitel 2 wieder aufgenommen und unter Verwendung von Koordinaten durchgerechnet. Vorläufig werden wir die Vektoren aber als geometrische Objekte auffassen, mit denen ja im weiter oben dargelegten Sinne ebenfalls gerechnet werden kann. Es geht darum zu zeigen, wie gewisse geometrische Sachverhalte mit Vektoren elegant und knapp formuliert und so einer mathematischen Behandlung zugänglich gemacht werden können.

a) <u>Parameterdarstellung einer Geraden</u>

Es seien zwei Punkte A, B im Raum ($A \neq B$) gegeben. Das Ziel ist es, die Gerade g durch A und B vektoriell darzustellen. Dies geschieht grundsätzlich dadurch, dass man eine Bedingung dafür angibt, dass ein Punkt R auf der Geraden liegt.

Wir wählen zunächst irgendeinen Punkt O als Nullpunkt und betrachten die Ortsvektoren

$$\vec{a} = \overrightarrow{OA}, \; \vec{b} = \overrightarrow{OB}, \; \vec{r} = \overrightarrow{OR} \, .$$

Dann ist $\vec{b} - \vec{a} = \overrightarrow{AB}$, und dieser (freie) Vektor gibt die Richtung der gesuchten Geraden g an.

Trägt man nun von A aus ein beliebiges Vielfaches $t(\vec{b} - \vec{a})$, $t \in \mathbb{R}$ ab, so erhält man einen Punkt auf der Geraden g und umgekehrt wird jeder Punkt auf g so erhalten.

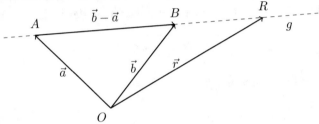

Damit haben wir gezeigt, dass der Punkt R genau dann auf g liegt, wenn für den Ortsvektor $\vec{r} = \overrightarrow{OR}$ gilt:

(∗)
$$\boxed{\vec{r} = \vec{a} + t(\vec{b} - \vec{a}) \, ,}$$

wo t eine reelle Zahl ist.

Man nennt t einen *Parameter* und die Formel (∗) heisst eine *Parameterdarstellung* von g. Der unbestimmte Artikel ist insofern gerechtfertigt, als eine Gerade g unendlich viele verschiedene Parameterdarstellungen besitzt: Man braucht ja nur anstelle von A und B zwei andere Punkte von g zu wählen; dann ändern sich die Grössen $\vec{a}$ und $\vec{b}$ in (∗).

Eine "dynamische" Interpretation von (∗) erhalten wir, wenn wir t als Zeit auffassen. Da $\vec{r}$ von t abhängt, schreiben wir dafür auch $\vec{r}(t)$:

$$\vec{r}(t) = \vec{a} + t(\vec{b} - \vec{a}) \, .$$

Diese Formel kann zur Beschreibung einer geradlinigen Bewegung im Raum verwendet werden: Zum Zeitpunkt t befindet sich das bewegte Objekt im Endpunkt des Ortsvektors $\vec{r}(t)$. Speziell ist $\vec{r}(0) = \vec{a}$, $\vec{r}(1) = \vec{b}$, d.h. zur Zeit $t = 0$ befindet sich das Objekt im

Punkt A, zur Zeit $t = 1$ im Punkt B. In (8.3) werden wir übrigens sehen, wie man die Bewegung entlang beliebiger Kurven mit Hilfe von passenden Parameterdarstellungen beschreiben kann.

Schliesslich sei noch darauf hingewiesen, dass man die Gerade g auch durch die Vorgabe eines Punktes A und eines Richtungsvektors $\vec{q}$ $(\vec{q} \neq \vec{0})$ beschreiben kann. Dazu ersetzt man in der Formel $(*)$ einfach $\vec{b} - \vec{a}$ durch $\vec{q}$:

$$\vec{r} = \vec{a} + t\vec{q} \,.$$

b) Normalebene zu einem Vektor durch einen Punkt

Gegeben ist ein Punkt A und eine Richtung, dargestellt durch den (freien) Vektor $\vec{n}$. Gesucht ist die zu $\vec{n}$ normale Ebene durch A.

Zur Lösung dieser Aufgabe wählen wir wieder einen Nullpunkt O. Wie Sie der nachstehenden Skizze entnehmen können, liegt der Endpunkt R des Vektors $\vec{r} = \overrightarrow{OR}$ genau dann in der gesuchten Ebene, wenn $\vec{r} - \vec{a}$ (mit $\vec{a} = \overrightarrow{OA}$) senkrecht auf $\vec{n}$ steht. Nach Bemerkung 4) von (1.8.c) ist dies aber genau dann der Fall, wenn gilt:

$$\boxed{\vec{n}(\vec{r} - \vec{a}) = 0 \,.}$$

Die Punkte R der Ebene sind damit beschrieben.

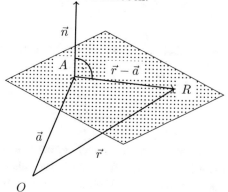

c) Ebene durch drei Punkte

Drei nicht auf einer Geraden liegende Punkte A, B, C bestimmen eine Ebene, die wir vektoriell beschreiben möchten. Wir führen wie gewohnt einen Nullpunkt O ein und betrachten die drei Ortsvektoren

$$\vec{a} = \overrightarrow{OA}, \ \vec{b} = \overrightarrow{OB}, \ \vec{c} = \overrightarrow{OC} \,.$$

Der untenstehenden Skizze entnimmt man, dass die Differenzvektoren $\vec{b} - \vec{a}$ und $\vec{c} - \vec{a}$ in der gesuchten Ebene liegen. Im Hinblick auf die Lösung von Aufgabe b) bestimmen wir zunächst einen Normalenvektor $\vec{n}$ zur Ebene. Da dieser sowohl zu $\vec{b} - \vec{a}$ als auch zu $\vec{c} - \vec{a}$ senkrecht stehen muss, setzen wir

$$\vec{n} = (\vec{b} - \vec{a}) \times (\vec{c} - \vec{a}) \ .$$

Damit sind wir aber in der Situation von Aufgabe b): Der Punkt R liegt genau dann in der Ebene, wenn für $\vec{r} = \overrightarrow{OR}$ gilt:

$$\vec{n}(\vec{r} - \vec{a}) = 0 \quad \text{oder ausgeschrieben} \quad \Big((\vec{b} - \vec{a}) \times (\vec{c} - \vec{a}) \Big)(\vec{r} - \vec{a}) = 0 \ .$$

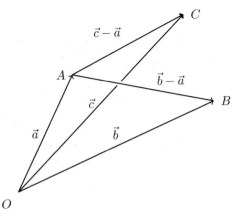

Unsere Aufgabe ist somit gelöst.

d) Parameterdarstellung einer Ebene

Die Aufgabe c) kann noch auf eine andere Weise angegangen werden. Wir führen dazu die Abkürzungen $\vec{p} = \vec{b} - \vec{a}$, $\vec{q} = \vec{c} - \vec{a}$ ein. Wir stellen nun sofort fest, dass für jeden Punkt R in der durch A, B, C bestimmten Ebene E der Ortsvektor $\vec{r} = \overrightarrow{OR}$ in der Form

$$(**) \qquad \vec{r} = \vec{a} + t\vec{p} + u\vec{q} \quad \text{mit} \quad t, u \in \mathbb{R}$$

geschrieben werden kann und dass umgekehrt jeder so dargestellte Punkt R in der Ebene E liegt.

Damit haben wir eine weitere Art gefunden, eine Ebene vektoriell zu beschreiben. Im Unterschied zu b) und c) kommen in der beschreibenden Gleichung zwei reelle Zahlen vor, die man wie in a) Parameter nennt; die Beziehung $(**)$ heisst entsprechend *Parameterdarstellung der Ebene*. Da es sich bei einer Ebene um ein zweidimensionales Gebilde handelt, ist es ganz natürlich, dass hier — im Gegensatz zu a) — zwei Parameter auftreten.

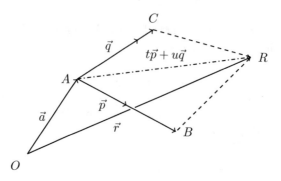

(1.∞) Aufgaben

1−1 Die Vektoren $\vec{a}$ bzw. $\vec{b}$ haben die Länge 3 cm bzw. 4 cm und schliessen einen Winkel von 60°
ein. Der Vektor $\vec{c}$ steht senkrecht auf der von $\vec{a}$ und $\vec{b}$ aufgespannten Ebene und ist 5 cm lang.
Bestimmen Sie mittels einer Konstruktion die Länge von $\vec{a} + \vec{b} + \vec{c}$.

1−2 Zwei Kräfte $\vec{F}$ und $\vec{G}$ greifen in einem Punkt P an. Der Winkel zwischen den Richtungen
der Kräfte beträgt 110° und die Kraft $\vec{F}$ hat den Betrag 5 N (Newton). Die Richtung der
resultierenden Kraft soll zwischen $\vec{F}$ und $\vec{G}$ liegen und mit $\vec{F}$ einen Winkel von 80° bilden.
Bestimmen Sie durch Konstruktion den Betrag von $\vec{G}$ und den Betrag der Resultierenden.

1−3 Gegeben sind der Nullpunkt O und zwei weitere Punkte P, Q.

a) M sei der Mittelpunkt der Strecke PQ. Drücken Sie den Vektor $\overrightarrow{OM}$ mit Hilfe der Vektoren
$\overrightarrow{OP}$ und $\overrightarrow{OQ}$ aus.

b) Dasselbe für den Punkt N, der zwischen P und Q liegt und die Strecke PQ im Verhältnis
$r : s$ teilt.

1−4 Zeichnen Sie ein Dreieck ABC sowie dessen Seitenmittelpunkte M_a, M_b, M_c.

a) Addieren Sie zeichnerisch die drei Vektoren $\overrightarrow{AM_a}$, $\overrightarrow{BM_b}$, $\overrightarrow{CM_c}$. Was käme wohl bei einer
ganz exakten Zeichnung heraus?

b) Können Sie Ihre Vermutung vektoriell beweisen?

1−5 Die drei Vektoren $\vec{u}, \vec{v}, \vec{w}$ stehen paarweise senkrecht aufeinander und spannen einen Quader auf. Der Punkt M ist der Mit-
telpunkt der Deckfläche und P ist die Mitte der Strecke YM.
Bestimmen Sie die Zahlen a, b, c so, dass $\overrightarrow{OP} = a\vec{u} + b\vec{v} + c\vec{w}$
ist.

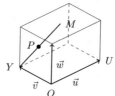

1−6 Gegeben sind zwei Vektoren $\vec{a}$ und $\vec{b}$, deren Zwischenwinkel $\neq 0, \pi$ ist. Gesucht sind die Richtungsvektoren der beiden Winkelhalbierenden. Lösen Sie die Aufgabe zuerst im Spezialfall, wo
$\vec{a}$ und $\vec{b}$ denselben Betrag haben.

1−7 Die vier Punkte A, B, C, D, welche nicht in einer Ebene liegen müssen, bilden ein räumliches
Viereck. Mit W, X, Y bzw. Z bezeichnen wir die Mittelpunkte der Strecken AB, BC, CD bzw.
DA. Vergleichen Sie die Vektoren $\overrightarrow{WX}$ und $\overrightarrow{YZ}$ sowie $\overrightarrow{XY}$ und $\overrightarrow{ZW}$. Was können Sie über das
Viereck $WXYZ$ sagen?

1−8 Die Vektoren $\vec{a}, \vec{b}, \vec{c}$ spannen ein (nicht notwendigerweise regu-
läres) Tetraeder auf. Die Gerade g (bzw. h) geht durch die
Mittelpunkte der Kanten OA und BC (bzw. OB und AC).
Geben Sie je eine Parameterdarstellung (in Bezug auf O) von
g und von h an. Schneiden sich die beiden Geraden?

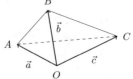

1–9 Gegeben sind zwei Vektoren $\vec{a}, \vec{b}$ mit $|\vec{a}| = 1$, $|\vec{b}| = 2$, deren Zwischenwinkel $45°$ beträgt. Berechnen Sie das Skalarprodukt $(\vec{a} - \vec{b})(\vec{a} + 2\vec{b})$.

1–10 Gegeben ist ein Parallelogramm mit den Seitenlängen a und b. Mit d und e bezeichnen wir die Längen der beiden Diagonalen. Zeigen Sie unter Verwendung des Skalarproduktes, dass die Beziehung $2a^2 + 2b^2 = d^2 + e^2$ gilt.

1–11 Ein Parallelogramm hat Seiten der Länge 2 und 3 und eine Diagonale der Länge 4 (siehe Skizze). Berechnen Sie mittels des Skalarprodukts die Winkel α und β sowie die Länge der andern Diagonale.

1–12 Die Vektoren $\vec{a}, \vec{b}, \vec{c}$ haben der Reihe nach die Länge 1, 2, 3 und stehen paarweise senkrecht aufeinander. Sie spannen einen Quader auf.

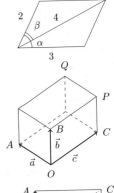

a) Drücken Sie die Raumdiagonalen $\overrightarrow{AP}$ und $\overrightarrow{OQ}$ durch $\vec{a}, \vec{b}, \vec{c}$ aus.

b) Wie lang sind die Raumdiagonalen?

c) Wie gross ist der spitze Winkel zwischen den Raumdiagonalen?

d) Berechnen Sie den Winkel zwischen den Strecken AB und BC.

1–13 Der Vektor $\vec{a} = \overrightarrow{OA}$ hat die Länge 21 cm. Der Vektor $\vec{b} = \overrightarrow{OB}$ steht senkrecht auf $\vec{a}$. Ferner sei M der Mittelpunkt von OB.

a) Wie lang muss $\vec{b}$ sein, damit die Strecken OC und AM senkrecht aufeinander stehen?

b) Wo trifft man das Rechteck $OACB$ im täglichen Leben an?

1–14 Der Vektor $\vec{c}$ sei die Normalprojektion von $\vec{b}$ auf $\vec{a}$. Stellen Sie eine Formel für $\vec{c}$ auf, in der nur $\vec{a}$ und $\vec{b}$ (und die Rechenoperationen mit Vektoren) vorkommen. Gilt Ihre Formel für spitze und für stumpfe Zwischenwinkel?

1–15 Der Vektor $\vec{a} = \overrightarrow{OA}$ hat die Länge 2. Beschreiben Sie die Menge aller Punkte R mit der Eigenschaft, dass $\vec{a}\vec{r} = |\vec{r}|$ ($\vec{r} = \overrightarrow{OR}$) ist.

1–16 Der Vektor $\vec{a}$ (bzw. $\vec{b}$) zeigt vom Erdmittelpunkt zum Punkt auf dem Äquator mit der geographischen Länge $60°$E (bzw. $60°$W). In welche Richtung (ausgedrückt in geographischen Koordinaten) zeigen die Vektoren a) $\vec{a} \times \vec{b}$, b) $\vec{b} \times \vec{a}$, c) $\vec{a} \times (\vec{b} \times \vec{a})$, d) $\vec{a} \times (\vec{a} \times \vec{b})$, e) $(\vec{a} \times \vec{a}) \times \vec{b}$? Was fällt beim Vergleich von d) und e) auf?

1–17 In der nebenstehenden Skizze haben beide Würfel die Kantenlänge 1. Zeichnen Sie die beiden Vektoren $\vec{u} = \vec{b} \times \vec{c}$ und $\vec{v} = \frac{1}{2}\vec{c} \times (\vec{a} \times \vec{b})$ ein.

1–18 Es sei P ein Punkt im Raum, $\vec{a} \neq \vec{0}$ ein Vektor. Wo liegen die Endpunkte der Ortsvektoren $\overrightarrow{OX}$ mit $\vec{a} \times (\overrightarrow{OX} - \overrightarrow{OP}) = \vec{0}$?

1–19 Der Vektor $\vec{g}$ zeige (in Richtung der Schwerkraft) nach unten. Ein ebener Abhang E hat den Normalenvektor $\vec{n}$, der so gewählt ist, dass der Winkel zwischen $\vec{g}$ und $\vec{n}$ stumpf ist.

a) Ich möchte auf E in horizontaler Richtung spazieren. Welche beiden Richtungen $\vec{h}_1, \vec{h}_2$ kann ich einschlagen?

b) Ich lasse einen kugelrunden Apfel fallen. In welche Richtung $\vec{r}$ rollt er?

1–20 Vereinfachen Sie den Ausdruck $|\vec{a} \times \vec{b}|^2 + (\overrightarrow{ab})^2$ so weit als möglich.

2. VEKTORRECHNUNG MIT KOORDINATEN

(2.1) Überblick

In Kapitel 1 haben wir Vektoren im Raum und die zugehörigen Rechenoperationen geometrisch definiert. Für den praktischen Umgang mit Vektoren und für das effektive Rechnen ist es aber notwendig, auch eine zahlenmässige Darstellung zur Verfügung zu haben. Dazu führt man ein *Koordinatensystem* im Raum ein. Jeder Vektor $\vec{r}$ ist dann durch seine Koordinaten

$$\vec{r} = \begin{pmatrix} x \\ y \\ z \end{pmatrix}$$

bestimmt. Die in Kapitel 1 definierten Rechenoperationen für Vektoren (Addition, Skalarprodukt, Vektorprodukt etc.) lassen sich nun alle mit Hilfe von Formeln für die Koordinaten ausdrücken.

Eine Tabelle am Schluss des Kapitels gibt einen Überblick über die "geometrische" und die "analytische" Erscheinungsform der Vektoren und der Rechenoperationen.

(2.2)
(2.3)

(2.4)
(2.7)

(2.2) Das kartesische Koordinatensystem

Wir wählen im Raum einen Nullpunkt O und ein rechtwinkliges* Koordinatensystem mit x–Achse, y–Achse und z–Achse, die wie üblich angeordnet sein sollen:

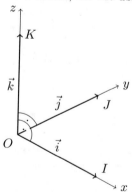

---

* Statt "rechtwinklig" sagt man auch "kartesisch", nach R. DESCARTES (latinisiert CARTESIUS) (1596–1650).

Die "übliche" Anordnung der Koordinatenachsen (Orientierung des Koordinatensystems als "Rechtssystem") kann mit der "Rechte-Hand-Regel" (vgl. (1.9)) beschrieben werden: Zeigt der Daumen der rechten Hand in Richtung der positiven x–Achse und der Zeigefinger in Richtung der positiven y–Achse, so zeigt der Mittelfinger in Richtung der positiven z–Achse. (Wie schon beim Vektorprodukt kann man diesen Sachverhalt auch mit einer "Schraubenregel" beschreiben.)

Auf den drei Achsen wählen wir die *Einheitspunkte I, J, K*; das sind die Punkte, die im positiven Teil ihrer Achse liegen und vom Nullpunkt den Abstand 1 haben.

Nun führen wir drei Vektoren ein, nämlich

$$\vec{i} = \overrightarrow{OI}, \quad \vec{j} = \overrightarrow{OJ}, \quad \vec{k} = \overrightarrow{OK} \,.$$

Sie haben die Länge 1, d.h. sie sind Einheitsvektoren. Ferner stehen sie paarweise aufeinander senkrecht. Wegen (1.8.c.4,5) gilt also für die Skalarprodukte

(∗)
$$\vec{i}^2 = \vec{j}^2 = \vec{k}^2 = 1, \quad \vec{i}\vec{j} = \vec{i}\vec{k} = \vec{j}\vec{k} = 0 \,.$$

Für das Vektorprodukt hat man wegen der Orientierung des Koordinatensystems und der Definition dieses Produkts die folgenden Beziehungen:

(∗∗)
$$\begin{aligned}
\vec{i} \times \vec{j} &= \vec{k}, & \vec{j} \times \vec{k} &= \vec{i}, & \vec{k} \times \vec{i} &= \vec{j}, \\
\vec{j} \times \vec{i} &= -\vec{k}, & \vec{k} \times \vec{j} &= -\vec{i}, & \vec{i} \times \vec{k} &= -\vec{j}, \\
\vec{i} \times \vec{i} &= \vec{0}, & \vec{j} \times \vec{j} &= \vec{0}, & \vec{k} \times \vec{k} &= \vec{0} \,.
\end{aligned}$$

(2.3) Die Koordinaten eines Vektors

Im folgenden beziehen wir uns auf ein fest gewähltes kartesisches Koordinatensystem mit Nullpunkt O. In der untenstehenden Skizze ① ist ein Vektor $\vec{r}$ eingetragen. Der Zeichnung entnimmt man sofort die Tatsache, dass $\vec{r}$ auf genau eine Weise als Summe von drei Vektoren geschrieben werden kann, von denen

- der erste parallel zur x–Achse, also ein Vielfaches von $\vec{i}$,
- der zweite parallel zur y–Achse, also ein Vielfaches von $\vec{j}$,
- der dritte parallel zur z–Achse, also ein Vielfaches von $\vec{k}$

ist. Wir sehen also, dass sich jeder Vektor $\vec{r}$ eindeutig in der Form

$$\vec{r} = x\vec{i} + y\vec{j} + z\vec{k}$$

darstellen lässt. (Die Eindeutigkeit besagt, dass die drei Vektoren $x\vec{i}$, $y\vec{j}$, $z\vec{k}$ und damit die drei Zahlen x, y, z in dieser Reihenfolge eindeutig bestimmt sind.)

Die Vektoren $x\vec{i}$, $y\vec{j}$, $z\vec{k}$ nennt man die *Komponenten*, die Zahlen x, y, z die *Koordinaten* des Vektors $\vec{r}$ (in Bezug auf das gewählte Koordinatensystem)*.

Da der Vektor $\vec{r}$ durch seine Koordinaten eindeutig festgelegt ist, schreibt man kurz

$$\vec{r} = \begin{pmatrix} x \\ y \\ z \end{pmatrix}.$$

Beachten Sie, dass jeder zu $\vec{r}$ parallele (und gleichgerichtete) Vektor dieselben Koordinaten hat und dass umgekehrt jeder Vektor mit denselben Koordinaten parallel (und gleichgerichtet) zu $\vec{r}$ ist, vgl. Skizze ②. Dies stimmt mit unserer Abmachung von (1.3.b) überein, gemäss derer parallele Vektoren als gleich betrachtet werden. (Genauer: Sie vertreten denselben freien Vektor, der ja streng genommen eine Menge von einzelnen "Pfeilen" ist. Anders ausgedrückt: Jeder Vertreter eines festen freien Vektors hat dieselben Koordinaten.)

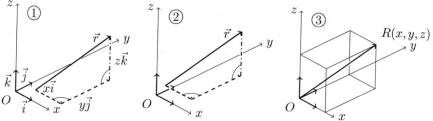

Man kann insbesondere den Vektor $\vec{r}$ so verschieben, dass sein Anfangspunkt mit dem Nullpunkt zusammenfällt. Der obenstehenden Skizze ③ entnimmt man sofort, dass in diesem Fall die Zahlen x, y, z gerade die Koordinaten des Endpunkts X von $\vec{r} = \overrightarrow{OR}$ sind:

$$R(x, y, z) .$$

Trotz dieser engen Beziehung darf man aber Punkte und Vektoren nicht durcheinander bringen, zumal ja der eben erwähnte Zusammenhang ohnehin nur für Ortsvektoren mit dem Anfangspunkt O gilt.

Die einzelnen Koordinaten eines Vektors können selbstverständlich auch 0 sein. Ist die 3. (oder z–)Koordinate $= 0$, so bedeutet dies, dass der Vektor parallel zur x-y-Ebene ist. Sind sowohl die 2. (y–) als auch die 3. (z–)Koordinate gleich 0, so ist der Vektor parallel zur x–Achse. Schliesslich geben wir noch die (sehr offensichtlichen) Koordinaten einiger wichtiger Vektoren an:

---

* In manchen Büchern wird das Wort "Komponenten" allerdings auch für das gebraucht, was hier "Koordinaten" heisst.

$$\vec{0} = \begin{pmatrix} 0 \\ 0 \\ 0 \end{pmatrix}, \quad \vec{\imath} = \begin{pmatrix} 1 \\ 0 \\ 0 \end{pmatrix}, \quad \vec{\jmath} = \begin{pmatrix} 0 \\ 1 \\ 0 \end{pmatrix}, \quad \vec{k} = \begin{pmatrix} 0 \\ 0 \\ 1 \end{pmatrix}.$$

Bemerkungen

a) Wir identifizieren also den Vektor $\vec{r}$ mit dem Zahlentripel

$$\begin{pmatrix} x \\ y \\ z \end{pmatrix}.$$

Dabei ist aber zu bedenken, dass diese Koordinaten von der Lage des gewählten Koordinatensystems abhängig sind. Hätten wir nämlich die Koordinatenachsen anders gelegt, so hätte derselbe Vektor andere Koordinaten bekommen. Man muss sich also im Verlauf einer Rechnung immer auf ein- und dasselbe Koordinatensystem beziehen.

Beim Lösen von Aufgaben kann es zweckmässig sein, die Lage des Koordinatensystems ans Problem anzupassen.

b) Manchmal werden wir auch eine Schreibweise mit *Indizes* benutzen, wie etwa

$$\vec{r} = \begin{pmatrix} x_1 \\ x_2 \\ x_3 \end{pmatrix}.$$

Statt von der x–, y– und z–Achse spricht man dann natürlich von der x_1–, x_2– und x_3–Achse. Anstelle von $\vec{\imath}, \vec{\jmath}, \vec{k}$ schreibt man in diesem Fall

$$\vec{e}_1, \ \vec{e}_2, \ \vec{e}_3 \ .$$

c) Wie Sie gemerkt haben, treiben wir hier die Vektorrechnung generell im (dreidimensionalen) Raum. Natürlich kann man auch Probleme in der Ebene behandeln. In diesem Fall lässt man einfach die 3. Koordinate weg und schreibt

$$\vec{r} = \begin{pmatrix} x_1 \\ x_2 \end{pmatrix}.$$

Bei dieser Gelegenheit sei darauf hingewiesen, dass man im zweidimensionalen Fall zwar Addition, Subtraktion, Vielfaches und das Skalarprodukt von Vektoren verwenden kann, nicht aber das Vektorprodukt, in dessen Definition zwingend die dritte Dimension steckt.

d) Statt vom Raum in die Ebene zu gehen, kann man auch in höhere Dimensionen schweifen und anstelle von Zahlentripeln sogenannte "n–tupel" von Zahlen betrachten, welche dann den n–dimensionalen Raum beschreiben:

$$\begin{pmatrix} x_1 \\ x_2 \\ \vdots \\ x_n \end{pmatrix}.$$

$\boxed{\text{(2.4) Rechenoperationen mit Koordinaten}}$

In Kapitel 1 haben wir die Rechenoperationen für Vektoren geometrisch definiert. Wie kann man nun diese Operationen unter Verwendung der Koordinaten rechnerisch durchführen? In der folgenden Tabelle stellen wir gleich die Antwort zusammen.

Gegeben seien die Vektoren

$$\vec{a} = \begin{pmatrix} a_1 \\ a_2 \\ a_3 \end{pmatrix}, \qquad \vec{b} = \begin{pmatrix} b_1 \\ b_2 \\ b_3 \end{pmatrix}.$$

Dann ist

(1)
$$\vec{a} + \vec{b} = \begin{pmatrix} a_1 + b_1 \\ a_2 + b_2 \\ a_3 + b_3 \end{pmatrix},$$

(2)
$$\vec{a} - \vec{b} = \begin{pmatrix} a_1 - b_1 \\ a_2 - b_2 \\ a_3 - b_3 \end{pmatrix},$$

(3)
$$r\vec{a} = \begin{pmatrix} ra_1 \\ ra_2 \\ ra_3 \end{pmatrix},$$

(4)
$$\vec{a}\vec{b} = a_1 b_1 + a_2 b_2 + a_3 b_3 ,$$

(5)
$$\vec{a} \times \vec{b} = \begin{pmatrix} a_2 b_3 - a_3 b_2 \\ a_3 b_1 - a_1 b_3 \\ a_1 b_2 - a_2 b_1 \end{pmatrix}.$$

Weiter gelten folgende Formeln:

(6) Die Länge eines Vektors $\vec{a}$ ist gegeben durch

$$|\vec{a}| = \sqrt{a_1^2 + a_2^2 + a_3^2}\ .$$

(7) Der Winkel φ zwischen den Vektoren $\vec{a}$ und $\vec{b}$ ist gegeben durch

$$\cos\varphi = \frac{\vec{a}\vec{b}}{|\vec{a}|\,|\vec{b}|} = \frac{a_1b_1 + a_2b_2 + a_3b_3}{\sqrt{a_1^2 + a_2^2 + a_3^2}\,\sqrt{b_1^2 + b_2^2 + b_3^2}}\ .$$

Bemerkung

Die obigen Formeln sind leicht zu behalten, abgesehen vielleicht von (5) (Vektorprodukt). Für diese Formel geben wir deshalb zwei Merkregeln an:

1. Variante

Die $\underline{1}$. Koordinate beginnt mit den Indizes $\underline{2},\underline{3}$: $a_2b_3 - a_3b_2$ (die unterstrichenen Zahlen stehen in der natürlichen Reihenfolge!). Anschliessend werden die Indizes nach dem Schema

"zyklisch vertauscht", d.h., aus 2,3 wird 3,1 und aus 3,1 wird 1,2.

2. Variante

Diese Variante benutzt die Begriffe "Matrix" und "Determinante", die hier aber sonst weiter nicht benötigt werden. Unter einer 2×2–*Matrix* versteht man ein Schema

$$\begin{pmatrix} a & b \\ c & d \end{pmatrix}$$

von vier Zahlen, und ihre *Determinante* ist gegeben durch

$$\begin{vmatrix} a & b \\ c & d \end{vmatrix} = ad - bc\ .$$

(Multiplikation übers Kreuz.) Zur Berechnung des Vektorprodukt schreibt man nun die Vektoren $\vec{a}, \vec{b}$ in Koordinaten nebeneinander, wiederholt die ersten beiden Koordinaten und streicht die erste Zeile:

$$
\begin{array}{cc}
\cancel{a_1} & \cancel{b_1} \\
a_2 & b_2 \\
a_3 & b_3 \\
a_1 & b_1 \\
a_2 & b_2
\end{array}
$$

Die Koordinaten von $\vec{a} \times \vec{b}$ sind dann durch die drei von oben nach unten gebildeten Determinanten gegeben:

$$\begin{vmatrix} a_2 & b_2 \\ a_3 & b_3 \end{vmatrix} = a_2 b_3 - a_3 b_2$$

$$\begin{vmatrix} a_3 & b_3 \\ a_1 & b_1 \end{vmatrix} = a_3 b_1 - a_1 b_3$$

$$\begin{vmatrix} a_1 & b_1 \\ a_2 & b_2 \end{vmatrix} = a_1 b_2 - a_2 b_1 \ .$$

Ein <u>Zahlenbeispiel</u> dazu: Mit

$$\vec{a} = \begin{pmatrix} 1 \\ 2 \\ -2 \end{pmatrix} \quad \text{und} \quad \vec{b} = \begin{pmatrix} 2 \\ 1 \\ 3 \end{pmatrix} \quad \text{bilden wir} \quad \begin{matrix} \cancel{1 \quad 2} \\ 2 \quad 1 \\ -2 \quad 3 \\ 1 \quad 2 \\ 2 \quad 1 \end{matrix}$$

und erhalten für die drei Determinanten

$$2 \cdot 3 - (-2) \cdot 1 = 8$$
$$(-2) \cdot 2 - 1 \cdot 3 = -7 \quad \text{also} \quad \vec{a} \times \vec{b} = \begin{pmatrix} 8 \\ -7 \\ -3 \end{pmatrix} \ .$$
$$1 \cdot 1 - 2 \cdot 2 = -3$$

⊠

(2.5) Beweise für die Rechenregeln

Die in Koordinaten gegebenen Vektoren

$$\vec{a} = \begin{pmatrix} a_1 \\ a_2 \\ a_3 \end{pmatrix} \quad \text{und} \quad \vec{b} = \begin{pmatrix} b_1 \\ b_2 \\ b_3 \end{pmatrix}$$

schreiben sich in Komponenten wie folgt:

$$\vec{a} = a_1 \vec{\imath} + a_2 \vec{\jmath} + a_3 \vec{k}, \quad \vec{b} = b_1 \vec{\imath} + b_2 \vec{\jmath} + b_3 \vec{k} \ .$$

(1) Aus diesen Beziehungen folgt durch Addition und durch einfache, nach den Regeln von (1.6.d) und (1.7) erlaubte Umformungen:

$$\vec{a} + \vec{b} = (a_1 + b_1) \vec{\imath} + (a_2 + b_2) \vec{\jmath} + (a_3 + b_3) \vec{k} \ ,$$

woraus man gerade die Formel (1) abliest.

(2) und (3) werden ganz analog hergeleitet.

(4) Wir multiplizieren das Produkt gliedweise aus, was nach den Regeln von (1.8.d) erlaubt ist. Weiter benutzen wir noch die Beziehungen (∗) von (2.2). Wir erhalten dann

$$\vec{a}\vec{b} = (a_1\vec{\imath} + a_2\vec{\jmath} + a_3\vec{k})(b_1\vec{\imath} + b_2\vec{\jmath} + b_3\vec{k})$$

$$= a_1b_1\vec{\imath}^{\,2} + a_1b_2\vec{\imath}\vec{\jmath} + a_1b_3\vec{\imath}\vec{k}$$

$$+ a_2b_1\vec{\jmath}\vec{\imath} + a_2b_2\vec{\jmath}^{\,2} + a_2b_3\vec{\jmath}\vec{k}$$

$$+ a_3b_1\vec{k}\vec{\imath} + a_3b_2\vec{k}\vec{\jmath} + a_3b_3\vec{k}^{\,2}$$

$$= a_1b_1 + a_2b_2 + a_3b_3 \; ,$$

denn die "gemischten" Terme $\vec{\imath}\vec{\jmath}$, $\vec{\imath}\vec{k}$ etc. sind $= 0$, und für die "Quadrate" gilt $\vec{\imath}^{\,2} = \vec{\jmath}^{\,2} = \vec{k}^{\,2} = 1$.

(5) Genau wie in (4) dürfen wir das Produkt unter Benutzung der Rechenregeln von (1.9.c), insbesondere des Distributivgesetzes, ausmultiplizieren. Wir erhalten

$$\vec{a} \times \vec{b} = (a_1\vec{\imath} + a_2\vec{\jmath} + a_3\vec{k}) \times (b_1\vec{\imath} + b_2\vec{\jmath} + b_3\vec{k})$$

$$= a_1b_1(\vec{\imath} \times \vec{\imath}) + a_1b_2(\vec{\imath} \times \vec{\jmath}) + a_1b_3(\vec{\imath} \times \vec{k})$$

$$+ a_2b_1(\vec{\jmath} \times \vec{\imath}) + a_2b_2(\vec{\jmath} \times \vec{\jmath}) + a_2b_3(\vec{\jmath} \times \vec{k})$$

$$+ a_3b_1(\vec{k} \times \vec{\imath}) + a_3b_2(\vec{k} \times \vec{\jmath}) + a_3b_3(\vec{k} \times \vec{k}) \; .$$

Verwendet man nun die Beziehungen (∗∗) von (2.2) und fasst man zusammen, so findet man die folgende Komponentenzerlegung des Vektorprodukts

$$\vec{a} \times \vec{b} = (a_2b_3 - a_3b_2)\vec{\imath} + (a_3b_1 - a_1b_3)\vec{\jmath} + (a_1b_2 - a_2b_1)\vec{k} \; .$$

Liest man die Koordinaten als Koeffizienten von $\vec{\imath}$, $\vec{\jmath}$ und $\vec{k}$ ab, so erhält man gerade die Formel (5):

$$\vec{a} \times \vec{b} = \begin{pmatrix} a_2b_3 - a_3b_2 \\ a_3b_1 - a_1b_3 \\ a_1b_2 - a_2b_1 \end{pmatrix} \; .$$

(6) Man setzt in der Formel (4) $\vec{a} = \vec{b}$ und beachtet, dass gemäss (1.8.c.5) $\vec{a}^{\,2} = |\vec{a}|^2$ ist.

(7) Dies folgt aus der Definition des Skalarprodukts sowie den Formeln (4) und (6).

(2.6) Länge eines Vektors in allen Dimensionen; Kreis-/Kugelgleichung

Formel (6) gibt die Länge eines Vektors $\vec{a}$ im $\mathbb{R}^3$ an:

$$|\vec{a}| = \sqrt{a_1^2 + a_2^2 + a_3^2} \; .$$

Zumindest in den ersten drei Dimensionen haben wir als Menschen eine praktische Vorstellung von der Länge eines Vektors und wir wollen jetzt überprüfen, ob obige Formel, angepasst, in allen Dimensionen unserer Alltagserfahrung entspricht.

1. Wenn wir uns im $\mathbb{R}^1$ befinden, also auf einer Geraden, dann ist die Länge eines Vektors $\vec{a} = (a_1)$, der im Ursprung ansetzt, einfach $|a_1|$. Wie man unterer Skizze entnimmt, haben die beiden Vektoren $\vec{a}$ und $-\vec{a}$ je Länge $|a_1|$. Das ist aber

gleich $|\vec{a}| = \sqrt{a_1^2} = |a_1|$. Diese Formel ist also kompatibel mit der Situation in 3 Dimensionen.

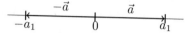

2. Wenn wir uns im $\mathbb{R}^2$ befinden, also in einer Ebene, dann ist die Länge eines Vektors $\vec{a} = \begin{pmatrix} a_1 \\ a_2 \end{pmatrix}$, der im Ursprung ansetzt, wegen des Satzes von Pythagoras (siehe unten) gleich $|\vec{a}| = \sqrt{a_1^2 + a_2^2}$. Diese Formel ist also auch kompatibel mit der Situation in 3 Dimensionen.

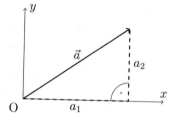

3. Wenn wir uns im $\mathbb{R}^3$ befinden, also im Raum, dann ist die Länge des Vektors

$$\vec{a} = \begin{pmatrix} a_1 \\ a_2 \\ a_3 \end{pmatrix},$$

der im Ursprung ansetzt, tatsächlich gleich $|\vec{a}| = \sqrt{a_1^2 + a_2^2 + a_3^2}$. Dies kann man durch zweifaches Anwenden des Satzes von Pythagoras beweisen, wie untere Skizze zeigt. Formel (6) kann also auch mit anschaulicher Geometrie nachvollziehbar begründet werden.

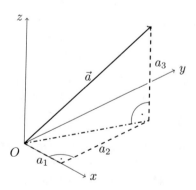

4. In vielen Anwendungen arbeiten wir im $\mathbb{R}^n$. Es ist dann für uns Menschen schwer vorstellbar, was die Länge eines Vektors

$$\vec{a} = \begin{pmatrix} a_1 \\ a_2 \\ a_3 \\ \vdots \\ a_n \end{pmatrix}$$

überhaupt sein soll. Wir betrachten in dem Fall

$$|\vec{a}| := \sqrt{\sum_{i=1}^{n} a_i^2} := \sqrt{a_1^2 + a_2^2 + a_3^2 + \ldots + a_n^2}$$

als *Definition* des Abstandes.

5. Die Gelegenheit ist günstig, hier en passant die Kreis- und Kugelgleichung mit Zentrum im Ursprung herzuleiten: die Punkte (x, y) eines solchen Kreises haben vom Ursprung alle die gleiche Entfernung, zum Beispiel r. Also gilt wegen Punkt 2, dass $r = \sqrt{x^2 + y^2}$. Quadriert heisst das

$$r^2 = x^2 + y^2.$$

Das ist aber genau die Kreisgleichung mit Mittelpunkt $(0, 0)$. Mit Mittelpunkt (a, b) haben wir

$$r^2 = (x - a)^2 + (y - b)^2.$$

Nun ist es nur noch ein kleiner Schritt zur Kugelgleichung: die Punkte (x, y, z) einer solchen Kugeloberfläche haben vom Ursprung alle die gleiche Entfernung, zum Beispiel r. Also gilt wegen Punkt 3, dass $r = \sqrt{x^2 + y^2 + z^2}$. Quadriert heisst das

$$r^2 = x^2 + y^2 + z^2.$$

Das ist aber genau die Kugelgleichung mit Mittelpunkt $(0, 0, 0)$. Mit Mittelpunkt (a, b, c) haben wir

$$r^2 = (x - a)^2 + (y - b)^2 + (z - c)^2.$$

(2.7) Beispiele

1. Gesucht ist der *Abstand d* der Punkte $A(1, -4, 2)$ und $B(-5, 2, -1)$.

Wir setzen $\vec{a} = \overrightarrow{OA}$, $\vec{b} = \overrightarrow{OB}$. Dann ist

$$\vec{a} = \begin{pmatrix} 1 \\ -4 \\ 2 \end{pmatrix}, \quad \vec{b} = \begin{pmatrix} -5 \\ 2 \\ -1 \end{pmatrix}.$$

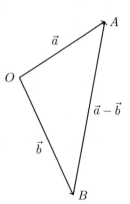

Der Skizze entnimmt man, dass der gesuchte Abstand $d = |\vec{a} - \vec{b}|$ ist. Nach Regel (2) ist

$$\vec{a} - \vec{b} = \begin{pmatrix} 1 \\ -4 \\ 2 \end{pmatrix} - \begin{pmatrix} -5 \\ 2 \\ -1 \end{pmatrix} = \begin{pmatrix} 6 \\ -6 \\ 3 \end{pmatrix}.$$

Nach Regel (6) ergibt sich schliesslich

$$d = \sqrt{6^2 + (-6)^2 + 3^2} = 9.$$

$\boxtimes$

2. Wir führen das Beispiel weiter und bestimmen den *Winkel* φ zwischen den oben genannten Vektoren $\vec{a}$ und $\vec{b}$. Dazu benützen wir die Formel (7). Wir rechnen sofort aus, dass $|\vec{a}| = \sqrt{21}$ und $|\vec{b}| = \sqrt{30}$ ist. Ferner ist das Skalarprodukt $\vec{ab} = 1 \cdot (-5) + (-4) \cdot 2 + 2 \cdot (-1) = -15$. Wir erhalten

$$\cos \varphi = \frac{\vec{ab}}{|\vec{a}|\,|\vec{b}|} = -\frac{15}{\sqrt{630}} = -0.5976 \quad \text{und somit} \quad \varphi = 126.7°.$$

$\boxtimes$

3. Schliesslich berechnen wir noch den Flächeninhalt des Dreiecks OAB. Der Trick ist hier, dass man das Vektorprodukt verwenden kann. Gemäss Definition (siehe (1.9.b)) ist ja der Betrag $|\vec{a} \times \vec{b}|$ gleich dem Inhalt des von $\vec{a}$ und $\vec{b}$ aufgespannten Parallelogramms. Der Inhalt des angegebenen Dreiecks ist dann die Hälfte davon. Ohne grosse Mühe berechnet man mit Formel (5) dass

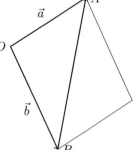

$$\vec{a} \times \vec{b} = \begin{pmatrix} 0 \\ -9 \\ -18 \end{pmatrix}$$

ist. Wegen $|\vec{a} \times \vec{b}| = \sqrt{405} = 20.12$ hat das Dreieck OAB den Flächeninhalt 10.06.

$\boxtimes$

4. Gesucht ist eine Parameterdarstellung der Geraden g durch die Punkte A und B von Beispiel 1. Nach (1.10.a) ist eine solche gegeben durch

$$\vec{r} = \vec{a} + t(\vec{b} - \vec{a}).$$

Aus 1. entnehmen wir die Koordinaten der Vektoren $\vec{a}$ und $\vec{b} - \vec{a} = -(\vec{a} - \vec{b})$ und erhalten

$$\vec{r} = \vec{r}(t) = \begin{pmatrix} 1 \\ -4 \\ 2 \end{pmatrix} + t \begin{pmatrix} -6 \\ 6 \\ -3 \end{pmatrix} = \begin{pmatrix} 1 - 6t \\ -4 + 6t \\ 2 - 3t \end{pmatrix}.$$

Der Punkt $R(x, y, z)$ liegt also genau dann auf g, wenn seine Koordinaten die Form $x = 1 - 6t$, $y = -4 + 6t$, $z = 2 - 3t$ haben.

Wir fragen uns nun noch, ob der Nullpunkt auf dieser Geraden liege. Wäre dem so, so gäbe es einen Parameterwert t_0 mit $\vec{x}(t_0) = \vec{0}$. Es müsste dann gelten

$$1 - 6t_0 = 0$$

$$-4 + 6t_0 = 0$$

$$2 - 3t_0 = 0.$$

Die dritte Gleichung liefert $t_0 = \frac{2}{3}$, dieser Wert erfüllt auch die zweite Gleichung, nicht aber die erste. Dies bedeutet, dass $\vec{r}(t)$ niemals $= \vec{0}$ ist: Der Nullpunkt liegt nicht auf unserer Geraden. $\boxtimes$

5. Wir möchten — aus was für Gründen auch immer — nachweisen, dass das von den vier Punkten $P(1, 0, -2)$, $Q(3, 1, -4)$, $R(7, -1, -1)$, $S(5, -2, 1)$ gebildete (räumliche) Viereck $PQRS$ ein (ebenes) Rechteck ist. Wir betrachten zunächst die vier Ortsvektoren

$$\vec{p} = \overrightarrow{OP} = \begin{pmatrix} 1 \\ 0 \\ -2 \end{pmatrix}, \vec{q} = \overrightarrow{OQ} = \begin{pmatrix} 3 \\ 1 \\ -4 \end{pmatrix}, \vec{r} = \overrightarrow{OR} = \begin{pmatrix} 7 \\ -1 \\ -1 \end{pmatrix}, \vec{s} = \overrightarrow{OS} = \begin{pmatrix} 5 \\ -2 \\ 1 \end{pmatrix}.$$

Dann ist

$$\overrightarrow{PQ} = \vec{q} - \vec{p} = \begin{pmatrix} 2 \\ 1 \\ -2 \end{pmatrix}, \quad \overrightarrow{SR} = \vec{r} - \vec{s} = \begin{pmatrix} 2 \\ 1 \\ -2 \end{pmatrix}.$$

Somit ist $\overrightarrow{PQ} = \overrightarrow{SR}$, was nach (2.3) bedeutet, dass die Vektoren $\overrightarrow{PQ}$ und $\overrightarrow{SR}$ parallel und gleich lang sind. Ebenso sind $\overrightarrow{PS}$ und $\overrightarrow{QR}$ parallel und gleich lang. Die Figur ist also schon mal ein Parallelogramm (und daher liegen P, Q, R und S in einer Ebene).

Um noch nachzuweisen, dass es sich um ein Rechteck handelt, genügt es zu zeigen, dass $\overrightarrow{PQ}$ und $\overrightarrow{QR}$ senkrecht aufeinander stehen, d.h., dass das Skalarprodukt der beiden Vektoren gleich Null ist (1.8.c.4). Dies trifft aber zu, denn es ist

$$\overrightarrow{PQ} \, \overrightarrow{QR} = \begin{pmatrix} 2 \\ 1 \\ -2 \end{pmatrix} \begin{pmatrix} 4 \\ -2 \\ 3 \end{pmatrix} = 0. \qquad \boxtimes$$

6. Wir suchen eine *Gleichung der Ebene*, die auf dem Vektor

$$\vec{n} = \begin{pmatrix} 2 \\ 1 \\ -1 \end{pmatrix}$$

senkrecht steht und die durch den Punkt $A(1, 0, -2)$ geht.

In (1.10.b) haben wir gesehen, dass der Endpunkt des Vektors $\vec{r} = \overrightarrow{OR}$ genau dann in der gesuchten Ebene liegt, wenn $\vec{n}(\vec{r} - \vec{a}) = 0$ ist , mit $\vec{a} = \overrightarrow{OA}$. Wir brauchen daher bloss noch die richtigen Zahlen in diese Formel einzusetzen.

$$\text{Mit} \quad \vec{n} = \begin{pmatrix} 2 \\ 1 \\ -1 \end{pmatrix}, \vec{a} = \begin{pmatrix} 1 \\ 0 \\ -2 \end{pmatrix}, \vec{r} = \begin{pmatrix} x \\ y \\ z \end{pmatrix} \quad \text{ist } \vec{r} - \vec{a} = \begin{pmatrix} x - 1 \\ y \\ z + 2 \end{pmatrix},$$

und die Formel für das Skalarprodukt liefert

$$\vec{n}(\vec{r} - \vec{a}) = 2(x - 1) + y - (z + 2) ,$$

woraus sich durch Zusammenfassen die Ebenengleichung

$$2x + y - z = 4$$

ergibt. Beachten Sie, dass die Koeffizienten 2, 1, -1 von x, y, z gerade die Koordinaten des gegebenen Normalenvektors $\vec{n}$ sind. Allgemein hat die Ebenengleichung also die Form

$$ax + by + cz = d ,$$

wo

$$\vec{n} = \begin{pmatrix} a \\ b \\ c \end{pmatrix}$$

ein Normalenvektor zur Ebene ist.   ⊠

Wir hätten daher die Ebenengleichung auch direkt in der Form $2x + y - z = d$ anschreiben können; die Grösse d hätten wir dann durch Einsetzen der Koordinaten des in der Ebene liegenden Punktes $A(1, 0, -2)$ gewonnen: $d = 2 \cdot 1 + 0 - (-2) = 4$.

Schliesslich sei noch bemerkt, dass die Ebenengleichung nicht eindeutig bestimmt ist. Man kann sie nämlich noch mit einer beliebigen Zahl multiplizieren. So beschreibt etwa die Gleichung

$$-4x - 2y + 2z = -8$$

dieselbe Ebene; dies in Übereinstimmung mit der Tatsache, dass auch

$$-2\vec{n} = \begin{pmatrix} -4 \\ -2 \\ 2 \end{pmatrix}$$

ein Normalenvektor der Ebene ist.

Als Anschlussaufgabe bestimmen wir noch den Durchstosspunkt P der Geraden g aus 4. mit unserer Ebene. Seine Koordinaten $x = 1 - 6t$, $y = -4 + 6t$, $z = 2 - 3t$ müssen auch die obige Ebenengleichung erfüllen, d.h., es muss $2(1 - 6t) + (-4 + 6t) - (2 - 3t) = 4$ sein. Dies trifft zu für $t = -\frac{8}{3}$. Der Durchstosspunkt hat daher die Koordinaten $P(17, -20, 10)$. $\boxtimes$

7. Als letzte Grundaufgabe bestimmen wir die *Gleichung der Ebene*, welche durch die drei Punkte $A(2, 0, 1)$, $B(1, 1, 2)$ und $C(-1, 0, -1)$ geht. Wir führen dazu die Überlegungen von (1.10.c) zahlenmässig durch. Wir benötigen die drei Ortsvektoren

$$\vec{a} = \overrightarrow{OA} = \begin{pmatrix} 2 \\ 0 \\ 1 \end{pmatrix}, \quad \vec{b} = \overrightarrow{OB} = \begin{pmatrix} 1 \\ 1 \\ 2 \end{pmatrix}, \quad \vec{c} = \overrightarrow{OC} = \begin{pmatrix} -1 \\ 0 \\ -1 \end{pmatrix},$$

sowie die Differenzen

$$\vec{b} - \vec{a} = \begin{pmatrix} -1 \\ 1 \\ 1 \end{pmatrix} \quad \text{und} \quad \vec{c} - \vec{a} = \begin{pmatrix} -3 \\ 0 \\ -2 \end{pmatrix}.$$

Wir berechnen den Normalenvektor $\vec{n} = (\vec{b} - \vec{a}) \times (\vec{c} - \vec{a})$ und erhalten dafür nach der bekannten Formel

$$\vec{n} = \begin{pmatrix} -2 \\ -5 \\ 3 \end{pmatrix}.$$

Der Punkt $R(x, y, z)$ liegt genau dann in der Ebene, wenn für $\vec{r} = \overrightarrow{OR}$ gilt:

$$\vec{n}(\vec{r} - \vec{a}) = 0.$$

Für dieses Skalarprodukt erhalten wir

$$\begin{pmatrix} -2 \\ -5 \\ 3 \end{pmatrix} \begin{pmatrix} x - 2 \\ y \\ z - 1 \end{pmatrix} = -2(x - 2) + (-5)y + 3(z - 1) = 0$$

oder umgeformt

$$2x + 5y - 3z = 1.$$

Zur Kontrolle können Sie durch Einsetzen feststellen, dass die Koordinaten der drei Punkte A, B, C tatsächlich alle diese Gleichung erfüllen. $\boxtimes$

8. Die obige Aufgabe kann auch unter Verwendung der Parameterdarstellung einer Ebene (1.10.d) gelöst werden. Wir setzen die Werte für $\vec{a}$, $\vec{b} - \vec{a}$ und $\vec{c} - \vec{a}$ in die dort angegebene Formel ein und erhalten

$$\vec{r} = \vec{a} + t(\vec{b} - \vec{a}) + u(\vec{c} - \vec{a}) = \begin{pmatrix} 2 \\ 0 \\ 1 \end{pmatrix} + t \begin{pmatrix} -1 \\ 1 \\ 1 \end{pmatrix} + u \begin{pmatrix} -3 \\ 0 \\ -2 \end{pmatrix} = \begin{pmatrix} 2 - t - 3u \\ t \\ 1 + t - 2u \end{pmatrix},$$

mit $t, u \in \mathbb{R}$.   ⊠

In Koordinaten aufgeschrieben, sieht die obige Darstellung so aus:

$$x = 2 - t - 3u$$
$$y = t$$
$$z = 1 + t - 2u \,.$$

Wir eliminieren nun die Parameter t und u in der für lineare Gleichungssysteme üblichen Weise. Addition der ersten beiden Gleichungen einerseits und Subtraktion der zweiten von der dritten Gleichung anderseits liefert uns das Gleichungspaar

$$x + y = 2 - 3u$$
$$z - y = 1 - 2u \,.$$

Nun multiplizieren wir noch die erste Gleichung mit 2, die zweite mit -3 und addieren erneut. Es folgt

$$2x + 5y - 3z = 1 \,,$$

also gerade die in 7. gefundene Ebenengleichung. Auf diese Art kann man generell von der Parameterdarstellung zur Ebenengleichung übergehen.

(2.8) Zusammenstellung

In der untenstehenden Tabelle sind die wichtigsten Begriffe der Vektorrechnung in ihrer "geometrischen" (Kapitel 1) und ihrer "analytischen" (Kapitel 2) Erscheinungsform zusammengestellt.

	geometrisch	mit Koordinaten
Vektoren		$\vec{a} = \begin{pmatrix} a_1 \\ a_2 \\ a_3 \end{pmatrix}, \quad \vec{b} = \begin{pmatrix} b_1 \\ b_2 \\ b_3 \end{pmatrix}$
Summe $\vec{a} + \vec{b}$		$\vec{a} + \vec{b} = \begin{pmatrix} a_1 + b_1 \\ a_2 + b_2 \\ a_3 + b_3 \end{pmatrix}$
Differenz $\vec{a} - \vec{b}$		$\vec{a} - \vec{b} = \begin{pmatrix} a_1 - b_1 \\ a_2 - b_2 \\ a_3 - b_3 \end{pmatrix}$
Vielfaches $r\vec{a} \; (r \in \mathbb{R})$		$r\vec{a} = \begin{pmatrix} ra_1 \\ ra_2 \\ ra_3 \end{pmatrix}$
Skalarprodukt $\vec{a}\vec{b}$	Länge von $\vec{a}$ mal Länge von $\vec{b}$ mal Cosinus des Zwischenwinkels	$\vec{a}\vec{b} = a_1 b_1 + a_2 b_2 + a_3 b_3$
Vektorprodukt $\vec{a} \times \vec{b}$		$\vec{a} \times \vec{b} = \begin{pmatrix} a_2 b_3 - a_3 b_2 \\ a_3 b_1 - a_1 b_3 \\ a_1 b_2 - a_2 b_1 \end{pmatrix}$
Betrag $|\vec{a}|$	Länge des Vektors	$|\vec{a}| = \sqrt{a_1^2 + a_2^2 + a_3^2}$
Winkel φ zwischen $\vec{a}$ und $\vec{b}$		$\cos \varphi = \dfrac{\vec{a}\vec{b}}{|\vec{a}| \cdot |\vec{b}|}$

$(2.\infty)$ Aufgaben

2–1 Die Punkte $O(0,0,0)$, $A(3,2,-2)$, $C(0,2,-1)$ sind Ecken eines Parallelogramms, wobei sich A und C gegenüberliegen.
 a) Bestimmen Sie die vierte Ecke B.
 b) Wie lang sind die Diagonalen OB und AC?
 c) Bestimmen Sie den spitzen Winkel zwischen den Diagonalen.
 d) Geben Sie die beiden Einheitsvektoren an, die normal zur Parallelogrammebene stehen.

2–2 Die Gerade g geht durch die Punkte $A(1,0,1)$ und $B(3,2,-1)$. Die Gerade h geht durch $P(5,8,-1)$ und hat den Richtungsvektor

$$\vec{q} = \begin{pmatrix} 3 \\ 1 \\ -4 \end{pmatrix}.$$

Schneiden sich die beiden Geraden? Wenn ja, in welchem Punkt?

2–3 Wie lautet die Gleichung der Ebene, welche durch die Punkte $A(3,-1,1)$, $B(0,2,2)$, $C(-2,4,0)$ geht? Skizzieren Sie die Ebene in einem kartesischen Koordinatensystem.

2–4 Die Ebene E geht durch den Punkt $(0,2,0)$ und steht normal zu $\vec{n}$, die Ebene F geht durch den Punkt $(0,1,2)$ und steht normal zu $\vec{m}$ mit

$$\vec{n} = \begin{pmatrix} 2 \\ 1 \\ -1 \end{pmatrix}, \ \vec{m} = \begin{pmatrix} 1 \\ 3 \\ 1 \end{pmatrix}.$$

 a) Wie lauten die beiden Ebenengleichungen?
 b) Geben Sie eine Parameterdarstellung der Schnittgeraden von E und F an.

2–5 Gegeben sind die Punkte $A(1,-2,2)$, $B(5,2,3)$, $P(1,3,4)$ und $Q(7,-1,2)$. Über welchem Punkt der x-y–Ebene kreuzen sich die Strecken AB und PQ? Welche liegt an dieser Stelle höher, und wie gross ist der Höhenunterschied?

2–6 Zwei Häuser sind im rechten Winkel aneinandergebaut. Die Dachflächen des ersten Hauses haben einen Neigungswinkel von $25°$, jene des zweiten Hauses einen solchen von $35°$. Bestimmen Sie den Neigungswinkel der Schnittgeraden (alle Neigungswinkel beziehen sich auf die Horizontalebene).

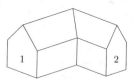

2–7 Gegeben sind die Vektoren

$$\vec{p} = \begin{pmatrix} -6 \\ 0 \\ 12 \end{pmatrix} \quad \text{und} \quad \vec{a} = \begin{pmatrix} 1 \\ -2 \\ 2 \end{pmatrix}.$$

Zerlegen Sie $\vec{p}$ in eine Summe $\vec{p} = \vec{q} + \vec{r}$ so, dass $\vec{q}$ parallel und $\vec{r}$ senkrecht zu $\vec{a}$ ist. (Verwenden Sie das Skalarprodukt, um die Projektion von $\vec{p}$ auf $\vec{a}$ zu bestimmen, vgl. Aufgabe 1–14.)

2–8 Von welchen Punkten der x-Achse aus sieht man die Punkte $A(3,2,1)$ und $B(-4,4,2)$ unter einem rechten Winkel?

Die Aufgaben 2–9 bis 2–11 gehen von der folgenden Situation aus: In den Punkten $A_0(1,3)$, $B_0(4,1)$ und $C_0(6,5)$ der x-y–Ebene (Längeneinheit 1 m) sind vertikale Masten $\mathcal{A}$, $\mathcal{B}$, $\mathcal{C}$ errichtet worden, deren obere Enden mit A, B, C bezeichnet werden. Diese Masten haben der Reihe nach die Höhe 6, 4, 5 m. (Die drei Aufgaben können unabhängig voneinander gelöst werden.)

2–9 Die Mastspitzen sollen die Ecken eines dreieckigen Daches sein.

    a) Berechnen Sie die Seitenlängen dieses Dreiecks.

    b) Wie gross sind dessen Winkel?

    c) Wie gross ist der Flächeninhalt des Daches?

2–10 Wir denken uns das durch die Mastspitzen $\mathcal{A}$, $\mathcal{B}$, $\mathcal{C}$ gelegte Dach unbegrenzt ausgedehnt.

    a) Wo schneidet es die x-y–Ebene?

    b) Bestimmen Sie seinen Schnittwinkel mit der x-y–Ebene.

    c) Im Punkt $D_0(4,3)$ soll ein weiterer Mast errichtet werden, der genau bis unters Dach reicht. Wie hoch ist er?

    d) Auf das Dach wird eine Kugel gelegt. In welche Richtung $\vec{q}$ rollt sie? (Vgl. Aufgabe 1–19.)

2–11 Das Dach ist entfernt worden. Es sind aber noch die Dachlatten von der Spitze des Mastes $\mathcal{A}$ zu den Spitzen der Masten $\mathcal{B}$ und $\mathcal{C}$ übriggeblieben. Das Licht der Sonne fällt in Richtung $(2, 1, -1)$ ein.

    a) Wo liegt der Schatten der Spitze von $\mathcal{A}$?

    b) Wie lang sind die Schatten der beiden Dachlatten?

    c) Wie gross ist der Winkel, der diese beiden Schatten bilden?

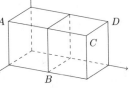

2–12 Die eingezeichneten Würfel haben beide die Kantenlänge 1 m. In den Punkten A, B, C, D befinden sich die folgenden Massen (in kg): A: 2, B: 3, C: 4, D: 1. Bestimmen Sie die Koordinaten des Schwerpunktes des Systems $ABCD$.

2–13 In der Situation von Aufgabe 2–12 betrachten wir die Richtungsvektoren $\vec{f} = \overrightarrow{OA}$ und $\vec{g} = \overrightarrow{OB}$ (beachten Sie, dass dies keine Einheitsvektoren sind). In O greift eine Kraft $\vec{F}$ vom Betrag 100 N (Newton) in Richtung $\vec{f}$ an; die Kraft $\vec{G}$ hat die Richtung $\vec{g}$.

    a) Wie gross muss der Betrag von $\vec{G}$ sein, damit die Resultierende $\vec{R}$ von $\vec{F}$ und $\vec{G}$ den Betrag 150 N hat?

    b) Bestimmen Sie die Winkel zwischen $\vec{F}$ und $\vec{R}$.

2–14 Wenn auf einen im Punkt P befindlichen Massenpunkt die Kraft $\vec{F}$ wirkt, so ist sein Drehmoment (bzgl. O) $\vec{M}_O$ gegeben durch $\vec{M}_O = \vec{r} \times \vec{F}$, wo $\vec{r} = \overrightarrow{OP}$ ist. Wir verwenden die Skizze von Aufgabe 2–12. Der Massenpunkt befindet sich in C; die Kraft $\vec{F}$ hat die Richtung $\overrightarrow{CB}$ und den Betrag 4 N (Newton). Berechnen Sie die Koordinaten des Vektors $\vec{M}_O$ sowie seinen Betrag.

2–15 Im Erdmittelpunkt O bringen wir ein kartesisches Koordinatensystem an, in welchem die z-Achse zum Nordpol und die x-Achse zum Nullmeridian zeigt. Die Längeneinheit sei 1 km. Die Universität Zürich Irchel (Punkt Z) liegt auf ca. $8°33'$ E Länge und $47°24'$ N Breite. Der mittlere Erdradius beträgt 6371 km. Der geostationäre Satellit Meteosat (M) "steht" auf $0°$ Länge über dem Äquator. Sein Bahnradius beträgt 42278 km.

    a) Geben Sie die Koordinaten der Vektoren $\overrightarrow{OZ}$ und $\overrightarrow{OM}$ an (auf km genau).

    b) Unter welchem Winkel (sog. Elevation) gegenüber der Horizontalebene muss man eine Empfangsantenne für Meteosat in Zürich ausrichten?

B. DIFFERENTIALRECHNUNG

3. BEISPIELE ZUM BEGRIFF DER ABLEITUNG

(3.1) Überblick

Ich gehe davon aus, dass Sie schon früher Kontakt mit der Differentialrechnung gehabt haben. Deshalb werden hier vor allem jene Gegenstände betont und teils auch repetiert, welche für die Anwendungen in den Naturwissenschaften von Bedeutung sind.

Für diese Anwendungen ist es zunächst wichtig, zu erkennen, dass die *Ableitung einer Funktion* eine mathematische Begriffsbildung ist, welche *(3.5)* zwingend benötigt wird, wenn man gewisse anschauliche Vorstellungen wie jene der *Geschwindigkeit* (und viele andere, zu denen als sehr bekannter *(3.2)* Fall die *Tangentensteigung* gehört) in eine exakte Definition umsetzen will. *(3.4)*

Allgemein (und deshalb etwas vage) kann man sagen, dass die Ableitung einer Funktion an einer Stelle Auskunft darüber gibt, wie sich die Funktion dort ändert. In Kapitel 7 werden wir allerdings noch eine etwas andere Anwendung der Ableitung kennenlernen: Sie liefert die bestmögliche Approximation einer Funktion durch eine lineare Funktion.

In diesem Kapitel werden zuerst einige Beispiele besprochen, in denen man von der Sache her automatisch auf die Ableitung geführt wird. Die präzisen Definitionen folgen in Kapitel 4. Als Vorbereitung dazu wird im vorliegenden Kapitel noch der Begriff des *Grenzwerts* einer Funktion *(3.6)* behandelt.

(3.2) Geschwindigkeit

Wenn man mit dem Auto eine Strecke von 150 km in zwei Stunden zurückgelegt hat, so betrug die Durchschnittsgeschwindigkeit in diesem Zeitraum offenbar 75 km/h gemäss der Formel

$$\text{Durchschnittsgeschwindigkeit} = \frac{\text{zurückgelegte Strecke}}{\text{benötigte Zeit}}.$$

Für den Fahrbetrieb ist aber neben der Durchschnittsgeschwindigkeit vor allem die Momentangeschwindigkeit, also die Geschwindigkeit in einem bestimmten Zeitpunkt, wichtig, so wie sie vom Tachometer angezeigt wird.

Zwar hat man aus der Erfahrung ein recht genaues Gefühl dafür, was die Momentangeschwindigkeit bedeutet, doch ist es nicht ganz offensichtlich, wie diese Vorstellung

© Springer Nature Switzerland AG 2020
C. Luchsinger, H. H. Storrer, *Einführung in die mathematische Behandlung der Naturwissenschaften I*, Grundstudium Mathematik, https://doi.org/10.1007/978-3-030-40158-0_2

mit einer Formel auszudrücken ist. Sicher kann die obenstehende Beziehung nicht verwendet werden, denn die Grössen "zurückgelegte Strecke" und "benötigte Zeit" beziehen sich auf ein Zeitintervall und nicht auf einen Zeitpunkt.

Die oben berechnete Durchschnittsgeschwindigkeit über einen Zeitraum von zwei Stunden hat zweifellos nicht viel mit der Idee der Momentangeschwindigkeit zu tun. Betrachtet man aber eine viel kürzere Zeitspanne, z.B. 1 Sekunde, so stimmt die Durchschnittsgeschwindigkeit in diesem Zeitraum schon sehr gut mit dem überein, was man intuitiv unter "Momentangeschwindigkeit" versteht, und die Übereinstimmung wird offenbar um so besser, je kleiner die Zeitspanne wird. Die Momentangeschwindigkeit kann deshalb als Grenzfall der Durchschnittsgeschwindigkeit für immer kleiner werdende Zeitintervalle aufgefasst werden.

Diesen Gedankengang wollen wir nun mathematisch ausdrücken. Einfachheitshalber nehmen wir an, dass sich das Auto geradlinig bewegt. Wir führen daher ein "eindimensionales" Koordinatensystem ein, dessen Achse mit der Bewegungsrichtung zusammenfällt. Zur Zeit t befinde sich das Auto im Punkt mit der Koordinate $s(t)$.

$$s(t)$$

Wir betrachten nun zwei Zeitpunkte t_0 und t_1 mit $t_1 > t_0$. Zu diesen Zeiten ist das Auto bei $s(t_0)$ bzw. $s(t_1)$:

$$s(t_0) \qquad s(t_1)$$

$$\Delta s$$

In der Zeit von t_0 bis t_1, also im Zeitintervall der Länge $\Delta t = t_1 - t_0$, hat es eine Strecke der Länge $\Delta s = s(t_1) - s(t_0)$ zurückgelegt. Somit ist

$$v = \frac{\Delta s}{\Delta t} = \frac{s(t_1) - s(t_0)}{t_1 - t_0}$$

die *Durchschnittsgeschwindigkeit* des Autos im untersuchten Zeitintervall.

Ist $s(t_1) < s(t_0)$, so hat sich unser Auto von rechts nach links bewegt, also entgegen der Orientierung der Bewegungsachse. In diesem Fall wird Δs und damit v negativ (vgl. auch die Bemerkung weiter unten).

Wie schon erwähnt, wird die intuitive Idee der Momentangeschwindigkeit im Zeitpunkt t_0 um so besser realisiert, je kleiner man das Zeitintervall wählt, je näher also t_1 an t_0 heranrückt.

Wir lassen daher t_1 gegen t_0 streben, d.h. wir betrachten den folgenden Grenzwert (vgl. (3.6)); statt t_1 schreiben wir einfach t:

$$\lim_{t \to t_0} \frac{s(t) - s(t_0)}{t - t_0} = \lim_{\Delta t \to 0} \frac{\Delta s}{\Delta t} .$$

Aufgrund der Herleitung drückt nun dieser Grenzwert gerade unsere anschauliche Vorstellung von der "Momentangeschwindigkeit" aus. Wir haben also einen intuitiven Begriff in eine exakte mathematische Definition übersetzt:

Die *Momentangeschwindigkeit* $v_0 = v(t_0)$ zur Zeit t_0 ist gegeben durch die Formel

$$v_0 = \lim_{t \to t_0} \frac{s(t) - s(t_0)}{t - t_0} \ .$$

Dieser Ausdruck wirkt auf den ersten Blick vielleicht etwas kompliziert, weil er einen Grenzübergang enthält, er ist aber die einzige Möglichkeit, den Begriff der Momentangeschwindigkeit überhaupt zu definieren.

Bemerkung

Es wurde schon in (1.2.a) erwähnt, dass die Geschwindigkeit eigentlich ein Vektor ist, denn es kommt sowohl auf die Grösse als auf die Richtung an. Da hier aber eine geradlinige Bewegung vorausgesetzt wird, ist die Richtung gegeben, und die Geschwindigkeit kann (als "eindimensionaler Vektor") durch eine einzige Zahl beschrieben werden, welche je nach Bewegungsrichtung positiv oder negativ sein kann. Der Betrag dieser Zahl heisst auch "Schnelligkeit". (Im täglichen Leben braucht man dafür bekanntlich meist das Wort "Geschwindigkeit", was aber keine Verwirrung stiften sollte.) Der allgemeinste Fall wird in (8.4) besprochen.

(3.3) Wachstumsgeschwindigkeit

Es sei $N = N(t)$ die von der Zeit t abhängige Grösse einer Bakterienkultur. Für zwei Zeitpunkte t_0 und t_1 ($t_0 < t_1$) ist $\Delta N = N(t_1) - N(t_0)$ der *Zuwachs* im Zeitintervall $[t_0, t_1]$. (ΔN kann auch negativ sein, ein negativer Zuwachs entspricht einfach einer Abnahme).

Um eine Vorstellung von der Schnelligkeit des Wachstums zu erhalten, muss man diesen Zuwachs ΔN natürlich auf die verflossene Zeit $\Delta t = t_1 - t_0$, d.h. auf die Länge des betrachteten Zeitintervalls, beziehen. Der Ausdruck

$$\frac{\Delta N}{\Delta t} = \frac{N(t_1) - N(t_0)}{t_1 - t_0}$$

stellt den mittleren Zuwachs pro Zeiteinheit dar, der auch "mittlere Wachstumsgeschwindigkeit" genannt wird.

Zur Terminologie: Die in solchen Fällen übliche Redewendung "pro Zeiteinheit" bezieht sich auf die Division durch Δt; das Adjektiv "mittlere" macht klar, dass nur Anfangs- und Endzustand (d.h. $N(t_0)$ und $N(t_1)$) berücksichtigt werden, nicht aber der genaue Wachstumsverlauf dazwischen.

Ähnlich wie im Beispiel (3.2) kann man sich für die *momentane Wachstumsgeschwindigkeit* interessieren. Sie wird erhalten, indem man das betrachtete Zeitintervall immer mehr verkleinert, und ist formelmässig durch

$$\lim_{\Delta t \to 0} \frac{\Delta N}{\Delta t} = \lim_{t_1 \to t_0} \frac{N(t_1) - N(t_0)}{t_1 - t_0}$$

definiert. Beachten Sie, dass der Grenzwert genau dieselbe Form wie jener in (3.2) hat.

Noch etwas zu den Fachausdrücken. Statt von Wachstumsgeschwindigkeit sprechen manche Autoren von Wachstumsrate. In diesem Skript wird aber unter der Wachstumsrate etwas anderes verstanden, nämlich der Quotient $N'(t)/N(t)$. Nähere Informationen stehen in (15.3.b).

(3.4) Tangente an eine Kurve

Wir betrachten den Graphen einer Funktion $y = f(x)$ und wählen einen Wert x_0 aus dem Definitionsbereich. (Die Kenntnis dieser Begriffe wird vorausgesetzt; sie sind in (26.9) zusammengestellt.)

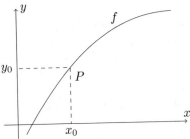

Wir möchten nun die Tangente an die Kurve im Punkt $P(x_0, y_0)$ bestimmen. Da diese jedenfalls durch P geht, genügt es, ihre Steigung anzugeben. Zu diesem Zweck führt man die folgende, Ihnen wohl von früher her bekannte, Betrachtung durch:

Wir wählen einen von x_0 verschiedenen Wert x_1 auf der x-Achse und betrachten neben $P(x_0, y_0)$ noch $P_1(x_1, y_1)$. Dabei kann x_1 sowohl $> x_0$ als auch $< x_0$ sein.

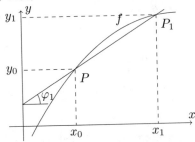

Die Steigung $a = \tan \varphi_1$ dieser Sekante ist gegeben durch

$$a = \frac{\Delta f}{\Delta x} = \frac{f(x_1) - f(x_0)}{x_1 - x_0}.$$

Lassen wir nun x_1 gegen x_0 streben, so wird sich die Sekante immer mehr jener Geraden nähern, die man vom Gefühl her die Tangente nennen wird.

Für die Steigung $\tan \varphi$ der Tangente wird man somit vernünftigerweise die folgende Definition treffen:

$$\tan \varphi = \lim_{\Delta x \to 0} \frac{\Delta f}{\Delta x} = \lim_{x \to x_0} \frac{f(x) - f(x_0)}{x - x_0} \, .$$

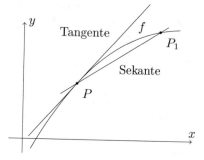

Wiederum hat der Grenzwert dieselbe Form wie in (3.2).

Es sei noch darauf hingewiesen, dass x sowohl von unten (von links) wie auch von oben (von rechts) gegen x_0 streben kann. Damit man in sinnvoller Weise von der Tangentensteigung an der Stelle x_0 sprechen darf, muss man in beiden Fällen denselben Wert $\tan \varphi$ für die Steigung erhalten (vgl. auch (4.4.c)).

Wir geben noch ein einfaches Zahlenbeispiel für die Funktion $f(x) = x^2$ und die Stelle $x_0 = 1$. Wichtig ist vor allem die letzte Kolonne, welche die Sekantensteigung angibt.

x	x_0	$\Delta x = $ $x - x_0$	$f(x) = $ x^2	$f(x_0) = $ x_0^2	$\Delta f = $ $f(x) - f(x_0)$	$\dfrac{\Delta f}{\Delta x}$
2	1	1	4	1	3	3
1.5	1	0.5	2.25	1	1.25	2.5
1.3	1	0.3	1.69	1	0.69	2.3
1.1	1	0.1	1.21	1	0.21	2.1
1.05	1	0.05	1.1025	1	0.1025	2.05
1.01	1	0.01	1.0201	1	0.0201	2.01
1.001	1	0.001	1.002001	1	0.002001	2.001

Wie Sie sehen (oder wenigstens erahnen), nähert sich die Sekantensteigung immer mehr dem Wert 2. Wenn Sie x von unten gegen 1 streben lassen (z.B. $x = 0.5, 0.9, 0.99 \ldots$), so kommen Sie ebenfalls auf den Wert 2. Die Steigung der Tangente an die Parabel $y = x^2$ im Punkt $x_0 = 1$ ist deshalb gleich 2 zu setzen. (Dies können Sie mit Hilfe der Ableitungsregeln auch direkt nachrechnen!)

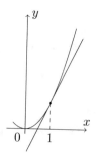

(3.5) Zusammenfassung

Der Versuch, einen anschaulich evidenten Sachverhalt formelmässig zu beschreiben, hat uns in drei ganz verschiedenen Situationen auf Grenzwerte derselben Art geführt, nämlich auf

$$\lim_{t \to t_0} \frac{s(t) - s(t_0)}{t - t_0} \quad , \quad \lim_{t_1 \to t_0} \frac{N(t_1) - N(t_0)}{t_1 - t_0} \quad , \quad \lim_{x \to x_0} \frac{f(x) - f(x_0)}{x - x_0} \; .$$

Es ist deshalb zweckmässig, derartige Grenzwerte rein mathematisch und losgelöst von der speziellen Problemstellung zu behandeln. Dies führt auf den wohlbekannten und wichtigen Begriff der *Ableitung* einer Funktion. Die drei Grenzwerte heissen dann der Reihe nach

Ableitung von	Ableitung von	Ableitung von
$s(t)$ an der	$N(t)$ an der	$f(x)$ an der
Stelle t_0,	Stelle t_0,	Stelle x_0.

Die Ableitung ist dabei als eine allgemeine mathematische Konstruktion aufzufassen, die es überhaupt erst ermöglicht, Begriffe wie Geschwindigkeit oder Tangentensteigung zu definieren. Sie ist also unentbehrlich, wenn man mit diesen Begriffen arbeiten will.

Es wäre indessen falsch, den Begriff der Ableitung nur gerade mit dem Tangentenproblem in Beziehung zu bringen. Allerdings ist diese Interpretation zur Veranschaulichung von gewissen Sachverhalten sehr geeignet, weil sich Graphen und Tangenten besser zeichnen lassen als z.B. Geschwindigkeiten.

Noch ein letzter Punkt in diesem Zusammenhang. Man hört manchmal den Einwand: "Ja, was nützt mir eine Definition wie 'Momentangeschwindigkeit = Ableitung der Funktion $s(t)$', wenn ich die Funktion $s(t)$ nicht kenne?" (wobei "kennen" gewöhnlich heissen soll: "Eine hübsche Formel anschreiben können"). Die Entgegnung hierauf ist die folgende: Es geht zunächst gar nicht darum, die Momentangeschwindigkeit zu berechnen, sondern vielmehr darum, sie überhaupt erst einmal sauber zu definieren. Und eben hierzu ist der Begriff der Ableitung das richtige Werkzeug. (Beachten Sie auch die vektorielle Definition in Kapitel 8). Übrigens wird dieses Werkzeug auch benötigt, wenn man die Tangente an eine Kurve exakt definieren will. Man benötigt dazu nämlich ihre Steigung, und diese kann erst dann definiert werden, wenn man den allgemeinen Begriff der Ableitung kennt.

Die präzisen Definitionen folgen in Kapitel 4. Zuerst müssen wir aber noch Grenzwerte von Funktionen behandeln.

(3.6) Grenzwerte von Funktionen

a) Beispiele

In den obigen Beispielen wurde ohne weiteren Kommentar vom Grenzwert (oder Limes) einer Funktion gesprochen. Wir wollen diesen Begriff nun soweit nötig erläutern.

Untersuchen wir noch einmal das Zahlenbeispiel am Schluss von (3.4). Wir haben dort den Ausdruck

$$\frac{\Delta f}{\Delta x} = \frac{f(x) - f(x_0)}{x - x_0} = \frac{x^2 - x_0^2}{x - x_0} = \frac{x^2 - 1}{x - 1}$$

für $x_0 = 1$ betrachtet und uns gefragt, was passiert, wenn x immer näher an 1 herankommt. Man kann nun allerdings nicht direkt $x = 1$ setzen, denn dann käme der sinnlose Ausdruck $\frac{0}{0}$ heraus. Ist jedoch x nahe bei 1, aber $\neq 1$, dann ist $\frac{x^2-1}{x-1}$ nahe bei 2, wie man der Tabelle entnimmt, und die Annäherung an 2 wird offenbar immer besser, je näher x an 1 herankommt.

Damit ist das Typische dieser Situation herausgeschält: Gegeben sei irgendeine Funktion g und eine Zahl x_0. Wir interessieren uns für das Verhalten der Funktionswerte $g(x)$, wenn x nahe bei x_0, aber $\neq x_0$ ist. Dabei spielt es keine Rolle, ob die Funktion g an der Stelle x_0 definiert ist oder nicht. Im obigen Beispiel ist $g(x) = (x^2-1)/(x-1)$, $x_0 = 1$ und g ist an der Stelle $x_0 = 1$ nicht definiert. Wir erläutern das Ganze an zwei weiteren Beispielen:

1) Es sei $g(x) = x+2$ und es sei $x_0 = 1$. Anschaulich ist unmittelbar klar: Wenn x nahe bei x_0, also nahe bei 1 ist, dann ist $g(x) = x + 2$ nahe bei $1+2 = 3$. (Das Wort nahe bezieht sich auf "beide Seiten von x_0", d.h., x kann < 1 und > 1 sein!)

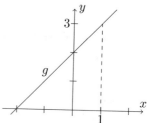

Man sagt, g habe an der Stelle 1 den Grenzwert 3 und schreibt

$$\lim_{x \to 1} g(x) = \lim_{x \to 1}(x + 2) = 3 \,.$$

2) Es sei $h(x) = \frac{x^2-4}{x-2}$ und es sei $x_0 = 2$. Diese rationale Funktion ist an der Stelle $x_0 = 2$ nicht definiert (Zähler und Nenner sind 0).

Was geschieht nun in der Nähe von $x_0 = 2$? Wenn x nahe bei 2, aber $\neq 2$ ist, dann ist $x-2 \neq 0$, und wir dürfen kürzen: Für alle $x \neq 2$ (auch wenn sie noch so nahe bei 2 sind) ist

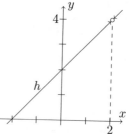

$$h(x) = \frac{x^2 - 4}{x - 2} = \frac{(x-2)(x+2)}{x - 2} = x + 2 \,.$$

Damit lässt sich auch der Graph leicht zeichnen: Für alle $x \neq 2$ ist $h(x) = x + 2$, der Graph ist also eine Gerade. Für $x = 2$ ist $h(x)$ nicht definiert, der Graph hat dort eine Lücke.

Wenn also x immer näher an 2 herankommt, dabei aber stets $\neq 2$ bleibt, dann kommt $h(x) = x + 2$ immer näher an $2 + 2 = 4$ heran. Wir haben damit gezeigt:

$$\lim_{x \to 2} h(x) = \lim_{x \to 2} \frac{x^2 - 4}{x - 2} = 4 \ .$$

b) Die Definition

Gestützt auf die obigen anschaulichen Beispiele setzen wir folgendes fest:

Die Zahl r heisst der *Grenzwert* (oder *Limes*) der Funktion g an der Stelle x_0, wenn $g(x)$ beliebig nahe bei r liegt, für alle x ($x > x_0$ und $x < x_0$), die genügend nahe bei x_0 sind, wobei aber stets $x \neq x_0$ sein muss. Man schreibt für diesen Sachverhalt:

$$\lim_{x \to x_0} g(x) = r \quad \text{oder} \quad g(x) \to r \quad \text{für} \quad x \to x_0 \ .$$

Beachtenswert ist, dass zur Bestimmung von $\lim\limits_{x \to x_0} g(x)$ nur die Funktionswerte $g(x)$ für $x \neq x_0$ eine Rolle spielen. Die Funktion g braucht an der Stelle x_0 nicht einmal definiert zu sein.

Der letztgenannte Sachverhalt tritt bei der Berechnung der Ableitung immer ein, siehe aber auch Beispiel 2) oben. In anderen Fällen kann $g(x_0)$ zwar existieren, hat dann aber keinen Einfluss auf $\lim\limits_{x \to x_0} g(x)$. (Vgl. jedoch (4.6)).

Ergänzung: Präzise Definition des Grenzwertes

Für das anschauliche Verständnis genügt die obige Beschreibung des Grenzwerts. Für den Mathematiker ist sie allerdings zu wenig exakt, weil nicht genau gesagt wird, was "beliebig nahe" heissen soll. Die Tatsache, dass $g(x)$ beliebig nahe bei r liegt, lässt sich wie folgt umschreiben:

Der Abstand $|g(x) - r|$ (vgl. (26.8)) wird kleiner als jede beliebig vorgegebene, noch so kleine positive Zahl ε, und zwar für alle $x \neq x_0$, welche nahe genug bei x_0 sind, d.h. für welche $|x - x_0|$ kleiner als eine gewisse positive (und von ε abhängige) Zahl δ ist. Damit ist die folgende Definition motiviert:

Es sei $g : D \to \mathbb{R}$ eine Funktion und es sei $x_0 \in \mathbb{R}$. Die Zahl r heisst der Grenzwert von g an der Stelle x_0, falls folgende Bedingung erfüllt ist:

Zu jedem $\varepsilon > 0$ existiert ein $\delta > 0$, so dass $|g(x) - r| < \varepsilon$ ist für alle $x \in D$, $x \neq x_0$ mit $|x - x_0| < \delta$.

(Zusätzlich muss noch verlangt werden, dass es für jedes $\delta > 0$ überhaupt Zahlen x mit $x \in D$, $x \neq x_0$ und $|x - x_0| < \delta$ gibt.)

Man kann sich ε als "maximale zugelassene Abweichung" des Funktionswerts $y = f(x)$ vom Grenzwert r denken. Zu diesem gegebenen ε sucht man sich eine "Toleranz" der x–Werte derart, dass für jedes x, das um weniger als δ von x_0 abweicht, der Wert $f(x)$ innerhalb der maximalen zugelassenen Abweichung von r liegt, d.h. von r um weniger als ε abweicht. Die obige Bedingung besagt nun gerade, dass zu jeder (noch so kleinen) Maximalabweichung $\varepsilon > 0$ eine solche Toleranz $\delta > 0$ gefunden werden kann. Ähnliche Betrachtungen finden Sie in (4.6.d) und (19.2.b).

Wir werden diese etwas abstrakte Definition nur noch einmal — in (4.6.f) — verwenden. Sie ist aber unentbehrlich für genauere Untersuchungen über Grenzwerte. Aus ihr folgt z.B., dass der

Grenzwert, falls er existiert, eindeutig bestimmt ist (was erlaubt, den bestimmten Artikel zu verwenden!). Man benutzt sie auch, um die in (27.3.e) aufgelisteten, aber im vorliegenden Kapitel nicht weiter verwendeten, Rechenregeln für Grenzwerte zu beweisen.

c) Zur Existenz von Grenzwerten

Es kann vorkommen, dass der Grenzwert gar nicht existiert. Betrachten wir z.B. die Funktion

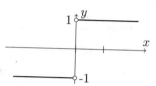

$$g(x) = \frac{|x|}{x} = \begin{cases} -1 & x < 0 \\ 1 & x > 0 \end{cases}$$

an der Stelle $x_0 = 0$ (wo sie nicht definiert ist).

Nähert man sich von links der "kritischen" Stelle 0, so strebt der Funktionswert natürlich gegen -1, nähert man sich dieser Stelle aber von rechts, so strebt er gegen 1. Es gibt also keine Zahl r derart, dass $g(x)$ nahe bei r wäre für alle x in der Nähe von 0: Der Limes von g an der Stelle 0 existiert nicht.

d) Varianten des Grenzwertbegriffs

Im Fall c) kann man von *einseitigen Grenzwerten* sprechen. Man sagt bzw. schreibt hier

− der Grenzwert von unten ist $= -1 :\quad \lim_{x\uparrow 0} g(x) = -1$ oder $\lim_{x\to 0^-} g(x) = -1$

− der Grenzwert von oben ist $= 1 :\quad \lim_{x\downarrow 0} g(x) = 1$ oder $\lim_{x\to 0^+} g(x) = 1$.

Es ist leicht einzusehen, dass der (normale) Grenzwert genau dann existiert, wenn die beiden einseitigen Grenzwerte existieren und gleich sind.

Zum Schluss erwähnen wir noch einige weitere, ziemlich selbstevidente, Varianten von Grenzwerten:

1) Man schreibt $\lim_{x\to\infty} g(x) = r$, falls $g(x)$ um so näher an r herankommt, je grösser x wird. (Analog für $x \to -\infty$).

2) Man schreibt $\lim_{x\to\infty} g(x) = \infty$, falls $g(x)$ beliebig gross (grösser als jede vorgegebene Zahl) wird, wenn nur x genügend gross ist. (Analog für $-\infty$ statt ∞.)

3) Man schreibt $\lim_{x\to x_0} g(x) = \infty$, falls $g(x)$ beliebig gross wird, für alle x, die genügend nahe bei x_0 liegen. Hievon gibt es auch einseitige Varianten, vgl. das dritte der untenstehenden Beispiele.

Die folgenden Skizzen (mit je einem konkreten Beispiel) illustrieren die Situation besser als Worte.

3.∞ Aufgaben

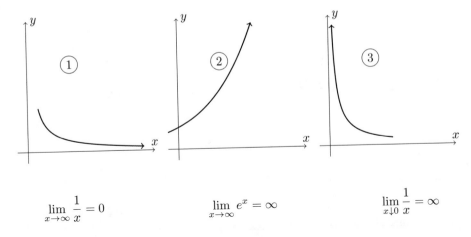

$$\lim_{x \to \infty} \frac{1}{x} = 0 \qquad\qquad \lim_{x \to \infty} e^x = \infty \qquad\qquad \lim_{x \downarrow 0} \frac{1}{x} = \infty$$

e) <u>Schlussbemerkung</u>

Im nächsten Kapitel werden wir die Ableitung im Detail besprechen. Auch dort haben wir Grenzwerte zu betrachten, allerdings nicht von der eigentlich zur Diskussion stehenden Funktion $f(x)$, sondern von der etwas komplizierteren Funktion

$$x \mapsto \frac{f(x) - f(x_0)}{x - x_0}, \quad (x \text{ variabel, } x_0 \text{ fest}) .$$

Diese Funktion ist an der Stelle x_0 nicht definiert. Trotzdem kann man aber, wie wir gesehen haben, von ihrem Grenzwert an der Stelle x_0 sprechen.

(3.∞) Aufgaben

Zu diesem Kapitel passen die Aufgaben 4−1 bis 4−8. In diesen Aufgaben werden aber einige Begriffe und Bezeichnungen verwendet, die erst in Kapitel 4 "offiziell" eingeführt werden, weshalb sie erst dort erscheinen. Wahrscheinlich sind Ihnen diese Begriffe aber ohnehin vertraut, so dass Sie ohne weiteres etwas vorausgucken dürfen.

4. DIE ABLEITUNG (ENGLISCH: DERIVATIVE)

(4.1) Überblick

In diesem Kapitel geht es vor allem darum, den Begriff der *Ableitung* $f'(x_0)$ in seiner allgemeinen Form zu definieren:

$$f'(x_0) = \lim_{x \to x_0} \frac{f(x) - f(x_0)}{x - x_0} \, .$$

(4.2)

Für die Ableitung ist eine ganze Reihe von weiteren Bezeichnungen gebräuchlich, die Sie alle kennen sollten, wie z.B.

$$\frac{df}{dx}, \ y', \ \dot{x} \quad \text{usw.}$$

(4.3.c)

Durch Wiederholung des Vorgangs erhält man die *höheren Ableitungen*

$$f''(x), \ \frac{d^2 f}{dx^2}, \ y'', \ \ddot{x} \quad \text{usw.}$$

(4.5)

Schliesslich werden noch die Begriffe "*differenzierbar*" und "*stetig*" eingeführt und miteinander in Beziehung gebracht.

(4.2), (4.6)

(4.2) Die Definition der Ableitung (englisch: derivative)

Aufgrund der Beispiele (3.2) bis (3.4) und der Betrachtungen in (3.5) sollten die nachstehenden Definitionen hinlänglich motiviert sein.

Zu den unten angeführten fünf Punkten ist folgendes zu sagen: Da die Ableitung als Grenzwert definiert ist und da ein solcher nicht unbedingt zu existieren braucht, führt man in 1), 2) und 3) den Begriff "differenzierbar" ein, um auszudrücken, dass der fragliche Grenzwert existiert. Man definiert dann in 4) die Ableitung an einer Stelle (dies ist eine *Zahl*) und schliesslich in 5) die *abgeleitete Funktion* (oft ebenfalls — und ohne grosse Verwechslungsgefahr — Ableitung genannt).

Es sei $f : D(f) \to \mathbb{R}$ eine Funktion (einer Variablen) mit Definitionsbereich $D(f)$, und es sei $x_0 \in D(f)$.

1) f heisst *differenzierbar (englisch: differentiable) an der Stelle* x_0, wenn der Grenzwert

$$\lim_{x \to x_0} \frac{f(x) - f(x_0)}{x - x_0}$$

existiert. Unter anderem heisst das: er ist nicht $\pm\infty$. 0 ist erlaubt.

2) f heisst *differenzierbar auf der Teilmenge* $X \subset D(f)$, wenn f an jeder Stelle $x_0 \in X$ differenzierbar ist.

3) f heisst *differenzierbar* (ohne weitere Präzisierung), falls diese Funktion auf ihrem ganzen Definitionsbereich differenzierbar ist.

4) Wenn f an der Stelle x_0 differenzierbar ist, so heisst die Zahl

$$f'(x_0) = \lim_{x \to x_0} \frac{f(x) - f(x_0)}{x - x_0}$$

die *Ableitung* von f an der Stelle x_0.

5) Es sei D' die Menge aller x, in denen f differenzierbar ist. Dann wird durch

$$f' : D' \to \mathbb{R}, \quad x \mapsto f'(x)$$

eine neue Funktion definiert. Sie heisst die *abgeleitete Funktion* (oder kurz Ableitung) von f.

(4.3) Bemerkungen zur Definition der Ableitung

a) Allgemeines

Die in dieser Definition verwendeten Begriffe "Funktion", "Definitionsbereich" $D(f)$ sowie die beiden Pfeilsymbole ($\to$ und $\mapsto$) werden als bekannt vorausgesetzt. Einige Erläuterungen finden Sie aber im Anhang (26.9).

b) Zum Grenzwert

Die Formel für den Grenzwert kann auf viele verschiedene Arten geschrieben werden. Anstelle von $x - x_0$ sind etwa die Bezeichnungen Δx oder h gebräuchlich. Es ist dann $x = x_0 + h$, und $x \to x_0$ ist gleichbedeutend mit $h \to 0$. Weiter setzt man oft $y = f(x)$, $y_0 = f(x_0)$. Ferner benutzt man für die Differenz $f(x) - f(x_0) = y - y_0$ die Abkürzungen Δf oder Δy.

Für den Grenzwert

$$\lim_{x \to x_0} \frac{f(x) - f(x_0)}{x - x_0}$$

schreibt man daher auch je nach Situation

$$\lim_{x \to x_0} \frac{y - y_0}{x - x_0}, \quad \lim_{h \to 0} \frac{f(x_0 + h) - f(x_0)}{h}, \quad \lim_{\Delta x \to 0} \frac{\Delta f}{\Delta x} \quad \text{oder} \quad \lim_{\Delta x \to 0} \frac{\Delta y}{\Delta x}.$$

Der Ausdruck

$$\frac{\Delta f}{\Delta x} = \frac{\Delta y}{\Delta x}$$

heisst aus naheliegenden Gründen "Differenzenquotient".

c) Bezeichnungen für die Ableitung

Für die Ableitung sind viele verschiedene Bezeichnungen im Gebrauch. Statt $f'(x_0)$ schreibt man unter anderem (mit $y = f(x)$)

$$\boxed{\frac{df}{dx}(x_0) \quad \text{oder} \quad \frac{dy}{dx}(x_0) \quad \text{oder} \quad y'(x_0) \,,}$$

konkret z.B.

$$\frac{dx^2}{dx}(x_0) \,, \quad \frac{d \sin x}{dx}(0) \quad \text{etc.}$$

Das Argument x_0 wird oft weggelassen, und man setzt dann

$$f'(x) = y' = \frac{df}{dx} = \frac{dy}{dx} \quad \text{etc.}$$

Schliesslich sieht man manchmal auch noch Gebilde wie

$$\frac{d}{dx} f(x) \,, \quad \frac{d}{dx} \sqrt{\ln(x^2 + 1)} \quad \text{etc.} \,,$$

dies vor allem dann, wenn die Funktion f durch einen komplizierten Ausdruck gegeben ist.

Das Zeichen

$$\frac{df}{dx}$$

(gesprochen "df nach dx") ist dabei nicht etwa als Quotient zweier Grössen aufzufassen, sondern als ein Symbol als Ganzes. Die Ausdrücke df und dx haben für sich allein keine Bedeutung (wenigstens vorläufig, vgl. (7.4)). Trotzdem nennt man $\frac{df}{dx}$ den *Differentialquotienten*, in Analogie zum Differenzenquotienten $\frac{\Delta f}{\Delta x}$. Die Ableitung kann dann in der Form

$$\lim_{\Delta x \to 0} \frac{\Delta f}{\Delta x} = \frac{df}{dx}$$

geschrieben werden.

Es wird sich später allerdings zeigen, dass sich der Ausdruck $\frac{df}{dx}$ oft so benimmt, wie wenn er wirklich ein Bruch wäre (Kettenregel (5.5.c), Ableitung der Umkehrfunktion (17.4)), doch muss dieses Verhalten in jedem einzelnen Fall speziell begründet werden.

In den Anwendungen heisst die Variable nicht immer x; je nach der konkreten Situation werden auch andere Zeichen verwendet. Besonders häufig kommt die Zeit t als Variable vor, die Ableitung nach der Zeit wird dann etwa mit

$$\frac{ds}{dt}, \; \frac{dv}{dt}, \; \frac{dQ}{dt} \quad \text{etc.}$$

bezeichnet. Üblich ist aber auch die Verwendung von Punkten statt Strichen:

$$\dot{s} = \dot{s}(t), \; \dot{v} \quad \text{etc.}$$

Die Vielfalt der Bezeichnungen ist u.a. historisch bedingt; diese gehen bis auf die beiden Begründer der Infinitesimalrechnung*, G.W. LEIBNIZ, 1646–1716 (dy, dx) und I. NEWTON, 1643–1727 $(\dot{x})$, zurück. Es ist wichtig, dass Sie mit diesen verschiedenen Notationen vertraut sind.

$\boxed{\text{(4.4) Beispiele zur Differenzierbarkeit}}$

In den folgenden Beispielen geht es darum, die Begriffe aus (4.2) zu illustrieren und zu zeigen, wie man — wenigstens in einfachen Fällen — die Ableitung als Grenzwert berechnen kann.

a) Quadratfunktion

$$f(x) = x^2, \quad D(f) = \mathbb{R} \, .$$

Es sei x_0 eine beliebige Zahl. Wir betrachten den Differenzenquotienten:

$$\frac{\Delta f}{\Delta x} = \frac{f(x) - f(x_0)}{x - x_0} = \frac{x^2 - x_0^2}{x - x_0} = \frac{(x - x_0)(x + x_0)}{x - x_0} \, .$$

Würde man hier $x = x_0$ setzen, so käme der undefinierte und sinnlose Quotient $\frac{0}{0}$ heraus. Unsere Aufgabe ist aber eine andere. Wir müssen den Limes des Differenzenquotienten für $x \to x_0$ bestimmen, und dabei ist definitionsgemäss stets $x \neq x_0$ zu wählen (vgl. (3.6)). Deshalb dürfen wir kürzen und finden

$$f'(x_0) = \lim_{\Delta x \to 0} \frac{\Delta f}{\Delta x} = \lim_{x \to x_0} (x + x_0) = 2x_0 \, ,$$

denn wenn x sich der Zahl x_0 immer mehr nähert, so nähert sich $x + x_0$ immer mehr der Zahl $2x_0$, wie man wegen $(x + x_0) - 2x_0 = x - x_0$ sieht. (Ein Zahlenbeispiel haben wir in der Tabelle aus (3.4) gesehen; für $x_0 = 1$ ist $f'(x_0) = 2$.)

---

* Die Infinitesimalrechnung umfasst die Differential- und die Integralrechnung; häufig wird auch die Bezeichnung "Analysis" verwendet.

Es folgt: Die Funktion $f(x) = x^2$ ist an der Stelle x_0 differenzierbar, und ihre Ableitung ist dort $= 2x_0$. Da dies für jedes x_0 gilt, können wir den Index $_0$ einfach weglassen und sagen, die Funktion f sei differenzierbar (d.h. differenzierbar für jedes $x \in D(f) = \mathbb{R}$, vgl. (4.2.3)) und es gelte

$$f'(x) = 2x .$$

Damit haben wir auch die abgeleitete Funktion f' von f gefunden (vgl. (4.2.5)).

b) Wurzelfunktion

$$f(x) = \sqrt{x}, \quad D(f) = \{x \mid x \geq 0\} .$$

Wir wählen ein $x_0 \in D(f)$, also ein $x_0 \geq 0$. Es ist (Trick, wende den 3. binomischen Satz an):

$$\frac{\Delta f}{\Delta x} = \frac{\sqrt{x} - \sqrt{x_0}}{x - x_0} = \frac{\sqrt{x} - \sqrt{x_0}}{(\sqrt{x} - \sqrt{x_0})(\sqrt{x} + \sqrt{x_0})} = \frac{1}{\sqrt{x} + \sqrt{x_0}}$$

für alle $x \neq x_0$, $x \geq 0$, ähnlich wie in a). Somit ist

$$\frac{df}{dx} = \lim_{\Delta x \to 0} \frac{\Delta f}{\Delta x} = \lim_{x \to x_0} \frac{1}{\sqrt{x} + \sqrt{x_0}} = \frac{1}{2\sqrt{x_0}} ,$$

aber nur für $x_0 \neq 0$. Für $x_0 = 0$ existiert der Limes nicht. (Der betrachtete Ausdruck strebt zwar gegen ∞, aber so etwas wird nicht als Grenzwert im eigentlichen Sinne betrachtet, denn ∞ ist keine Zahl.)

Die Wurzelfunktion ist also an der Stelle $x_0 = 0$ zwar definiert, aber nicht differenzierbar. Geometrisch äussert sich dies dadurch, dass der Graph im Nullpunkt eine senkrechte Tangente hat. (Wir haben hier somit den Ausnahmefall, wo die Tangente existiert, nicht aber die Ableitung!)

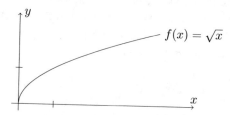

Mit den Bezeichnungen von (4.2) ist $D' = \{x \mid x > 0\} \neq D$, und es gilt

$$f' : D' \to \mathbb{R}, \quad f'(x) = \frac{1}{2\sqrt{x}} .$$

c) <u>Betragsfunktion</u>

$$f(x) = |x|, \quad D(f) = \mathbb{R} \; .$$

Wir wählen $x_0 = 0$. Dann ist

$$\frac{\Delta f}{\Delta x} = \frac{|x| - |0|}{x - 0} = \frac{|x|}{x} = \begin{cases} 1 & x > 0 \\ -1 & x < 0 \end{cases} .$$

Hier existieren zwar die einseitigen Limites (vgl. (3.6.d))

$$\lim_{x \uparrow 0} \frac{\Delta f}{\Delta x} = -1 \quad \text{und} \quad \lim_{x \downarrow 0} \frac{\Delta f}{\Delta x} = 1 \; ,$$

sie sind aber verschieden und deshalb existiert

$$\lim_{x \to 0} \frac{\Delta f}{\Delta x}$$

nicht, d.h., die Funktion ist an der Stelle 0 nicht differenzierbar.

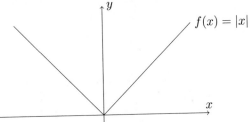

Geometrische Interpretation: Der Graph von f hat im Nullpunkt eine Ecke.

d) <u>Nicht-Differenzierbarkeit</u>

Die häufigsten Fälle von Nicht-Differenzierbarkeit sind die folgenden:
1) Der Graph von f macht an der Stelle x_0 einen Sprung.
2) Der Graph von f hat in x_0 eine vertikale Tangente (siehe b)).
3) Der Graph von f hat in x_0 eine Ecke (vgl. auch c)).

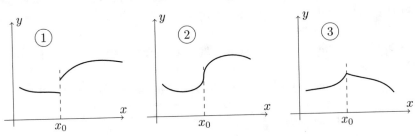

Diese Liste ist nicht erschöpfend, genügt aber für die Praxis. Schliesslich sei noch bemerkt, dass eine Funktion nur dort differenzierbar oder nicht differenzierbar sein kann, wo sie definiert ist. Die Funktion $f(x) = 1/x$ beispielsweise ist an der Stelle $x_0 = 0$ weder differenzierbar noch nicht differenzierbar, sondern schlicht und einfach nicht definiert.

e) Eine Bemerkung zum Schluss

Natürlich bestimmt man nicht in jedem Einzelfall die Ableitung durch Berechnung des Grenzwerts wie in a) oder b). In der Praxis benutzt man vielmehr die Ableitungsregeln und -formeln, wie sie sich in jeder Formelsammlung finden und die hier im Kapitel 5 behandelt werden.

(4.5) Höhere Ableitungen

Es sei $f : D(f) \to \mathbb{R}$ eine Funktion und D' sei wie in (4.2.5) die Menge aller x, für welche f differenzierbar ist. Auf D' ist dann die *abgeleitete Funktion*

$$f' : D' \to \mathbb{R}$$

definiert. (In den meisten Fällen ist $D' = D(f)$, eventuell mit Ausnahme einiger Punkte, vgl. (4.4.b,c).)

Wenn nun die Funktion f' an der Stelle $x_0 \in D'$ ihrerseits differenzierbar ist, so bezeichnet man ihre Ableitung an dieser Stelle mit

$$f''(x_0)$$

und erhält so eine neue Funktion, die *zweite Ableitung*

$$f'' : D'' \to \mathbb{R}, \quad x \mapsto f''(x)$$

(f' heisst natürlich auch die *erste* Ableitung).

So kann man weiterfahren und erhält die *höheren Ableitungen*

$$f'' = f^{(2)}, \; f''' = f^{(3)}, \; f^{(4)}, \ldots, f^{(n)}, \ldots .$$

(Es ist unpraktisch, mehr als drei Striche hinzuschreiben.) In Formeln ist es manchmal bequem, $f' = f^{(1)}$ und $f = f^{(0)}$ zu setzen; unter der "nullten Ableitung" ist also die Funktion selbst zu verstehen.

Die Funktion f heisst *unendlich oft differenzierbar*, wenn $f^{(n)}$ für jedes $n \in \mathbb{N}$ existiert.

Andere gebräuchliche Bezeichnungen für die höheren Ableitungen sind:

$$y''(x_0), \; \frac{d^2 f}{dx^2}(x_0), \; \frac{d^2 y}{dx^2}(x_0), \ldots, \; \frac{d^n f}{dx^n} \quad \text{etc.}$$

(Beachten Sie die Stellung der "Exponenten" in den drei letzten Bezeichnungen.)

Englisch: second derivative, third derivative, n-th derivative

Beispiel

In (3.2) haben wir die Momentangeschwindigkeit $v(t)$ definiert durch

$$v(t) = s'(t) \, .$$

Genau gleich kann man die momentane Änderung der Geschwindigkeit definieren, sie ist durch

$$a(t) = v'(t)$$

gegeben und heisst bekanntlich die *Beschleunigung* (zur Zeit t). Fassen wir die beiden Gleichungen zusammen, so finden wir:

$$a(t) = v'(t) = s''(t) \, .$$

In der Physik pflegt man die Ableitung nach der Zeit t, wie in (4.3.c) erwähnt, mit Punkten zu bezeichnen. Also:

$$a(t) = \dot{v}(t) = \ddot{s}(t) \, .$$

(4.6) Exkurs über stetige Funktionen

a) Einleitung

Neben der Differenzierbarkeit spielt bei der Untersuchung von Funktionen auch der allgemeinere Begriff der Stetigkeit eine Rolle. Dieser ist allerdings vor allem für theoretische Untersuchungen von Bedeutung; es stellt sich heraus, dass stetige Funktionen allerlei erfreuliche Eigenschaften haben, worauf wir hier jedoch nicht näher eintreten wollen, vgl. aber i) unten. Immerhin sollten Sie ein gewisses intuitives Verständnis für den Begriff "Stetigkeit" haben, zumal dieser auch die durchaus natürliche Vorstellung eines "kontinuierlichen Ablaufs" umfasst.

b) Motivation

Der Begriff der Stetigkeit soll uns helfen, eine anschaulich evidente Eigenschaft einer Funktion mathematisch präzis zu formulieren, und zwar will man mit der Aussage "die Funktion f ist stetig" zum Ausdruck bringen, dass eine kleine Änderung des "Arguments" x nur eine kleine Änderung des Funktionswerts bewirkt. Die folgenden Beispiele sollen zeigen, worum es geht:

c) Beispiele

1) Das Volumen $V(r)$ einer Kugel vom Radius r ist bekanntlich gegeben durch

$$V(r) = \frac{4\pi}{3} r^3 \, .$$

Ändert man den Radius r nur geringfügig, so ist auch die resultierende Volumenänderung klein. Diese Tatsache drückt man nun eben dadurch aus, dass man sagt, die Funktion $V(r)$ sei stetig.

2) Der in einer Messstation von einem Barographen als Funktion der Zeit t registrierte Luftdruck $p = p(t)$ ist eine stetige Funktion der Zeit: Liegen zwei Zeitpunkte t_0 und t_1 nahe beisammen, so unterscheiden sich die zugehörigen Drucke $p(t_0)$ und $p(t_1)$ nur wenig, wie die Erfahrung zeigt. Beachten Sie, dass hier, im Gegensatz zum Beispiel 1), keine formelmässige Darstellung der Funktion $p(t)$ existiert.

3) In den Naturwissenschaften kommen aber auch unstetige Funktionen vor, z.B. dann, wenn es ums Zählen geht: Wir interessieren uns für eine Population (etwa die Einwohner(innen) von Zürich oder die Kaninchen einer Zucht) und bezeichnen die Anzahl der Individuen zum Zeitpunkt t mit $N(t)$. Jedesmal, wenn sich diese Zahl vergrössert oder verkleinert, macht der Graph von N einen Sprung:

Hier kann es also vorkommen, dass eine winzig kleine Änderung der Zeit eine grosse Änderung des Funktionswerts zur Folge hat.

d) Definition

Um eine saubere Definition geben zu können, dürfen wir zunächst nicht von Stetigkeit schlechthin sprechen, sondern müssen erklären, was Stetigkeit an einer bestimmten Stelle x_0 bedeuten soll.

Wie die Beispiele zeigen, ist damit folgendes gemeint: Die Funktion f soll "stetig an der Stelle x_0" heissen, wenn $f(x)$ nahe bei $f(x_0)$ liegt, sofern nur x genügend nahe bei x_0 liegt. Nun ist aber noch nicht genau gesagt, was "$f(x)$ nahe bei $f(x_0)$" bedeuten soll. Soll der Abstand zwischen $f(x)$ und $f(x_0)$ kleiner als 1/1000, kleiner als 1/1'000'000 oder kleiner als sonstwas sein? Es leuchtet ein, dass keine noch so kleine Zahl ein für allemal ausreichen wird. Man kommt deshalb auf folgende Definition:

> Die Funktion f heisst *stetig (englisch: continuous)* an der Stelle x_0, wenn $f(x)$ beliebig nahe, d.h. so nahe wie man nur will, bei $f(x_0)$ liegt, vorausgesetzt, dass x genügend nahe bei x_0 liegt.

Eine Funktion, die an der Stelle x_0 einen Sprung macht, erfüllt diese Bedingung nicht, denn eine noch so kleine Änderung von x_0 zu x bewirkt eine Änderung des Funktionswerts um die Sprunghöhe, $f(x)$ und $f(x_0)$ liegen also nicht beliebig nahe beisammen.

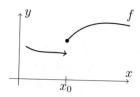

Die obige Definition der Stetigkeit entspricht also insofern unserer Anschauung, als sie Sprungstellen als Unstetigkeiten entlarvt. Ohne auf Details einzutreten, sei aber erwähnt, dass es noch andere Arten von Unstetigkeitsstellen gibt.

Man kann die obige Definition auch formelmässig ausdrücken; etwas ganz Ähnliches haben wir bei der präzisen Definition des Grenzwerts in (3.6.b) getan:

Es sei $f : D \to \mathbb{R}$ eine Funktion und es sei $x_0 \in D$. Die Funktion f heisst stetig an der Stelle x_0, falls folgende Bedingung erfüllt ist: Zu jeder (noch so kleinen) Zahl $\varepsilon > 0$ gibt es eine (von ε abhängige) Zahl $\delta > 0$ mit $|f(x) - f(x_0)| < \varepsilon$ für alle $x \in D$ mit $|x - x_0| < \delta$. (Die Voraussetzungen $x, x_0 \in D$ verstehen sich von selbst.)

Diese Bedingung für die Stetigkeit von f in x_0 lässt sich anhand der folgenden Skizze veranschaulichen:

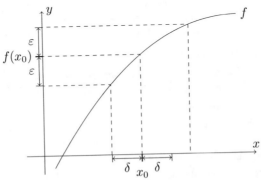

Zu jeder gegebenen "Maximalabweichung" $\varepsilon > 0$ lässt sich also eine "Toleranz" $\delta > 0$ angeben, so dass für alle x im "Toleranzbereich" ($|x - x_0| < \delta$) $f(x)$ um weniger als die "Maximalabweichung" von $f(x_0)$ entfernt ist ($|f(x) - f(x_0)| < \varepsilon$).

Ähnlich wie in (4.2) trifft man noch folgende Festsetzungen:

1) Die Funktion $f : D \to \mathbb{R}$ heisst *stetig auf der Teilmenge* $X \subset D$, wenn sie an jeder Stelle $x_0 \in D$ stetig ist.

2) Die Funktion $f : D \to \mathbb{R}$ heisst *stetig* (ohne weitere Präzisierung), wenn sie auf ihrem ganzen Definitionsbereich stetig ist.

e) Wichtige stetige Funktionen

Man kann nun (mit einigem Aufwand) unter Verwendung der obigen Definition die bekannten Funktionen auf ihre Stetigkeit untersuchen. Wir verzichten darauf, zumal die Stetigkeit aller gebräuchlichen Funktionen anschaulich evident ist. Zudem werden wir in (4.6.g) lernen, dass jede differenzierbare Funktion automatisch stetig ist. Nun sind aber (wie wir in Kapitel 5 noch sehen werden) die üblichen Funktionen wie Polynome, rationale Funktionen, trigonometrische Funktionen, Exponentialfunktionen, Logarithmus, alle differenzierbar und somit stetig, eventuell mit Ausnahme von einzelnen Punkten.

f) Stetigkeit und Grenzwert

Ein Vergleich der Definitionen des Grenzwerts (3.6.b) und der Stetigkeit (4.6.d) zeigt gewisse Ähnlichkeiten. In der Tat gilt folgendes:

Die Funktion f ist genau dann an der Stelle x_0 stetig, wenn $\lim\limits_{x \to x_0} f(x) = f(x_0)$ ist.

Die Redewendung "genau dann" bedeutet, dass aus der einen Bedingung die andere folgt und umgekehrt; mit anderen Worten, dass die beiden Bedingungen "äquivalent" sind (vgl. (26.6)).

Wir nehmen übrigens stillschweigend an, dass es zu jedem $\delta > 0$ Zahlen $x \in D$ mit $|x - x_0| < \delta$ gibt, vgl. (3.6.b).

Die obige Behauptung beweist man so:

1) f sei stetig in x_0. Zu jedem $\varepsilon > 0$ gibt es dann ein $\delta > 0$ mit $|f(x) - f(x_0)| < \varepsilon$ für alle $x \in D$ mit $|x - x_0| < \delta$. Damit ist aber gemäss (3.6.b) $f(x_0) = \lim_{x \to x_0} f(x)$.

2) Es sei $f(x_0) = \lim_{x \to x_0} f(x)$ (diese Schreibweise beinhaltet natürlich automatisch die Existenz des Grenzwerts). Nach (3.6.b) existiert dann zu jedem $\varepsilon > 0$ ein $\delta > 0$ mit $|f(x) - f(x_0)| < \varepsilon$ für alle $x \in D$ mit $|x - x_0| < \delta$ und $x \neq x_0$. Damit ist die Bedingung für die Stetigkeit fast erfüllt, "fast" wegen der Klausel $x \neq x_0$. Für $x = x_0$ ist aber $|f(x) - f(x_0)| = 0 < \varepsilon$, so dass die Bedingung für die Stetigkeit für alle $x \in D$ mit $|x - x_0| < \delta$ gilt. Dies war zu zeigen.

g) Stetigkeit und Differenzierbarkeit

Die meisten Funktionen, mit denen wir uns befassen, sind in der Regel (allenfalls mit Ausnahme von einzelnen Stellen) differenzierbar. Es ist deshalb nützlich zu wissen, dass eine differenzierbare Funktion automatisch stetig ist. Wenn man sich (etwas naiv, weil nicht der vollen Wahrheit entsprechend) unter Differenzierbarkeit die Existenz der Tangente und unter Stetigkeit das Nichtvorhandensein einer Sprungstelle vorstellt, dann ist diese Behauptung klar, denn wenn der Graph von f in x_0 eine Tangente hat, dann hat er dort sicher keine Sprungstelle.

Der formale Beweis benutzt die Definition der Differenzierbarkeit (4.3) und die in (4.6.f) gegebene alternative Beschreibung der Stetigkeit:

Zu zeigen ist:

$$\lim_{x \to x_0} f(x) = f(x_0) \,.$$

Weil f in x_0 differenzierbar ist, gilt

$$\frac{f(x) - f(x_0)}{x - x_0} \to f'(x_0) \quad \text{für} \quad x \to x_0 \,.$$

Dabei ist stets $x \neq x_0$. Durch Multiplikation mit $x - x_0 \neq 0$ folgt

$$f(x) - f(x_0) \to f'(x_0)(x - x_0) \,.$$

Mit $x \to x_0$ strebt aber die rechte Seite gegen 0, somit auch die linke Seite, d.h., es ist wie gewünscht

$$\lim_{x \to x_0} f(x) = f(x_0) \,.$$

Hinweis

Die Umkehrung der Behauptung gilt nicht, d.h., eine stetige Funktion braucht nicht differenzierbar zu sein. So ist etwa $f(x) = |x|$ an der Stelle 0 stetig, aber nicht differenzierbar, vgl. (4.4.c). (Die Ecke des Graphen bewirkt zwar, dass die Tangente im Nullpunkt nicht existiert, sie verletzt aber die Stetigkeit nicht.) Ähnlich ist die Wurzelfunktion $f(x) = \sqrt{x}$ im Nullpunkt stetig, aber nicht differenzierbar.

h) Ersatz von unstetigen durch differenzierbare Funktionen

Im Beispiel (3.3) haben wir die Funktion $N(t)$ betrachtet, welche die Grösse einer Bakterienkultur beschreibt und die Wachstumsgeschwindigkeit durch

$$N'(t) = \lim_{\Delta t \to 0} \frac{\Delta N}{\Delta t}$$

definiert. Nun ist aber $N(t)$ von Natur aus eine unstetige Funktion; denn sie kann ja nur ganzzahlige Werte annehmen: Zu jedem Zeitpunkt, wo eine Teilung stattfindet oder wo ein Bakterium verstirbt, macht sie einen Sprung. $N(t)$ ist also nicht überall differenzierbar, die Wachstumsrate $N'(t)$ lässt sich streng genommen gar nicht definieren.

Man behilft sich nun so, dass man nicht die wirkliche Funktion $N(t)$ betrachtet, sondern sie durch eine "glatte " (technisch gesprochen: differenzierbare) Funktion ersetzt, vgl. die Skizze unten. Der Fehler, den man dabei begeht, ist minim (ein Bakterium mehr oder weniger spielt hier sicher keine Rolle), und man hat den grossen Vorteil, dass man auf die neue Funktion die Methoden der Differentialrechnung anwenden darf.

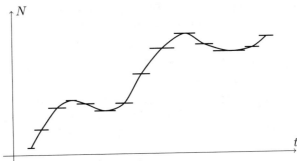

Derartige *Idealisierungen* sind in den Naturwissenschaften häufig. Man vernachlässigt gewisse Erscheinungen, damit das Wesentliche hervorgehoben und einer rechnerischen Behandlung zugeführt werden kann.

i) Einige Eigenschaften von stetigen Funktionen

In (4.6.a) wurde erwähnt, dass stetige Funktionen verschiedene wünschenswerte Eigenschaften haben. Im folgenden sind — etwas vorausblickend — drei davon aufgeführt.

- Die Funktion f sei stetig auf dem abgeschlossenen Intervall $[a, b]$. Wenn die Funktionswerte $f(a)$ und $f(b)$ verschiedene Vorzeichen haben (also $f(a) < 0$ und $f(b) > 0$ oder umgekehrt), dann gibt es mindestens eine Zahl c in $[a, b]$ mit $f(c) = 0$. Diese Aussage heisst der "Zwischenwertsatz".

- Die Funktion f sei stetig auf dem abgeschlossenen Intervall $[a, b]$. Dann nimmt sie in diesem Intervall ein absolutes Maximum und ein absolutes Minimum an; vgl. (6.5.c).

- Die Funktion f sei stetig auf dem abgeschlossenen Intervall $[a, b]$. Dann existiert das bestimmte Integral

$$\int_a^b f(x)\, dx \, ,$$

vgl. (10.3.a).

Wir verzichten hier auf die Beweise dieser Behauptungen. Vielleicht wundern Sie sich, dass eine so anschauliche Aussage wie etwa die erste überhaupt eines Beweises bedarf. Nun ist aber unsere anschauliche Vorstellung von Stetigkeit in eine doch etwas abstrakte Definition umgegossen worden, und die Beweise sind mit dieser Definition und nicht unter Verwendung der Anschauung zu führen. Dies sei aber den Mathematikern überlassen.

$(4.\infty)$ Aufgaben

4–1 Bei einem Ballonaufstieg wird in der Höhe h (in Meter) über dem Boden der Luftdruck $p(h)$ (in Hektopascal) gemessen. Ordnen Sie den Formeln (a), (b), (c) eine der Beschreibungen (1), (2), (3) oder (4) zu.

(a) $p(h_1) - p(h_2)$, (b) $\dfrac{p(h_1) - p(h_2)}{h_1 - h_2}$, $h_1 \neq h_2$, (c) $\lim\limits_{h_1 \to h_2} \dfrac{p(h_1) - p(h_2)}{h_1 - h_2}$.

(1) Mittlere Änderung des Luftdrucks pro Meter Höhendifferenz.
(2) Luftdruckdifferenz.
(3) Lokale Änderungsgeschwindigkeit des Luftdrucks in der Höhe h_1.
(4) Lokale Änderungsgeschwindigkeit des Luftdrucks in der Höhe h_2.

4–2 In einem offenen Gefäss befindet sich eine Flüssigkeit, die im Verlauf der Zeit verdunstet. Zum Zeitpunkt t ist die Flüssigkeitsmenge $F(t)$ vorhanden. Finden Sie passende (sprachliche) Bezeichnungen für

(a) $\dfrac{F(t) - F(t_0)}{t - t_0}$, $t > t_0$, (b) $\lim\limits_{t \to t_0} \dfrac{F(t) - F(t_0)}{t - t_0}$.

Welches Vorzeichen hat der Ausdruck (a)?

4–3 Die Funktion $K(s)$ gibt die Kosten für die Herstellung von s Stück eines Massenartikels an. Im Sinne einer Idealisierung nehmen wir an, dass sowohl s als auch $K(s)$ beliebige positive Werte annehmen (obwohl es streng genommen sinnlos ist, von der Herstellung von 1000.1 Büroklammern zu reden).

a) Welche Bedeutung hat der Quotient $\dfrac{K(s_2) - K(s_1)}{s_2 - s_1}$, $s_2 > s_1$?

b) Den Grenzwert $K'(s_1) = \lim\limits_{s_2 \to s_1} \dfrac{K(s_2) - K(s_1)}{s_2 - s_1}$ nennt man die *Marginalkosten (Grenzkosten)*. Was können Sie sich anschaulich darunter vorstellen?

4–4 In der Physik wird die elektrische *Stromstärke* I definiert als die Ladungsmenge, die pro Zeiteinheit durch den Querschnitt des elektrischen Leiters fliesst. Wie kann man dies mit einer Formel ausdrücken? (Die Ladungsmenge wird mit $Q = Q(t)$, t die Zeit, bezeichnet.)

4–5 Die Länge L eines Metallstabs hängt bekanntlich von seiner Temperatur T ab, es ist $L = L(T)$. Wird diese von T_1 auf T_2 erhöht, so nimmt die Länge von $L_1 = L(T_1)$ auf $L_2 = L(T_2)$ zu. Definieren Sie den *mittleren Ausdehnungskoeffizienten* für das Temperaturintervall von T_1 bis T_2 sowie den Ausdehnungskoeffizienten für die Temperatur T_1.

4–6 Bei einer chemischen Reaktion A+B $\longrightarrow$ C entsteht aus zwei in einem Lösungsmittel gelösten Stoffen A, B ein dritter Stoff C. Es sei $x = x(t)$ die zum Zeitpunkt t vorhandene Konzentration des Stoffes C, die hier zweckmässigerweise in Mol pro Liter gemessen wird. Unter der *mittleren Reaktionsgeschwindigkeit* versteht man die Änderung (in diesem Fall die Zunahme) der Konzentration pro Zeiteinheit. Drücken Sie dies für das Zeitintervall von t_0 bis $t_0 + \Delta t$ ($\Delta t > 0$) formelmässig aus. Wie können Sie die *momentane Reaktionsgeschwindigkeit* zum Zeitpunkt t_0 definieren?

4–7 Ein Massenpunkt bewegt sich auf einer kreisförmigen Bahn. Zur Zeit t hat er, ausgehend von einer Nullrichtung, den Winkel $\varphi(t)$ (im Bogenmass!) zurückgelegt. (Dabei wird eine Umlaufsrichtung positiv gerechnet; $\varphi(t)$ kann auch $> 2\pi$ oder < 0 sein.) Definieren Sie die *Winkelgeschwindigkeit* und die *Winkelbeschleunigung*.

4–8 Ortsabhängige Konzentration. Wenn ein Salz gleichmässig in Wasser aufgelöst ist, so versteht man unter der Konzentration der Lösung die Menge des gelösten Stoffes pro Volumeneinheit (z.B. pro Liter) Wasser. Nun geben wir aber das Salz auf den Boden eines Gefässes und füllen dieses sorgfältig mit Wasser. In diesem Fall ist das Salz (zumindest anfänglich) nicht gleichmässig verteilt. Wie soll man jetzt die Konzentration definieren? Wir betrachten dazu ein zylindrisches Wassergefäss mit Höhe H und Querschnittsfläche Q. Mit $M(h)$ bezeichnen wir die Salzmenge, die (in einem festen Zeitpunkt) im Volumen bis zur Höhe h gelöst ist.

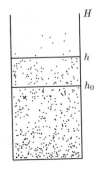

a) Definieren Sie die *mittlere Konzentration* im Volumenstück zwischen h_0 und h.

b) Definieren Sie die *Konzentration an der Stelle h_0*.

c) Nach fleissigem Umrühren ist das Salz gleichmässig in der Lösung verteilt, mit der konstanten Konzentration c. Zeigen Sie, dass dann die gemäss b) definierte "lokale Konzentration" in diesem Spezialfall überall gleich c ist.

4–9 "Experimentelle" Berechnung der Ableitung. Bestimmen Sie einen Näherungswert der Ableitung $f'(x_0)$, indem Sie den Differenzenquotienten

$$\frac{f(x_0 + h) - f(x)}{h}$$

für einige gegen Null strebende Werte von h (z.B. $h = 0.1,\ 0.01,\ 0.001\ldots$) zahlenmässig berechnen und die entstehende Zahlenfolge beobachten. Tun Sie dies für a) $f(x) = \tan x$, $x_0 = 0$, b) $f(x) = x^x$, $x_0 = 2$. (In a) müssen Sie Ihren Rechner auf das Bogenmass einstellen.)

4–10 Berechnen Sie $f'(x)$, indem Sie direkt die Definition (4.2) (und nicht etwa die Ihnen wohl von früher her bekannten Ableitungsformeln aus Kapitel 5) verwenden:

a) $f(x) = x^3 + x^2 + 1$, b) $f(x) = \dfrac{x}{1-x}$, $x \neq 1$, c) $f(x) = \dfrac{1}{\sqrt{x}}$, $x > 0$.

4–11 Geben Sie jeweils an, ob die Funktion f an der Stelle x_0 differenzierbar (D), stetig, aber nicht differenzierbar (S) oder unstetig (U) ist.

a) $f(x) = x|x|$, $x_0 = 0$.
b) $f(x) = |\sin x|$, $x_0 = 0$.

c) $f(x) = x + |x|$, $x_0 = 0$.
d) $f(x) = \begin{cases} 1/(x-1)^2 & \text{für } x \neq 1 \\ 1 & \text{für } x = 1 \end{cases}$, $x_0 = 1$.

e) $f(x) = \begin{cases} \sin x & \text{für } x < 0 \\ \cos x & \text{für } x \geq 0 \end{cases}$, $x_0 = 0$.
f) $f(x) = \begin{cases} 0 & \text{für } x < 0 \\ x^2 & \text{für } x \geq 0 \end{cases}$, $x_0 = 0$.

4–12 Bestimmen Sie die Zahl c so, dass die Funktion f an der Stelle $x_0 = 1$ stetig ist.

a) $f(x) = \begin{cases} \dfrac{x^2 - 2x + 1}{x - 1} & \text{für } x \neq 1 \\ c & \text{für } x = 1. \end{cases}$
b) $f(x) = \begin{cases} \dfrac{x - 1}{\sqrt{x} - 1} & \text{für } x \neq 1 \\ c & \text{für } x = 1. \end{cases}$

c) $f(x) = \begin{cases} x^2 & \text{für } x \leq 1 \\ c - x & \text{für } x > 1. \end{cases}$
d) $f(x) = \begin{cases} x^2 & \text{für } x \leq 1 \\ cx + 1 & \text{für } x > 1. \end{cases}$

5. TECHNIK DES DIFFERENZIERENS

(5.1) Überblick

Die praktische Berechnung der Ableitung einer Funktion erfolgt durch Anwendung gewisser Formeln und Regeln: Man muss einerseits die Ableitung der wichtigsten Funktionen kennen (*Ableitungsformeln*) und andererseits wissen, wie eine Funktion abgeleitet wird, die aus einfacheren Bestandteilen (etwa durch Summen- oder Produktbildung) zusammengesetzt ist (*Ableitungsregeln*).

(5.3)

Die folgenden Ausführungen richten sich an Leserinnen und Leser, welche diese Regeln (wenigstens zum Teil) bereits kennen und etwas Routine im Ableiten haben. Aus diesem Grund werden einerseits alle Formeln gesamthaft präsentiert und andererseits nur relativ wenige Beispiele gegeben. Wer keine oder wenig Übung im Differenzieren hat, soll sich durch Lösen von zusätzlichen Aufgaben die nötige Sicherheit verschaffen. Im Sinne einer Auswahl werden schliesslich einige der Ableitungsregeln begründet.

(5.2)

(5.7)

(5.2) Die Ableitungsregeln

Funktion	Ableitung	Bezeichnung
$f(x) + g(x)$	$f'(x) + g'(x)$	Summenregel
$f(x) - g(x)$	$f'(x) - g'(x)$	Differenzenregel
$cf(x)$	$cf'(x)$	Regel vom konstanten Faktor ($c \in \mathbb{R}$)
$f(x)g(x)$	$f'(x)g(x) + f(x)g'(x)$	Produktregel
$\dfrac{f(x)}{g(x)}$	$\dfrac{f'(x)g(x) - f(x)g'(x)}{g(x)^2}$	Quotientenregel
$f(g(x))$	$f'(g(x)) \cdot g'(x)$	Kettenregel

Die Aussagen sind dabei so zu interpretieren: Wenn die Funktionen f und g an der Stelle x differenzierbar sind, dann ist auch $f + g$ an der Stelle x differenzierbar, und die angegebene Formel gilt, analog für die anderen Regeln.

(5.3) Die Ableitung der wichtigsten Funktionen

Funktion $y = f(x)$	Ableitung $y' = f'(x)$	Bemerkungen
$c = \text{const}$	0	
x^n	nx^{n-1}	Gilt für alle $n \in \mathbb{R}$, falls $x > 0$. Gilt für alle $n \in \mathbb{Z}$ und beliebige x (für $n < 0$ muss jedoch $x \neq 0$ sein).
x	1	
$\dfrac{1}{x}$	$-\dfrac{1}{x^2}$	$x \neq 0$
$\sqrt{x}$	$\dfrac{1}{2\sqrt{x}}$	$x > 0$
e^x	e^x	
a^x	$a^x \cdot \ln a$	$a > 0$
$\ln x$	$\dfrac{1}{x}$	$x > 0$
$\log_a x$	$\dfrac{1}{x \cdot \ln a}$	$x > 0,\ a > 0$
$\sin x$	$\cos x$	
$\cos x$	$-\sin x$	
$\tan x$	$1 + \tan^2 x = \dfrac{1}{\cos^2 x}$	$x \neq \dfrac{\pi}{2} + k\pi\ (k \in \mathbb{Z})$
$\cot x$	$-(1 + \cot^2 x) = -\dfrac{1}{\sin^2 x}$	$x \neq k\pi\ (k \in \mathbb{Z})$
$\arcsin x$	$\dfrac{1}{\sqrt{1 - x^2}}$	$|x| < 1$
$\arctan x$	$\dfrac{1}{1 + x^2}$	
$\arccos x$	$-\dfrac{1}{\sqrt{1 - x^2}}$	$|x| < 1$
$\text{arccot}\, x$	$-\dfrac{1}{1 + x^2}$	

Funktion $y = f(x)$	Ableitung $y' = f'(x)$	Bemerkungen
$\sinh x$	$\cosh x$	
$\cosh x$	$\sinh x$	
$\tanh x$	$1 - \tanh^2 x = \dfrac{1}{\cosh^2 x}$	
$\coth x$	$1 - \coth^2 x = -\dfrac{1}{\sinh^2 x}$	$x \neq 0$
$\operatorname{arsinh} x$	$\dfrac{1}{\sqrt{1 + x^2}}$	
$\operatorname{arcosh} x$	$\dfrac{1}{\sqrt{x^2 - 1}}$	$x > 1$
$\operatorname{artanh} x$	$\dfrac{1}{1 - x^2}$	$|x| < 1$
$\operatorname{arcoth} x$	$\dfrac{1}{1 - x^2}$	$|x| > 1$

Bemerkungen

a) Die am Rand mit einer dicken Linie versehenen Formeln sollten Sie zu jeder Zeit auswendig wissen.

b) Exponentialfunktion, Logarithmus und die trigonometrischen Funktionen werden grundsätzlich als bekannt vorausgesetzt. Eine kurze Zusammenfassung finden Sie im Anhang, (26.13) bis (26.15). Ferner kommen wir in Kapitel 18 auf einige praktische Anwendungen dieser Funktionen zu sprechen.

c) Die Funktionen in den letzten drei Kästchen werden nicht als bekannt vorausgesetzt. Sie werden erst später eingeführt ((17.2), (18.6), (18.7)), ihre Ableitungen sind aber der Vollständigkeit halber schon hier tabelliert worden.

d) Beachten Sie, dass die Formel für die Ableitung von $f(x) = x^n$ auch Funktionen wie $\dfrac{1}{x^2}$ oder $\sqrt[3]{x}$ miteinschliesst, wie man unter Verwendung von negativen und gebrochenen Exponenten einsieht: Es ist ja $\dfrac{1}{x^2} = x^{-2}$, $\sqrt[3]{x} = x^{\frac{1}{3}}$ etc. (siehe (26.3.c) und Beispiel (5.4.2)). Insbesondere sind die häufig verwendeten Ableitungsformeln für $\dfrac{1}{x}$ und $\sqrt{x}$ (sowie natürlich jene für x) Spezialfälle der Formel für x^n.

(5.4) Beispiele

Aus den in (5.1) erwähnten Gründen führen wir hier nur wenige Beispiele an. Es sei aber betont, dass nur ausgiebiges Üben zur wirklichen Beherrschung der Regeln führt.

Es ist auch nötig, sich daran zu gewöhnen, dass in der Praxis die Funktion nicht immer f und die Variable nicht immer x heisst.

1. $f(x) = x^3 + 5x^2 + 1$.

Nach der Summenregel dürfen wir die Ableitung der beiden Summanden einzeln berechnen. Für den ersten (x^3) liefert die Tabelle für die Ableitung $3x^2$, für den zweiten brauchen wir zuerst die Regel vom konstanten Faktor: Die Ableitung von x^2 ist $2x$, jene von $5x^2$ also $5 \cdot 2x = 10x$. Schliesslich ist die Ableitung der Konstanten 1 gleich 0. Zusammen also:

$$f'(x) = 3x^2 + 10x \ .$$

Speziell ist z.B. $f'(2) = 32$ die Ableitung an der Stelle 2. ⊠

2. $G(t) = \dfrac{2}{t^2} + \sqrt[3]{t} - \dfrac{3}{\sqrt[4]{t^3}}, \ (t > 0)$.

Wegen der Summen- bzw. Differenzenregel betrachten wir die drei Terme einzeln. Für

$$\frac{2}{t^2} = 2 \cdot \frac{1}{t^2} \quad \text{und} \quad \frac{3}{\sqrt[4]{t^3}} = 3 \cdot \frac{1}{\sqrt[4]{t^3}}$$

wenden wir die Regel vom konstanten Faktor an, so dass wir nur noch die Ableitungen von

$$\frac{1}{t^2}, \ \sqrt[3]{t} \quad \text{und} \quad \frac{1}{\sqrt[4]{t^3}}$$

brauchen. Diese Funktionen stehen nicht direkt in der Tabelle, alle drei können aber als Potenzen von t geschrieben werden (vgl. die Bemerkung in (5.3.d)):

$$\frac{1}{t^2} = t^{-2}, \ \sqrt[3]{t} = t^{1/3}, \ \frac{1}{\sqrt[4]{t^3}} = t^{-3/4} \ .$$

Damit bestimmen sich die Ableitungen gemäss der Formel $(x^n)' = nx^{n-1}$:

$$-2t^{-3} = \frac{-2}{t^3}, \ \frac{1}{3}t^{-2/3} = \frac{1}{3\sqrt[3]{t^2}}, \ -\frac{3}{4}t^{-7/4} = \frac{-3}{4\sqrt[4]{t^7}} \ .$$

Mit einer (zur Abwechslung) andern Bezeichnung erhalten wir

$$\frac{dG}{dt} = \frac{-4}{t^3} + \frac{1}{3\sqrt[3]{t^2}} + \frac{9}{4\sqrt[4]{t^7}} \ . \qquad ⊠$$

3. $\Phi(z) = z \ln z, \ (z > 0)$.

Dies ist ein Fall für die Produktregel. Der Tabelle (5.3) entnehmen wir, dass $x' = 1$ und $(\ln x)' = \dfrac{1}{x}$ ist, und finden so

$$\Phi'(z) = 1 \cdot \ln z + z \cdot \frac{1}{z} = \ln z + 1 \ . \qquad ⊠$$

4. $A(\alpha) = \dfrac{\sin \alpha}{1 + \cos \alpha}$.

Hier brauchen wir die Quotientenregel. Die Ableitung des Zählers ist $\cos \alpha$, jene des Nenners ist $-\sin \alpha$ (wobei die Summenregel stillschweigend verwendet wurde). Wir erhalten

$$\frac{dA}{d\alpha} = \frac{(1 + \cos \alpha) \cos \alpha - \sin \alpha(-\sin \alpha)}{(1 + \cos \alpha)^2} = \frac{\cos \alpha + \cos^2 \alpha + \sin^2 \alpha}{(1 + \cos \alpha)^2} = \frac{1}{1 + \cos \alpha} \ .$$

Dabei wurde die (hoffentlich) zum permanenten Wissen gehörende Formel

$$\sin^2 \alpha + \cos^2 \alpha = 1$$

benutzt (siehe (26.15)). ⊠

(5.5) Näheres zur Kettenregel

a) Zusammengesetzte Funktionen

Der Begriff der zusammengesetzten Funktion lässt sich besonders gut mit dem Taschenrechner erläutern.

Beispiel 1

- Tippe eine Zahl x ein, z.B. $x = 0.5$.
- Drücke die Taste $\boxed{x^2}$. In der Anzeige erscheint die Zahl $y = x^2 = 0.25$.
- Drücke die Taste $\boxed{\sin}$. In der Anzeige erscheint jetzt $z = \sin y = \sin x^2 = 0.2474\ldots$.

Beachten Sie, dass wir hier das Bogenmass verwenden, wie es in der Analysis notwendig ist.

Wir haben also zwei Funktionen *zusammengesetzt*, nämlich

$$g(x) = x^2 \quad \text{und} \quad f(y) = \sin y \ .$$

Das Ergebnis ist die zusammengesetzte Funktion

$$x \mapsto f(y) = f(g(x)) = \sin x^2 \ .$$

Da wir f nicht auf x, sondern auf $y = x^2$ anwenden, ist es vernünftig, die unabhängige Variable im zweiten Fall mit y zu bezeichnen.

Beispiel 2

- Tippe $x = 2$ ein.
- Drücke die Taste $\boxed{\cos}$. In der Anzeige erscheint $y = \cos x = -0.4161\ldots$ (Bogenmass!)

– Drücke die Taste $\boxed{\sqrt{}}$. Nun zeigt der Rechner auf irgendeine Weise seine Unzufriedenheit (Fehler) an. Dies deshalb, weil y negativ und $\sqrt{y}$ nicht definiert ist.

Man kann also zwei Funktionen nur dann zusammensetzen, wenn die Werte der zuerst angewandten Funktion im Definitionsbereich der zweiten liegen, d.h., $f(g(x))$ ist für alle x definiert, für welche $g(x)$ definiert ist und im Definitionsbereich von f liegt.

Nun definieren wir allgemein, was wir unter der Zusammensetzung von zwei Funktionen verstehen:

Es seien $f : D(f) \to \mathbb{R}$ und $g : D(g) \to \mathbb{R}$ zwei Funktionen. Dabei sei $D(g)$ so gewählt, dass $y = g(x) \in D(f)$ ist, für alle $x \in D(g)$.

Dann lässt sich für jedes $x \in D(g)$ die Zahl

$$f(g(x)) \quad (\text{oder} \quad f(y) \quad \text{mit} \quad y = g(x))$$

bilden. Die so erhaltene Funktion

$$h : D(g) \to \mathbb{R}, \ h(x) = f(g(x))$$

heisst die *Zusammensetzung* (oder *Komposition* oder *Verkettung*) von g und f. In Zeichen:

$$h = f \circ g \, .$$

Wir nennen g die *innere*, f die *äussere* Funktion.

In der Praxis ist es meistens so, dass eine gegebene Funktion als Zusammensetzung erkannt und "in ihre Bestandteile" zerlegt werden muss.

Beispiel 3

Die Funktion

$$h(x) = e^{x^2}$$

ist zusammengesetzt aus $y = g(x) = x^2$ und $f(y) = e^y$:

$$h(x) = f(g(x)) = e^{x^2} \, .$$

Sie ist für alle $x \in \mathbb{R}$ definiert. $\boxtimes$

Beispiel 4

Die Funktion

$$k(x) = \sqrt{x^2 - 1}$$

ist zusammengesetzt aus $y = g(x) = x^2 - 1$ und $f(y) = \sqrt{y}$:

$$k(x) = f(g(x)) = f(y) = \sqrt{x^2 - 1} \, .$$

Sie ist für alle x definiert, für welche $x^2 - 1 \geq 0$ ist, d.h. für alle x mit $|x| \geq 1$.   ⊠

Beispiel 5

Selbstverständlich lassen sich auch mehr als zwei Funktionen zusammensetzen. So ist etwa

$$p(x) = \sin(\ln(x^2 + 1))$$

von der Form $p(x) = f(g(h(x)))$ mit $f(z) = \sin z$, $g(y) = \ln y$ und $h(x) = x^2 + 1$.   ⊠

b) Anwendung der Kettenregel

Diese Regel sagt aus, wie die Ableitung der zusammengesetzten Funktion $f \circ g$, also der Funktion $x \mapsto f(g(x))$, zu bilden ist. Die Formel lautet (vgl. (5.2)):

$$\boxed{f(g(x))' = f'(g(x)) \cdot g'(x)}$$

oder in Worten:

Man nimmt die Ableitung der Funktion f an der Stelle $y = g(x)$ und multipliziert diese mit der Ableitung von g an der Stelle x.

Man nennt $f'(y) = f'(g(x))$ die äussere, $g'(x)$ die innere Ableitung. Die Regel lautet dann kurz:

$$\boxed{\text{Äussere Ableitung mal innere Ableitung.}}$$

(Vorausgesetzt natürlich, dass sowohl $f'(g(x))$ wie auch $g'(x)$ überhaupt existieren. Für die genaue Formulierung vergleiche man den Beweis in (27.3).)

Beispiel 6

$h(x) = (2x + 1)^{1000}$.

Man könnte diesen Ausdruck mittels der binomischen Formel ausmultiplizieren und das entstehende Polynom vom Grad 1000 ableiten. Aus ersichtlichen Gründen ist von dieser Methode aber abzuraten. Die einzig vernünftige Lösung ist die Anwendung der Kettenregel:

$$h(x) = f(g(x)) \quad \text{mit} \quad f(y) = y^{1000} \quad \text{und} \quad g(x) = 2x + 1.$$

Dann ist $f'(y) = 1000y^{999}$, $g'(x) = 2$ und somit

$$h'(x) = f'(y) \cdot g'(x) = 1000(2x + 1)^{999} \cdot 2 = 2000(2x + 1)^{999}.$$ ⊠

Beispiel 7

Beispiel 6 ist ein Fall, wo die innere Funktion $g(x)$ linear ist. Dies kommt recht häufig vor. Im allgemeinen Fall ist $g(x) = ax + b$ und die innere Ableitung ist $g'(x) = a$.

Die zusammengesetzte Funktion $h(x) = f(g(x))$ hat die Form $h(x) = f(ax + b)$, und für die Ableitung erhält man

$$h'(x) = af'(ax + b) .$$

Diesen einfachen Fall sollten Sie routinemässig erledigen können.

Zwei Musterbeispiele:

$$\frac{d\sin(\pi x)}{dx} = \pi \cdot \cos(\pi x), \quad \frac{d\ln(\frac{u}{2} - 1)}{du} = \frac{1}{2}\frac{1}{\frac{u}{2} - 1} = \frac{1}{u - 2} . \qquad \boxtimes$$

Beispiel 8

$k(x) = \sqrt{x^2 - 1}$.

Wie in Beispiel 4 bereits aufgezeigt wurde, ist $f(y) = \sqrt{y}$ mit $y = g(x) = x^2 - 1$.

Es ist dann

$$f'(y) = \frac{1}{2\sqrt{y}}, \ g'(x) = 2x$$

und somit

$$k'(x) = f'(y) \cdot g'(x) = \frac{1}{2\sqrt{x^2 - 1}} \cdot 2x = \frac{x}{\sqrt{x^2 - 1}} . \qquad \boxtimes$$

Mit zunehmender Routine wird man bei einfachen Aufgaben dieser Art nicht mehr alles anschreiben, sondern das meiste im Kopf rechnen:

Beispiel 9

$E(t) = e^{\frac{1}{t}}$.

Kurze Überlegung: Die Ableitung von e^x ist e^x, jene von $\frac{1}{t}$ ist $-\frac{1}{t^2}$. Wir erhalten so

$$E'(t) = -\frac{1}{t^2}e^{\frac{1}{t}} . \qquad \boxtimes$$

Durch mehrfaches Anwenden der Kettenregel lassen sich auch Funktionen ableiten, die aus mehr als zwei Funktionen zusammengesetzt sind:

Beispiel 10

$p(x) = \sin(\ln(x^2 + 1))$, vgl. Beispiel 5.

Man beginnt "von aussen". Wir setzen zuerst

$$f(z) = \sin z \quad \text{und} \quad z = q(x) = \ln(x^2 + 1) .$$

Dann ist $p(x) = f(z) = f(q(x))$, und die Kettenregel liefert

$$p'(x) = f'(z) \cdot q'(x) = f'(q(x)) \cdot q'(x) = \cos(\ln(x^2 + 1)) \cdot q'(x) .$$

Nun müssen wir aber noch $q'(x)$ berechnen. Dabei ist q selbst wieder eine zusammen-gesetzte Funktion:

$$q(x) = \ln(x^2 + 1) = g(h(x)) \quad \text{mit} \quad g(y) = \ln y \quad \text{und} \quad y = h(x) = x^2 + 1 \,.$$

Für die Ableitung von q müssen wir noch einmal die Kettenregel bemühen:

$$q'(x) = g'(y) \cdot h'(x) = \frac{1}{y} \cdot 2x = \frac{2x}{x^2 + 1} \,.$$

Setzen wir alles zusammen, so erhalten wir:

$$p'(x) = \cos(\ln(x^2 + 1)) \cdot \frac{2x}{x^2 + 1} \,. \qquad \boxtimes$$

Beispiel 11

$$f(x) = \ln \frac{1 - x}{1 + x}.$$

Hier muss man für die innere Ableitung die Quotientenregel benutzen.

$$\left(\frac{1 - x}{1 + x} \right)' = \frac{(1 + x)(-1) - (1 - x) \cdot 1}{(1 + x)^2} = \ldots = \frac{-2}{(1 + x)^2} \,.$$

Man erhält so wegen $(\ln y)' = \frac{1}{y}$:

$$f'(x) = \frac{1}{\frac{1 - x}{1 + x}} \cdot \frac{-2}{(1 + x)^2} = \frac{-2}{(1 - x)(1 + x)} = \frac{-2}{1 - x^2} \,.$$

Diese Aufgabe lässt sich aber eleganter lösen, wenn man sich an die Rechenregeln für den Logarithmus erinnert, die zum Grundwissen gehören (vgl. (26.14)):

$$f(x) = \ln\left(\frac{1 - x}{1 + x} \right) = \ln(1 - x) - \ln(1 + x) \,.$$

Die Ableitungen von $\ln(1 \mp x)$ erhält man durch eine ganz einfache Anwendung der Kettenregel (vgl. Beispiel 7). Es folgt

$$f'(x) = (-1) \cdot \frac{1}{1 - x} - \frac{1}{1 + x} = \ldots = \frac{-2}{1 - x^2} \,. \qquad \boxtimes$$

Beispiel 12

Zum Schluss ein etwas anders geartetes Beispiel:

$$f(x) = x^x \quad (x > 0).$$

Damit man das Problem überhaupt anpacken kann, muss man diese Potenz mittels der Exponentialfunktion ausdrücken:

Es ist $x = e^{\ln x}$ und somit $f(x) = x^x = e^{x \cdot \ln x}$ (vgl. (26.13) und (26.14) für die Regeln über Exponentialfunktion und Logarithmus).

Damit wird $f'(x) = e^{x \cdot \ln x} \cdot (x \cdot \ln x)'$. Für die innere Ableitung benutzen wir die Produktregel (vgl. Beispiel 3. in (5.4)):

$$(x \cdot \ln x)' = 1 \cdot \ln x + x \cdot \frac{1}{x} = \ln x + 1 \ .$$

Es folgt $f'(x) = x^x (\ln x + 1)$. $\boxtimes$

c) Eine andere Schreibweise

Setzt man $z = f(g(x)) = f(y)$ mit $y = g(x)$, so schreibt sich die gesuchte Ableitung der zusammengesetzten Funktion als $\frac{dz}{dx}$, $f'(y)$ wird zu $\frac{dz}{dy}$ und $g'(x)$ zu $\frac{dy}{dx}$.

Die Kettenregel lautet dann

$$\frac{dz}{dx} = \frac{dz}{dy} \frac{dy}{dx}$$

und hat die Form einer Kürzungsregel. Da dx, dy, dz aber keine selbständige Bedeutung haben, ist dies nur als formale Regel aufzufassen.

(5.6) Elementare Funktionen

Ausgehend von den in der Tabelle (5.3) aufgeführten Funktionen kann man nun mit den in (5.2) aufgeführten Operationen (Addition, Subtraktion, Multiplikation und Division von Funktionen sowie Komposition) sehr viele neue Funktionen konstruieren, wie etwa

$$f(x) = \sqrt[5]{\frac{\sqrt{x+1} \cdot (e^{\tan x}) \cdot x^x + \log_2(x^3 + 2^x + \ln(3x))}{[\sin(x \cdot e^x) \cdot \ln(\cot^2 x)]^2}}$$

oder (für die Praxis) auch etwas weniger gesuchte Gebilde. Eine derart konstruierte Funktion heisst eine *elementare Funktion*. Unsere Regeln erlauben uns nun, jede solche elementare Funktion — eventuell allerdings unter grossem Aufwand — abzuleiten.

Die Anwendung dieser Regeln ist durchaus mechanisch. Es gibt deshalb Taschenrechner und Programme für Personal Computer, welche die Ableitung einer elementaren Funktion berechnen können.

(5.7) Beweise einiger Ableitungsregeln und -formeln

In diesem Abschnitt sollen exemplarisch einige Regeln bzw. Formeln begründet werden. Die systematische Herleitung der übrigen Regeln und Formeln ist etwas monoton und deshalb in den Anhang relegiert worden. Zwei einfache Fälle ($f(x) = x^2, f(x) = \sqrt{x}$) wurden schon in (4.4.a) und (4.4.b) behandelt.

a) Produktregel

Es wird vorausgesetzt, dass f und g in x_0 differenzierbar sind.. Wir setzen $h(x) = f(x)g(x)$. Gesucht ist $h'(x_0) = \lim\limits_{x \to x_0} \dfrac{\Delta h}{\Delta x}$ mit

$$\frac{\Delta h}{\Delta x} = \frac{h(x) - h(x_0)}{x - x_0} = \frac{f(x)g(x) - f(x_0)g(x_0)}{x - x_0} .$$

Wir formen um, indem wir den Term $-f(x)g(x_0) + f(x)g(x_0) \ (= 0)$ einschieben und dann x gegen x_0 streben lassen.

$$\frac{\Delta h}{\Delta x} = \frac{f(x)g(x) - f(x)g(x_0) + f(x)g(x_0) - f(x_0)g(x_0)}{x - x_0}$$

$$= \quad f(x) \quad \frac{g(x) - g(x_0)}{x - x_0} \quad + \quad g(x_0) \quad \frac{f(x) - f(x_0)}{x - x_0} .$$

$$\Big\downarrow 1) \qquad \Big\downarrow 2) \qquad \Big\downarrow 3) \qquad \Big\downarrow 4)$$

$$f(x_0) \qquad g'(x_0) \qquad g(x_0) \qquad f'(x_0)$$

Mit $x \to x_0$ gelten die angegebenen Grenzübergänge, und zwar
1) weil f differenzierbar und somit stetig in x_0 ist (vgl. (4.6.g),
2) und 4) nach Voraussetzung,
3) ist klar.

Damit existiert $h'(x_0) = \lim\limits_{x \to x_0} \dfrac{\Delta h}{\Delta x}$, und es ist

$$h'(x_0) = f'(x_0)g(x_0) + f(x_0)g'(x_0) .$$

b) Kettenregel

An dieser Stelle geben wir nur eine sogenannte Plausibilitätsbetrachtung. Einen korrekten Beweis finden Sie im Anhang (27.3).

Es sei g an der Stelle x_0, f an der Stelle $y_0 = g(x_0)$ differenzierbar. Zu zeigen ist: $h(x) = f(g(x))$ ist in x_0 differenzierbar, und es gilt

$$h'(x_0) = f'(g(x_0))g'(x_0) .$$

Der folgende naheliegende "Beweis" ist leider nicht ganz korrekt: Für $x \neq x_0$ ist mit $y = g(x)$, $y_0 = g(x_0)$

$$\frac{f(g(x)) - f(g(x_0))}{x - x_0} = \frac{f(y) - f(y_0)}{x - x_0} = \frac{f(y) - f(y_0)}{y - y_0} \cdot \frac{y - y_0}{x - x_0}$$

$$= \frac{f(y) - f(y_0)}{y - y_0} \cdot \frac{g(x) - g(x_0)}{x - x_0} .$$

Mit $x \to x_0$ strebt (wegen der Stetigkeit) auch $y \to y_0$. Somit strebt der erste Faktor gegen $f'(y_0) = f'(g(x_0))$ und der zweite gegen $g'(x_0)$, womit die Behauptung bewiesen wäre.

Wo steckt die Unkorrektheit? Wir haben zwar $x \neq x_0$ vorausgesetzt, aber daraus braucht nicht zu folgen, dass stets $y \neq y_0$ ist. Wenn aber $y = y_0$ ist, so haben wir im Verlauf unserer Rechnung mit dem Bruch $\frac{0}{0}$ erweitert, was nicht zulässig ist.

c) Die Ableitung des natürlichen Logarithmus

Der natürliche Logarithmus (d.h. der Logarithmus zur Basis $e = 2.71828182\ldots$) hat eine sehr einfache Ableitung:

$$(\ln x)' = \frac{1}{x}, \quad (x > 0) \,.$$

Für Logarithmen mit einer beliebigen Basis sieht die Formel etwas weniger schön aus:

$$(\log_a x)' = \frac{1}{x \cdot \ln a} \,.$$

Diese Tatsache rechtfertigt die Bevorzugung des natürlichen Logarithmus für theoretische Untersuchungen. Wir wollen nun sehen, wie eigentlich die Zahl

$$e = \lim_{n \to \infty} (1 + \frac{1}{n})^n$$

bei der Bestimmung der Ableitung ins Spiel kommt. Nähere Informationen über diese Zahl sowie über Exponentialfunktion und Logarithmus finden Sie im Anhang (26.13), (26.14).

Wir müssen den Grenzwert des Differenzenquotienten

$$\frac{f(x+h) - f(x)}{h} = \frac{\ln(x+h) - \ln x}{h} \quad \text{für} \quad h \to 0$$

untersuchen. Die Annäherung "$h \to 0$" führen wir nun so durch, dass wir eine bestimmte Folge h_n wählen, welche für $n \to \infty$ gegen 0 konvergiert. Der Quotient

$$\frac{\ln(x + h_n) - \ln x}{h_n}$$

ist dann eine Sekantensteigung, welche für $n \to \infty$ (d.h. $h_n \to 0$) gegen die Tangentensteigung $f'(x)$ konvergiert.

Zuerst formen wir etwas um. Es ist nach den Rechenregeln für Logarithmen

$$(*) \qquad \frac{\ln(x + h_n) - \ln x}{h_n} = \frac{1}{h_n} \ln\left(\frac{x + h_n}{x}\right) = \frac{1}{h_n} \ln\left(1 + \frac{h_n}{x}\right) \,.$$

Wir wählen nun die Folge h_n so, dass $\frac{h_n}{x} = \frac{1}{n}$ ist, d.h., wir setzen $h_n = \frac{x}{n}$. Dann gilt sicher $h_n \to 0$ für $n \to \infty$. Aus $(*)$ folgt weiter

$$\frac{\ln(x + h_n) - \ln x}{h_n} = \frac{n}{x} \ln\left(1 + \frac{1}{n}\right) = \frac{1}{x} \ln\left(1 + \frac{1}{n}\right)^n \,.$$

Für die Tangentensteigung gilt somit $f'(x) = \lim_{n \to \infty} \frac{1}{x} \ln\left(1 + \frac{1}{n}\right)^n$. Nun strebt aber $\left(1 + \frac{1}{n}\right)^n$ gegen die Zahl e, wenn $n \to \infty$ geht, somit strebt $\ln\left(1 + \frac{1}{n}\right)^n$ gegen $\ln e = 1$. Es folgt

$$f'(x) = \lim_{n \to \infty} \frac{1}{x} \ln\left(1 + \frac{1}{n}\right)^n = \frac{1}{x} \,.$$

Beachten Sie, dass hier die Zahl e in natürlicher Weise auftaucht. Die Ableitung der Logarithmusfunktion wird nur deshalb so einfach, weil $\ln e = 1$ (d.h. weil e die Basis des natürlichen Logarithmus) ist. Die Wahl von e als Basis der natürlichen Logarithmen ist hierdurch gerechtfertigt.

(5.∞) Aufgaben

In den Routineaufgaben 5–1 bis 5–6 ist jeweils die Ableitung der gegebenen Funktion gesucht. Die Bezeichnungen werden etwas variiert, um Sie daran zu gewöhnen, dass die Variable nicht immer x heissen muss. Gelegentlich wird auch die Notation mit dem Differentialquotienten $\frac{df}{dx}$ verwendet.

5–1 Summen, Differenzen und Vielfache von Grundfunktionen.

a) $F(x) = \dfrac{2}{x} - \dfrac{3}{x^2}$

b) $f(u) = 3\sqrt[3]{u} + 4\dfrac{1}{\sqrt{u^3}}$

c) $\dfrac{d\sqrt{z\sqrt[4]{z}}}{dz}$

d) $\Phi(\varphi) = \tan(\varphi) + \cos(\varphi)$

e) $R(t) = 2^t - 3^t$

f) $A(a) = e^a + \ln a$

5–2 Produkt– und Quotientenregel.

a) $H(t) = \dfrac{t-1}{t+1}$

b) $g(x) = \dfrac{x^2+x+1}{x^2-x+1}$

c) $f(\alpha) = \sin\alpha - \alpha \cdot \cos\alpha$

d) $F(\xi) = e^\xi(\sin\xi - \cos\xi)$

e) $S(\sigma) = \dfrac{1}{\sin\sigma}$

f) $h(x) = \dfrac{e^x-1}{e^x+1}$

g) $p(t) = t \cdot e^t \cdot \cos t$

h) $f(\rho) = \dfrac{e^\rho+1}{\rho^2}$

i) $\dfrac{du^2\ln u}{du}$

5–3 Kettenregel; einfachster Fall (innere Funktion linear).

a) $f(x) = (2+3x)^4$

b) $g(y) = (a+by)^n$

c) $g(X) = e^{2X-1}$

d) $\dfrac{d\sqrt{1-3r}}{dr}$

e) $\dfrac{d\ln(a+bc)}{da}$

f) $\dfrac{d\ln(a+bc)}{dc}$

g) $T(\tau) = e^{\alpha\tau} \cdot \cos\beta\tau$

h) $\Psi(\gamma) = \sin(\alpha+\gamma)\cos(\alpha-\gamma)$

i) $B(\beta) = \dfrac{\sin(\beta+\alpha)}{\cos(\beta-\alpha)}$

5–4 Kettenregel.

a) $f(x) = (x^3+x^2-1)^4$

b) $H(\delta) = e^{-2\sin\delta}$

c) $w(v) = \sqrt[3]{v^3+1}$

d) $\Lambda(x) = \ln(x+\sqrt{1+x^2})$

e) $\dfrac{d\ln(\tan\theta)}{d\theta}$

f) $F(\gamma) = \cos\left(\dfrac{\gamma}{\gamma+1}\right)$

g) $S(T) = \ln(\ln T)$

h) $f(u) = \left(\dfrac{u^2-1}{u^2+1}\right)^2$

i) $F(x) = (\sin x)^{\sin x}$

5–5 Kettenregel; Verknüpfung von mehr als zwei Funktionen.

a) $F(x) = \sin\left(e^{x^2}\right)$

b) $f(\varphi) = \ln(\cos(\varphi^2))$

c) $G(u) = \sqrt{\ln(u^3+1)}$

5–6 Allerlei.

a) $f(x) = \ln\dfrac{1+x^2}{1-x^2}$

b) $g(\alpha) = \dfrac{1}{2}\tan^2\alpha + \ln(\cos\alpha)$

c) $g(u) = \dfrac{\sqrt{u^2+2u-1}}{u-1}$

5–7 Höhere Ableitungen.

a) $\ddot{x}(t)$ für $x(t) = t^2 + \dfrac{1}{t^2} + \dfrac{1}{\sqrt{t}}$

b) $\dfrac{d^2g}{du^2}$ für $g(u) = \dfrac{u^2+1}{2u}$

c) $(x \cdot \ln x)'''$

d) $\dfrac{d^{10}t^{10}}{dt^{10}}$

e) $f^{(100)}(\alpha)$ für $f(\alpha) = \sin\alpha + \cos\alpha$

f) $f^{(n)}(x)$ für $f(x) = xe^x$

6. ANWENDUNGEN DER ABLEITUNG

(6.1) Überblick

Die Ableitung ist ein wichtiges Hilfsmittel bei der Untersuchung von Funktionen. In diesem Kapitel werden die folgenden Punkte besprochen:

- Wachstumsverhalten,   *(6.3.b)*
- Krümmung von Kurven,   *(6.4)*
- Extrema,   *(6.5), (6.6)*
- Graphische Darstellung.   *(6.7)*

Diese Dinge gehören normalerweise zum Mittelschulstoff; es geht hier hauptsächlich darum, die wichtigsten Tatsachen in Erinnerung zu rufen und vielleicht das eine oder andere Detail zu präzisieren.

Die Hauptergebnisse sind, in knapper Form zusammengefasst (I bezeichnet ein Intervall):

(1) $f'(x) > 0$ für alle $x \in I \implies f$ ist auf I *wachsend*.
(2) $f'(x) < 0$ für alle $x \in I \implies f$ ist auf I *fallend*.   *(6.3)*
(3) $f'(x) = 0$ für alle $x \in I \iff f$ ist auf I *konstant*.
(4) $f''(x) < 0$ für alle $x \in I \implies$ Der Graph von f beschreibt eine *Rechtskurve*.   *(6.4)*
(5) $f''(x) > 0$ für alle $x \in I \implies$ Der Graph von f beschreibt eine *Linkskurve*.

Absolute Extrema einer Funktion bestimmt man, indem man *relative Extrema* aufsucht und vergleicht. Diese letzteren findet man durch Untersuchung der folgenden Kandidaten:

1. Innere Punkte x_0 des Definitionsbereichs mit $f'(x_0) = 0$.
2. Randpunkte des Definitionsbereichs.   *(6.5.e)*
3. Stellen, wo f nicht differenzierbar ist.

Wenn $f'(x_0) = 0$ ist, so liefert die *zweite* Ableitung eine Entscheidungshilfe für die Art des Extremums:

- Ist $f''(x_0) < 0$, so hat f in x_0 ein relatives Maximum.   *(6.5.f)*
- Ist $f''(x_0) > 0$, so hat f in x_0 ein relatives Minimum.

(6.2) Einige Fachausdrücke

In diesem Abschnitt stellen wir ein paar Fachausdrücke zusammen, die sich im folgenden als zweckmässig erweisen.

a) Intervalle

Intervalle sind spezielle Teilmengen der Menge $\mathbb{R}$ der reellen Zahlen. Wenn a und b ($a < b$) reelle Zahlen sind, so benutzt man folgende Bezeichnungen:

$$
\begin{aligned}
(a,b) &= \{x \mid a < x < b\} &&: \textit{offenes Intervall,} \\
[a,b] &= \{x \mid a \le x \le b\} &&: \textit{abgeschlossenes Intervall,} \\
(a,b] &= \{x \mid a < x \le b\} \\
[a,b) &= \{x \mid a \le x < b\}
\end{aligned}
\left.\vphantom{\begin{aligned}\\\\\end{aligned}}\right\} : \textit{halboffene Intervalle.}
$$

Ganz ähnlich schreibt man auch etwa

$$
\begin{aligned}
(a,\infty) &= \{x \mid x > a\}, \\
(-\infty,b] &= \{x \mid x \le b\} \\
(-\infty,\infty) &= \mathbb{R} \quad \text{usw.}
\end{aligned}
$$

In manchen Büchern gebraucht man für das offene Intervall auch das Zeichen $]a,b[$.

b) ε–Umgebungen

ε–Umgebungen sind spezielle offene Intervalle. Dabei ist ε eine positive Zahl (das heisst grösser 0), die in den Anwendungen gewöhnlich klein ist. Solche ε haben wir schon früher angetroffen (3.6.b), (4.6.d). Es sei nun $x_0 \in \mathbb{R}$ und $\varepsilon \in \mathbb{R}$, $\varepsilon > 0$. Dann setzt man

$$
U_\varepsilon(x_0) = (x_0 - \varepsilon, x_0 + \varepsilon) = \{x \mid x_0 - \varepsilon < x < x_0 + \varepsilon\} \, .
$$

$$x_0 - \varepsilon \qquad x_0 \qquad x_0 + \varepsilon$$

Dieses Intervall heisst die ε–Umgebung von x_0. $U_\varepsilon(x_0)$ besteht somit aus allen Punkten, deren Abstand von x_0 kleiner als ε ist.

c) Randpunkte und innere Punkte

Ein halboffenes oder abgeschlossenes Intervall hat _Randpunkte_:

$$
\begin{aligned}
[a,b) &: \quad \text{Randpunkt } a, \\
(a,b] &: \quad \text{Randpunkt } b, \\
[a,b] &: \quad \text{Randpunkte } a, b \, .
\end{aligned}
$$

Die Punkte eines Intervalls I, welche keine Randpunkte sind, heissen _innere Punkte_ von I. Offenbar ist x_0 genau dann ein innerer Punkt von I, wenn es eine (wenn vielleicht auch kleine) ε–Umgebung $U_\varepsilon(x_0)$ gibt, welche ganz in I liegt.

d) Wachsende und fallende Funktionen

Es sei f eine Funktion mit Definitionsbereich $D(f)$. Diese Funktion f heisst *wachsend*, wenn gilt: $f(x_1) < f(x_2)$ für alle $x_1, x_2 \in D(f)$ mit $x_1 < x_2$. Entsprechend heisst f *fallend*, wenn gilt: $f(x_1) > f(x_2)$ für alle $x_1, x_2 \in D(f)$ mit $x_1 < x_2$.

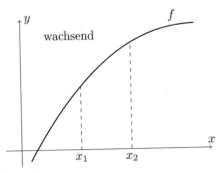 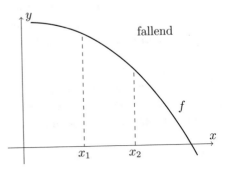

Bemerkung

In den obigen Fällen sagt man manchmal auch, f sei *streng monoton wachsend* (bzw. *fallend*). Monoton wachsend (ohne "streng") heisst dann "$f(x_1) \leq f(x_2)$ für $x_1 < x_2$"; monoton fallend analog. Schliesslich heisst f *monoton*, wenn f entweder monoton wachsend oder monoton fallend ist. Wir werden uns hier an den zuerst angegebenen einfacheren Sprachgebrauch halten.

(6.3) Wachstumsverhalten

a) Einleitende Bemerkungen

Wie wir in den Beispielen von Kapitel 3 gesehen haben, können wir mit Hilfe der Ableitung Begriffe beschreiben, die mit dem Verhalten einer Funktion an einer bestimmten Stelle zu tun haben, wie etwa die Geschwindigkeit zur Zeit t_0 oder die Tangentensteigung im Punkt $(x_0, f(x_0))$. Man spricht in solchen Fällen auch vom "lokalen" Verhalten der Funktion.

Wenn man nun aber die Eigenschaften der Ableitung einer Funktion auf einem ganzen Intervall I kennt, so kann man daraus Rückschlüsse auf das "globale" Verhalten der Funktion in diesem Intervall ziehen. Ist beispielsweise die Wachstumsgeschwindigkeit $N'(t)$ für ein ganzes Zeitintervall positiv, so wächst die Population in dieser Zeit dauernd. Wir werden in (6.3) und in (6.4) derartige Fragen näher untersuchen. Dabei bedienen wir uns vor allem der geometrischen Anschauung, indem wir die Ableitung als Tangentensteigung interpretieren, dabei aber andere Möglichkeiten (Geschwindigkeit etc.) nicht ganz vergessen.

Es sei noch bemerkt, dass wir die in (6.3) und (6.4) stehenden Aussagen nicht streng beweisen, sondern nur anschaulich begründen werden. Exakte, rein rechnerische Beweise können selbstverständlich erbracht werden; dies ist Aufgabe der Mathematiker.

b) Ableitung und Wachstum

Die Funktion f sei auf dem Intervall I definiert (und differenzierbar). Das Intervall I kann offen, abgeschlossen etc. sein; auch der Fall $I = \mathbb{R}$ ist möglich. Das Intervall I muss aber nicht unbedingt der "natürliche Definitionsbereich" sein (d.h. die grösste Teilmenge von $\mathbb{R}$, auf der f überhaupt definiert werden kann). Gerade im Zusammenhang mit den hier besprochenen Fragen wird man sich beispielsweise auf ein Intervall beschränken, in welchem die Ableitung stets positiv ist.

Wenn nun die Ableitung $f'(x) > 0$ ist, für alle x aus I, dann ist im anschaulichen Bild die Tangentensteigung in jedem Punkt des Graphen positiv, und dies bedeutet, dass die Funktion auf I wächst: Aus $x_1 < x_2$ folgt $f(x_1) < f(x_2)$. Entsprechendes gilt für den Fall $f'(x) < 0$, wo die Funktion fällt.

Zusammenfassend finden wir:

> (1) $f'(x) > 0$ für alle $x \in I \implies f$ ist auf I wachsend.
>
> (2) $f'(x) < 0$ für alle $x \in I \implies f$ ist auf I fallend.

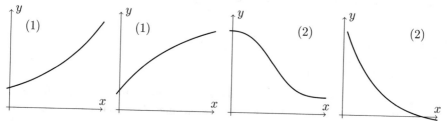

Wie man sieht, kann die "Krümmung des Graphen" unterschiedlich sein, näheres dazu in (6.4).

Hinweis

Die obigen Aussagen (1) und (2) enthalten das Zeichen "$\implies$" (Implikation), vgl. (26.6). In solchen Fällen kann man sich fragen, ob auch die Umkehrung gilt, im Fall (1) wäre dies die Aussage: f auf I wachsend $\implies f'(x) > 0$ für alle $x \in I$.

Diese Aussage ist nun allerdings falsch: Wenn f wachsend ist, dann ist zwar die Ableitung "meistens" positiv; sie kann aber auch gelegentlich $= 0$ sein, wie folgendes Beispiel zeigt:

Die Funktion $f(x) = x^3$ ist auf ganz $\mathbb{R}$ wachsend, aber es ist $f'(0) = 0$, denn $f'(x) = 3x^2$. (Die Tatsache, dass f wachsend ist, ergibt sich durch Betrachtung des Graphen oder durch folgende Überlegung: Sei $x_1 < x_2$. Wenn beide Zahlen ≤ 0 sind, dann ist $x_1^3 < x_2^3$, ebenso wenn beide ≥ 0 sind. Ist aber $x_1 < 0$, $x_2 > 0$, so ist $x_1^3 < 0$, $x_2^3 > 0$, also auch hier $x_1^3 < x_2^3$.)

Man pflegt dies auch so zu formulieren: Die Bedingung "$f'(x) > 0$ auf I" ist hinreichend, aber nicht notwendig dafür, dass f auf I wächst.

Beispiel

Es sei $f(x) = e^{cx}$ und somit $f'(x) = c \cdot e^{cx}$. Weil e^{cx} stets positiv ist, gilt

(i) Für $c > 0$ ist $f'(x) > 0$: f ist auf $\mathbb{R}$ wachsend. Wir werden später sehen, dass wir damit wachsende Prozesse im Zeitablauf modellieren. Häufig wird dann x durch t ersetzt (vom englischen "time"). Beispiele sind eine wachsende Wirtschaft oder Population, Ausbreitung von Epidemien im Anfangsstadion, Anzahl Zellen bei der Zellteilung.

(ii) Für $c < 0$ ist $f'(x) < 0$: f ist auf $\mathbb{R}$ fallend. Mit dieser Funktion modellieren wir später die Abnahme von homogenem radioaktivem Material.

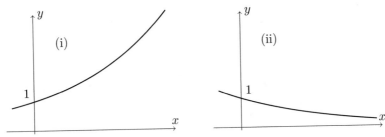

Die Aussagen (1) und (2) haben auch in anderen Fällen eine ganz konkrete Bedeutung:

- Interpretieren wir die Ableitung wie in (3.2) als ("eindimensionale") Geschwindigkeit, so bedeutet eine positive Geschwindigkeit, dass die Ortskoordinate $s(t)$ mit zunehmender Zeit grösser wird; das Objekt bewegt sich in der als positiv festgelegten Richtung, eine negative Geschwindigkeit beschreibt also "den Rückwärtsgang". Ferner besagt ein grosser Betrag $|\dot{s}(t)|$ der Ableitung, dass die Änderung der zurückgelegten Strecke rasch erfolgt, also genau das, was man sich unter einer grossen Geschwindigkeit vorstellt.

- In (3.3) wurde die Wachstumsgeschwindigkeit als Ableitung der Funktion $N(t)$ definiert. Eine positive Wachstumsgeschwindigkeit bedeutet deshalb eine Zunahme, eine negative Wachstumsgeschwindigkeit eine Abnahme der Bakterienpopulation.

c) Ableitung und konstante Funktionen

Wichtig ist auch der Fall, wo $f'(x) = 0$ ist, für alle x aus dem Intervall I. Von der geometrischen Anschauung her ist es dann einleuchtend, dass f eine konstante Funktion sein muss, denn die Tangente ist überall horizontal. In Zeichen:

$$f'(x) = 0 \Longrightarrow f \quad \text{konstant.}$$

Im Gegensatz zu b) (vgl. den dortigen Hinweis mit x^3) gilt hier auch die Umkehrung: Eine der einfachsten Ableitungsregeln (5.3) besagt, dass die Ableitung einer konstanten Funktion immer Null ist. Also haben wir die Regel

(3) $f'(x) = 0$ für alle $x \in I \Longleftrightarrow f$ konstant.

d) Ein qualitatives Beispiel

Illustrieren wir das Ganze noch an einem qualitativen Beispiel. Es wird kein Anspruch auf zahlenmässige Genauigkeit erhoben!

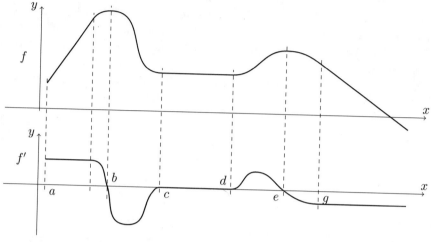

Von a nach b steigt die Funktion zuerst gleichförmig, die Ableitung ist also zunächst konstant, wird dann aber im Punkt b gleich 0 (horizontale Tangente!). Hierauf fällt die Funktion bis c und ist von dort an horizontal. Zwischen b und c muss die Ableitung somit negativ sein, zwischen c und d aber gleich 0. Hierauf folgt ein Anstieg von d nach e (positive Ableitung), ein "stationärer Punkt" in e (Ableitung $= 0$) und schliesslich ein Abfall (negative Ableitung), wobei die Ableitung von g an konstant ist (der Graph ist eine fallende Gerade!).

(6.4) Die Bedeutung der zweiten Ableitung

Wir setzen hier nicht nur voraus, dass $f : I \to \mathbb{R}$ differenzierbar ist, sondern auch, dass auf I die zweite Ableitung f'' existiert.

Da f'' die erste Ableitung von f' ist, können wir die Betrachtungen von (6.3) auf f' und f'' (statt wie dort auf f und f') anwenden. Wenn auf dem ganzen Intervall I die zweite Ableitung $f''(x) < 0$ ist, so fällt $f'(x)$ auf ganz I, d.h., die Steigung von $f(x)$ nimmt (mit wachsendem x) ab – und wird in unterem Bild sogar negativ:

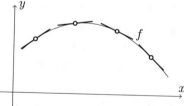

Anschaulich heisst dies, dass der Graph von f eine *Rechtskurve* beschreibt. (Man sagt manchmal auch, f sei konkav nach unten oder konvex nach oben, aber diese Bezeichnungen sind etwas verwirrend.) Ganz entsprechend behandelt man den Fall $f''(x) > 0$.

Somit finden wir:

> (4) $f''(x) < 0$ auf $I \Longrightarrow$ Der Graph von f beschreibt auf I eine Rechtskurve.
>
> (5) $f''(x) > 0$ auf $I \Longrightarrow$ Der Graph von f beschreibt auf I eine Linkskurve.

In den folgenden Skizzen sind die Beziehungen (4) und (5) mit (1) und (2) zusammengefasst. Sie zeigen die verschiedenen Kombinationen von Wachstums- und Krümmungsverhalten.

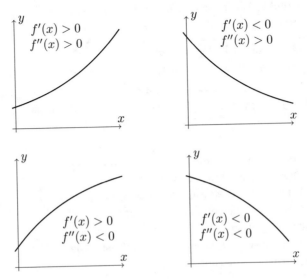

Von einiger Bedeutung ist schliesslich noch der folgende Begriff: Wenn der Graph von f an der Stelle x_0 von einer Links- zu einer Rechtskurve (oder umgekehrt) übergeht, dann spricht man von einem *Wendepunkt*. Er ist dadurch charakterisiert, dass $f''(x_0) = 0$ ist und dass f'' in x_0 das Vorzeichen wechselt.

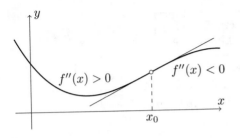
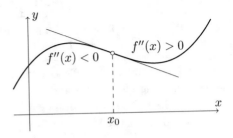

Die Bedingung $f''(x_0) = 0$ allein genügt nicht für einen Wendepunkt. Nimmt man z.B. $f(x) = x^4$, so ist $f''(0) = 0$, aber es liegt kein Wendepunkt vor, denn f'' wechselt in 0 das Vorzeichen nicht. Der Graph beschreibt durchgehend eine Linkskurve.

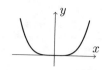

Ein Wendepunkt mit horizontaler Tangente (also zusätzlich mit $f'(x_0) = 0$) heisst *Terrassenpunkt*. So hat beispielsweise die Funktion $f(x) = x^3$ an der Stelle 0 einen solchen Terrassenpunkt. Wir fassen auch diese beiden Aussagen noch zusammen.

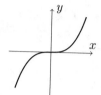

---

(6) f hat in x_0 einen Wendepunkt $\Longleftrightarrow$
  $f''(x_0) = 0$ und f'' wechselt in x_0 das Vorzeichen.

(7) f hat in x_0 einen Terrassenpunkt $\Longleftrightarrow$
  $f'(x_0) = f''(x_0) = 0$ und f'' wechselt in x_0 das Vorzeichen.

Beispiel

Wir illustrieren die in (6.3) und (6.4) gemachten Feststellungen am Beispiel der Funktion $f(x) = \frac{1}{3}x^3 - x$. Es ist $f'(x) = x^2 - 1$, $f''(x) = 2x$. Die Graphen dieser drei Funktionen sind nebenan dargestellt. Sie können daraus ersehen, wie das Vorzeichen von f' (bzw. von f'') das Wachstum von f (bzw. das Krümmungsverhalten von f) beeinflusst. Die folgende Tabelle gibt einen Überblick:

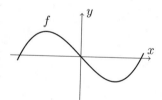

Intervall	f''	f'	f
$(-\infty, -1)$ $(-1, 1)$ $(1, \infty)$		$f' > 0 \implies$ $f' < 0 \implies$ $f' > 0 \implies$	f wächst f fällt f wächst
$(-\infty, 0)$ $(0, \infty)$	$f'' < 0 \implies f'$ fällt $\implies$ Rechtskurve $f'' > 0 \implies f'$ wächst $\implies$ Linkskurve		

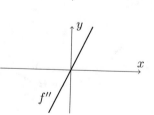

Der Nullpunkt ist ein Wendepunkt, denn dort ist die zweite Ableitung gleich Null und wechselt das Vorzeichen. Für $x_0 = \pm 1$ ist $f'(x_0) = 0$, an diesen Stellen hat f relative Extrema, vgl. hierzu (6.5).

$\boxed{\text{(6.5) Extrema}}$

a) <u>Einleitung</u>

Eine sehr bekannte Anwendung der Differentialrechnung ist die Lösung von Extremalaufgaben (das Auffinden von Maxima und Minima einer Funktion). Das Vorgehen ist Ihnen vom Gymnasialunterricht her vertraut: Man setzt die erste Ableitung gleich Null und prüft allenfalls mit der zweiten Ableitung nach, ob ein Maximum oder ein Minimum vorliegt. Dieses einfache Rezept wollen wir hier etwas genauer ansehen. Zuerst präzisieren wir den Begriff des Extremums.

b) <u>Absolute und relative Extrema</u>

Es sei f eine auf einem gewissen Definitionsbereich $D(f)$ gegebene Funktion. Unter dem *absoluten Maximum* von f (auf $D(f)$) versteht man den grössten Funktionswert in bezug auf den gegebenen Definitionsbereich. Das *absolute Minimum* ist natürlich entsprechend definiert. Maxima und Minima fasst man unter dem Begriff *Extrema* zusammen. Etwas formeller:

Es sei $f : D(f) \to \mathbb{R}$ eine Funktion. Man sagt, f habe ein *absolutes Maximum* an der Stelle x_0 oder $f(x_0)$ sei ein absolutes Maximum von f, wenn gilt

$$f(x_0) \geq f(x) \quad \text{für alle} \quad x \in D(f) \ .$$

Das *absolute Minimum* wird entsprechend definiert (ersetze $\geq$ durch $\leq$).

Die Zahl x_0 selbst nennen wir gelegentlich *Extremalstelle*. Das absolute Maximum kann ohne weiteres an mehreren Stellen angenommen werden. So hat z.B. die Funktion $f(x) = x^2$ im Intervall $[-1, 1]$ je ein absolutes Maximum an den Stellen -1 und 1 (beide natürlich mit demselben maximalen Funktionswert 1) und ein absolutes Minimum an der Stelle 0. Schränkt man aber den Definitionsbereich auf $[0, 1]$ ein, so gibt es nur noch je ein absolutes Maximum bzw. Minimum. Dies belegt einmal mehr, dass der gewählte Definitionsbereich einen grossen Einfluss auf das Verhalten der Funktion haben kann.

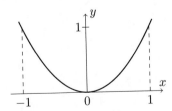 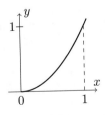

An dieser Stelle sei vorsorglich darauf hingewiesen, dass es durchaus vorkommen kann, dass eine Funktion keine absoluten Extrema hat, vgl. c) unten.

Neben den absoluten Extrema sind auch die *relativen Extrema** von Bedeutung. Die folgende Skizze erläutert die Begriffe anschaulich.

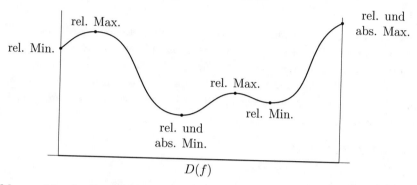

Man spricht also dann von einem relativen Maximum an der Stelle x_0, wenn $f(x_0)$ der grösste Funktionswert in bezug auf alle x in der Nähe von x_0 ist, unabhängig davon, ob weiter weg eventuell noch ein grösserer Wert angenommen wird. Ein bildhafter Vergleich: Ein Landesrekord entspricht einem relativen, ein Weltrekord einem absoluten Extremum. Ein absolutes Extremum ist natürlich automatisch stets auch ein relatives Extremum.

Um auch hier eine exakte Definition geben zu können, ist es zweckmässig, die Redewendung "in der Nähe von x_0" durch den Begriff der ε–Umgebung $U_\varepsilon(x_0)$ des Punktes x_0 zu ersetzen (vgl. (6.2.b)). Die präzise Formulierung lautet dann so:

Die Funktion $f : D(f) \to \mathbb{R}$ hat an der Stelle $x_0 \in D(f)$ ein *relatives Maximum*, wenn es eine ε–Umgebung $U_\varepsilon(x_0)$ gibt, so dass gilt

$$f(x_0) \geq f(x) \quad \text{für alle} \quad x \in D(f) \cap U_\varepsilon(x_0) \ .$$

Das *relative Minimum* wird entsprechend definiert.

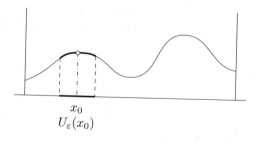

---

* Absolute bzw. relative Extrema nennt man manchmal auch *globale* bzw. *lokale* Extrema.

c) <u>Zur Existenz von Extrema</u>

Man ist oft daran interessiert, die Extrema (vor allem die absoluten Extrema) einer gegebenen Funktion $f : D(f) \to \mathbb{R}$ aufzusuchen. Es kann dabei durchaus geschehen, dass man nicht fündig wird, denn eine Funktion braucht nicht unbedingt Extrema zu haben, wie die folgenden Beispiele zeigen:

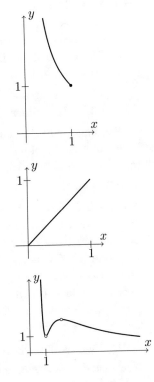

1) $f : (0,1] \to \mathbb{R},\ f(x) = \dfrac{1}{x}$.

f hat ein absolutes Minimum an der Stelle $x = 1$, aber kein absolutes Maximum, denn die Funktionswerte $f(x)$ werden für $x \to 0$ beliebig gross.

2) $f : (0,1) \to \mathbb{R},\ f(x) = x$.

f hat weder ein absolutes Maximum noch ein absolutes Minimum. Es ist nicht etwa so, dass f Extrema bei 0 und 1 hat, denn diese beiden Punkte gehören nicht zum Definitionsbereich. Die hier getroffene Wahl des Definitionsbereichs darf nicht als willkürlich angesehen werden. Stellt x z.B. eine Länge oder ein Gewicht eines Individuums dar, so ist die Voraussetzung $x > 0$ durchaus natürlich.

3) Die durch den nebenstehenden Graphen dargestellte, für alle $x > 0$ definierte Funktion f mit $f(x) \to \infty$ für $x \to 0$ und $f(x) \to 0$ für $x \to \infty$ hat ein relatives Maximum und ein relatives Minimum, aber keine absoluten Extrema.

Eine explizite Formel für eine solche Funktion ist hier nicht sehr relevant. Der nebenstehende Graph gehört zu

$$f(x) = \frac{6x^3 + 3x^2 - 20x + 12}{x^4},\quad (x > 0)\,.$$

4) Ein Beispiel in Worten: Gesucht ist die kleinste positive Zahl. Eine solche existiert offenbar nicht, denn zu jeder Zahl $x > 0$ gibt es eine kleinere positive Zahl, z.B. $x/2$.

Die Nichtexistenz von Extrema ist also etwas ganz Natürliches. Sie bringt auch keine besonderen Probleme, denn die in d) angegebenen Methoden liefern von selbst alle überhaupt existierenden Extrema.

<u>Ergänzung</u>

Man kann versuchen, Voraussetzungen anzugeben, unter denen eine Funktion Extrema besitzt. Ohne den etwas subtilen Beweis sei folgendes Resultat erwähnt: Wenn der Definitionsbereich I ein abgeschlossenes Intervall und wenn $f : I \to \mathbb{R}$ stetig ist, dann hat f in I (mindestens) ein absolutes Maximum und ein absolutes Minimum, vgl. (4.6.i).

d) <u>Wie findet man die Extremalstellen?</u>

Da ein absolutes Maximum stets auch ein relatives Maximum ist, kann man das absolute Maximum (sofern es überhaupt existiert, vgl. die Beispiele in c)) dadurch bestimmen, dass man alle relativen Maxima sucht und dann jenes mit dem grössten Funktionswert auswählt. Für das absolute Minimum geht man selbstverständlich analog vor.

Wie Sie wohl aus der Mittelschule noch wissen, liefert die Differentialrechnung eine Methode ("Ableiten und Nullsetzen") zur Ermittlung von relativen Extrema. Dabei sind aber zwei Dinge zu beachten:

- Aus $f'(x_0) = 0$ darf nicht ohne weiteres geschlossen werden, dass f in x_0 ein relatives Extremum hat, vgl. hierzu f).

- Es kann auch Extremalstellen geben, in welchen die Ableitung nicht Null ist, vgl. 1. und 3. auf der untenstehenden "Kandidatenliste".

Wir stellen nun die möglichen *Kandidaten* für relative Extremalstellen zusammen. Ob diese Punkte tatsächlich relative Extrema liefern und welches davon gegebenenfalls absolute Extrema sind, muss durch separate Überlegungen entschieden werden.

(i) <u>Randpunkte</u>

Wenn der Definitionsbereich $D(f)$ ein halboffenes oder abgeschlossenes Intervall ist, dann hat er Randpunkte (6.2.b). Wie die Skizzen in (6.5.b) zeigen, kann es vorkommen, dass die Funktion ausgerechnet in den Randpunkten ein absolutes oder relatives Extremum hat.

Diese Randpunkte werden mit den Methoden der Differentialrechnung im allgemeinen nicht erfasst (die Ableitung der Funktion f ist in einem Randpunkt i.a. nicht gleich Null), so dass sie, falls vorhanden, stets separat zu berücksichtigen sind (vgl. die Beispiele in (6.6)).

(ii) <u>Innere Punkte, in denen f differenzierbar ist</u>

Nachdem die Randpunkte besprochen sind, betrachten wir nun einen inneren Punkt x_0 des Definitionsbereichs $D(f)$ und setzen auch noch voraus, dass f in x_0 differenzierbar sei. Dann gilt:

> Es sei x_0 ein innerer Punkt von $D(f)$ und f sei in x_0 differenzierbar. Wenn f an der Stelle x_0 ein relatives Extremum hat, dann ist $f'(x_0) = 0$.

Dieses Ergebnis ist anschaulich klar: Wenn z.B. ein relatives Maximum vorliegt, dann steigt die Tangente links von x_0 und sie fällt rechts von dieser Stelle. Die (nach Voraussetzung existierende) Tangente in x_0 muss deshalb horizontal sein: Es ist $f'(x_0) = 0$.

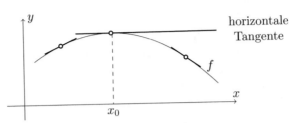

Wir verzichten auf einen strengen, rein rechnerischen Beweis. Obwohl wir in f) darauf zurückkommen werden, sei jetzt schon betont, dass die Umkehrung der obigen Tatsache nicht gilt: Aus $f'(x_0) = 0$ braucht noch nicht zu folgen, dass f in x_0 ein relatives Extremum hat.

(iii) <u>Innere Punkte, in denen f nicht differenzierbar ist</u>

Wenn f in x_0 nicht differenzierbar ist, so ist die Bedingung $f'(x_0) = 0$ sinnlos. Es kann aber vorkommen, dass ein Extremum gerade dort auftritt, wo f nicht differenzierbar ist. So hat die Funktion $f(x) = |x|$ ihr relatives (und absolutes) Minimum an der Stelle $x = 0$, wo sie nicht differenzierbar ist! Ohne Anspruch auf Vollständigkeit ist dann Vorsicht geboten, wenn Absolutbeträge in Funktionen vorkommen oder die Funktion auf verschiedenen Intervallen verschiedenen Gesetzen folgt (Schreibweise mit geschweifter Klammer).

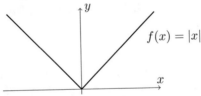

Ein weiteres Beispiel finden Sie in (6.6.2).

e) <u>Zusammenfassung</u>

Die oben gemachten Überlegungen lassen sich (in geänderter Reihenfolge) wie folgt zusammenfassen:

Ein *relatives Extremum* (wenn es überhaupt existiert) muss an einer der folgenden Stellen auftreten:

1. Innere Punkte x_0 des Definitionsbereichs mit $f'(x_0) = 0$,

2. Randpunkte des Definitionsbereichs (falls vorhanden),

3. Stellen, wo f nicht differenzierbar ist (falls vorhanden).

Die absoluten Extrema (falls sie existieren) findet man unter den relativen Extrema. Das grösste relative Maximum ist dann das absolute Maximum, das kleinste relative Minimum ist das absolute Minimum.

f) Charakterisierung der Extrema

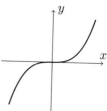

Es ist bereits unter Punkt (ii) oben erwähnt worden, dass man aus der Beziehung $f'(x_0) = 0$ nicht unbesehen schliessen darf, dass f in x_0 ein relatives Extremum hat. In der Tat gilt z.B. für die Funktion $f(x) = x^3$ zwar $f'(0) = 0$, aber f hat kein Extremum im Nullpunkt (wohl aber einen Terrassenpunkt).

Überdies sagt die Bedingung $f'(x_0) = 0$ auch im Fall, wo tatsächlich ein relatives Extremum vorhanden ist, nichts darüber aus, ob es sich um ein Maximum oder ein Minimum handelt. (Geometrisch: Die Tangente ist sowohl beim relativen Maximum als auch beim Minimum horizontal.)

Wie kann man nun entscheiden, welcher Fall vorliegt? Es sei also $f'(x_0) = 0$. Hat die Funktion in x_0 ein relatives Maximum, ein relatives Minimum oder keins von beiden?

1) In manchen (angewandten) Beispielen ist es so, dass auf Grund der Problemstellung ein Extremum (ausserhalb eines Randpunkts) auftreten *muss*. Gibt es dann weiter nur gerade eine Stelle x_0 mit $f'(x_0) = 0$, so ist man sicher, dass das gesuchte Extremum entweder in x_0 oder am Rand auftritt. (Einmal abgesehen von Stellen, wo f nicht differenzierbar ist.) Vgl. hierzu die Beispiele aus (6.6).

2) Wenn die Funktion f zweimal differenzierbar ist, so kann das folgende Kriterium helfen:

> Wie oben sei x_0 eine Stelle mit $f'(x_0) = 0$.
>
> - Ist $f''(x_0) < 0$, so hat f in x_0 ein relatives Maximum.
> - Ist $f''(x_0) > 0$, so hat f in x_0 ein relatives Minimum.

Wenn aber $f''(x_0) = 0$ ist, so kann man nichts aussagen, und es müssen andere Überlegungen gemacht werden, wie die folgenden Beispiele zeigen: In den nachstehenden Fällen ist jedesmal $f'(0) = 0, f''(0) = 0$.

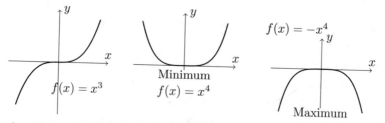

$$f(x) = -x^4$$

$f(x) = x^3$

Minimum
$f(x) = x^4$

Maximum

Die oben genannten Regeln werden plausibel, wenn man an die Betrachtungen in (6.4) denkt: Eine negative zweite Ableitung bedeutet eine Rechtskurve, also eine nach unten geöffnete Kurve, was einem Maximum entspricht. Analog funktioniert der Fall einer positiven zweiten Ableitung. Wie üblich überlassen wir auch hier die strengen Beweise den Mathematikern.

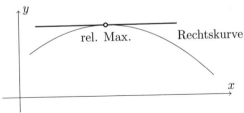

3) Das in 2) genannte Kriterium ist nicht immer praktisch, weil die zweite Ableitung schon recht kompliziert werden kann. Dieser Einwand gilt noch mehr für das nachstehende Kriterium, das höhere Ableitungen verwendet und das ohne Begründung zitiert sei:

Die Funktion f sei mindestens n–mal differenzierbar und x_0 sei ein innerer Punkt von $D(f)$. Ferner sei

$$f'(x_0) = f''(x_0) = \ldots = f^{(n-1)}(x_0) = 0 \quad \text{und} \quad f^{(n)}(x_0) \neq 0.$$

Ist nun n eine gerade Zahl, so hat f in x_0 ein relatives Extremum, und zwar

für $f^{(n)}(x_0) < 0$ ein relatives Maximum und für $f^{(n)}(x_0) > 0$ ein relatives Minimum.

Ist aber n ungerade, so hat f in x_0 kein relatives Extremum.

(6.6) Beispiele zur Bestimmung von Extrema

Beispiel 1

Wir betrachten $f(x) = xe^x$ a) auf dem Intervall $[0,1]$ und b) auf dem Intervall $[-2,0]$. Nach der Produktregel ist $f'(x) = (x+1)e^x$. Da e^x stets positiv ist, ist $x = -1$ die einzige Stelle mit $f'(x) = 0$.

a) $D(f) = [0,1]$. In diesem Intervall ist die Ableitung überhaupt nie gleich Null. Es wäre aber falsch zu glauben, f habe kein Extremum. Gemäss der Zusammenfassung in (6.5.e) sind auch noch die Randpunkte 0 und 1 zu berücksichtigen. Wegen $f(0) = 0$ und $f(1) = e$ sieht man sofort:
  - f nimmt für $x_0 = 0$ das absolute Minimum 0 an,
  - f nimmt für $x_0 = 1$ das absolute Maximum e an.

b) $D(f) = [-2,0]$. Diesmal liegt die Zahl $x_0 = -1$ mit $f'(x_0) = 0$ in $D(f)$. Die Randpunkte sind aber auch hier zu berücksichtigen. Ein Vergleich der Werte $f(-2) = -0.2707$, $f(-1) = -0.3679$ und $f(0) = 0$ zeigt:
  - f nimmt für $x_0 = -2$ ein relatives Maximum -0.2707 an.
  - f nimmt für $x_0 = -1$ das absolute Minimum -0.3679 an.
  - f nimmt für $x_0 = 0$ das absolute Maximum 0 an.

Wie Sie sehen, war es hier nicht nötig, die zweite Ableitung gemäss (6.5.f) zu bemühen, um den Charakter des Extremums an der Stelle $x_0 = -1$ zu ermitteln. Als Bestätigung tun wir dies doch noch. Es ist $f''(x) = e^x(x+2)$ und somit $f''(-1) = 0.3679 > 0$: f hat in $x_0 = -1$ ein relatives Minimum.

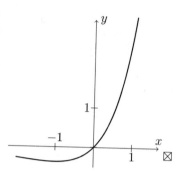

Im Nachhinein erklärt ein Blick auf den Graphen von f die obigen Feststellungen erneut.

Beispiel 2

Das folgende Beispiel wirkt wohl etwas künstlich (und ist es auch), hat aber den Vorteil, dass alle drei Punkte der Zusammenfassung von (6.5.e) gebraucht werden. Wir betrachten

$$f(x) = \sqrt[3]{x^2} + x$$

auf dem Intervall $[-\frac{1}{2}, 1]$. Es ist*

$$f'(x) = \frac{2}{3}\frac{1}{\sqrt[3]{x}} + 1 \; ,$$

aber nur für $x \neq 0$. Im Punkte $x = 0$ existiert f' nicht: f ist an der Stelle 0 nicht differenzierbar.
Weiter ist

$$f''(x) == -\frac{2}{9}\frac{1}{\sqrt[3]{x^4}} \quad (x \neq 0) \; .$$

Wir suchen die Extrema gemäss der oben erwähnten Zusammenfassung.

1. Innere Punkte mit $f'(x_0) = 0$.

$$f'(x) = \frac{2}{3}\frac{1}{\sqrt[3]{x}} + 1 = 0 \iff -\frac{2}{3} = \sqrt[3]{x} \; .$$

Die einzige Nullstelle von f' ist $x_0 = -\frac{8}{27} = -0.296...$.
Es ist

$$f(x_0) = f(-\frac{8}{27}) = \underline{0.148...} \; .$$

2. Randpunkte $(-\frac{1}{2}$ und $1)$.

$$f(-\frac{1}{2}) = \underline{0.129...} \, , \quad f(1) = \underline{2} \, .$$

---

* Die Formel für $f'(x)$ gilt auch für negative x. Beachten Sie, dass die Funktion $\sqrt[3]{x}$ auch für $x \leq 0$ definiert ist, im Gegensatz zur "allgemeinen Potenzfunktion" x^r, $r \in \mathbb{R}$, wo $x > 0$ vorausgesetzt werden muss.

3. f ist in $x = 0$ nicht differenzierbar, es ist $\underline{f(0) = 0}$.

Ein Vergleich der unterstrichenen Funktionswerte ergibt:

- f hat ein absolutes Minimum an der Stelle 0: $f(0) = 0$,
- f hat ein absolutes Maximum an der Stelle 1: $f(1) = 2$.
- f hat zudem ein relatives Minimum an der Stelle -0.5: $f(-0.5) = 0.129....$

Wie Sie der Skizze entnehmen können, liegt für $x_0 = -8/27$ $(f'(-8/27) = 0)$ ein relatives Maximum vor, was dadurch bestätigt wird, dass die 2. Ableitung dort negativ ist.

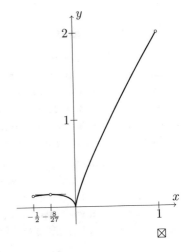

Beispiel 3

Ein Mann befindet sich auf einem Ruderboot im Punkte A und will möglichst rasch den Punkt B am Ufer erreichen. Seine Geschwindigkeit zu Wasser sei v, jene zu Lande w. Wo muss er landen? $(a, b, v, w > 0)$. Wir nehmen an, der Landepunkt habe den Abstand x von O. Von der Problemstellung her ist klar, dass wir $0 \leq x \leq b$ annehmen können. Die benötigte Zeit ist dann offenbar gleich $f(x) = \dfrac{\sqrt{a^2 + x^2}}{v} + \dfrac{b - x}{w}$ mit $D(f) = [0, b]$.

Beachten Sie, dass $b - x$ nur solange der Abstand zwischen B und X ist, als $x \leq b$ ist (für $x > b$ müsste man $|b - x| = x - b$ schreiben; dieser Fall interessiert uns aber nicht).

Mit Hilfe der Ableitungsregeln berechnet man

$$f'(x) = \frac{x}{v\sqrt{a^2 + x^2}} - \frac{1}{w} \,,$$

$$f''(x) = \frac{a^2}{v(a^2 + x^2)^{3/2}} > 0 \quad \text{für alle } x \,.$$

Wann ist $f'(x) = 0$? Aus

$$\frac{x}{v\sqrt{a^2 + x^2}} = \frac{1}{w} \quad \text{folgt} \quad \frac{x}{v} = \frac{\sqrt{a^2 + x^2}}{w} \,,$$

und durch Quadrieren (keine Probleme, weil alle vorkommenden Grössen positiv sind) erhält man

$$\frac{x^2}{v^2} = \frac{a^2 + x^2}{w^2} \quad \text{und somit} \quad x^2 = \frac{a^2 v^2}{w^2 - v^2} \,.$$

Es ist also $f'(x_0) = 0$ für $x_0 = \dfrac{av}{\sqrt{w^2 - v^2}}$.

Dies ist sicher nur sinnvoll für $w > v$. Wenn $w \leq v$ ist, so hat f' keine Nullstelle. Dies heisst aber nicht, dass es kein Extremum gibt. Es bedeutet bloss, dass dieses nicht im Innern des Definitionsbereichs liegt, sondern am Rand, also für $x = 0$ oder $x = b$ angenommen wird. Nun besagt $w \leq v$ aber, dass der Mann schneller rudert als geht. In diesem Fall ist es ohne Rechnung klar, dass er direkt von A nach B rudern muss: Das Minimum wird für $x = b$ angenommen.

Es sei nun $v < w$. Als konkretes Beispiel setzen wir $v = 3, w = 5$ sowie $a = 4$. Für b wählen wir einmal 4 und einmal 2:

a) $a = b = 4$. Dann wird nach der obigen Formel $x_0 = 3$. Da $3 \in [0, b] = [0, 4]$ ist, haben wir einen Kandidaten für das Extremum gewonnen. Andere Kandidaten sind nur noch die Randpunkte 0 und $b = 4$. Nun ist (setze ein) $f(0) = 32/15 = 2.133$, $f(3) = 28/15 = 1.867$ und $f(4) = 4\sqrt{2}/3 = 1.886$. Daraus sieht man, dass $f(3)$ das absolute Minimum ist. (Die Verwendung der 2. Ableitung ist hier gar nicht nötig.)

b) $a = 4$, $b = 2$. Wie oben wird $x_0 = 3$. Nun ist aber $x_0 \notin [0, b] = [0, 2]$. Die Ableitung f' hat also in $[0, b]$ keine Nullstelle. Extrema können nur am Rand auftreten. Es ist $f(0) = 26/15 = 1.733$, $f(2) = \sqrt{20}/3 = 1.491$, woraus folgt, dass das absolute Minimum an der Stelle $x = b = 2$ liegt. Der Mann soll also direkt nach B rudern.

Was bedeutet aber die Tatsache, dass $f'(3) = 0$ ist? Wegen $f''(3) > 0$ liegt dort ein relatives Minimum der Funktion $f(x)$. Anderseits ist es sicher unlogisch, beim Punkt $x = 3$ zu landen und dann zum Punkt B ($x = 2$) zurückzukehren. Des Rätsels Lösung liegt darin, dass die Funktion $f(x) = \sqrt{a^2 + x^2}/v + (b - x)/w$ nur solange den gewünschten Sachverhalt (Zeitbedarf von A nach B) wiedergibt, als $0 \leq x \leq b = 2$ ist. Für $x > b$ ist $b - x < 0$ und die negative Zahl $(b-x)/w$ stellt sicher nicht den Zeitbedarf von X nach B dar. Es ist daher einfach sinnlos, $f(3)$ und $f'(3)$ überhaupt zu betrachten.

$\boxtimes$

(6.7) Graphische Darstellung von Funktionen

Gewöhnlich veranschaulicht man sich das Verhalten einer Funktion anhand ihres Graphen. Die einfachste Methode, diesen Graphen zu zeichnen, besteht darin, einige Punkte $(x, f(x))$ auszurechnen ("Wertetabelle"), in ein Koordinatensystem einzutragen und zu verbinden. Bei komplizierteren Funktionen braucht es aber schon recht viele Punkte für einen guten Überblick. Diese Aufgabe kann man auch einem Computerprogramm oder einem entsprechend ausgerüsteten Taschenrechner übertragen.

In vielen Fällen interessiert man sich aber vor allem für den generellen Verlauf des Graphen, z.B. in bezug auf Symmetrie, Wachstum, Verhalten für grosse Werte von x usw. Dabei helfen allgemeine Überlegungen, die auch Methoden der Differentialrechnung einschliessen und die Sie im Gymnasium unter dem Namen "Kurvendiskussion" kennengelernt haben. Wir werden hier diese Kurvendiskussion nicht als Selbstzweck betreiben; einige Anwendungen folgen bei passender Gelegenheit.

Im folgenden stellen wir die wichtigsten zu berücksichtigenden Punkte mit einfachen illustrierenden Beispielen zusammen. Es wird aber nicht immer möglich sein, bei einer vorgegebenen Funktion alle diese Punkte vollständig zu behandeln; man wird dann eine vernünftige Auswahl treffen müssen.

a) Bestimmung des Definitionsbereichs, sofern nicht durch die konkrete Problemstellung vorgegeben.

Beispiel: Der maximale Definitionsbereich von $f(x) = \sqrt{1 - x^2}$ ist $\{x \mid -1 \leq x \leq 1\}$, denn der Radikand $1 - x^2$ muss stets ≥ 0 sein.

b) Symmetrien.

Ist $f(-x) = -f(x)$, so ist der Graph punktsymmetrisch in Bezug auf den Nullpunkt.

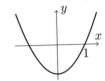

Beispiel: $f(x) = \frac{1}{3}x^3 - x$ (6.4).

Ist $f(-x) = f(x)$, so ist der Graph symmetrisch in Bezug auf die y–Achse.

Beispiel: $f(x) = x^2 - 1$ (6.4).

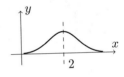

Etwas allgemeiner ist die Symmetrie in Bezug auf die Gerade $x = a$. Sie tritt dann auf, wenn $f(a - x) = f(a + x)$ ist.

Beispiel: $f(x) = e^{-(x-2)^2}$.

Mit $a = 2$ ist
$$f(a - x) = e^{-((2-x)-2)^2} = e^{-(-x)^2} = e^{-x^2}.$$
$$f(a + x) = e^{-((2+x)-2)^2} = e^{-x^2}.$$

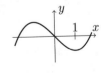

c) Nullstellen und Vorzeichen. Wo ist $f(x) > 0, = 0, < 0$?

d) Wachstum und Extrema. Hier benutzt man die 1. Ableitung; vgl. (6.3), (6.5). Wo ist $f'(x) > 0, = 0, < 0$?

Beispiel: $f(x) = \frac{1}{3}x^3 - x$, vgl. die Skizzen am Schluss von (6.4).

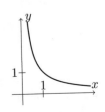

e) Krümmung und Wendepunkte. Hier benutzt man die 2. Ableitung; vgl. (6.4). Wo ist $f''(x) > 0, = 0, < 0$?

Beispiel: $f(x) = \frac{1}{3}x^3 - x$, vgl. die Skizzen am Ende von (6.4).

f) Asymptoten.

Beispiel: $f(x) = \dfrac{1}{x}$ $(x > 0)$.

Für $x \to \infty$ nähert sich der Graph immer mehr der x–Achse ("horizontale Asymptote"), für $x \to 0$ schmiegt er sich der y–Achse an ("vertikale Asymptote").*

Es gibt auch schräge Asymptoten.

Beispiel: $f(x) = x + 1 + \dfrac{1}{x}$ $(x > 0)$.

Hier nähert sich der Graph für $x \to \infty$ immer mehr der Geraden $y = x + 1$.

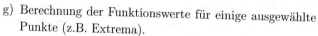

g) Berechnung der Funktionswerte für einige ausgewählte Punkte (z.B. Extrema).

Schliesslich kann es auch nicht schaden, wenn man den Verlauf der einfachsten Funktionen auswendig kennt; vgl. auch (26.11) bis (26.15).

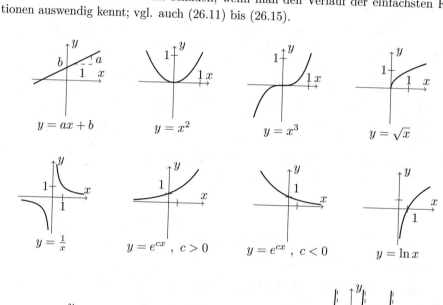

$$y = ax + b \qquad y = x^2 \qquad y = x^3 \qquad y = \sqrt{x}$$

$$y = \frac{1}{x} \qquad y = e^{cx},\ c > 0 \qquad y = e^{cx},\ c < 0 \qquad y = \ln x$$

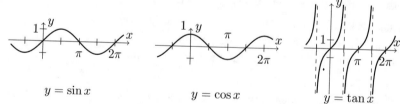

$$y = \sin x \qquad y = \cos x \qquad y = \tan x$$

In (18.2) werden wir auf gewisse Modifikation von Funktionen und deren Auswirkungen auf den Graphen eingehen.

---

* Wenn in x_0 eine vertikale Asymptote existiert, wenn also $f(x) \to \pm\infty$ strebt für $x \to x_0$, dann sagt man auch, f habe in x_0 einen Pol.

(6.∞) Aufgaben

6−1 Von den vier skizzierten Funktionen ist eine die Ableitung einer andern. Finden Sie dieses Pärchen.

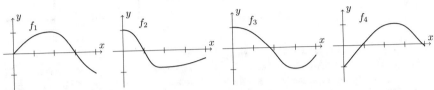

6−2 Gegeben ist die Funktion $f : \mathbb{R} \to \mathbb{R}$, $f(x) = (x-1)e^x$.
a) Wo nimmt sie positive, wo negative Werte an? b) Wo wächst sie, wo fällt sie? c) Wo beschreibt der Graph eine Linkskurve, wo eine Rechtskurve? d) Skizzieren Sie den Graphen von f unter Verwendung der Erkenntnisse aus a), b) und c).

6−3 Gegeben ist die Funktion $f : \mathbb{R} \to \mathbb{R}$, $f(x) = \dfrac{x}{1+x^2}$.
a) Wo nimmt sie positive, wo negative Werte an? b) Wo wächst sie, wo fällt sie? c) Wo beschreibt der Graph eine Linkskurve, wo eine Rechtskurve? d) Skizzieren Sie den Graphen von f unter Verwendung der Erkenntnisse aus a), b) und c).

6−4 Die Funktion g ist auf dem Intervall $[-1,1]$ definiert (und dort zweimal differenzierbar). Man weiss, dass $g'(x) < 0$ ist für alle x; ferner ist $g''(x) > 0$ in $[-1,0)$, $g''(x) < 0$ in $(0,1]$ und $g''(0) = 0$. Schliesslich ist $g(0) = 0$. Skizzieren Sie einen möglichen Kurvenverlauf.

6−5 Bestimmen Sie − falls vorhanden − die absoluten Extrema der Funktion $f(x) = x^3 - 12x$ a) im Intervall $[-3,3]$, b) im Intervall $(0,1)$, c) im Intervall $[0,1]$.

6−6 Bestimmen Sie − falls vorhanden − die absoluten Extrema der Funktion $g(x) = x \cdot \ln x$ a) im Intervall $[\frac{1}{4}, 2]$, b) im Intervall $[\frac{1}{2}, 2]$, c) im Intervall $(\frac{1}{2}, 2)$.

6−7 Bestimmen Sie alle relativen Extrema der Funktion $h(x) = |x^2 - 1|$ im Intervall $[-2,2]$.

6−8 Wo ist die erste Ableitung der Funktion $F(x) = \sqrt{x}^{\sqrt{x}}$ $(x > 0)$ gleich Null? Hat F an dieser Stelle ein relatives Maximum oder ein relatives Minimum?

6−9 Eine Aufgabe aus dem Kapitel "De maximis et minimis" des 1755 erschienenen Buchs "Institutiones calculi differentialis" von LEONHARD EULER (1707-1783):

EXEMPLUM 2

Invenire casus, quibus formula $\dfrac{2 - 3x + xx}{2 + 3x + xx}$ fit maximum vel minimum.

6−10 Zwei Korridore der Breite a bzw. b stossen rechtwinklig aufeinander. Bestimmen Sie die Länge der längsten Stange, die (horizontal) um die Ecke getragen werde kann. (Tip: Führen Sie den Winkel α als Variable ein.)

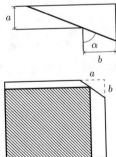

6−11 Von einem Stück Karton der Grösse DIN A4 ist eine Ecke abgeschnitten worden. Aus dem Rest soll ein Rechteck (in der Skizze schraffiert) mit maximalem Flächeninhalt ausgeschnitten werden. Wie lang und wie breit muss dieses Rechteck sein? a) Mit $a = 60$ mm, $b = 40$ mm; b) mit $a = 40$ mm, $b = 60$ mm.

6–12 Auf einer Wiese soll ein rechteckiges Stück Land ein-
gezäunt werden, wobei die 8 m lange Wand eines am
Rand der Wiese stehenden Schopfs miteinbezogen wird.
Wie muss dieses Rechteck dimensioniert werden, damit
es möglichst grossen Flächeninhalt hat, wenn a) 12 m,
b) 20 m, c) 28 m Zaun zur Verfügung stehen? Beachten
Sie, dass es zwei grundsätzlich verschiedene Möglichkeiten gibt.

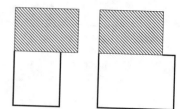

6–13 Im Zauberland gibt es einen kreisförmigen Wald. Im
Schloss $\mathfrak{A}$ wohnt der Märchenprinz, der seine im diame-
tral gegenüberliegenden Schloss $\mathfrak{B}$ wohnende Märchen-
prinzessin besuchen möchte. Sein edles Ross entwickelt
dem Waldrand entlang eine Geschwindigkeit, die gleich
dem a–fachen jener im Waldesinnern ist. Welche Route
muss unser Prinz wählen, damit er so schnell als möglich
bei seiner Prinzessin ist? (Ein prosaischer Tip: Wählen
Sie den Winkel β als Variable.)

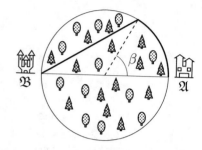

6–14 Ein rechteckiger Swimmingpool von 5 m Breite hat in
der Längsrichtung einen Querschnitt gemäss Skizze. Der
leere Pool wird mit Wasser gefüllt, wobei pro Minute 200
Liter hineinfliessen. Berechnen Sie die Geschwindigkeit
(in cm pro Minute), mit welcher der Wasserspiegel steigt.

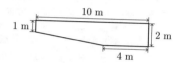

6–15 Ein Drehlicht mit scharf gebündeltem Strahl rotiert alle
6 Sekunden einmal. Der Strahl trifft auf eine Mauer,
die vom Licht 5 m Abstand hat. Bestimmen Sie die Geschwindigkeit des Lichtpunkts in Abhängigkeit von x.

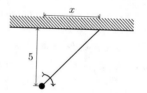

6–16 Ein Riesenrad von 10 m Durchmesser dreht sich gleichförmig alle zwei Minuten einmal. Zum
Zeitpunkt $t = 0$ sind Sie ganz oben. Geben Sie eine Formel für die vertikale Komponente der
Geschwindigkeit in ms^{-1} und der Beschleunigung in ms^{-2} (nach unten positiv gerechnet) im
Intervall $0 \leq t \leq 60$ (Sekunden) an.

6–17 Der Schnittwinkel zweier Kurven ist als Schnittwinkel der Tangenten im Schnittpunkt definiert.
Unter welchem Winkel schneiden sich die durch a) $y = \sin x$ und $y = \cos x$ $(0 \leq x \leq \pi/2)$,
b) $y = x^4$ und $y = \sqrt[4]{x}$ $(x > 0)$ gegebenen Kurven?

6–18 Diskutieren Sie die Funktion $f(x) = \dfrac{x^2 + 1}{x^2 - 1}$ und skizzieren Sie ihren Graphen.

6–19 Diskutieren Sie die Funktion $g(x) = e^{-x} - e^{-2x}$ und skizzieren Sie ihren Graphen.

7. LINEARISIERUNG UND DAS DIFFERENTIAL

(7.1) Überblick

Manchmal ist es zur Vereinfachung eines Problems zweckmässig, eine gegebene Funktion in der Nähe einer Stelle x_0 durch eine lineare Funktion anzunähern. Geometrisch bedeutet dies, dass man den Graphen der Funktion durch seine Tangente an der Stelle x_0 ersetzt. (7.2)

Mit den üblichen Abkürzungen $\Delta f = f(x) - f(x_0)$, $\Delta x = x - x_0$ gilt dann folgende Näherung für den Zuwachs Δf: (7.3)

$$\Delta f \approx f'(x_0)\Delta x \,.$$

Der Ausdruck auf der rechten Seite heisst das *Differential* von f und wird mit df bezeichnet. (7.4)

Dieses Differential wird unter anderem dazu verwendet, die *Fortpflanzung von Messfehlern* abzuschätzen. (7.5)

Über die Güte der verwendeten Näherungen werden in (7.3) und (7.6) Aussagen gemacht. (7.3), (7.6)

(7.2) Die Tangentengleichung

Wir betrachten eine differenzierbare Funktion f und eine Stelle x_0 aus ihrem Definitionsbereich. Wir bestimmen zunächst die Gleichung der *Tangente* an den Graphen von f an der Stelle x_0. Dabei benutzen wir die Gleichung der Geraden, welche durch einen Punkt $P(x_0, y_0)$ geht und die Steigung m hat. Diese lautet bekanntlich

$$y = y_0 + m(x - x_0) \,.$$

Diese Gleichung sollte Ihnen aus der analytischen Geometrie vertraut sein. Für alle Fälle sei sie aber rasch hergeleitet. Wie Sie der Figur entnehmen können, liegt ein beliebiger Punkt (x, y) genau dann auf g, wenn

$$\frac{y - y_0}{x - x_0} = m, \text{ also } y = y_0 + m(x - x_0)$$

ist. Dabei wurde die übliche Definition der Steigung einer Geraden als Quotient "Vertikaldistanz dividiert durch Horizontaldistanz" benutzt, wie sie auch im täglichen Leben (Steigung einer Strasse) verwendet wird.

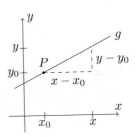

Da unsere gesuchte Tangente durch den Punkt $(x_0, f(x_0))$ geht und die Steigung $f'(x_0)$ hat, können wir die zugehörige Geradengleichung sofort angeben, indem wir in der obigen Formel $y_0 = f(x_0)$ und $m = f'(x_0)$ setzen. Sie lautet dann

$$y = p(x) = f(x_0) + f'(x_0)(x - x_0) .$$

Die folgende Figur zeigt den Sachverhalt auf:

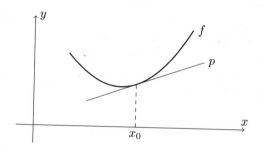

(7.3) Linearisierung einer Funktion

Ein Blick auf die obige Skizze zeigt, dass die lineare Funktion

(1)
$$p(x) = f(x_0) + f'(x_0)(x - x_0)$$

in der Nähe von x_0 eine gute Approximation der gegebenen Funktion $f(x)$ ist. Die Funktionen f und p haben nämlich an der Stelle x_0 denselben Funktionswert und dieselbe Ableitung:

$$f(x_0) = p(x_0) ,$$
$$f'(x_0) = p'(x_0) .$$

Anders ausgedrückt: An der Stelle x_0 stimmen die 0. und die 1. Ableitung von f und p überein. (Unter der 0. Ableitung versteht man bekanntlich die Funktion selbst, siehe (4.5).)

In der Nähe von x_0 gilt also:

(2)
$$f(x) \approx p(x)$$

(das Zeichen $\approx$ bedeutet "ungefähr gleich").

Nun ist eine lineare Funktion wie p natürlich einfacher zu handhaben als die beliebige Funktion f. Man macht sich dies manchmal zunutze, indem man $f(x)$ durch $p(x)$ ersetzt. Man nennt dann p eine "*lineare Ersatzfunktion*" oder man sagt, man habe f "*linearisiert*". Die folgende Tabelle enthält einige Beispiele:

$f(x)$	$f'(x)$	x_0	$f(x_0)$	$f'(x_0)$	$p(x)$
e^x	e^x	0	1	1	$1 + x$
$\ln(x)$	$\dfrac{1}{x}$	1	0	1	$x - 1$
$\sqrt{1+x}$	$\dfrac{1}{2\sqrt{1+x}}$	0	1	$\dfrac{1}{2}$	$1 + \dfrac{1}{2}x$
$\sqrt{1+x}$	$\dfrac{1}{2\sqrt{1+x}}$	3	2	$\dfrac{1}{4}$	$2 + \dfrac{1}{4}(x-3)$
$\dfrac{1}{1+x^2}$	$\dfrac{-2x}{(1+x^2)^2}$	0	1	0	1

Beispiele und Hinweise

1. Setzen wir im 4. Beispiel der Tabelle $x = 3.01$ (nahe bei $x_0 = 3$), so finden wir

$$f(x) = \sqrt{4.01} = 2.002498\ldots,$$

$$p(x) = 2 + \frac{1}{4} \cdot 0.01 = 2.0025.$$

Die Approximation ist, wie man sieht, sehr gut. ⊠

2. Beachten Sie, dass die lineare Ersatzfunktion von der gewählten Stelle x_0 abhängt. Im 3. und 4. Beispiel aus der Tabelle linearisieren wir beide Male die Funktion $f(x) = \sqrt{1+x}$, verwenden aber zwei verschiedene Werte von x_0. Für $x_0 = 0$ erhalten wir $p(x) = \frac{1}{2}x + 1$, für $x_0 = 3$ aber $p(x) = 2 + \frac{1}{4}(x-3) = \frac{1}{4}x + \frac{5}{4}$.

3. Wie das 5. Beispiel aus der Tabelle zeigt, kann es ohne weiteres vorkommen, dass $p(x)$ eine konstante Funktion ist (dies tritt genau dann ein, wenn $f'(x_0) = 0$ ist).

4. (Ein Beispiel mit einer Moral.)
Wir betrachten $f(x) = \cos x$ und wählen $x_0 = 60°$. Dann ist wegen $f'(x) = -\sin x$

$$f(x_0) = \cos 60° = 0.5, \quad f'(x_0) = -\sin 60° = -\frac{\sqrt{3}}{2} = -0.866\ldots$$

Damit erhalten wir die Linearisierung

$$\cos x = f(x) \approx p(x) = 0.5 - \frac{\sqrt{3}}{2}(x - x_0).$$

Wählen wir nun weiter $x = 59°$, so ist $x - x_0 = -1$, also

$$\cos 59° \approx p(59) = 0.5 + \frac{\sqrt{3}}{2} = 1.366\ldots$$

Dieses Ergebnis kann offensichtlich nicht stimmen, denn die Cosinusfunktion nimmt bekanntlich nur Werte zwischen -1 und 1 an. Zudem verrät uns der Taschenrechner, dass $\cos 59° = 0.5150\ldots$ ist.

Was ist schief gegangen? Wir haben hier (und das ist die Moral von der Geschichte) die Grundregel verletzt, dass beim Differenzieren (und später auch beim Integrieren) von trigonometrischen Funktionen stets das Bogenmass zu gebrauchen ist, vgl. (5.3). Oben haben wir aber das Gradmass verwendet. Die korrekte Rechnung verläuft wie folgt: Im Bogenmass entspricht $60°$ dem Wert $x_0 = \pi/3$ und $59°$ entspricht $x = 59\pi/180$. Dann ist $x - x_0 = -\pi/180$, und wir finden

$$p(x) = f(x_0) + f'(x_0)(x - x_0) = \cos\frac{\pi}{3} - \sin\frac{\pi}{3} \cdot \left(\frac{-\pi}{180}\right)$$

$$= 0.5 + \frac{\sqrt{3}}{2} \cdot \frac{\pi}{180} = 0.5151\ldots,$$

also eine gute Annäherung.

⊠

Natürlich wird man in der Praxis $\sqrt{4.01}$ oder $\cos 59°$ nicht auf diese Weise berechnen; die Zahlenbeispiele sollen vor allem den Prozess der Linearisierung beleuchten.

<u>Bemerkungen</u>

a) Diese Approximation von f durch die lineare Funktion p kann nur in der Nähe von x_0 benutzt werden. In den praktischen Anwendungen (vgl. z.B. (7.5)) ist diese Bedingung jeweils erfüllt und der "Fehler" $f(x) - p(x)$, den man beim Ersatz von $f(x)$ durch $p(x)$ begeht, ist dann sehr klein. In b) ist eine Abschätzung dieses Fehlers angegeben; in (7.6) wird er noch auf eine andere Weise untersucht.

b) Bei einer Approximation ist es oft nützlich zu wissen, wie gross der begangene Fehler höchstens sein kann. Ohne Beweis (siehe aber (27.6)) sei folgende Formel erwähnt:

Es sei I das von x_0 und x begrenzte abgeschlossene Intervall, d.h. $I = [x_0, x]$ für $x_0 < x$, $I = [x, x_0]$ für $x < x_0$. Ferner sei M das Maximum des Betrags von $f''(x)$ in I. Dann gilt für die Differenz $f(x) - p(x)$ die Abschätzung

$$|f(x) - p(x)| \leq \frac{M}{2}(x - x_0)^2 .$$

Ein einfaches Beispiel hierzu:

Sei $f(x) = \sin x$, $x_0 = 0$. Dann ist $f'(x) = \cos x$, $f'(x_0) = 1$, und wir erhalten $p(x) = x$. (Achtung: x ist das Bogenmass!) Weiter ist $f''(x) = -\sin x$, und somit ist ganz sicher stets $|f''(x)| \leq 1$, d.h. aber, dass $M \leq 1$ ist. Es folgt

$$|f(x) - p(x)| \leq \frac{M}{2}(x - x_0)^2 \leq \frac{1}{2}x^2 .$$

Ist also z.B. $|x| \leq 0.01$, so ist der Fehler, den man erhält, wenn man $\sin x$ durch x ersetzt, sicher bereits ≤ 0.00005. (In Wirklichkeit ist er noch viel kleiner; kontrollieren Sie es nach!)

c) In Kapitel 19 werden wir sehen, dass man als Ersatzfunktionen nicht nur lineare Funktionen, sondern auch Polynome n-ten Grades nehmen kann.

Abschätzung der Verdopplungszeit bei exponentiellem und geometrischem Wachstum

Wir Menschen können lineares Wachstum im Kopf meistern: wenn ein Auto ohne Pause 10 Stunden mit 100 km/h fährt, kommt es 1'000 km weit. Wenn wir die Natur, Technik oder sozialwissenschaftliche Prozesse modellieren wollen, kommen wir aber alleine mit linearen Abhängigkeiten nicht sehr weit. Wir werden später in Kapitel 15 bei den Differentialgleichungen begründen, weshalb viele Prozesse im Zeitablauf sinnvollerweise mit exponentiellem oder geometrischem Wachstum modelliert werden. Exponentielles Wachstum in der Zeit $t \geq 0$ bedeutet, dass die uns interessierende Grösse $y(t)$ gemäss

(exp)
$$y(t) = Ke^{\lambda t}$$

wächst. Dabei ist $K > 0$ der Wert bei $t = 0$: $y(0) = Ke^{\lambda 0} = K$. λ kann grösser oder kleiner 0 sein. Während bei exponentiellem Wachstum die Zeit jeden Wert in $\mathbb{R}$ annehmen kann (man spricht von stetiger Zeitmessung), bedeutet geometrisches Wachstum, dass die Zeit n diskret (zum Beispiel natürliche Zahlen) angegeben wird. Die analoge Formel zu (exp) lautet dann

(geom)
$$Z(n) = K(1 + r)^n.$$

Auch hier kann r grösser oder kleiner 0 sein. Aus dem täglichen Leben ist man sich eher das geometrische Wachstum gewöhnt. Formel (geom) wird benutzt, um den Stand eines Sparheftes auf der Bank zu modellieren; r ist dann der Jahreszins. Bei der Zellteilung ist $r = 1$; wir erhalten pro Generation n jeweils eine Verdoppelung: $Z(n) = K(1+1)^n = K2^n$.

Eine kleine Warnung: wenn man den gleichen Prozess sowohl stetig wie auch diskret modellieren will, dann ist K gleich, aber $\lambda \neq r$. Eine kleine Rechnung zeigt, dass exakt gilt $\lambda = \ln(1 + r)$.

Verdopplungszeiten: In Beispiel 2 in der Tabelle haben wir gesehen, dass für x nahe 1 gilt:

(approx I)
$$\ln(x) \approx x - 1.$$

x nahe 1 können wir umformulieren mit $x := 1 + h$ mit h klein. Jetzt können wir (approx I) umschreiben und erhalten stattdessen für kleine h

(approx II)
$$\ln(1 + h) \approx h.$$

Mit Hilfe von (approx II) können wir jetzt *für kleine Wachstumsraten* eine praktische Approximation "für den Alltag herleiten": Wie lange dauert es, bis das Sparheft auf der Bank sich verdoppelt? Dies ist nicht mehr eine lineare Angelegenheit, weil es Zins auf dem Zins gibt ("Zinseszins"). Bei 2 % Zins dauert es also weniger als 50 Jahre. Um dieses Problem zu lösen, müssen wir folgende Gleichung (approximativ) nach n auflösen

$$(1 + r)^n = 2.$$

r wäre 0.02 im Beispiel mit dem Sparheft. Wir nehmen hierzu auf beiden Seiten den Logarithmus:

$$\ln(1 + r)^n = \ln 2.$$

Auf der linken Seite helfen uns jetzt die Logarithmenregeln und für das ganze Studium der Naturwissenschaften ist gut zu wissen, dass $\ln 2 \approx 0.7$. Wir erhalten:

$$n \ln(1 + r) \approx 0.7.$$

Dank (approx II) folgt jetzt

$$nr \approx 0.7.$$

Damit gilt approximativ

$$n \approx \frac{0.7}{r}.$$

Weil man im Alltag häufig mit Prozenten arbeitet, wird das Ganze umgeschrieben auf Prozente:

(Verdopplungszeit) $$n \approx \frac{70}{r[\%]}$$

Dabei ist jetzt also r in Prozenten anzugeben. Wenn man beispielsweise feststellt, dass ein Prozess (Bevölkerung) jedes Jahr um 1 % wächst, so dauert es approximativ 70 Jahre bis zur Verdopplung; bei 2 % dauert es approximativ 35 Jahre. Die exakten Werte sind (rechnen Sie es nach) 69.661 und 35.003.

Halbierungszeiten: Wenn ein Prozess pro Zeiteinheit einen konstanten Prozentsatz verliert, erhält man überraschend die gleiche Formel. Zu lösen ist, mit Abnahmerate $r > 0$ formuliert:

$$(1 - r)^n = \frac{1}{2}.$$

$$\ln(1 - r)^n = \ln 2^{-1}.$$

$$n \ln(1 - r) \approx -0.7.$$

$$nr \approx 0.7.$$

Damit gilt approximativ wieder

(Halbierungszeit) $$n \approx \frac{70}{r[\%]}$$

Als kleine Ergänzung zum Schluss noch eine Erweiterung auf 10 Verdopplungszeiten (oder Halbierungs-zeiten). Merken Sie sich

(10 Verdopplungszeiten)
$$2^{10} = 1024 \approx 1000.$$

und damit auch

(10 Halbierungszeiten)
$$\left(\frac{1}{2}\right)^{10} = \frac{1}{1024} \approx \frac{1}{1000}.$$

Wenn Sie jetzt also entweder exakt oder approximativ die Zeit bis zur Verdopplung (oder Halbierung) berechnet haben, so können Sie sich fragen, wie lange es dauert, bis Sie 1000 mal mehr haben als am Anfang (oder nur noch ein Tausendstel). Offenbar dauert es 10 Verdopplungszeiten, bis Sie 1000 mal den Anfangswert haben (genau 1024 mal den Anfangswert). Wenn Sie also feststellen, dass eine Bakterienkultur 1 Tag bis zur Verdopplung hat, so werden Sie nach etwa 10 Tagen 1000 mal mehr haben als am Anfang. Bei Plutonium 239 ist die sogenannte Halbwertszeit knapp 24'000 Jahre. Das heisst, dass nach 24'000 Jahren die Hälfte des ursprünglichen Plutoniums zerfallen ist. Die Halbwertszeit ist also das, was wir bis jetzt als Halbierungszeit bezeichnet haben. Wir haben also nach 240'000 Jahren noch ein Tausendstel der ursprünglichen Menge (wenn kein neues durch Zerfallsreihen entsteht).

(7.4) Das Differential

In diesem Abschnitt führen wir vor allem einige neue Bezeichnungen ein. Zur in (7.3) behandelten Idee der Linearisierung kommt eigentlich nichts Wesentliches hinzu. Dort haben wir gesehen, dass gilt

$$f(x) \approx p(x)$$

d.h.

$$f(x) \approx f(x_0) + f'(x_0)(x - x_0).$$

Wir schreiben dies nun etwas anders, nämlich in der Form

(3)
$$f(x) - f(x_0) \approx f'(x_0)(x - x_0).$$

Wenn wir die von früher bekannten Abkürzungen $\Delta f = f(x) - f(x_0)$ und $\Delta x = x - x_0$ verwenden, so hat diese Beziehung die Form

(4)
$$\Delta f \approx f'(x_0)\Delta x.$$

Schliesslich führen wir noch eine weitere Bezeichnung ein: Wir setzen

(5)
$$\boxed{df := f'(x_0)\Delta x,}$$

und aus (4) wird

(6)
$$\Delta f \approx df .$$

Beachten Sie, dass (3), (4) und (6) genau dasselbe aussagen, wenn auch mit unterschiedlichen Bezeichnungen. In der folgenden Figur sind die Grössen Δf und df dargestellt.

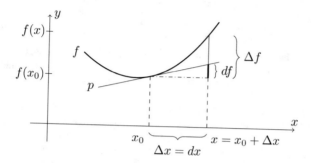

Sie haben folgende Bedeutung:

- Δf gibt den Zuwachs der Funktion f wieder, wenn man von x_0 nach $x = x_0 + \Delta x$ geht.

- df stellt den entsprechenden Zuwachs der linearen Ersatzfunktion p (deren Graph die Tangente ist) dar.

Die erste Aussage ist einfach die Definition von Δf; die zweite ergibt sich so (vgl. auch die Figur): Die lineare Ersatzfunktion p ist gegeben durch $p(x) = f(x_0) + f'(x_0)(x - x_0)$. Für ihren Zuwachs $\Delta p = p(x) - p(x_0)$ beim Übergang von x_0 zu $x = x_0 + \Delta x$ erhalten wir wegen $p(x_0) = f(x_0)$ die behauptete Beziehung $\Delta p = f(x_0) + f'(x_0)(x - x_0) - f(x_0) = f'(x_0)(x - x_0) = f'(x_0)\Delta x = df$.

Weiter ist $\Delta f - df$ der Fehler, den man beim Ersatz von Δf durch df begeht. Wie man sieht, wird dieser Fehler um so kleiner, je näher x bei x_0 ist.

Die Ausdrücke Δx, Δf, df können ohne weiteres auch negativ sein. Ein negativer Zuwachs ist einfach eine Abnahme.

Die Grösse df heisst das *Differential* von f. Sie hängt sowohl von der Stelle x_0 als auch vom Zuwachs Δx ab und müsste deshalb eigentlich genauer mit $df(x_0, \Delta x)$ bezeichnet werden, was aber unüblich ist (vgl. jedoch das folgende Beispiel 1.).

Aus formalen Gründen pflegt man auch dx statt Δx zu schreiben (siehe auch die Bemerkung c) weiter unten). Auf diese Weise erhält man die folgende Formel für das Differential:

(7)
$$df = f'(x_0)\, dx .$$

Hierbei ist dx nicht etwa eine "unendlich kleine Grösse" (was immer das sein soll), sondern eine beliebige (wenn auch meist dem Betrage nach kleine) Zahl.

Beispiele

1. Es sei $f(x) = \sqrt{x^2 + 3}$. Wegen $f'(x) = \dfrac{x}{\sqrt{x^2 + 3}}$ ist $df = \dfrac{x_0}{\sqrt{x_0^2 + 3}}\, dx$. Setzen wir speziell $x_0 = 1$, so erhalten wir

$$df = \frac{1}{2}\, dx \ .$$

Wählen wir nun auch noch einen Wert für dx, z.B. $dx = 0.1$, so folgt schliesslich

$$df = 0.05 \ ,$$

oder (genauer, aber gewöhnlich nicht so geschrieben) $df(1, 0.1) = 0.05$. ⊠

2. Es sei $f(x) = e^{\sqrt{x}}$, $x_0 = 1$. Wie gross ist ungefähr der Zuwachs Δf, wenn man das Argument x von $x_0 = 1$ auf 0.95 verkleinert?
   Hier ist $\Delta x = dx = -0.05$. Wegen $f'(x) = e^{\sqrt{x}}/2\sqrt{x}$ (Kettenregel!) ist $f'(x_0) = f'(1) = e/2$. Somit ist

$$\Delta f \approx df = f'(x_0)\, dx = \frac{e}{2} \cdot (-0.05) \approx -0.068 \ . \qquad ⊠$$

3. Wir vergleichen nun noch Δf und df in einem einfachen Fall, in welchem man sowohl Δf als auch df formelmässig ausrechnen und alles mit einer Figur illustrieren kann. Dazu sei $f(x) = x^2$. Dann ist (wegen $dx = \Delta x$)

$$\Delta f = f(x) - f(x_0) = f(x_0 + \Delta x) - f(x_0)$$
$$= (x_0 + \Delta x)^2 - x_0^2 = 2x_0\Delta x + (\Delta x)^2$$
$$df = f'(x_0)\Delta x = 2x_0\Delta x \ .$$

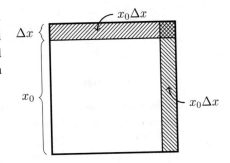

Hier sieht man nun sofort den Unterschied zwischen den beiden Grössen: Es ist

$$\Delta f - df = (\Delta x)^2 \ .$$

Allerdings sollte die Abweichung $(\Delta x)^2$ nicht für sich allein betrachtet, sondern mit dem Funktionswert $f(x_0) = x_0^2$ verglichen werden. (Für $x_0 = 1$ würde beispielsweise die Abweichung $\Delta f - df = 1$ ins Gewicht fallen, für $x_0 = 1000$ wäre dieselbe Abweichung praktisch irrelevant.) Wir untersuchen daher (vgl. die Beschreibung des relativen Fehlers in (7.5)) den Quotienten

$$\frac{\Delta f - df}{x_0^2} = \left(\frac{\Delta x}{x_0}\right)^2 \ .$$

Ist nun Δx dem Betrage nach klein im Vergleich mit x_0, dann ist auch $|\Delta x/x_0|$ klein und das Quadrat $(\Delta x/x_0)^2$ ist noch viel kleiner, so dass der obige Ausdruck vernachlässigbar klein wird. Man darf also guten Gewissens Δf durch df ersetzen. $\boxtimes$

Die hier am konkreten Beispiel 3. durchgeführte Diskussion gilt auch allgemein. Man kann zeigen (vgl. (19.9)), dass sich Δf und df bloss um sogenannte "Terme höherer Ordnung in Δx", d.h., um Ausdrücke, in denen Δx nur im Quadrat und in höheren Potenzen vorkommt, unterscheiden.

Bemerkungen

a) Beachten Sie, dass gilt (vgl. Formel (1)):

$$\Delta f - df = f(x) - f(x_0) - f'(x_0)(x - x_0) = f(x) - p(x),$$

so dass die in Bemerkung d) von (7.3) angegebene Abschätzung von $|f(x) - p(x)|$ auch für $|\Delta f - df|$ verwendet werden kann.

b) In (4.3.c) wurde ausdrücklich erwähnt, dass Ausdrücke wie $\dfrac{dy}{dx}$ und $\dfrac{df}{dx}$ nicht als Quotient zweier Grössen, sondern als einheitliches Symbol aufzufassen sind, nämlich als Grenzwert des Differentialquotienten:

$$\frac{df}{dx} = \lim_{x \to x_0} \frac{\Delta f}{\Delta x} = f'(x_0).$$

Nun haben wir nachträglich den Grössen df und dx einen selbständigen Sinn gegeben. Dividiert man jetzt $df = f'(x_0)dx$ durch dx, so erhält man die Beziehung

$$\frac{df}{dx} = f'(x_0)$$

(was absolut kein Wunder ist, denn f' steckt ja in der Definition von df!)

Der Ausdruck $\dfrac{df}{dx}$ kann also sowohl als Quotient der Differentiale (Zahlen) als auch als Differentialquotient (Grenzwert!) im Sinne von (4.3.c) aufgefasst werden, wobei aber die zweite Interpretation der Normalfall ist.

c) Wenn $f(x)$ eine einfache Form hat, z.B. $f(x) = x^2$, so schreibt man auch dx^2 statt df, also z.B.

$$dx^2 = 2x\Delta x, \quad d\sin x = \cos x \Delta x.$$

Ist speziell $f(x) = x$, so erhält man wegen $f'(x) = 1$

$$dx = 1 \cdot \Delta x = \Delta x,$$

was die oben zunächst willkürlich getroffene Gleichsetzung $dx = \Delta x$ auf eine gewisse Weise motiviert.

(7.5) Anwendung auf die Fehlerfortpflanzung

Wir betrachten das Problem der sogenannten *Fehlerfortpflanzung*. Eine gewisse Grösse sei zu messen, dabei sei x_0 der wahre, naturgemäss nicht genau bekannte, und x

sei der effektiv gemessene Wert. Die Differenz (wir schreiben in diesem Zusammenhang lieber Δx statt dx)

$$\Delta x = x - x_0$$

heisst *absoluter Fehler*.

Auf diese Werte soll jetzt eine Funktion f angewendet werden. Dann ist $f(x_0)$ der wahre Wert, $f(x)$ der aus x berechnete Wert, und man interessiert sich nun natürlich für den absoluten Fehler des Funktionswerts, nämlich für

$$\Delta f = f(x) - f(x_0) \; .$$

Da ja der Messfehler Δx gegenüber dem wahren Wert x_0 klein ist, ist es sinnvoll, den Rechenaufwand zu vereinfachen und Δf durch df zu ersetzen:

$$\Delta f \approx df = f'(x_0)\Delta x \; .$$

Da sich Δf nur geringfügig von df unterscheidet, ist diese Approximation des Fehlers Δf gerechtfertigt (die Differenz $\Delta f - df$ ist der "Fehler des Fehlers").

Wir illustrieren das Problem an einem konkreten Beispiel: Die Seite x eines Quadrats werde mit dem Fehler Δx gemessen, anschliessend werde der Flächeninhalt $f(x) = x^2$ berechnet. Wie gross ist ungefähr der absolute Fehler Δf der Quadratfläche? Die Antwort lautet:

$$\Delta f \approx df = f'(x_0)\Delta x = 2x_0\Delta x.$$

Die geometrische Bedeutung ist der Figur zu Beispiel 3. von (7.4) zu entnehmen. Der Unterschied zwischen Δf und df besteht in der Fläche des kleinen Quadrats.

Von grosser Bedeutung ist auch der *relative Fehler* (die Frage, ob ein Messfehler von 1 mm gross oder klein sei, hängt schliesslich wesentlich davon ab, wie lang die gemessene Strecke ist!). Man definiert:

$$\text{Relativer Fehler} = \frac{\text{absoluter Fehler}}{\text{wahrer Wert}} = \frac{\Delta x}{x_0} \; .$$

Im obigen Beispiel des Quadrats finden wir dann für den relativen Fehler der Fläche

$$(*) \qquad \frac{\Delta f}{f} = \frac{\Delta f}{x_0^2} \approx \frac{2x_0\Delta x}{x_0^2} = 2\frac{\Delta x}{x_0} \; .$$

In Worten: Der relative Fehler von f ist (ungefähr) das Doppelte des relativen Fehlers von x.

Die bisher angestellten Überlegungen sind insofern theoretisch, als man ja x_0 gar nicht kennt. In den Formeln für das Differential und für den relativen Fehler ersetzt man deshalb x_0 gezwungenermasse durch den bekannten Messwert x. Dies ist aber nicht so schlimm, da man ja ohnehin mit Näherungen operiert. Ferner ist auch der absolute Fehler Δx nicht genau bekannt (sonst würde man auch x_0 kennen). Vielmehr verfügt man neben dem gemessenen Wert x nur über eine Abschätzung von Δx (Messgenauigkeit):

$$|\Delta x| \leq a$$

für eine gewisse Zahl a. Weiss man also etwa, dass man auf einen Millimeter genau messen kann, so ist $a = 1$ mm zu wählen. Die Betragsstriche bei $|\Delta x|$ kommen daher, dass man nicht wissen kann, ob der gemessene Wert x grösser oder kleiner als der wahre Wert x_0 ist. Entsprechend wird man in der Praxis $|\Delta f|$ und nicht Δf näherungsweise bestimmen.

Beispiele

1. Von einer Kugel wird der Durchmesser d bestimmt; man erhält $d = 100$ mm mit einem absoluten Fehler $|\Delta d| \leq 0.5$ mm. Wir schätzen den absoluten Fehler des mit d berechneten Kugelvolumens ab. Die Formel für das Volumen einer Kugel vom Radius r lautet bekanntlich $V = 4\pi r^3/3$, wegen $d = 2r$ gebrauchen wir die Formel $V = \pi d^3/6$. Es folgt

$$\Delta V \approx \frac{\pi}{2} d_0^2 \Delta d \; .$$

Ersetzen wir nun den unbekannten wahren Wert d_0 durch den Messwert $d = 100$, so folgt unter Berücksichtigung von $|\Delta d| \leq 0.5$ für den absoluten Fehler die Abschätzung

$$|\Delta V| \approx \frac{\pi}{2} 100^2 |\Delta d| \lesssim \frac{\pi}{2} 100^2 \cdot 0.5 \approx 7854 \text{ mm}^3 \; .$$

Zur Bestimmung des relativen Fehlers dividieren wir $|\Delta V|$ durch $V = \pi d^3/6 = 523599$ mm^3 und erhalten als Maximalwert ungefähr 0.015 (oder 1.5%). Dies ist das Dreifache des (maximalen) relativen Fehlers $|\Delta d/d| = 0.5/100 = 0.005$ von d. Diese Tatsache lässt sich auch allgemein einsehen. Es ist nämlich

$$\frac{\Delta V}{V} \approx \frac{\frac{\pi}{2} d_0^2 \Delta d}{\frac{\pi}{6} d_0^3} = 3 \frac{\Delta d}{d_0} \; . \qquad \qquad \square$$

2. Auf einer horizontalen Ebene steht ein Mast. Aus einer Distanz von 50 m wird dessen Spitze anvisiert, wobei sich das Auge des Beobachters 1.5 m über dem Boden befindet. Der Winkel α wird zu 30° bestimmt, mit einer Genauigkeit von ±2°. Mit Hilfe von α wird dann die Höhe h des Turmes berechnet. Wie gross ist der maximale absolute Fehler von h, wenn wir annehmen, der Messfehler bei der Horizontaldistanz sei vernachlässigbar klein?

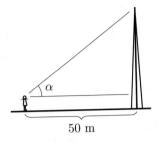

Die Formel für die Höhe lautet $h = 1.5 + 50 \cdot \tan \alpha$. Wir approximieren Δh durch dh:

$$dh = 50 \cdot (1 + \tan^2 \alpha)\Delta \alpha \, .$$

Wie schon in Beispiel 4. von (7.3) müssen wir mit dem Bogenmass arbeiten: Die 30° ergeben dann $\alpha = \dfrac{\pi}{6}$, und die Genauigkeit ±2° entspricht dem Winkel $\pm\dfrac{\pi}{90}$.

Mit $\tan \dfrac{\pi}{6} = \dfrac{\sqrt{3}}{3}$ und $|\Delta\alpha| \leq \dfrac{\pi}{90}$ finden wir

$$|dh| = 50 \cdot (1 + \frac{1}{3})|\Delta\alpha| \leq 50 \cdot (1 + \frac{1}{3}) \cdot \frac{\pi}{90} = 2.327\ldots \, .$$

Es folgt

$$|\Delta h| \lesssim 2.33 \text{ m} \, .$$ $\boxtimes$

Hinweis

Wir haben in diesem Abschnitt untersucht, wie sich der *maximale Fehler* einer Messung, gegeben durch die Abschätzung $|\Delta x| \leq a$, fortpflanzt. Diese Betrachtungsweise ist dann angebracht, wenn man den Wert der fraglichen Grösse nur einmal gemessen hat.

Oft liegen aber mehrere Messungen derselben Grösse vor. In diesem Fall berechnet man den Durchschnitt aller Messungen sowie einen auf wahrscheinlichkeitstheoretischen Überlegungen beruhenden *mittleren Fehler*. Für diesen mittleren Fehler gelten dann naturgemäss andere Fortpflanzungsgesetze als für den hier betrachteten maximalen Fehler, auf die wir hier aber nicht eingehen.

(7.6) Eine Grenzwertbeziehung

In (7.3) haben wir den "Fehler" $f(x) - p(x)$ diskutiert, der beim Ersatz der in x_0 differenzierbaren Funktion f durch die lineare Funktion p entsteht, und in (7.4) haben wir gesehen, dass diese Differenz auch gleich $\Delta f - df$ ist. Wir setzen

$$r(x) = f(x) - p(x) \quad (= \Delta f - df) \, .$$

Wir wissen schon, dass $r(x)$ "klein" ist (sofern $\Delta x = x - x_0$ klein ist) und wollen nun noch eine Grenzwertbeziehung aufstellen. Sicher gilt

$$\lim_{x \to x_0} r(x) = 0,$$

denn $f(x_0) = p(x_0)$ (und f und p sind in x_0 stetig).

Die Approximation von f durch p ist aber sogar von einer besseren Qualität: Es gilt nämlich

(∗)
$$\lim_{x \to x_0} \frac{r(x)}{|x - x_0|} = 0 \ .$$

Der Fehler, den man begeht, wenn man f durch p ersetzt, ist also nicht nur absolut, sondern auch relativ, d.h., im Verhältnis zum Abstand $|x - x_0| = |\Delta x|$ von x und x_0, klein.

Die Formel (∗) beweist man wie folgt: Aus

$$r(x) = f(x) - p(x) = f(x) - f(x_0) - f'(x_0)(x - x_0)$$

ergibt sich

$$\frac{r(x)}{x - x_0} = \frac{f(x) - f(x_0)}{x - x_0} - f'(x_0) \quad (x \neq x_0)$$

und

$$\frac{r(x)}{|x - x_0|} = \pm \left[\frac{f(x) - f(x_0)}{x - x_0} - f'(x_0) \right] \quad (x \neq x_0) \ .$$

Mit $x \to x_0$ strebt aber $\dfrac{f(x) - f(x_0)}{x - x_0} \to f'(x_0)$, und die Klammer rechts strebt gegen 0. Damit hat auch die linke Seite den Grenzwert 0, was zu zeigen war.

Man kann übrigens, ausgehend von der Formel (∗), eine neue Definition der Begriffe "Ableitung" und "Differenzierbarkeit" geben, die für den weiteren Ausbau der Differentialrechnung von Bedeutung ist. Dafür sei auf den Anhang verwiesen (27.4).

(7.∞) Aufgaben

7–1 Bestimmen Sie die Gleichung der "Wendetangente" (d.h., der Tangente im Wendepunkt) des Graphen der Funktion $f(x) = x^3 + 6x^2 + 9x + 1$.

7–2 Approximieren Sie $f(x)$ an der Stelle x_0 möglichst gut durch eine lineare Funktion $p(x)$. Bestimmen Sie $p(x)$ sowie $f(x_1) - p(x_1)$.

a) $f(x) = \dfrac{x}{1 - x}$ $x_0 = -1$, $x_1 = -0.95$,

b) $f(x) = e^{1-x}$ $x_0 = 1$, $x_1 = 1.01$.

7–3 Berechnen Sie näherungsweise a) $\sqrt[3]{63}$, b) $\sin 29°$, indem Sie die angegebene Funktion jeweils an einer passend gewählten Stelle x_0 durch eine lineare Funktion ersetzen.

7–4 Bestimmen Sie das Differential an der Stelle x_0 bzw. t_0 in den folgenden Fällen:

a) $f(x) = \sqrt[3]{x^2 + 2x + 3}$, $x_0 = 4$, b) $g(t) = \sin t + \cos t$, $t_0 = \frac{\pi}{3}$.

7–5 Bestimmen Sie den Wert von df an der Stelle x_0 mit dem angegebenen dx.

a) $f(x) = \dfrac{e^x}{e^x + 1}$, $x_0 = 0$, $dx = 0.05$,

b) $f(x) = \ln \sqrt{x^2 + 1}$, $x_0 = 2$, $dx = -0.1$.

7–6 Das Volumen einer Hohlkugel kann als Differenz ΔV des Volumens zweier Vollkugeln dargestellt werden. Für dünnwandige Hohlkugeln (Wandstärke $\Delta r = dr$) kann ΔV durch dV ersetzt werden (Linearisierung).

a) Geben Sie die entsprechende Näherungsformel für eine Hohlkugel vom Radius r und der Wandstärke Δr an.

b) Ein Trinkhalm vom 3 mm (innerem) Durchmesser wird am unteren Ende 4 mm hoch mit Seifenwasser gefüllt. Daraus wird eine kugelförmige Seifenblase von 5 cm Durchmesser geblasen. Wie dick ist die entstehende Seifenhaut? (Verwenden Sie die Näherungsformel von a).)

7–7 Von einem Rohr mit kreisförmigem Querschnitt wird der Umfang gemessen. Man erhält 30.5 cm, wobei der maximale absolute Fehler 1 mm beträgt. Anschliessend wird der Inhalt der Querschnittsfläche berechnet. Schätzen Sie den Betrag des entstehenden absoluten Fehlers ab.

7–8 Von einer hohen Brücke lasse ich einen Stein ins Wasser fallen und stoppe die Zeit (5 Sekunden), wobei ich hoffe, dass ich diese auf eine Zehntelssekunde genau messen kann. Wie hoch liegt die Brücke über dem Wasserspiegel, und wie gross ist der absolute Fehler bei der Höhenbestimmung im Maximum? Wie steht es mit dem relativen Fehler?

7–9 Eine Schülerin muss ein Dreieck mit $a = 8$ cm, $b = 6$ cm, $\gamma = 35°$ konstruieren. Die beiden Seiten kann sie mit einem zu vernachlässigenden Fehler zeichnen, den Winkel aber nur auf $\pm 2°$ genau. Berechnen Sie den maximalen absoluten Fehler der Länge der so konstruierten Seite c.

7–10 Dicht am Ufer eines Flusses steht eine Statue, deren Höhe (ab Sockel) gemäss meinem Reiseführer genau 4 m beträgt. Aus hier nicht zur Diskussion stehenden Gründen gelingt es mir, den Winkel α zu messen: Er beträgt $10°$, mit einem Messfehler, der dem Betrage nach kleiner als $1°$ ist. Welchen Fehler begehe ich höchstens, wenn ich aus den mir bekannten Werten die Breite des Flusses errechne?

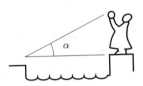

7–11 Eine Grösse x ist mit einem relativen Fehler von $\pm 1\%$ gemessen worden. Anschliessend wird daraus $y = x^n$ berechnet. Wie gross ist der relative Fehler von y ungefähr?

8. DIE ABLEITUNG EINER VEKTORFUNKTION

(8.1) Überblick

Eine *Vektorfunktion* hat die Form

(8.2)

$$t \mapsto \vec{r}(t) \,,$$

d.h., jedem Wert des Arguments t wird ein Vektor $\vec{r}(t)$ zugeordnet. In Koordinatenschreibweise ist

$$\vec{r}(t) = \begin{pmatrix} x_1(t) \\ x_2(t) \\ x_3(t) \end{pmatrix} \,,$$

wobei die *Koordinatenfunktionen* $x_1(t), x_2(t), x_3(t)$ gewöhnliche (reellwertige) Funktionen einer Variablen sind.

Solche Vektorfunktionen können auf zwei Arten anschaulich interpretiert werden:

- Bewegung eines Punktes im Raum, *(8.2)*
- Parameterdarstellung einer Kurve. *(8.3)*

Die erste Auffassung ist gewissermassen "dynamisch", die zweite "statisch". Zwischen den beiden bestehen enge Beziehungen, aber auch Unterschiede. So können verschiedene Bewegungsvorgänge durchaus dieselbe Bahnkurve liefern. *(8.3), (8.5)*

Die *Ableitung* einer Vektorfunktion ist wie im Fall der gewöhnlichen Funktionen als Grenzwert eines Differenzenquotienten definiert: *(8.4)*

$$\dot{\vec{r}}(t_0) = \lim_{\Delta t \to 0} \frac{\vec{r}(t_0 + \Delta t) - \vec{r}(t_0)}{\Delta t} \,.$$

Man kann sie als Geschwindigkeitsvektor ("dynamisch") oder als Tangentenvektor ("statisch") interpretieren.

Die praktische Berechnung von $\vec{r}(t)$ erfolgt koordinatenweise:

$$\dot{\vec{r}}(t) = \begin{pmatrix} \dot{x}_1(t) \\ \dot{x}_2(t) \\ \dot{x}_3(t) \end{pmatrix} \,.$$

Die von früher bekannten Ableitungsregeln gelten weiterhin, und man kann auch hier von *höheren Ableitungen* und vom *Differential* sprechen. *(8.6)*
(8.7)

Zur Motivation betrachten wir ein Beispiel aus der Physik, nämlich die Bewegung eines Massenpunktes. In (3.2) haben wir bei der Einführung der Ableitung eine etwas spezielle Situation behandelt, nämlich den Fall, wo sich der Massenpunkt (dort: ein Auto) geradlinig bewegt. Seine Position zur Zeit t ist dann durch eine einzige Zahl $s(t)$ gegeben, und seine Geschwindigkeit zur Zeit t ist die Ableitung $s'(t)$ (oder $\dot{s}(t)$).

Im allgemeinen Fall kann sich ein Massenpunkt beliebig im Raum bewegen. Zur Darstellung dieser Bewegung verwendet man nun Vektoren. Wir fixieren einen Nullpunkt O im Raum. Zur Zeit t befinde sich der Massenpunkt im Punkt R. Seine Lage wird also durch den Vektor

$$\vec{r} = \overrightarrow{OR}$$

festgelegt.

Da sich der Punkt R und damit der Vektor $\vec{r} = \overrightarrow{OR}$ im Verlauf der Zeit ändert, schreibt man statt $\vec{r}$ besser

$$\vec{r}(t) \, .$$

Der Vektor $\vec{r}$ wird also als Funktion einer Variablen (in unserem Beispiel der Zeit t) aufgefasst. Man spricht von einer vektorwertigen Funktion oder einer *Vektorfunktion*.

Um mit diesen Vektorfunktionen rechnerisch umgehen zu können, führt man wie in Kapitel 2 ein kartesisches Koordinatensystem ein. Bezüglich dieses Systems hat $\vec{r}(t)$ dann die Koordinaten

$$\vec{r}(t) = \begin{pmatrix} x_1(t) \\ x_2(t) \\ x_3(t) \end{pmatrix} .$$

Mit $\vec{r}(t)$ hängen auch die Koordinaten $x_i(t)$ $(i = 1, 2, 3)$ von der Zeit t ab. Da $x_i(t)$ stets eine reelle Zahl ist, sind die *Koordinatenfunktionen* (auch Komponentenfunktionen genannt) $x_1(t), x_2(t), x_3(t)$ gewöhnliche Funktionen einer Variablen.

Eine Vektorfunktion $\vec{r}(t)$ wird also durch drei reellwertige Funktionen dargestellt. Statt $x_1(t), x_2(t), x_3(t)$ kann man auch $x(t), y(t), z(t)$ schreiben.

Alles in diesem Kapitel Gesagte gilt übrigens sinngemäss auch für den Fall, wo sich das Geschehen statt im Raum in der Ebene abspielt. Man braucht nur die dritte Koordinate $x_3(t) = z(t)$ wegzulassen.

Beispiele

1. Es seien $\vec{a} = \overrightarrow{OA}$ und $\vec{c}$ beliebige Vektoren $(\vec{c} \neq \vec{0})$. Wir setzen

$$\vec{r}(t) = \vec{a} + t\vec{c} \, .$$

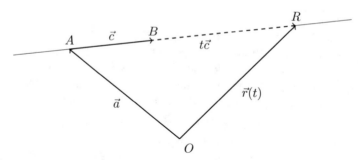

Wie die obenstehende Skizze zeigt, liegt der Endpunkt des Vektors $\vec{r}(t)$ auf der Geraden durch A in Richtung $\vec{c}$ (vgl. auch (1.10.a)). Physikalisch gesehen beschreibt also $\vec{r}(t)$ eine geradlinige Bewegung im Raum.   ⊠

2. Wir betrachten die Vektorfunktion

$$\vec{u}(t) = \begin{pmatrix} \cos t \\ \sin t \\ 0 \end{pmatrix}.$$

Da hier die z–Koordinate (3. Koordinate) gleich 0 ist, liegt der Vektor $\vec{u}(t)$ stets in der x-y–Ebene. (Man könnte die 3. Koordinate auch einfach weglassen; im Hinblick auf Beispiel 4. tun wir dies nicht!)

Wegen der bekannten Formel $\sin^2 t + \cos^2 t = 1$ liegen die Punkte mit den Koordinaten $x = \cos t$, $y = \sin t$ auf dem Einheitskreis. Somit beschreibt der Vektor $\vec{u}(t)$ eine *Kreisbewegung* (im Gegenuhrzeigersinn) eines Massenpunktes in der x-y–Ebene. Zur Zeit $t = 0$ befindet er sich im Punkte $(1,0)$, ebenso zur Zeit $t = 2\pi$, wo er einen Umlauf vollendet hat (und analog für jeden Zeitpunkt $t = 2n\pi, n \in \mathbb{Z}$).

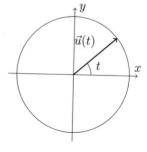

⊠

3. Ohne allzusehr auf Details einzugehen, erwähnen wir noch exemplarisch einige mögliche Modifikationen der obigen Kreisbewegung.

a) Durch eine Massstabsänderung kann man erreichen, dass die "Umlaufszeit" statt 2π eine beliebige Zahl $T \neq 0$ ist. Man setzt nämlich einfach

$$\vec{v}(t) = \begin{pmatrix} \cos \frac{2\pi}{T} t \\ \sin \frac{2\pi}{T} t \\ 0 \end{pmatrix}.$$

b) Der Radius der Kreisbahn wird gleich r, wenn man $\vec{x}(t)$ mit r multipliziert ($r > 0$):

$$\vec{w}(t) = r\vec{u}(t) = \begin{pmatrix} r \cos t \\ r \sin t \\ 0 \end{pmatrix}.$$

c) Durch Addition eines Vektors $\vec{a} = \overrightarrow{OA}$ zu $\vec{u}(t)$ erhält man die Darstellung eines Kreises mit Zentrum A. So beschreibt

$$\vec{s}(t) = \begin{pmatrix} 2 \\ 1 \\ 0 \end{pmatrix} + \vec{u}(t) = \begin{pmatrix} 2 + \cos t \\ 1 + \sin t \\ 0 \end{pmatrix}$$

eine Bewegung auf dem Einheitskreis mit Zentrum $A(2,1,0)$.

a)   b)   c)

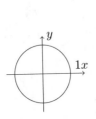 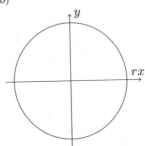 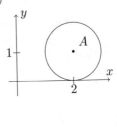

☒

4. Schliesslich sei

$$\vec{s}(t) = \begin{pmatrix} \cos t \\ \sin t \\ t \end{pmatrix}.$$

Im Gegensatz zu 2. liegt hier der Vektor $\vec{s}(t)$ i.a. nicht in der x-y–Ebene, vielmehr hat sein Endpunkt zur Zeit t die "Höhe" (z–Koordinate) t.

Die Projektion von $\vec{s}(t)$ auf die x-y–Ebene aber ist genau wie im Beispiel 2. der Einheitskreis.

Zur Zeit $t = 0$ ist $\vec{s}(0) = \begin{pmatrix} 1 \\ 0 \\ 0 \end{pmatrix}$.

Zur Zeit $t = 2\pi$ ist $\vec{s}(2\pi) = \begin{pmatrix} 1 \\ 0 \\ 2\pi \end{pmatrix}$.

Hieraus erkennt man, dass $\vec{s}(t)$ eine *Schraubenlinie* mit "Ganghöhe" 2π und "Umlaufszeit" 2π beschreibt.

Ähnlich wie in 3. sind Modifikationen möglich. Zusätzlich lässt sich noch die Ganghöhe variieren, indem man in der dritten Komponente t durch at ersetzt. Der Radius der Schraubenlinie wird gleich r, wenn man wie in 3. $\cos t$ (bzw. $\sin t$) durch $r \cos t$ (bzw. $r \sin t$) ($r > 0$) ersetzt. Es seien etwa

$$\vec{u}(t) = \begin{pmatrix} 2 \cos \frac{2\pi t}{3} \\ 2 \sin \frac{2\pi t}{3} \\ \frac{4}{3} t \end{pmatrix}, \quad \vec{v}(t) = \begin{pmatrix} 1 + 2 \cos \frac{2\pi t}{3} \\ -1 + 2 \sin \frac{2\pi t}{3} \\ \frac{4}{3} t \end{pmatrix}.$$

Dann hat die durch $\vec{u}(t)$ gegebene Schraubenlinie den Radius 2, die Umlaufszeit 3 und die Ganghöhe 4. Die durch $\vec{v}(t)$ gegebene Schraubenlinie entsteht aus der ersten durch Parallelverschiebung: Ihre Achse ist parallel zur z–Achse und geht durch den Punkt $(1, -1, 0)$. ⊠

Die Variable t wird oft auf ein bestimmtes Intervall eingeschränkt. Auf diese Weise erhält man nur ein bestimmtes Stück der Bahn, entsprechend einer zeitlich eingeschränkten Bewegung. Wir veranschaulichen dies an den obigen Beispielen:

Zu 1. Durch $\vec{r}(t) = \vec{a} + t\vec{c}$, $t \in [0,1]$ wird eine Bewegung zwischen dem Endpunkt A des Vektors $\vec{a}$ und dem Endpunkt B des Vektors $\vec{a} + \vec{c}$ beschrieben, denn zur Zeit $t = 0$ ist $\vec{r}(t) = \vec{a}$ und zur Zeit $t = 1$ ist $\vec{r}(t) = \vec{a} + \vec{c}$.

Zu 4. Durch

$$\vec{r}(t) = \begin{pmatrix} \cos t \\ \sin t \\ t \end{pmatrix}, \qquad t \in [0, 2\pi]$$

wird <u>ein</u> Umlauf des Massenpunktes auf der Schraubenlinie dargestellt. Lässt man t das Intervall $[0, 4\pi]$ durchlaufen, so erhält man zwei Umläufe etc.

(8.3) Parameterdarstellungen von Kurven

Manchmal interessiert man sich weniger für den Bewegungsvorgang als für die Bahnkurve als geometrisches Gebilde. Die Variable t braucht in diesem Fall nicht als Zeit aufgefasst zu werden und wird "*Parameter*" genannt. Man sagt dann etwa, dass durch

$(*)$ $\qquad\qquad\qquad \vec{u}(t) = \vec{a} + t\vec{c}, \quad t \in [0,1]$

eine Parameterdarstellung der Strecke AB gegeben sei. (A ist wieder der Endpunkt von $\vec{a}$, B jener von $\vec{a} + \vec{c}$.) Ebenso ist

$$\vec{u}(t) = \begin{pmatrix} \cos t \\ \sin t \\ t \end{pmatrix}, \quad t \in [0, 2\pi]$$

eine Parameterdarstellung eines Umlaufs der Schraubenlinie.

Bei dieser Auffassung (welche wohlgemerkt auf denselben Formeln wie in (8.2) beruht) interessiert man sich also nicht für die Bewegung an sich, sondern für die durchlaufene Bahn, die "Spur" des Massenpunkts. Es handelt sich also um eine "statische" Interpretation, im Gegensatz zur "dynamischen" aus (8.2).

Im Beispiel 2. von (8.2) ist es für den Ablauf der Bewegung sicher wesentlich, ob der Kreis ein- oder zweimal durchlaufen wird. Die Bahnkurve bleibt aber so oder so der Einheitskreis.

Wir zeigen noch an einem zweiten Beispiel, dass verschiedene Bewegungen durchaus dasselbe Kurvenstück (als geometrisches Gebilde) hinterlassen können. Durch die Parameterdarstellung (vgl. mit (∗))

$$(**) \qquad \vec{v}(t) = \vec{a} + 2t\vec{c}, \quad t \in [0, \tfrac{1}{2}]$$

wird nämlich ebenfalls die Strecke AB beschrieben. Die Parameterdarstellung eines Kurvenstücks ist also nicht eindeutig festgelegt. Die durch (∗) und (∗∗) beschriebenen Bewegungsvorgänge sind verschieden: Fassen wir nämlich t jetzt wieder als Zeit auf, so beschreibt (∗∗) eine doppelt so schnelle Bewegung wie (∗), denn bei (∗∗) wird AB im Zeitintervall $[0, \tfrac{1}{2}]$ durchlaufen, bei (∗) im Intervall $[0, 1]$.

Daneben ist aber auch noch der Durchlaufungssinn zu berücksichtigen. Bei (∗) und (∗∗) wird die Strecke mit zunehmender Zeit von A nach B durchlaufen. Die folgende Darstellung beschreibt die Durchlaufung von B nach A:

$$(***) \qquad \vec{w}(t) = \vec{a} + (1 - t)\vec{c}, \quad t \in [0, 1] \,,$$

denn $\vec{w}(0) = \vec{a} + \vec{c} = \overrightarrow{OB}$ und $\vec{w}(1) = \vec{a} = \overrightarrow{OA}$.

Wir kommen nun nochmals auf die graphische Darstellung von Kurvenstücken zu sprechen. Mit etwas Geschick lässt sich ein durch eine Parameterdarstellung gegebenes Kurvenstück C skizzieren. Natürlich kann diese Aufgabe auch einem passenden Computerprogramm übertragen werden.

Beispiele

1. Es sei

$$\vec{r}(t) = \begin{pmatrix} t \\ t^2 \\ 1 - t \end{pmatrix}, \quad t \in [0, 1]$$

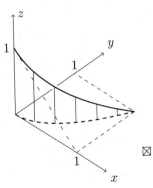

Wir betrachten zuerst die Projektion auf die x-y–Ebene. Es ist $x = x_1(t) = t$, $y = x_2(t) = t^2$, also $y = x^2$. Die Projektion von C auf die x-y–Ebene ist daher eine Parabel. Ferner ist die Projektion von C auf die x-z–Ebene wegen

$$x = x_1(t) = t, \quad z = x_3(t) = 1 - t$$

eine Gerade. Zeichnet man die Parabel und die Gerade ein, so lässt sich auch C skizzieren.

2. Wir setzen

$$\vec{r}(t) = \begin{pmatrix} \cos t \\ \sin t \\ \sin^2 t \end{pmatrix}, \quad t \in [0, 2\pi].$$

Gemäss Beispiel 2. von (8.2) ist die Projektion dieser Kurve auf die x-y-Ebene der Einheitskreis. Der Parameter t kann als Winkel interpretiert werden. Die Funktion $z(t) = \sin^2 t$ zeigt, wie die Höhe des Kurvenpunktes in Abhängigkeit vom Winkel t variiert. Damit kann die Raumkurve gezeichnet werden.

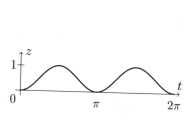

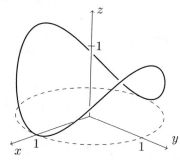

Hinweis

Kurven in der Ebene haben Sie in der Form $y = f(x)$ häufig diskutiert. Man kann aus dieser Beziehung stets eine Parameterdarstellung machen, indem man $x = x_1(t) = t$ und $y = x_2(t) = f(t)$ setzt. So stellt etwa

$$\vec{r}(t) = \begin{pmatrix} t \\ t^2 \end{pmatrix}$$

eine Parabel dar (vgl. Beispiel 1.), nämlich jene, die üblicherweise in der Form $y = x^2$ gegeben wird.

Hierzu ist zu bemerken, dass *jede* ebene Kurve durch eine Parameterdarstellung beschrieben werden kann. In der Form $y = f(x)$ dagegen können nur jene Kurven dargestellt werden, bei denen zu jedem Wert von x höchstens ein Kurvenpunkt gehört. Eine Illustration hierzu:

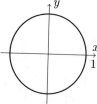

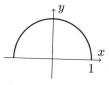

Der Einheitskreis ist nicht der Graph einer Funktion.

Die obere Hälfte des Einheitskreises ist der Graph einer Funktion $(f(x) = \sqrt{1 - x^2})$.

Bemerkung

Wir haben in den Abschnitten (8.2) und (8.3) die "dynamische" (Bewegung) und die "statische" (Raumkurve) Auffassung einer Vektorfunktion $\vec{r}(t)$ unterschieden. Diese Unterscheidung ist hier rein anschaulich zu verstehen. Ein sorgfältigeres Vorgehen ist möglich und in der mathematischen Theorie üblich. Wir deuten kurz an, wie dies vor sich geht, ohne aber Einzelheiten wie Fragen nach Stetigkeit oder Differenzierbarkeit anzusprechen.

Unter einem *Weg* vom Punkt A zum Punkt B versteht man eine Vektorfunktion $\vec{r} : [a, b] \to \mathbb{R}^3$ mit $\vec{r}(a) = \overrightarrow{OA}$, $\vec{r}(b) = \overrightarrow{OB}$. (Dabei bezeichnet $\mathbb{R}^3$ den dreidimensionalen Raum). Ein solcher Weg kann als Bewegung im Raum gedeutet werden.

Weiter will man der Tatsache Rechnung tragen, dass verschiedene Wege dasselbe geometrische Gebilde, die Bahnkurve, beschreiben können (vgl. (8.3)). Zwei Wege $\vec{r} : [a, b] \to \mathbb{R}^3$, $\vec{s} : [c, d] \to \mathbb{R}^3$ heissen *äquivalent*, wenn es eine wachsende (genauer: streng monoton wachsende, vgl. (6.2.d)) Funktion $\varphi : [c, d] \to \mathbb{R}$ gibt mit Wertemenge $[a, b]$ (vgl. (17.3)), so dass $\vec{r}(\varphi(t)) = \vec{s}(t)$ ist. So sind z.B. die obigen Wege (∗) und (∗∗) äquivalent, denn wenn wir $\varphi(t) = 2t$ setzen, so ist $\vec{u}(\varphi(t)) = \vec{a} + 2t\vec{c} = \vec{v}(t)$. Unter einer *Kurve* versteht man nun eine Klasse von zueinander äquivalenten Wegen. Jeder Weg aus dieser Klasse kann dann zur Darstellung dieser Kurve dienen, die Wahl eines solchen Wegs entspricht unserer Parameterdarstellung.

Die Bedingung, dass φ eine wachsende Funktion sein muss, dient dazu, den Durchlaufungssinn der Kurve (die sog. Orientierung) zu erhalten: Zum kleinsten Parameterwert muss der Punkt A, zum grössten der Punkt B gehören. So sind z.B. die durch (∗∗∗) und (∗) gegebenen Wege nicht äquivalent (die Orientierung ist verschieden); in der Tat ist die Funktion, die den Übergang liefert, nämlich $\varphi(t) = 1 - t$ fallend und nicht wachsend.

Diese etwas präziseren Begriffe von *Weg* und *Kurve* werden wir weiter nicht verwenden.

(8.4) Die Ableitung einer Vektorfunktion

Wir motivieren die Definition am Beispiel der Bewegung eines Massenpunkts. Diese Bewegung sei durch die "Ortsfunktion" $\vec{r}(t)$ gegeben. Wir betrachten die Werte dieser Funktion zu zwei Zeitpunkten t_0 und $t_0 + \Delta t$:

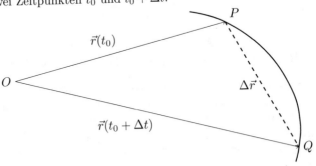

Die Differenz $\Delta\vec{r} = \vec{r}(t_0 + \Delta t) - \vec{r}(t_0)$ ist gleich dem Vektor $\overrightarrow{PQ}$. In der Zeitspanne Δt hat sich der Massenpunkt von P nach Q bewegt (im allgemeinen natürlich nicht geradlinig längs des Vektors, sondern auf einer gekrümmten Bahn). Beziehen wir die Änderung auf die Zeiteinheit, d.h., dividieren wir durch Δt, so erhalten wir

$$\frac{\Delta\vec{r}}{\Delta t} = \frac{\vec{r}(t_0 + \Delta t) - \vec{r}(t_0)}{\Delta t}.$$

Diese Grösse heisst die *mittlere Geschwindigkeit* (im Zeitintervall $[t_0, t_0 + \Delta t]$). Es handelt sich dabei um einen *Vektor*, der die Richtung der mittleren Geschwindigkeit anzeigt und dessen Betrag ein Mass für die Schnelligkeit der Bewegung ist.

Der Ausdruck $\frac{\Delta \vec{r}}{\Delta t}$ ist nichts anderes als ein vektorieller *Differenzenquotient* (vgl. das Analogon in (4.3.b)).

Um nun die Momentangeschwindigkeit (kurz: *Geschwindigkeit*) zur Zeit t_0 zu erhalten, lassen wir wie in (3.2) Δt gegen 0 streben, d.h., wir bilden

$$\lim_{\Delta t \to 0} \frac{\vec{r}(t_0 + \Delta t) - \vec{r}(t_0)}{\Delta t} \ .$$

Dieser Vektor heisst natürlich die *Ableitung* des Vektors $\vec{r}(t)$ an der Stelle t_0. Mit anderen Worten: Die Geschwindigkeit ist als Ableitung der Ortsfunktion definiert.

Losgelöst von diesem speziellen physikalischen Beispiel definiert man allgemein:

Die Vektorfunktion $\vec{r}(t)$ heisst an der Stelle t_0 *differenzierbar*, wenn der Grenzwert

$$\lim_{\Delta t \to 0} \frac{\vec{r}(t_0 + \Delta t) - \vec{r}(t_0)}{\Delta t}$$

existiert. Dieser Grenzwert heisst die *Ableitung* von $\vec{r}(t)$ an der Stelle t_0 und wird mit

$$\frac{d\vec{r}}{dt}(t_0) \quad \text{oder} \quad \vec{r}'(t_0) \quad \text{oder} \quad \dot{\vec{r}}(t_0)$$

bezeichnet.

Es sei nochmals betont, dass die Ableitung eines Vektors wieder ein Vektor ist. Die Bemerkungen in (4.3) übertragen sich sinngemäss und sollen hier nicht wiederholt werden.

Wird $\vec{r}(t)$ als Ortsvektor eines sich bewegenden Massenpunktes aufgefasst ("dynamische Interpretation"), so ist, wie bereits erwähnt, $\dot{\vec{r}}(t_0)$ der Geschwindigkeitsvektor zur Zeit t_0. Sein Betrag $|\dot{\vec{r}}(t_0)|$ ist das, was man landläufig unter der "Geschwindigkeit" versteht und was in der Physik gerne mit "Schnelligkeit" bezeichnet wird. Der eindimensionale Spezialfall dieses Sachverhalts ist am Ende von (3.2) bereits erwähnt worden.

Die Ableitung lässt sich auch geometrisch deuten: Wenn wir wie in (8.3) $\vec{r}(t)$ als Parameterdarstellung einer Kurve im Raum auffassen ("statische" Interpretation), so sehen wir, dass $\Delta \vec{r}$ und damit auch $\frac{\Delta \vec{r}}{\Delta t}$ die Richtung einer Sekante der Raumkurve hat. Lässt man nun Δt gegen 0 streben, d.h., geht man zu $\dot{\vec{r}}(t_0) = \frac{d\vec{r}}{dt}$ über, so wird aus der Sekante die Tangente im Endpunkt von $\vec{r}(t_0)$: Der Ableitungsvektor $\dot{\vec{r}}(t_0)$ zeigt in

Richtung der Tangente an die Kurve. Man nennt ihn den *Tangentialvektor.*

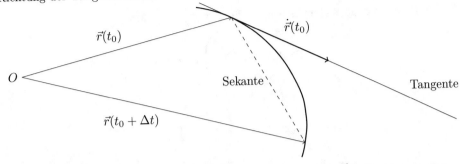

Im Gegensatz zum "dynamischen" Fall ist hier der Betrag $|\dot{\vec{r}}(t_0)|$ nicht von Belang, da wir uns bloss für die Richtung der Tangente interessieren.

(8.5) Berechnung der Ableitung

Zur praktischen Berechnung der Ableitung verwendet man die Koordinatenfunktionen. Es sei

$$\vec{r}(t) = \begin{pmatrix} x_1(t) \\ x_2(t) \\ x_3(t) \end{pmatrix}.$$

Dann ist

$$\dot{\vec{r}}(t) = \lim_{\Delta t \to 0} \begin{pmatrix} \dfrac{x_1(t+\Delta t) - x_1(t)}{\Delta t} \\ \dfrac{x_2(t+\Delta t) - x_2(t)}{\Delta t} \\ \dfrac{x_3(t+\Delta t) - x_3(t)}{\Delta t} \end{pmatrix} = \begin{pmatrix} \dot{x}_1(t) \\ \dot{x}_2(t) \\ \dot{x}_3(t) \end{pmatrix}.$$

Wir haben gefunden:

Die Vektorfunktion
$$\vec{r}(t) = \begin{pmatrix} x_1(t) \\ x_2(t) \\ x_3(t) \end{pmatrix}$$
wird koordinatenweise abgeleitet, d.h., es ist
$$\dot{\vec{r}}(t) = \begin{pmatrix} \dot{x}_1(t) \\ \dot{x}_2(t) \\ \dot{x}_3(t) \end{pmatrix}.$$

<u>Beispiele</u>

1. Die Bewegung längs einer Schraubenlinie ist gegeben durch

$$(\sharp) \qquad \vec{r}(t) = \begin{pmatrix} \cos t \\ \sin t \\ t \end{pmatrix}, \quad t \in \mathbb{R}$$

damit wird

$$\dot{\vec{r}}(t) = \begin{pmatrix} -\sin t \\ \cos t \\ 1 \end{pmatrix}.$$

Geometrisch gesehen ("statische" Interpretation) zeigt $\dot{\vec{r}}(t)$ in Richtung des Tangentenvektors. Fassen wir $\dot{\vec{r}}(t)$ als Geschwindigkeit auf ("dynamische" Interpretation), so bestimmt sich ihr Betrag zu

$$|\dot{\vec{r}}(t)| = \sqrt{\dot{x}_1(t)^2 + \dot{x}_2(t)^2 + \dot{x}_3(t)^2}$$

$$= \sqrt{\sin^2 t + \cos^2 t + 1} = \sqrt{2}.$$

Der Betrag der Geschwindigkeit (die Schnelligkeit) ist also konstant (nicht aber die Geschwindigkeit selbst, die ein Vektor mit veränderlicher Richtung ist!).   ⊠

2. Wir variieren dieses Beispiel noch etwas. Durch

$$(\sharp\sharp) \qquad \vec{s}(t) = \begin{pmatrix} \cos 2t \\ \sin 2t \\ 2t \end{pmatrix}, \quad t \in \mathbb{R}$$

wird dieselbe Schraubenlinie (als geometrisches Gebilde) beschrieben. Fasst man $\vec{s}(t)$ aber als Beschreibung der Bewegung eines Massenpunktes auf, so erfolgt diese Bewegung doppelt so schnell wie die durch $\vec{r}(t)$ gegebene. Läuft nämlich t etwa von 0 bis 2π, so beschreibt $\vec{r}(t)$ einen, $\vec{s}(t)$ aber zwei Umläufe auf der Schraubenlinie. Dies lässt sich auch rechnerisch bestätigen. Es ist nämlich

$$\dot{\vec{s}}(t) = \begin{pmatrix} -2\sin 2t \\ 2\cos 2t \\ 2 \end{pmatrix} = 2\dot{\vec{r}}(2t) \quad \text{und} \quad |\dot{\vec{s}}(t)| = 2\sqrt{2}.$$

Der Geschwindigkeitsvektor bezüglich ($\sharp\sharp$) ist also das Doppelte des Geschwindigkeitsvektors bezüglich ($\sharp$), wie zu erwarten war.

In der geometrischen Auffassung ergeben die Parameterdarstellungen ($\sharp$) und ($\sharp\sharp$) dieselbe Schraubenlinie, $\dot{\vec{u}}(t)$ und $\dot{\vec{v}}(t)$ sind hier als Tangentialvektoren aufzufassen. Sie zeigen beide in dieselbe Richtung, haben aber verschiedene Längen. (Man könnte auch diesen Unterschied noch ausgleichen, indem man den Tangentialeinheitsvektor, d.h. den Einheitsvektor in dieser Richtung, betrachtet.)   ⊠

3. Schon in (8.3) haben wir anhand der Parameterdarstellung eines Geradenstücks gesehen, dass ein- und dieselbe Strecke AB auf verschiedene Arten durchlaufen werden kann:

$$(*) \qquad \vec{u}(t) = \vec{a} + t\vec{c} \,,$$
$$(**) \qquad \vec{v}(t) = \vec{a} + 2t\vec{c} \,,$$
$$(***) \qquad \vec{w}(t) = \vec{a} + (1 - t)\vec{c} \,.$$

Wir untersuchen nun die Unterschiede unter Verwendung der Ableitung. Für die jeweiligen Geschwindigkeitvektoren finden wir

$$\dot{\vec{u}}(t) = \vec{c}, \quad \dot{\vec{v}}(t) = 2\vec{c} = 2\dot{\vec{u}}(t), \quad \dot{\vec{w}}(t) = -\vec{c} = -\dot{\vec{u}}(t) \,,$$

in Übereinstimmung mit den schon in (8.3) gemachten Feststellungen, dass in der "dynamischen" Auffassung die durch $(**)$ gegebene Bewegung doppelt so schnell ist wie die zu $(*)$ gehörige und dass $(***)$ den entgegengesetzten Durchlaufungssinn beschreibt.

Betrachten wir nun noch

$$(****) \qquad \vec{r}(t) = \vec{a} + t^2\vec{c}, \quad t \in [0,1] \,,$$

so stellen wir fest, dass sowohl im Fall $(*)$ als auch im Fall $(****)$ die Strecke AB in einer Sekunde durchlaufen wird. Im Fall $(****)$ aber ist die Geschwindigkeit nicht konstant $= \vec{c}$, sondern zeitabhängig: Es ist $\dot{\vec{r}}(t) = 2t\vec{c}$, d.h., sie nimmt mit zunehmender Zeit zu.

In der folgenden Skizze sind entlang der Strecke AB die zu $\vec{u}(t)$ bzw. $\vec{r}(t)$ gehörigen Punkte eingezeichnet. Sie erkennen so nochmals, dass die beiden Bewegungsvorgänge innerhalb des Zeitintervalls $[0,1]$ verschieden ablaufen.

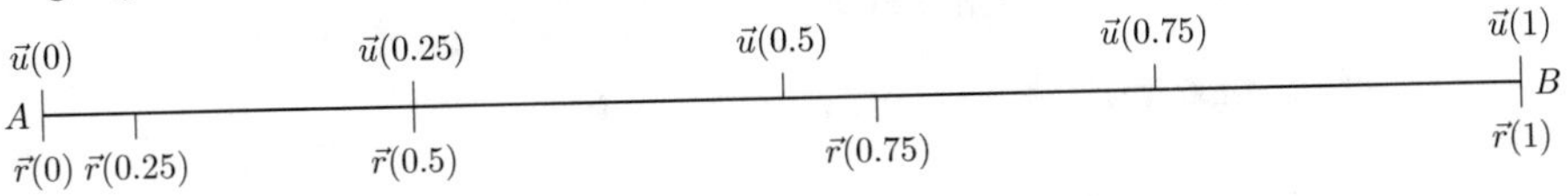

$\boxtimes$

(8.6) Ableitungsregeln für Vektorfunktionen

In Analogie zu (5.2) gelten die folgenden Regeln für die Ableitung:

(1) Summe: $(\vec{u}(t) + \vec{v}(t))^{\cdot} = \dot{\vec{u}}(t) + \dot{\vec{v}}(t)$

(2) Differenz: $(\vec{u}(t) - \vec{v}(t))^{\cdot} = \dot{\vec{u}}(t) - \dot{\vec{v}}(t)$

(3) Produkt mit (konstantem) Skalar: $(r\vec{u}(t))^{\cdot} = r\dot{\vec{u}}(t) \quad (r \in \mathbb{R})$

(4) Produkt mit (skalarer) Funktion: $(r(t)\vec{u}(t))^{\cdot} = \dot{r}(t)\vec{u}(t) + r(t)\dot{\vec{u}}(t)$

(5) Skalarprodukt von Vektoren: $(\vec{u}(t)\vec{v}(t))^{\cdot} = \dot{\vec{u}}(t)\vec{v}(t) + \vec{u}(t)\dot{\vec{v}}(t)$

(6) Vektorprodukt: $(\vec{u}(t) \times \vec{v}(t))^{\cdot} = \dot{\vec{u}}(t) \times \vec{v}(t) + \vec{u}(t) \times \dot{\vec{v}}(t)$

Beachten Sie, dass (4), (5) und (6) gerade die Form der üblichen Produktregel für reellwertige Funktionen haben. Wegen der Antikommutativität des Vektorprodukts ist in (6) speziell auf die Reihenfolge der Faktoren zu achten.

Alle diese Formeln können durch direktes Nachrechnen bewiesen werden. Als Beispiel möge (5) genügen:

$$\vec{u}(t) = \begin{pmatrix} x_1(t) \\ x_2(t) \\ x_3(t) \end{pmatrix}, \qquad \vec{v}(t) = \begin{pmatrix} y_1(t) \\ y_2(t) \\ y_3(t) \end{pmatrix}.$$

Zur Vereinfachung lassen wir das Argument (t) einfach weg. Aus

$$\vec{u}\vec{v} = x_1 y_1 + x_2 y_2 + x_3 y_3$$

folgt

$$
\begin{aligned}
(\vec{u}\vec{v})^{\cdot} &= (x_1 y_1 + x_2 y_2 + x_3 y_3)^{\cdot} \\
&= (\dot{x}_1 y_1 + x_1 \dot{y}_1 + \dot{x}_2 y_2 + x_2 \dot{y}_2 + \dot{x}_3 y_3 + x_3 \dot{y}_3) \\
&= (\dot{x}_1 y_1 + \dot{x}_2 y_2 + \dot{x}_3 y_3) + (x_1 \dot{y}_1 + x_2 \dot{y}_2 + x_3 \dot{y}_3) \\
&= \dot{\vec{u}}\vec{v} + \vec{u}\dot{\vec{v}}.
\end{aligned}
$$

Dabei wurden Summen- und Produktregel für die Ableitung reellwertiger Funktionen verwendet.

Als Anwendung dieser Formeln untersuchen wir die ebene Kreisbewegung. Ein Punkt P bewege sich auf einer Kreisbahn vom Radius r, seine Lage zum Zeitpunkt t ist dann durch den Winkel $\varphi = \varphi(t)$ eindeutig festgelegt und es ist

$$\overrightarrow{OP} = \vec{r}(t) = \begin{pmatrix} r\cos\varphi(t) \\ r\sin\varphi(t) \end{pmatrix}.$$

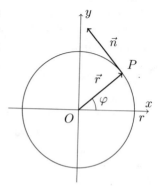

Für den Geschwindigkeitsvektor $\vec{v}(t) = \dot{\vec{r}}(t)$ gilt dann

$$\vec{v}(t) = \begin{pmatrix} -r\sin\varphi(t) \cdot \dot{\varphi}(t) \\ r\cos\varphi(t) \cdot \dot{\varphi}(t) \end{pmatrix} = r\dot{\varphi}(t) \begin{pmatrix} -\sin\varphi(t) \\ \cos\varphi(t) \end{pmatrix}.$$

Dabei ist $\dot{\varphi}(t) = \omega(t)$ die sogenannte *Winkelgeschwindigkeit*. Ferner steht der Vektor

$$\vec{n}(t) = \begin{pmatrix} -\sin\varphi(t) \\ \cos\varphi(t) \end{pmatrix}$$

stets senkrecht auf $\vec{r}(t)$, denn das Skalarprodukt $\vec{r}(t)\vec{n}(t)$ ist $= 0$. Somit steht auch $\vec{v}(t) = r\dot{\varphi}(t)\vec{n}(t)$ senkrecht auf $\vec{r}(t)$, hat also die Richtung der Tangente. Da $\vec{n}(t)$ ein Einheitsvektor ist, gilt für den Betrag der Geschwindigkeit:

$$v(t) = |\vec{v}(t)| = r|\dot{\varphi}(t)| = r|\omega(t)| \ .$$

Nun berechnen wir noch die Beschleunigung $\vec{a}(t) = \dot{\vec{v}}(t) = \ddot{\vec{r}}(t)$. Wegen Regel (4) erhalten wir

$$\vec{a}(t) = r\ddot{\varphi}(t)\begin{pmatrix} -\sin\varphi(t) \\ \cos\varphi(t) \end{pmatrix} + r(\dot{\varphi}(t))^2 \begin{pmatrix} -\cos\varphi(t) \\ -\sin\varphi(t) \end{pmatrix} \ .$$

Die erste Komponente hat die Richtung von $\vec{n}(t)$, sie heisst die *Tangentialkomponente* der Beschleunigung, die zweite, die *Normalkomponente*, hat die zu $\vec{r}(t)$ entgegengesetzte Richtung, zeigt also stets zum Kreismittelpunkt.

Da $\begin{pmatrix} -\cos\varphi(t) \\ -\sin\varphi(t) \end{pmatrix}$ ein Einheitsvektor ist, hat die Normalkomponente den Betrag

$$a_N(t) = r(\dot{\varphi}(t))^2 = r\omega(t)^2$$

oder, wegen $v(t) = r|\omega(t)|$:

$$a_N(t) = \frac{v(t)^2}{r} \ .$$

(8.7) Weitere Begriffe

Viele Begriffe aus der Differentialrechnung von reellwertigen Funktionen lassen sich ohne weiteres auf die Differentialrechnung von Vektoren übertragen. Wir erwähnen hier nur die folgenden:

a) Höhere Ableitungen

Genau wie in (4.5) definiert man $\ddot{\vec{r}}(t)$ durch $(\dot{\vec{r}}(t))\dot{}$, man schreibt auch

$$\frac{d^2\vec{r}}{dt^2} \quad \text{usw.}$$

Dies wurde im obigen Beispiel bereits gebraucht.

b) <u>Das Differential</u>

In Analogie zu (7.4) nennt man $d\vec{r} = \dot{\vec{r}}(t_0)dt$ (auch $d\vec{r} = \dot{\vec{r}}(t_0)\Delta t$ geschrieben) das vektorielle Differential . Diese Grösse kann als Approximation von $\Delta\vec{r} = \vec{r}(t_0 + \Delta t) - \vec{r}(t_0)$ aufgefasst werden:

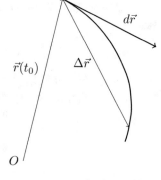

Es ist $\Delta\vec{r} \approx d\vec{r}$, denn wegen

$$\dot{\vec{r}}(t_0) = \lim_{\Delta t \to 0} \frac{\vec{r}(t_0 + \Delta t) - \vec{r}(t_0)}{\Delta t} = \lim_{\Delta t \to 0} \frac{\Delta\vec{r}}{\Delta t}$$

ist für betragsmässig kleine Δt

$$\dot{\vec{r}}(t_0) \approx \frac{\Delta\vec{r}}{\Delta t} \,,$$

woraus durch Multiplikation mit $\Delta t = dt$ die gewünschte Beziehung folgt. In Koordinaten ist

$$d\vec{r} = \begin{pmatrix} \dot{x}_1(t_0)dt \\ \dot{x}_2(t_0)dt \\ \dot{x}_3(t_0)dt \end{pmatrix} .$$

$\boxed{(8.\infty) \text{ Aufgaben}}$

8–1 Der unten dargestellte Kreis liegt in der y-z-Ebene. Geben Sie eine möglichst einfache Parameterdarstellung an.

8–2 Der unten dargestellte Viertelkreis liegt in der Ebene mit der Gleichung $x - y = 0$. Geben Sie eine möglichst einfache Parameterdarstellung an.

Zu 8–1   Zu 8–2

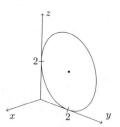 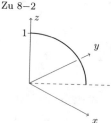

8–3 Das Geländer einer Wendeltreppe soll eine gleichmässig im Gegenuhrzeigersinn ansteigende Schraubenlinie mit Radius 1 und Ganghöhe 3 sein. Ihre Achse ist parallel zur z–Achse und geht durch den Punkt $(2,2,0)$. Ferner soll für $t = 0$ der Punkt $(3,2,0)$ und für $t = 1$ der Punkt $(3,2,3)$ erhalten werden. Suchen Sie eine passende Parameterdarstellung.

8–4 Die durch

$$\vec{r}(t) = \begin{pmatrix} e^{ct} \cdot \cos t \\ e^{ct} \cdot \sin t \end{pmatrix}$$

gegebene ebene Kurve heisst "logarithmische Spirale". Zeichnen Sie die Kurve für $c = \frac{1}{2\pi}$ und $-2\pi \leq t \leq 2\pi$.

8−5 Ein Kreis mit Radius r rollt auf der x–Achse ab. Die Kurve, die dabei durch einen Punkt P auf dem Kreisumfang beschrieben wird, heisst *Zykloide*. Geben Sie eine Parameterdarstellung dieser Kurve an. Wählen Sie dazu den Drehwinkel des Kreises als Parameter (siehe Figur).

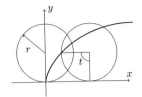

8−6 Die Bewegung eines Massenpunktes wird durch

$$\vec{r}(t) = \begin{pmatrix} \sqrt{1+t} \\ \sqrt{t^2+7} \\ t^2 \end{pmatrix}, \ t > 0$$

beschrieben. Berechnen Sie den Geschwindigkeits- und den Beschleunigungsvektor zur Zeit $t = 3$.

8−7 Ein Kurvenstück C ist durch die Parameterdarstellung

$$\vec{r}(t) = \begin{pmatrix} 1-t \\ 2t \\ 4t-4t^2 \end{pmatrix}, \ 0 \leq t \leq 1$$

gegeben.

a) Zeichnen Sie das Kurvenstück.

b) Welches ist der "höchste" Punkt der Kurve (Parameterwert und Koordinaten)?

c) Wo durchstösst das Kurvenstück die Ebene mit der Gleichung $-4x + 3y + 2z = 0$?

8−8 Ein Kurvenstück C ist gegeben durch die Parameterdarstellung

$$\vec{r}(t) = \begin{pmatrix} 2-t \\ 2+t \\ t^2 \end{pmatrix}, \ t \in [-2, 2].$$

a) Zeichnen Sie eine räumliche Skizze.

b) P bzw. Q sei der Anfangs- bzw. Endpunkt von C. Berechnen Sie den Winkel zwischen OP und OQ.

c) In welchen Kurvenpunkten bildet die Tangente mit der x-y–Ebene einen Winkel von $45°$?

8−9 Ein Kurvenstück hat die Parameterdarstellung

$$\vec{r}(t) = \begin{pmatrix} 1+\cos t \\ 1+\sin t \\ \sin(\frac{t}{2}) \end{pmatrix}, \ t \in [0, 2\pi].$$

a) Geben Sie eine Parameterdarstellung der Tangente im Punkt, der zum Parameterwert $t = 0$ gehört, an.

b) Dasselbe für den Parameterwert $t = 2\pi$.

c) Skizzieren Sie die Bahnkurve.

d) Welcher Kurvenpunkt (Parameterwert und Koordinaten) liegt am nächsten beim Nullpunkt?

8−10 Ein Massenpunkt bewegt sich gemäss

$$\vec{r}(t) = \begin{pmatrix} t \\ t^2 \\ (t-1)^2 \end{pmatrix}.$$

a) Skizzieren Sie die Bahnkurve für $t \in [0, 1]$.
b) Welchen Betrag hat die Geschwindigkeit zu den Zeitpunkten $t = 0$ und $t = 1$?
c) Zu welchem Zeitpunkt ist die Schnelligkeit minimal? Wie gross ist sie dann?

8−11 Ein anderer Massenpunkt bewegt sich gemäss der Beziehung

$$\vec{r}(t) = \begin{pmatrix} \sin(2\pi t) \\ 2\sin(2\pi t) \\ -\sin(2\pi t) \end{pmatrix}, \; 0 \le t \le 1.$$

a) Wie sieht die Bahnkurve aus? b) Beschreiben Sie den Bewegungsvorgang in Worten.

8−12 Zeigen Sie, dass die durch

$$\vec{r}(t) = \begin{pmatrix} t^2 + t + 1 \\ 3t \\ 2t^2 - t \end{pmatrix}, \; t \in \mathbb{R}$$

gegebene Raumkurve in einer Ebene liegt, und bestimmen Sie eine Gleichung dieser Ebene.

8−13 Zwei Kurven sind gegeben durch

$$\vec{r}(t) = \begin{pmatrix} t^3 \\ t^2 \\ t \end{pmatrix} \quad \text{und} \quad \vec{s}(u) = \begin{pmatrix} 1 + u^2 \\ 1 \\ 1 - u \end{pmatrix}.$$

Schneiden sich diese Kurven? Wenn ja, bestimmen Sie den Schnittpunkt und den Schnittwinkel.

8−14 a) In welchen Punkten durchstösst die durch

$$\vec{r}(t) = \begin{pmatrix} t^3 + 1 \\ t^2 + 1 \\ t^2 - 2t \end{pmatrix}$$

gegebene Raumkurve die x-y-Ebene? b) Bestimmen Sie die jeweiligen Schnittwinkel.

C. INTEGRALRECHNUNG

9. EINLEITENDE BEISPIELE ZUM BEGRIFF DES INTEGRALS

(9.1) Überblick

In diesem Kapitel soll gezeigt werden, dass verschiedene Problemstellungen aus der Mathematik und den Naturwissenschaften alle mit derselben Idee angegangen werden können und auf mathematische Ausdrücke gleicher Art, nämlich auf sogenannte *bestimmte Integrale*, führen. In Kapitel 10 wird dann dieses bestimmte Integral ganz allgemein definiert. Die hier diskutierten Beispiele

- Bewegung eines Massenpunkts bei gegebener Geschwindigkeit,   *(9.2)*
- Arbeit,   *(9.3)*
- Fläche unter einem Kurvenstück,   *(9.4)*
- Volumen eines Rotationskörpers   *(9.5)*

können dann als verschiedene konkrete Erscheinungsformen desselben allgemeinen Begriffs aufgefasst werden. Ganz ähnlich war es seinerzeit bei der Ableitung, die beispielsweise als Wachstumsgeschwindigkeit oder Tangentensteigung interpretiert werden kann (vgl. Kapitel 3).

Vermutlich kennen Sie bereits den Zusammenhang zwischen dem bestimmten Integral und dem "Flächeninhalt unter einer Kurve" (vgl. (9.4)). Es handelt sich dabei um eine ganz wichtige Anwendung des Integralbegriffs; es wäre aber verfehlt, das bestimmte Integral einfach mit dem Flächeninhalt zu identifizieren. Dies ist vielmehr nur eine der möglichen Interpretationen, andere finden Sie in (9.2) bis (9.5) sowie in (10.6). Etwas ganz Entsprechendes hatten wir in Kapitel 3 gesehen: Die Tangentensteigung ist nur eine der vielen Anwendungen der Ableitung, wenn auch eine wichtige und anschaulich leicht verständliche.

© Springer Nature Switzerland AG 2020
C. Luchsinger, H. H. Storrer, *Einführung in die mathematische Behandlung der Naturwissenschaften I*, Grundstudium Mathematik, https://doi.org/10.1007/978-3-030-40158-0_3

(9.2) Bewegung eines Massenpunkts

Ein Massenpunkt bewegt sich entlang einer Geraden. Zur Zeit $t = 0$ befindet er sich im Nullpunkt O, zur Zeit t im Punkt mit der Koordinate $s(t)$:

In (3.2) sind wir von der Annahme ausgegangen, dass die Funktion $s(t)$ bekannt sei, und haben daraus eine Formel für die Geschwindigkeit hergeleitet, nämlich $v(t) = \dot{s}(t)$ (Ableitung).

Nun kehren wir den Spiess um. In vielen Fällen ist nämlich die Geschwindigkeit zur Zeit t bekannt, und man möchte die Ortskoordinate $s(t)$ bestimmen.

Ein bekanntes Beispiel hierzu ist der freie Fall: Ein im Zeitpunkt $t = 0$ fallen gelassener Körper hat zur Zeit t die Geschwindigkeit $v(t) = gt$, wo $g = 9.81$ ms^{-2} die Fallbeschleunigung ist.

Es sei wieder einmal darauf hingewiesen, dass die Geschwindigkeit im allgemeinen Fall ein Vektor ist, vgl. die Bemerkung am Schluss von (3.2). Da wir hier den eindimensionalen Fall betrachten, wird die Geschwindigkeit durch eine einzige Zahl beschrieben, die je nach Bewegungsrichtung positiv oder negativ sein kann. Die oben erwähnte Formel $v(t) = gt$ gilt, falls die Koordinatenachse in Fallrichtung, also nach unten orientiert ist (andernfalls würde das Vorzeichen wechseln).

Wir formulieren unser Problem nochmals: Bekannt ist die Geschwindigkeit $v(t)$ in Funktion der Zeit, gesucht ist die Ortskoordinate $s(T)$ des Massenpunkts zu einer gegebenen Zeit T.

Wäre die Geschwindigkeit konstant, $v(t) = v_0$, so wäre die Lösung des Problems sehr einfach: Zurückgelegte Strecke gleich Geschwindigkeit mal Zeit: $s(T) = v_0 T$.

Hier geht es aber um die Situation, wo sich — wie etwa beim freien Fall — die Geschwindigkeit $v(t)$ mit der Zeit ändert. Der folgende Gedankengang hilft weiter:

Der ganze Vorgang läuft im Zeitintervall $[0, T]$ ab. Wir denken uns nun dieses Intervall in viele im Vergleich zur Gesamtdauer kleine Teilintervalle zerlegt. Während einer solchen kurzen Zeitspanne ändert sich die Geschwindigkeit nur wenig; wir dürfen sie ohne allzu grossen Fehler als konstant annehmen. Dann lässt sich aber die in diesem kurzen Teil-Zeitintervall zurückgelegte Teilstrecke nach der Formel "Geschwindigkeit mal Zeit" sofort ausrechnen. (Zu beachten ist, dass wohl die Geschwindigkeit im einzelnen Teilintervall als konstant angenommen wird, dass sie sich aber von Intervall zu Intervall ändert.) Addiert man alle diese Teilstrecken, so erhält man die bis zum Zeitpunkt T zurückgelegte Strecke zumindest näherungsweise. Diese Näherung wird um so besser sein, je kleiner die Teilintervalle gewählt werden. Die tatsächlich zurückgelegte Strecke $s(T)$ wird sich ergeben, wenn man mit einem Grenzübergang die Länge der Teilintervalle gegen Null streben lässt.

Diese etwas wortreiche Erklärung wollen wir nun in die mathematische Formelsprache übersetzen. Wir zerlegen dazu zunächst das Zeitintervall $[0, T]$ in Teilintervalle $[t_{i-1}, t_i]$ gemäss folgender Skizze:

(Es wird nicht vorausgesetzt, dass die Teilintervalle alle gleiche Länge haben.) Als nächstes wählen wir in jedem Teilintervall $[t_{i-1}, t_i]$ einen "Zwischenpunkt" τ_i.

Es ist also $t_{i-1} \leq \tau_i \leq t_i$. Die τ_i können, müssen aber nicht, mit den Randpunkten t_{i-1} oder t_i des Teilintervalls zusammenfallen.

Wenn die Teilintervalle klein genug sind, so darf man ohne allzu grosse Ungenauigkeit annehmen, die Geschwindigkeit sei in diesem Intervall annähernd konstant, nämlich ungefähr gleich $v(\tau_i)$:

$$v(t) \approx v(\tau_i) \quad \text{für} \quad t \in [t_{i-1}, t_i] .$$

Da dieses Zeitintervall die Länge $t_i - t_{i-1} = \Delta t_i$ hat, legt der Massenpunkt in dieser Zeit ungefähr die Strecke

$$v(\tau_i)(t_i - t_{i-1}) = v(\tau_i)\Delta t_i$$

zurück.

Wir führen nun diese Überlegung für jedes Intervall $[t_{i-1}, t_i]$ durch und erhalten durch Summation einen ungefähren Wert für die gesuchte Grösse $s(T)$:

$$s(T) \approx \sum_{i=1}^{n} v(\tau_i)\Delta t_i .$$

Diese Approximation ist offensichtlich um so genauer, je kleiner die Teilintervalle $[t_{i-1}, t_i]$ sind. Wir führen daher einen Grenzübergang durch, der darin besteht, dass die Länge Δt_i jedes einzelnen Teilintervalls immer kleiner wird, also gegen 0 strebt. (Dadurch wird automatisch die Anzahl n der Teilintervalle immer grösser, d.h., sie geht gegen unendlich.)

Für den Limes im eben besprochenen Sinne wird dann gelten:

$$s(T) = \lim_{\Delta t_i \to 0} \sum_{i=1}^{n} v(\tau_i)\Delta t_i .$$

Für diesen Grenzwert verwendet man das neue Zeichen

$$\int_0^T v(t)\,dt$$

und nennt ihn das bestimmte Integral der Funktion $v = v(t)$ im Intervall $[0, T]$. Die genauen Definitionen folgen in Kapitel 10.

Die Frage, wie man denn einen solchen Limes berechnet, soll uns im Moment noch nicht kümmern. Vorläufig ist nur wichtig, dass $s(T)$ als Grenzwert einer ganz bestimmten Art beschrieben werden kann.

Bemerkung

Wir haben in (3.2) die Geschwindigkeit v als Ableitung der Funktion s definiert. Im vorliegenden Abschnitt haben wir gesehen, dass die Funktion s als Integral der Funktion v bestimmt werden kann. Es scheint also ein Zusammenhang zwischen Ableitung und Integral zu bestehen. Diese Vermutung trifft tatsächlich zu; wir werden in Kapitel 11 darauf eingehen.

(9.3) Arbeit

Eine einseitig befestigte Schraubenfeder wird gespannt. Ihr loses Ende sei am Anfang an der Stelle 0, am Ende des Vorgangs an der Stelle b auf der x–Achse:

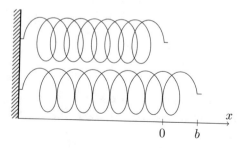

Wie gross ist die geleistete Arbeit? Wäre die Federkraft konstant $= F$, also unabhängig von der Lage x des Feder-Endes, so würde wegen der Definition

Arbeit = Kraft mal Weg

gelten: $W = Fb$. (Die Kraft ist eigentlich ein Vektor. Da sie hier in der Bewegungsrichtung wirkt, dürfen wir sie als Skalar behandeln. Vgl. aber (1.8.a) und (14.4).)

Nun hängt jedoch im betrachteten Fall die Federkraft von der Dehnung der Feder ab: $F = F(x)$.* Wir können daher die Beziehung "Arbeit = Kraft mal Weg" nicht einfach auf das ganze Intervall $[0, b]$ anwenden.

---

* In einem gewissen Bereich gilt, dass die Federkraft proportional zu x ist. Da es hier aber nicht auf diese spezielle Form der Kraft ankommt, verwenden wir weiterhin die allgemeine variable Kraft $F(x)$.

Ähnlich wie in (9.2) teilen wir deshalb das Intervall $[0, b]$ in Teilintervalle $[x_{i-1}, x_i]$ ein und wählen in jedem solchen Intervall einen "Zwischenpunkt" ξ_i.

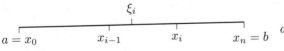

Ohne allzu grossen Fehler darf man annehmen, die Kraft im Intervall $[x_{i-1}, x_i]$ sei ungefähr gleich $F(\xi_i)$, so dass für die dort geleistete Arbeit gilt

$$W_i \approx F(\xi_i)(x_i - x_{i-1}) = F(\xi_i)\Delta x_i .$$

Die total geleistete Arbeit ist dann

$$W \approx \sum_{i=1}^{n} F(\xi_i)\Delta x_i .$$

Um die Genauigkeit zu erhöhen, lassen wir wie in (9.2) die Teilintervalle immer kleiner werden und erhalten schliesslich als exakten Wert

$$W = \lim_{\Delta x_i \to 0} \sum_{i=1}^{n} F(\xi_i)\Delta x_i = \int_0^b F(x)\, dx .$$

(9.4) Flächeninhalt

Gegeben sei eine stetige Funktion $f : [a, b] \to \mathbb{R}$ mit $f(x) \geq 0$ für alle $x \in [a, b]$. Wir möchten den Inhalt A des schraffierten Flächenstücks bestimmen. Zu diesem Zweck unterteilen wir $[a, b]$ wie vorher und wählen in jedem $[x_{i-1}, x_i]$ einen Zwischenpunkt ξ_i.

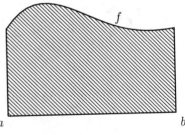

Der Ausdruck $f(\xi_i)\Delta x_i$ hat hier eine einfache Bedeutung: Es handelt sich um den Flächeninhalt des in der untenstehenden Figur schraffierten Rechtecks. Die Summe

$$\sum_{i=1}^{n} f(\xi_i)\Delta x_i$$

ist dann der Inhalt der aus den einzelnen Rechtecken zusammengesetzten Fläche und demzufolge eine Approximation des Flächeninhalts A:

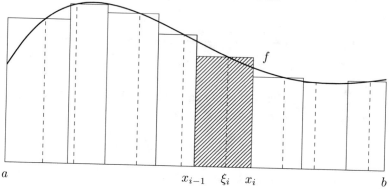

Dank der geometrischen Interpretation sieht man hier besonders gut, was bei verschiedener Wahl der Zwischenpunkte herauskommt. Wir skizzieren vier Möglichkeiten:

1) $\xi_i = x_{i-1}$

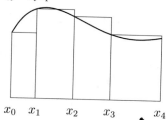

2) $\xi_i = x_i$

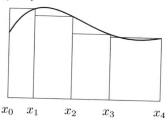

3) $f(\xi_i)$ kleinster Funktionswert in $[x_{i-1}, x_i]$ ("Untersumme")

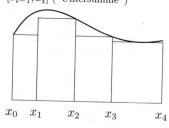

4) $f(\xi_i)$ grösster Funktionswert in $[x_{i-1}, x_i]$ ("Obersumme")

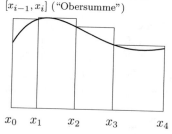

Um den gesuchten Flächeninhalt A zu erhalten, wird man nun – wie schon in den vorangegangenen Beispielen – die Länge Δx_i der Teilintervalle gegen 0 streben lassen. Man findet dann

$$A = \lim_{\Delta x_i \to 0} \sum_{i=1}^{n} f(\xi_i) \Delta x_i = \int_a^b f(x)\, dx \ .$$

(9.5) Volumen von Rotationskörpern

Wie in (9.4) betrachten wir den Graphen einer Funktion $f : [a,b] \to \mathbb{R}$ mit $f(x) \geq$ 0. Nun rotieren wir diesen Graphen um die x–Achse. Die in der ersten Skizze von (9.4) schraffierte Fläche erzeugt dann einen "Rotationskörper", dessen Volumen wir bestimmen möchten:

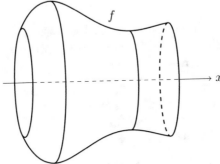

Wir gehen zunächst genau gleich vor wie in (9.4) und betrachten einen schmalen Streifen mit Breite Δx_i und Länge $f(\xi_i)$. Beim Rotieren entsteht daraus ein Zylinder mit Radius $f(\xi_i)$ und Höhe Δx_i und somit vom Volumen $V_i = \pi f(\xi_i)^2 \Delta x_i$

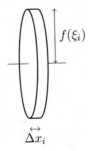

Führen wir dies für alle i durch und summieren, so erhalten wir eine Approximation des Rotationskörpers durch viele zylinderförmige Scheiben, und für sein Volumen V gilt:

$$V \approx \sum_{i=1}^{n} \pi f(\xi_i)^2 \Delta x_i \ .$$

Dieser Ausdruck ist ganz ähnlich den bisher betrachteten, allerdings steht unter dem Summenzeichen nicht die Funktion f, sondern die Funktion, welche durch $x \mapsto \pi f(x)^2$ gegeben ist.

Zum Schluss führen wir wieder den bereits in (9.2) bis (9.4) besprochenen Grenzübergang durch: Je feiner man die Unterteilung der x–Achse wählt, desto genauer wird die Approximation des gesuchten Volumens durch diese Summe von dünnen, zylinderförmigen Scheiben und man erhält die Formel

$$V = \lim_{\Delta x_i \to 0} \sum_{i=1}^{n} \pi f(\xi_i)^2 \Delta x_i = \int_a^b \pi f(x)^2 \, dx \ .$$

(9.6) Zusammenfassung

Wir haben in den vier besprochenen Beispielen gesehen, dass in ganz verschiedenen Situationen dieselbe mathematische Konstruktion auftritt, nämlich ein Grenzwert, der (abgesehen von den Bezeichnungen) stets die Form

$$\lim_{\Delta x_i \to 0} \sum_{i=1}^{n} f(\xi_i) \Delta x_i$$

hat, wofür man auch als Abkürzung

$$\int_a^b f(x) \, dx$$

schreibt.

Diese vier Fälle haben einen gemeinsamen Kern:

> Wir suchen eine mathematische Beschreibung einer Grösse (aus den Naturwissenschaften oder der Mathematik), für die folgendes gilt:
> - Sie kann durch Summation von vielen kleinen Teilgrössen angenähert werden.
> - Diese Annäherung ist um so besser, je kleiner (und damit je zahlreicher) die Teilgrössen sind.
>
> Unter diesen Voraussetzungen ist die gesuchte Grösse der Grenzwert dieser Näherungssummen. Ein derartiger Grenzwert wird als bestimmtes Integral bezeichnet.

Da dieser Gedankengang auch in vielen anderen Fällen auftritt, ist es zweckmässig, die hier erläuterte Konstruktion ein für allemal und losgelöst von speziellen Beispielen durchzuführen. Dies soll im nächsten Kapitel geschehen. Man gelangt so zum Begriff des bestimmten Integrals, das als wichtiges Werkzeug in vielen Situationen Anwendung findet. Dieses bestimmte Integral wird im nächsten Kapitel allgemein definiert. In den weiteren Kapiteln werden wir dann sehen, wie es effektiv berechnet werden kann, und weitere Anwendungen kennenlernen.

(9.∞) Aufgaben

Zu diesem Kapitel passen Aufgaben, bei denen es um die Beschreibung von Sachverhalten mittels bestimmter Integrale geht. Solche Aufgaben finden Sie in Kapitel 10, in welchem der Integralbegriff formell eingeführt wird.

10. DAS BESTIMMTE INTEGRAL

(10.1) Überblick

Gestützt auf die Beispiele in Kapitel 9 wird das *bestimmte Integral* — losgelöst von speziellen Anwendungen — als Limes von sogenannten *Riemannschen Summen*

$$\int_a^b f(x)\,dx = \lim_{\Delta x_i \to 0} \sum_{i=1}^{n} f(\xi_i)\Delta x_i$$

definiert und im Detail besprochen.

Eine direkte Bestimmung dieses Grenzwerts ist meist schwierig; zur Berechnung dieser Integrale benutzt man in der Praxis den später zu behandelnden "Hauptsatz der Differential- und Integralrechnung".

(10.2)

(10.3), (10.4)

(10.7)
(11.4)

(10.2) Die Definition des bestimmten Integrals

Wir wollen nun — wie in (9.6) angekündigt — den in den Beispielen des Kapitels 9 untersuchten Prozess als allgemeine Konstruktion einführen.

Dazu seien ein abgeschlossenes Intervall $[a, b]$ und eine *stetige Funktion*

$$f : [a, b] \to \mathbb{R}, \quad (a < b)$$

gegeben. Wir führen nun eine Reihe von Schritten durch:

1. Schritt

Wir unterteilen das Intervall $[a, b]$ in n *Teilintervalle*, indem wir Teilpunkte

$$a = x_0 < x_1 < x_2 < \ldots < x_{i-1} < x_i < \ldots < x_n = b$$

wählen. (Wir sprechen auch von einer *Unterteilung* des Intervalls $[a, b]$.) Das i–te Teilintervall $[x_{i-1}, x_i]$ hat die Länge $\Delta x_i = x_i - x_{i-1}$. (Es wird nicht vorausgesetzt, dass die Teilintervalle alle dieselbe Länge haben.)

2. Schritt

In jedem Teilintervall $[x_{i-1}, x_i]$ wählen wir einen *Zwischenpunkt* ξ_i:

$$x_{i-1} \leq \xi_i \leq x_i .$$

3. Schritt

Mit den so gewählten Grössen bilden wir die Summe

$$\sum_{i=1}^{n} f(\xi_i)(x_i - x_{i-1}) = \sum_{i=1}^{n} f(\xi_i)\Delta x_i \ .$$

Eine solche Summe wird *Riemannsche Summe* (nach B. RIEMANN, 1826–1866) genannt.

4. Schritt

Nun verkleinern wir die Teilintervalle immer mehr (d.h., wir lassen $\Delta x_i \to 0$ streben). Dabei wird die Anzahl n der Teilintervalle automatisch immer grösser ($n \to \infty$).

Bei diesem Prozess strebt die Riemannsche Summe einem Grenzwert zu. Dieser heisst das *bestimmte Integral von f mit den Grenzen a und b* und wird mit

$$\int_a^b f(x)\,dx$$

bezeichnet. Formelmässig geschrieben:

$$\int_a^b f(x)\,dx = \lim_{\Delta x_i \to 0} \sum_{i=1}^{n} f(\xi_i)\Delta x_i \ .$$

Damit ist das bestimmte Integral als allgemeine mathematische Konstruktion eingeführt. Ein Vergleich mit (9.2) bis (9.5) zeigt, dass die dort durchgeführten Überlegungen konkrete Anwendungen des abstrakten Integralbegriffs sind (siehe auch (10.5)).

(10.3) Theoretische Bemerkungen zur Definition des Integrals

Die Art der Durchführung des Grenzübergangs

$$\lim_{\Delta x_i \to 0} \sum_{i=1}^{n} f(\xi_i)\Delta x_i$$

bedarf noch einer Präzisierung, denn eigentlich sollte nach dem Limeszeichen eine Folge stehen. Dies lässt sich aber wie folgt einrichten: Als Hilfsbegriff führt man die *Feinheit* $\eta(U)$ der Unterteilung

$$U = \{x_0, x_1, \ldots, x_n\}$$

ein. Darunter versteht man einfach die Länge des grössten Teilintervalls von U. Nun betrachten wir eine Folge von Unterteilungen (U_k), $k = 1, 2, \ldots$, deren Feinheit mit wachsendem k gegen 0 strebt ($\eta(U_k) \to 0$ für $k \to \infty$). Diese Bedingung präzisiert die anschauliche Forderung $\Delta x_i \to 0$. Zu jeder solchen Unterteilung U_k bilden wir die zugehörige Riemannsche Summe S_k und erhalten so eine Folge (S_k), $k = 1, 2, \ldots$ von Riemannschen Summen. Das bestimmte Integral, also der Ausdruck

$$\lim_{\Delta x_i \to 0} \sum_{i=1}^{n} f(\xi_i) \Delta x_i \,,$$

ist dann genauer als Limes der Folge (S_k) zu interpretieren, in Formeln

$$\int_a^b f(x)\, dx = \lim_{k \to \infty} S_k \,.$$

Man kann nun zeigen, dass dieser Grenzwert für stetige Funktionen f immer existiert und nicht von der speziellen Wahl der Folge (U_k) und der Zwischenpunkte ξ_i abhängt. Auf den Beweis dieser Tatsache sei verzichtet.

Es sei aber darauf hingewiesen, dass sie es erlaubt, bei der Berechnung eines bestimmten Integrals als Grenzwert von Riemannschen Summen die Unterteilung und die Zwischenpunkte so zu wählen, dass die Rechnung möglichst einfach wird. Wir werden uns dies in (10.7) zunutze machen. Allerdings werden wir in den Kapiteln 11 und 12 sehen, dass die effektive Berechnung von Integralen in der Praxis auf eine ganz andere Weise erfolgt.

(10.4) Bemerkungen

Nachdem nun das bestimmte Integral definiert ist, sind einige wichtige Bemerkungen zu machen:

a) Das bestimmte Integral einer Funktion $f(x)$ ist eine *Zahl* (und nicht etwa eine Funktion!). Je nach dem Kontext kann diese Zahl eine Strecke, eine Arbeit, ein Flächeninhalt, ein Volumen usw. sein.

b) Einige Erläuterungen zur Bezeichnung: In der Notation

$$\int_a^b f(x)\, dx$$

heissen a und b die *Integrationsgrenzen*, f der *Integrand* und x die *Integrationsvariable*. Die Bezeichnung dieser Variablen ist ohne Einfluss auf den Wert des Integrals und darf beliebig gewählt werden, so ist z.B.

$$\int_a^b f(x)\, dx = \int_a^b f(t)\, dt = \int_a^b f(\xi)\, d\xi = \ldots$$

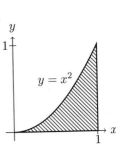

Konkret also z.B.

$$\int_0^1 x^2\, dx = \int_0^1 t^2\, dt = \int_0^1 \xi^2\, d\xi = \ldots$$

Interpretiert man das Integral als Flächeninhalt, so gibt das obige Integral den Inhalt des schraffierten Stücks an. Dieser hängt sicher nicht davon ab, ob die Variable x, t oder ξ heisst.

Wie man sieht, dient das Symbol dx (bzw. $dt, d\xi$) nur zur Angabe der Integrations-variablen. Dies ist immer nützlich und manchmal unentbehrlich, denn es ist nicht in jedem Fall klar, welches die Integrationsvariable ist. So ist z.B.

$$\int_0^2 x^2 y \, dx \neq \int_0^2 x^2 y \, dy \, ,$$

denn im ersten Fall wird die quadratische Funktion $x \mapsto x^2 y$ (y konstant) integriert, im zweiten Fall die lineare Funktion $y \mapsto x^2 y$ (x konstant). Die Zweckmässigkeit des Symbols dx wird sich später bei der Substitutionsregel zeigen (13.3), wo es (formal) wie ein Differential behandelt werden kann. Eine anschauliche Interpretation von dx finden Sie in c).

c) Die Bezeichnung

$$\int_a^b f(x) \, dx$$

stammt von G.W. LEIBNIZ, der zusammen mit I. NEWTON die Differential- und Integralrechnung begründet hat, vgl. (4.3.c).

Man kann sich den Übergang

$$\sum_{i=1}^n f(\xi_i)\Delta x_i \quad \rightsquigarrow \quad \int_a^b f(x) \, dx$$

etwa so vorstellen: Im Grenzübergang werden die Δx_i "unendlich klein", man schreibt dann dafür dx, und die endliche Summe $\sum$ wird zu einer "unendlichen Summe" $\int$. Dieses Operieren mit unendlich kleinen Grössen dx und unendlichen Summen $\int$ ist natürlich nicht präzis, da die Begriffe nicht definiert sind; in der Praxis kann es aber manchmal ganz zweckmässig sein, so zu argumentieren (bitte nicht mit lauter Stimme, sondern nur in Gedanken!). Wir erläutern dieses Vorgehen an den Beispielen (9.3) bis (9.5).

1) Flächenberechnung

Wir wählen an der Stelle x ein "unendlich klei-nes" Intervall der Länge dx. Wir erhalten so einen "unendlich schmalen" Streifen der Breite dx und der Höhe $f(x)$, also mit Flächeninhalt $f(x) \, dx$ ($= df$).

Der Inhalt A der gesamten Fläche wird erhalten, indem man diese "unendlich vielen, unendlich schmalen Streifen" mittels $\int$ "summiert":

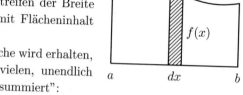

$$A = \int_a^b f(x) \, dx \, .$$

2) <u>Arbeit</u>

Wenn sich das lose Ende der Feder an der Stelle x befindet, so beträgt die Federkraft $F(x)$. Im "unendlich kleinen" Intervall dx wird also die "infinitesimale" Arbeit $dW = F(x)\,dx$ geleistet. Die totale Arbeit ist demzufolge die "unendliche Summe"

$$W = \int_0^b F(x)\,dx\ .$$

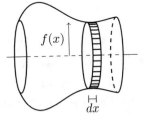

3) <u>Volumen eines Rotationskörpers</u>

Rotieren wir ein "unendlich schmales" Stück des Graphen um die x–Achse, so erhalten wir einen kleinen Zylinder mit Radius $f(x)$, Höhe dx und Volumen $dV = \pi f(x)^2 dx$. Das Gesamtvolumen ergibt sich dann zu

$$V = \int_a^b \pi f(x)^2\,dx\ .$$

Es sei nochmals ausdrücklich darauf hingewiesen, dass diese Schlussweisen vom mathematischen Standpunkt aus *nicht exakt* sind. Der korrekte Weg zum Integral führt über die Riemannschen Summen. Immerhin kann die Methode zumindest als Merkregel für die Formeln dienen.

<u>(10.5) Anwendungen der allgemeinen Definition</u>

Der Zusammenhang unserer abstrakten Definition mit den Beispielen (9.2) bis (9.5) ist so zu verstehen: Das bestimmte Integral, so wie es in (10.2) definiert wurde, ist zunächst ein rein mathematischer Begriff. Dieser hat nun viele Anwendungen innerhalb und ausserhalb der Mathematik. (Diese Anwendungen lieferten aber umgekehrt erst das Bedürfnis für die allgemeine Definition, so dass eine gewisse Wechselwirkung vorliegt).

<u>Beispiele</u>

- Der Physiker wird im Beispiel (9.3) die geleistete Arbeit W durch die Formel

$$\int_0^b F(x)\,dx$$

definieren, unter Benutzung des vom Mathematiker bereitgestellten Integralbegriffs. Die Überlegungen von (9.3) zeigen, dass der anschauliche Sachverhalt durch dieses Integral richtig wiedergegeben wird.

- Dem Mathematiker sagt die Betrachtung von (9.4), dass der Inhalt A des Flächenstücks zweckmässigerweise durch die Formel

$$A = \int_a^b f(x)\, dx$$

  definiert wird.

- Ganz entsprechend ist auch die Formel von (9.5)

$$V = \int_a^b \pi f(x)^2\, dx$$

  als *Definition* des Volumens eines Rotationskörpers aufzufassen.

- Ein weiteres Beispiel ist die Definition der Kurvenlänge in (10.6.b).

Es ist also wichtig zu wissen, dass das Integral viele Erscheinungsformen hat. Die Interpretation als "Fläche unter der Kurve", die Ihnen vielleicht schon bekannt ist, ist nur eine unter diesen Formen, wenn auch eine sehr wichtige. (Ein Analogon: Auch die Ableitung hat viele Interpretationsmöglichkeiten, worunter die "Steigung der Tangente" nur eine besonders bekannte ist, vgl. (3.5).)

Bei dieser Gelegenheit sei darauf hingewiesen, dass die Auffassung des Integrals als "Fläche unter der Kurve" ohnehin nur dann zulässig ist, wenn $f(x) \geq 0$ ist für alle x (siehe (12.6.4)).

(10.6) Weitere Beispiele zur Anwendung des Integralbegriffs

Dieser Abschnitt ergänzt die Beispiele in Kapitel 9. Wir wollen erneut zeigen, dass der Integralbegriff zur Beschreibung von gewissen Sachverhalten zwingend benötigt wird.

a) Strömung durch ein Rohr

Durch ein zylindrisches Rohr vom Radius R fliesst eine Flüssigkeit mit der Strömungsgeschwindigkeit v, welche vom Abstand r von der Rohrachse abhängig ist: $v = v(r)$. (Im Zentrum des Rohrs wird v grösser sein als am Rand; die genaue Form der Funktion $v(r)$ spielt keine Rolle.) Wie gross ist die pro Zeiteinheit durch das Rohr strömende Flüssigkeitsmenge M? Wäre v konstant, so wäre $M = Av$, wo $A = \pi R^2$ die Querschnittsfläche ist. Da aber dies nicht der Fall ist, müssen wir einen Integrationsprozess anwenden:

Wir zerlegen den Querschnitt in kleine Kreisringe, indem wir den Kreisradius unterteilen:

$$0 = r_0 < r_1 < \ldots < r_n = R\,.$$

Der Inhalt des i–ten Kreisrings ist als Differenz zweier Kreisflächen $= \pi r_i^2 - \pi r_{i-1}^2 = \pi(r_i + r_{i-1}) \cdot (r_i - r_{i-1}) = 2\pi\rho_i\Delta r_i$. Dabei ist $\rho_i = \frac{1}{2}(r_i + r_{i-1})$ ein Zwischenpunkt und wie üblich ist $\Delta r_i = r_i - r_{i-1}$. Wenn nun Δr_i klein genug ist, dürfen wir näherungsweise annehmen, die Strömungsgeschwindigkeit sei auf dem ganzen Kreisring konstant, nämlich gleich $v(\rho_i)$.

Durch den i–ten Kreisring strömt dann pro Zeiteinheit die Flüssigkeitsmenge

$$M_i \approx 2\pi\rho_i\Delta r_i \cdot v(\rho_i) \,,$$

total also (Summation über alle Kreisringe):

$$M \approx \sum_{i=1}^{n} 2\pi\rho_i v(\rho_i)\Delta r_i \,.$$

Dies ist aber die Riemannsche Summe der Funktion

$$r \mapsto 2\pi r v(r) \,.$$

Für immer feiner werdende Unterteilungen erhalten wir im Grenzfall

$$M = \lim_{\Delta r_i \to 0} \sum_{i=1}^{n} 2\pi\rho_i v(\rho_i)\Delta r_i \,,$$

also ist

$$M = \int_0^R 2\pi r v(r)\, dr \,.$$

b) <u>Länge eines Kurvenstücks</u>

Wir betrachten eine Funktion $f : [a, b] \to \mathbb{R}$ und ihren Graphen. Gesucht ist dessen Länge.

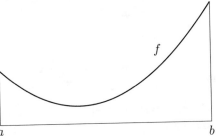

Die Methode zur Lösung dieser Aufgabe besteht darin, die Kurve durch einen "Streckenzug" zu ersetzen, dessen Länge berechnet werden kann. Getreu der Grundidee des Integrierens werden dann die einzelnen Teilstrecken immer kleiner gemacht, was eine immer bessere Approximation der gesuchten Kurvenlänge bewirkt.

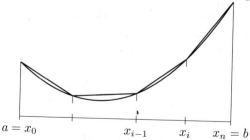

$$a = x_0 \qquad\qquad x_{i-1} \quad x_i \quad x_n = b$$

Zur Konstruktion dieses Streckenzugs haben wir wie üblich das Intervall $[a, b]$ in Teilintervalle eingeteilt. Wir betrachten nun eine einzelne Strecke:

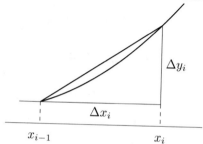

Wie erwähnt, ersetzen wir das Kurvenstück im Intervall $[x_{i-1}, x_i]$ durch die Sekante. Die Länge des Kurvenstücks ist näherungsweise gleich der Sekantenlänge L_i. Nach dem Satz von Pythagoras gilt

$$L_i = \sqrt{\Delta x_i^2 + \Delta y_i^2} \,,$$

wobei $\Delta x_i = x_i - x_{i-1}$, $\Delta y_i = f(x_i) - f(x_{i-1})$ ist.

Nun ist $\Delta y_i / \Delta x_i$ die Steigung der Sekante. Wie man der Skizze entnimmt, gibt es (mindestens) einen Punkt $\xi_i \in [x_{i-1}, x_i]$ mit $f'(\xi_i) = \Delta y_i / \Delta x_i$ d.h. mit $\Delta y_i = f'(\xi_i)\Delta x_i$. Wir erhalten durch Einsetzen:

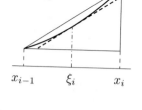

$$x_{i-1} \qquad \xi_i \qquad x_i$$

$$L_i = \sqrt{\Delta x_i^2 + f'(\xi_i)^2 \Delta x_i^2}$$
$$= \Delta x_i \cdot \sqrt{1 + f'(\xi_i)^2} \,.$$

Die totale Länge des Kurvenstücks wird approximiert durch die Summe der L_i (d.h. die Länge des Streckenzugs)

$$L \approx \sum_{i=1}^{n} \sqrt{1 + f'(\xi_i)^2}\Delta x_i \,.$$

Dies ist aber gerade eine Riemannsche Summe der Funktion

$$x \mapsto \sqrt{1 + f'(x)^2} \ .$$

Nach dem Grenzübergang $\Delta x_i \to 0$ erhält man die Kurvenlänge L als Integral

$$L = \int_a^b \sqrt{1 + f'(x)^2} \, dx \ .$$

Vom mathematischen Standpunkt aus ist diese Formel als *Definition der Kurven-länge* aufzufassen, eine Definition, die erst dank der Integralrechnung möglich wird.

(10.7) Ein Beispiel zur Berechnung von bestimmten Integralen

Wir kennen jetzt die allgemeine Definition des Integrals, und wir haben auch gesehen, dass dieses zur Beschreibung von manchen Sachverhalten unentbehrlich ist. Wir wissen ferner, dass das bestimmte Integral eine Zahl ist. Wir haben aber dieses Integral (also diese Zahl) bis jetzt noch in keinem Beispiel effektiv ausgerechnet.

Dies hat folgenden Grund: Die direkte Berechnung des Integrals als Grenzwert von Riemannschen Summen ist im allgemeinen sehr aufwendig. In Kapitel 11 werden wir einen indirekten, aber viel einfacheren Weg kennenlernen.

Wir wollen nun aber doch ein Beispiel zur direkten Bestimmung eines Integrals geben. Dieses soll einerseits zeigen, wie eine solche Grenzwertberechnung aussehen kann, und vor allem soll es dar-legen, wieviel einfacher die Rechnung mit der in Kapitel 11 vorzustellenden Methode wird. Dabei werden wir die folgende Formel für die Summe der ersten n Quadratzahlen gebrauchen, die man einer Formelsammlung entnimmt (oder mit vollständiger Induktion beweist):

$$(*) \qquad 1^2 + 2^2 + \ldots + n^2 = \frac{1}{6}n(n+1)(2n+1) = \frac{1}{6}(2n^3 + 3n^2 + n) \ .$$

Wir betrachten nun die Quadratfunktion

$$f : [0, b] \to \mathbb{R}, \ f(x) = x^2 \ .$$

Für jede natürliche Zahl n unterteilen wir $[0, b]$ in n gleich grosse Intervalle:

$$0 = x_0 \quad x_1 \quad x_2 \quad x_3 \qquad\qquad x_{i-1} \quad x_i \qquad\qquad x_n = b$$

Es ist also $x_i = \dfrac{ib}{n}$ $(i = 0, \ldots, n)$ und $\Delta x_i = \dfrac{b}{n}$. Für die Zwischenpunkte wählen wir $\xi_i = x_i = \dfrac{ib}{n}$. Nun berechnen wir die zugehörige Riemannsche Summe:

$$S_n = \sum_{i=1}^n f(\xi_i)\Delta x_i = \sum_{i=1}^n \Big(\frac{ib}{n}\Big)^2 \cdot \frac{b}{n} = \frac{b^3}{n^3} \sum_{i=1}^n i^2 \ .$$

Wegen der Formel $(*)$ ergibt sich

$$S_n = \frac{b^3}{n^3} \frac{1}{6}(2n^3 + 3n^2 + n) = \frac{b^3}{6}\left(2 + \frac{3}{n} + \frac{1}{n^2}\right).$$

Für immer feiner werdende Unterteilungen $(n \to \infty)$ erhalten wir

$$\int_0^b x^2 dx = \lim_{n\to\infty} S_n = \frac{b^3}{6} 2 = \frac{b^3}{3}.$$

Damit ist dieses Integral berechnet. Geometrisch handelt es sich um die Fläche des schraffierten Flächenstücks, siehe (9.4). Die Bemerkung am Schluss von (10.3) garantiert uns, dass wir für jede beliebige Wahl der Unterteilungen und Zwischenpunkte denselben Grenzwert der Riemannschen Summen, nämlich $\dfrac{b^3}{3}$ erhalten.

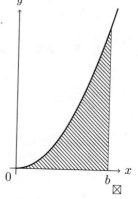

(10.8) Einige Rechenregeln für das bestimmte Integral

a) <u>Summen, Differenzen, Vielfache</u>

Für das bestimmte Integral gelten folgende Regeln

$$(1) \quad \int_a^b (f(x) \pm g(x))\, dx = \int_a^b f(x)\, dx \pm \int_a^b g(x)\, dx$$

$$(2) \quad \int_a^b cf(x)\, dx = c \int_a^b f(x)\, dx .$$

Die Regel (2) beispielsweise wird so begründet:

$$\int_a^b cf(x)\, dx = \lim_{\Delta x_i \to 0} \sum_{i=1}^n cf(\xi_i)\Delta x_i$$

$$= \lim_{\Delta x_i \to 0} c \sum_{i=1}^n f(\xi_i)\Delta x_i$$

$$= c \lim_{\Delta x_i \to 0} \sum_{i=1}^n f(\xi_i)\Delta x_i = c \int_a^b f(x)\, dx .$$

Wir werden diese beiden Regeln in (12.5) wieder antreffen.

b) <u>Vertauschen der Integrationsgrenzen</u>

Das Integral $\int_a^b f(x)\, dx$ war unter der ausdrücklichen Voraussetzung definiert worden, dass $a < b$ ist. Für $a \geq b$ definiert man in weitgehender Übereinstimmung mit der anschaulichen Vorstellung:

$$(3) \quad \int_a^a f(x)\, dx = 0$$

$$(4) \quad \int_a^b f(x)\, dx = - \int_b^a f(x)\, dx \quad \text{für } b < a .$$

(Vertauschen der Integrationsgrenzen ändert das Vorzeichen!)

c) <u>Zerlegung des Intervalls</u>

Es sei $c \in [a, b]$. Dann gilt

$$(5) \quad \int_a^b f(x)\, dx = \int_a^c f(x)\, dx + \int_c^b f(x)\, dx .$$

Betrachtet man den Spezialfall, wo das Integral einen Flächeninhalt darstellt, so ist das Resultat geometrisch klar (man kann es aber auch rein rechnerisch beweisen):

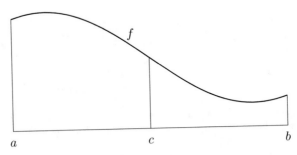

Im übrigen gilt die obige Formel auch für beliebige Anordnungen von a, b, c; also z.B. für $c < b < a$ etc. Der Beweis wird durch Untersuchung der verschiedenen möglichen Fälle erbracht.

(10.9) Stückweise stetige Funktionen

Zum Schluss sei noch erwähnt, dass das bestimmte Integral auch für gewisse nicht-stetige Funktionen definiert werden kann. Für die Praxis von Bedeutung sind hier allenfalls noch die sogenannten *stückweise stetigen* Funktionen.

Die Funktion $f : [a, b] \to \mathbb{R}$ heisst stückweise stetig, wenn es eine Unterteilung U von $[a, b]$ gibt, derart, dass f auf jedem offenen Teilintervall (x_{i-1}, x_i) stetig ist. Die auf (x_{i-1}, x_i) eingeschränkte Funktion sei mit f_i bezeichnet.

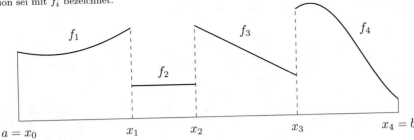

Über die Funktionswerte in den Teilpunkten x_i wird nichts vorausgesetzt. Es sollen jedoch in diesen Teilpunkten die einseitigen Limites von f (3.6.d) existieren.

Für das Integral einer solchen Funktion gilt dann erwartungsgemäss

$$\int_a^b f(x)\, dx = \int_{x_0}^{x_1} f_1(x)\, dx + \int_{x_1}^{x_2} f_2(x)\, dx + \ldots + \int_{x_{n-1}}^{x_n} f_n(x)\, dx ,$$

wobei für die einzelnen Integranden noch

$$f_i(x_{i-1}) = \lim_{x \downarrow x_{i-1}} f_i(x), \; f_i(x_i) = \lim_{x \uparrow x_i} f_i(x)$$

gesetzt werden muss, damit f_i auch in den Randpunkten von $[x_{i-1}, x_i]$ definiert und in diesem Intervall überall stetig ist. Wir verzichten auf weitere Details.

(10.∞) Aufgaben

In den Aufgaben 10−1 bis 10−8 geht es noch nicht darum, Integrale effektiv auszurechnen. Vielmehr soll das Integral dazu benutzt werden, gewisse Sachverhalte formelmässig zu erfassen.

10−1 In einem zylindrischen Gefäss mit Querschnitt Q ist bis zur Höhe h eine Emulsion eingefüllt, in welcher Teilchen einer bestimmten Substanz schweben. Dabei hängt die Dichte ρ der Emulsion von der Höhe z über dem Gefässboden ab: $\rho = \rho(z)$ (die Dichte wird in vielen Fällen mit zunehmender Höhe z abnehmen, doch spielt die Gestalt der Funktion $\rho(z)$ hier keine Rolle). Drücken Sie die Gesamtmasse der Emulsion mittels eines Integrals aus.

10−2 Das zylindrische Gefäss von Aufgabe 10−1 wird durch ein solches mit (von der Höhe z abhängigem) variablem Querschnitt $Q = Q(z)$ ersetzt, also z.B. durch einen Erlenmeyerkolben. Wie lautet die Formel für die Gesamtmasse jetzt?

10−3 In einem Fitness-Center stehen Maschinen, an denen man sich mittels Laufen, Rudern oder dergleichen ertüchtigen kann. Zu jedem Zeitpunkt t wird auf einem Display die momentan erbrachte Leistung $P(t)$ angegeben. Am Schluss, z.B. nach 6 Minuten, wird der "totale Kalorienverbrauch T" angezeigt. Was ist unter dem "totalen Kalorienverbrauch" genau zu verstehen? Wie können Sie die Zahl T formelmässig ausdrücken?

10−4 Ein Sandsack wird von einem Kran von der Höhe h_0 auf die Höhe h_1 gehoben. Da er ein Loch hat, nimmt seine Masse m während des Hochhebens ab, ist also eine Funktion $m(h)$ der Höhe h. Drücken Sie die geleistete Arbeit mit Hilfe eines Integrals aus.

10−5 Es sei $f(x) \geq 0$ für $x \in [a,b]$. Über dem von f und $-f$ begrenzten Gebiet der x-y–Ebene wird ein Körper errichtet derart, dass jede Querschnittsfläche (normal zur x–Achse) ein gleichseitiges Dreieck ist. Drücken Sie das Volumen des Körpers mit einem bestimmten Integral aus.

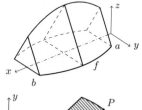

10−6 Eine ebene Kurve kann auch dadurch gegeben werden, dass der Abstand r des Punktes P vom Nullpunkt O als Funktion des Winkels φ gegeben wird: $r = r(\varphi)$ (Darstellung der Kurve in "Polarkoordinaten"). Drücken Sie in dieser Situation den Inhalt A des schraffierten Flächenstücks durch ein Integral aus.

10−7 Es seien $f, g : [a,b] \to \mathbb{R}$ zwei Funktionen mit $f(x) \geq g(x)$ für alle $x \in [a,b]$. Welche anschauliche Bedeutung hat die Zahl $\int_a^b (f(x) - g(x))\, dx$?

10−8 Die Leistung L eines Brunnens wird in Litern pro Minute gemessen. Wir nehmen an, sie sei zeitabhängig, $L = L(t)$ (Zeit t in Minuten). Welche anschauliche Bedeutung hat die Zahl $\int_{t_0}^{t_1} L(t)\, dt$, $(t_1 > t_0)$?

10.∞ Aufgaben

Die Aufgaben 10−9 und 10−10 handeln von der Berechnung eines Integrals ohne Verwendung des Hauptsatzes, vgl. (10.7). Die Aufgabe soll Ihnen erneut vor Augen führen, dass schon in einfachen Fällen diese direkte Berechnung recht mühsam sein kann. So werden Sie es nachher nie mehr machen!

10−9 Berechnen Sie $\int_a^b c\,dx$ ($a < b$; c eine Konstante) als Grenzwert von Riemannschen Summen.

10−10 Berechnen Sie $\int_0^1 x\,dx$ als Limes von Riemannschen Summen. Benutzen Sie dabei die Formel
$$1 + 2 + 3 + \ldots + n = n(n+1)/2.$$

11. DER HAUPTSATZ DER DIFFERENTIAL- UND INTEGRALRECHNUNG

(11.1) Überblick

Der *Hauptsatz der Differential - und Integral rechnung* lautet:

$$\int_a^b f(x)\,dx = F(b) - F(a) .$$

(11.4)

Dabei ist F eine *Stammfunktion* von f, d.h., eine Funktion, deren Ableitung gleich f ist ($F' = f$).

(11.3)

Mit diesem Satz wird die Berechnung des bestimmten Integrals auf
das Aufsuchen von Stammfunktionen, also auf die Umkehrung des Differenzierens zurückgeführt, was praktisch die exakte Berechnung überhaupt
erst ermöglicht.

Der Schlüssel zum Geheimnis liegt in der Idee, das bestimmte Integral
als Funktion der oberen Grenze zu betrachten.

(11.2)

(11.2) Das bestimmte Integral als Funktion der oberen Grenze

Hier und im folgenden bezeichnet I ein beliebiges (offenes, abgeschlossenes etc.)
Intervall. Wir betrachten eine stetige Funktion

$$f : I \to \mathbb{R}$$

und wählen ein festes $a \in I$. Für jedes $x \in I$ ist dann das bestimmte Integral

$$\int_a^x f(t)\,dt$$

im Sinne von (10.2) definiert. Auf diese Weise erhalten wir eine neue Funktion

$$\Phi : I \to \mathbb{R} , \quad \Phi(x) = \int_a^x f(t)\,dt .$$

Wenn $f(x) \geq 0$ ist, so hat $\Phi(x)$ eine einfache geometrische Bedeutung als Inhalt des schraffierten Flächenstücks:

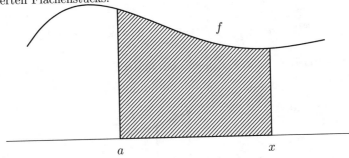

Dies gilt jedenfalls für $x > a$; gemäss (10.8) ist $\Phi(a) = 0$ ("geschrumpfter" Flächeninhalt), und für $x < a$ ist $\Phi(x)$ der negative Flächeninhalt.

Selbstverständlich sind auch andere Interpretationen möglich. Ist beispielsweise $f(t)$ eine vom Ort t abhängige Kraft, so ist $\Phi(x)$ die entlang der Wegstrecke von a bis x geleistete Arbeit (vgl. (9.3)).

Bemerkungen

a) Da der Buchstabe x in der oberen Grenze des Integrals vorkommt, sollten wir x nicht auch noch als Integrationsvariable wählen. Hier sind wir aber ohnehin frei in der Wahl der Bezeichnung (10.4.b) und dürfen deshalb den Buchstaben t verwenden.

b) Es soll uns nicht kümmern, dass die Berechnung des Integrals als Grenzwert Riemannscher Summen und damit der Funktionswerte $\Phi(x)$ sehr kompliziert sein kann. Die Hauptsache ist, dass wir mit $\Phi(x)$ theoretisch arbeiten können.

c) In (10.7) haben wir gesehen, dass gilt:

$$\int_0^b x^2 \, dx = \frac{b^3}{3} \, .$$

Nach einer Umbezeichnung erhalten wir in diesem speziellen Fall eine Formel für die Funktion Φ, nämlich

$$\Phi(x) = \int_0^x t^2 \, dt = \frac{x^3}{3} \, .$$

Für die so definierte Funktion Φ gilt nun die folgende äusserst wichtige Tatsache:

Tatsache (I): Φ ist auf I differenzierbar und es ist $\Phi'(x) = f(x)$ für alle $x \in I$.

Das bisher einzige Beispiel eines Integrals, für welches wir einen formelmässigen Ausdruck kennen, ist in Bemerkung c) erwähnt. Hier ist $f(x) = x^2$, $\Phi(x) = x^3/3$, und in der Tat ist hier $\Phi'(x) = f(x)$. Dies bestätigt die Tatsache (I).

Wir geben jetzt eine anschauliche Begründung für die Tatsache (I), wobei wir einfachheitshalber $f(x) \geq 0$ voraussetzen. Gemäss Definition der Ableitung (4.2) müssen wir den folgenden Grenzwert untersuchen:

$$\lim_{h \to 0} \frac{\Phi(x + h) - \Phi(x)}{h} \, .$$

Dabei nehmen wir an, es sei $h > 0$. Der Fall $h < 0$ wird analog behandelt und führt auf dasselbe Resultat. Nun ist

$$\Phi(x + h) = \int_a^{x+h} f(t)\,dt\,, \qquad \Phi(x) = \int_a^x f(t)\,dt\,,$$

d.h. $\Phi(x + h) - \Phi(x)$ ist der Flächeninhalt des in der Skizze dick umrandeten Flächenstückes.

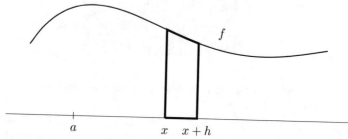

Geometrisch ist klar, dass es im Intervall $[x, x + h]$ (mindestens) einen Punkt ξ gibt mit der Eigenschaft, dass das erwähnte Flächenstück denselben Inhalt hat wie das Rechteck mit Breite h und Höhe $f(\xi)$:

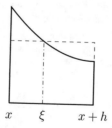

In Formeln:

$$\Phi(x + h) - \Phi(x) = f(\xi)h\,.$$

Es folgt

$$\lim_{h \to 0} \frac{\Phi(x + h) - \Phi(x)}{h} = \lim_{h \to 0} \frac{f(\xi)h}{h} = \lim_{h \to 0} f(\xi)\,.$$

Da aber ξ zwischen x und $x + h$ liegt, strebt mit $h \to 0$ auch $\xi \to x$ und damit $f(\xi) \to f(x)$. (Dies, weil f stetig ist.)

Fassen wir alles zusammen, so erhalten wir

$$\lim_{h \to 0} \frac{\Phi(x + h) - \Phi(x)}{h} = f(x) \quad \text{oder} \quad \Phi'(x) = f(x)\,,$$

was zu zeigen war. (Unsere Überlegung stützt sich auf die geometrische Interpretation des Integrals als Flächeninhalt. Es gibt auch rein rechnerische Beweise, die aber über den Rahmen dieser Vorlesung hinausgehen.)

(11.3) Stammfunktionen

Wir knüpfen an die Tatsache (I) von (11.2) an und führen einen neuen wichtigen Begriff ein:

Es sei $f : I \to \mathbb{R}$ eine Funktion. Unter einer *Stammfunktion* (engl antiderivative, primitive function, primitive integral or indefinite integral) von f versteht man eine Funktion F, für die gilt:

$$F'(x) = f(x) \quad \text{für alle} \quad x \in I \,.$$

Die Tatsache (I) kann nun auch so formuliert werden: Wenn f stetig ist, so ist die durch

$$\Phi(x) = \int_a^x f(t)dt$$

gegebene Funktion Φ eine Stammfunktion von f.

Somit hat jede stetige Funktion f (mindestens) eine Stammfunktion, nämlich Φ. Da aber die direkte Berechnung eines bestimmten Integrals i.a. grosse Mühe macht, ist dies zunächst nur von theoretischem Interesse.

Der entscheidende Punkt ist nun aber der, dass man das Problem auch umgekehrt betrachten kann. In vielen Fällen kann man nämlich ganz direkt eine Stammfunktion angeben, indem man einfach die Ableitungsregeln umkehrt. So ist z.B. $F(x) = \sin x$ eine Stammfunktion von $f(x) = \cos x$ (denn $F'(x) = (\sin x)' = \cos x = f(x)$), $G(x) = x^2$ eine Stammfunktion von $g(x) = 2x$ (denn $G'(x) = (x^2)' = 2x = g(x)$) etc.

Diesen Sachverhalt kann man jetzt verwenden, um bestimmte Integrale unter Verwendung von auf irgendeine Weise direkt gefundenen Stammfunktionen zu berechnen. Wir werden die Überlegungen anhand des ersten Beispiels weiterführen. Aus der allgemeinen Theorie wissen wir, dass

$$\Phi(x) = \int_a^x \cos t \, dt$$

eine Stammfunktion von $f(x) = \cos x$ ist. Anderseits haben wir direkt eingesehen, dass

$$F(x) = \sin x$$

ebenfalls eine Stammfunktion von $\cos x$ ist. Wenn wir nun schliessen dürften, dass diese beiden Stammfunktionen Φ und F gleich wären, dass also

$$\int_a^x \cos t \, dt = \sin x \quad \text{oder speziell} \quad \int_a^b \cos t \, dt = \sin b$$

wäre, dann hätten wir ein — bisher so unzugängliches — Integral auf einfachste Weise berechnet. Leider ist diese Überlegung nicht ganz richtig (doch trösten Sie sich: Es ist noch nicht alles verloren!).

Der Grund dafür, dass die eben durchgeführte Betrachtung nicht korrekt ist, liegt darin, dass eine stetige Funktion stets unendlich viele Stammfunktionen hat. Es gilt nämlich:

Tatsache (II): Wenn $F(x)$ eine Stammfunktion von $f(x)$ ist, dann ist auch $F(x) + C$ für jede reelle Zahl C eine Stammfunktion von $f(x)$.

Dies folgt einfach daraus, dass jede konstante Funktion die Ableitung 0 hat. Deshalb ist in der Tat $(F(x) + C)' = F'(x) = f(x)$.

Von dieser Feststellung gilt aber auch die Umkehrung:

Tatsache (III): Es seien $F_1(x)$ und $F_2(x)$ Stammfunktionen von $f(x)$. Dann gilt $F_1(x) - F_2(x) = C$ (für alle x) für eine geeignete Konstante C, oder, anders geschrieben: $F_1(x) = F_2(x) + C$.

Dies sieht man wie folgt ein: Es ist $F_1'(x) = f(x)$, $F_2'(x) = f(x)$ nach Voraussetzung, und somit gilt für alle x aus I, dem Definitionsbereich von f:

$$(F_1(x) - F_2(x))' = F_1'(x) - F_2'(x) = f(x) - f(x) = 0 .$$

Von (6.3.c) her wissen wir aber, dass eine Funktion, deren Ableitung auf ganz I gleich 0 ist, eine Konstante sein muss. Es ist also $F_1(x) - F_2(x) = C$, was zu zeigen war.

Nun betrachten wir unser Beispiel von vorher nochmals mit neuem Mut. Wir dürfen zwar nicht schliessen, dass die beiden Stammfunktionen $\Phi(x)$ und $\sin x$ von $f(x) = \cos x$ gleich sind. Wohl aber gilt, dass sie sich bloss um eine Konstante unterscheiden. Es gibt also eine Zahl C mit

$$\Phi(x) = \int_a^x \cos t\, dt = \sin x + C .$$

Wie lässt sich dieses C nun bestimmen? Setzen wir $x = a$, so wird

$$\Phi(a) = \int_a^a \cos t\, dt = 0 = \sin a + C$$

und wir finden

$$C = -\sin a .$$

Für alle x gilt also

$$\int_a^x \cos t\, dt = \sin x - \sin a$$

und speziell (mit $x = b$)

$$\int_a^b \cos t\, dt = \sin b - \sin a .$$

Noch spezieller haben wir zum Beispiel das Resultat

$$\int_0^{\pi/2} \cos t \, dt = \sin \frac{\pi}{2} - \sin 0 = 1 \ .$$

Dies ist nun wirklich ein Erfolg! Wir haben ein bestimmtes Integral, dessen Definition (mit Riemannschen Summen) so kompliziert war, auf ganz einfache Weise berechnen können.

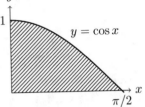

Interpretieren wir die letzte Formel geometrisch, so sehen wir, dass der Inhalt der schraffierten Fläche unter der Cosinus-Kurve = 1 ist!

Um den Erfolg noch etwas auszukosten, probieren wir das Verfahren gleich nochmals aus: Zu berechnen sei

$$\int_a^b x^2 \, dx \ .$$

Es ist leicht, eine Stammfunktion von $f(x) = x^2$ zu erraten: $F(x) = \frac{1}{3}x^3$ hat gerade die Ableitung $f(x) = x^2$. Nach den schon einmal gemachten Überlegungen muss also gelten:

$$\int_a^x t^2 \, dt = \frac{1}{3}x^3 + C \quad \text{für alle } x \in I \ .$$

Für $x = a$ steht links 0, rechts $\frac{1}{3}a^3 + C$, woraus $C = -\frac{1}{3}a^3$ folgt. Wir finden demzufolge

$$\int_a^x t^2 \, dt = \frac{1}{3}x^3 - \frac{1}{3}a^3$$

und speziell (setze $x = b$)

$$\int_a^b t^2 \, dt = \frac{1}{3}b^3 - \frac{1}{3}a^3 \ .$$

Setzen wir $a = 0$ (und wechseln wir noch die Integrationsvariable), so erhalten wir das in (10.7) mit einem mühsamen Grenzübergang gefundene Ergebnis zurück:

$$\int_0^b x^2 \, dx = \frac{1}{3}b^3 \ .$$

Nach diesen Beispielen drängt sich die Verallgemeinerung auf beliebige Funktionen geradezu auf.

(11.4) Der Hauptsatz der Differential- und Integralrechnung

Das folgende Resultat ist für die Berechnung von Integralen äusserst wichtig.

Der Hauptsatz der Differential- und Integralrechnung:

Die Funktion f sei auf dem Intervall I definiert und stetig. Ferner sei F eine beliebige Stammfunktion von f. Dann gilt für alle $a, b \in I$:

$$\int_a^b f(x)\, dx = F(b) - F(a) \ .$$

Der Beweis dieses Satzes folgt den bereits angestellten Überlegungen: Nach der "Tatsache (I)" von (11.2) ist $\Phi(x) = \int_a^x f(t)\, dt$ eine Stammfunktion von $f(x)$. Wegen der "Tatsache (III)" von (11.3) unterscheiden sich also Φ und F nur um eine Konstante C:

$$\int_a^x f(t)\, dt = F(x) + C \quad \text{für alle} \quad x \in I \ .$$

Da $\Phi(a) = 0$ ist, gilt $F(a) + C = 0$, d.h. $C = -F(a)$. Für $x = b$ erhält man

$$\int_a^b f(t)\, dt = F(b) - F(a) \ .$$

Abgesehen von der (unwesentlichen) Bezeichnung der Integrationsvariablen ist dies gerade die Behauptung des Satzes. Es sei noch betont, dass die Formel des Hauptsatzes sowohl für $a < b$ als auch für $a > b$ (und trivialerweise für $a = b$) gilt.

Beachten Sie, dass der Hauptsatz eine enge Beziehung zwischen der Ableitung und dem Integral herstellt, eine Beziehung, die a priori nicht auf der Hand liegt (deshalb engl *anti*derivative).

Für die oft vorkommende Differenz $F(b) - F(a)$ gebraucht man oft die Abkürzung

$$F(b) - F(a) = F(x)\Big|_a^b \text{ oder auch } \Big[F(x)\Big]_a^b \ .$$

Beispielsweise ist

$$x^2\Big|_a^b = b^2 - a^2 \ .$$

Im nächsten Kapitel werden wir den Hauptsatz systematisch anwenden. Zum Schluss geben wir noch ein ganz einfaches Beispiel, in welchem zudem eine Bezeichnung erläutert wird. Wir betrachten die konstante Funktion $f(x) = 1$. Statt $\int_a^b 1\,dx$ schreibt man einfach $\int_a^b dx$. Weil $F(x) = x$ offensichtlich eine Stammfunktion von $f(x)$ ist, erhalten wir

$$\int_a^b dx = x\Big|_a^b = b - a\,.$$

Geometrisch ist dies der Flächeninhalt des Rechtecks mit Höhe 1 über dem Intervall mit den Grenzen a und b (falls $a < b$ ist; andernfalls ist $b - a < 0$, und wir bekommen den negativen Flächeninhalt).

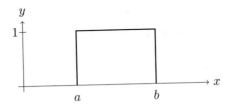

(11.∞) Aufgaben

11–1 Erraten Sie jeweils eine Stammfunktion des Integranden, und berechnen Sie den Wert der folgenden Integrale:

a) $\displaystyle\int_0^2 x^3\,dx,$ b) $\displaystyle\int_0^\pi \sin\alpha\,d\alpha,$ c) $\displaystyle\int_{-1}^1 e^t\,dt.$

11–2 Berechnen Sie die folgenden Ableitungen:

a) $\dfrac{d}{dx}\displaystyle\int_0^x \sqrt{t^3+1}\,dt,$ b) $\dfrac{d}{dx}\displaystyle\int_x^1 \sin(t^2)\,dt,$ c) $\dfrac{d}{dx}\displaystyle\int_0^{x^2} f(t)\,dt.$

12. STAMMFUNKTIONEN UND DAS UNBESTIMMTE INTEGRAL

(12.1) Überblick

Mit dem *Hauptsatz der Differential- und Integralrechnung* führt man die Berechnung von bestimmten Integralen auf das Auffinden von Stammfunktionen zurück. Für eine Stammfunktion von $f(x)$ schreibt man auch

$$\int f(x)\,dx$$

und nennt diesen Ausdruck ein *unbestimmtes Integral*.

In diesem Kapitel werden die technischen Grundlagen zum Integrieren geliefert und an Beispielen illustriert.

(11.4)

(12.7)

(12.4), (12.5)

(12.6)

(12.2) Rekapitulation

Wir wiederholen die wichtigsten Ergebnisse von Kapitel 11. Dabei bezeichnet I weiterhin ein beliebiges Intervall.

- Die Funktion F heisst eine Stammfunktion von $f : I \to \mathbb{R}$, wenn $F'(x) = f(x)$ ist, für alle $x \in I$.

- Zwei Stammfunktionen von $f : I \to \mathbb{R}$ unterscheiden sich nur um eine additive Konstante.

- Es gilt der *Hauptsatz*: Wenn F eine Stammfunktion von f ist, dann ist

$$\int_a^b f(x)\,dx = F(b) - F(a) .$$

Es ist nun klar, dass wir uns überlegen müssen, wie man Stammfunktionen effektiv finden kann. Der Prozess des Aufsuchens von Stammfunktion wird oft kurz "Integrieren" genannt.

(12.3) Diskussion einiger Stammfunktionen

Der einfachste Weg, Stammfunktionen zu erhalten, besteht offenbar darin, eine Liste der abgeleiteten Funktionen in der umgekehrten Richtung zu lesen. Wir illustrieren diesen Sachverhalt anhand eines Auszugs aus der Tabelle (5.3):

Funktion $\longrightarrow$ Ableitung	
Stammfunktion $\longleftarrow$ Funktion	
x	1
x^2	$2x$
x^r	rx^{r-1} $(r \in \mathbb{R})$
e^x	e^x
$\ln x$	$1/x$
$\sin x$	$\cos x$
$\tan x$	$1 + \tan^2 x$

Bemerkungen

a) $F(x) = x^2$ ist also eine Stammfunktion von $f(x) = 2x$. Natürlich hätte man eigentlich lieber eine Stammfunktion von $g(x) = x$. Diese ist aber sehr einfach zu finden, denn $G(x) = x^2/2$ hat gerade die Ableitung $G'(x) = x$.

b) Ganz entsprechend ist für $r \neq -1$

$$\frac{x^{r+1}}{r+1} \quad \text{eine Stammfunktion von} \quad x^r \,,$$

wie man durch Ableiten kontrolliert.

c) Da wir in b) durch $r + 1$ dividierten, gilt die dort gemachte Aussage nur für $r \neq -1$. Was passiert nun aber für $r = -1$, anders gefragt, welche Funktion ist eine Stammfunktion von $x^{-1} = 1/x$? Ein Blick auf die obige Tabelle zeigt, dass $\ln x$ eine solche ist, denn die Ableitung von $\ln x$ ist ja $1/x$.

Hier tritt nun aber noch ein weiteres kleines Problem auf: Die Funktion $\ln x$ ist nur für $x > 0$ definiert, während $1/x$ für alle $x \neq 0$ definiert ist. Die Funktion $\ln x$ ist also nur im Intervall $(0, \infty)$ eine Stammfunktion von $1/x$. Zum Glück kann man sich auch für $x < 0$ retten, denn es gilt:

Die Ableitung von $\ln|x|$ ist gleich $1/x$ für alle $x \neq 0$, d.h., $\ln|x|$ ist eine Stammfunktion von $1/x$ für alle $x \neq 0$.

Diese Behauptung wird so bewiesen: Für $x > 0$ ist wegen $|x| = x$ alles klar. Für $x < 0$ ist $\ln|x| = \ln(-x)$ und die Kettenregel liefert

$$(\ln(-x))' = -\frac{1}{-x} = \frac{1}{x},$$

was noch zu zeigen war.

d) Die Tabelle enthält in der Kolonne rechts auch Funktionen, von denen man wohl eher selten eine Stammfunktion braucht, wie etwa $1 + \tan^2 x$, die $\tan x$ als Stammfunktion hat. Anderseits vermisst man viel einfachere Funktionen, wie z.B. $\sqrt{1 - x^2}$ oder $\ln x$.

Man schliesst daraus, dass es nicht genügt, einfach die Ableitungsregeln umzukehren. Vielmehr wird man sich noch raffiniertere Methoden einfallen lassen müssen. Wir kommen in Kapitel 13 darauf zurück.

e) Es kann auch vorkommen, dass ganz harmlos aussehende Funktionen keine elementare Stammfunktion haben. Unter einer elementaren Funktion versteht man ja bekanntlich eine Funktion, die sich aus den in Tabelle (5.3) aufgelisteten Funktionen gemäss (5.6) kombinieren lässt. Ein konkretes Beispiel für diese Erscheinung ist z.B. die Funktion $f(x) = e^{-x^2}$. Man kann zeigen, dass es keine im obigen Sinne elementare Funktion $F(x)$ gibt, deren Ableitung gleich e^{-x^2} ist. Dies heisst aber nicht, dass $f(x)$ überhaupt keine Stammfunktion hat, vielmehr ist gemäss (11.2) die Funktion

$$F(x) = \int_0^x e^{-t^2}\, dt$$

eine Stammfunktion von $f(x)$, allerdings eben keine elementare.

Die Frage, welche Funktionen man als "elementar" bezeichnet, ist natürlich eine Sache der Konventionen. Würden wir nämlich etwa den Logarithmus nicht kennen oder aus irgendeinem Grund nicht als "elementar" betrachten, so hätte nicht einmal die Funktion $f(x) = \frac{1}{x}$ eine elementare Stammfunktion!

f) Es kann also unter Umständen schwierig oder sogar unmöglich sein, eine formelmässige Stammfunktion zu finden. Eines aber geht immer (und ist in komplizierteren Fällen sehr zu empfehlen): Man kann das Ergebnis durch Ableiten kontrollieren. So ist z.B. $x \ln x - x$ eine Stammfunktion von $\ln x$, denn $(x \ln x - x)' = \ln x$. (Nicht beantwortet bleibt vorerst die Frage, wie man überhaupt einmal auf diese Stammfunktion kommt; vgl. aber (13.6.3).)

g) In (12.4) und (12.5) stellen wir die grundlegenden Formeln und Regeln zum Integrieren zusammen. In Kapitel 13 werden wir dann einige weitere Integrationsmethoden und eine Tabelle von Stammfunktionen angeben.

(12.4) Eine erste Liste von Stammfunktionen

Aufgrund der verschiedenen in (12.3) gemachten Bemerkungen können wir die oben aufgestellte Tabelle für den praktischen Gebrauch verbessern:

Funktion $f(x)$	Eine Stammfunktion $F(x)$
a	ax
$x^r \quad (r \neq -1)$	$\dfrac{x^{r+1}}{r+1}$
$\dfrac{1}{x}$	$\ln |x|$
e^x	e^x
$\sin x$	$-\cos x$
$\cos x$	$\sin x$
$\dfrac{1}{\sqrt{1-x^2}}$	$\arcsin x$
$\dfrac{1}{1+x^2}$	$\arctan x$

Die Funktionen arcsin und arctan werden erst später eingeführt (Kapitel 17), sind aber der Vollständigkeit halber bereits jetzt angegeben. Es sei betont, dass die letzten vier Formeln nur gelten, wenn das *Bogenmass* verwendet wird.

Wichtig ist die Tatsache, dass eine Stammfunktion nur bis auf eine additive Konstante bestimmt ist. Man schreibt deshalb zur Verdeutlichung oft

$$F(x) + C, \quad \text{also z.B.} \quad \ln |x| + C \quad \text{usw.}$$

In der obigen Tabelle wurde darauf verzichtet. In manchen Anwendungen darf diese sogenannte *Integrationskonstante* keinesfalls vergessen werden, z.B. bei Differentialgleichungen (Kapitel 16), in andern ist sie nicht nötig, z.B. bei der Anwendung des Hauptsatzes (11.4), da dort F eine beliebige Stammfunktion sein kann.

(12.5) Integrationsregeln

Die Tabelle in (12.4) ist durch Umkehrung der Ableitungsformeln (5.3) zustande gekommen. Auch die Ableitungsregeln von (5.2) liefern anders interpretiert Integrationsregeln. Da die Ableitung einer Summe gleich der Summe der Ableitungen ist, ist die Stammfunktion einer Summe gleich der Summe der Stammfunktionen. Im einzelnen erhalten wir auf diese Weise:

Es seien $F(x)$ bzw. $G(x)$ Stammfunktionen von $f(x)$ bzw. von $g(x)$. Dann gilt

(1) $F(x) + G(x)$ ist eine Stammfunktion von $f(x) + g(x)$.

(2) $F(x) - G(x)$ ist eine Stammfunktion von $f(x) - g(x)$.

(3) $cF(x)$ ist eine Stammfunktion von $cf(x)$.

Wendet man diese Regeln auf die Berechnung von Integralen mittels des Hauptsatzes an, so erhält man die schon in (10.8) erwähnten Formeln

$$\int_a^b cf(x)\,dx = c \int_a^b f(x)\,dx$$

$$\int_a^b \big(f(x) \pm g(x)\big)\,dx = \int_a^b f(x)\,dx \pm \int_a^b g(x)\,dx\ .$$

Als *Warnung* sei noch erwähnt, dass es keine entsprechende Formel für das Produkt

$$\int_a^b f(x)g(x)\,dx$$

gibt.

(12.6) Beispiele

Die folgenden Beispiele illustrieren zwei Dinge, nämlich einerseits verschiedene Anwendungen des Integralbegriffs (vgl. Kapitel 9 sowie (10.5) und (10.6)) und andererseits die konkrete Berechnung von Integralen unter Verwendung des Hauptsatzes (11.4) und der Regeln (12.4) und (12.5).

1. Gesucht ist $\displaystyle\int_1^2 (2x^2 + 3x - 1)\,dx$.

Wir suchen zunächst eine Stammfunktion $F(x)$ von $f(x) = 2x^2 + 3x - 1$. Nach (12.4) und Regel (3) von (12.5) gilt:

- $x^3/3$ ist eine Stammfunktion von x^2, und daher ist $2x^3/3$ eine solche von $2x^2$.
- $x^2/2$ ist eine Stammfunktion von x, und daher ist $3x^2/2$ eine solche von $3x$.
- x ist eine Stammfunktion von 1.

Nach (12.5), Regeln (1) und (2), ist dann

$$F(x) = \frac{2x^3}{3} + \frac{3x^2}{2} - x$$

eine Stammfunktion von f. Der Hauptsatz liefert (unter Verwendung der Bezeichnungsweise von (11.4)):

$$\int_1^2 (2x^2 + 3x - 1)\,dx = F(x)\Big|_1^2 = \left(\frac{16}{3} + 6 - 2\right) - \left(\frac{2}{3} + \frac{3}{2} - 1\right) = \frac{49}{6}\ .$$

$G(x) = 2x^3/3 + 3x^2/2 - x + 3$ ist ebenfalls eine Stammfunktion von $f(x)$, doch bei der Berechnung von $G(2) - G(1)$ hebt sich die Zahl 3 einfach weg. (Statt 3 könnte natürlich irgendeine Konstante C stehen.) Dies belegt die Bemerkung am Schluss von (12.4). $\boxtimes$

2. Berechne $\displaystyle\int_1^4 \left(\sqrt{t} + \frac{3}{t^2}\right) dt$.

Wir müssen Stammfunktionen von $\sqrt{t}$ und von $\dfrac{1}{t^2}$ finden. Dazu schreiben wir diese Ausdrücke als Potenzen:

- $\sqrt{t} = t^{\frac{1}{2}}$: Eine Stammfunktion ist $\dfrac{t^{\frac{3}{2}}}{\frac{3}{2}} = \dfrac{2}{3}\sqrt{t^3}$.

- $\dfrac{1}{t^2} = t^{-2}$: Eine Stammfunktion ist $\dfrac{t^{-1}}{-1} = -\dfrac{1}{t}$.

Wir erhalten

$$\int_1^4 \left(\sqrt{t} + \frac{3}{t^2}\right) dt = \left(\frac{2}{3}\sqrt{t^3} - \frac{3}{t}\right)\Bigg|_1^4 = \left(\frac{2}{3}8 - \frac{3}{4}\right) - \left(\frac{2}{3} - 3\right) = \frac{83}{12}. \qquad \boxtimes$$

3. Gesucht ist der Inhalt der Fläche unter der durch $y = \dfrac{1}{x}$ im Intervall $[1, 2]$ gegebenen Kurve.

Da im angegebenen Intervall $y = f(x) \geq 0$ ist, ist der gesuchte Flächeninhalt gegeben durch

$$\int_1^2 f(x)\, dx.$$

Der Tabelle (12.4) entnehmen wir eine Stammfunktion $F(x)$ von $f(x) = 1/x$, nämlich $F(x) = \ln|x|$. Es folgt

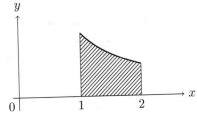

$$\int_1^2 f(x)\, dx = \int_1^2 \frac{dx}{x} = \ln|x|\,\Big|_1^2 = \ln 2 - \ln 1 = \ln 2 = 0.6931 \, .$$

Ersetzen wir das Intervall $[1, 2]$ durch $[-2, -1]$, so erhalten wir

$$\int_{-2}^{-1} f(x)\, dx = \int_{-2}^{-1} \frac{dx}{x} = \ln|x|\,\Big|_{-2}^{-1}$$
$$= \ln|-1| - \ln|-2| = \ln 1 - \ln 2 = -0.6931.$$

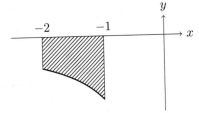

Das negative Vorzeichen kommt daher, dass das Kurvenstück unterhalb der x–Achse liegt. Eine ganz ähnliche Erscheinung zeigt sich im nächsten Beispiel. $\boxtimes$

4. Wie schon mehrfach betont, ist die Interpretation des Integrals als Flächeninhalt unter
einer Kurve nur zulässig, wenn $f(x) \geq 0$ ist.
Hierzu eine Illustration mit $f(x) = \sin x$.

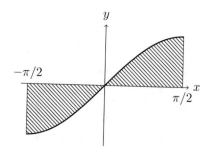

$$\int_{-\pi/2}^{\pi/2} \sin x\, dx = -\cos x \Big|_{-\pi/2}^{\pi/2}$$

$$= -\cos \pi/2 - \left(-\cos(-\pi/2)\right) = 0.$$

Das Ergebnis 0 erklärt sich dadurch, dass das
Integral für das unterhalb der x–Achse liegende Flächenstück einen negativen Flächeninhalt liefert. Im vorliegenden Fall heben
sich die beiden Teile gerade auf.

⊠

5. <u>Ausdehnungsarbeit eines Gases</u>

In einem Zylinder der Grundfläche A befindet sich ein Gas, das durch einen bewegli-
chen Kolben komprimiert wird. Der Gasdruck hängt natürlich vom Abstand x des
Kolbens zum Zylinderboden ab. Wenn der
Gasdruck an der Stelle x gleich $p(x)$ ist, dann
wirkt auf den Kolben die Kraft $F(x) = A \cdot p(x)$. Wird nun der Kolben von a nach b bewegt, so leistet das Gas nach (9.3) die Arbeit

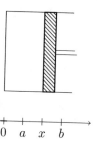

$$W = \int_a^b A p(x)\, dx \,.$$

Als Spezialfall betrachten wir die isotherme Ausdehnung eines idealen Gases (Gesetz von BOYLE-MARIOTTE). Hier gilt die Beziehung $p(x)V(x) = C$ (C eine Konstante), wo $V(x)$ das jeweilige Volumen des Gases ist. In unserm Fall ist $V(x) = Ax$,
und es gilt

$$p(x) = \frac{C}{V(x)} = \frac{C}{Ax} \quad \text{und daher} \quad A p(x) = \frac{C}{x} \,.$$

Es folgt

$$W = \int_a^b A p(x)\, dx = \int_a^b \frac{C}{x}\, dx = C \ln |x| \Big|_a^b = C \ln\left(\frac{b}{a}\right) \,,$$

wobei am Schluss noch eine Rechenregel für den Logarithmus, nämlich $\ln b - \ln a =
\ln(b/a)$, benutzt wurde.

⊠

6. Volumen eines Rotationsellipsoides

Die Ellipse mit den Halbachsen a und b ist bekanntlich durch die Gleichung

$$\frac{x^2}{a^2} + \frac{y^2}{b^2} = 1$$

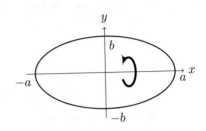

gegeben. Wir rotieren nun diese Ellipse um die $x-$Achse und erhalten so ein sogenanntes Rotationsellipsoid. Natürlich genügt es, die "obere Hälfte" der Ellipse zu rotieren. Wenn wir nun also die Ellipsengleichung nach y auflösen, so brauchen wir nur jene Lösung zu berücksichtigen, für die $y \geq 0$ ist.

Die obere Hälfte der Ellipse ist somit der Graph der Funktion

$$f(x) = b\sqrt{1 - \frac{x^2}{a^2}}, \quad -a \leq x \leq a \, .$$

Nach (9.5) berechnet sich das gesuchte Volumen V wie folgt:

$$V = \pi \int_{-a}^{a} f(x)^2 dx = \pi b^2 \int_{-a}^{a} \left(\sqrt{1 - \frac{x^2}{a^2}} \right)^2 dx = \pi b^2 \int_{-a}^{a} \left(1 - \frac{x^2}{a^2} \right) dx$$

$$= \pi b^2 \left(x - \frac{x^3}{3a^2} \right) \Big|_{-a}^{a} = \pi b^2 \left(\left(a - \frac{a^3}{3a^2} \right) - \left((-a) - \frac{(-a)^3}{3a^2} \right) \right) = \frac{4\pi}{3} ab^2 \, .$$

Wenn wir hier $a = b$ setzen, dann erhalten wir die bekannte Formel

$$V = \frac{4\pi}{3} a^3$$

für das Volumen der Kugel vom Radius a. $\boxtimes$

7. Kurvenlänge der Parabel

In (10.6) haben wir die Formel für die Länge einer Kurve kennengelernt. Wir wollen diese hier auf den Fall der durch $y = f(x) = x^2/2$ im Intervall $[0, 1]$ gegebenen Parabel anwenden. Wegen $f'(x) = x$ erhalten wir für die gesuchte Länge L:

$$L = \int_{0}^{1} \sqrt{1 + (f'(x))^2} \, dx = \int_{0}^{1} \sqrt{1 + x^2} \, dx \, .$$

Leider findet sich in unserer Tabelle (12.4) keine Stammfunktion von $\sqrt{1+x^2}$; wir machen deshalb einen kleinen Sprung nach (13.7), wo zum Glück (unter "2. Quadratwurzeln") eine Stammfunktion von $\sqrt{x^2 \pm a^2}$ angegeben ist. Für unser Problem verwenden wir das Pluszeichen und setzen $a = 1$. Es folgt

$$L = \int_0^1 \sqrt{1+x^2}\,dx = \frac{x}{2}\sqrt{x^2+1} + \frac{1}{2}\ln\left| x + \sqrt{x^2+1}\right| \, \Big|_0^1 = \dots$$

$$= \frac{\sqrt{2}}{2} + \frac{1}{2}\ln\left(1+\sqrt{2}\right) = 1.1478,$$

wie man durch fleissiges Einsetzen bestätigt. Integrale, die im Zusammenhang mit Bogenlängen auftreten, sind wegen der Wurzel im Integranden meist recht schwierig zu berechnen.   ⊠

Im nächsten Beispiel kommt eine bisher noch nicht behandelte Anwendung des Integralbegriffs vor.

8. Der Mittelwert

Es sei $f(x) \geq 0$ für alle $x \in [a,b]$. Unter dem Mittelwert μ von f versteht man die Höhe jenes Rechtecks, das als Grundlinie die durch a und b begrenzte Strecke hat und dessen Inhalt gleich dem Flächeninhalt unter der Kurve, also gleich

$$\int_a^b f(x)\,dx$$

ist. Aus dieser Festsetzung ergibt sich sofort die folgende Formel für μ:

$$\mu = \frac{1}{b-a}\int_a^b f(x)\,dx.$$

Ein konkreter Fall:

Der Mittelwert der Funktion $f(x) = \sin x$ im Intervall $[0,\pi]$ ist

$$\mu = \frac{1}{\pi}\int_0^\pi \sin x\,dx = \frac{1}{\pi}\left(-\cos x\Big|_0^\pi\right) = \dots = \frac{2}{\pi} = 0.6366 \,.   ⊠$$

(12.7) Das unbestimmte Integral

Für eine Stammfunktion von $f(x)$ haben wir bis jetzt immer $F(x)$ geschrieben. Häufig gebraucht man dafür aber auch das Zeichen

$$\int f(x)\,dx$$

und spricht dann von einem *unbestimmten Integral*. So ist etwa

$$\int x^2 \, dx$$

das Symbol für eine Stammfunktion von $f(x) = x^2$.

Ein gewisses Problem stellt sich hier allerdings dadurch, dass ja eine Stammfunktion nie eindeutig bestimmt ist. Wie wir wissen (Tatsache (II) von (11.3)) kann man zu einer Stammfunktion von f eine Konstante addieren und bekommt eine andere Stammfunktion von f. So erhalten wir zum Beispiel

$$\int x^2 \, dx = \frac{x^3}{3} \quad \text{aber auch} \quad \int x^2 \, dx = \frac{x^3}{3} + 1 \,,$$

und es wäre natürlich verfehlt, daraus zu schliessen, dass $\frac{x^3}{3} = \frac{x^3}{3} + 1$, also $0 = 1$ wäre.

Ungeachtet dieser möglichen Mehrdeutigkeit behält man aber die zweckmässige Bezeichnung $\int f(x) \, dx$ gleichwohl bei. In der Praxis führt dies kaum zu Schwierigkeiten, sofern man darauf achtet, dass bei der Durchführung einer Rechnung das Symbol $\int f(x) \, dx$ stets eine fest gewählte Stammfunktion bezeichnet.

Man pflegt auf diese Mehrdeutigkeit hinzuweisen, indem man schreibt

$$\int f(x) \, dx = F(x) + C \quad \text{speziell also etwa} \quad \int x^2 \, dx = \frac{x^3}{3} + C \,,$$

wobei C eine zwar beliebige, aber im Verlauf einer Rechnung festgehaltene Konstante bedeutet.

<u>Hinweis</u>

Eine ganz saubere Behandlung ist möglich, indem man $\int f(x) \, dx$ als *Menge* aller Stammfunktionen auffasst. Allerdings muss man dann in Formeln wie (1) unten erklären, was die Summe zweier solcher Mengen sein soll, was auch wieder einen gewissen Aufwand bedingt. Wir verzichten deshalb auf diese Interpretation.

Bei dieser Gelegenheit sei nochmals der wichtige Unterschied betont:

> - Das bestimmte Integral ist eine *Zahl*.
> - Das unbestimmte Integral ist eine *Funktion* (bzw. eine Menge von Funktionen).

Die Rechenregeln von (12.5) lassen sich ohne weiteres mit Hilfe von unbestimmten Integralen ausdrücken:

$$(1) \quad \int \big(f(x) + g(x)\big)\, dx = \int f(x)\, dx + \int g(x)\, dx$$

$$(2) \quad \int \big(f(x) - g(x)\big)\, dx = \int f(x)\, dx - \int g(x)\, dx$$

$$(3) \quad \int c f(x)\, dx = c \int f(x)\, dx$$

Die "Warnung" von (12.5) gilt weiterhin: Es gibt keine entsprechende Formel für das Produkt $f(x)g(x)$.

(12.8) Integration als Umkehrung der Differentiation

Aus den bisherigen Betrachtungen — insbesondere aus dem Hauptsatz (11.4) — hat sich ergeben, dass das Integrieren auf eine Umkehrung des Differenzierens hinausläuft. Diese Tatsache tritt in verschiedenen Spielarten in Formeln auf, von denen wir zum Schluss dieses Kapitels noch einige angeben wollen, da sie in den Anwendungen gelegentlich auftreten.

Die Tatsache (I) von (11.2) lässt sich wie folgt formulieren:

$$(1) \qquad\qquad \frac{d}{dx} \int_a^x f(t)\, dt = f(x)\,.$$

Ist der Integrand schon selbst als Ableitung einer Funktion gegeben, so lässt sich das bestimmte Integral mit Hilfe des Hauptsatzes sofort angeben, denn $f(x)$ ist sicher eine Stammfunktion von $f'(x)$:

$$(2) \qquad\qquad \int_a^b f'(x)\, dx = f(b) - f(a)\,.$$

Beispiel

Für einen geradlinig bewegten Massenpunkt sei die Geschwindigkeit $v = v(t)$ als Funktion der Zeit bekannt (beim freien Fall wäre beispielsweise $v = gt$). Zur Zeit t_0 sei der Massenpunkt an der Stelle $s(t_0)$. Gesucht ist sein Ort zur Zeit t_1. Weil $v(t) = \dot{s}(t)$ ist (vgl. (3.2)), gilt

$$\int_{t_0}^{t_1} v(t)\, dt = \int_{t_0}^{t_1} \dot{s}(t)\, dt = s(t_1) - s(t_0) \quad \text{oder} \quad s(t_1) = \int_{t_0}^{t_1} v(t)\, dt + s(t_0)\,.$$

Setzen wir $t_0 = 0$, $t_1 = T$ und $s(t_0) = 0$, so erhalten wir die Formel

$$s(T) = \int_0^T v(t)\, dt$$

von (9.2) zurück, welche dort mit Riemannschen Summen, hier aber direkt mit dem Hauptsatz hergeleitet wurde. Dieses Beispiel illustriert wegen der Beziehung zu (3.2) erneut den Zusammenhang zwischen Differentiation und Integration: $v(t)$ ergibt sich aus $s(t)$ durch Ableiten; umgekehrt gewinnt man $s(t)$ durch Integration aus $v(t)$ zurück. ☒

Die Formel (2) erhält manchmal noch eine andere Form, indem man rein formal die Bezeichnung von (7.4), nämlich $df = f'(x)\,dx$, für das Differential benutzt:

$$(3) \qquad \int_a^b df = f(b) - f(a) \ .$$

$\boxed{(12.\infty) \ \text{Aufgaben}}$

12−1 Geben Sie eine beliebige Stammfunktion an von

a) $f(x) = x^{10} + 9x^8 - x + 1$ b) $g(x) = \dfrac{3}{x} - \dfrac{1}{x^4}$

c) $h(x) = \sqrt{x} + \dfrac{1}{\sqrt{x}}$ d) $k(x) = 2 + 2\tan^2 x$

12−2 Geben Sie eine Stammfunktion $F(x)$ von $f(x)$ an, für welche $F(x_0) = y_0$ gilt.

a) $f(x) = x^2 + \sqrt[3]{x} + 1$, $x_0 = 0$, $y_0 = 1$ b) $f(x) = e^x - \dfrac{1}{x^2}$, $x_0 = 1$, $y_0 = 1$

c) $f(x) = \sqrt[3]{x^4} + \dfrac{1}{\sqrt[4]{x^3}}$, $x_0 = 1$, $y_0 = 2$ d) $f(x) = 2\sin x + \cos x$, $x_0 = \dfrac{\pi}{3}$, $y_0 = -1$

12−3 Berechnen Sie

a) $\displaystyle\int_{-1}^1 (1 + 2x + 3x^2 + 4x^3)\,dx$ b) $\displaystyle\int_0^1 (\sqrt{s} + \sqrt[3]{s^2} + \sqrt[4]{s^3})\,ds$

c) $\displaystyle\int_4^1 (u + \dfrac{2}{\sqrt{u}} + \dfrac{3}{u})\,du$ d) $\displaystyle\int_1^4 (e^w + \dfrac{1}{\sqrt{w^3}})\,dw$

e) $\displaystyle\int_{-\pi/4}^{\pi/2} (\sin\alpha - 2\cos\alpha)\,d\alpha$ f) $\displaystyle\int_0^{\pi/4} \tan^2\beta\,d\beta$

12−4 Lösen Sie die folgenden Gleichungen nach x auf.

a) $\displaystyle\int_1^x \sqrt[3]{u}\,du = 60$ b) $\displaystyle\int_x^2 \dfrac{1}{t}\,dt = 1 \quad (x > 0)$

Weitere Routine-Aufgaben zum Integrieren finden Sie in Kapitel 13.

12−5 Durch den Graphen der Funktion $f(x) = \frac{1}{3}x^3 - x$ (vgl. (6.4)) und die x–Achse wird ein Flächenstück begrenzt. Wie gross ist dessen Inhalt?

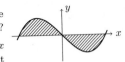

12−6 Vergleichen Sie den Inhalt der Flächenstücke unter der durch $y = 1/x$ gegebenen Hyperbel in bezug auf die Intervalle $[1, a]$ und $[1, a^2]$ mit $a > 1$.

12−7 Das durch den Graphen der Funktion $f(x) = e^x$ und die x–Achse im Intervall $[-1, 1]$ begrenzte Flächenstück soll durch eine Parallele zur y–Achse halbiert werden. Durch welchen Punkt der x–Achse geht diese Gerade?

12−8 Wir betrachten den Graphen der Funktion $f(x) = 2x - x^2$ und die Gerade g mit der Gleichung $y = ax$. Bestimmen Sie a so, dass die beiden schraffierten Flächenstücke den gleichen Inhalt haben.

12–9 Durch $y = \sqrt[4]{x}$ und von $y = x^4$ mit $x \in [0,1]$ sind zwei Kurven gegeben. Berechnen Sie den Inhalt des durch diese Kurven begrenzten Flächenstücks.

12–10 Es sei x_1 die grösste negative, x_2 die kleinste positive Zahl, für welche die Sinus- und die Cosinusfunktion gleiche Werte annehmen. Berechnen Sie den Inhalt des von diesen beiden Kurven im Intervall $[x_1, x_2]$ umschlossenen Flächenstücks.

12–11 Der oberhalb der x-Achse liegende Teil des Graphen von $f(x) = -x^2 + 5x - 4$ (zeichnen Sie eine Skizze!) wird um die x-Achse rotiert. Berechnen Sie das Volumen des entstehenden Rotationskörpers.

12–12 Der Graph der Funktion $f : [0,2] \to \mathbb{R}$, $f(x) = x^3$ wird um die y–Achse rotiert. Es entsteht eine Art Becher. Wie gross ist sein Volumen?

12–13 Über dem von den Graphen von $y = \sqrt{x}$ und $y = -\sqrt{x}$ ($1 \leq x \leq 4$) begrenzten Gebiet der x-y-Ebene wird ein Körper gebildet, dessen Querschnittsfläche (normal zur x-Achse) stets ein Quadrat ist (vgl. Aufgabe 10–5 für einen ähnlichen Sachverhalt). Berechnen Sie das Volumen dieses Körpers.

12–14 Ein Sandsack von 50 kg Gewicht wird 20 m hochgehoben. Nach 5 m bekommt er ein Loch und verliert gleichmässig Sand, so dass er oben nur noch 45 kg wiegt. Wie gross ist die beim Hochheben geleistete Arbeit?

12–15 Wenn eine Schraubenfeder um die Distanz x auf der Ruhelage gedehnt wird, so besteht für die Federkraft F die Beziehung $F = -kx$, wo $k > 0$ die sogenannte Federkonstante ist. (Das negative Vorzeichen steht da, weil die Federkraft entgegen der Auslenkung wirkt.) An eine solche Feder wird ein Gewichtstein von 5 kg gehängt. Sie verlängert sich dabei um 20 cm. a) Wie gross ist die Federkonstante k (in Nm^{-1})? b) Nun dehne ich die Feder um weitere 5 cm. Welche Arbeit (in J) leiste ich dabei?

12–16 Ein 3 m langer Balken aus Buchenholz (Dichte $0.7 \cdot 10^3$ kg m^{-3}) mit einem quadratischen Querschnitt von 20×20 cm schwimmt im Wasser. Welche Arbeit müssen Sie leisten, wenn Sie ihn vollständig unter die Wasseroberfläche drücken wollen?

12–17 Eine über 24 Stunden von einem Thermographen aufgenommene Temperaturkurve entspreche (stark idealisiert) dem Graphen der Funktion

$$T(t) = 15 + \frac{1}{12}(24t - t^2), \ T \text{ in } °C, \ t \text{ in Stunden.}$$

Definieren und berechnen Sie die mittlere Temperatur in dieser 24-Stunden-Periode.

12–18 Bei der Berechnung der Länge eines Kurvenstücks treten nur selten Integrale auf, die man mit elementaren Funktionen darstellen kann. Im folgenden Beispiel lässt sich das Integral ausrechnen, wenn man den Integranden geschickt umformt.
Gesucht ist die Länge des Graphen der Funktion

$$f(x) = \frac{1}{2}\left(\frac{x^3}{3} + \frac{1}{x}\right), \quad x \in [1,2] \ .$$

12–19 Jemand rechnet so:

$$\int_{-1}^{1} \frac{dx}{x^2} = -\frac{1}{x}\Big|_{-1}^{1} = (-1) - (1) = -2 \ .$$

Sie/er wundert sich, dass das Resultat negativ ausfällt, obwohl doch der Integrand $\frac{1}{x^2}$ nie negativ ist. Irgendwo muss ein Fehler stecken. Wo?

Weitere Aufgaben zu den Anwendungen des Integralbegriffs finden Sie in Kapitel 13.

13. WEITERE INTEGRATIONSMETHODEN

(13.1) Überblick

In Kapitel 11 haben wir den *Hauptsatz der Infinitesimalrechnung* (11.4) kennengelernt, der die Berechnung eines bestimmten Integrals auf das Aufsuchen einer Stammfunktion (in anderer Terminologie: eines unbestimmten Integrals) des Integranden zurückführt.

In Kapitel 12 sind dann die einfachsten Verfahren zum Integrieren vorgestellt worden, nämlich die

- Grundformeln (wichtigste Stammfunktionen) und die (12.4)
- Grundregeln (Integrationsregeln). (12.5)

In diesem Kapitel sollen nun weitere Methoden behandelt werden. Es sei gleich am Anfang betont, dass es beim Integrieren im Gegensatz zum Differenzieren keine Kombination von Verfahren gibt, welche stets zum Erfolg führen würde. Vielmehr ist das Integrieren — zumindest bei komplizierteren Integranden — wenn nicht gerade eine Kunst, so doch eine Frage des Geschicks und der Routine.

Es geht hier nicht darum, möglichst viele Methoden und Tricks vorzustellen. Vielmehr beschränken wir uns auf

- Substitution, (13.2)
- Partielle Integration, (13.5)
- Verwendung von Integraltabellen. (13.7)

Führt die eine Methode nicht zum Ziel, so kann man eine andere versuchen. Sie müssen aber darauf gefasst sein, dass ein Integral mit den angegebenen Methoden nicht zu berechnen ist. Zu diesem Fall sind in (13.8) einige Hinweise zu finden. (13.8)

Zum Schluss noch ein Trost. Beim Integrieren hat man — wenn die Lösung einmal gefunden ist — stets eine gute Kontrollmöglichkeit: Durch Ableiten der gefundenen Stammfunktion muss man den Integranden zurückerhalten.

(13.2) Substitution

Diese Integrationsmethode erhält man durch Umkehrung der *Kettenregel* der Differentialrechnung. Mit etwas anderen Bezeichnungen als in (5.2) lautet diese Regel

$$F(u(x))' = F'(u(x)) \cdot u'(x) \, .$$

In dieser Formel setzen wir nun $F' = f$. Damit wird insbesondere F zu einer Stammfunktion von f. Die Formel sieht dann so aus:

$$F(u(x))' = f(u(x)) \cdot u'(x) \, .$$

Man entnimmt ihr, dass die zusammengesetzte Funktion

$$x \mapsto F(u(x))$$

eine Stammfunktion der (relativ kompliziert aufgebauten) Funktion

$$x \mapsto f(u(x)) \cdot u'(x)$$

ist, anders ausgedrückt: Es ist

$$\boxed{\int f(u(x))u'(x) \, dx = F(u(x)) + C \, ,}$$

wobei F eine beliebige Stammfunktion von f ist.

Trotz der Kompliziertheit des Integranden hat diese Formel viele wichtige Anwendungen. Man geht dabei so vor: Es sei $\int g(x) \, dx$ zu berechnen. Nun sieht man nach, ob der Integrand $g(x)$ in der Form

$$g(x) = f(u(x)) \cdot u'(x)$$

geschrieben werden kann, wobei f und u geeignet zu wählende Funktionen sind. Dabei ist vor allem darauf zu achten, dass im Integranden $g(x)$ sowohl die Funktion $u(x)$ als auch ihre Ableitung $u'(x)$ vorkommt. Eine sichere Beherrschung der Ableitungsregeln ist hier also unerlässlich. Hat man nun f und u bestimmt, so braucht man nur noch eine Stammfunktion F von f zu finden und sie auf $u(x)$ anzuwenden. $F(u(x))$ ist dann eine Stammfunktion von $g(x)$:

$$\int g(x) \, dx = \int f(u(x))u'(x) \, dx = F(u(x)) + C \, .$$

Dieses Vorgehen soll nun an einigen Beispielen erläutert werden.

(13.3) Beispiele zur Substitutionsregel

1. $I = \int \cos(x^2) \cdot 2x \, dx$.

   Ein Blick auf den Integranden $g(x) = \cos(x^2) \cdot 2x$ zeigt, dass hier eine Funktion (nämlich x^2) zusammen mit ihrer Ableitung (nämlich $2x$) vorkommt. Wir setzen deshalb $u(x) = x^2$. Damit ist auch klar, wie wir die Funktion f wählen müssen:

   $$f(u) = \cos u \, .$$

   (Die Bezeichnung der Variablen mit u ist zweckmässig; der Buchstabe x ist ja bereits mit einer anderen Bedeutung belegt.)

   Eine Stammfunktion F von f ist ebenfalls leicht zu finden, nämlich

   $$F(u) = \sin u \, .$$

   Mit unseren neuen Bezeichnungen erhält der Integrand jetzt die Form

   $$g(x) = \cos(x^2) \cdot 2x = \cos(u(x)) \cdot u'(x) = f(u(x)) \cdot u'(x) \, .$$

   Jetzt können wir unsere Formel anwenden. Es folgt

   $$\int \cos(x^2) \cdot 2x \, dx = \int f(u(x))u'(x) \, dx = F(u(x)) + C = \sin(x^2) + C \, ,$$

   wobei wir am Schluss die Beziehungen $F(u) = \sin u$ und $u(x) = x^2$ gebraucht haben.

   Wenn man nun die Funktion $\sin(x^2)$ zur Kontrolle mit der Kettenregel ableitet, so erhält man natürlich gerade $\cos(x^2) \cdot 2x$. Man sieht dabei sehr schön, dass die Integration durch Substitution gerade die Umkehrung der Kettenregel ist. ⊠

2. $J = \int \cos(x^2) \cdot x \, dx$.

   Würde hier $2x$ anstelle von x stehen, so hätte man genau das Integral I von a). Dieser Faktor 2 ist aber deshalb wichtig, weil $u(x) = x^2$ die einzige vernünftige Wahl für u ist. Dann ist aber $u'(x) = 2x$ und nicht $= x$. Man findet leicht einen Ausweg, indem man den fehlenden Faktor 2 in den Integranden einfügt und dies durch den Faktor $\frac{1}{2}$ vor dem Integral kompensiert.

   Wir schreiben also

   $$\int \cos(x^2) \cdot x \, dx = \frac{1}{2} \int \cos(x^2) \cdot 2x \, dx = \frac{1}{2} \sin(x^2) + C \, ,$$

   wobei wir die in 1. gefundene Formel für I gebraucht haben.

Der kleine Trick mit dem Einfügen und Kompensieren des Faktors 2 ist natürlich nur für *konstante* Faktoren erlaubt. Hüten Sie sich davor, auf diese Weise z.B. ein x in den Integranden schmuggeln zu wollen.

⊠

3. $\int \dfrac{\sin x}{\sqrt{\cos x}}\, dx$.

Da $\sin x$ die Ableitung von $\cos x$ ist (oder jedenfalls fast...), wählen wir $u(x) = \cos x$. Es ist dann $u'(x) = -\sin x$. Ähnlich wie in 2. fügen wir deshalb im Integranden ein Minuszeichen ein und kompensieren es gleich wieder. Wir finden mit $f(u) = 1/\sqrt{u}$, $F(u) = 2\sqrt{u}$

$$\int \frac{\sin x}{\sqrt{\cos x}}\, dx = -\int \frac{-\sin x}{\sqrt{\cos x}}\, dx = -\int f(u(x)) u'(x)\, dx$$
$$= -F(u(x)) + C = -2\sqrt{\cos x} + C\,.$$

⊠

In der Praxis bewährt sich ein etwas mechanischeres Vorgehen. Wir haben ja zu $f(u)$ (in den Beispielen $f(u) = \cos u$ oder $f(u) = 1/\sqrt{u}$) eine Stammfunktion $F(u)$ (z.B. $F(u) = \sin u$ oder $F(u) = 2\sqrt{u}$) gefunden. In Zeichen:

$$F(u) = \int f(u)\, du\,.$$

In dieser Stammfunktion muss man aber am Schluss u durch $u(x)$ ersetzen, was symbolisch so ausgedrückt wird:

$$F(u(x)) = \left(\int f(u)\, du\right)_{u=u(x)}\,.$$

Die Substitutionsformel lautet dann:

$$\boxed{\int f(u(x)) u'(x)\, dx = \left(\int f(u)\, du\right)_{u=u(x)}\,.}$$

Für die Praxis merkt man sich anstelle der Formel aber besser das Vorgehen gemäss der folgenden Regel:

1) Wähle $u(x)$. Setze $du = u'(x)\,dx$.

(Diese Beziehung ergibt sich ganz formal aus

$$\frac{du}{dx} = u'(x)$$

durch Multiplikation mit dx.)

2) Ersetze im zu berechnenden Integral $u(x)$ durch u und $u'(x)\,dx$ durch du.

3) Das Integral hat nun die Form

$$\int f(u)\,du \,.$$

Bestimme eine Stammfunktion

$$\int f(u)\,du = F(u) + C \,.$$

4) Ersetze im Ausdruck $F(u)$ die Grösse u wieder durch $u(x)$. Das gesuchte Integral ist dann gleich $F(u(x)) + C$.

Mit den nächsten Beispielen illustrieren wir das Vorgehen gemäss den Punkten 1) bis 4).

4. $\int \sin x \cos x\,dx$.

  1) Wir wählen $u(x) = \sin x$, $u'(x) = \cos x$, $du = \cos x\,dx$.

  2) Wir ersetzen $\sin x$ durch u und $\cos x\,dx$ (das direkt im Integral steht) durch du.

  3) Wir erhalten einfach $\int u\,du$. Dieses Integral ist sehr leicht zu berechnen; denn $F(u) = u^2/2 + C$ ist eine Stammfunktion von u.

  4) $F(u(x)) + C = \frac{1}{2}\sin^2 x + C$ ist die gesuchte Lösung. $\boxtimes$

5. $\int \dfrac{x^2}{x^3+1}\,dx$.

  1) Wir wählen $u(x) = x^3 + 1$, dann ist $du = 3x^2 dx$.

  2) Wir ersetzen $x^3 + 1$ durch u und $x^2 dx$ durch $\frac{1}{3}du$. (Als Variante hätte man auch wie in Beispiel 2. den Faktor 3 einführen ($3x^2 dx$) und mit dem Faktor $\frac{1}{3}$ kompensieren können.)

  3) Wir erhalten $\frac{1}{3}\int \frac{du}{u} = \frac{1}{3}\ln|u| + C$.

  4) Ersetzen von u durch $u(x) = x^3 + 1$ ergibt als Lösung $\frac{1}{3}\ln|x^3 + 1| + C$. $\boxtimes$

Man hätte auch $u = x^3$ substituieren können. Dies hätte auf das Integral $\int \frac{du}{u+1}$ geführt, das dann mit einer zweiten Substitution ($v = u + 1$) berechnet worden wäre.

In der Praxis schreibt man die vier Punkte natürlich nicht so ausführlich auf:

6. $\displaystyle\int \frac{1}{x^2}e^{1/x}dx$.

$$u(x) = \frac{1}{x}, \; u'(x) = -\frac{1}{x^2}, \; du = -\frac{1}{x^2}\,dx.$$

$$\int \frac{1}{x^2}e^{1/x}dx = -\int e^u du = -e^u + C = -e^{1/x} + C.$$

$\boxtimes$

Schliesslich besprechen wir noch den Fall, wo die "innere Funktion" $u(x)$ linear ist: $u(x) = ax + b$ mit $a \neq 0$. Wegen $u'(x) = a$ ist dann $du = a\,dx$ oder $dx = \frac{1}{a}\,du$. Diese Situation kommt häufig vor und ist für die Praxis sehr wichtig — auch wenn sie hier erst am Schluss behandelt wird.

7. $\displaystyle\int (2x+1)^{100}dx$.

$$u = 2x+1, \; u'(x) = 2, \; du = 2\,dx, \; dx = \frac{1}{2}\,du \ .$$

$$\int (2x+1)^{100}dx = \frac{1}{2}\int u^{100}du = \frac{1}{2}\frac{u^{101}}{101} + C = \frac{(2x+1)^{101}}{202} + C.$$

8. $\displaystyle\int e^{t-1}dt$.

$$u = t-1, \; u'(t) = 1, \; du = dt.$$

$$\int e^{t-1}dt = \int e^u du = e^u + C = e^{t-1} + C.$$

(Wegen $du = dt$ ist dies ein besonders einfacher Fall.)

9. $\displaystyle I = \int \sin x \cos x \, dx$

Dieses Beispiel wurde schon in 4. behandelt. Es passt aber wegen der Beziehung $\sin x \cos x = \frac{1}{2}\sin(2x)$ (vgl. die Additionstheoreme in (26.15.c)) auch hierher:

$$I = \frac{1}{2}\int \sin(2x)\,dx \ .$$

$$u = 2x, \; du = 2dx, \; dx = \frac{1}{2}du.$$

$$I = \frac{1}{4}\int \sin u \, du = -\frac{1}{4}\cos(2x) + C.$$

$\boxtimes$

Erschrocken konstatiert man, dass ein anderes Resultat als in 4. entstanden ist. Die Betroffenheit legt sich aber, wenn man realisiert, dass eine Stammfunktion nur bis auf eine additive Konstante bestimmt ist (vgl. (11.3)). In der Tat unterscheiden sich die beiden gefundenen Stammfunktionen $\frac{1}{2}\sin^2 x$ und $-\frac{1}{4}\cos(2x)$ nur um den konstanten Wert $\frac{1}{4}$: Wegen $\cos(2x) = \cos^2 x - \sin^2 x$ (vgl. (26.15.c)) gilt nämlich

$$\frac{1}{2}\sin^2 x - \left(-\frac{1}{4}\cos(2x)\right) = \frac{1}{2}\sin^2 x + \frac{1}{4}\cos^2 x - \frac{1}{4}\sin^2 x = \frac{1}{4}(\sin^2 x + \cos^2 x) = \frac{1}{4} \ .$$

Man kann das Spiel noch weitertreiben, indem man I mit der Substitution $u(x) = \cos x$ berechnet. Man erhält dann $I = -\frac{1}{2}\cos^2 x + C$ und kann eine ähnliche Überlegung wie eben anstellen.

(13.4) Die Substitutionsregel für bestimmte Integrale

Da $F(u(x))$ eine Stammfunktion von $f(u(x)) \cdot u'(x)$ ist, gilt nach dem Hauptsatz

$$\int_a^b f(u(x))u'(x)\,dx = F(u(b)) - F(u(a))\,.$$

Da aber auch $F(u) = \int f(u)\,du$ gilt (denn F ist eine Stammfunktion von f), kann die rechte Seite aufgefasst werden als

$$\int_{u(a)}^{u(b)} f(u)\,du\,.$$

Somit erhalten wir die Formel

(*)
$$\int_a^b f(u(x))u'(x)\,dx = \int_{u(a)}^{u(b)} f(u)\,du\,.$$

Beachten Sie die "Transformation" der Grenzen des Integrals. Wir haben also zwei Möglichkeiten, die man nicht durcheinander bringen darf:

- Wenn man x als Variable betrachtet, so muss man am Schluss zu $F(u(x))$ übergehen. Die Integrationsgrenzen sind dann a und b.
- Wenn man u als Variable betrachtet, so hat man am Schluss $F(u)$ zu betrachten, muss dann aber die neuen Integrationsgrenzen $u(a)$ bzw. $u(b)$ einsetzen.

Beispiel

$$\int_0^2 \sqrt{4x+1}\,dx\,.$$

$u = 4x+1$, $dx = \dfrac{1}{4}\,du$.

Variante 1: Wir berechnen eine Stammfunktion

$$\int \sqrt{4x+1}\,dx = \frac{1}{4}\int \sqrt{u}\,du = \frac{1}{4}\frac{2}{3}u^{3/2} = \frac{1}{6}(4x+1)^{3/2}$$

$$I = \frac{1}{6}(4x+1)^{3/2}\Big|_0^2 = \frac{1}{6}(27-1) = \frac{26}{6}\,.$$

Variante 2: Wir benutzen die Formel (*).

Neue Grenzen: $u(0) = 1$, $u(2) = 9$.

$$I = \frac{1}{4}\int_1^9 \sqrt{u}\,du = \frac{1}{4}\frac{2}{3}u^{3/2}\Big|_1^9 = \frac{1}{6}(27-1) = \frac{26}{6}\,.$$ $\boxtimes$

(13.5) Partielle Integration

Für diese Integrationsmethode gehen wir von der *Produktregel* (5.2) aus:

$$(f(x)g(x))' = f'(x)g(x) + f(x)g'(x) .$$

Sicher ist jede Stammfunktion der linken Seite eine solche der rechten. Nun ist aber $f(x)g(x)$ offensichtlich eine Stammfunktion der linken Seite. Also gilt

$$f(x)g(x) = \int f'(x)g(x)\,dx + \int f(x)g'(x)\,dx$$

oder, etwas anders geschrieben

$$\int f'(x)g(x)\,dx = f(x)g(x) - \int f(x)g'(x)\,dx .$$

Dies ist die Formel der *partiellen Integration*.

Da die Buchstaben f und g meist anderweitig gebraucht werden, schreibt man dafür gerne u und v:

$$\int u'(x)v(x)\,dx = u(x)v(x) - \int u(x)v'(x)\,dx .$$

Diese Formel wird oft dann mit Erfolg zur Bestimmung von $\int f(x)\,dx$ angewandt, wenn $f(x)$ in zwei Faktoren zerlegt werden kann, wovon der eine (nämlich u') eine einfache Stammfunktion (u), der andere aber (v) eine einfache Ableitung (v') besitzt. Wir illustrieren das Vorgehen mit einigen Beispielen.

Vorher geben wir noch die Formel für partielle Integration bei bestimmten Integralen an, welche man einfach durch Einsetzen der Grenzen erhält:

$$\int_a^b u'(x)v(x)\,dx = u(x)v(x)\Big|_a^b - \int_a^b u(x)v'(x)\,dx .$$

(13.6) Beispiele zur partiellen Integration

1. $\int x e^x\,dx$.

Wir wählen
$$u'(x) = e^x, \quad \text{dann ist} \quad u(x) = e^x,$$
$$v(x) = x, \quad \text{dann ist} \quad v'(x) = 1.$$

Die Formel liefert:

$$\int x e^x \, dx = x e^x - \int 1 \cdot e^x \, dx = x e^x - \int e^x \, dx$$
$$= x e^x - e^x + C$$
$$= e^x (x - 1) + C \; . \qquad \boxtimes$$

Bemerkungen

a) Für $u(x)$ darf man irgendeine Stammfunktion von $u'(x) = e^x$ wählen; es wäre auch $e^x + C$ möglich gewesen. Im allgemeinen ist natürlich $C = 0$ am bequemsten.

b) Der Übergang von u' zu u ist eine Integration. Dies erklärt den Namen "partielle Integration".

c) Richtige Wahl von u' und v ist wichtig. Hätten wir nämlich $u'(x) = x$ (somit $u(x) = x^2/2$) und $v(x) = e^x$ (somit $v'(x) = e^x$) gewählt, so wäre auf der rechten Seite ein komplizierteres Integral herausgekommen als jenes, womit wir begonnen haben!

2. $I = \displaystyle\int x^2 \sin x \, dx$.

Wir wählen
$$u'(x) = \sin x, \quad u(x) = -\cos x,$$
$$v(x) = x^2, \quad v'(x) = 2x.$$

Es folgt
$$I = -x^2 \cos x + 2 \int x \cos x \, dx \; .$$

Das übriggebliebene Integral können wir nicht direkt angeben. Wir können aber nochmals partiell integrieren:

$$J = \int x \cos x \, dx \; .$$

Wir wählen
$$r'(x) = \cos x, \quad r(x) = \sin x,$$
$$s(x) = x, \quad s'(x) = 1.$$

Es folgt
$$J = x \sin x - \int 1 \cdot \sin x \, dx = x \sin x + \cos x \; .$$

Zusammengefasst:

$$I = -x^2 \cos x + 2x \sin x + 2 \cos x + C \; .$$

(Es genügt, wenn man die Integrationskonstante C ganz am Schluss hinzufügt.) In einem solchen etwas komplizierten Fall ist übrigens eine Kontrolle des Ergebnisses durch Ableiten ratsam. $\boxtimes$

3. In einzelnen Fällen hilft der Trick, $u'(x) = 1$, $u(x) = x$ zu setzen:

$$\int \ln x \, dx \, .$$

Wir wählen $\qquad u'(x) = 1, \qquad u(x) = x,$
$$v(x) = \ln x, \quad v'(x) = \frac{1}{x} \, .$$

Dann wird

$$\int \ln x \, dx = \int 1 \cdot \ln x \, dx = x \ln x - \int x \cdot \frac{1}{x} \, dx$$
$$= x \cdot \ln x - \int dx$$
$$= x \ln x - x + C \, .$$

(vgl. (12.3.f)).   ⊠

4. Auch im nächsten Beispiel ist ein Trick notwendig:

$$I = \int \sin^2 x \, dx \, .$$

Die Wahl $\qquad u'(x) = \sin x, \quad u(x) = -\cos x,$
$$v(x) = \sin x, \quad v'(x) = \cos x,$$

führt auf

$$I = -\sin x \cos x + \int \cos^2 x \, dx.$$

Nun ist man so klug als wie zuvor: Versucht man nämlich denselben Kniff mit $\int \cos^2 x \, dx$, so erhält man die zwar richtige, aber wenig hilfreiche Gleichung $I = I$. Ein anderer Einfall hilft aber: Es ist ja

$$\cos^2 x = 1 - \sin^2 x$$

und somit

$$\int \cos^2 x \, dx = \int (1 - \sin^2 x) \, dx = x - I \, .$$

Also

$$I = -\sin x \cos x + x - I \, ,$$
$$2I = x - \sin x \cos x \, ,$$

und schliesslich

$$I = \int \sin^2 x \, dx = \frac{1}{2} (x - \sin x \cos x) + C \, .$$

Kontrolle durch Ableiten!   ⊠

Die Methode der partiellen Integration kann oft dann versucht werden, wenn der Integrand ein Produkt ist. Es besteht aber keine Garantie dafür, dass in einem solchen Fall das Verfahren auch tatsächlich zum Ziel führt. So versagt die partielle Integration bei $\int x \sin(x^2) \, dx$, wo dafür die Substitution $u = x^2$ zur Lösung führt. Manchmal kann man dieselbe Aufgabe aber auch sowohl mit partieller Integration als auch mit Substition anpacken:

5. $\int x\sqrt{x+1}\,dx$.

Wir wählen $\quad u'(x) = (x+1)^{1/2}, \quad u(x) = \frac{2}{3}(x+1)^{3/2},$
$\qquad\qquad v(x) = x, \qquad\quad v'(x) = 1.$

Partielle Integration liefert

$$\int x\sqrt{x+1}\,dx = \frac{2x}{3}(x+1)^{3/2} - \frac{2}{3}\int (x+1)^{3/2}\,dx$$
$$= \frac{2x}{3}(x+1)^{3/2} - \frac{4}{15}(x+1)^{5/2} + C$$
$$= \ldots = (x+1)^{3/2}\left(\frac{2}{5}x - \frac{4}{15}\right) + C\,.$$

Als zweiten Weg führen wir die Substitution $u = x + 1$, $du = dx$ durch. Wegen $x = u - 1$ erhalten wir

$$\int x\sqrt{x+1}\,dx = \int (u-1)\sqrt{u}\,du\,.$$

Zwar könnte das zweite Integral auch mit partieller Integration behandelt werden, doch ist es hier viel einfacher, auszumultiplizieren: .6

$$\int (u-1)\sqrt{u}\,du = \int (u^{3/2} - u^{1/2})\,du = \frac{2}{5}u^{5/2} - \frac{2}{3}u^{3/2} + C$$
$$= \frac{2}{5}(x+1)^{5/2} - \frac{2}{3}(x+1)^{3/2} + C = \ldots = (x+1)^{3/2}\left(\frac{2}{5}x - \frac{4}{15}\right) + C\,.$$

(Die Punkte deuten weggelassene Umformungen an.) $\qquad\qquad\qquad\qquad$ $\boxtimes$

(13.7) Integraltabelle

Eine durchaus zulässige Integrationsmethode besteht darin, das unbestimmte Integral in einer Tabelle nachzuschlagen. Eine kurze Liste hatten wir schon in (12.4) gegeben; hier sind einige weitere Integrale zusammengestellt. (Die Funktionen arcsin und arctan werden in Kapitel 17 besprochen.) In diesem Zusammenhang sei auch auf ausführlichere Formelsammlungen verwiesen. Bei den angegebenen Stammfunktionen ist die Integrationskonstante jeweils weggelassen worden.

Die Richtigkeit dieser Formeln lässt sich übrigens in jedem Fall durch Ableiten nachprüfen. (Sie haben hier also eine zusätzliche Quelle für Übungsaufgaben zum Differenzieren.)

Funktion	Stammfunktion
a) Rationale Funktionen	
$(ax+b)^n \quad a \neq 0, \quad n \neq -1$	$\dfrac{(ax+b)^{n+1}}{a(n+1)}$
$(ax+b)^{-1} \quad a \neq 0$	$\dfrac{1}{a}\ln|ax+b|$
$\dfrac{1}{ax^2+2bx+c} \quad b^2 > ac$	$\dfrac{1}{2\sqrt{b^2-ac}}\ln\left|\dfrac{ax+b-\sqrt{b^2-ac}}{ax+b+\sqrt{b^2-ac}}\right|$
$\dfrac{1}{ax^2+2bx+c} \quad b^2 < ac$	$\dfrac{1}{\sqrt{ac-b^2}}\arctan\dfrac{ax+b}{\sqrt{ac-b^2}}$
$\dfrac{1}{ax^2+2bx+c} \quad b^2 = ac$	$-\dfrac{1}{ax+b}$
$\dfrac{ax+b}{cx+d} \quad c \neq 0$	$\dfrac{ax}{c} - \dfrac{ad-bc}{c^2}\ln|cx+d|$
b) Quadratwurzeln	
$\sqrt{x^2 \pm a^2}$	$\dfrac{x}{2}\sqrt{x^2 \pm a^2} \pm \dfrac{a^2}{2}\ln\left|x+\sqrt{x^2 \pm a^2}\right|$
$\sqrt{a^2 - x^2}$	$\dfrac{x}{2}\sqrt{a^2 - x^2} + \dfrac{a^2}{2}\arcsin\dfrac{x}{|a|}$
$\dfrac{1}{\sqrt{x^2 \pm a^2}}$	$\ln\left|x+\sqrt{x^2 \pm a^2}\right|$
$\dfrac{1}{\sqrt{a^2 - x^2}}$	$\arcsin\dfrac{x}{|a|}$
c) Trigonometrische Funktionen	
$\tan x$	$-\ln|\cos x|$
$\cot x$	$\ln|\sin x|$
$\dfrac{1}{\sin x}$	$\ln\left|\tan\dfrac{x}{2}\right|$
$\dfrac{1}{\cos x}$	$\ln\left|\tan(\dfrac{x}{2}+\dfrac{\pi}{4})\right|$

Beispiele zur Anwendung der Tabelle

1. Gesucht ist

$$\int \frac{dx}{3x^2 + 10x + 3} \, .$$

Wir identifizieren den Integranden als den drittobersten der Tabelle, und zwar ist $a = 3$, $b = 5$, $c = 3$. Wegen $b^2 = 25 > ac = 9$ ist die dritte (und nicht etwa die vierte oder fünfte) Formel am Platz. Es ist $\sqrt{b^2 - ac} = 4$, und man erhält als Stammfunktion

$$\frac{1}{8} \ln \left| \frac{3x + 1}{3x + 9} \right| + C \, .$$

$\boxtimes$

Beachten Sie, dass der Koeffizient von x mit $2b$ bezeichnet wird. Es ist also $b = 5$ und nicht etwa $b = 10$. (Dies vereinfacht die Formeln.)

Es sei ferner erwähnt, dass die Grösse $b^2 - ac > 0$, $= 0$ oder < 0 ist, je nachdem, ob die Gleichung $ax^2 + 2bx + c = 0$ zwei, eine oder keine Lösung(en) hat.

Schliesslich ist eine Kontrolle des Resultats durch Ableiten zu empfehlen. Wer sich daran wagt, benutze die Vereinfachung

$$\ln \left| \frac{3x + 1}{3x + 9} \right| = \ln |3x + 1| - \ln |3x + 9| \, .$$

2. Gesucht sei

$$I = \int_3^5 \sqrt{4x^2 - 36} \, dx \, .$$

Dieser Integrand ist nicht in der Tabelle zu finden. Deshalb formen wir um, indem wir den Faktor 4 herausziehen:

$$I = 2 \int_3^5 \sqrt{x^2 - 9} \, dx \, .$$

Nun können wir die erste Formel von b) benutzen (mit dem Minuszeichen und mit $a^2 = 9$). Es folgt

$$I = 2 \left(\frac{x}{2} \sqrt{x^2 - 9} - \frac{9}{2} \ln \left| x + \sqrt{x^2 - 9} \right| \right) \Big|_3^5$$

$$= \ldots = 20 - 9 \ln 9 + 9 \ln 3 = 20 + 9 \ln \left(\frac{1}{3} \right) = 10.1125 \, ,$$

wobei wieder einmal die Rechenregeln für den Logarithmus verwendet wurden. $\boxtimes$

(13.8) Schlussbemerkungen

Wie schon in (13.1) erwähnt wurde, werden hier längst nicht alle Integrationsverfahren behandelt, so fehlt beispielsweise die sogenannte *Partialbruchzerlegung*, die es im Prinzip erlaubt, jede rationale Funktion zu integrieren.

Wenn Sie also einmal trotz eifrigem Bemühen keine Stammfunktion einer gegebenen Funktion finden könnten, so müssen Sie eben Fachleute fragen oder selber in die Literatur (z.B. in umfangreichere Integraltabellen) steigen.

Im übrigen gibt es auch sehr leistungsfähige Computerprogramme (für PC und Grossrechner), welche Stammfunktionen ermitteln können.

Es kann aber geschehen, dass diese Suche aus prinzipiellen Gründen erfolglos ist. Schon in (12.3.e) wurde darauf hingewiesen, dass gewisse Funktionen wie $f(x) = e^{-x^2}$ überhaupt keine elementare Stammfunktion besitzen. Andere Funktionen dieser Art sind z.B. $f(x) = \frac{\sin x}{x}$ oder $f(x) = \frac{1}{\ln x}$.

Zum Schluss sei noch auf die *numerische Integration* hingewiesen. In den meisten naturwissenschaftlichen Anwendungen interessiert man sich für das bestimmte Integral, also für eine Zahl (z.B. für die Grösse einer Population oder für die geleistete Arbeit). Dieser Wert des Integrals kann nun auch ohne Verwendung des Hauptsatzes (also ohne Kenntnis einer Stammfunktion) berechnet werden. Hierzu gibt es viele verschiedene Verfahren, ein einfaches Beispiel wird in (21.3) gegeben. Natürlich gibt es auch Computerprogramme, die solche numerischen Integrationen durchführen können, auch gewisse Taschenrechner sind entsprechend eingerichtet.

(13.∞) Aufgaben

Bei den Aufgaben 13−1 bis 13−7 handelt es sich um Routine-Aufgaben zur Einübung der in den Kapiteln 12 und 13 behandelten Integrationsmethoden.

13−1 Summen, Differenzen und Vielfache von Grundfunktionen.

a) $\int_{-1}^{1} (3x^2 - x^3 + 1)\,dx$
b) $\int_{-3}^{-1} (\frac{1}{t} - \frac{1}{t^2})\,dt$
c) $\int_{1}^{4} (3\sqrt{u} - \frac{2}{\sqrt{u}})\,du$

d) $\int_{\pi/4}^{\pi/2} (\sin\varphi - \cos\varphi)\,d\varphi$
e) $\int_{0}^{1} (e^z - 2\sqrt[3]{z^2})\,dz$
f) $\int_{0}^{\pi/4} (2 + 2\tan^2 x)\,dx$

13−2 Vorgängiges Umformen des Integranden.

a) $\int (x^2 + 1)^2\,dx$
b) $\int \frac{x^3 + 5x^2 - 4}{x^2}\,dx$
c) $\int (1 - t)\sqrt{t}\,dt$

13−3 Substitution; einfachster Fall (innere Funktion linear).

a) $\int_{-2}^{3} e^{-s/2}\,ds$
b) $\int_{1}^{3} \frac{dt}{2t + 1}$
c) $\int_{0}^{\pi} \sin\frac{\alpha}{4}\,d\alpha$

13−4 Substitution; allgemeiner Fall.

a) $\int x(x^2 + 1)^5\,dx$
b) $\int x^2\sqrt{x^3 - 2}\,dx$
c) $\int (z^2 + z)^3(2z + 1)\,dz$

d) $\int \sin^4\psi\cos\psi\,d\psi$
e) $\int (e^x - 1)^2 e^x\,dx$
f) $\int \frac{e^{\sqrt{x}}}{\sqrt{x}}\,dx$

13−5 Partielle Integration.

a) $\int x^2\ln x\,dx$
b) $\int x^2 e^{-x}\,dx$
c) $\int (t - 1)\sin t\,dt$

13.∞ Aufgaben

13–6 Verwendung von Integraltabellen.

a) $\int \dfrac{dx}{3x^2 + 8x + 4}\,dx$

b) $\int \dfrac{2z - 1}{2z + 1}\,dz$

c) $\int \sqrt{4x^2 + 36}\,dx$

13–7 Vermischte Beispiele.

a) $\int (1 - 2x)^n\,dx$

b) $\int \dfrac{(1 + x)^2}{\sqrt{x}}\,dx$

c) $\int \dfrac{\sqrt{\ln t}}{t}\,dt$

d) $\int x^3 \sin x\,dx$

e) $\int (6x^2 - 2)e^{x^3 - x}\,dx$

f) $\int \dfrac{\sin \frac{1}{\sigma}}{\sigma^2}\,d\sigma$

g) $\int x \ln(x^2 + 1)\,dx$

h) $\int \dfrac{\sin(2\alpha)}{1 - \cos(2\alpha)}\,d\alpha$

i) $\int (2x + 1)^2 e^{2x+1}\,dx$

j) $\int \dfrac{x}{\sqrt{x + 2}}\,dx$

k) $\int t^3 \sin(t^2)\,dt$

l) $\int \dfrac{e^x}{a + be^x}\,dx$

13–8 Gegeben ist das unbestimmte Integral $I = \int \dfrac{dx}{2x}$. Eine fleissige Rechnerin verwendet die Substitution $u = 2x$ und erhält $I = \frac{1}{2}\ln|2x|$. Ihr nicht minder eifriger Kollege zieht zuerst den Faktor $\frac{1}{2}$ vors Integral, $I = \frac{1}{2}\int \dfrac{dx}{x}$, und findet $I = \frac{1}{2}\ln|x|$. Die beiden vergleichen ihre Resultate und sind etwas verwirrt. Können Sie helfen?

13–9 Der Graph der Funktion $f(x) = 2^x$, $x \in [1, 2]$ wird um die x–Achse rotiert. Berechnen Sie das Volumen des entstehenden Rotationskörpers.

13–10 Der Graph der Funktion $f(x) = 1 + \sin x$, $x \in [0, \pi]$ wird um die x–Achse rotiert. Berechnen Sie das Volumen des entstehenden Rotationskörpers.

13–11 Berechnen Sie den Mittelwert der Funktion $f(x) = x\sqrt{x^2 + 9}$ im Intervall $[0, 4]$.

13–12 Wie lang ist die durch $y = x^2$, $-1 \le x \le 1$ gegebene Kurve?

14. INTEGRATION VON VEKTORFUNKTIONEN

(14.1) Überblick

In diesem Kapitel besprechen wir zwei weitere Anwendungen des Integralbegriffs:

- Wenn $\vec{r}(t)$ eine Vektorfunktion ist, dann wird ihr Integral nach der folgenden Formel koordinatenweise berechnet:

$$\int_a^b \vec{r}(t)\, dt = \begin{pmatrix} \int_a^b x_1(t)\, dt \\ \int_a^b x_2(t)\, dt \\ \int_a^b x_3(t)\, dt \end{pmatrix}.$$

(14.2)

Dieses Integral ist wieder ein Vektor.

- Die zweite Anwendung basiert auf dem Begriff des *Vektorfeldes* $\vec{F}(\vec{r})$: (14.3)
Ein Vektorfeld beschreibt eine Situation, wo jedem Punkt R (dargestellt durch den Vektor $\vec{r} = \overrightarrow{OR}$) ein Vektor $\vec{F} = \vec{F}(\vec{r})$ zugeordnet ist. Ist ein solches Vektorfeld und dazu noch ein Kurvenstück C gegeben, so kann man das *Kurvenintegral*, auch *Linienintegral* genannt, definieren und berechnen:

$$\int_C \vec{F}(\vec{r})\, d\vec{r} = \int_a^b \vec{F}(\vec{r}(t)) \cdot \dot{\vec{r}}(t)\, dt\,.$$

(14.4), (14.5)

Dabei ist $\vec{r}(t)$ mit $a \leq t \leq b$ eine Parameterdarstellung von C. Der Wert dieses Integrals ist eine Zahl. Ein Kurvenintegral wird z.B. dann benötigt, wenn die in einem Kraftfeld längs des Kurvenstücks C geleistete Arbeit definiert und berechnet werden soll.

(14.2) Gewöhnliche Integration von Vektorfunktionen

Eine Vektorfunktion $\vec{r}(t)$, gegeben durch

$$\vec{r}(t) = \begin{pmatrix} x_1(t) \\ x_2(t) \\ x_3(t) \end{pmatrix},$$

wird bekanntlich (vgl. (8.5)) koordinatenweise abgeleitet:

$$\dot{\vec{r}} = \begin{pmatrix} \dot{x}_1(t) \\ \dot{x}_2(t) \\ \dot{x}_3(t) \end{pmatrix}.$$

Ganz analog kann man das bestimmte Integral koordinatenweise berechnen. Wir definieren:

$$\int_a^b \vec{r}(t)\, dt := \begin{pmatrix} \int_a^b x_1(t)\, dt \\ \int_a^b x_2(t)\, dt \\ \int_a^b x_3(t)\, dt \end{pmatrix} .$$

Der Wert dieses Integrals ist also wieder ein Vektor. Wir betrachten nun Anwendungen dieses Konzepts.

Beispiele

1. Von einem bewegten Massenpunkt sei der Geschwindigkeitsvektor

$$\vec{v}(t) = \begin{pmatrix} v_1(t) \\ v_2(t) \\ v_3(t) \end{pmatrix}$$

zu einem beliebigen Zeitpunkt t bekannt. Zur Zeit t_0 befinde er sich an der durch den Ortsvektor $\vec{r}(t_0) = \vec{r}_0$ gegebenen Stelle. Wo befindet er sich zum Zeitpunkt t?

Es sei $\vec{r}(t)$ der Ortsvektor des Massenpunkts zur Zeit t. Nach (8.4) ist dann $\vec{v}(t) = \dot{\vec{r}}(t)$. Für die 1. Koordinatenfunktion gilt daher

$$v_1(t) = \dot{x}_1(t) .$$

Durch Integration erhalten wir

$$\int_{t_0}^t v_1(u)\, du = \int_{t_0}^t \dot{x}_1(u)\, du = x_1(t) - x_1(t_0) ,$$

denn $x_1(t)$ ist natürlich eine Stammfunktion von $\dot{x}_1(t)$. (Da die obere Integrationsgrenze t heisst, wurde die Integrationsvariable neu mit u bezeichnet.) Analoge Formeln gelten für die beiden andern Koordinaten. Diese drei Beziehungen lassen sich gemäss der obenstehenden Definition zur folgenden Vektorgleichung zusammenfassen:

$$\int_{t_0}^t \vec{v}(u)\, du = \vec{r}(t) - \vec{r}(t_0) .$$

Wir erhalten als Antwort auf die eingangs gestellte Frage

$$\vec{r}(t) = \vec{r}(t_0) + \int_{t_0}^t \vec{v}(u)\, du . \qquad \boxtimes$$

Wir stellen fest, dass die Integration auch für Vektoren als Umkehrung der Differentiation betrachtet werden kann (vgl. (12.8), wo auch das eindimensionale Analogon der obigen Formel steht).

2. Ein konkretes Beispiel zu 1. Es sei (mit $t_0 = 0$)

$$\vec{v}(t) = \begin{pmatrix} -\sin t \\ \cos t \\ 1 \end{pmatrix}, \qquad \vec{r}(0) = \vec{r}_0 = \begin{pmatrix} 1 \\ 0 \\ 0 \end{pmatrix}.$$

Dann ist

$$\vec{r}(t) = \begin{pmatrix} 1 \\ 0 \\ 0 \end{pmatrix} + \begin{pmatrix} \int_0^t (-\sin s)\, ds \\ \int_0^t \cos s\, ds \\ \int_0^t 1\, ds \end{pmatrix} = \begin{pmatrix} 1 \\ 0 \\ 0 \end{pmatrix} + \begin{pmatrix} \cos t - 1 \\ \sin t \\ t \end{pmatrix} = \begin{pmatrix} \cos t \\ \sin t \\ t \end{pmatrix}.$$

Dabei wurde

$$\int_0^t (-\sin s)\, ds = \cos s \Big|_0^t = \cos t - 1 \quad \text{und} \quad \int_0^t \cos s\, ds = \sin s \Big|_0^t = \sin t$$

benutzt.

Ein Vergleich mit (8.2.4) zeigt, dass der Endpunkt des Ortsvektors $\vec{r}(t)$ eine Schraubenlinie durchläuft. (Dies ist nicht verwunderlich, denn $\vec{v}(t)$ ist gerade die Ableitung jener Vektorfunktion, welche diese Schraubenlinie beschreibt, vgl. (8.5).)

(14.3) Vektorfelder

Bis jetzt haben wir Vektorfunktionen $\vec{r}(t)$ betrachtet, bei denen der Vektor $\vec{r}$ vom Parameter t, also nur von einer Variablen, abhing. Nun wollen wir Vektoren untersuchen, die vom Ort (welcher durch drei Variablen, nämlich die drei Koordinaten, beschrieben wird) abhängen. Diese Situation lässt sich darstellen, indem man in jedem Punkt R des Raumes den zu R gehörigen Vektor aufzeichnet. Die Länge und die Richtung dieses Vektors können sich von Punkt zu Punkt ändern. Die untenstehenden Illustrationen sind aus zeichnerischen Gründen zweidimensional; in Wirklichkeit hat man sich die Situation räumlich vorzustellen.

a) Eine Flüssigkeit strömt durch eine Röhre. In jedem Punkt R ist die an dieser Stelle herrschende Strömungsgeschwindigkeit (ein Vektor!) eingezeichnet:

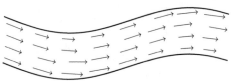

b) Windgeschwindigkeit. In jedem Punkt eines gewissen Teils der Lufthülle ist die zugehörige Windgeschwindigkeit eingetragen (hier scheint gerade ein Wirbelsturm zu wüten):

c) Kraftfelder. Dies ist eine wichtige physikalische Anwendung. In jedem Punkt des Raumes (oder eines Teilgebiets davon) wirkt eine bestimmte Kraft, deren Grösse und Richtung im allgemeinen von ihrem Angriffspunkt abhängt:

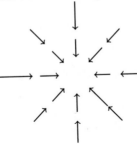

Nun betrachten wir die Situation allgemein. Um den Punkt R vektoriell darstellen zu können, wählen wir einen Ursprung O. Zum Punkt R gehört dann ein Ortsvektor, nämlich der Vektor $\vec{r} = \overrightarrow{OR}$. Da der im Punkt R angebrachte Vektor $\vec{F}$ von R und damit von $\vec{r}$ abhängt, schreibt man dafür $\vec{F}(\vec{r})$.

Damit liegt eine Funktion vor, welche jedem Vektor $\vec{r}$ des Raumes (oder auch bloss eines Teilgebiets G des Raumes) einen neuen Vektor

$$\vec{F}(\vec{r})$$

zuordnet, also eine Funktion, die auf einer Teilmenge $G \subset \mathbb{R}^3$ definiert ist und Werte in $\mathbb{R}^3$ annimmt:

$$\vec{F} : G \to \mathbb{R}^3 \quad (G \subset \mathbb{R}^3) \, .$$

Eine solche Funktion nennt man ein *Vektorfeld* auf G. Wenn der Vektor $\vec{F}$ eine Kraft darstellt, wie im Beispiel c), dann spricht man auch von einem *Kraftfeld*.

Der Vektor $\vec{F} = \vec{F}(\vec{r})$ ist wie üblich durch seine drei Koordinatenfunktionen gegeben:

$$\vec{F}(\vec{r}) = \begin{pmatrix} F_1(\vec{r}) \\ F_2(\vec{r}) \\ F_3(\vec{r}) \end{pmatrix} \, .$$

Dabei sind die Funktionswerte $F_1(\vec{r})$, $F_2(\vec{r})$, $F_3(\vec{r})$ reelle Zahlen, welche vom Vektor

$$\vec{r} = \begin{pmatrix} x_1 \\ x_2 \\ x_3 \end{pmatrix} \, ,$$

also jeweils von drei reellen Zahlen abhängen. F_1, F_2 und F_3 sind somit (reellwertige) Funktionen von drei Variablen. Auf Funktionen von mehreren Variablen wird später noch genauer eingegangen (Kapitel 22). Es folgen zwei formelmässig gegebene Beispiele:

<u>Beispiele</u>

1. Das elektrostatische Feld einer Punktladung $Q > 0$ im Ursprung ist gegeben durch

$$\vec{E}(\vec{r}) = \frac{Q}{4\pi\varepsilon_0|\vec{r}|^3}\,\vec{r}, \quad (\vec{r} \neq \vec{0})\,.$$

Durch diese Formel wird jedem Ortsvektor $\vec{r}$ ein neuer Vektor, nämlich $\vec{E}(\vec{r})$ zugeordnet. (Dabei ist ε_0 die elektrische Feldkonstante.) In unserem Fall hat dieser Vektor dieselbe Richtung wie $\vec{r}$, und sein Betrag ist umgekehrt proportional zum Quadrat des Betrages von $\vec{r}$, denn es gilt

$$|\vec{E}(\vec{r})| = \frac{Q}{4\pi\varepsilon_0|\vec{r}|^3}\,|\vec{r}| = \frac{Q}{4\pi\varepsilon_0|\vec{r}|^2}\,. \qquad\qquad \boxtimes$$

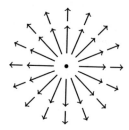

2. Wir betrachten ein Vektorfeld in der Ebene, gegeben durch

$$\vec{F}(\vec{r}) = \begin{pmatrix} x_1 - x_2 \\ x_1 + x_2 \end{pmatrix} \qquad \text{für} \qquad \vec{r} = \begin{pmatrix} x_1 \\ x_2 \end{pmatrix}\,.$$

Wir stellen eine Wertetabelle auf, wie wir sie für gewöhnliche Funktionen kennen.

$\vec{r}$	$\vec{F}(\vec{r})$	$\vec{r}$	$\vec{F}(\vec{r})$	$\vec{r}$	$\vec{F}(\vec{r})$
$\begin{pmatrix} -1 \\ 1 \end{pmatrix}$	$\begin{pmatrix} -2 \\ 0 \end{pmatrix}$	$\begin{pmatrix} 0 \\ 1 \end{pmatrix}$	$\begin{pmatrix} -1 \\ 1 \end{pmatrix}$	$\begin{pmatrix} 1 \\ 1 \end{pmatrix}$	$\begin{pmatrix} 0 \\ 2 \end{pmatrix}$
$\begin{pmatrix} -1 \\ 0 \end{pmatrix}$	$\begin{pmatrix} -1 \\ -1 \end{pmatrix}$	$\begin{pmatrix} 0 \\ 0 \end{pmatrix}$	$\begin{pmatrix} 0 \\ 0 \end{pmatrix}$	$\begin{pmatrix} 1 \\ 0 \end{pmatrix}$	$\begin{pmatrix} 1 \\ 1 \end{pmatrix}$
$\begin{pmatrix} -1 \\ -1 \end{pmatrix}$	$\begin{pmatrix} 0 \\ -2 \end{pmatrix}$	$\begin{pmatrix} 0 \\ -1 \end{pmatrix}$	$\begin{pmatrix} 1 \\ -1 \end{pmatrix}$	$\begin{pmatrix} 1 \\ -1 \end{pmatrix}$	$\begin{pmatrix} 2 \\ 0 \end{pmatrix}$

Die Vektoren $\vec{F}(\vec{r})$ werden nun jeweils im Endpunkt des Vektors $\vec{r}$ abgetragen:

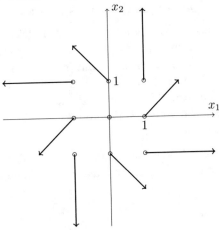

(14.4) Kurvenintegrale

Wir beziehen unsere Betrachtungen auf ein Beispiel aus der Physik und sprechen daher von einem Kraftfeld statt von einem Vektorfeld. Die erarbeitete Definition lässt sich aber ohne weiteres auf beliebige Vektorfelder übertragen.

Es sei also $\vec{F}(\vec{r})$ ein Kraftfeld im Gebiet G des Raumes. Weiter betrachten wir ein Kurvenstück C, welches ganz in G liegt:

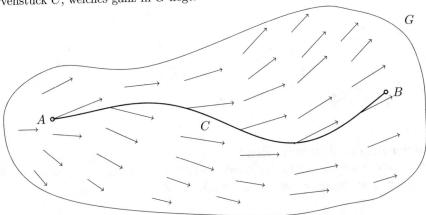

Wir erinnern zuerst daran, dass ein solches Kurvenstück durch eine *Parameterdarstellung* (8.3) gegeben ist, also durch eine Funktion

$$t \mapsto \vec{r}(t), \quad t \in [a, b] \, .$$

Dabei entspricht $\vec{r}(a)$ dem Anfangspunkt, $\vec{r}(b)$ dem Endpunkt der Kurve, d.h., es ist $\vec{r}(a) = \overrightarrow{OA}$, $\vec{r}(b) = \overrightarrow{OB}$ (wo O wie üblich den gewählten Nullpunkt bezeichnet).

Wir möchten die Arbeit W bestimmen, die geleistet wird, wenn sich ein Massenpunkt längs der Kurve C unter der Einwirkung des Kraftfeldes $\vec{F} = \vec{F}(\vec{r})$ bewegt.

In (9.3) haben wir das Problem für den Spezialfall gelöst, wo die Kraft stets in der Bewegungsrichtung wirkte und sind dabei auf einen Integrationsprozess gekommen. Wenn nun die Richtung der Kraft nicht mehr mit jener der Bewegung übereinstimmt, dann ist die Arbeit ein Skalarprodukt zweier Vektoren (1.8.a). Hier liegt nun eine Kombination dieser beiden Situationen vor, und tatsächlich werden wir sehen, dass die Arbeit durch Integration über ein Skalarprodukt erhalten wird. Dies soll nun im einzelnen durchgeführt werden.

Ähnlich wie bei den einleitenden Betrachtungen zur Integration in Kapitel 9 teilen wir das "Parameterintervall" $[a, b]$ durch Teilpunkte t_i in Teilintervalle:

$$a = t_0 < t_1 < t_2 < \ldots < t_n = b \, .$$

Zu diesen Teilpunkten des Intervalls gehören die Endpunkte der Vektoren

$$\vec{r}(t_i), \; i = 0, 1, \ldots, n$$

auf der Kurve C:

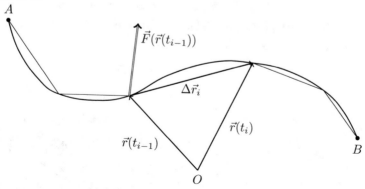

Neben dem Kurvenstück zwischen je zwei aufeinanderfolgenden Teilpunkten $\vec{r}(t_{i-1})$ und $\vec{r}(t_i)$ betrachten wir nun noch das entsprechende Geradenstück (die Sekante). Wie der Skizze zu entnehmen ist, wird dieses durch den Vektor

$$\Delta \vec{r}_i = \vec{r}(t_i) - \vec{r}(t_{i-1})$$

beschrieben. Für eine sehr feine Unterteilung kann man nun zwei Dinge annehmen:

(i) Die Bewegung entlang des Kurvenstücks zwischen den erwähnten Teilpunkten darf näherungsweise durch die Bewegung entlang des Geradenstücks (oder Sekante) ersetzt werden.

(ii) Längs dieses (kurzen) Geradenstücks ist das Kraftfeld $\vec{F}(\vec{r})$ näherungsweise konstant, und man kann annehmen, es habe den Wert $\vec{F}(\vec{r}(t_{i-1}))$, d.h. den Wert am Anfangspunkt der Sekante.

Damit liegt der Fall vor, dass sich (wenn auch nur näherungsweise) der Massenpunkt geradlinig um den Vektor $\Delta\vec{r}_i$ unter der Einwirkung der konstanten Kraft $\vec{F}(\vec{r}(t_{i-1}))$ verschiebt. In diesem Fall ist die Arbeit durch das Skalarprodukt "Kraft mal Weg" gegeben (1.8.a). Für die in diesem Teilstück geleistete Arbeit gilt also

$$W_i \approx \vec{F}(\vec{r}(t_{i-1})) \cdot \Delta\vec{r}_i \ .$$

(Dies ist wohlverstanden trotz des etwas komplizierten Aussehens ein gewöhnliches Skalarprodukt zweier Vektoren. Wir schreiben hier das Skalarprodukt meist mit einem Punkt $(\cdot)$.)

Die Gesamtarbeit W ist näherungsweise gleich der Summe dieser Teilarbeiten:

$$W \approx \sum_{i=1}^{n} \vec{F}(\vec{r}(t_{i-1})) \cdot \Delta\vec{r}_i \ .$$

Nun führen wir eine weitere Approximation durch, indem wir $\Delta\vec{r}_i$ durch das Vektor-Differential $d\vec{r}$ ersetzen (vgl. (8.7.b)):

$$\Delta\vec{r}_i \approx d\vec{r} = \dot{\vec{r}}(t_{i-1})\Delta t_i \ .$$

So erhält man

$$W \approx \sum_{i=1}^{n} \vec{F}(\vec{r}(t_{i-1})) \cdot \dot{\vec{r}}(t_{i-1})\Delta t_i \ .$$

Je feiner die Unterteilungen werden, desto besser approximiert die rechte Seite das, was man sich anschaulich unter der gesamten geleisteten Arbeit vorstellt. Man macht daher (wie schon in früheren Fällen, z.B. in (9.3)) die durch die obigen Überlegungen motivierte Beziehung zur *Definition* und beschreibt die Gesamtarbeit durch die Formel

$$W = \lim_{\Delta t_i \to 0} \sum_{i=1}^{n} \vec{F}(\vec{r}(t_{i-1})) \cdot \dot{\vec{r}}(t_{i-1})\Delta t_i \ .$$

Diese Summe ist aber nichts anderes als eine Riemannsche Summe im Sinne von (10.2) (wobei hier die "Zwischenpunkte" gerade mit den "Teilpunkten" von $[a, b]$ zusammenfallen). Allerdings handelt es sich um die Riemannsche Summe einer ziemlich komplizierten Funktion, nämlich der Funktion

$$t \mapsto \vec{F}(\vec{r}(t)) \cdot \dot{\vec{r}}(t), \quad t \in [a, b] \ ,$$

die durch das Skalarprodukt zweier Vektoren definiert ist. Nach (10.2) ist der Limes dieser Riemannschen Summe nichts anderes als das Integral

$$\int_a^b \vec{F}(\vec{r}(t)) \cdot \dot{\vec{r}}(t)\, dt .$$

Somit können wir zusammenfassend sagen: Die in der besprochenen Situation geleistete Arbeit ist definiert durch

$$W = \int_a^b \vec{F}(\vec{r}(t)) \cdot \dot{\vec{r}}(t)\, dt .$$

Ein Integral dieser Form heisst ein Kurvenintegral. Es kann auch für beliebige Vektorfelder, unabhängig vom Begriff der Arbeit, definiert werden. Wir halten also allgemein fest:

Es sei $\vec{F} = \vec{F}(\vec{r})$ ein beliebiges Vektorfeld und C sei ein Kurvenstück, gegeben durch die Parameterdarstellung $\vec{r} = \vec{r}(t)$ ($t \in [a, b]$). Unter dem *Kurvenintegral* (oder *Linienintegral*) von $\vec{F}$ über C versteht man das Integral

$$(1) \qquad \int_a^b \vec{F}(\vec{r}(t)) \cdot \dot{\vec{r}}(t)\, dt .$$

Beachten Sie, dass es sich bei (1) um ein ganz gewöhnliches Integral einer Funktion einer Variablen handelt.

Ist die Definition des Kurvenintegrals einmal vorhanden, so kann man den Begriff der Arbeit in seiner allgemeinsten Form als ein derartiges Kurvenintegral definieren — die motivierenden Betrachtungen haben gezeigt, dass das Kurvenintegral für diesen Zweck unentbehrlich ist.

Schreibt man die Vektoren in Komponentenform

$$\vec{F}(\vec{r}) = \begin{pmatrix} F_1(\vec{r}) \\ F_2(\vec{r}) \\ F_3(\vec{r}) \end{pmatrix}, \qquad \vec{r}(t) = \begin{pmatrix} x_1(t) \\ x_2(t) \\ x_3(t) \end{pmatrix},$$

so erhält man, ausführlich geschrieben:

$$(2) \qquad \int_a^b \vec{F}(\vec{r}(t)) \cdot \dot{\vec{r}}(t)\, dt = \int_a^b \left(F_1(\vec{r}(t))\dot{x}_1(t) + F_2(\vec{r}(t))\dot{x}_2(t) + F_3(\vec{r}(t))\dot{x}_3(t) \right) dt .$$

Unter Verwendung der Formeln (1) oder (2) lassen sich Kurvenintegrale berechnen (siehe (14.6), wo auch ein Rechenschema angegeben ist).

(14.5) Weitere Informationen über Kurvenintegrale

Dem Kurvenintegral liegt ein Vektorfeld $\vec{F}(\vec{r})$ und eine Kurve C zugrunde. Nun ist die Kurve C durch eine Parameterdarstellung $t \mapsto \vec{r}(t)$, $t \in [a, b]$ gegeben, und $\vec{r}(t)$ kommt in der Formel (1) für das Kurvenintegral explizit vor, zusammen mit $\dot{\vec{r}}(t)$. In (8.3) haben wir aber gesehen, dass ein Kurvenstück C verschiedene Parameterdarstellungen haben kann. "Dynamisch" kann dies so interpretiert werden, dass dieselbe Bahn mit verschiedenen Geschwindigkeiten durchlaufen wird. Man kann nun aber zeigen, dass der Wert des Kurvenintegrals nicht von der gewählten Parametrisierung abhängt. Dies leuchtet — im Fall der Arbeit — auch physikalisch ein, denn die geleistete Arbeit hängt nicht davon ab, wie schnell sich der Massenpunkt in einem Kraftfeld bewegt.

Das eben Gesagte stimmt insofern noch nicht ganz, als die Orientierung der Kurve (der Durchlaufungssinn) eine Rolle spielt. Es ist nämlich wichtig, in welcher Richtung die Kurve durchlaufen wird; die Umkehrung des Durchlaufungssinns bewirkt einen Vorzeichenwechsel des Kurvenintegrals. Im Zusammenhang mit Kurvenintegralen ist C also stets als ein *orientiertes Kurvenstück*, d.h. als Kurve mit einem Durchlaufungssinn, zu verstehen.

Wenn wir uns wie in der Bemerkung am Ende von (8.3) eine Kurve C als Klasse von äquivalenten Wegen vorstellen, so kommt es, wie man zeigen kann, bei der Berechnung des Kurvenintegrals nicht darauf an, welchen Weg aus der Klasse (m.a.W. welche Parameterdarstellung) man wählt.

Die Unabhängigkeit von der Parametrisierung der (orientierten) Kurve C bringt man dadurch zum Ausdruck, dass man die Funktion $\vec{r}(t)$ und das Parameterintervall $[a, b]$ gar nicht anschreibt. An deren Stelle setzt man das Zeichen C ein. Für das Kurvenintegral schreibt man dann einfach

$$(3) \qquad \int_C \vec{F}(\vec{r}) \cdot d\vec{r} \qquad \text{oder} \qquad \int_C \vec{F} \cdot d\vec{r} \,.$$

Der Punkt ($\cdot$) steht nach wie vor für das Skalarprodukt. Er könnte auch weggelassen werden. Formal erhält man die obige Bezeichnung (3) aus der Formel (1), indem man $\dot{\vec{r}}(t)\,dt$ durch das Differential $d\vec{r}$ ersetzt. Wenn die Kurve C geschlossen ist (d.h. wenn ihr Anfangs- mit dem Endpunkt zusammenfällt), dann benutzt man auch die Bezeichnung

$$(4) \qquad \oint_C \vec{F} \cdot d\vec{r} \,.$$

Es sei nochmals betont, dass es sich bei diesen etwas imposant aussehenden Integralen um ganz gewöhnliche Integrale handelt, die in konkreten Fällen mit der Formel (2) auszurechnen sind. Die Bedeutung der eben eingeführten kurzen Schreibweise für das Kurvenintegral liegt auch darin, dass sie es erlaubt, physikalische Grössen in kompakter Form darzustellen.

Ein Beispiel hierzu ist die schon besprochene allgemeine Definition der Arbeit. Auch in der Lehre von Elektrizität und Magnetismus treten Kurvenintegrale auf, so zum Beispiel im Induktionsgesetz von FARADAY,

$$\oint_C \vec{E} \cdot d\vec{r} = -\frac{d\Phi}{dt} \; ,$$

wo links das Linienintegral über das induzierte E–Feld und rechts die Änderung des magnetischen Induktionsflusses steht.

Schliesslich erwähnen wir noch, dass es auch eine direkte Interpretation der Formel (3) gibt. Bei der Herleitung in (14.4) wurde die "Teilarbeit" W_i durch $\vec{F}(\vec{r}) \cdot \Delta \vec{r}$ definiert (das Argument t_i lassen wir weg). Ersetzen wir nun $\Delta \vec{r}$ durch das Differential $d\vec{r}$, so ersetzen wir gleichzeitig W_i durch $\vec{F}(\vec{r}) \cdot d\vec{r}$:

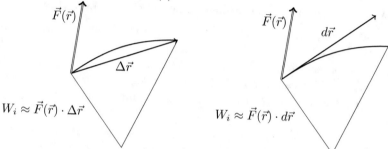

Das Differential $d\vec{r}$ darf man sich mit der nötigen Vorsicht (vgl. 10.4.c) als "unendlich kleines Kurvenstück" vorstellen. Geht man also ein ganz kleines Stücklein $d\vec{r}$ entlang der Kurve, so wirkt in diesem Stück eine (praktisch) konstante Kraft $\vec{F}(\vec{r})$, und es wird die Arbeit $\vec{F}(\vec{r}) \cdot d\vec{r}$ geleistet. Die Gesamtarbeit erhält man durch Summation bzw. — nach einem Grenzübergang — durch Integration von $\vec{F}(\vec{r}) \cdot d\vec{r}$:

$$W = \int_C \vec{F}(\vec{r}) \cdot d\vec{r} \, .$$

(14.6) Beispiele zur Berechnung von Kurvenintegralen

1. Das Vektorfeld $\vec{F}(\vec{r})$ sei gegeben durch

$$\vec{F}(\vec{r}) = \begin{pmatrix} x_1 - x_2 \\ x_1 + x_2 \\ x_3 \end{pmatrix} \quad \text{also} \quad \begin{cases} F_1(\vec{r}) &= x_1 - x_2 \\ F_2(\vec{r}) &= x_1 + x_2 \\ F_3(\vec{r}) &= x_3 \end{cases} \quad \text{mit} \quad \vec{r} = \begin{pmatrix} x_1 \\ x_2 \\ x_3 \end{pmatrix}.$$

Als Kurve C wählen wir die Schraubenlinie aus (8.2.4), welche die folgende Parameterdarstellung hat (dabei beschränken wir uns auf einen Umlauf):

$$\vec{r}(t) = \begin{pmatrix} \cos t \\ \sin t \\ t \end{pmatrix}, \; t \in [0, 2\pi] \, , \; \text{also} \quad \begin{cases} x_1(t) &= \cos t \\ x_2(t) &= \sin t \\ x_3(t) &= t \end{cases}.$$

Um das Skalarprodukt $\vec{F}(\vec{r}(t)) \cdot \dot{\vec{r}}(t)$ gemäss Formel (1) zu berechnen, geht man am besten schematisch vor:

1) In

$$\vec{F}(\vec{r}) = \begin{pmatrix} x_1 - x_2 \\ x_1 + x_2 \\ x_3 \end{pmatrix}$$

ersetzen wir $\vec{r}$ durch $\vec{r}(t)$ und erhalten dann $\vec{F}(\vec{r}(t))$. Im einzelnen wird x_1 durch $x_1(t) = \cos t$, x_2 durch $x_2(t) = \sin t$ und x_3 durch $x_3(t) = t$ ersetzt. Es ergibt sich

$$F(\vec{r}(t)) = \begin{pmatrix} \cos t - \sin t \\ \cos t + \sin t \\ t \end{pmatrix}.$$

2) Wir benötigen als zweites den Vektor $\dot{\vec{r}}(t)$, der durch koordinatenweises Ableiten erhalten wird.

$$\dot{\vec{r}}(t) = \begin{pmatrix} -\sin t \\ \cos t \\ 1 \end{pmatrix}.$$

3) Wir bilden das Skalarprodukt $\vec{F}(\vec{r}(t)) \cdot \dot{\vec{r}}(t)$ und vereinfachen:

$$(\cos t - \sin t)(-\sin t) + (\cos t + \sin t)(\cos t) + t \cdot 1 = \ldots = \sin^2 t + \cos^2 t + t = 1 + t.$$

4) Das Kurvenintegral selbst ergibt sich nun durch Integration über das eben berechnete Skalarprodukt

$$\int_C \vec{F}(\vec{r}) \cdot d\vec{r} = \int_0^{2\pi} (1 + t)\, dt = \left(t + \frac{t^2}{2}\right)\Big|_0^{2\pi} = 2(\pi + \pi^2) = 26.0224. \quad \boxtimes$$

2. Gegeben sei das Vektorfeld $\vec{F}(\vec{r})$ durch

$$\vec{F}(\vec{r}) = \begin{pmatrix} x_1^2 + x_2^2 + x_3^2 \\ x_1 x_2 \\ x_1 + x_2 + x_3 \end{pmatrix}.$$

Das (orientierte) Kurvenstück C sei die Strecke vom Punkt $A(2, 1, -1)$ zum Punkt $B(1, 3, 0)$. Gesucht ist $\int_C \vec{F} \cdot d\vec{r}$.

Im Gegensatz zum Beispiel 1. müssen wir hier zuerst eine Parameterdarstellung von C finden. In (1.10.a) haben wir gesehen, wie das geht:

Mit

$$\vec{a} = \overrightarrow{OA} = \begin{pmatrix} 2 \\ 1 \\ -1 \end{pmatrix} \quad \text{und} \quad \vec{b} = \overrightarrow{OB} = \begin{pmatrix} 1 \\ 3 \\ 0 \end{pmatrix} \quad \text{ist} \quad \vec{b} - \vec{a} = \begin{pmatrix} -1 \\ 2 \\ 1 \end{pmatrix},$$

und die gesuchte Parameterdarstellung ist

$$\vec{r}(t) = \vec{a} + t(\vec{b} - \vec{a}) = \begin{pmatrix} 2 \\ 1 \\ -1 \end{pmatrix} + t \begin{pmatrix} -1 \\ 2 \\ 1 \end{pmatrix}, \text{ also } \vec{r}(t) = \begin{pmatrix} 2 - t \\ 1 + 2t \\ -1 + t \end{pmatrix}, \ t \in [0, 1] \ .$$

Wir verwenden nun wieder das Rechenschema:

1) Durch Einsetzen der Koordinatenfunktionen von $\vec{r}(t)$ findet man

$$\vec{F}(\vec{r}(t)) = \begin{pmatrix} (2 - t)^2 + (1 + 2t)^2 + (-1 + t)^2 \\ (2 - t)(1 + 2t) \\ (2 - t) + (1 + 2t) + (-1 + t) \end{pmatrix} = \begin{pmatrix} 6t^2 - 2t + 6 \\ -2t^2 + 3t + 2 \\ 2t + 2 \end{pmatrix} .$$

2) Ableiten ergibt

$$\dot{\vec{r}}(t) = \begin{pmatrix} -1 \\ 2 \\ 1 \end{pmatrix} .$$

3) Nun bildet man das Skalarprodukt

$$\vec{F}(\vec{r}(t)) \cdot \dot{\vec{r}}(t) = (6t^2 - 2t + 6)(-1) + (-2t^2 + 3t + 2)2 + (2t + 2)1$$
$$= -10t^2 + 10t$$

4) Das Kurvenintegral wird auch in diesem Fall recht einfach:

$$\int_C \vec{F}(\vec{r}) \cdot d\vec{r} = \int_0^1 \vec{F}(\vec{r}(t)) \cdot \dot{\vec{r}}(t) \, dt = \int_0^1 (-10t^2 + 10t) \, dt$$
$$= \left(-\frac{10}{3}t^3 + \frac{10}{2}t^2 \right) \Big|_0^1 = \frac{5}{3} \ .$$

3. Zu berechnen sei $\int_C \vec{r} \cdot d\vec{r}$, wobei C der Einheitskreis in der x-y–Ebene sei. Für C können wir die Parameterdarstellung aus (8.2.2) wählen:

$$\vec{r}(t) = \begin{pmatrix} \cos t \\ \sin t \\ 0 \end{pmatrix}, \quad t \in [0, 2\pi] \ .$$

Das Vektorfeld $\vec{F}(\vec{r})$ ist hier schon als Integrand gegeben, nämlich durch $\vec{F}(\vec{r}) = \vec{r}$, in Koordinaten also einfach

$$\vec{F}(\vec{r}) = \begin{pmatrix} x_1 \\ x_2 \\ x_3 \end{pmatrix} .$$

Unser Rechenschema liefert

$$\vec{F}(\vec{r}(t)) = \begin{pmatrix} \cos t \\ \sin t \\ 0 \end{pmatrix}, \quad \dot{\vec{r}}(t) = \begin{pmatrix} -\sin t \\ \cos t \\ 0 \end{pmatrix} .$$

Für den Integranden $\vec{F}(\vec{r}(t)) \cdot \dot{\vec{r}}(t)$ erhält man

$$\cos t(-\sin t) + \sin t \cos t = 0 \ .$$

Damit wird auch das Kurvenintegral

$$\int_C \vec{r} \cdot d\vec{r} = 0 \ .$$

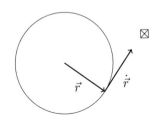

Die Tatsache, dass der Integrand gleich Null ist, hat eine ganz anschauliche Begründung: Da die Kurve C ein Kreis ist, steht der Tangentialvektor $\dot{\vec{r}}$ stets senkrecht auf dem Vektor $\vec{r}$ ($=$ $\vec{F}(\vec{r})$). Das Skalarprodukt ist also Null. Noch etwas anschaulicher und mit gebührender Vorsicht (vgl. den Schluss von (14.5)):

Fassen wir $\vec{F}$ als Kraftfeld auf, so steht bei einer Kreisbewegung die Kraft $\vec{F}(\vec{r}) = \vec{r}$ stets senkrecht auf dem "unendlich kleinen" Kurvenstück $d\vec{r}$. Somit ist das Skalarprodukt $\vec{r} \cdot d\vec{r} = 0$ und damit auch die geleistete Arbeit: $\int_C \vec{r} \cdot d\vec{r} = 0$.

(14.7) Quadratische Abnahme einer Wirkung

Wir kehren zurück zu (14.3), zum Beispiel des elektrostatischen Feldes einer Punktladung. Wir stellten fest, dass der Betrag des elektrostatischen Feldes umgekehrt proportional zum Quadrat des Betrages von $\vec{r}$ (also der Distanz zum Ursprung) ist:

$$|\vec{E}(\vec{r})| = \frac{Q}{4\pi\varepsilon_0 |\vec{r}|^3} \, |\vec{r}| = \frac{Q}{4\pi\varepsilon_0 |\vec{r}|^2} \ .$$

Was wir hier erarbeitet haben, ist ein allgemeines Prinzip, welches in Naturwissenschaft und Technik viele Phänome erklären hilft. Wann immer wir eine Formel von der Art antreffen, dass eine Wirkung w dem folgenden Gesetz genügt:

$$w = \frac{KQ}{4\pi r^2} \ ,$$

dann kann man das folgendermassen interpretieren: K ist eine Naturkonstante, Q eine Quelle im Ursprung, r die Distanz zum Ursprung und damit zur Quelle. Kommt uns $4\pi r^2$ bekannt vor? Es ist die Oberfläche einer Kugel mit Radius r. Doch weshalb taucht dies hier im Nenner auf? Wenn wir zum Beispiel eine Strahlungsquelle im Ursprung platzieren (Mobiltelefon, radioaktive Probe), dann fassen wir diese als Punktquelle auf, welche radial in alle Richtungen strahlt. Wenn wir jetzt erstmal lediglich die Verdünnung der Strahlungsquelle durch Distanz betrachten, dann gilt folgendes: Wenn Sie sich von 2 Metern auf 4 Meter Distanz von der radial in alle Richtungen strahlenden Quelle entfernen, wird nicht mehr nur die Hälfte der Strahlung auf Sie treffen, sondern nur noch ein Viertel: dazu denken Sie sich eine Kugel von 2 Metern und eine solche von 4 Metern Radius um die Quelle. Die Oberflächen der Kugeln sind $4\pi 2^2 = 16\pi$ beziehungsweise

$4\pi 4^2 = 64\pi$. Es ist also ein Faktor 4. Die ursprünglich von der Quelle emittierten Strahlen verteilen sich damit auf eine 4 mal grössere Fläche und entsprechend trifft auf jeden cm^2 auf der äusseren Kugel nur noch 1/4 der Strahlen im Vergleich zu einem cm^2 auf der inneren Kugel. Dass $4\pi r^2$ in obiger Formel in den Nenner gehört, kann man dann auch so verstehen, dass KQ auf eine Fläche $4\pi r^2$ aufgeteilt wird, also "pro" Fläche und "pro" ist ein Hinweis, dass etwas in den Nenner gehört.

Was sind nun die Konsequenzen dieser Formel? Ein paar Beispiele, wobei wir nochmals die Einschränkungen der nachfolgenden Schlussfolgerungen auflisten: es muss eine Punktquelle sein, welche radial in alle Richtungen wirkt. Wir haben Bremswirkungen, Wechselwirkungen nicht berücksichtigt, sondern lediglich die Verdünnung der Strahlungsquelle durch Distanz betrachtet, rein von der Geometrie, der Symmetrie. Physikalisch kann man dies oft durch den Energieerhaltungssatz erklären. Wir betrachten nur den Haupteffekt. Für Details und genauere Angaben konsultiere man die entsprechende Fachliteratur.

1. Die Strahlen des Mobiltelefons: Sie sollten längere Gespräche mit Kabel durchführen: anstatt dass Sie das Mobiltelefon direkt am Ohr halten (und damit praktisch die Hälfte der Strahlen mit Ihrem Kopf absorbieren), trifft bei 1 Metern Distanz nur noch ein Bruchteil auf Ihren Kopf und die heikle Gehirnregion auf. Wir haben eine quadratische Abnahme mit der Distanz.

2. Auch bei radioaktiven Strahlen gilt *bei Punktquellen* analog dem ersten Beispiel eine quadratische Abnahme. Die 3 Grundprinzipien des Strahlenschutzes beinhalten denn auch: Abschirmung, Expositionsdauer und eben die Distanz.

3. Die Gravitationsformel nach Newton:

$$F = \frac{Gm_1 m_2}{r^2}.$$

4. Auch die Lautstärke im Freien nimmt mit der Distanz quadratisch ab (bei Punktquellen - was Lautsprecher gewöhnlich eben gerade nicht sind!).

5. Bei Radar-Geräten muss man berücksichtigen, dass die Strahlen vom aussendenden Radargerät auf das Flugzeug treffen und dort *erneut* gesendet (reflektiert) werden. Das führt im Wesentlichen (abgesehen von Spezialeffekten) zu einer Abnahme mit

$$\frac{1}{r^2}\frac{1}{r^2} = \frac{1}{r^4}.$$

Um dieser sehr starken Abnahme entgegenzuwirken kann man auf Flugzeugen einen Sender (Transponder) installieren, der aktiv von sich aus sendet.

6. In der Seismologie will man mit Sprengungen im Boden Rückschlüsse auf den Untergrund machen. Bei homogenem Untergrund hätte man bei einer einzelnen Sprengladung eine quadratische Abnahme bis zur ersten Reflexion; die Abweichungen davon helfen in der Seismologie, Rückschlüsse zum Untergrund zu machen.

7. Während man bei einer Luftexplosion auch eine quadratische Abnahme der Wirkung hat, gilt erfahrungsgemäss approximativ bei Explosionen auf der Oberfläche, dass dank Bodeneffekt die Abnahme gemässe $r^{-2.2}$ geschieht.

8. Bei Explosionen in Flugzeugen ist die Prognose nicht gut, da es sich im Wesentlichen um eine eindimensionale Röhre handelt. Die Explosionswirkung kann sich kaum verdünnen.

Eine weitere Frage ist, wie die Wirkung einer stärkeren Quelle durch grösseren Abstand wieder neutralisiert werden kann. Dies kann man aber einfach an der Formel ablesen:

$$w = \frac{KQ}{4\pi r^2} .$$

Konstant sind K und 4π. Wenn wir Q verneunfachen, muss man r verdreifachen, um die gleiche Wirkung zu haben wie zuvor.

(14.∞) Aufgaben

14−1 Es sei

$$\vec{r}(t) = \begin{pmatrix} 1 - \sqrt[4]{t} \\ 1 - \sqrt[4]{t^3} \\ 1 - \sqrt[4]{t^5} \end{pmatrix} .$$

Berechnen Sie $\int_0^1 \vec{r}(t)\, dt$.

14−2 Es sei

$$\vec{v}(s) = \begin{pmatrix} 1 \\ -\sin s \\ \cos s \end{pmatrix} .$$

Berechnen Sie a) $\int_0^\pi \vec{v}(s)\, ds$, b) $\left| \int_0^\pi \vec{v}(s)\, ds \right|$, c) $\int_0^\pi |\vec{v}(s)|\, ds$.

14−3 Ein Punkt bewegt sich im Raum mit der Geschwindigkeit

$$\vec{v}(t) = \begin{pmatrix} 2t \\ 1 - 3t^2 \\ 1 + 4t^3 \end{pmatrix} .$$

Wo ist er zur Zeit $t = 2$, wenn er zur Zeit $t = 0$ a) im Nullpunkt, b) im Punkt $P(1, -1, 2)$ war?

14−4 Ein Massenpunkt wird zur Zeit $t = 0$ vom Nullpunkt aus weggeschossen. Seine Anfangsgeschwindigkeit hat die Richtung

$$\begin{pmatrix} 1 \\ 8 \\ 4 \end{pmatrix}$$

und den Betrag 36 m/s. Auf ihn wirkt die Erdbeschleunigung (damit es einfache Zahlen gibt, können Sie $g = 10$ m/sec^2 setzen). Dabei zeigt die z-Achse wie üblich nach oben. Der Luftwiderstand wird vernachlässigt. a) Berechnen Sie den Geschwindigkeitsvektor $\vec{v}(t)$ und den Ortsvektor $\vec{r}(t)$ zur Zeit t. b) Wann und wo trifft der Massenpunkt wieder auf die x-y-Ebene?

14−5 Machen Sie sich ein Bild des Vektorfeldes $\vec{F}(\vec{r})$ (in der Ebene), indem Sie in den neun Punkten (x_1, x_2) mit $x_1 = -1, 0, 1$ und $x_2 = -1, 0, 1$ jeweils den zugehörigen Vektor $\vec{F}(\vec{r})$ zeichnen mit

a) $\vec{F}(\vec{r}) = \begin{pmatrix} -x_2 \\ x_1 \end{pmatrix}$ b) $\vec{F}(\vec{r}) = \begin{pmatrix} -\frac{1}{2} x_1 x_2 (x_2 + 1) \\ x_1^2 (1 - x_2 - x_2^2) \end{pmatrix}$

14−6 Berechnen Sie $\int_C \vec{F}(\vec{r}) \, d\vec{r}$, wobei das Kurvenstück C gegeben ist durch $\vec{r}(t)$.

$$\vec{F}(\vec{r}) = \begin{pmatrix} x_2 - x_3 \\ x_3 - x_1 \\ x_1 - x_2 \end{pmatrix}, \quad \vec{r}(t) = \begin{pmatrix} 1 \\ t \\ t^2 \end{pmatrix}, \quad t \in [0, 1] .$$

14−7 Berechnen Sie $\int_C \vec{F}(\vec{r}) \, d\vec{r}$, wobei das Kurvenstück C gegeben ist durch $\vec{r}(t)$.

$$\vec{F}(\vec{r}) = \begin{pmatrix} x_1 + x_2 \\ -x_1 + x_3 \\ x_2 - x_3 \end{pmatrix}, \quad \vec{r}(t) = \begin{pmatrix} \cos t \\ \sin t \\ \sin t \end{pmatrix}, \quad t \in [0, 2\pi] .$$

14−8 Es sei C die (orientierte) Strecke von $A(1, 0, -1)$ nach $B(2, 1, 0)$. Berechnen Sie $\int_C \vec{F}(\vec{r}) \, d\vec{r}$ für

$$\vec{F}(\vec{r}) = \begin{pmatrix} x_1^2 - 2x_2 \\ x_2 x_3 \\ x_3^2 + 2x_2 \end{pmatrix} .$$

14−9 Berechnen Sie das Kurvenintegral $\int_C \vec{F}(\vec{r}) \, d\vec{r}$ für das Vektorfeld

$$\vec{F}(\vec{r}) = \begin{pmatrix} 1 + x_1 \\ 1 - x_3 \\ x_2 \end{pmatrix} .$$

Das Kurvenstück C geht dabei von $P(0, 0, 1)$ nach $Q(1, 1, 2)$, und zwar einmal gemäss a), das zweite Mal gemäss b):

a) $\vec{r}(t) = \begin{pmatrix} t \\ t \\ 1 + t \end{pmatrix}$ $(0 \leq t \leq 1)$,   b) $\vec{r}(t) = \begin{pmatrix} t \\ t^2 \\ 1 + t^3 \end{pmatrix}$ $(0 \leq t \leq 1)$.

14−10 Ein Beispiel in der Ebene: Es sei C der von $A(2, 0)$ nach $B(0, 2)$ laufende Viertelkreis mit Zentrum O, und es sei+-

$$\vec{F}(\vec{r}) = \begin{pmatrix} x_1 - x_2 \\ x_1 \end{pmatrix} .$$

Berechnen Sie $\int_C \vec{F}(\vec{r}) \, d\vec{r}$.

14−11 Noch ein Beispiel in der Ebene. Das Kurvenstück C sei durch die Gleichung $y = x^3 - x$ $(-1 \leq x \leq 1)$ gegeben. Berechnen Sie $\int_C \vec{r} \, d\vec{r}$.

D. DIFFERENTIALGLEICHUNGEN

15. DER BEGRIFF DER DIFFERENTIALGLEICHUNG

(15.1) Überblick

In diesem Kapitel wird der Begriff der *Differentialgleichung* ein- *(15.3)*
geführt. An verschiedenen Beispielen werden Auftreten und Bedeutung
derartiger Gleichungen erklärt.

Anschliessend werden ein paar allgemeine Begriffe erläutert. Im Ka- *(15.4)*
pitel 16 werden wir uns dann mit einigen *Lösungsmethoden* befassen.

(15.2) Einleitung

Viele in der Natur stattfindende Vorgänge können durch sogenannte *Differenti-algleichungen* beschrieben werden. Unter einer Differentialgleichung versteht man — zunächst ganz grob gesagt — eine Gleichung, in der unbekannte Funktionen, ihre Variablen und ihre Ableitungen vorkommen. Die Lösungen einer solchen Gleichung sind Funktionen, welche die durch die Gleichung gegebenen Bedingungen erfüllen. Dies ist ein markanter Unterschied zu Gleichungen, wie Sie von früher her kennen, wo die Lösungen einfach Zahlen sind.

Wir gliedern den ganzen Themenkreis in zwei Teile, nämlich einerseits das *Aufstellen* und andererseits das *Lösen der Differentialgleichung*. Beim Aufstellen möchte man einen bestimmten zu untersuchenden Vorgang durch eine Differentialgleichung beschreiben. Gewöhnlich bildet man sich zu diesem Zweck eine *Modellvorstellung* (oft unter vereinfachenden Annahmen) und versucht, dieses Modell mathematisch zu formulieren. Es geht hier also darum, einen Vorgang aus der Natur in die Sprache der Mathematik zu übersetzen und damit einer rechnerischen Behandlung zugänglich zu machen.

Hat man einmal eine Differentialgleichung aufgestellt, so gilt es, diese zu lösen. Dies ist eine rein mathematische, aber oft recht schwierige Aufgabe. Es wird nicht immer möglich sein, die gesuchten Lösungsfunktionen der Differentialgleichung mit einer expliziten Formel anzugeben. In Kapitel 16 werden wir aber für einige einfache Fälle ein paar direkte Lösungsmethoden kennenlernen.

Wenn die Differentialgleichung einen Vorgang aus der Natur beschreiben soll, so muss noch nachgeprüft werden, wie gut die gefundene Lösung den gewünschten Sachverhalt wiedergibt, d.h. wie gut sich die theoretische Lösung den experimentell gefundenen Daten anpasst. Dies zeigt dann auch, wie gut das gewählte Modell (mit seinen vereinfachenden Annahmen) war und ob eventuell Modifikationen nötig sind.

© Springer Nature Switzerland AG 2020
C. Luchsinger, H. H. Storrer, *Einführung in die mathematische Behandlung
der Naturwissenschaften I*, Grundstudium Mathematik, https://doi.org/10.1007/978-3-030-40158-0_4

(15.3) Beispiele von Differentialgleichungen
---

a) Radioaktiver Zerfall

Es geht darum, den Zerfall einer radioaktiven Substanz zu beschreiben. Die einfachste Annahme (Modellvorstellung) ist die, dass in einem bestimmten Zeitraum jedes Atom dieselbe Wahrscheinlichkeit hat, zu zerfallen. Dies bedeutet, dass die Anzahl ΔN der in einem kleinen Zeitraum der Länge $\Delta t > 0$ zerfallenden Atome proportional ist zur Anzahl $N(t)$ der zur Zeit t vorhandenen Atome sowie zur Länge Δt des Zeitintervalls*. Es ist also**

$$\Delta N = N(t + \Delta t) - N(t) = -\lambda N(t)\Delta t \ .$$

Dabei ist λ eine Proportionalitätskonstante. Man pflegt $\lambda > 0$ zu wählen und muss daher in der Formel ein Minuszeichen einsetzen, weil es sich hier um eine Abnahme handelt und ΔN somit < 0 ist. Es ist also:

$$\frac{\Delta N}{\Delta t} = -\lambda N(t) \ .$$

Der Grenzübergang $\Delta t \to 0$ liefert nach der Definition der Ableitung (vgl. (4.2))

(1) $$N'(t) = -\lambda N(t) \ .$$

In dieser Gleichung kommt nun eine unbekannte Funktion $N(t)$ und ihre Ableitung $N'(t)$ vor. Es handelt sich also um eine Differentialgleichung für $N(t)$.

In diesem speziellen Fall lässt sich die Lösung der Differentialgleichung erraten. Gesucht ist ja eine Funktion, deren Ableitung das $(-\lambda)$–fache der Funktion ist. Nun weiss man aber, dass die Ableitung der Exponentialfunktion e^t gerade die Exponentialfunktion e^t selbst ist. Der in bezug auf (1) fehlende Faktor $-\lambda$ lässt sich leicht hineinschmuggeln (innere Ableitung). Man setzt

$$N(t) = e^{-\lambda t}$$

und stellt fest, dass diese Funktion der Differentialgleichung (1) genügt. Es ist nämlich

$$N'(t) = -\lambda e^{-\lambda t} = -\lambda N(t) \ .$$

für alle t. Dies ist aber nicht die einzige Funktion mit $N'(t) = -\lambda N(t)$. Man darf nämlich die Exponentialfunktion noch mit einer beliebigen Konstanten C multiplizieren. Auch

(*) $$N(t) = Ce^{-\lambda t}$$

---

* Setzt man $\Delta t = 1$, so ist $\Delta N = -\lambda N(t)$. Man beschreibt die vorliegende Situation deshalb auch durch den Ausdruck "die Abnahme *pro Zeiteinheit* ist proportional zu $N(t)$".

** Im Verlauf des Zeitintervalls Δt ändert sich $N(t)$. Deshalb könnte ΔN auch proportional zu $N(t + \Delta t)$ oder gar zu $N(\tau)$ für ein $\tau \in [t, t + \Delta t]$ angesetzt werden. Da aber anschliessend $\Delta t \to 0$ geht, führen diese komplizierteren Ansätze auf dasselbe Resultat.

ist eine Lösung von (1), denn es gilt

$$N'(t) = C(-\lambda)e^{-\lambda t} = -\lambda N(t) \ .$$

Eine Zwischenbemerkung: Betrachtet man (1) losgelöst vom Problem des radioaktiven Zerfalls, so kann C eine ganz beliebige Konstante sein. In unserer konkreten Aufgabe ist aber $N(t)$ sicher stets positiv, so dass nur noch $C > 0$ in Frage kommt.

Die Differentialgleichung (1) hat also unendlich viele Lösungen. Wir werden später sehen, dass dies eine allgemeine Tatsache ist.

Was bedeutet die Konstante C in der Lösung $N(t) = Ce^{-\lambda t}$? Setzen wir $t = 0$, so folgt wegen $e^0 = 1$, dass $N(0) = C$ ist. Daher ist C gerade die Anzahl Atome zum Zeitpunkt 0. Ist diese Anzahl bekannt, $N(0) = N_0$, so kommt also von den unendlich vielen Lösungen nur noch eine in Frage, nämlich

(∗∗)
$$N(t) = N_0 e^{-\lambda t} \ .$$

Man sagt, dass diese Lösung zur *Anfangsbedingung* $N(0) = N_0$ gehört (Näheres dazu in (16.2)). Die Lösung (∗) mit beliebigem C heisst *"allgemeine Lösung"*, die Lösung (∗∗) heisst *"spezielle Lösung"* zur Anfangsbedingung $N(0) = N_0$.

Man kann natürlich auch eine Anfangsbedingung mit einem beliebigen Zeitpunkt vorschreiben. Es sei N^* die Anzahl der Atome zur Zeit t^*. Wir müssen dann C so wählen, dass $N(t^*) = Ce^{-\lambda t^*} = N^*$ ist. Es ist also $C = N^* e^{\lambda t^*}$ zu setzen.

Ergänzende Bemerkungen

1) Da wir die Lösung von (1) erraten haben, kann man sich fragen, ob es eventuell nicht noch andere Lösungen geben könnte, die wir übersehen hätten. Wir zeigen nun, dass dies nicht der Fall ist: Jede Lösung muss die Form (∗) $N(t) = Ce^{-\lambda t}$ für ein passendes C haben. Zu diesem Zweck nehmen wir an, die Funktion $N(t)$ sei eine Lösung von (1). Wir vergleichen diese mit der bereits bekannten Lösung $e^{-\lambda t}$ und bilden dazu den Quotienten $Q(t) = N(t)/e^{-\lambda t}$. Nach der Quotientenregel ist dann

$$Q'(t) = \frac{e^{-\lambda t}N'(t) + \lambda e^{-\lambda t}N(t)}{(e^{-\lambda t})^2} = \frac{N'(t) + \lambda N(t)}{e^{-\lambda t}} \ .$$

Da aber $N(t)$ nach Voraussetzung eine Lösung von (1) ist, ist für alle t der Zähler $N'(t) + \lambda N(t) = 0$. Somit ist auch $Q'(t) = 0$, für alle t und deshalb muss $Q(t)$ eine konstante Funktion sein (vgl. (6.3.c)), es ist $Q(t) = C$ für ein passendes C. Dann ist aber $N(t) = Ce^{-\lambda t}$, was behauptet wurde.

2) Streng genommen ist die Anzahl $N(t)$ stets eine (wenn auch sehr grosse) ganze Zahl, und die Funktion $N(t)$ macht bei jedem Zerfall einen Sprung. Sie ist also nicht differenzierbar, so dass die Differentialgleichung (1) $N'(t) = -\lambda N(t)$ zunächst gar nicht sinnvoll ist. Wie schon in (4.6.h) beschrieben, behilft man sich mit einer Idealisierung: Man stellt sich $N(t)$ als differenzierbare Funktion vor, was nur eine minime Abweichung von der effektiven Situation ergibt, weil die Anzahl der Atome ja ungeheuer gross ist. (In der Praxis wird $N(t)$ ohnehin nicht die Anzahl der Atome sein, sondern die dazu proportionale Masse, in einer geeigneten Einheit.) Eine analoge Situation liegt auch in andern Fällen vor, so etwa im folgenden Beispiel.

b) Wachstum von Populationen

Hier sei $N(t)$ die (im eben erwähnten Sinn als differenzierbare Funktion aufgefasste) Zahl der Individuen einer Population zur Zeit t (oder ein anderes geeignetes Mass für die Grösse der Population). Nach (3.3) ist dann $N'(t)$ die Wachstumsgeschwindigkeit zur Zeit t. Es ist

$$N'(t) = \lim_{\Delta t \to 0} \frac{\Delta N}{\Delta t} \,,$$

wo $\Delta N/\Delta t$ die mittlere Zunahme pro Zeiteinheit ist.

Nehmen wir als einfachstes Modell an, dass dieser mittlere Zuwachs (und damit die Wachstumsgeschwindigkeit) proportional zur Zahl der vorhandenen Individuen sei, so erhalten wir die folgende Differentialgleichung mit dem Proportionalitätsfaktor a:

(2) $$N'(t) = aN(t), \quad a > 0 \,.$$

Dieses Modell beschreibt ein unbeschränktes Wachstum. Man spricht von *exponentiellem Wachstum*, denn $N(t) = Ce^{at}$ ist eine Lösung von (2), siehe die Skizze unten.

Da dieses unbeschränkte Wachstum — zumindest längerfristig gesehen — nicht realistisch ist, kann man mit einer anderen Modellvorstellung annehmen, dass es eine feste obere Schranke $B > N(t)$ für die Zahl der Individuen gibt und dass die Population um so langsamer wächst, je näher $N(t)$ an B herankommt. Diese Idee lässt sich mit einer Proportionalitätskonstanten b formelmässig so ausdrücken:

(3) $$N'(t) = b(B - N(t)), \qquad b > 0, \ B > 0 \,.$$

Tatsächlich wird hier die Wachstumsgeschwindigkeit um so kleiner, je näher $N(t)$ an B herankommt. Dieses Modell hat aber den folgenden Nachteil: Am Anfang des Prozesses, d.h. wenn $N(t)$ sehr klein ist, gilt ungefähr

$$N'(t) \approx bB \,,$$

d.h., die Wachstumsgeschwindigkeit ist dann konstant, während man doch am Anfang, bei wenig Individuen, noch keine Einschränkung des Wachstums und somit eher ein exponentielles Wachstum in der Art der Gleichung (2) erwartet.

Um auch noch diese Vorstellung zu verwirklichen, kombiniert man (2) und (3) und erhält

(4) $$N'(t) = \frac{c}{B} N(t)(B - N(t)), \qquad c > 0, \ B > 0 \,.$$

Nebenbemerkung: Weil hier mit $N(t)(B - N(t))$ zwei Faktoren der gleichen Magnitude B (bzw N) miteinander multipliziert werden, ist es sinnvoll, im Vergleich zu (2) und (3) die Konstante c noch durch B zu teilen.

Hier wird man also mit einem Wachstum rechnen, das anfangs ungefähr exponentiell ist und später immer langsamer wird.

Die Lösungen der Gleichungen (3) und (4) lassen sich nicht mehr wie im Falle von (1) oder (2) einfach erraten. Wir werden aber in der Lage sein, die Lösungen mit passenden Methoden zu bestimmen (vgl. (16.8) und (16.12)). Der qualitative Verlauf ist in den folgenden Skizzen dargestellt:

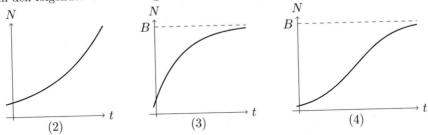

Beachten Sie, dass das Wachstum gemäss (4) wie erhofft zuerst rasch und dann immer langsamer ist und dass die Grösse der Population gegen eine gewisse obere Grenze strebt.

Wir haben in den obigen Beispielen von der Wachstumsgeschwindigkeit gesprochen. Daneben gibt es noch den Begriff der *Wachstumsrate*, die als Quotient

$$\frac{N'(t)}{N(t)} = \frac{1}{N}\frac{dN}{dt}$$

definiert ist. Die Differentialgleichung (2) beschreibt den Fall, wo diese Wachstumsrate konstant ist, in der Gleichung (4) ist sie eine lineare Funktion von N.

Noch etwas zur Terminologie: Wie schon in (3.3) erwähnt, brauchen manche Autoren das Wort Wachstumsrate für $N'(t)$ (also die Grösse, die hier Wachstumsgeschwindigkeit heisst). Den Quotienten $N'(t)/N(t)$ nennt man dann relative oder spezifische Wachstumsrate. Es heisst also aufpassen.

c) Ausbreitung einer Infektion

Die Differentialgleichung (4) kann auch in einem anderen Zusammenhang erhalten werden: Es sei B die Anzahl der Individuen einer Population, in welcher eine ansteckende Krankheit umgeht. Zur Zeit t seien $N(t)$ Individuen infiziert. Unsere Modellvorstellung ist die, dass die Wachstumsgeschwindigkeit $N'(t)$ proportional zur Anzahl der genügend engen Kontakte zwischen Kranken und Gesunden ist und dass diese Anzahl Kontakte ihrerseits proportional zur Anzahl $N(t)$ der Kranken und zum An*teil*

$$\frac{B - N(t)}{B}$$

der Gesunden ist. Mit dem Proportionalitätsfaktor c finden wir die schon in b) genannte Differentialgleichung

$$N'(t) = cN(t)\frac{B - N(t)}{B}\ .$$

Man kann sich überlegen, was für weitere stillschweigende Annahmen getroffen werden müssen, damit der obige Ansatz gemacht werden darf: So wird angenommen, dass die Krankheit unheilbar ist (eine Abnahme von $N(t)$ infolge Gesundung ist nicht berücksichtigt), dass sie aber nicht tödlich ist (die Gesamtzahl B der Population ist konstant) usw.

d) Ein einfacher Schwingungsvorgang

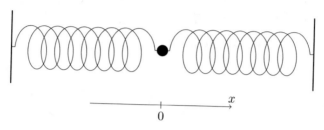

Ein Massenpunkt (Masse m) sei an zwei gleich langen, homogenen Federn zwischen zwei festen Wänden aufgehängt. Die Schwerkraft soll vernachlässigt werden. Zur Zeit t sei der Massenpunkt an der Stelle $x = x(t)$. Dann ist die auf ihn wirkende Federkraft proportional zu x (vgl. (9.3)):

$$F = -kx, \qquad k > 0 .$$

(Das Minuszeichen sagt aus, dass diese Kraft bei positivem x nach links gerichtet ist.)

Anderseits ist diese Kraft gleich "Masse mal Beschleunigung". Dabei ist die Beschleunigung $a(t)$ gegeben durch $a(t) = \ddot{x}(t)$. (Die Ableitung nach der Zeit bezeichnet man in der Physik bekanntlich gerne mit Punkten.) Es gilt daher:

$$(5) \qquad m\ddot{x}(t) = -kx(t), \qquad k > 0 .$$

Dies ist eine Differentialgleichung für $x(t)$.

Neben der Schwerkraft ist auch die Reibung vernachlässigt worden. Sie sucht ebenfalls die Auslenkung aus der Ruhelage zu verhindern. In erster Näherung ist sie proportional zur Geschwindigkeit $\dot{x}(t)$. Berücksichtigt man diese Reibung, so erhält man die Differentialgleichung der gedämpften Schwingung

$$(6) \qquad m\ddot{x}(t) = -kx(t) - r\dot{x}(t), \qquad k, r > 0 .$$

Wir werden die Differentialgleichungen (5) und (6) hier nicht lösen, sondern verweisen auf die Literatur.

e) Bimolekulare Reaktionen

Wir betrachten eine in einer Lösung ablaufende chemische Reaktion der Form

$$A + B \longrightarrow C ,$$

wobei ein Molekül der Substanz A mit einem Molekül der Substanz B reagiert und ein Molekül der Substanz C ergibt. Die Konzentration des Stoffes A zur Zeit $t = 0$ sei a, jene von B sei b. Dabei wird die Konzentration in Mol pro Volumeneinheit, z.B. in Mol/Liter, gemessen.

Da die Stoffe A und B miteinander reagieren, nehmen ihre Konzentrationen bis zur Zeit t jeweils um $x(t)$ ab, sie betragen also zu dieser Zeit $a - x(t)$ bzw. $b - x(t)$.[*] Das sogenannte Massenwirkungsgesetz besagt nun, dass die *Reaktionsgeschwindigkeit*, nämlich $x'(t)$, proportional zu $a - x(t)$ und zu $b - x(t)$ ist. Damit können wir die folgende Differentialgleichung aufstellen:

(7) $$x'(t) = K(a - x(t))(b - x(t)), \qquad K > 0 \,.$$

Dabei ist $K > 0$, weil die umgesetzte Menge $x(t)$ mit der Zeit t zunimmt. In (16.12) wird angegeben, wie man (7) lösen kann.

f) Eine geometrische Aufgabe

Gesucht sind die Kurven mit der Eigenschaft, dass die Tangente in jedem Punkt $P(x, y)$ der Kurve die x–Achse im Punkt $(x/2, 0)$ schneidet. Wir fassen dazu die Kurve als Graph einer vorläufig unbekannten Funktion $f(x)$ auf und beschränken uns dabei auf den Fall $x > 0$. Die Tangente im Punkt P hat die Steigung $y' = f'(x)$. Damit sie durch den Punkt $(x/2, 0)$ geht, muss ihre Steigung aber auch gleich

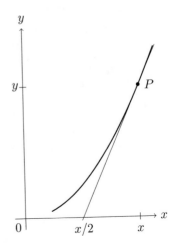

$$\frac{y}{x/2} = \frac{2y}{x} = \frac{2f(x)}{x}$$

sein.

Dies führt auf die Beziehung

$$f'(x) = \frac{2f(x)}{x}, \qquad x > 0$$

oder kurz

(8) $$y' = \frac{2y}{x}, \qquad x > 0 \,.$$

In (16.5.b) werden wir sehen, dass die Lösungen (quadratische) Parabeln sind.

---

[*] Da die Konzentration in Mol/Volumeneinheit gemessen wird, nehmen die Konzentrationen beider Stoffe A und B um dieselbe Grösse, nämlich $x(t)$ ab, denn es reagiert je ein Molekül von B mit einem von A. Die Konzentration von C nimmt dabei um $x(t)$ zu.

> (15.4) Allgemeines über Differentialgleichungen

Wir haben nun eine ganze Reihe von Beispielen kennengelernt und wollen dazu einige allgemeine Betrachtungen anstellen.

a) Wie wir jetzt wissen, ist eine Differentialgleichung eine Gleichung, in der eine unbekannte Funktion zusammen mit ihren Ableitungen (und den Variablen) vorkommt. Wir unterscheiden zunächst:

- Gewöhnliche Differentialgleichungen: Die gesuchte Funktion ist eine Funktion von einer Variablen.

- Partielle Differentialgleichungen: Die gesuchte Funktion ist eine Funktion von mehreren Variablen (und die vorkommenden Ableitungen sind demzufolge partielle Ableitungen, wie wir sie in Kapitel 23 antreffen werden). Wir werden uns hier überhaupt nicht mit partiellen Differentialgleichungen befassen und verstehen von nun an unter dem Begriff "Differentialgleichung" stets eine gewöhnliche Differentialgleichung.

Neben einzelnen Differentialgleichungen betrachtet man auch Systeme von mehreren Differentialgleichungen für mehrere unbekannte Funktionen, genauso, wie man auch Systeme von gewöhnlichen Gleichungen für zwei oder mehr Unbekannte betrachtet. Mit Systemen von mehreren Differentialgleichungen kann man sehr leistungsfähige Modelle aufstellen. Wir werden das lediglich in diesem Kapitel am Schluss betrachten, aber nicht die Lösungsmethoden dazu erlernen.

b) In den Beispielen von (15.3) hiessen die gesuchten Funktionen $N(t), x(t), K(t), f(x)$. Für die allgemeinen Untersuchungen wollen wir die Variable stets mit x, die gesuchte Funktion mit $y = y(x)$ bezeichnen. Die Differentialgleichungen aus (15.3) lauten dann:

$$(1) \quad y' = -\lambda y \qquad\qquad (5) \quad my'' = -ky$$
$$(2) \quad y' = ay \qquad\qquad\quad (6) \quad my'' = -ky - ry'$$
$$(3) \quad y' = b(B - y) \qquad\quad (7) \quad y' = K(a - y)(b - y)$$
$$(4) \quad y' = cy(B - y) \qquad\quad (8) \quad y' = \frac{2y}{x}$$

Wie man sieht, stimmen die Gleichungen (1) und (2) bis auf die Bezeichnung der Konstanten überein.

c) Unter der *Ordnung* einer Differentialgleichung versteht man die Ordnung der höchsten vorkommenden Ableitung. Die Gleichungen (1), (2), (3), (4), (7) und (8) sind von 1. Ordnung, dagegen sind (5) und (6) von 2. Ordnung.

d) Für den Rest unserer Behandlung der Differentialgleichungen beschränken wir uns auf *Differentialgleichungen 1. Ordnung* und setzen zudem voraus, dass diese in *expliziter Form*, d.h. aufgelöst nach y', gegeben seien. Dies ist für alle Gleichungen 1. Ordnung aus den Beispielen (1) bis (4) sowie (7) und (8) der Fall.

Ein Beispiel für eine nicht explizite Differentialgleichung 1. Ordnung wäre etwa

$$y' + \sin y' = x + y \; .$$

Die *allgemeine Form* einer expliziten Differentialgleichung 1. Ordnung lautet also

$$\boxed{y' = F(x, y) \; ,}$$

wo F eine Funktion von zwei Variablen ist. Solche Funktionen werden "offiziell" zwar erst in Kapitel 22 behandelt, es dürfte aber klar sein, worum es geht. Beispiele werden wir zur Genüge sehen, wie etwa

$$y' = \frac{2y}{x} \quad \text{(vgl. (8))}$$
$$y' = x - y + 1, \quad \text{usw.} \; .$$

e) Um Missverständnissen vorzubeugen, sei noch folgendes bemerkt: Die Beispiele (1) bis (4) und (7) sind insofern nicht ganz typisch, als dort die rechte Seite F stets eine Funktion von y allein ist. Dieser Spezialfall ordnet sich aber der allgemeinen Theorie unter, ebenso wie jener, wo die rechte Seite nur von x abhängt, wie z.B.

$$y' = 2x \; .$$

Dagegen kommt in der rechten Seite von (8) sowohl x als auch y vor.

f) Wir halten hier noch formell fest, was man unter einer *Lösung* der Differentialgleichung

$$y' = F(x, y)$$

versteht:

Eine (auf einer gewissen Teilmenge D von $\mathbb{R}$ definierte) Funktion $y = f(x)$ heisst Lösung dieser Differentialgleichung, wenn für alle x aus dem Definitionsbereich D gilt

$$f'(x) = F(x, f(x)) \; .$$

g) In Kapitel 16 werden wir einige Lösungsverfahren für Differentialgleichungen kennenlernen. Diese Beispiele werden immer *explizit lösbar* sein, d.h. eine Lösung in der Form

$$y = f(x)$$

haben, wo f eine "wohlbekannte" Funktion (z.B. eine elementare Funktion im Sinne von (5.6)) ist.

Um falschen Vorstellungen aus dem Weg zu gehen, sei darauf hingewiesen, dass dies nicht immer so sein muss. So hat z.B. die Differentialgleichung $y' = e^{-x^2}$ sicher eine Lösung, nämlich eine Stammfunktion von e^{-x^2}. Wir wissen aber von (12.3.e) her, dass e^{-x^2} keine elementare Stammfunktion hat, die Differentialgleichung hat also keine Lösung, die sich mit den bekannten elementaren Funktionen ausdrücken lässt. Es gibt in der Tat viele Differentialgleichungen, die auf neue, nicht elementare Funktionen führen.

In der (sehr weit ausgebauten) allgemeinen Theorie der Differentialgleichungen geht es denn auch weniger darum, explizite, formelmässige Lösungen zu finden. Vielmehr untersucht man, ob eine Differentialgleichung überhaupt eine Lösung hat, ob diese (bei gegebener Anfangsbedingung) eindeutig bestimmt ist, wie sich die Lösungen in bestimmten Situationen (z.B. für $x \to \infty$) verhalten usw.

Schliesslich sei noch erwähnt, dass es auch numerische Verfahren gibt, welche es erlauben, die Lösungen einer Differentialgleichung näherungsweise tabellarisch oder graphisch anzugeben. Wir werden in Kapitel 21 kurz darauf eintreten.

(15.5) Systeme von Differentialgleichungen

Anhand der Ausbreitung einer Epidemie soll auch allgemein aufgezeigt werden, wie mit Differentialgleichungen Phänomene der realen Welt modelliert werden können.

Bekanntlich besucht uns im Winter regelmässig Influenza A. Die (potentielle) Epidemie beginnt mit ein paar wenigen Fällen. Dann kann eine regelrechte Explosion der Krankheitsfälle stattfinden. Nach ein paar Wochen hat es dann wieder nur ein paar wenige Fälle; die Epidemie klingt aus. Wir wissen zudem, dass ein paar Menschen gar nicht infiziert werden. Wir sind am Anfang einer solchen Epidemie daran interessiert zu wissen, wie viele Personen infiziert werden, wie viele Menschen maximal gleichzeitig infiziert sein werden und wann die Epidemie etwa vorüber sein wird. Die Gesundheitsbehörden werden erste Vorhersagen machen, bei welchen sie sich auf die Erfahrungen von anderen Ländern stützen oder von vergangenen Jahren. Aber solche Vorhersagen können sehr unpräzise sein, wenn man nicht berücksichtigt, was genau vor sich geht. Hier können mathematische Modelle Abhilfe schaffen: mathematische Modelle erlauben die Beschreibung des Verhaltens von Systemen, welche zu kompliziert sind, um sie allein in natürlicher Sprache zu beschreiben. Weiter kann man versuchen, damit das Verhalten in der Zukunft vorherzusagen. Die Sprache der Mathematik (Differentialgleichungen und Stochastische Prozesse) ist universell in dem Sinne, dass wir damit Prozesse der Physik, Chemie, Biologie, Medizin, Ingenieur-Wissenschaften und Wirtschafts-Wissenschaften beschreiben können. Diese Modelle müssen jedoch zuerst aufgestellt werden:

* nachdem ein Phänomen in *natürlicher Sprache* beschrieben wurde,
* muss die *relevante Information* in die *Sprache der Mathematik* übersetzt werden.

Dies nennt man Modellieren. Sobald das Modell steht, kann der ganze Apparat der (reinen und angewandten) Mathematik eingesetzt werden, um das Modell zu analysieren. Die Folgerungen, welche man dann zieht, müssen danach wieder in die natürliche

Sprache rückübersetzt werden. In obigem Beispiel wird also zuerst eine Fachperson aus der Medizin der Mathematik ganz genau erklären müssen, wie der heutige Wissensstand über die Ausbreitung von Influenza A ist.

Erfahrene BeraterInnen aus allen Gebieten wissen es: Dies ist ein ganz wichtiger Prozess. Warum? Mathematikerinnen und Mathematiker werden nicht angestellt um zu wissen, sondern um zu denken und hinterfragen. Wenn eine Fachperson einer quantitativ geschulten Person das Problem erklären muss (mit allen möglichen Gegenfragen), wird die Fachperson selber viel dazulernen. Zudem muss man sich bewusst sein, dass das "Wissen" ausserhalb der Mathematik unterschiedlich gesichert ist. Es geistern viele Halbwahrheiten, Vermutungen und richtige Theorien herum.

In unserem Beispiel kann das Problem folgendermassen beschrieben werden: ein ganz kleiner Anteil der Bevölkerung des uns interessierenden Landes ist mit einem Virus infiziert und kann andere Personen infizieren. Die bereits betroffene Bevölkerung hat die Infektion aufgelesen, indem sie in ferne Länder gereist ist oder Kontakt mit Personen aus diesen Ländern gepflegt hat (Touristen, Geschäftsleute, Flüchtlinge). Die Infektion wird eventuell weitergegeben, falls der Kontakt eng genug ist und die potentiell neu infizierte Person empfänglich für die Infektion ist. Danach kann die neu infizierte Person selber weitere Personen infizieren. Nach einer gewissen Zeit sind die Personen wieder gesund; sie können a) keine weiteren Personen mehr infizieren und sind b) selber nicht mehr empfänglich. Dies mag die Beschreibung der Medizin sein. Obige Fakten sind in der Schulmedizin akzeptiert.

Nachdem wir also eine Beschreibung des Ausbreitungsmechanismus in natürlicher Sprache erhalten haben, wollen wir diesen Mechanismus modellieren (mit Differentialgleichungen). Wir machen hierbei folgende Annahmen; dabei übersetzen wir obige Erklärungen sukzessive von der natürlicher Sprache in die Sprache der Mathematik:

Wir führen drei Variablen $S(t), I(t)$ und $R(t)$ ein, wobei diese Variablen die Anteile der Gesamtbevölkerung von Empfänglichen (Susceptibles, $S(t)$), Infektiösen (Infectives, $I(t)$) und Entfernten (Removed, $R(t)$) zur Zeit t angeben. Wir wollen dies präzisieren: Mit "susceptibles" meinen wir Menschen, welche mit dem Virus infiziert werden können, wenn sie Pech haben; mit "infectives" meinen wir kranke Menschen, welche das Virus noch weitergeben können; mit "removed" meinen wir sowohl Personen, welche von Anfang an immun waren, oder isoliert wurden, oder gestorben sind oder nach Krankheit wieder genesen und jetzt erst immun sind (von der mathematischen Modellierung her ist das alles gleich - vom realen Erleben her natürlich nicht!). Damit haben wir ganz sicher für alle $t \geq 0$, dass $S(t) + I(t) + R(t) = 1$ und $0 \leq S(t), I(t), R(t) \leq 1$. Wir führen jetzt zwei Parameter ein: λ und μ; $\lambda, \mu > 0$. Wir geben damit an, mit welcher *Rate* die Menschen potentiell infektiöse Kontakte machen (λ) und mit welcher Rate die Menschen genesen (μ). Eine Infektion kann nur stattfinden, wenn ein Empfänglicher einen genug engen Kontakt mit einem Infektiösen hat. Die Rate, mit der der Anteil der Emfänglichen schrumpft, kann deshalb mit $\lambda S(t)I(t)$ modelliert werden. Des Weiteren können nur Infektiöse genesen. Damit steigt der Anteil der Entfernten an der Gesamtbevölkerung mit Rate $\mu I(t)$. Diese Modellierungsannahmen fassen wir in folgendem System von Differentialgleichungen zusammen:

$$\frac{dS(t)}{dt} = -\lambda S(t)I(t)$$

$$\frac{dI(t)}{dt} = \lambda S(t)I(t) - \mu I(t) = I(t)[\lambda S(t) - \mu] \qquad \text{(SIR)}$$

$$\frac{dR(t)}{dt} = \mu I(t).$$

Die Ableitungen auf der rechten Seite summieren auf 0; dies sollte auch sein, da ja $S(t) + I(t) + R(t) = 1$ für alle $t \geq 0$.

Bemerkung: In Modell (SIR) ist implizit die Annahme eingebaut, dass die Menschen unendlich schnell sich wieder *mischen*. Sobald ein kleiner Anteil von S zu I gewechselt hat, kommt er voll in der ersten Übergangsrate $\lambda S(t)I(t)$ zum Einsatz!

Nachdem wir das Modell aufgestellt haben, wollen wir es analysieren. Wir setzen voraus, dass $I(t) > 0$ für alle $t \geq 0$. Von der zweiten Gleichung sehen wir, dass der Anteil der Infektiösen zunimmt solange

$$\lambda S(t) - \mu > 0;$$

andernfalls nimmt dieser Anteil ab. Falls nun $S(t)$ fast 1 ist (z.B. am Anfang einer Epidemie) dann sind $I(t)$ und $R(t)$ fast 0, also gibt es kaum Personen, welche die Infektion einschleppen und kaum jemand ist von Anfang an immun. Dann ist es sogar so, dass der Anteil der Infektiösen zunimmt, falls

$$\lambda - \mu > 0 \Leftrightarrow \lambda > \mu$$

und damit $\lambda/\mu > 1$ (das Gegenteil geschieht falls $\lambda/\mu < 1$). Offenbar ist λ/μ eine kritische Grösse, um zu beurteilen, wie sich diese Epidemie entwickeln wird. Wir nennen sie englisch Basic Reproduction Ratio R_0; $R_0 = \lambda/\mu$. R_0 ist allgemein in einem Modell die durchschnittliche Anzahl Personen, welche eine infizierte Person selber infiziert, solange sie infektiös ist, unter der Annahme, dass jeder Kontakt mit einer empfänglichen Person ist (optimales Umfeld; hier $S(t) \doteq 1$).

Eine Frage der Medizin haben wir hiermit bereits beantwortet: Falls $R_0 < 1$ wird es keinen Ausbruch geben. Ein paar Menschen werden allenfalls noch infiziert werden, dann ist die "Epidemie" vorbei. Falls $R_0 > 1$, so gibt es ein starkes Ansteigen der

Anzahl Infizierten. Der "Peak" wird erreicht sein, sobald $\lambda S(t) - \mu = 0$.

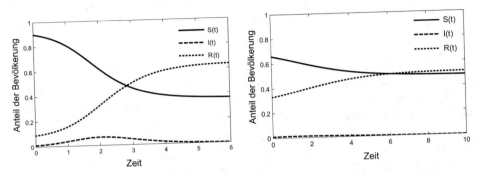

Die Entwicklung von (SIR) kann in einem Computer gut simuliert werden. Wir haben mit "Mathematica" zwei Simulationen mit unterschiedlichen Startwerten $(S(0), I(0), R(0))$ durchgeführt. Man findet sie in den beiden Diagrammen. Diagramm I zeigt eine typische Situation, in der $S(0) = 0.9, I(0) = 0.01$ und $R(0) = 0.09$. Die Parameter haben Werte $\lambda = 5, \mu = 3$. Wir beobachten einen vollen Ausbruch und weniger als 40% ($S(\infty)$) der Empfänglichen werden *nie* Influenza A bekommen (in unserem Modell). Diagramm II beschreibt die Situation, wo rechtzeitig ein Impfprogramm lanciert wurde. Mit gleichem Anteil Infizierten am Anfang wie bei Diagramm I haben wir $S(0) = 0.66, I(0) = 0.01$ und $R(0) = 0.33$, mit λ und μ unverändert. Also ist 1/3 der Bevölkerung geimpft worden (oder war schon immun/isoliert). Es gibt immer noch einen (kleinen) Ausbruch. Aber wenn man die beiden Diagramme vergleicht, sieht man, dass das Impfprogramm viel bewirkt hat.

Diese Simulationen geben uns also eine Vorstellung, wie solche Epidemien ablaufen. Überraschend ist, dass das Maximum (über die Zeit) an Infizierten gar nicht so hoch ist (das liegt am relativ grossen μ).

Dies war nur ein einführendes Beispiel - wir wollen nicht allzu lange dabei verweilen. Trotzdem sei noch angefügt, wie man in der Praxis fortfahren würde. Man will überprüfen, ob dieses Modell nahe genug an der Realität ist. Was "Nahe sein" konkret heisst, ist von der Fragestellung abhängig! Auf jeden Fall wird man dazu Daten brauchen.

1. Wir müssen wissen, wieviele Menschen am Anfang bereits immun sind ($R(0)$). Dies ist aber anders von Fall zu Fall, je nach dem welches Virus untersucht wird. Weiter ist dies abhängig von der genetischen und immunologischen Situation der uns interessierenden Bevölkerung.

2. Die Genesungsrate (μ) ist ebenfalls abhängig von der genetischen und immunologischen Situation der uns interessierenden Bevölkerung und der Behandlung, welche kranken Leuten zu Teil wird.

3. Die Kontaktrate (λ) hängt davon ab, wie einfach die Infektion von Person zu Person übertragen werden kann und wie mobil die Menschen sind. Erinnern Sie sich ans Mittelalter: Es dauerte Jahre, bis eine Epidemie von einem Ende in Europa zum anderen kam.

Man kann versuchen, solche Grössen zu schätzen oder von früheren Epidemien oder vom Ausland her Parameter übernehmen. Falls erwartet werden kann, dass die vorhergesagte Entwicklung der Epidemie und der tatsächliche Verlauf einigermassen übereinstimmen, können Gegenmassnahmen mit Model (SIR) diskutiert werden: μ kann kaum beeinflusst werden, ausser dass man infizierten Personen Quarantäne verordnen kann. Man kann wie bereits besprochen ein Impfprogramm *vor* Ausbruch der Epidemie starten. Damit steigern wir $R(0)$ und senken $S(0)$. Da die Entwicklung von $I(t)$ von $\lambda S(t) - \mu$ abhängt, ist eine Milderung zu erwarten. Individuell können Personen möglichen Infektionen vorbeugen, indem Sie eher zu Hause bleiben, öffentliche Verkehrsmittel meiden und diverse andere Massnahmen ergreifen. Dies senkt λ. Falls die vorhergesagte Entwicklung und die tatsächliche Entwicklung vollkommen auseinanderklaffen, müssen die Annahmen überprüft werden. Aber mathematische Modelle sollten nicht zu kompliziert gemacht werden, weil sonst die Analyse zu schwierig wird. Neben der Schwierigkeit der Analyse darf weiter nicht unterschätzt werden, dass man die Resultate auch interpretieren können muss. Bei (SIR) war dies sehr einfach und sehr schön, oder? Und die Moral von der Geschichte ist: Machen Sie mathematische Modelle so einfach wie nur möglich, aber nie einfacher.

(15.∞) Aufgaben

In den Aufgaben 15−1 bis 15−7 geht es darum, Differentialgleichungen aufzustellen. Eine Lösung dieser Gleichung wird nicht verlangt.

15−1 Wachstum mit Zuwanderung: Eine Population vermehrt sich mit einer Wachstumsgeschwindigkeit, welche proportional zur jeweiligen Grösse $N(t)$ der Population ist. Zusätzlich findet aber noch eine zeitlich gleichförmige Zuwanderung statt. Stellen Sie eine Differentialgleichung für $N(t)$ auf.

15−2 Wir nehmen an, eine Bakterienkultur wachse exponentiell, wenn sie nicht gestört wird. Nun sei aber ein Toxin vorhanden, dessen Konzentration $T(t)$ im Verlauf der Zeit variiert. Es ist vernünftig anzunehmen, die Anzahl der in einem kleinen Zeitintervall vernichteten Bakterien sei proportional zur Anzahl der vorhandenen Bakterien, zur gerade herrschenden Konzentration des Toxins und zur Länge des Zeitintervalls. Stellen Sie eine Differentialgleichung für die Anzahl $N(t)$ der Bakterien zur Zeit t auf.

15−3 Wir nehmen an, beim freien Fall in der Luft sei der Luftwiderstand proportional zum Quadrat der Geschwindigkeit $v = v(t)$. Stellen Sie nun eine Differentialgleichung für $v(t)$ und eine solche für die zurückgelegte Strecke $s(t)$ auf. Beachten Sie dabei, dass $\dot{v}(t)$ die Beschleunigung ist (der fallende Körper habe die Masse m, die Erdbeschleunigung bezeichnen wir wie üblich mit g).

15−4 Wir nehmen an, die Wachstumsgeschwindigkeit für die Höhe h einer Pflanze sei proportional zur Höhe (je höher die Pflanze, desto rascher wächst sie) und umgekehrt proportional zur 3.

Potenz ihres Alters t (zunehmendes Alter verringert die Wachstumsbereitschaft). Stellen Sie eine Differentialgleichung für die Funktion $h(t)$ auf.

15–5 Das Wachstum einer Zelle hängt von den durch ihre Oberfläche eindringenden Substanzen ab. Wir bezeichnen das Zellvolumen zur Zeit t mit $V(t)$. Wir wollen nun annehmen, die Änderungsgeschwindigkeit des Volumens der als kugelförmig angenommenen Zelle sei proportional zu ihrer Oberfläche. Stellen Sie eine Differentialgleichung für $V(t)$ auf.

15–6 An einem Lebewesen werden gleichzeitig zwei Grössen x und y gemessen, z.B. Körperlänge und Länge des Arms. Im Zeitintervall $[t,\,t+\Delta t]$ ändern sich diese Grössen um Δx bzw. Δy. Die mittlere Wachstumsgeschwindigkeit ist wie üblich durch $\frac{\Delta x}{\Delta t}$ bzw. $\frac{\Delta y}{\Delta t}$ definiert. Unter der mittleren Wachstumsrate (vgl. den Schluss von (15.3.b)) versteht man die Ausdrücke

$$\frac{1}{x}\frac{\Delta x}{\Delta t} \quad \text{bzw.} \quad \frac{1}{y}\frac{\Delta y}{\Delta t}.$$

In manchen Fällen wird beobachtet, dass diese beiden Raten zueinander proportional sind. Man spricht dann von *allometrischem Wachstum*.

a) Drücken Sie diesen Sachverhalt formelmässig aus.

b) Eliminieren Sie Δt, und gewinnen Sie durch Grenzübergang eine Differentialgleichung für y als Funktion von x.

15–7 Gesucht sind die Funktionen $y = f(x)$, mit der Eigenschaft, dass das Tangentenstück zwischen der y– und der x–Achse stets vom Berührungspunkt P halbiert wird. Stellen Sie eine Differentialgleichung für y auf.

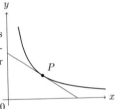

Die folgenden Aufgaben sollen zeigen, dass es zwar schwierig sein kann, die Lösung einer Differentialgleichung zu finden, dass aber eine Kontrolle stets möglich ist.

15–8 Zeigen Sie, dass $f(x) = 2x/(2 - x^2)$ eine Lösung der folgenden Differentialgleichung ist:

$$y' = y^2 + \frac{y}{x}.$$

15–9 Zeigen Sie, dass $f(x) = (1-2x)e^{-x}$ eine Lösung der folgenden Differentialgleichung 2. Ordnung ist:

$$y'' + 2y' + y = 0.$$

16. EINIGE LÖSUNGSMETHODEN

(16.1) Überblick

Eine Differentialgleichung besitzt — sofern sie überhaupt lösbar ist — unendlich viele Lösungen. Dies äussert sich darin, dass in der sogenannten *allgemeinen Lösung* eine Konstante steckt, die man noch passend wählen kann. Meist geschieht die Festlegung dieser Konstanten dadurch, dass man eine sogenannte *Anfangsbedingung* vorschreibt, d.h., man gibt sich ein Zahlenpaar (x_0, y_0) und verlangt von der Lösungsfunktion $f(x)$, dass $f(x_0) = y_0$ ist. Auf diese Weise erhält man die *spezielle Lösung* der Differentialgleichung zur gegebenen Anfangsbedingung. *(16.2)*

Das *Richtungsfeld* ermöglicht es, eine geometrische Vorstellung vom Verlauf der Lösungen einer Differentialgleichung zu erhalten, ohne dass die Gleichung gelöst werden muss. *(16.3)*

An konkreten Lösungsverfahren lernen wir kennen:

* Lösung der *linearen Differentialgleichung* *(16.5), (16.6)*

$$y' = p(x)y + q(x)$$

mit der Methode der *Variation der Konstanten*.

* Die sogenannte *Separation der Variablen* für Gleichungen der Form *(16.9), (16.10)*

$$y' = r(x)s(y) .$$

Schliesslich wird die Differentialgleichung *(16.12)*

$$y' = a(A - y)(B - y)$$

behandelt, welche in einem Spezialfall, der mit einer Form des eingeschränkten Wachstums zusammenhängt, die sogenannte *logistische Funktion* als Lösung hat.

(16.2) Anfangsbedingungen

Gemäss (15.4.d) hat eine explizite Differentialgleichung 1. Ordnung die Form

$$y' = F(x, y) ,$$

und wir beschränken uns hier auf derartige Gleichungen.

In einfachen Fällen lässt sich eine solche Differentialgleichung durch Erraten lösen:

1. $y' = 2x$. Lösung: $y = x^2 + C$, denn $y' = 2x$.
2. $y' = y$. Lösung: $y = Ce^x$, denn $y' = Ce^x = y$.
3. $y' = 2xy$. Lösung: $y = Ce^{x^2}$, denn $y' = 2x \cdot Ce^{x^2} = 2xy$.

Im Beispiel 1. ist die Lösung nichts anderes als eine Stammfunktion von $2x$. Diese findet man im Prinzip durch Integrieren. Auch bei anderen Differentialgleichungen wird man durch Integrationsprozesse zur Lösung gelangen, so dass man allgemein sagt, man "integriere" eine Differentialgleichung, wenn man sie löst.

Sehr wichtig ist die Feststellung, dass die Lösung einer Differentialgleichung (1. Ordnung) nie eindeutig bestimmt ist, sondern noch eine Konstante (in den obigen Beispielen C genannt) enthält. Wie man an den Beispielen 2. und 3. sieht, tritt aber diese Konstante nicht immer in additiver Form ($f(x) + C$, wie beim unbestimmten Integral) auf.

Jeder Wert von C liefert also eine Lösung der Differentialgleichung. In der Praxis schreibt man aber meist nicht den Wert von C direkt vor, sondern man fordert, dass eine sogenannte *Anfangsbedingung* erfüllt sei. Man gibt sich dazu einen "Anfangspunkt" (x_0, y_0) und bestimmt dann unter den unendlich vielen Lösungen $f(x)$ der Gleichung jene, deren Graph durch (x_0, y_0) geht, d.h. für welche gilt

$$y_0 = f(x_0) \, .$$

Dieser Sachverhalt sei an den obigen Beispielen 1 bzw. 3 erläutert.

Beispiel 1

Jede Funktion $y = f(x) = x^2 + C$ ist Lösung. Es sei nun die Anfangsbedingung $x_0 = 1, y_0 = 4$ gegeben. Dann muss gelten

$$4 = y_0 = f(x_0) = f(1) = 1 + C \, ,$$

woraus $C = 3$ folgt. Die einzige Lösung der Differentialgleichung, welche dieser Anfangsbedingung genügt, ist also

$$y = x^2 + 3 \, . \qquad\qquad \boxtimes$$

Die folgende, schon in (15.3.a) eingeführte Terminologie ist in diesem Zusammenhang üblich:

$$y = f(x) = x^2 + C$$

heisst die *allgemeine Lösung*,

$$y = f(x) = x^2 + 3$$

heisst die *spezielle Lösung* (oder *partikuläre Lösung*) zur gegebenen Anfangsbedingung.

Beispiel 3

Die allgemeine Lösung hat die Form

$$y = f(x) = Ce^{x^2} \, .$$

Fordern wir etwa die Anfangsbedingung $x_0 = 1, y_0 = 2$, so bestimmt sich die Konstante C durch die folgende kleine Rechnung:

$$2 = y_0 = f(x_0) = f(1) = Ce \Longrightarrow C = \frac{2}{e} .$$

Die entsprechende spezielle Lösung der Differentialgleichung lautet also

$$y = \frac{2}{e} e^{x^2} .$$

$\boxtimes$

Für die praktische Bedeutung der Anfangsbedingung (und den Grund für die Namensgebung) sei auf die Diskussion in (15.3.a) verwiesen, wo wir gesehen haben, dass die spezielle Lösung dadurch festgelegt wird, dass man den Wert der Funktion $N(t)$ zu einem bestimmten Zeitpunkt t (z.B. $t = 0$ oder $t = t^*$) vorgibt.

Die Aufgabe, eine Differentialgleichung mit gegebenen Anfangsbedingungen zu lösen, wird auch "Anfangswertproblem" genannt.

Es sei noch erwähnt, dass bei Differentialgleichungen n-ter Ordnung im allgemeinen n "Integrationskonstanten" auftreten. Ein Beispiel hierzu: Es sei $y'' = x$, dann ist $y' = \frac{1}{2}x^2 + C$ und $y = \frac{1}{6}x^3 + Cx + D$. Man kann hier also zu x_0 nicht nur $y_0 = f(x_0)$, sondern auch noch $f'(x_0)$ vorschreiben.

(16.3) Das Richtungsfeld

Wir betrachten wieder allgemein die Differentialgleichung

$$y' = F(x, y) .$$

Ferner sei $y = f(x)$ eine Lösung dieser Gleichung.

Wir wollen den Graphen von f untersuchen. Dazu betrachten wir den Punkt (x_0, y_0) mit $y_0 = f(x_0)$, der natürlich auf dem Graphen von f liegt. Nun ist aber f eine Lösung der obigen Differentialgleichung. Daher gilt

$$f'(x_0) = F(x_0, y_0) .$$

Die Zahl $f'(x_0)$ ist aber gerade die Steigung des Graphen von f (genauer: der Tangente an den Graphen von f) im Punkt (x_0, y_0). Mit anderen Worten: Die Lösungskurve, welche durch (x_0, y_0) geht, hat in diesem Punkt die Steigung $F(x_0, y_0)$. Entscheidend ist nun, dass wir diese Steigung berechnen können, ohne die Lösungsfunktion $f(x)$ zu kennen, denn $F(x, y)$ ist ja gegeben.

Beispiel

Es sei $y' = x - y + 1$. (In (16.6.1) werden wir diese Gleichung formelmässig lösen). Wir tabellieren zunächst y' in Abhängigkeit von x und y.

y \\ x	-3	-2	-1	0	1	2	3
2	-4	-3	-2	-1	0	1	2
1	-3	-2	-1	0	1	2	3
0	-2	-1	0	1	2	3	4
-1	-1	0	1	2	3	4	5
-2	0	1	2	3	4	5	6

Dann zeichnen wir durch jeden Punkt (x, y) der Ebene ein kurzes Geradenstück mit der zugehörigen Steigung $y' = F(x, y) = x - y + 1$. Im Punkt $(1, 1)$ hat das Stück die Steigung $F(1, 1) = 1$, im Punkt $(0, 2)$ die Steigung $F(0, 2) = -1$ usw. Wir erhalten so das handgefertigte Bild links. Selbstverständlich kann man das Rechnen und Zeichnen auch einem Computer übertragen, der umfangreichere Bilder wie jenes rechts produziert.

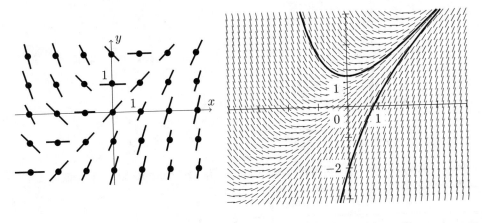

Das in den obigen Skizzen dargestellte Bild heisst das *Richtungsfeld* der Differentialgleichung. Wenn (wie im zweiten Fall) genügend viele "Richtungselemente" eingezeichnet sind, lässt sich der Verlauf von Lösungskurven näherungsweise erkennen. Die zwei eingezeichneten Kurven sind Beispiele von speziellen Lösungen der Differentialgleichung. Da die obere u.a. durch den Punkt $(0, 1)$ geht, handelt es sich dabei um die spezielle Lösung zur Anfangsbedingung $(x_0, y_0) = (0, 1)$; entsprechend gehört die untere Kurve (z.B.) zur Anfangsbedingung $(x_0, y_0) = (0, -2)$. Ganz allgemein sieht man, dass hier durch jeden Punkt der Ebene eine Lösungskurve geht.

Die Entstehung dieser Lösungskurve kann man sich anschaulich so vorstellen: Man beginnt bei (x_0, y_0), geht dort in Richtung $(1, y')$ $(y' = F(x_0, y_0))$ ein kleines Stück weiter bis zu einem Punkt (x_1, y_1), rechnet dort die neue Steigung $F(x_1, y_1)$ aus, geht dort in Richtung $(1, y')$ (mit neu $y' = F(x_1, y_1)$) weiter bis nach (x_2, y_2) usw. Auf diese Weise erhält man einen Streckenzug, der um so genauer die Kurve durch (x_0, y_0) approximiert, je kleiner die Schritte sind. Im Grenzfall ("unendlich kleine" Schritte, mit Vorsicht zu geniessen) kommt die gesuchte Lösungskurve heraus (vgl. (21.4)).

Ein weiterer Blick auf das Richtungsfeld lässt schliesslich die Vermutung aufkommen, die Funktion $y = x$ könnte eine spezielle Lösung der Differentialgleichung $y' = x - y + 1$ sein. Dies lässt sich sofort rechnerisch bestätigen. In der Tat ist $y' = 1$ und $x - y + 1 = x - x + 1 = 1$, so dass für alle x die Gleichung $y' = x - y + 1$ erfüllt ist.

Es folgen zwei weitere Beispiele. In diesen einfachen Fällen lassen sich die Lösungen der Differentialgleichung durch Betrachten des Richtungsfeldes erraten:

- Im ersten Beispiel sind die Lösungskurven Parabeln (tatsächlich ist $y = \frac{1}{2}x^2 + C$ die allgemeine Lösung).

- Im zweiten Beispiel sind die Lösungskurven Kreise um den Koordinatenursprung (vgl. die rechnerische Lösung in (16.10.3)).

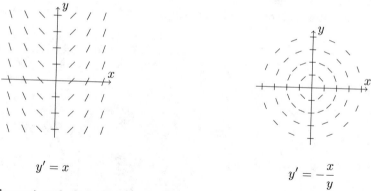

$y' = x$ $\qquad\qquad\qquad\qquad$ $y' = -\dfrac{x}{y}$

Zum Schluss sei noch darauf hingewiesen, dass die Richtungsfelder nicht mit den Vektorfeldern von (14.3) verwechselt werden dürfen.

(16.4) Lineare Differentialgleichungen 1. Ordnung

Wir kommen nun zur ersten systematischen Lösungsmethode. Sie betrifft die sogenannten "linearen Differentialgleichungen 1. Ordnung".

Eine Differentialgleichung 1. Ordnung heisst *linear*, wenn sie die Form

$$y' = p(x)y + q(x)$$

hat, wo p und q Funktionen von x sind.

Die Bezeichnung "linear" bezieht sich einzig darauf, dass y (und y') nur in der ersten Potenz vorkommen. Die Funktionen $p(x)$ und $q(x)$ dagegen brauchen keineswegs linear zu sein.

Von den Beispielen in (15.4.b) sind (1), (2), (3) und (8) lineare Differentialgleichungen 1. Ordnung. Die Gleichungen (4) und (7) sind zwar von 1. Ordnung, aber nicht linear. (Die Beispiele (5) und (6) dagegen sind *lineare* Differentialgleichungen 2. Ordnung, denn y, y' und y'' kommen alle in der 1. Potenz vor.)

Bei linearen Differentialgleichungen unterscheiden wir zwei Fälle:

> Eine lineare Differentialgleichung heisst *homogen*, wenn $q(x) = 0$ ist, andernfalls nennt man sie *inhomogen*.

Wenn

$$y' = p(x)y + q(x)$$

eine lineare Differentialgleichung ist, dann heisst

$$y' = p(x)y$$

die *zugehörige homogene Gleichung*. Beispielsweise ist $y' = xy + 1$ eine inhomogene lineare Differentialgleichung (1. Ordnung) und $y' = xy$ ist die zugehörige homogene Gleichung.

> **(16.5) Das Lösungsverfahren für lineare Differentialgleichungen 1. Ordnung**

a) Allgemeines

Man löst eine lineare Differentialgleichung, indem man zuerst die zugehörige homogene Gleichung löst und anschliessend mit der Methode der "Variation der Konstanten" die Lösungen der ursprünglichen Gleichung findet. Dies führen wir nun im Detail durch.

b) Lösung der homogenen Gleichung

Es sei

$$y' = p(x)y$$

eine homogene lineare Differentialgleichung. Die Lösung lässt sich erraten: Es sei $P(x)$ eine beliebige Stammfunktion von $p(x)$ (d.h. $P'(x) = p(x)$). Dann ist

> $$y = Ke^{P(x)}, \quad K \text{ eine beliebige Konstante}$$

die allgemeine Lösung der homogenen Gleichung, denn Ableiten ergibt unter Benutzung der Kettenregel

$$y' = Ke^{P(x)} \cdot P'(x) = Ke^{P(x)} \cdot p(x) = p(x)y .$$

Es sei noch darauf hingewiesen, dass die konstante Funktion $y = 0$ stets Lösung einer homogenen linearen Differentialgleichung ist (setze $K = 0$).

Beispiele

1. $y' = y \sin x$: $\quad p(x) = \sin x$, $P(x) = -\cos x$

   Lösung: $y = Ke^{-\cos x}$.

   $\boxtimes$

2. $y' = \dfrac{2y}{x}$, $x > 0$: $\quad p(x) = \dfrac{2}{x}$, $P(x) = 2 \ln x = \ln x^2$.

   Lösung: $y = Ke^{\ln x^2} = Kx^2$.

Damit sind die in Beispiel (15.3.f) gesuchten Kurven gefunden. Wie dort bereits vorweggenommen wurde, handelt es sich dabei um Parabeln 2. Grades.

Beachten Sie, auf welche Weise die Rechenregeln für den Logarithmus und die Exponentialfunktion ((26.13), (26.14)) ins Spiel gekommen sind. Als Variante hätte man auch so rechnen können:

$$y = Ke^{P(x)} = Ke^{2 \ln x} = Ke^{(\ln x) \cdot 2} = K(e^{\ln x})^2 = Kx^2 \,.$$

Da $x > 0$ vorausgesetzt wurde, durften wir bei der Stammfunktion $\ln |x|$ von $1/x$ das Betragszeichen weglassen.

$\boxtimes$

Wir erwähnen an dieser Stelle noch, dass die homogene Gleichung auch mit der Methode der "Separation der Variablen" gelöst werden kann, was in (16.10.1) besprochen wird.

c) Lösung der inhomogenen Gleichung ("Variation der Konstanten")

Wir betrachten jetzt wieder die inhomogene lineare Differentialgleichung

(1)
$$y' = p(x)y + q(x)$$

und die zugehörige homogene Gleichung

(2)
$$y' = p(x)y \,.$$

Nach dem eben Gesagten hat (2) die allgemeine Lösung

(3)
$$y = Ke^{P(x)} \,,$$

wo $P(x)$ eine Stammfunktion von $p(x)$ ist.

Nun wenden wir die Methode der "Variation der Konstanten" an. Sie besteht darin, dass man für die Lösung der inhomogenen Gleichung (1) den Ansatz

(4)
$$\boxed{y = K(x)e^{P(x)}}$$

macht. Man ersetzt also in (3) die Konstante K durch eine vorläufig noch unbekannte Funktion $K(x)$, welche man so zu bestimmen sucht, dass (4) eine Lösung von (1) ist.

Um diese Funktion $K(x)$ zu finden, leiten wir die Funktion y ab (Produkt- und Kettenregel!):

(5) $$y' = K'(x)e^{P(x)} + K(x)p(x)e^{P(x)} \ .$$

Dabei haben wir noch benutzt, dass $P'(x) = p(x)$ ist. Nun setzen wir y aus (4) und y' aus (5) in die ursprüngliche Gleichung

$$y' = p(x)y + q(x)$$

ein. Wir erhalten

$$K'(x)e^{P(x)} + \underline{K(x)p(x)e^{P(x)}} = \underline{p(x)K(x)e^{P(x)}} + q(x) \ .$$

Die unterstrichenen Terme heben sich weg (was der Sinn des Ansatzes war) und es bleibt

$$K'(x)e^{P(x)} = q(x) \ .$$

Durch Multiplikation mit dem Reziproken $e^{-P(x)}$ von $e^{P(x)}$ finden wir weiter

$$K'(x) = q(x)e^{-P(x)} \ ,$$

woraus man $K(x)$ als Stammfunktion von $q(x)e^{-P(x)}$ bestimmen kann:

$$K(x) = \int q(x)e^{-P(x)}\,dx + C \ .$$

Schliesslich setzt man den so erhaltenen Ausdruck für $K(x)$ in den Ansatz (4) ein und findet als Lösung der inhomogenen linearen Differentialgleichung

$$y = \left(\int q(x)e^{-P(x)}\,dx + C \right) e^{P(x)} \ ,$$

wo $P(x)$ eine beliebige Stammfunktion von $p(x)$ ist. Anders formuliert:

(6) $$y = (K_0(x) + C)e^{P(x)} \ ,$$

wo $K_0(x)$ eine beliebige, fest gewählte Stammfunktion von $q(x)e^{-P(x)}$ ist.

Es ist aber nicht sinnvoll, die obige Formel für y auswendig zu lernen und anzuwenden. Vielmehr wird man in jedem einzelnen Fall die Rechnung mit den konkret gegebenen Funktionen durchführen. Die obige Überlegung zeigt einfach, dass das Verfahren im Prinzip immer funktioniert. "Im Prinzip" deshalb, weil es nicht immer möglich sein wird, die Stammfunktionen (unbestimmte Integrale) $P(x)$ und $K(x)$ explizit formelmässig anzugeben.

Die Methode für die Lösung einer inhomogenen linearen Differentialgleichung

$$y' = p(x)y + q(x)$$

lautet also zusammengefasst:

---

1) Man löst die zugehörige homogene Differentialgleichung

$$y' = p(x)y \,.$$

Die Lösung hat die Form

$$y = Ke^{P(x)} \,,$$

wo $P(x)$ eine Stammfunktion von $p(x)$ ist.

2) Man variiert die Konstante K, d.h., man macht den Ansatz

$$y = K(x)e^{P(x)} \,,$$

wo $K(x)$ eine noch zu bestimmende Funktion ist.

3) Geht man mit diesem Ansatz in die ursprüngliche inhomogene Differentialglei-chung ein, so erhält man nach einigen Umformungen eine Beziehung für $K'(x)$, aus der man $K(x)$ zu bestimmen sucht.

---

d) Zur Eindeutigkeit der Lösung

Bereits in (15.3.a) haben wir uns die Frage gestellt, wie es denn um die Eindeutigkeit der Lösung einer Differentialgleichung stehe. Wir haben dort gesehen, dass die Differentialgleichung $y' = -ay$ zu einer gegebenen Anfangsbedingung genau eine Lösung hat, nämlich $y = Ce^{-ax}$, wobei die Konstante C durch die Anfangsbedingung eindeutig festgelegt ist.

Ähnliche Überlegungen funktionieren auch für beliebige lineare Differentialgleichungen. Ohne Beweis sei folgendes Resultat erwähnt: Die Funktionen $p(x)$ und $q(x)$ seien auf einem Intervall I stetig, ferner sei eine Anfangsbedingung (x_0, y_0) mit $x_0 \in I$ gegeben. Dann hat die lineare Differentialgleichung

$$y' = p(x)y + q(x)$$

genau eine Lösung, welche der gegebenen Anfangsbedingung genügt.

Haben Sie also auf irgendeine Weise (z.B. mit dem oben beschriebenen Verfahren oder mit der in (16.7) beschriebenen Methode) eine Lösung der linearen Differentialgleichung gefunden, so können Sie sicher sein, dass dies die einzige Lösung zur gegebenen Anfangsbedingung ist.

An dieser Stelle sei noch erwähnt, dass es Beispiele von (natürlich nicht linearen) Differentialglei-chungen gibt, die zu gewissen Anfangsbedingungen mehr als eine Lösung haben.

Die allgemeine Untersuchung von Existenz- und Eindeutigkeitsfragen ist Sache der mathemati-schen Theorie. Wir werden uns hier nicht damit befassen, mit Ausnahme von (21.4), wo wir aus passendem Anlass einen Existenzsatz für Differentialgleichungen zitieren werden.

$\boxed{\text{(16.6) Beispiele zum Lösungsverfahren}}$

1. $y' = x - y + 1$ (vgl. (16.3) für das Richtungsfeld).

Wir bringen diese Gleichung auf die übliche Form:

$$(*) \qquad\qquad y' = -y + (x + 1) \ .$$

Die zugehörige homogene Gleichung lautet $y' = -y$. Ihre Lösung ist wegen $p(x) = -1$ und $P(x) = -x$

$$y = Ke^{-x} \ ,$$

was sich auch erraten liesse. Jetzt folgt die Variation der Konstanten: Wir machen den Ansatz

$$y = K(x)e^{-x}$$

mit einer noch zu bestimmenden Funktion $K(x)$. Nun ist gemäss den Ableitungsregeln

$$y' = K'(x)e^{-x} - K(x)e^{-x} \ .$$

Setzt man weiter $y = K(x)e^{-x}$ in die rechte Seite von $(*)$ ein, so erhält man

$$-y + x + 1 = -K(x)e^{-x} + x + 1 \ .$$

Wir setzen nun die linke und die rechte Seite von $(*)$ einander gleich:

$$K'(x)e^{-x} - K(x)e^{-x} = -K(x)e^{-x} + x + 1 \ .$$

Wie es sein muss, hebt sich $-K(x)e^{-x}$ weg, und es bleibt die Beziehung

$$K'(x)e^{-x} = x + 1 \quad \text{oder umgeformt} \quad K'(x) = e^x(x + 1)$$

übrig. Nun integrieren wir und finden

$$K(x) = \int xe^x dx + \int e^x \, dx$$
$$= e^x(x - 1) + e^x + C = xe^x + C$$

(vgl. (13.6.1)). Wenn wir diese Funktion $K(x)$ in den Ansatz $y = K(x)e^{-x}$ einsetzen, erhalten wir für die Lösung

$$y = x + Ce^{-x} \ .$$

Beachten Sie, wie die Integrationskonstante C auf Umweg über $K(x)$ ins Spiel kommt.

Eine Kontrolle ist zu empfehlen: Tatsächlich ist

$$y' = 1 - Ce^{-x} \quad \text{und} \quad -y + x + 1 = -x - Ce^{-x} + x + 1 = 1 - Ce^{-x} \, .$$

Die Lösung ist also richtig!

Schliesslich bestimmen wir noch die spezielle Lösung durch den Punkt $(0,0)$. Es muss gelten: $0 = 0 + Ce^{-0}$, woraus $C = 0$ folgt. Diese spezielle Lösung lautet somit $y = x$. Dies stimmt mit der Feststellung von (16.3) überein.   ⊠

2. $y' = \dfrac{y}{2x} + x, \quad x > 0$.

Wir lösen zuerst die homogene Gleichung

$$y' = \frac{y}{2x} \, .$$

Mit $p(x) = \frac{1}{2x}$ ist $P(x) = \frac{1}{2} \ln |x| = \ln \sqrt{|x|} = \ln \sqrt{x}$ (letzteres weil $x > 0$ vorausgesetzt wurde). Somit ist

$$y = K e^{\ln \sqrt{x}} = K \sqrt{x}$$

die allgemeine Lösung der homogenen Gleichung. Nun "variieren" wir K und machen den Ansatz

$$y = K(x)\sqrt{x} \, .$$

Daraus berechnen wir $y' = K'(x)\sqrt{x} + K(x)\frac{1}{2\sqrt{x}}$ und setzen die Ausdrücke für y und y' in die gegebene inhomogene Gleichung ein. Wir finden

$$y' = \frac{y}{2x} + x \, ,$$

$$K'(x)\sqrt{x} + K(x)\frac{1}{2\sqrt{x}} = \frac{K(x)\sqrt{x}}{2x} + x \, .$$

In der letzten Gleichung hebt sich $K(x)\frac{1}{2\sqrt{x}}$ auf beiden Seiten weg. Es bleibt

$$K'(x)\sqrt{x} = x$$

oder

$$K'(x) = \sqrt{x} = x^{\frac{1}{2}} \, .$$

Daraus folgt

$$K(x) = \int x^{\frac{1}{2}} \, dx = \frac{2}{3} x^{\frac{3}{2}} + C \, .$$

Als Lösung der Differentialgleichung finden wir schliesslich

$$y = K(x)\sqrt{x} = (\frac{2}{3} x^{\frac{3}{2}} + C) x^{\frac{1}{2}} = \frac{2}{3} x^2 + C\sqrt{x} \, .$$

Die Kontrolle durch Ableiten sei Ihnen überlassen.   ⊠

(16.7) Allgemeines über die Lösungen einer linearen Differentialgleichung

Wir sehen uns die Form der Lösungen der inhomogenen Gleichung (1) noch etwas näher an. Gemäss (16.5.c) hat sie die Gestalt

$$(6) \qquad y = (K_0(x) + C)e^{P(x)} \ ,$$

wo $K_0(x)$ eine beliebige, aber fest gewählte Stammfunktion von $q(x)e^{-P(x)}$ ist. Wir schreiben dies als

$$(7) \qquad y = K_0(x)e^{P(x)} + Ce^{P(x)}$$

und stellen fest:

- $K_0(x)e^{P(x)}$ ist eine spezielle Lösung der inhomogenen Gleichung (1) (setze in (6) $C = 0$).
- $Ce^{P(x)}$ ist nach Ansatz die allgemeine Lösung der zugehörigen homogenen Gleichung (2).

Die Formel (7) lässt sich damit wie folgt in Worten ausdrücken:

Die allgemeine Lösung der inhomogenen Gleichung kann geschrieben werden als Summe der allgemeinen Lösung der homogenen Gleichung und einer speziellen Lösung der inhomogenen Gleichung.

Vielleicht sieht man das Ganze anhand des Beispiels 1. noch etwas deutlicher. Dort haben wir gefunden

$$y = (xe^x + C)e^{-x} \ .$$

Im Vergleich mit (6) ist $K_0(x) = xe^x$ und $e^{P(x)} = e^{-x}$. Multiplizieren wir aus, so erhalten wir die (7) entsprechende Form

$$y = xe^x e^{-x} + Ce^{-x} = x + Ce^{-x} \ .$$

Dabei ist $K_0(x)e^{P(x)} = xe^x e^{-x} = x$ eine spezielle Lösung der inhomogenen Gleichung und $Ce^{P(x)} = Ce^{-x}$ ist die allgemeine Lösung der homogenen Gleichung.

Es sei noch darauf hingewiesen, dass auch die Umkehrung der oben eingerahmten Aussage gilt:

Es sei y_1 die allgemeine Lösung der homogenen Gleichung und es sei y_2 eine spezielle Lösung der inhomogenen Gleichung. Dann ist $y = y_1 + y_2$ die allgemeine Lösung der inhomogenen Gleichung.

In der Tat ist nach Voraussetzung

$$y_1' = p(x)y_1$$
$$y_2' = p(x)y_2 + q(x) \ .$$

Addiert man die beiden Gleichungen, so folgt

$$y' = (y_1 + y_2)' = y_1' + y_2' = p(x)(y_1 + y_2) + q(x)$$
$$= p(x)y + q(x) \, ,$$

d.h. y ist eine Lösung der inhomogenen Gleichung (und zwar die allgemeine, weil in y_1 bereits die Konstante C steckt).

Von diesem Standpunkt aus gesehen kann man eine lineare Differentialgleichung auch so lösen: Man findet zuerst die allgemeine Lösung der homogenen Gleichung, sucht dann irgendeine spezielle Lösung der inhomogenen Gleichung und addiert. Die Methode der "Variation der Konstanten" ist so betrachtet einfach ein systematisches Verfahren zur Auffindung einer solchen speziellen Lösung. Manchmal lässt sich diese aber auch einfach erraten.

Als Illustration zur letzten Bemerkung betrachten wir nochmals das Beispiel 1. von (16.6) ($y' = x - y + 1$). Wir wissen aus (16.3), dass $y = x$ eine spezielle Lösung der inhomogenen Gleichung ist. Weil aber $y = Ce^{-x}$ die allgemeine Lösung der homogenen Gleichung ist, findet man für die allgemeine Lösung der inhomogenen Gleichung als Summe den bereits bekannten Ausdruck

$$y = x + Ce^{-x} \, .$$

Im nächsten Abschnitt wenden wir das Verfahren erneut an.

(16.8) Die lineare Differentialgleichung mit konstanten Koeffizienten

Eine lineare Differentialgleichung mit konstanten Koeffizienten hat die Form

$$y' = ay + b, \quad a \neq 0 \, ,$$

wo a, b reelle Zahlen* sind. Dies bedeutet, dass $p(x)$ und $q(x)$ konstante Funktionen sind.

Es ist sofort klar, dass $y = Ce^{ax}$ die allgemeine Lösung der homogenen Gleichung $y' = ay$ ist. Ebensoleicht sieht man aber, dass die konstante Funktion $y = -b/a$ eine spezielle Lösung der inhomogenen Gleichung ist, denn für diese Funktion sind beide Seiten der Gleichung stets 0. Somit ist

$$y = Ce^{ax} - \frac{b}{a}$$

die allgemeine Lösung der obigen Differentialgleichung. Natürlich führt auch die Methode der Variation der Konstanten zum Ziel, wie Sie selbst nachprüfen können.

---

* Der Fall $a = 0$, d.h. die Differentialgleichung $y' = b$ mit der Lösung $y = bx + C$ soll im folgenden ausgeschlossen bleiben.

Damit haben wir insbesondere die Differentialgleichung (3) (15.3.b) gelöst. Diese lautet (vgl. auch (15.4.b))

$$y' = -by + bB, \quad b, B > 0 .$$

Die Lösung ist

$$y = Ce^{-bx} + B ,$$

oder, mit den ursprünglichen Bezeichnungen,

$$N(t) = Ce^{-bt} + B .$$

In (15.3.b) ging es um ein eingeschränktes Wachstum; die Zahl $B > 0$ stellte die obere Schranke für die Populationsgrösse dar. Wir suchen nun die spezielle Lösung mit der Anfangsbedingung $N(0) = N_0$; dabei ist sicher $N_0 < B$. Einsetzen ergibt wegen $e^0 = 1$

$$N_0 = N(0) = C + B$$

oder

$$C = N_0 - B < 0 .$$

Die spezielle Lösung lautet also

$$N(t) = (N_0 - B)e^{-bt} + B .$$

Wegen $N_0 - B < 0$ ist $N(t) < B$ für alle t, wegen $e^{-bt} \to 0$ für $t \to \infty$ (es ist ja $b > 0$) strebt $N(t)$ im Verlauf der Zeit gegen B (ohne aber B ganz zu erreichen). Den Graphen von $N(t)$ finden Sie am Schluss von (15.3.b).

(16.9) Separation der Variablen

Wir kommen nun zu einer weiteren systematischen Lösungsmethode, der *Separation* (oder Trennung) *der* Variablen. Sie lässt sich immer dann anwenden, wenn die Differentialgleichung die Form

$$\boxed{y' = r(x)s(y)}$$

hat, d.h. wenn sich die rechte Seite $F(x, y)$ als Produkt von zwei Funktionen einer Variablen (einmal von x und einmal von y) schreiben lässt. Als Spezialfälle können die Funktionen $r(x)$ bzw. $s(y)$ auch den konstanten Wert 1 annehmen, so dass sich auch die Differentialgleichungen

$$y' = r(x) \quad \text{und} \quad y' = s(y)$$

dem Verfahren unterordnen.

In dieser Situation geht man nach folgender Methode vor (die in (16.11) genauer begründet wird):

> 1) Schreibe die Differentialgleichung in der Form
>
> $$\frac{dy}{dx} = r(x)s(y) \ .$$
>
> 2) Bringe alle Terme mit y auf die linke, alle Terme mit x auf die rechte Seite. Dabei muss man formal mit dx multiplizieren:
>
> $$\frac{dy}{s(y)} = r(x)\,dx \ .$$
>
> 3) Bilde auf beiden Seiten das unbestimmte Integral
>
> $$\int \frac{dy}{s(y)} = \int r(x)\,dx + C \ .$$
>
> Integrationskonstante C nicht vergessen!*
>
> Man erhält so die Beziehung
>
> $$S(y) = R(x) + C \ ,$$
>
> wo $S(y)$ eine Stammfunktion von $\dfrac{1}{s(y)}$, $R(x)$ eine solche von $r(x)$ ist. Durch diese Beziehung wird y "implizit" als Funktion von x gegeben. Dieses y ist dann die allgemeine Lösung der Differentialgleichung.
>
> 4) Löse (wenn möglich) nach y auf.
>
> 5) Kontrolliere, ob es konstante Lösungen gibt, die noch nicht erfasst wurden.

<u>Kommentar zu 3)</u>

Durch die Formel

$$S(y) = R(x) + C$$

ist die Lösung im Prinzip bestimmt. Natürlich hätte man die Lösung am liebsten "explizit", d.h. nach y aufgelöst, also in der Form $y = f(x)$. Dies ist aber nicht immer möglich (vgl. (16.10.5)).

<u>Kommentar zu 5)</u>

Konstante Lösungen der Differentialgleichung

$$y' = r(x)s(y)$$

---

* Eigentlich tritt bei jedem Integral eine solche Konstante auf; man fasst die beiden aber zusammen.

erhält man aus den Nullstellen der Funktion $s(y)$. Ist nämlich $s(y_1) = 0$ für eine gewisse Zahl y_1, so ist die konstante Funktion

$$y(x) = y_1$$

sicher eine Lösung der Differentialgleichung: Als Ableitung einer Konstanten ist $y' = y'(x) = 0$ für alle x, und wegen $s(y_1) = 0$ ist auch

$$r(x)s(y) = r(x)s(y(x)) = r(x)s(y_1) = 0$$

für alle x, und die Differentialgleichung ist einfach deshalb erfüllt, weil beide Seiten gleich Null sind.

Eine Illustration dazu (siehe aber auch (16.10.4) für ein vollständig durchgerechnetes Beispiel):

$$y' = x(y^2 - 4)$$

hat die konstanten Lösungen $y = -2$ und $y = 2$.

(16.10) Beispiele zur Separation der Variablen

1. Die lineare homogene Differentialgleichung

Wir haben bereits in (16.5.b) gesehen, dass die Differentialgleichung

$$y' = p(x)y$$

die allgemeine Lösung

$$y = Ke^{P(x)}$$

hat, wo $P(x)$ eine Stammfunktion von $p(x)$ ist.

Man kann diese Gleichung auch mit Separation der Variablen lösen, und manche haben diese Methode sogar lieber. Wir zeigen diese Möglichkeit an einem konkreten Beispiel, nämlich an der Gleichung

$$y' = x^2 y \,,$$

und gehen dazu die fünf Schritte des "Rezepts" von (16.9) der Reihe nach durch.

Schritt 1) $\dfrac{dy}{dx} = x^2 y$

Schritt 2) $\dfrac{dy}{y} = x^2 \, dx$

Schritt 3) $\displaystyle\int \dfrac{dy}{y} = \int x^2 \, dx$

Integration liefert $\ln|y| = \dfrac{x^3}{3} + C$ (Absolutstriche beim ln nicht vergessen!) Die beiden auftretenden Integrationskonstanten wurden zu einer zusammengefasst.

Schritt 4) Um nach y aufzulösen, nimmt man zuerst auf jeder Seite die Exponentialfunktion und erhält wegen $e^{\ln|y|} = |y|$ und den Rechenregeln für die Exponentialfunktion

$$|y| = e^{x^3/3+C} = e^{x^3/3} \cdot e^C = L \cdot e^{x^3/3} \,,$$

wo $L = e^C$ ebenfalls eine Konstante ist.

Nun wollen wir noch den Betrag wegschaffen. Beim Weglassen der Betragszeichen ändert sich höchstens das Vorzeichen:

$$y = \pm\, L e^{x^3/3}.$$

Setzen wir noch $K = \pm\, L$, so erhalten wir als allgemeine Lösung

$$y = K e^{x^3/3}.$$

Schritt 5) Die konstante Funktion $y = 0$ ist ebenfalls Lösung der Differentialgleichung. Diese ist aber in der allgemeinen Lösung enthalten, wenn wir $K = 0$ setzen.

Die allgemeine Lösung lautet also

$$y = K e^{x^3/3}, \quad (K \text{ eine beliebige Konstante})\,.$$

Dies wäre auch mit der Methode von (16.5.b) herausgekommen, denn $x^3/3$ ist eine Stammfunktion von x^2. Kontrolle durch Ableiten:

$$y' = K \cdot e^{x^3/3} x^2 = y x^2 \,.$$

Beachten Sie an diesem Beispiel speziell:

- Methode, wie man den ln wegschafft.
- Methode, wie man den Betrag wegschafft.
- Kontrolle nicht vergessen!

Bemerkung

Wir erläutern noch etwas genauer, was mit den Konstanten C, L, K passiert ist. Die Konstante $L = e^C$ ist sicher > 0. Die Beziehung $|y| = L \cdot e^{x^3/3}$ bedeutet

$$y = L e^{x^3/3} \qquad \text{oder} \qquad y = -L e^{x^3/3} \,.$$

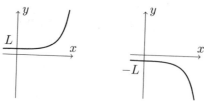

Welcher Fall in Frage kommt, hängt von der Anfangsbedingung (x_0, y_0) ab, für $y_0 > 0$ ist es der erste, für $y_0 < 0$ der zweite Fall.

Die Zusammenfassung $K = \pm L$ ist also sinnvoll. Allerdings ist zunächst $K = \pm e^C \neq 0$. Dass auch $K = 0$ zugelassen ist, wurde erst im Schritt 5) begründet. (Dieser Fall gehört übrigens zu einer Anfangsbedingung mit $y_0 = 0$.) Natürlich wird man beim Lösen einer homogenen linearen Differenti-algleichung diese Überlegung nicht jedesmal durchführen, sondern für K automatisch jede reelle Zahl zulassen. Beachten Sie, dass jede homogene lineare Differentialgleichung die konstante Funktion $y = 0$ als Lösung hat.

Wir geben noch zwei spezielle Lösungen an:

1) $x_0 = 1$, $y_0 = 2$

Hier muss gelten: $2 = Ke^{1/3}$ und somit $K = 2 \cdot e^{-1/3} = 1.433$. Die spezielle Lösung lautet $y = 1.433 \cdot e^{x^3/3}$.

2) $x_0 = 2$, $y_0 = 0$

Hier ist $0 = Ke^{8/3}$, also $K = 0$. Diese spezielle Lösung ist die konstante Funktion $y = 0$. $\boxtimes$

2. Die lineare Differentialgleichung mit konstanten Koeffizienten

Die Differentialgleichung

$$y' = ay + b,\ a, b \in \mathbb{R}, \quad a \neq 0$$

wurde bereits in (16.8) gelöst. Unser neues Verfahren bewährt sich aber ebenfalls. Wir schreiben

$$y' = a(y + \frac{b}{a})$$

(d.h., es ist $r(x) = a$, $s(y) = y + \frac{b}{a}$).

Die ersten drei Schritte des Rezepts ergeben der Reihe nach

$$1)\ \frac{dy}{dx} = a(y + \frac{b}{a}),\quad 2)\ \frac{dy}{y + \frac{b}{a}} = a\,dx,\quad 3)\ \int \frac{dy}{y + \frac{b}{a}} = \int a\,dx.$$

Die Integration liefert

$$\ln \left| y + \frac{b}{a} \right| = ax + C\,.$$

Durch Anwendung der Exponentialfunktion erhalten wir mit $L = e^C$

$$\left| y + \frac{b}{a} \right| = e^{ax+C} = e^{ax}e^C = Le^{ax}$$

und mit $K = \pm L$

$$y + \frac{b}{a} = Ke^{ax}\,,$$

woraus sich die allgemeine Lösung

$$y = Ke^{ax} - \frac{b}{a}$$

ergibt. Schritt 4) ist damit erledigt. Schritt 5): Die Funktion $y = -\frac{b}{a}$ ist eine konstante Lösung, die aber in der allgemeinen Lösung enthalten ist (setze $K = 0$). ⊠

3. $y' = -\dfrac{x}{y}$ (Richtungsfeld in (16.3)).

Hier ist $r(x) = -x$, $s(y) = \dfrac{1}{y}$ (oder auch $r(x) = x$, $s(y) = -\dfrac{1}{y}$).
Die vier Schritte des Rezepts liefern der Reihe nach:

$$\frac{dy}{dx} = -\frac{x}{y}, \quad y\,dy = -x\,dx, \quad \int y\,dy = -\int x\,dx + C\,.$$

Die Integration ist ganz leicht und ergibt

$$\frac{y^2}{2} = -\frac{x^2}{2} + C$$

oder

$$y^2 = c - x^2 \qquad (\text{mit } c = 2C)\,.$$

Nun lösen wir nach y auf und finden zwei Lösungen:

$$y_1 = \sqrt{c - x^2}, \qquad y_2 = -\sqrt{c - x^2}\,.$$

Was bedeutet dies? Zuerst verifiziert man natürlich durch Ableiten, dass beide Funktionen tatsächlich Lösungen der Differentialgleichung sind. Geometrisch stellen die Lösungen y_1 Halbkreise mit Radius $\sqrt{c}$ in der oberen, die Lösungen y_2 solche in der unteren Halbebene, dar. Der Eindruck, den wir aus dem Richtungsfeld in (16.3) gewonnen haben, bestätigt sich also!

Es sei nun eine Anfangsbedingung (x_0, y_0) gegeben. Falls $y_0 > 0$ ist, so liegt dieser Punkt in der oberen Halbebene und es gibt genau einen Halbkreis im Zentrum 0, der durch (x_0, y_0) geht. Für seinen Radius gilt dann offenbar: $r = \sqrt{c}$. Hier ist die Funktion y_1 zu verwenden. Entsprechend führt $y_0 < 0$ auf die Lösungsfunktion y_2. (Für $y_0 = 0$ ist der Halbkreis, auf dem y_0 liegt, nicht eindeutig bestimmt. Diese Punkte bilden aber ohnehin eine Ausnahme, denn die ursprüngliche Gleichung $y' = -x/y$ ist ja nur für $y \neq 0$ sinnvoll!)

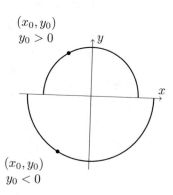

Konstante Lösungen gibt es hier keine.

Beachten Sie speziell:

- Ein sorgfältiges Überdenken der gefundenen Lösung ist wichtig, vor allem natürlich dann, wenn besondere Erscheinungen, wie mehrere Lösungen etc., auftreten.

⊠

4. $y' = 2x(y-1)^2$.

Die ersten beiden Schritte liefern

$$\frac{dy}{(y-1)^2} = 2x\,dx\;.$$

Integration auf beiden Seiten ergibt

$$-\frac{1}{y-1} = x^2 + C\;.$$

Schliesslich lösen wir nach y auf:

(∗) $$y = 1 - \frac{1}{x^2 + C}\;.$$

In diesem Beispiel bringt nun Schritt 5) etwas Neues: Die Differentialgleichung hat offensichtlich die konstante Lösung $y = 1$ (vgl. auch den Kommentar zu 5) in (16.9)). Bemerkenswert dabei ist, dass diese Lösung im Gegensatz zu den Beispielen 1. und 2. kein Spezialfall der allgemeinen Lösung (∗) ist: Wie immer man auch C wählt*, nie wird $y = 1 - 1/(x^2 + C) = 1$.

Eine Lösung — wie hier $y = 1$ — die kein Spezialfall der allgemeinen Lösung ist, nennt man eine *singuläre Lösung* der Differentialgleichung.

Diese zusätzliche Lösung darf nicht etwa ignoriert werden: Wählt man nämlich als Anfangsbedingung x_0 beliebig und $y_0 = 1$, so genügt keine der Funktionen mit der Formel (∗) dieser Anfangsbedingung. Es gibt aber doch eine spezielle Lösung der Differentialgleichung, welche diese Anfangsbedingung erfüllt, nämlich die konstante Funktion $y = 1$, also unsere singuläre Lösung. In der Figur sind die Graphen der Funktionen (∗) für $C = -2, -1, 0, \frac{1}{2}$ und 2 sowie der konstanten Funktion $y = 1$ eingezeichnet.

Die einzelnen Kurven sind jeweils mit der Konstanten C beschriftet.

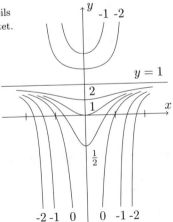

Beachten Sie an diesem Beispiel speziell:

• Es kann singuläre Lösungen geben.

---

* Strebt aber C dem Betrage nach gegen ∞, so nähert sich die Funktion $y = 1 - 1/(x^2 + C)$ immer mehr der konstanten Funktion $y = 1$.

5. $y' = \dfrac{2x}{1 + \cos y}$.

Hier ist $r(x) = 2x$, $s(y) = \dfrac{1}{1 + \cos y}$.

Wir führen die üblichen Schritte durch:

$$\frac{dy}{dx} = \frac{2x}{1 + \cos y}, \quad (1 + \cos y)\, dy = 2x\, dx, \quad \int (1 + \cos y)\, dy = \int 2x\, dx \,.$$

Integration liefert

$$y + \sin y = x^2 + C \,.$$

Dies ist die implizite Form der Lösung, welche in diesem Fall nicht auf explizite Form gebracht werden kann. Schritt 4) entfällt, ebenso Schritt 5) ($s(y)$ wird nie Null). $\boxtimes$

(16.11) Begründung der Methode

Wie die Beispiele zeigen, scheint das in (16.9) angewandte Rezept zu funktionieren. Es enthält aber einen rein formalen Schritt (Multiplikation mit dx), der vielleicht etwas zweifelhaft erscheint. Im folgenden sei deshalb noch eine bessere Begründung angeführt.

Es sei also $y' = r(x)s(y)$ die gegebene Differentialgleichung, wobei r und s stetige Funktionen seien (was wir bis jetzt stillschweigend angenommen haben). Die in (16.9) angegebene Methode läuft darauf hinaus, dass man die Gleichung

$$(*) \hspace{4cm} S(y) = R(x) + C$$

aufstellt, wo $S(y)$ eine Stammfunktion von $1/s(y)$ und $R(x)$ eine solche von $r(x)$ ist. Dadurch, so wird behauptet, ist die Lösung $y = f(x)$ bestimmt (wenn auch vorerst noch in impliziter Form). Dies wollen wir nun nachweisen.

Die Funkton $y = f(x)$ genüge der Beziehung $(*)$. Es ist dann

$$S(f(x)) = R(x) + C \,.$$

Durch Ableiten erhält man

$$S'(f(x)) \cdot f'(x) = R'(x) \,.$$

Nun ist aber $S(y)$ eine Stammfunktion von $1/s(y)$, $R(x)$ eine solche von $r(x)$. Es folgt mit $y = f(x), y' = f'(x)$

$$\frac{1}{s(y)} y' = r(x)$$

oder

$$y' = r(x)s(y) \,,$$

d.h., $y = f(x)$ erfüllt wie behauptet die gegebene Differentialgleichung. Da durch $s(y)$ dividiert wird, muss $s(y) \neq 0$ sein. Die Stellen, wo $s(y) = 0$ ist, spielen aber ohnehin eine Sonderrolle: Sie liefern gemäss Schritt 5) die konstanten Lösungen.

(16.12) Die Differentialgleichung $y' = a(A - y)(B - y)$

Differentialgleichungen dieses Typs haben wir in (15.3), Gleichungen (4) und (7), angetroffen. Wir betrachten hier nur den Fall, wo $A \neq B$ ist:

$$y' = a(A - y)(B - y), \quad A \neq B \,.$$

Es handelt sich hier um eine nichtlineare Differentialgleichung 1. Ordnung. Da die rechte Seite eine Funktion von y allein ist, können wir sie mit Separation der Variablen lösen.

Die dabei vorkommende Integration gibt etwas viel zu rechnen. Man prüft zuerst die folgende Beziehung nach:

$$\frac{1}{(A - y)(B - y)} = \frac{1}{B - A}\left(\frac{1}{y - B} - \frac{1}{y - A}\right).$$

(Die Brüche auf der rechten Seite heissen "Partialbrüche"; es handelt sich hier um einen einfachen Fall der sogenannten Partialbruchzerlegung. Dies ist eine Integrationsmethode, welche hier nicht behandelt wird.)

Separation der Variablen führt auf

$$\int \frac{dy}{(A - y)(B - y)} = \int a \, dx$$

oder auch

$$\int \left(\frac{1}{y - B} - \frac{1}{y - A}\right) dy = \int a(B - A) \, dx = a(B - A)x + C.$$

Integration liefert

$$\ln|y - B| - \ln|y - A| = \ln\left|\frac{y - B}{y - A}\right| = a(B - A)x + C$$

$$\left|\frac{y - B}{y - A}\right| = e^{a(B-A)x+C}$$

$$\frac{y - B}{y - A} = L e^{a(B-A)x} \qquad \text{mit} \quad L = \pm e^{C}.$$

Diese Gleichung ist nach y aufzulösen. Wir kürzen die rechte Seite mit z ab:

$$\frac{y - B}{y - A} = z, \quad y - B = (y - A)z = yz - Az, \quad y(1 - z) = B - Az$$

$$y = \frac{B - zA}{1 - z} = \frac{(B - A) + (1 - z)A}{1 - z} = A + \frac{B - A}{1 - z}.$$

Somit lautet die Lösung (mit $K = -L$)

$$\boxed{y = A + \frac{B - A}{1 + K e^{a(B-A)x}}.}$$

Damit haben wir insbesondere die Differentialgleichungen (4) und (7) von (15.3) gelöst. Die Gleichung (4) (eingeschränktes Wachstum) lautet

$$y' = \frac{c}{B} y(B - y)$$

$$= -\frac{c}{B}(0 - y)(B - y).$$

Wir können also in der obigen Lösungsformel $a = -\frac{c}{B}$ und $A = 0$ setzen. Die Lösung lautet dann

$$y = \frac{B}{1 + K e^{-cx}}, \quad c > 0, \ B > 0$$

oder, in der Bezeichnung von (15.3.b),

$$N(t) = \frac{B}{1 + Ke^{-ct}}, \quad c > 0, \; B > 0 \,.$$

Eine Funktion dieses Typs heisst eine *logistische Funktion.*

Ihr Graph ist S-förmig, wie sich aus der folgenden Kurvendiskussion ergeben wird (vgl. die Skizze (15.3.b)). Manche Wachstumsvorgänge werden recht gut durch eine solche Funktion wiedergegeben.

Näheres zur logistischen Funktion

Zum Schluss dieses Abschnitts wollen wir die Funktion

$$(*) \qquad\qquad N(t) = \frac{B}{1 + Ke^{-ct}} \quad B, c > 0$$

als Lösung der Differentialgleichung

$$(**) \qquad\qquad N'(t) = \frac{c}{B} N(t)(B - N(t))$$

noch etwas näher untersuchen. Lesen Sie dazu nochmals die Begründung für den Ansatz (4) (15.3.b) nach.

Für $t \to \infty$ wird (da $c > 0$ ist) e^{-ct} beliebig klein: $\lim\limits_{t\to\infty} e^{-ct} = 0$. Daraus folgt

$$\lim_{t\to\infty} N(t) = \lim_{t\to\infty} \frac{B}{1 + Ke^{-ct}} = \frac{B}{1} = B$$

und zwar unabhängig vom Wert der Integrationskonstanten K. Mit anderen Worten: Wie gemäss dem Ansatz von (15.3.b) auch zu erwarten ist, strebt die Grösse der Population mit wachsendem t gegen B, ohne aber B jemals ganz zu erreichen (abgesehen vom trivialen Fall $K = 0$).

Die Integrationskonstante K wird durch die Anfangsbedingung bestimmt: Zur Zeit t_0 sei die Grösse der Population $= N_0$. Aus

$$N_0 = N(t_0) = \frac{B}{1 + Ke^{-ct_0}}$$

erhält man durch Auflösen nach K

$$K = \frac{B - N_0}{N_0} \, e^{ct_0} \,.$$

Setzt man dies in $(*)$ ein, so findet man die Formel

$$(***) \qquad\qquad N(t) = \frac{B}{1 + \frac{B - N_0}{N_0} e^{-c(t-t_0)}} = \frac{BN_0}{N_0 + (B - N_0)e^{-c(t-t_0)}} \,.$$

Für die weitere Diskussion nehmen wir an, es sei $B > N_0$, dann ist auch $K > 0$. Dies stimmt überein mit dem Ansatz von (15.3.b), in welchem B eine obere Schranke für die Populationsgrösse war. Wir berechnen nun die Ableitung von $N(t)$, wobei wir einfachheitshalber auf die Formel (∗) zurückgreifen. Man findet

$$N'(t) = \frac{KcBe^{-ct}}{(1 + Ke^{-ct})^2}$$

und wegen $K, c, B > 0$ ist $N'(t) > 0$ für alle t. Die Funktion $N(t)$ ist also wachsend, wie wir das von unserem Ansatz her auch erwarten.

Nun bestimmen wir noch den Wendepunkt. Wir könnten dazu $N''(t)$ ausrechnen und gleich 0 setzen. Weniger Arbeit gibt die folgende Überlegung: Aus (∗∗) folgt durch Ableiten (Produktregel und einfache Umformung)

$$N''(t) = \frac{c}{B} N'(t)(B - 2N(t)) \ .$$

Wie wir schon wissen, ist $N'(t) > 0$ für alle t, und da auch $c > 0$ ist, findet man folgendes:

für $N(t) < B/2$ ist $N''(t) > 0$ (Graph beschreibt Linkskurve),

für $N(t) = B/2$ ist $N''(t) = 0$ (Wendepunkt),

für $N(t) > B/2$ ist $N''(t) < 0$ (Graph beschreibt Rechtskurve).

Als Resultat all dieser Bemühungen erhalten wir den untenstehenden Graphen:

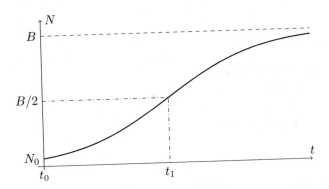

Insbesondere sieht man folgendes: Die Population wächst zuerst langsam, dann immer rascher, bis die Hälfte des "Grenzwerts" B erreicht ist. Von da an wird das Wachstum wieder langsamer.

Durch Umformen und Logarithmieren können wir die Gleichung $N(t_1) = B/2$ nach t_1 auflösen. Man findet unter Verwendung von (∗)

$$t_1 = \frac{\ln K}{c} \ .$$

Der Wendepunkt der logistischen Kurve hat somit die Koordinaten $(t_1, B/2)$. Vom Zeitpunkt t_1 an nimmt die Wachstumsgeschwindigkeit ab. Mit etwas Aufwand kann man nachrechnen, dass diese Kurve (wie es an Hand des Graphen auch aussieht) zentralsymmetrisch in bezug auf ihren Wendepunkt ist.

Schliesslich sei noch darauf hingewiesen, dass die Differentialgleichung (∗∗) die konstanten Lösungen $N(t) = 0$ und $N(t) = B$ hat. Die zweite Lösung wird erhalten, indem man in (∗) die Konstante $K = 0$ setzt; die erste dagegen kommt durch keine Wahl von K zustande; es handelt sich um eine singuläre Lösung im Sinne von (16.10.4).

Bei den obigen Überlegungen und insbesondere beim Skizzieren des Graphen wurde übrigens stillschweigend vorausgesetzt, dass $N(t)$ überhaupt Werte $< B/2$ annimmt. Ist der Anfangswert $N_0 = N(t_0) > B/2$ (aber $< B$, wie wir generell vorausgesetzt haben) so ist, da die Funktion $N(t)$ wächst, $B/2 < N(T) < B$ für alle t, und unsere Kurve hat für $t > t_0$ keinen Wendepunkt. Sie besteht einfach aus dem "oberen Teil" des oben skizzierten Graphen.

$\boxed{(16.\infty) \ \text{Aufgaben}}$

In den Routine-Aufgaben 16−1 bis 16−5 ist stets die allgemeine Lösung der angegebenen Differentialgleichung gesucht.

16−1 Homogene lineare Differentialgleichungen.

a) $y' = \dfrac{y}{x}$ $(x > 0)$

b) $y' = \dfrac{xy}{1 + x^2}$

16−2 Lineare Differentialgleichungen mit konstanten Koeffizienten.

a) $y' = 2y - 1$

b) $y' = -\dfrac{1}{2}y + 10$

16−3 Inhomogene lineare Differentialgleichungen.

a) $y' = -y + e^x$

b) $y' = y + x^3$

c) $y' = \dfrac{y}{x} + 1$ $(x > 0)$

d) $y' = \dfrac{3}{x}y + x$ $(x > 0)$

e) $y' = -y + \cos x$

f) $y' = x^2(y + x^3)$

16−4 Separation der Variablen.

a) $y' = \dfrac{x}{\sqrt{1 + x^2}}$

b) $y' = \dfrac{1}{2y}$

c) $y' = e^{x-y}$

d) $y' = 4x\sqrt{y}$

e) $y' = y^2(x - 1)$

f) $y' = 3x^2(y - 1)^2$

Achten Sie auf singuläre Lösungen.

16−5 Die Differentialgleichung $y' = a(A - y)(B - y)$.

a) $y' = 3(2 - y)(4 - y)$

b) $y' = 4y(1 - y)$

16−6 Gegeben ist die Differentialgleichung

$$y' = \frac{x}{1 + x^2} \, y + x \, .$$

a) Zeichnen Sie das Richtungsfeld für die neun Punkte (x, y) mit $x = -1, 0, 1$ und $y = -1, 0, 1$.

b) Wie lautet die allgemeine Lösung dieser Differentialgleichung?

c) Wie lautet die spezielle Lösung zur Anfangsbedingung $x = 0$, $y = 1$?

16−7 Gegeben ist die Differentialgleichung

$$y' = -\frac{2y}{x} + x - 2 \quad (x > 0) \, .$$

a) Zeichnen Sie das zugehörige Richtungsfeld für die sechs Punkte (x, y) mit $x = 1, 2, 3$ und $y = 0, 1$.

b) Geben Sie die allgemeine Lösung dieser Differentialgleichung an.

c) Geben Sie die spezielle Lösung dieser Differentialgleichung an, welche an der Stelle $x = 2$ ein relatives Extremum hat. Handelt es sich dabei um ein relatives Maximum oder ein relatives Minimum?

16−8 Die Differentialgleichung $y' = -y + 2x$ hat eine spezielle Lösung, welche linear ist. Bestimmen Sie diese und geben Sie die allgemeine Lösung an.

16.∞ Aufgaben

16−9 Gegeben ist die Differentialgleichung

$$y' = \frac{y}{2x+2} + 1 \quad (x > -1).$$

a) Bestimmen Sie die allgemeine Lösung.
b) Bestimmen Sie y_0 so, dass die spezielle Lösung mit der Anfangsbedingung $x_0 = 1$, $y_0 = ?$ eine lineare Funktion ist. Geben Sie diese Funktion an.

16−10 Lösen Sie die Differentialgleichung $y' = \frac{x}{y}$ mit den Anfangsbedingungen a) $x = 2$, $y = 1$,
b) $x = 2$, $y = -1$.

16−11 Gegeben ist die Differentialgleichung $y' = (x - 2)(y + 1)$.
a) Entwerfen Sie das Richtungsfeld für die Wertepaare (1,0), (1,1), (1,2), (2,0), (2,1), (2,2), (3,0), (3,1), (3,2).
b) Wie lautet die Gleichung der Lösungskurve, welche durch den Punkt (2,1) geht?

16−12 Gegeben sind die beiden Differentialgleichungen

$$\text{(A)} \ y' = \frac{x^2}{y^2} \ (y \neq 0), \qquad \text{(B)} \ y' = \frac{y^2}{x^2} \ (x \neq 0).$$

a) Zeichnen Sie in beiden Fällen das Richtungsfeld für die neun Punkte (x, y) mit $x = 1, 2, 3$ und $y = 1, 2, 3$.
b) Geben Sie die allgemeine Lösung der Differentialgleichung (A) an.
c) Geben Sie die allgemeine Lösung der Differentialgleichung (B) an.
d) Geben Sie eine Funktion an, welche sowohl Lösung von (A) als auch Lösung von (B) ist.

16−13 Lösen Sie in Ergänzung von (16.12) die Differentialgleichung $y' = a(A - y)(B - y)$ auch für den Fall, wo $A = B$ ist, d.h. also die Differentialgleichung $y' = a(A - y)^2$. Gibt es singuläre Lösungen?

16−14 Gegeben ist die Differentialgleichung

$$y' = (y + 1)^2 e^x.$$

a) Geben Sie die allgemeine Lösung dieser Differentialgleichung an.
b) Geben Sie die spezielle Lösung zur Anfangsbedingung $x = 0, y = 1$ an.
c) Geben Sie die spezielle Lösung zur Anfangsbedingung $x = 0, y = -1$ an.

16−15 Gesucht ist eine Funktion f, definiert für $x \geq 0$, mit der folgenden Eigenschaft: Ihr Graph geht durch den Punkt $A(0, 1)$, und in jedem Punkt P des Graphen von f ist die Steigung der Tangente in P doppelt so gross wie die Steigung der Strecke BP, wo B der Punkt $(-1, 0)$ ist. Skizzieren Sie die Kurve.

16−16 Wir nehmen einmal an, das Volumen V eines kugelförmigen Lutschbonbons nehme (beim Gebrauch) mit einer zeitlichen Rate ab, die proportional zur jeweils noch vorhandenen Oberfläche F ist, d.h. es gelte

$$\frac{dV}{dt} = -aF,$$

mit $a > 0$. Am Anfang des Vorgangs hat das Bonbon den Radius r_0.
a) Wie gross ist sein Radius zur Zeit t? (Tip: Setzen sie $r = r(t)$ und drücken Sie F und V [und damit auch dV/dt, Kettenregel!] durch $r(t)$ aus.)
b) Handelt es sich um eine exponentielle Abnahme?
c) Nach 10 Minuten hat das Bonbon nur noch den halben Radius. Wann ist es (gemäss unserem Modell) vollständig dahingeschwunden?

16−17 Ein Motorboot fährt auf einem See mit einer Schnelligkeit von 15 km/h. Plötzlich bleibt der Motor stehen. Dreissig Sekunden nachher beträgt die Schnelligkeit nur noch 10 km/h.

a) Wie gross ist die Schnelligkeit zwei Minuten nach der Motorpanne, wenn angenommen wird, der Reibungswiderstand des Wassers sei proportional zur Schnelligkeit.

b) Kommt mit dieser Modellannahme das Boot jemals zum Stehen?

16−18 Ein in ein kühlendes Medium mit der konstanten Temperatur T_c getauchter Körper mit der (zeitabhängigen) Temperatur $T(t)$ kühlt sich gemäss dem sogenannten Abkühlungsgesetz von NEWTON ab: Die Änderungsgeschwindigkeit der Temperatur ist proportional zur Differenz $T - T_c$.

a) Stellen Sie die zugehörige Differentialgleichung auf und lösen Sie diese.

b) Ein Kuchen, der bei $180°$ C gebacken wurde, wird in der Küche bei $20°$ C Lufttemperatur abgekühlt. Nach 10 Minuten hat er noch eine Temperatur von $100°$. Wann beträgt seine Temperatur $40°$?

E. AUSBAU DER INFINITESIMALRECHNUNG

17. UMKEHRFUNKTIONEN

(17.1) Überblick

Die Funktion g heisst die *Umkehrfunktion* der Funktion f (oder die zu f inverse Funktion), wenn für alle x aus dem Definitionsbereich von f und alle y aus dem Definitionsbereich von g gilt

$$y = f(x) \Longleftrightarrow x = g(y) \ . \tag{17.3}$$

Die anschauliche Vorstellung ist dabei die, dass es die Funktion g ermöglicht, die Gleichung $y = f(x)$ bei gegebenem y nach x aufzulösen. Bekannte Beispiele sind:

- Quadratfunktion und Wurzel:

$$y = x^2 \Longleftrightarrow x = \sqrt{y}, \quad (x, y \geq 0) \ .$$

- Exponentialfunktion und Logarithmus:

$$y = e^x \Longleftrightarrow x = \ln y, \quad (y > 0) \ .$$

Neben der Besprechung der allgemeinen Begriffe und der Untersuchung der *Ableitung der Umkehrfunktion* befassen wir uns zuerst und vor allem mit den *zyklometrischen Funktionen* (auch Arcusfunktionen genannt), die nicht als bekannt vorausgesetzt werden. *(17.3) (17.4) (17.2)*

Es handelt sich dabei um die Umkehrfunktionen der trigonometrischen Funktionen. Beispielsweise ist die Arcussinus-Funktion gegeben durch

$$y = \sin x \Longleftrightarrow x = \arcsin y \ .$$

Dabei wird — im Sinne einer Konvention — festgelegt, dass stets jener Wert x zu wählen ist, der im Intervall $[-\frac{\pi}{2}, \frac{\pi}{2}]$ liegt.

In ähnlicher Weise werden die Funktionen arccos, arctan, arccot definiert. Diese Funktionen sind auch bei der Berechnung von gewissen Integralen von Bedeutung. *(17.2)* *(17.5)*

© Springer Nature Switzerland AG 2020
C. Luchsinger, H. H. Storrer, *Einführung in die mathematische Behandlung der Naturwissenschaften I*, Grundstudium Mathematik, https://doi.org/10.1007/978-3-030-40158-0_5

(17.2) Zyklometrische Funktionen

a) Einleitung

Oft stellt sich die Aufgabe, zu einem gegebenen Wert einer trigonometrischen Funktion, z.B. dem Sinus, den zugehörigen Winkel (hier stets im Bogenmass gemessen) zu bestimmen. Anders formuliert: In der Gleichung

$$(1) \qquad\qquad y = \sin x$$

ist y gegeben und x gesucht, d.h., wir müssen diese Gleichung nach x auflösen.

Dazu rufen wir uns die geometrische Definition des Sinus anhand des Einheitskreises in Erinnerung (vgl. (26.15)). Zunächst erkennt man, dass die Gleichung (1) sicher nur dann lösbar ist, wenn $-1 \leq y \leq 1$ ist, denn die Werte der Sinusfunktion liegen alle zwischen -1 und 1. Wir setzen deshalb im folgenden voraus, dass $y \in [-1, 1]$ ist. Ist nun ein solches y gegeben, so sehen wir, dass es mehrere Winkel x gibt, deren Sinus $= y$ ist:

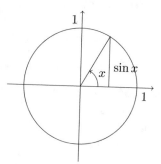

Da sind zunächst die beiden Winkel x_1 und x_2 im 1. und 2. Quadranten, welche — nebenbei bemerkt — der Beziehung $x_2 = \pi - x_1$ genügen. Nun kann man aber noch beliebig viele Umläufe (d.h. volle Winkel 2π) zu diesen beiden addieren oder subtrahieren und findet, dass alle diese Winkel

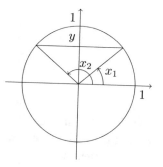

$$x_1 + k \cdot 2\pi, \ x_2 + k \cdot 2\pi, \quad (k \in \mathbb{Z})$$

denselben Sinus, nämlich y, haben. Negative Winkel, die von der positiven x–Achse aus im Uhrzeigersinn gemessen werden, sind selbstverständlich zugelassen.

Ein Zahlenbeispiel

Es sei $y = \frac{1}{2}$. Wie man mit einer Tabelle, dem Taschenrechner oder einer Skizze eines halben gleichseitigen Dreiecks feststellt, ist $\sin 30° = \frac{1}{2}$, oder im Bogenmass $\sin \frac{\pi}{6} = \frac{1}{2}$. Ferner ist auch $\sin(\pi - \frac{\pi}{6}) = \sin \frac{5\pi}{6} = \frac{1}{2}$, und ebenso ist

$$\sin(\frac{\pi}{6} + k \cdot 2\pi) = \sin(\frac{5\pi}{6} + k \cdot 2\pi) = \frac{1}{2}$$

für alle $k \in \mathbb{Z}$.

$\boxtimes$

Die Gleichung $y = \sin x$ hat also bei gegebenem y (aus $[-1,1]$) unendlich viele Lösungen, was auch durch Betrachtung des Graphen der Sinusfunktion klar wird:

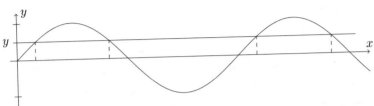

Damit keine Mehrdeutigkeiten entstehen, zeichnet man nun unter den vielen möglichen Lösungen der Gleichung (1) eine bestimmte aus. Welche man nimmt, ist Sache der Konvention. Im Falle des Sinus wählt man jenen Winkel, welcher im Intervall $[-\frac{\pi}{2}, \frac{\pi}{2}]$ liegt. Ein Blick auf den Einheitskreis oder den Graphen zeigt, dass es in diesem Intervall tatsächlich nur einen einzigen Winkel x mit $y = \sin x$ gibt.

Zu einem gegebenen y aus $[-1,1]$ gehört also genau eine Zahl x aus $[-\frac{\pi}{2}, \frac{\pi}{2}]$ mit

$$y = \sin x \ .$$

Diese Zahl x heisst *Arcussinus* von y, in Zeichen

$$x = \arcsin y \ .$$

So ist etwa (vgl. das obige Beispiel) $\arcsin \frac{1}{2} = \frac{\pi}{6}$ (und nicht etwa $= \frac{5\pi}{6}$ usw.).

Betrachten wir die Fragestellung noch anhand des Graphen, so bedeutet die Einschränkung $x \in [-\frac{\pi}{2}, \frac{\pi}{2}]$, dass wir uns nur noch für den dick markierten Teil der Sinuskurve interessieren. Auch hier sieht man deutlich, dass zu einem gegebenen $y \in [-1,1]$ genau ein x aus $[-\frac{\pi}{2}, \frac{\pi}{2}]$ gehört mit $y = \sin x$.

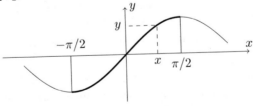

Zusammenfassend lässt sich in Worten sagen:

$\arcsin y$ ist die Zahl aus $[-\frac{\pi}{2}, \frac{\pi}{2}]$, deren Sinus $= y$ ist.

Da also zu jedem y aus $[-1,1]$ eine eindeutig bestimmte Zahl $\arcsin y$ gehört, wird durch die Zuordnung

$$y \mapsto \arcsin y$$

eine neue Funktion definiert, die Arcussinus-Funktion, kurz der Arcussinus. Ihr Definitionsbereich ist das Intervall $[-1,1]$.

Ganz analog erhält man zu den übrigen trigonometrischen Funktionen die neuen Funktionen Arcuscosinus, Arcustangens, Arcuscotangens (vgl. (17.2.c) bis (17.2.e)). Man fasst diese Funktionen unter den Namen *zyklometrische Funktionen* oder *Arcus-Funktionen* zusammen.

Bevor wir die übrigen Arcus-Funktionen behandeln, untersuchen wir noch einige weitere Eigenschaften des Arcussinus, die aber — entsprechend angepasst — auch für die andern Arcus-Funktionen gelten und weiter unten nicht eigens erwähnt werden.

Definitionsgemäss bedeuten für $x \in [-\frac{\pi}{2}, \frac{\pi}{2}]$ und $y \in [-1, 1]$ die Aussagen $y = \sin x$ und $x = \arcsin y$ dasselbe. Formelmässig ausgedrückt:

(2)
$$y = \sin x \Longleftrightarrow x = \arcsin y .$$

In einer solchen Situation spricht man von *Umkehrfunktionen* oder von inversen Funktionen (vgl. (17.3)). Man sagt, der Arcussinus sei die Umkehrfunktion des Sinus (oder die zum Sinus inverse Funktion) und umgekehrt.

Was geschieht, wenn man zwei zueinander inverse Funktionen zusammensetzt? Ersetzt man in der Formel $y = \sin x$ die Zahl x durch $\arcsin y$, was wegen (2) zulässig ist, so erhält man

(3)
$$y = \sin(\arcsin y), \quad (y \in [-1, 1]) .$$

Ebenso kann man in $x = \arcsin y$ für y den Wert $\sin x$ einsetzen und findet

(4)
$$x = \arcsin(\sin x), \quad (x \in [-\frac{\pi}{2}, \frac{\pi}{2}]) .$$

Die Einschränkung für y in (3) ist offensichtlich nötig, denn für $y \notin [-1, 1]$ ist $\arcsin y$ gar nicht definiert. Da der Sinus an sich für alle x definiert ist, könnte man die Formel (4) für alle x hinschreiben, sie ist aber nur richtig für $x \in [-\frac{\pi}{2}, \frac{\pi}{2}]$! Dies liegt daran, dass $\arcsin y$ definitionsgemäss in diesem Intervall liegt. Für $x = \pi$ z.B. ist $\sin x = 0$ und somit auch $\arcsin(\sin \pi) = 0 \neq \pi$!

Entsprechende Aussagen können auch für die übrigen Arcus-Funktionen gemacht werden.

Wie bestimmt man die Werte der Arcus-Funktionen? Für gewisse spezielle Argumente kann man sich den Wert von arcsin usw. durch geometrische Betrachtungen beschaffen. So entnimmt man z.B. der Skizze eines rechtwinklig-gleichschenkligen Dreiecks, dass $\sin \frac{\pi}{4} = \frac{\sqrt{2}}{2}$ ist. Daraus folgt $\arcsin \frac{\sqrt{2}}{2} = \frac{\pi}{4}$. Im Normalfall wird man den Taschenrechner verwenden. Bei vielen Rechnern wird die in der angelsächsischen Literatur übliche Bezeichnung $\sin^{-1}$ für den arcsin benutzt*. Man trifft auch die Bezeichnung "ASIN" an. Bei manchen Modellen muss man die Tastenfolge INV SIN wählen (die Bedeutung von "INV" sollte nach dem Gesagten klar sein). In jedem Fall ist es sehr

---

* Hier ist also $\sin^{-1} y = \arcsin y$ und nicht etwa $= \frac{1}{\sin y}$!

wichtig, dass der Rechner auf das richtige Winkelmass eingestellt ist! Für theoretische Betrachtungen, aber auch etwa beim Integrieren (17.5) braucht man das Bogenmass, wo also z.B. $\arcsin 1 = \frac{\pi}{2}$ ist. (Bei Einstellung auf Gradmass käme $\arcsin 1 = 90$ heraus!)

Zum Schluss dieser Überlegungen geben wir noch den Graphen der Arcussinus-Funktion an. Wir gehen aus von der Beziehung

(2) $$y = \sin x \iff x = \arcsin y \quad \text{für } x \in [-\frac{\pi}{2}, \frac{\pi}{2}] \,.$$

Der Graph der (auf das Intervall $[-\frac{\pi}{2}, \frac{\pi}{2}]$ eingeschränkten) Funktion $y = \sin x$ besteht aus allen Punktepaaren (x, y) mit $y = \sin x$, $(x \in [-\frac{\pi}{2}, \frac{\pi}{2}])$. Wegen (2) beschreiben genau dieselben Punktepaare auch die Beziehung $x = \arcsin y$. Mithin haben $y = \sin x$ und $x = \arcsin y$ denselben Graphen. In der Darstellung $x = \arcsin y$ ist nun aber die unabhängige Variable nicht wie üblich x, sondern y, was ungewohnt ist. Um auf das vertraute Bild zu kommen, müssen wir also noch x und y vertauschen, was einer Spiegelung an der Geraden $y = x$ entspricht.

Somit wird der Graph der Arcussinus-Funktion erhalten, indem man den Graphen der auf $[-\frac{\pi}{2}, \frac{\pi}{2}]$ eingeschränkten Sinusfunktion an der Geraden $y = x$ spiegelt:

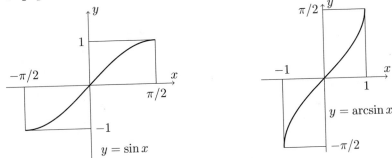

Ganz entsprechende Überlegungen gelten für die übrigen zyklometrischen Funktionen, die nun im einzelnen besprochen werden.

b) Arcussinus

Der Vollständigkeit halber fassen wir die bereits angestellten Überlegungen nochmals zusammen:

> Der Definitionsbereich der Arcussinus-Funktion ist das Intervall $[-1, 1]$. Für jedes $y \in [-1, 1]$ gilt:
>
> $$\arcsin y \text{ ist die Zahl aus } [-\frac{\pi}{2}, \frac{\pi}{2}], \text{ deren Sinus } = y \text{ ist} \,.$$

Beispiele

1. $\arcsin 0 = 0$, denn 0 ist die einzige Zahl aus $[-\frac{\pi}{2}, \frac{\pi}{2}]$, deren Sinus 0 ist.

2. $\arcsin(-\frac{\sqrt{3}}{2}) = -\frac{\pi}{3}$, denn $-\frac{\pi}{3}$ ist die einzige Zahl aus $[-\frac{\pi}{2}, \frac{\pi}{2}]$, deren Sinus $= -\frac{\sqrt{3}}{2}$ ist.

3. Analog: $\arcsin 1 = \frac{\pi}{2}$, $\arcsin(-1) = -\frac{\pi}{2}$, $\arcsin \frac{\sqrt{2}}{2} = \frac{\pi}{4}$ etc. ⊠

c) Arcuscosinus

Genau wie beim Sinus liegen auch die Werte des Cosinus stets im Intervall $[-1, 1]$. Der Arcuscosinus ist also nur für $y \in [-1, 1]$ definierbar. Der untenstehenden Skizze des Graphen entnimmt man, dass die Gleichung $y = \cos x$ bei gegebenem y genau eine Lösung hat, wenn man (wie schon vorher im Sinne einer Konvention) fordert, dass $x \in [0, \pi]$ sein soll. Mit dieser Abmachung definiert man in fast völliger Analogie zum Arcussinus den Arcuscosinus:

> Der Definitionsbereich der Arcuscosinus-Funktion ist das Intervall $[-1, 1]$. Für jedes $y \in [-1, 1]$ gilt:
>
> $\arccos y$ ist jene Zahl aus $[0, \pi]$, deren Cosinus $= y$ ist .

Den Graphen erhält man wie vorhin durch Spiegeln.

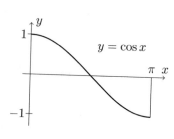
$y = \cos x$

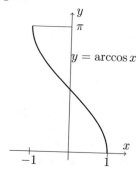
$y = \arccos x$

Beispiele

1. $\arccos 1 = 0$ (denn $\cos 0 = 1$, und $0 \in [0, \pi]$).
2. $\arccos 0 = \frac{\pi}{2}$ (denn $\cos \frac{\pi}{2} = 0$, und $\frac{\pi}{2} \in [0, \pi]$).
3. $\arccos(-1) = \pi$ (denn $\cos \pi = -1$, und $\pi \in [0, \pi]$). ⊠

d) Arcustangens

Im Gegensatz zu sin und cos nimmt die Funktion tan alle Werte zwischen $-\infty$ und ∞ an. Dies bedeutet, dass der Arcustangens für alle $y \in \mathbb{R}$ definiert werden kann. Zur Erzwingung der Eindeutigkeit beschränkt man sich hier auf das *offene* Intervall $(-\frac{\pi}{2}, \frac{\pi}{2})$. Für die Intervallgrenzen $\pm\frac{\pi}{2}$ ist der Tangens ja nicht mehr definiert!

Die Arcustangens-Funktion ist für jede reelle Zahl definiert. Für jedes $y \in \mathbb{R}$ gilt:

$$\arctan y \text{ ist jene Zahl aus } (-\frac{\pi}{2}, \frac{\pi}{2}), \text{ deren Tangens } = y \text{ ist}.$$

Den Graphen erhält man wieder durch Spiegeln:

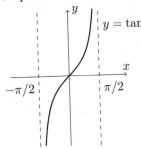 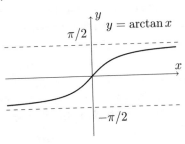

<u>Beispiele</u>

1. $\arctan 0 = 0$ ($\tan 0 = 0$, und $0 \in (-\frac{\pi}{2}, \frac{\pi}{2})$).
2. $\arctan 1 = \frac{\pi}{4}$ ($\tan \frac{\pi}{4} = 1$ und $\frac{\pi}{4} \in (-\frac{\pi}{2}, \frac{\pi}{2})$). ⊠

e) <u>Arcuscotangens</u>

Hier geht alles analog zum Arcustangens; die Konvention ist die, dass man sich auf das offene Intervall $(0, \pi)$ einschränkt.

Die Arcuscotangens-Funktion ist für jede reelle Zahl definiert. Für jedes $y \in \mathbb{R}$ gilt:

$$\text{arccot } y \text{ ist jene Zahl aus } (0, \pi), \text{ deren Cotangens } = y \text{ ist}.$$

Die zugehörigen Graphen haben folgende Gestalt:

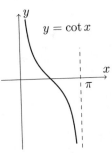 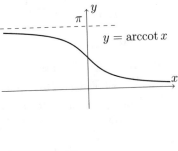

Die Arcuscotangens-Funktion wird nur selten gebraucht. Die meisten Taschenrechner haben auch keine eigene Taste dafür. Notfalls hilft die folgende, ohne Beweis erwähnte, Beziehung:

$$\text{arccot } x = \arctan(\tfrac{1}{x}) \text{ für } x > 0, \quad \text{arccot } x = \arctan(\tfrac{1}{x}) + \pi \text{ für } x < 0.$$

(17.3) Umkehrfunktionen

In (17.2.a) sind wir, ausgehend vom Auflösen einer Gleichung, auf den Begriff der Umkehrfunktion gekommen. Natürlich tritt dieser nicht nur im Zusammenhang mit trigonometrischen und zyklometrischen Funktionen auf. Wir stellen hier noch einige allgemeine Überlegungen an und zeigen Parallelen auf.

Anstelle der in (17.2.a) betrachteten Sinusfunktion untersuchen wir nun eine beliebige Funktion f mit Definitionsbereich $D(f)$ und wollen die Gleichung

$$y = f(x)$$

bei gegebenem y nach x auflösen. Dazu ist zunächst nötig, dass y so gewählt ist, dass es überhaupt ein x mit $y = f(x)$ gibt, d.h. dass y ein Funktionswert von f ist. Die Menge aller Funktionswerte, kurz die *Wertemenge* von f, bezeichnen wir mit $W(f)$. Es ist also

$$W(f) = \{f(x) \mid x \in D(f)\} \,,$$

und wir verlangen, dass $y \in W(f)$ sei.

Wie die Diskussion in (17.2.a) zeigte, kann es vorkommen, dass es zu einem $y \in W(f)$ mehrere x mit $f(x) = y$ gibt. Dann ist aber die Gleichung $y = f(x)$ nicht eindeutig nach x auflösbar, was unerwünscht ist.

Vielmehr ist für unsere Bedürfnisse notwendig, dass zu jedem $y \in W(f)$ *genau ein* $x \in D(f)$ gehört, welches der Beziehung $y = f(x)$ genügt. Eine Funktion mit dieser Eigenschaft heisst *injektiv*. Die folgenden Skizzen illustrieren den Sachverhalt:

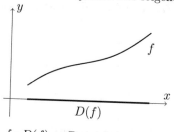

$f : D(f) \to \mathbb{R}$ injektiv.

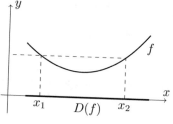

$f : D(f) \to \mathbb{R}$ nicht injektiv.

Dass die rechts dargestellte Funktion f nicht injektiv ist, erkennt man daran, dass es Zahlen $x_1 \neq x_2$ gibt, für welche $f(x_1) = f(x_2)$ ist.

Dieser Überlegung entnimmt man sofort, dass eine Funktion $f : D(f) \to \mathbb{R}$ genau dann injektiv ist, wenn für alle $x_1, x_2 \in D(f)$ gilt:

$$\text{Aus } x_1 \neq x_2 \text{ folgt } f(x_1) \neq f(x_2) \,.$$

Eine wachsende bzw. fallende (genauer streng monoton wachsende bzw. fallende, vgl. (6.2.d)) Funktion ist also injektiv. Gemäss (6.3) gilt somit für differenzierbare Funktionen: Ist $f'(x) > 0$ für alle $x \in D(f)$ bzw. $f'(x) < 0$ für alle $x \in D(f)$, dann ist f injektiv.

Wir setzen nun voraus, die Funktion f sei injektiv. Dann gehört zu jedem $y \in W(f)$ genau ein x mit $y = f(x)$. Durch die Zuordnung

$$y \mapsto x$$

wird eine neue Funktion g definiert. Für diese gilt

$$g(y) = x \, .$$

Ihr Definitionsbereich $D(g)$ ist gleich $W(f)$, ferner ist $W(g) = D(f)$. Man nennt g die zu f inverse Funktion oder die Umkehrfunktion von f. Statt g schreibt man auch f^{-1}.

Gemäss unserer Herleitung gilt (vgl. Formel (2) in (17.2))

(5) $\qquad y = f(x) \Longleftrightarrow x = g(y) \quad$ für alle $x \in D(f)$ und alle $y \in W(f)$.

Genau wie beim Arcussinus (Formel (3) und (4) in (17.2)) kann man in $y = f(x)$ die Zahl x durch $g(y)$ ersetzen und findet so

(6) $\qquad\qquad y = f(g(y)) \quad$ für alle $y \in D(g)$.

Analog

(7) $\qquad\qquad x = g(f(x)) \quad$ für alle $x \in D(f)$.

Anschaulich heisst dies: Zueinander inverse Funktionen heben sich in ihrer Wirkung auf.

Die in (17.2.a) durchgeführte Diskussion des Graphen des Arcussinus überträgt sich sofort auf den allgemeinen Fall: Die Beziehungen $y = f(x)$ und $x = g(y)$ sind gleichwertig und ergeben als Bild den Graphen von f. Um aber das gewohnte Bild (unabhängige Variable auf der horizontalen Achse) zu erhalten, müssen wir für den Graphen der Umkehrfunktion $g = f^{-1}$ die Zahlen x und y vertauschen, d.h., wir müssen an der 45°–Geraden durch den Nullpunkt spiegeln:

Der Graph von f^{-1} entsteht aus dem Graphen f durch Spiegelung an der 45°-Geraden durch den Nullpunkt.

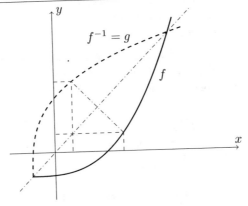

Hinweis

Man kann natürlich jeden Graphen an dieser Geraden spiegeln. Wenn aber f nicht injektiv ist, so ist die entstandene Kurve (vgl. die gestrichelte Kurve in der untenstehenden Figur) nicht mehr der Graph einer Funktion. Sie ist genau dann der Graph einer Funktion, wenn f injektiv ist.

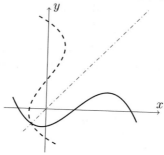

Wir illustrieren nun die obigen Betrachtungen an einigen Beispielen:

a) Arcussinus-Funktion

Wie passt nun unsere Diskussion in (17.2.a) zum allgemeinen Fall? Die Sinusfunktion ist (wie die anderen trigonometrischen Funktionen auch) a priori nicht injektiv. Sie kann aber (gewissermassen künstlich) injektiv gemacht werden, indem man sie nur noch auf dem Intervall $[-\frac{\pi}{2}, \frac{\pi}{2}]$ betrachtet:

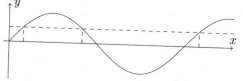 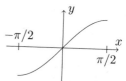

Die derart eingeschränkte Funktion hat nun nach der oben entwickelten allgemeinen Theorie eine Umkehrfunktion, und dies ist gerade die Arcussinus-Funktion.

b) Exponentialfunktion und Logarithmus

Diese Funktionen werden als bekannt vorausgesetzt; sie wurden ja bisher schon oft verwendet (vgl. auch (26.13), (26.14)). Es geht hier nur um eine weitere Illustration des Begriffs der Umkehrfunktion.

Die Exponentialfunktion $y = f(x) = e^x$ ist wachsend, denn ihre Ableitung $f'(x) = e^x$ ist stets positiv (vgl. (6.3)). Insbesondere ist f injektiv. Man kann deshalb die Umkehrfunktion g bilden, welche, wie Sie wissen, "natürlicher Logarithmus" genannt wird: $x = g(y) = \ln y$.

Wie steht es mit den Definitionsbereichen? $f(x) = e^x$ ist für alle $x \in \mathbb{R}$ definiert, d.h., es ist $D(f) = W(g) = \mathbb{R}$. Ferner ist $e^x > 0$ für alle x und es ist $W(f) = D(g) = \{y \mid y > 0\}$. Die Beziehung (5) lautet dann

$$y = e^x \iff x = \ln y \quad \text{für alle } x \text{ und für alle } y > 0 .$$

Die Beziehungen (6) und (7) ergeben die bekannten und wichtigen Formeln

$$e^{\ln y} = y \text{ für alle } y > 0, \quad \ln e^x = x \text{ für alle } x .$$

Die Graphen geben durch Spiegelung an der Geraden mit der Gleichung $y = x$ auseinander hervor und sehen bekanntlich so aus (vgl. auch (26.13), (26.14)):

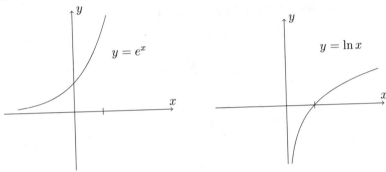

c) <u>Die Quadratwurzel</u>

Auch hier erfahren Sie nichts prinzipiell Neues: Die zur Quadratfunktion $y = x^2$ inverse Funktion ist die Wurzelfunktion $x = \sqrt{y}$. Dies folgt einfach daraus, dass $x = \sqrt{y}$ Lösung der Gleichung $y = x^2$ ist. Beachten Sie, dass $y \geq 0$ sein muss. Allerdings gibt es noch eine zweite Lösung: $x = -\sqrt{y}$. Um die Eindeutigkeit zu erzwingen, wird verlangt, dass die Wurzelfunktion stets Werte ≥ 0 annimmt. Die Beschränkung auf Werte $x = \sqrt{y} \geq 0$ bedeutet, dass man sich nur für den rechten Ast der Parabel $y = x^2$ interessiert. Anders ausgedrückt: Man macht die (a priori nicht injektive) Funktion $y = x^2$ sozusagen gewaltsam injektiv, indem man den Definitionsbereich auf die Menge $\{x \mid x \geq 0\}$ einschränkt. Dies ist völlig analog zur Situation beim Arcussinus, wo man sich auf $[-\frac{\pi}{2}, \frac{\pi}{2}]$ beschränkte. Der Graph der Wurzelfunktion wird dann durch Spiegelung des rechten Parabelastes erhalten:

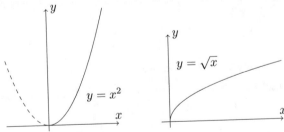

(17.4) Die Ableitung der Umkehrfunktion

In (5.3) sind die Ableitungsformeln für die zyklometrischen Funktionen angegeben, aber noch nicht bewiesen worden. Dies holen wir nun nach, und zwar tun wir dies mittels einer allgemeinen Formel für die Ableitung der Umkehrfunktion.

Dazu argumentieren wir geometrisch: Der Graph von $f^{-1} = g$ entsteht aus dem Graphen von f durch Spiegeln an der 45°-Geraden durch den Nullpunkt (17.3): Der Punkt (x_0, y_0) auf dem Graphen von f geht dabei in den Punkt (y_0, x_0) auf dem Graphen von g über. Dabei werden auch die entsprechenden Tangenten gespiegelt. Nun hat die Tangente an den Graphen von f in (x_0, y_0) die Steigung $f'(x_0)$, und es ist klar, dass die gespiegelte Tangente die reziproke Steigung $1/f'(x_0)$ hat.

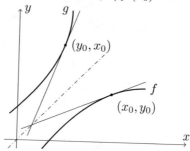

Es folgt: Es sei $y_0 = f(x_0)$ (und somit $x_0 = g(y_0)$). Dann gilt für die Ableitung der zu f inversen Funktion g an der Stelle y_0:

$$g'(y_0) = \frac{1}{f'(x_0)} = \frac{1}{f'(g(y_0))} \quad \text{für} \quad f'(x_0) \neq 0 \,.$$

Diese Formel ist nicht sinnvoll, wenn $f'(x_0) = 0$ ist. Geometrisch bedeutet dies, dass die Tangente an den Graphen von f in (x_0, y_0) horizontal ist. Die gespiegelte Tangente ist dann vertikal, das heisst aber, dass die entsprechende Ableitung nicht existiert. Die Funktion g ist an dieser Stelle nicht differenzierbar. Die Ableitungsformel ist hier mit einer geometrischen Überlegung plausibel gemacht worden. Auf einen strengen Beweis sei wie üblich verzichtet.

Schreibt man die Formel für die Ableitung der Umkehrfunktion mittels des Differentialquotienten, so lautet sie (mit $y = f(x), x = g(y)$):

$$\frac{dx}{dy} = \frac{1}{\frac{dy}{dx}} \,,$$

d.h., man kann formal die Regel für das Reziproke eines Bruches anwenden.

Die eben besprochene Formel wenden wir nun auf die zyklometrischen Funktionen an und bestimmen so deren Ableitung.

a) <u>Arcussinus</u>

Es sei $f(x) = \sin x$, $g(y) = \arcsin y$.

Dann gilt $y = \sin x \Longleftrightarrow x = \arcsin y$, $x \in [-\frac{\pi}{2}, \frac{\pi}{2}]$.

Für $x = -\frac{\pi}{2}$ bzw. $\frac{\pi}{2}$, also $y = -1$ bzw. 1, ist $f'(x) = \cos x = 0$. Die Umkehrfunktion arcsin ist also an den Stellen -1 und 1 nicht differenzierbar. (Ein Blick auf den Graphen zeigt, dass dort tatsächlich vertikale Tangenten vorliegen.) Für alle anderen y ist

$$g'(y) = \frac{1}{f'(x)} = \frac{1}{\cos x} \, .$$

Nun soll auf der rechten Seite nicht x, sondern y vorkommen. Wegen $y = \sin x$ und $\sin^2 x + \cos^2 x = 1$ ist $\cos x = \sqrt{1 - y^2}$. Dabei ist die positive Wurzel zu wählen, denn x liegt ja in $(-\frac{\pi}{2}, \frac{\pi}{2})$, wo $\cos x > 0$ ist. Somit ist

$$g'(y) = \frac{1}{\sqrt{1 - y^2}} \, ,$$

wie in der Tabelle (5.3) angegeben (mit x anstelle von y). Die Formel zeigt ganz von selbst, dass der Arcussinus für $y = \pm 1$ nicht differenzierbar ist.

b) Arcuscosinus

   Ein analoges Vorgehen liefert die Formel aus der Tabelle (5.3).

c) Arcustangens

   Es sei $f(x) = \tan x$, $g(y) = \arctan y$.

   Dann gilt $y = \tan x \iff x = \arctan y$, $x \in [-\frac{\pi}{2}, \frac{\pi}{2}]$.

   $f'(x) = 1 + \tan^2 x$ ist nie 0, somit ist $\arctan$ überall differenzierbar. Für alle y gilt also

$$g'(y) = \frac{1}{f'(x)} = \frac{1}{1 + \tan^2 x} = \frac{1}{1 + y^2} \, ,$$

   womit die Formel bereits bewiesen ist.

d) Arcuscotangens

   Die Formel aus Tabelle (5.3) wird entsprechend erhalten.

$$\boxed{\text{(17.5) Beispiele zur Anwendung der Arcusfunktionen}}$$

Die Umkehrung der Ableitungsformeln für Arcusfunktionen ergibt Ausdrücke für gewisse Integrale, vgl. (12.4) und die Tabelle (13.7). Merken Sie sich vor allem

$$\int \frac{dx}{1 + x^2} = \arctan x + C, \qquad \int \frac{dx}{\sqrt{1 - x^2}} = \arcsin x + C \, .$$

Beispiele

1. Gesucht ist der Flächeninhalt A unter der durch $y = \dfrac{1}{1 + x^2}$ im Intervall $[0, 1]$ gegebenen Kurve.

Ähnlich wie in (12.6.3) findet man

$$A = \int_0^1 \frac{dx}{1+x^2} = \arctan x \Big|_0^1 = \frac{\pi}{4}.$$

Dass $\arctan 1 = \frac{\pi}{4}$ ist, sollte man eigentlich noch auswendig wissen. Andernfalls muss man eben den Taschenrechner gebrauchen. Wie schon in (17.2.a) erwähnt, ist dabei unbedingt darauf zu achten, dass er auf das Bogenmass (RAD) eingestellt ist. Andernfalls würde er für $\arctan 1$ den Wert 45 (Grad) oder gar 50 ("Neugrad") liefern, was einen ganz falschen Flächeninhalt ergäbe.

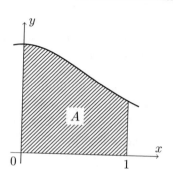

2. $I = \displaystyle\int \frac{dx}{\sqrt{1-4x^2}}$ ⊠

Eine einfache Substitution ($u = 2x$, $dx = \frac{1}{2}du$) ergibt $I = \frac{1}{2}\arcsin(2x) + C$.   ⊠

3. $I = \displaystyle\int \frac{dx}{2+3x^2}$

Hier muss man etwas raffinierter substituieren. Man schreibt den Nenner in der Form $2 + 3x^2 = 2(1 + \frac{3}{2}x^2)$ und setzt $u = \sqrt{\frac{3}{2}}x$, $du = \sqrt{\frac{3}{2}}dx$. Dann wird

$$I = \frac{1}{2}\cdot\sqrt{\frac{2}{3}}\int \frac{du}{1+u^2} = \frac{1}{\sqrt 6}\arctan u + C = \frac{1}{\sqrt 6}\arctan\sqrt{\frac{3}{2}}x + C\,. \qquad ⊠$$

$\boxed{(17.\infty)\ \text{Aufgaben}}$

17–1 Bestimmen Sie durch Betrachtung der Dreiecke mit den Winkeln $(\frac{\pi}{6}, \frac{\pi}{3}, \frac{\pi}{2})$ und $(\frac{\pi}{4}, \frac{\pi}{4}, \frac{\pi}{2})$ die folgenden Funktionswerte:

  a) $\arcsin(-\frac{1}{2})$,   b) $\arccos(-\frac{\sqrt 3}{2})$,   c) $\arctan\sqrt 3$,   d) $\arctan(-1)$.

17–2 Zeichnen Sie den Graphen der Funktion $f(x) = \arcsin(\sin x)$ für $-2\pi \le x \le 2\pi$.

17–3 Zeigen Sie mit Hilfe der Ableitung, dass die folgenden Funktionen auf dem angegebenen Intervall überall fallend und damit injektiv sind. Geben Sie die inverse Funktion samt ihrem Definitionsbereich an. Skizzieren Sie ferner die Graphen von f und f^{-1}.

  a) $f(x) = x - x^2$, $x \in [\frac{1}{2}, \infty)$,   b) $f(x) = e^{-x} + 1$, $x \in (-\infty, \infty)$.

17–4 Die Funktion $x \mapsto F(x) = \frac{9}{5}x + 32$ rechnet °Celsius in °Fahrenheit um.

  a) Welches ist der der physikalischen Wirklichkeit entsprechende Definitionsbereich von F?
  b) Geben Sie die zu F inverse Funktion an. Welches ist ihr Definitionsbereich? Welches ist hier ihre konkrete Bedeutung?

17–5 Zeigen Sie, dass die folgenden Funktionen die Ableitung 0 haben. Welche Identitäten (d.h. für alle zugelassenen x gültigen Beziehungen) ergeben sich?

  a) $f(x) = \arcsin x + \arccos x$ $(-1 < x < 1)$,
  b) $f(x) = \arctan x - \arcsin\dfrac{x}{\sqrt{1+x^2}}$.

17.∞ Aufgaben

17–6 Berechnen Sie die Ableitung der folgenden Funktionen.

a) $f(x) = \arcsin(x - 1)$ b) $A(s) = \arccos(s^2)$ c) $Z(z) = \arctan \sqrt{z}$

d) $W(z) = \arctan \sqrt{\dfrac{1-z}{1+z}}$ e) $A(x) = \arctan\left(\dfrac{x+1}{x-1}\right)$ f) $f(t) = \arcsin\left(\dfrac{1-t^2}{1+t^2}\right)$

17–7 Das Zifferblatt der Uhr eines in einer Ebene stehenden Kirchturms hat einen Durchmesser von 5 m. Der Mittelpunkt des Zifferblatts befindet sich 22.5 m über dem Boden. Ein Fotograf hält seine Kamera auf Augenhöhe (1.7 m). Wie weit muss er sich vom Fuss des Kirchturms entfernen, um das Zifferblatt unter dem grösstmöglichen Winkel aufzunehmen?

17–8 Berechnen Sie die folgenden unbestimmten Integrale.

a) $\displaystyle\int \frac{dx}{\sqrt{1-9x^2}}$ b) $\displaystyle\int \arctan t \, dt$ c) $\displaystyle\int \frac{1}{2+8x^2} dx$

d) $\displaystyle\int \frac{x}{1+16x^4} dx$ e) $\displaystyle\int \frac{dt \cdot}{2t^2+2t+5} dt$ f) $\displaystyle\int \sqrt{2-x^2} \, dx$

17–9 Der Graph der Funktion

$$f(x) = x + \frac{1}{\sqrt{1+x^2}}, \quad 0 \le x \le 1$$

wird um die x–Achse rotiert. Berechnen Sie das Volumen des entstehenden Rotationskörpers.

17–10 Wie lautet die allgemeine Lösung der folgenden Differentialgleichungen?

a) $y' = e^x(1+y^2)$, b) $y' = \dfrac{y}{x} + \dfrac{x}{1+x^2}$, $(x > 0)$, c) $y' = \dfrac{y}{x} + \dfrac{x}{\sqrt{1-x^2}}$, $(0 < x < 1)$.

18. EINIGE WICHTIGE FUNKTIONEN UND IHRE ANWENDUNGEN

(18.1) Überblick

In diesem Kapitel werden einige wichtige Funktionen behandelt. Die meisten unter ihnen sind nicht neu und sind schon früher vorgekommen. Hier soll nun vor allem der Aspekt ihrer Anwendbarkeit in den Naturwissenschaften betont werden:

- Trigonometrische Funktionen werden zur Darstellung von periodischen Vorgängen gebraucht.   (18.3)

- Die Exponentialfunktion und verschiedene daraus hergeleitete Funktionen haben oft mit Wachstumsvorgängen zu tun.   (18.4)
                                                                                                                                      (18.7)

- Von diesen Abwandlungen der Exponentialfunktion werden die hyperbolischen Funktionen und ihre Umkehrfunktionen, die Areafunktionen, noch etwas näher besprochen.   (18.6)
                                                                                                                                      (18.7)

- Oft tritt eine Funktion $f(x)$ in gewissen Modifikationen auf, wie etwa $f(x-a)$, $f(x)+b$, $f(cx)$, $sf(x)$. Diese Änderungen haben gut überblickbare Auswirkungen auf den Graphen der Funktion.   (18.2)

- Eine andere Anwendung von Exponentialfunktion und Logarithmus sind die logarithmischen Skalen. Versieht man eine oder beide Koordinatenachsen mit dieser Skala, so wird der Graph einer Exponential- bzw. einer Potenzfunktion zu einer Geraden.   (18.11), (18.12)

(18.2) Modifikation einer Funktion

Wir betrachten eine Funktion $f(x)$ und ihren Graphen, der durch die Beziehung $y = f(x)$ gegeben ist. Wir modifizieren nun diese Beziehung auf verschiedene Arten und sehen, was herauskommt.

a) Verschiebung in x–Richtung

Wir setzen $f_1(x) = f(x-a)$ für $a > 0$. Der Graph von f_1 ist gegenüber dem Graphen von f um die Strecke a nach rechts verschoben. Entsprechend liefert $f(x+a)$, $a > 0$ eine Verschiebung nach links.

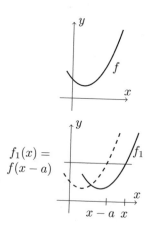

b) <u>Verschiebung in y–Richtung</u>

Nun sei $f_2(x) = f(x) + b$ für $b > 0$. Hier wird der Graph von f um b nach oben verschoben. Analog ergibt $f(x) - b$, $b > 0$, eine Verschiebung nach unten.

c) <u>Spiegelung an der y–Achse</u>

Der Graph der Funktion $f_3(x) = f(-x)$ wird durch Spiegelung von f an der y–Achse erhalten.

d) <u>Streckung/Stauchung in x–Richtung</u>

Es sei $c > 0$. Wir untersuchen $f_4(x) = f(cx)$. Der Wert von f_4 an der Stelle x ist gleich jenem von f an der Stelle cx. Deshalb entspricht der Übergang von f zu f_4 einer Streckung in x–Richtung mit dem Faktor $\frac{1}{c}$. (Für $c > 1$, also $\frac{1}{c} < 1$ handelt es sich anschaulich um eine "Stauchung".)

Ist $c < 0$, so kommt gemäss c) zur Streckung um $\frac{1}{|c|}$ eine Spiegelung an der y–Achse hinzu.

e) <u>Spiegelung an der x–Achse</u>

Dieser Übergang wird durch $f_5(x) = -f(x)$ geleistet.

f) <u>Streckung/Stauchung in y–Richtung</u>

Es sei $s > 0$. Wir untersuchen $f_6(x) = sf(x)$. Der Wert von f_6 an der Stelle x ist das s–fache des Werts von $f(x)$. Der Übergang von f zu f_6 besteht in einer Streckung ($s > 1$) (oder Stauchung ($s < 1$)) in y–Richtung.

Für $s < 0$ kommt gemäss e) eine Spiegelung an der x-Achse hinzu.

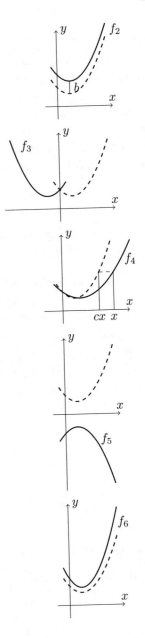

Diese verschiedenen Modifikationen können natürlich auch kombiniert werden; im Extremfall zu

$$g(x) = sf\big(c(x - a)\big) + b \,.$$

In (18.3) wird dieses Thema aufgenommen.

(18.3) Periodische Funktionen

Wir betrachten hier die trigonometrische Funktionen (Sinus, Cosinus etc.) unter einem neuen Gesichtspunkt (siehe (26.15) für die wichtigsten Grundbegriffe). Ihr erster Kontakt mit diesen Funktionen fand wohl in der Geometrie (Trigonometrie) statt, doch gibt es auch noch ganz anders geartete Anwendungen. In den Naturwissenschaften ist nämlich vor allem wichtig, dass die trigonometrischen Funktionen *periodisch* sind, denn es gilt bekanntlich für alle $x \in \mathbb{R}$ (wir verwenden wie üblich das Bogenmass)

$$\sin(x + 2\pi) = \sin x, \quad \cos(x + 2\pi) = \cos x \,.$$

> Ganz allgemein nennt man eine Funktion f *periodisch*, wenn es eine Zahl $p > 0$ gibt mit $f(x + p) = f(x)$ für alle x.

Für die Sinusfunktion kann man $p = 2\pi$ wählen, es wäre aber auch $p = 4\pi, 6\pi$ usw. möglich. Die kleinste positive Zahl p mit der erwähnten Eigenschaft heisst die *Periode* von f (im Fall der Sinusfunktion also $p = 2\pi$).

Periodische Vorgänge sind ja in der Natur sehr häufig (man denke an Schwingungsvorgänge, Biorhythmen oder dergleichen). Somit treten periodische Funktionen in ganz natürlicher Weise auf. Als konkretes Beispiel erwähnen wir das Elektrokardiogramm, das man (mit einer gewissen Idealisierung) als Darstellung einer periodischen Funktion betrachten kann:

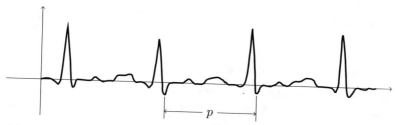

Zunächst scheint diese Kurve überhaupt nichts mit trigonometrischen Funktionen zu tun zu haben. Es gibt aber einen wichtigen mathematischen Satz, der besagt, dass jede einigermassen "vernünftige" periodische Funktion f als eine sogenannte *Fourierreihe*, nämlich als unendliche Reihe der Form

$$f(x) = a_0 + \sum_{n=1}^{\infty} (a_n \cos nx + b_n \sin nx)$$

dargestellt werden kann. (Die durch die obige EKG-Kurve gegebene Funktion wäre z.B. bereits "vernünftig" genug!) In dieser Formel wird vorausgesetzt, dass f die Periode 2π hat, was durch eine Massstabsänderung leicht erreicht werden kann (siehe unten).

Wir können hier nicht näher auf diese Fourierreihen eingehen. Wir erwähnten sie, um zu zeigen, dass die Bedeutung der trigonometrischen Funktionen weit über die Dreiecksberechnung hinausgeht, bilden sie doch gemäss den obigen Bemerkungen sozusagen Bausteine der periodischen Funktionen.

Wir haben oben gesehen, dass Sinus und Cosinus die Periode 2π haben. Wir zeigen nun, wie man die Funktionen so modifizieren kann, dass sie eine beliebige Periode p haben. Es genügt, den Sinus zu betrachten, für den Cosinus geht alles analog. Im übrigen gilt ja $\cos x = \sin(x + \frac{\pi}{2})$ (Verschiebung!).

Wir behaupten: Die Funktion $f(x) = \sin(\frac{2\pi}{p}x)$ hat die Periode p. In der Tat ist nämlich

$$f(x+p) = \sin\left(\frac{2\pi}{p}(x+p)\right) = \sin\left(\frac{2\pi}{p}x + 2\pi\right) = \sin\left(\frac{2\pi}{p}x\right) = f(x)\,,$$

denn der Sinus hat die Periode 2π.

Zum Beispiel hat die Funktion $\sin(\pi x)$ die Periode 2, die Funktion $\sin(\frac{1}{2}\pi x)$ die Periode 4 usw.

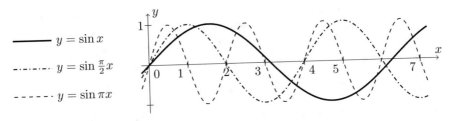

$$\text{———}\quad y = \sin x$$
$$\text{—·—·—·—}\quad y = \sin \tfrac{\pi}{2}x$$
$$\text{— — — —}\quad y = \sin \pi x$$

Wir haben hier eine Anwendung von Punkt d) von (18.2) vor uns.

Die eben diskutierte Funktion $f(x) = \sin(\frac{2\pi}{p}x)$ hat also die Periode p. Ferner hat sie eine Nullstelle in $x = 0$ und ist dort wachsend, denn $f'(0) > 0$. Eine Funktion g mit der Periode p, die an einer beliebigen Stelle x_0 eine Nullstelle hat und dort wachsend ist, erhält man, indem man x durch $x - x_0$ ersetzt (geometrisch: Verschiebung des Graphen parallel zur x-Achse, vgl. Punkt a) von (18.2)). Die Formel lautet dann

$$g(x) = \sin\left(\frac{2\pi}{p}(x - x_0)\right)\,.$$

Die Maxima bzw. Minima dieser Funktion liegen bei 1 bzw. bei -1. Man sagt, sie habe die *Amplitude* 1. Wünscht man nun eine periodische Funktion h (mit Periode p und einer Nullstelle in x_0) mit einer beliebigen Amplitude $A > 0$, so muss man $g(x)$ mit A multiplizieren (Punkt f) von (18.2)). Man erhält

$$h(x) = A\sin\left(\frac{2\pi}{p}(x - x_0)\right)\,.$$

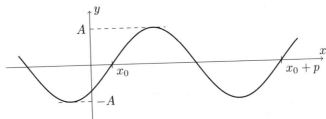

Beispiel

Gesucht ist eine periodische Funktion h mit folgenden Eigenschaften:

- Periode 24 (Stunden),
- eine Nullstelle (mit wachsender Funktion) für $x = 5$,
- Amplitude 3.

Lösung: $h(x) = 3\sin(\frac{\pi}{12}(x-5))$.

Wie gross ist der Funktionswert um Mitternacht?

Lösung: $h(0) = h(24) = 3\sin(-\frac{5\pi}{12}) \approx -2.9$. (Bogenmass verwenden!)   ⊠

(18.4) Die Exponentialfunktion

Für die Grundeigenschaften der Exponentialfunktion verweisen wir auf (26.13), wo auch die Definition der Zahl $e = 2.718281828\ldots$ angegeben ist. Wenn man von *der Exponentialfunktion* (mit dem bestimmten Artikel und ohne weitere Zusätze) spricht, so ist immer die Exponentialfunktion mit der Basis e, also die Funktion

$$x \mapsto e^x$$

gemeint. Um Exponenten zu vermeiden, schreibt man auch $\exp x$ oder $\exp(x)$ anstelle von e^x. Für die Anwendungen in den Naturwissenschaften ist die wohl wichtigste Eigenschaft der Exponentialfunktion die, dass sie gleich ihrer Ableitung ist*. Es gilt ja

$$\frac{de^x}{dx} = e^x .$$

Anders ausgedrückt: Die Exponentialfunktion $y = e^x$ ist eine Lösung der Differentialgleichung

$$y' = y .$$

Da $y' = f'(x)$ das Wachstumsverhalten der Funktion $y = f(x)$ beschreibt, wird die Exponentialfunktion überall dort eine Rolle spielen, wo die Wachstumsgeschwindigkeit proportional zum jeweiligen Funktionswert ist. Beispiele hierzu haben wir in (15.3.a) und (15.3.b) kennengelernt.

Wenn man es mit der Exponentialfunktion zu tun hat, so benötigt man auch immer die dazu inverse Funktion, den natürlichen Logarithmus. Hier gilt (vgl. Beispiel b) in (17.3) oder (26.14.c)):

$$y = e^x \Longleftrightarrow x = \ln y ,$$
$$\ln(e^x) = x ,$$
$$e^{\ln y} = y .$$

---

* Für die Exponentialfunktion zur Basis $a \neq e$ gilt diese einfache Formel nicht mehr; vielmehr ist $\frac{da^x}{dx} = \ln a \cdot a^x$.

Diese Beziehungen braucht man z.B., um Exponenten "herunterzuholen" (vgl. etwa Beispiel 1. in (16.10)).

Als eine andere Anwendung des Logarithmus sei festgehalten, dass die *allgemeine Exponentialfunktion*

$$f(x) = Ca^x, \quad (a > 0)$$

stets auch mit der Basis e geschrieben werden kann. Wegen $a = e^{\ln a}$ ist

$$f(x) = Ca^x = Ce^{x \cdot \ln a} \,.$$

Der *Graph* von $e^{\lambda x}$ hat für $\lambda > 0$ die untenstehende Form (vgl. auch (26.13.e)), wobei er um so steiler ist, je grösser λ ist. Diese Skizze schliesst wegen $\ln a > 0$ für $a > 1$ auch den Fall $a^x = e^{x \cdot \ln a}$ für $a > 1$ ein. Der Graph von $e^{-\lambda x}$ ($\lambda > 0$) wird gemäss Punkt c) von (18.2) durch Spiegelung des ersten Graphen an der y–Achse erhalten. Er schliesst den Fall a^x für $0 < a < 1$ ein, denn hier ist $\ln a < 0$.

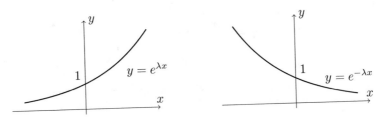

(18.5) Radioaktiver Zerfall

In diesem Abschnitt wird anhand des radioaktiven Zerfalls das Auftreten der Exponentialfunktion bei Zerfallsvorgängen beschrieben, vgl. auch (15.3.a). Entsprechendes gilt für exponentielles Wachstum (15.3.b).

Wir untersuchen eine radioaktive Substanz. In (15.3.a) sind wir von der Modellvorstellung ausgegangen, dass in einem bestimmten Zeitraum jedes Atom dieselbe Wahrscheinlichkeit hat, zu zerfallen. In einem kleinen Zeitintervall ist dann die Anzahl der Zerfälle proportional zur Anzahl der vorhandenen Atome. Dies führt auf die Differentialgleichung

$$N'(t) = -\lambda N(t), \quad \lambda > 0$$

für die Anzahl $N(t)$ der Atome, welche, wie man direkt nachrechnet (vgl. aber auch (15.3.a)), die folgende Lösung hat:

$$N(t) = N_0 e^{-\lambda t} \,.$$

Es sei noch darauf hingewiesen, dass es sich bei der besprochenen Funktion $N(t)$ um eine Idealisierung handelt. Man beschreibt die Anzahl $N(t)$ der Atome durch die Funktion $N_0 e^{-\lambda t}$, welche auch nicht-ganzzahlige Werte annimmt, wogegen die Anzahl der Atome natürlich stets ganzzahlig ist. Wegen der grossen Zahl der Atome ist diese Annäherung an die Wirklichkeit aber ohne weiteres erlaubt. Zudem muss man $N(t)$ als differenzierbar voraussetzen, wenn man die Methoden der Differentialgleichung einsetzen will (siehe auch den Schluss von (15.3.a)).

Nun betrachten wir die Funktion $N(t) = N_0 e^{-\lambda t}$ noch etwas genauer. Dabei ist N_0 die Anzahl der zur Zeit $t = 0$ vorhandenen Atome, denn $N(0) = N_0 e^0 = N_0$. Da $\lambda > 0$ ist, ist nach dem am Schluss von (18.4) gesagten $e^{-\lambda t}$ eine fallende Funktion, wie es auch sein muss, da die Anzahl der Atome im Verlauf der Zeit abnimmt.

Was bedeutet nun λ konkret? Um dies zu ergründen, betrachten wir die *Halbwertszeit* $T_{1/2}$ des untersuchten Isotops. Dies ist bekanntlich die Länge jenes Zeitintervalls, in dem die Hälfte der vorhandenen Atome zerfällt. Wir werden sehen, dass diese Halbwertszeit weder von der Anzahl Atome noch von der gewählten Anfangszeit abhängt. Natürlich hängt sie aber von der betrachteten Substanz ab. Der Zusammenhang zwischen der sogenannten *Zerfallskonstanten* λ und der Halbwertszeit $T_{1/2}$ ist durch die Formeln

$$(1) \qquad\qquad T_{1/2} = \frac{\ln 2}{\lambda} \quad \text{oder} \quad \lambda = \frac{\ln 2}{T_{1/2}}$$

gegeben.

Dies sieht man folgendermassen ein: Wir betrachten einen beliebigen Zeitpunkt t_1. Zur Zeit t_1 ist die Anzahl der vorhandenen Atome

$$N_1 = N(t_1) = N_0 e^{-\lambda t_1} \; .$$

Wenn nun $T_{1/2}$ die Halbwertszeit ist, so sind zur Zeit $t_2 = t_1 + T_{1/2}$ nur noch halb so viele Atome da. Mit

$$N_2 = N(t_2) = N_0 e^{-\lambda t_2}$$

ist dann

$$N_2 = \frac{1}{2} N_1 \; .$$

Nun ist aber

$$N_2 = N_0 e^{-\lambda t_2} = N_0 e^{-\lambda(t_1 + T_{1/2})} = N_0 e^{-\lambda t_1} \cdot e^{-\lambda T_{1/2}} = N_1 e^{-\lambda T_{1/2}} \; .$$

Wegen $N_2 = \frac{1}{2} N_1$ folgt $N_1 e^{-\lambda T_{1/2}} = \frac{1}{2} N_1$ oder $e^{-\lambda T_{1/2}} = \frac{1}{2}$.

Logarithmieren ergibt

$$-\lambda T_{1/2} = \ln \frac{1}{2}$$

und weiter (unter Benutzung der Regel $\ln x^{-1} = -\ln x$)

$$T_{1/2} = -\frac{\ln \frac{1}{2}}{\lambda} = \frac{\ln 2}{\lambda} = \frac{0.69315\ldots}{\lambda} \; .$$

Dies ist die gesuchte Beziehung. Natürlich hängen λ und $T_{1/2}$ vom untersuchten Isotop ab. Dagegen hängt, wie schon oben erwähnt, $T_{1/2}$ weder von N_0 noch von t_1 ab.

Zum Schluss noch eine praktische Anwendung der ganzen Geschichte: Bei der archäologischen *Altersbestimmung* vergleicht man die ^{14}C-Konzentration von lebenden Wesen mit jener der Funde und berechnet nach der "Zerfallsgleichung" (d.h. der Gleichung für $N(t)$) das Alter des Fundes.

<u>Beispiel</u>

Bei Ausschachtungsarbeiten wurden Speisereste gefunden, deren ^{14}C-Radioaktivität 90% der Aktivität von lebenden Pflanzen betrug, d.h. es war

$$\frac{N(t)}{N(0)} = 0.9 ,$$

wobei t das Alter der Speisereste (in Jahren) bedeutet. $N(0)$ stellt die Zahl der radioaktiven Teilchen am Anfang, $N(t)$ jene Zahl heute dar.

Die Halbwertszeit von ^{14}C ist bekannt, sie beträgt $T_{1/2} = 5730$ Jahre, wobei in der Literatur auch abweichende Angaben vorkommen. Gemäss Formel (1) ist

$$\lambda = \frac{0.693}{5730} = 0.000121 .$$

Nach der "Zerfallsgleichung" ist $N(0) = N_0, N(t) = N_0 e^{-\lambda t}$. Es folgt

$$0.9 = e^{-\lambda t}$$

und diese Gleichung ist nach t aufzulösen. Logarithmieren liefert

$$\ln 0.9 = -\lambda t$$

$$-0.105 = -0.000121 \cdot t ,$$

woraus $t \approx 870$ Jahre folgt. Damit ist das Alter der Speisereste bestimmt. $\boxtimes$

Die Methode basiert auf der Annahme, dass das Verhältnis zwischen dem "normalen" Kohlenstoff ^{12}C und dem radioaktiven Isotop ^{14}C in der Atmosphäre zeitlich konstant bleibt (^{14}C zerfällt einerseits laufend, wird aber durch die kosmische Strahlung neu erzeugt). Lebewesen (Tiere und Pflanzen) nehmen also ^{12}C und ^{14}C in einem konstanten Verhältnis auf. Mit dem Tod endet diese Aufnahme, und das Verhältnis ändert sich, da ^{14}C zerfällt.

(18.6) Die hyperbolischen Funktionen

Verwandt mit der Exponentialfunktion sind die sogenannten *hyperbolischen Funktionen* (gelesen "Sinus hyperbolicus" usw.). Sie sind definiert durch

$$\sinh x = \frac{1}{2}(e^x - e^{-x})$$

$$\cosh x = \frac{1}{2}(e^x + e^{-x})$$

$$\tanh x = \frac{\sinh x}{\cosh x} = \frac{e^x - e^{-x}}{e^x + e^{-x}}$$

$$\coth x = \frac{\cosh x}{\sinh x} = \frac{e^x + e^{-x}}{e^x - e^{-x}} \quad (x \neq 0) .$$

Wir werden diese Funktionen kaum gebrauchen, erwähnen sie aber der Vollständigkeit halber (und weil sie auf manchen Taschenrechnern vorkommen). Ihre Graphen haben folgendes Aussehen:

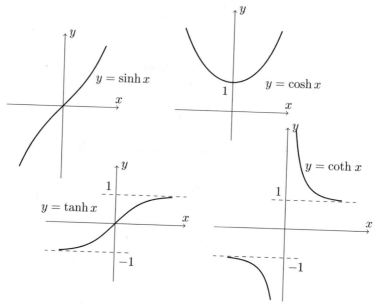

Diese Funktionen erfüllen allerlei Beziehungen, die an trigonometrische Funktionen erinnern und die Bezeichnungen rechtfertigen. Die hyperbolischen Funktionen sind aber im Gegensatz zu den trigonometrischen nicht periodisch. Wir erwähnen folgende Formeln:

$$\cosh^2 x - \sinh^2 x = 1 \quad \text{für alle} \quad x\,,$$

$$\sinh(x + y) = \sinh x \cosh y + \cosh x \sinh y \quad \text{für alle} \quad x, y\,,$$

$$\cosh(x + y) = \cosh x \cosh y + \sinh x \sinh y \quad \text{für alle} \quad x, y\,.$$

Diese werden durch Nachrechnen leicht bestätigt.

Setzt man $x = \cosh t$, $y = \sinh t$, so folgt aus der erstgenannten Formel nach einer Umbezeichnung:

$$x^2 - y^2 = 1\,,$$

d.h., die Punkte (x, y) liegen auf einer Hyperbel. (Für die trigonometrischen Funktionen $x = \cos t$ und $y = \sin t$ ist entsprechend $x^2 + y^2 = 1$, d.h., die Punkte (x, y) liegen auf einem Kreis!) Dies möge zur Begründung der Bezeichnungen dienen.

Der Graph von $\cosh x$ heisst manchmal auch *Kettenlinie*, denn man kann zeigen, dass eine beidseitig aufgehängte Kette unter ihrem Eigengewicht im wesentlichen (d.h. bis auf Konstanten) die Form dieses Graphen annimmt.

(18.7) Die Areafunktionen

Schliesslich seien noch die sogenannten *Areafunktionen* kurz erwähnt. Es handelt sich dabei um die zu den hyperbolischen Funktionen inversen Funktionen, vgl. dazu (17.3).

Wie man den Graphen entnimmt, sind die Funktionen sinh, tanh und coth injektiv, cosh ist a priori nicht injektiv, wird aber durch Einschränkung des Definitionsbereichs injektiv gemacht: Man wählt $[0, \infty]$ als neuen Definitionsbereich. Nun lassen sich die Umkehrfunktionen bilden.

Im einzelnen lauten die Definitionen (arsinh z.B. wird gelesen "area sinus hyperbolicus"):

$$y = \sinh x \ (x \in \mathbb{R}) \iff x = \text{arsinh}\, y \ (y \in \mathbb{R}) \,,$$
$$y = \cosh x \ (x \geq 0) \iff x = \text{arcosh}\, y \ (y \geq 1) \,,$$
$$y = \tanh x \ (x \in \mathbb{R}) \iff x = \text{artanh}\, y \ (|y| < 1) \,,$$
$$y = \coth x \ (x \neq 0) \iff x = \text{arcoth}\, y \ (|y| > 1) \,.$$

Die Graphen erhält man wie üblich durch Spiegeln.

Es sei noch erwähnt, dass man die Areafunktionen auf den Logarithmus zurückführen kann. Es gilt nämlich:

$$\text{arsinh}\, y = \ln(y + \sqrt{y^2 + 1}) \,, \qquad \text{arcosh}\, y = \ln(y + \sqrt{y^2 - 1}) \ (y > 1) \,,$$
$$\text{artanh}\, y = \tfrac{1}{2} \ln \tfrac{1+y}{1-y} \ (|y| < 1) \,, \qquad \text{arcoth}\, y = \tfrac{1}{2} \ln \tfrac{y+1}{y-1} \ (|y| > 1) \,.$$

Wir beweisen die Formel für arsinh (die andern Fälle gehen analog):

Wir müssen die Gleichung $y = \sinh x = \frac{1}{2}(e^x - e^{-x})$ nach x auflösen. Mit der Abkürzung $e^x = z$ (und $e^{-x} = 1/z$) erhält man

$$y = \frac{1}{2}\left(z - \frac{1}{z}\right), \quad 2yz = z^2 - 1, \quad z^2 - 2yz - 1 = 0 \,.$$

Löst man diese quadratische Gleichung bei gegebenem y nach z auf, so findet man

$$e^x = z = y \pm \sqrt{y^2 + 1} \,.$$

Da aber $z = e^x$ stets positiv ist, kommt in diesem Augenblick nur das Pluszeichen in Frage. Durch Logarithmieren erhält man schliesslich den gesuchten Ausdruck für x:

$$x = \ln(y + \sqrt{y^2 + 1}) \,.$$

Für ganz Neugierige: Woher kommt der Wortteil "area"? Setzt man $x = \cosh t, y = \sinh t \ (t \in \mathbb{R})$, so liegen, wie schon erwähnt, die Punkte (x,y) auf der Hyperbel $x^2 - y^2 = 1$ und zwar für $t > 0$ auf dem gezeichneten rechten Ast. Man kann dann ausrechnen, dass $t = \text{arcosh}\, x = \text{arsinh}\, y$ gleich dem Flächeninhalt ("area") der schraffierten Figur ist.

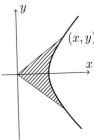

(18.8) Die Ableitung der hyperbolischen und der Areafunktionen

Die Ableitung der hyperbolischen Funktionen ergibt sich unmittelbar aus der Definition und den Ableitungsregeln. So ist z.B.

$$\frac{d\sinh x}{dx} = \frac{d}{dx}\left(\frac{1}{2}(e^x - e^{-x})\right) = \frac{1}{2}(e^x + e^{-x}) = \cosh x \,.$$

Für die Areafunktionen kann man entweder die Regel für die Ableitung der Umkehrfunktionen (17.4) oder aber die Beziehungen von (18.7) verwenden. Wir verzichten auf weitere Details. Die Ableitungen dieser acht Funktionen sind in (5.3) bereits tabelliert worden.

(18.9) Weitere Funktionen im Zusammenhang mit der Exponentialfunktion

Neben den hyperbolischen Funktionen verwendet man gelegentlich noch weitere Funktionen, die mit Hilfe der Exponentialfunktion gebildet werden. Im folgenden seien einige aufgeführt. (Beachten Sie die Schreibweise $\exp(x)$ für e^x.)

a) Die logistische Funktion

$$f(x) = \frac{a}{1 + Ce^{-bx}}$$

für geeignete Konstanten a, b, C (siehe (16.12)).

b) Die Dichtefunktion der Normalverteilung

Diese für die Wahrscheinlichkeitsrechnung wichtige Funktion ist gegeben durch

$$\varphi(x) = \frac{1}{\sqrt{2\pi}\sigma} \exp\left(-\frac{1}{2}\left(\frac{x-\mu}{\sigma}\right)^2\right) \,.$$

Dabei ist μ eine beliebige, σ eine positive reelle Zahl. Eine Kurvendiskussion ergibt, dass der Graph von φ die folgende "Glockenform" hat:

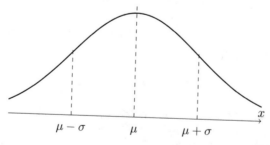

Der Graph ist symmetrisch zur Geraden $x = \mu$, und seine Wendepunkte liegen an den Stellen $x = \mu \pm \sigma$.

c) Exponentielle Annäherung an Grenzwerte

Ein Blick auf den Graphen der Funktion $y = e^{-x}$ (18.4) zeigt, dass diese Funktion an der Stelle $x = 0$ den Wert 1 annimmt und sich dann mit wachsendem x rasch der x–Achse nähert.

In manchen Fällen ist eine Funktion gesucht, die zur Zeit $t = 0$ (wir fassen hier die unabhängige Variable lieber als Zeit auf und schreiben t statt x) einen Anfangswert y_0 annimmt und im Verlauf der Zeit einem "Grenzwert" y_∞ zustrebt. Ein einfaches Beispiel einer solchen Funktion ist gegeben durch

$$y = y_\infty + (y_0 - y_\infty) \cdot e^{-ct}, \quad c > 0 .$$

In der Tat: Für $t = 0$ ist $e^{-ct} = 1$, und es folgt $y(0) = y_0$. Je grösser aber t wird, desto kleiner wird e^{-ct} und damit auch das Produkt $(y_0 - y_\infty) \cdot e^{-ct}$. Der Funktionswert y kommt dabei immer näher an y_∞ heran. Die Grösse c beschreibt im wesentlichen die Geschwindigkeit der Annäherung: Je grösser c ist, desto rascher nähert sich die Funktion dem Wert y_∞. Der Graph hat (für $y_0 < y_\infty$) folgende Gestalt:

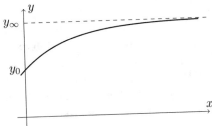

Diese Funktion haben wir übrigens (mit anderen Bezeichnungen) in (16.8) als Lösung einer linearen Differentialgleichung mit konstanten Koeffizienten angetroffen.

(18.10) Logarithmische Skalen

Eine weitere Anwendung von Exponentialfunktion und Logarithmus ist die logarithmische Skala, die zur Darstellung von gewissen Sachverhalten oft sehr zweckmässig ist. Wir besprechen zuerst den eindimensionalen Fall und anschliessend die sogenannten logarithmischen Papiere.

Viele Grössen in den Naturwissenschaften und der Technik sind positiv, das heisst > 0 (Längen, Gewichte, Frequenzen, Temperatur in Grad Kelvin) und haben einen absoluten Nullpunkt. Damit kann man sicher, was den Definitionsbereich betrifft, den Logarithmus bilden. Bei vielen Grössen ist es manchmal sinnvoll, Verhältnisse zu bilden: Verdoppelung von Frequenzen, Längen und Gewichten beispielsweise - eine Verdoppelung der Temperatur in Grad Celsius gemessen ist hingegen weniger sinnvoll. Die folgenden Anwendungen betreffen normalerweise Grössen, bei denen die Bildung von Verhältnissen sinnvoll ist - es sind sogenannte Verhältnisskalen (mehr dazu im zweiten Band bei der beschreibenden Statistik).

Aus praktischen Gründen verwenden wir im folgenden den Zehnerlogarithmus (Logarithmus zur Basis 10) $\text{Log}\, x = \log_{10} x$. Man erhält die *logarithmische Skala*, indem man auf einer linearen Skala den Punkt x neu mit $X = 10^x$ anschreibt:

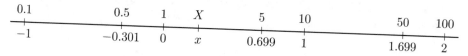

Die Skala ist also gewissermassen eine graphische Darstellung der Wertetabelle (Funktionstafel von $X = 10^x$):

x	-1	0	0.69897	1	1.69897	2
$X = 10^x$	0.1	1	5	10	50	100

Wegen $X = 10^x$ ist natürlich $x = \text{Log}\, X$.

Derartige Skalen sind z.B. dann praktisch, wenn die darzustellende Variable einen grossen Bereich umfasst. Allerdings werden dabei die Intervalle ungleich behandelt. So haben die Intervalle $[0.1, 1]$, $[1, 10]$, $[10, 100]$ etc. in dieser logarithmischen Skala alle dieselbe Länge, was aber mitunter ganz erwünscht sein kann, wie z.B. in der untenstehenden Darstellung des elektromagnetischen Spektrums. Ferner kann der Wert $X = 0$ nicht dargestellt werden, da $\text{Log}\, 0$ nicht definiert ist.

Beispiel

Das elektromagnetische Spektrum, dargestellt auf einer logarithmischen Skala (Frequenz in Hertz):

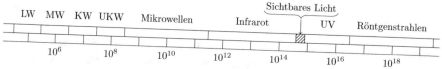

Eine weitere Bedeutung haben die logarithmischen Skalen deshalb, weil man mit ihnen Koordinatensysteme bilden kann, in denen die Exponentialfunktionen bzw. die Potenzfunktionen durch Geraden dargestellt werden.

(18.11) Das halblogarithmische Koordinatensystem

Dieses Koordinatensystem wird erhalten, indem die Abszisse wie üblich mit einer linearen Skala, die Ordinate aber mit einer logarithmischen Skala versehen wird.

Beispiele (mit verschiedenen Massstäben):

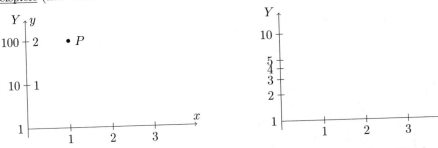

Auf der linken Seite ist dabei der Punkt $P(1, 100)$ eingetragen. Beachten Sie, dass der Abstand zur x-Achse effektiv nicht $= 100$, sondern nur $= \mathrm{Log}\,100 = 2$ ist!

Für die praktische Arbeit kann entsprechend liniertes sogenanntes halblogarithmisches Papier (ein Muster ist weiter unten abgebildet) in verschiedenen Massstäben im Internet heruntergeladen oder im Fachhandel gekauft werden. Natürlich sind dann nur noch die Werte Y angeschrieben; die horizontale Achse beschriftet man selbst passend.

Das halblogarithmische Koordinatensystem hat die folgende wichtige Eigenschaft:

Der Graph der Exponentialfunktion

$$Y = f(x) = ca^x \quad \text{mit } a > 0 \text{ und } c > 0$$

ist in diesem Koordinatensystem eine Gerade.

Im Bild weiter unten ist rechts die Funktion $Y = 2^x$ dargestellt. Da ihr Graph hier eine Gerade ist, muss man nur zwei Punkte berechnen — hier $x = 0$, $Y = 1$ und $x = 2$, $Y = 4$ — und kann den Graphen auf einfachste Weise zeichnen.

Wir überlegen uns noch, warum wirklich eine Gerade herauskommt. Zu jedem x tragen wir nämlich auf der logarithmischen Skala $Y = ca^x$ ab. Die Vertikaldistanz zum Punkt Y ist aber nicht Y, sondern $y = \mathrm{Log}\,Y$. Es ist also

$$y = \mathrm{Log}\,Y = \mathrm{Log}(ca^x) = x \cdot \mathrm{Log}\,a + \mathrm{Log}\,c, \quad (a > 0,\ c > 0) \,.$$

Setzen wir noch $\mathrm{Log}\,a = A$, $\log c = C$, so erhalten wir im linearen x-y-System die Gleichung

$$y = Ax + C \,,$$

welche tatsächlich eine Gerade darstellt.

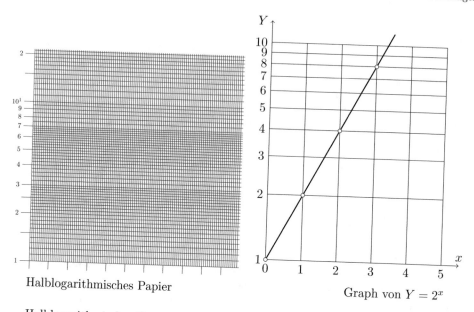

Halblogarithmisches Papier

Graph von $Y = 2^x$

Halblogarithmisches Papier kann dann nützlich sein, wenn man vermutet, eine gewisse Beziehung werde durch eine Exponentialfunktion beschrieben.

<u>Beispiel</u>

Die Konzentration Y (in μg/10 ml) eines bestimmten Enzyms wird in Funktion der Zeit t (in Minuten) gemessen. Man vermutet, dass ungefähr folgende Beziehung gilt:

$$Y = aq^t$$

für noch zu bestimmende Konstanten a, q. Die Messwerte sind:

t	0	10	30	50	60	70	80
Y	95	54	21	7.5	4	2.4	1.6

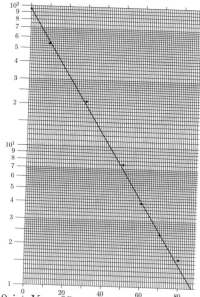

Wir tragen nun die Daten auf halblogarithmischem Papier ab. Die Punkte liegen alle ungefähr auf einer Geraden, so dass man annehmen kann, die angegebene Beziehung sei approximativ richtig.

Wir bestimmen nun noch a und q. Für $t = 0$ ist $Y = 95$, es folgt $a = 95$. Der graphischen Darstellung entnimmt man weiter, dass für $t = 87$ der Wert von $Y = 1$ ist. Aus $1 = 95 \cdot q^{87}$ folgt

$$q = \sqrt[87]{\frac{1}{95}} \approx 0.95 \,.$$

(18.12) Das doppeltlogarithmische Koordinatensystem

Hier wird auf *beiden* Achsen eine logarithmische Skala verwendet, wie man anhand des weiter unten gezeigten Musters von "doppeltlogarithmischem Papier" sehen kann.

Das *doppeltlogarithmische* Koordinatensystem hat die folgende wichtige Eigenschaft:

Der Graph der Potenzfunktion

$$Y = aX^b \quad \text{mit} \quad X > 0, \ a > 0$$

ist in diesem Koordinatensystem eine Gerade.

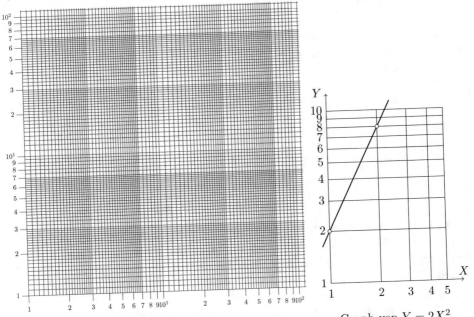

Doppeltlogarithmisches Papier

Graph von $Y = 2X^2$

Beweis für diese Eigenschaft: Zu jedem X tragen wir über dem mit X angeschriebenen Punkt der Abszisse auf der logarithmischen Skala den Wert $Y = aX^b$ ab. Im linearen System ist aber $x = \text{Log}\,X$, $y = \text{Log}\,Y$. Wir logarithmieren deshalb die Gleichung und erhalten $\text{Log}\,Y = \text{Log}(aX^b) = \text{Log}\,a + b\,\text{Log}\,X$ oder eingesetzt $y = bx + \text{Log}\,a$. Ersetzen wir noch $\text{Log}\,a$ durch a', so haben wir in der Tat eine Geradengleichung gefunden: $y = bx + a'$.

Die Anwendungen entsprechen jenen von (18.12), wobei natürlich an Stelle der Exponentialfunktion jetzt eine Potenzfunktion steht.

<u>Beispiel</u>

Im untenstehenden doppeltlogarithmischen Achsenkreuz sind die Schweizerrekorde in den Laufdisziplinen (Männer, Stand 31.07.2019) eingetragen, und zwar findet man auf der horizontalen Achse die Distanz in Metern, auf der vertikalen Achse die Rekordzeit in Sekunden. Da die Punkte ungefähr auf einer Geraden liegen, kann man annehmen, dass die Beziehung approximativ durch eine Potenzfunktion gegeben ist. (Das Beispiel wird in (23.7) fortgesetzt.)

Distanz in m	Rekordzeit	Rekordzeit in Sekunden
100	10.11	10.11
200	20.04	20.04
400	44.99	44.99
800	1:42.55	102.55
1'000	2:15.63	135.63
1'500	3:31.75	211.75
[Meile]	3:50.38	230.38
2'000	4:54.46	294.46
3'000	7:41.05	461.05
5'000	13:07.54	787.54
10'000	27:44.36	1664.36
20'000	59:14.02	3554.02
25'000	1:18:54.8	4734.8
30'000	1:35:40.8	5740.8

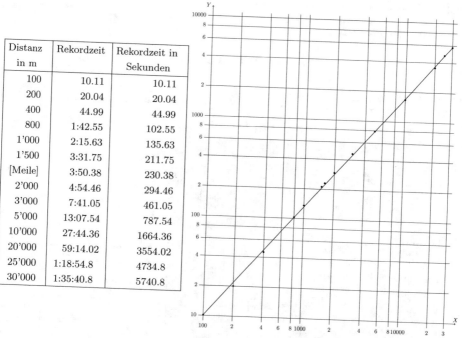

Beachten Sie, wie nützlich die logarithmische Einteilung der Skalen ist. Eine lineare Skala, die von 100 m bis 30'000 m reichen würde, müsste entweder sehr lang sein, oder dann wären die feineren Unterschiede, etwa im Bereich 100 m bis 400 m, nicht mehr gut trennbar.

(18.13) Zusammenfassung

Die wichtigen Eigenschaften der logarithmischen Skala sind:

- Auf halblogarithmischem Papier wird die Exponentialfunktion $Y = ca^x$ durch eine Gerade dargestellt.
- Auf doppeltlogarithmischem Papier wird die Potenzfunktion $Y = aX^b$ durch eine Gerade dargestellt.

Man kann diese Eigenschaft dazu verwenden, bei einem empirisch (durch Messwerte) gegebenen funktionellen Zusammenhang festzustellen, ob er möglicherweise durch eine Exponential- oder eine Potenzfunktion gegeben sei. Man braucht dazu bloss die Messwerte auf halb- und auf doppeltlogarithmisches Papier aufzutragen.

<u>Beispiel</u>

Es seien folgende Werte gegeben

x	1.5	2.5	4.0	5.0	6.5
y	1.8	2.6	4.6	6.8	12.0

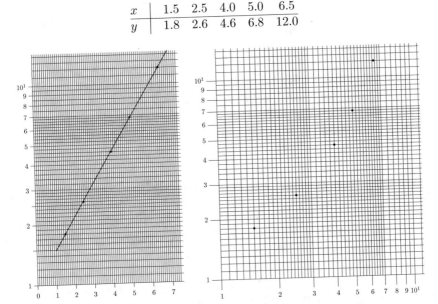

Wie man sieht, liegen in der *halblogarithmischen* Darstellung die Punkte ziemlich genau auf einer Geraden: Der Zusammenhang wird durch eine Exponentialfunktion vermittelt.

Wir weisen noch darauf hin, dass es auch Papiere gibt, wo die Abszisse logarithmisch, die Ordinate aber linear geteilt ist. Eine Gerade in diesem Koordinatensystem hat die Gleichung

$$y = ax + b$$

(x bezieht sich wie immer auf die lineare Skala). Wegen $x = \operatorname{Log} X$ wird durch diese Gerade die Funktion

$$y = a \operatorname{Log} X + b \quad \text{oder} \quad y = \operatorname{Log}(BX^a) \quad \text{(mit } b = \operatorname{Log} B\text{)}$$

dargestellt.

Es sei schliesslich noch bemerkt, dass die Bezeichnungen "doppeltlogarithmisch" und "halblogarithmisch" zwar üblich, aber nicht ganz konsequent sind. Statt letzterem wäre wohl "einfachlogarithmisch" passender.

(18.14) Weitere Beispiele aus dem täglichen Leben

Vier Vorbemerkungen:

1. Im täglichen Leben wird von Laien oft synonym von einem exponentiellen oder logarithmischen Zusammenhang zwischen zwei Grössen gesprochen. Umgangssprachlich ist das ohne weitere Präzisierung nicht falsch. Die Auflösung liegt darin, dass die Exponentialfunktion und die Logarithmusfunktion jeweils Umkehrfunktionen voneinander sind. Beim gleichen Zusammenhang sieht man entweder einen exponentiellen oder einen logarithmischen Zusammenhang, je nachdem, ob man von der x-Achse oder von der y-Achse her schaut.

2. Wenn exponentielles Wachstum vorliegt ($y(t) = e^{\lambda t}$), dann bedeutet eine Zunahme auf der Zeitachse von t nach $t+1$ eine Zunahme der Funktionswerte um den *Faktor* e^{λ}, nämlich von $y(t) = e^{\lambda t}$ zu $y(t+1) = e^{\lambda(t+1)} = e^{\lambda t}e^{\lambda}$. Bei einem linearen Zusammenhang (einer Geraden $y(t) = at+b$) bedeutet eine derartige Zunahme eine *konstante, additive* Zunahme um a von $y(t) = at + b$ zu $y(t+1) = a(t+1) + b = at + a + b$.

3. Exponentielles Wachstum: a) Modell: exponentielles Wachstum erhalten wir als Lösung der Differentialgleichung $y' = \alpha y$. Das heisst, dass das Wachstum, die Änderung, proportional zum aktuellen Bestand ist. b) Wirklichkeit: Das stimmt in den häufig genannten Bereichen aber nicht exakt (Bevölkerungs- oder Wirtschaftswachstum; Anzahl Zellen bei der Zellteilung). Trotzdem kann man umgangssprachlich immer von exponentiellem Wachstum sprechen, wenn die Änderung etwa proportional zum aktuellen Stand ist. Leider wird in reisserischen Medienberichten und in der Politik auch sonst der Begriff "exponentiell" benutzt, einfach um "schnell" dramatisch zu unterstreichen. Das ist falsch und ärgerlich. Der oft einzige Bereich, wo der Einsatz des Wortes "exponentiell" korrekterweise erfolgt, ist bei der Initialphase beim Ausbruch einer gefährlichen Epidemie.

4. Wir Menschen haben oft eine logarithmische Skala bei der subjektiven Wahrnehmung (zum Beispiel bei Tonhöhe und Lautstärke), weil wir in der Natur ein grosses Spektrum abdecken müssen. Man kann staunen, wie die Natur das hingekriegt hat. Hingegen gibt es eine übergeordnete Erklärung, weshalb wir Menschen, wenn jung und gesund, beispielsweise genau Frequenzen von 20 bis 20'000 Hertz (Faktor 1000) wahrnehmen können: diese Frequenzen waren ein Konkurrenzvorteil in Urzeiten und höhere Frequenzen machten bei uns an Land (im Gegensatz zu Walen im Meer) keinen Sinn. Mithilfe der Grundsätze von "Survival of the Fittest" kann man den Bereich also indirekt erklären. Wie das dann in der Evolutionsgeschichte sich entwickelt hat, bleibt beeindruckend. Fliegen können wir ja nicht, obschon es ein Konkurrenzvorteil wäre....

Beispiel 1: Tonhöhe

Wir Menschen erleben in der Musik subjektiv Oktaven als gleichmässige Erhöhung der Tonhöhe (linear). In der Tat ist aber physikalisch, objektiv messbar, jede Oktave eine Verdoppelung der Frequenz. Man hat also pro Schritt auf der x-Achse (1 Oktave) einen Faktor 2 mehr Frequenz auf der y-Achse. Wenn wir die Schrittweite weiter verfeinern gilt folgendes: es gibt pro Oktave 12 Halbtöne, deren Schritte wir alle gleich erleben. Auf der y-Achse ist es jeweils ein Faktor $\sqrt[12]{2}$, weil die Hintereinanderausführung von 12 Halbtönen eine Oktave gibt und die Frequenzen jeweils um einen Faktor steigen: $(\sqrt[12]{2})^{12} = 2$. In der nachfolgenden Darstellung findet man die wichtigsten Zusammenhänge rund um die Tonhöhen (und Lautstärken):

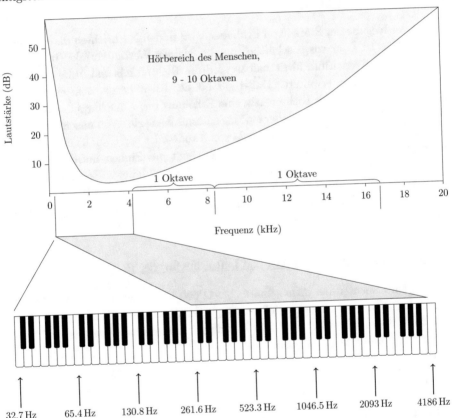

Beispiel 2: Lautstärke

Die von uns Menschen empfundenen Lautstärken von Tönen basieren physikalisch auf dem (relativen) Schalldruck. Dieser wird in Dezibel (dB) angegeben. Im Hinblick auf die Logarithmen nur soviel: eine Erhöhung um ein Dezibel bedeutet eine

Verzehnfachung des Schalldrucks. Bei der Wahrnehmung der Lautstärke, welche in phon angegeben wird und auf einem normierten Schalldruck aufbaut, gilt dasselbe. Die nachfolgenden Alltagswerte in Dezibel zeigen, dass wir die Steigerung in Dezibel (oder Phon) linear erleben: Hörschwelle 0 dB, Uhrticken 10 dB, Flüstern 20 dB, normale Unterhaltung 40-60 dB, lauter Strassenlärm 70 dB, Schreien 80 dB, Gehörschäden bei langfristiger Einwirkung 85 dB, Druckluftbohrer 90 dB, Gehörschäden bei kurzfristiger Einwirkung 120 dB, Schmerzschwelle 130 dB. Die Werte sind genaugenommen natürlich vom Abstand abhängig und auch sonst nur als Grössenordnung zu verstehen. Für die Details sei auf Physikbücher verwiesen.

Beispiel 3: Erdbebenstärken

Bei der Angabe der Stärke von Erdbeben wird in den Nachrichten die Richterskala erwähnt. Dies ist zwar wissenschaftlich nur bei kleinen Werten korrekt (bis etwa 6.5). Der kommunikativen Einfachheit halber wird die Richterskala mit Hilfe von anderen Messungen nach oben erweitert. Dabei gilt bei der Richterskala, dass eine Erhöhung eines Wertes um 1 auf der Richterskala eine Erhöhung des Ausschlags des Messgerätes um 10^1 bedeutet. Wir haben wieder eine logarithmische Skala. Von unserem Empfinden her ist eine Erhöhung auf der Richterskala von 3 auf 4 oder von 5 auf 6 eine gleich starke Erhöhung. Nebenbei: die freigesetzte Energie steigt pro Einheit auf der Richterskala etwa um den Faktor 32. Kernreaktoren der Generation 2 können Erdbeben der Stärke 8 dank Ausgleichsmechanismen aushalten. Erdbeben über dem Wert 9.5 sind kaum möglich, weil nicht genug Druck aufgebaut werden kann - es kommt vorher zu einer leichteren Entladung.

Beispiel 4: Abnahme von Luftdruck und Luftdichte mit der Höhe

In tiefen Schichten der Atmosphäre (bis 11'000 Meter) nehmen sowohl Luftdruck wie auch Luftdichte etwa exponentiell ab. Es gilt annäherungsweise, dass etwa alle 5'500 Meter der Luftdruck halbiert wird. Die Luftdichte sinkt etwas weniger schnell, weil die Temperaturabnahme dem entgegenwirkt.

Beispiel 5: Der pH-Wert

Der pH-Wert ist der negative, dekadische Logarithmus der Konzentration der Wasserstoffionen in Mol pro Liter. Was heisst das? Der pH-Wert sei 7 (neutral). Dann gilt $10^{-7} = C$, wo C die Konzentration von H^+ in Mol pro Liter ist. Wir formen um, indem wir den Zehnerlogarithmus (dekadisch) nehmen: $-7 = \log_{10}(C)$ und multiplizieren noch mit -1 und erhalten: $7 = -\log_{10}(C)$. Das ist jetzt aber genau die eingangs angegebene Definition.

(18.∞) Aufgaben

18–1 Zeichnen Sie die Graphen der folgenden Funktionen in dasselbe Koordinatensystem ein:

a) $f_1(x) = x^3$, b) $f_2(x) = -\dfrac{1}{4}x^3 - 1$, c) $f_3(x) = (x+1)^3 + 1$.

18–2 Skizzieren Sie die Graphen von

a) $y = \cos(\pi x)$, b) $y = \cos \pi(x - \dfrac{1}{2})$, c) $y = 1 + \dfrac{1}{2}\cos \pi(x-1)$.

18–3 Die Auslenkung einer an beiden Enden befestigten Saite der Länge L ist an der Stelle x ($0 \leq x \leq L$) gegeben durch $A(x) = A_0 \sin \dfrac{n\pi}{L}x$, $n = 1, 2, 3 \ldots$. Zeichnen Sie dies für $n = 1, 2, 3$.

18–4 Die Theorie der Biorhythmen lehrt, dass das Gefühlsleben in wellenförmigen Hochs und Tiefs mit einer Periode von 28 Tagen verläuft. Wir denken uns eine Gefühlsskala mit Minimalwert 0 und Maximalwert 100. Ferner war Ihr persönlicher Wert am 1. Januar, 00.00 Uhr, gerade durchschnittlich (d.h. 50), aber immerhin mit aufsteigender Tendenz. Wie gross ist er am 28. Februar, 12.00 Uhr? Tip: Verwenden Sie eine passend modifizierte Sinusfunktion.

18–5 Uran-239 hat eine Halbwertszeit von 23.5 Minuten. Nach welcher Zeitspanne ist noch a) ein Viertel, b) ein Fünftel der ursprünglichen Substanzmenge vorhanden? c) Welcher Prozentsatz ist nach 60 Minuten noch vorhanden? (Tip für a): Erst denken, dann rechnen!)

18–6 Das "Gesetz von Bouguer-Lambert" besagt folgendes: Wenn Licht mit der Intensität I_0 senkrecht auf eine Wasseroberfläche trifft, dann beträgt die Intensität in x Metern Tiefe noch $I_0 \exp(-\mu x)$. Dabei ist μ eine positive Konstante, der "Absorptionskoeffizient". Wir nehmen an, es sei $\mu = 1.4$ m^{-1}.
a) Wieviel Prozent der ursprünglichen Intensität hat das Licht in 2 m Tiefe? b) In welcher Tiefe beträgt die Intensität noch 10% der ursprünglichen?

18–7 a) Bestimmen Sie die Konstanten a, b, c so, dass die Funktion $f(t) = a + be^{-ct}$ die folgenden Eigenschaften hat: $f(0) = 10$, $f(1) = 20$, $f(t) \to 30$ für $t \to \infty$. b) Wie gross ist $f(2)$?
c) Geben Sie eine Differentialgleichung 1. Ordnung an, die $f(t)$ als Lösung hat.

18–8 Ein Faden, der an zwei Punkten aufgehängt wird, nimmt unter seinem Eigengewicht die Form einer Kettenlinie an, d.h. des Graphen der Funktion $f(x) = a \cosh(\frac{x}{a})$, für ein passendes $a > 0$. Berechnen Sie die Kurvenlänge dieser Kettenlinie für $a = 1$ im Intervall $[-1, 1]$.

18–9 Zeichnen Sie in einem doppeltlogarithmischen Koordinatensystem die Graphen von a) $Y = 5\sqrt[4]{X}$, b) $Y = 10/X$ ein ($1 \leq X \leq 10$).

18–10 Zeichnen Sie in einem halblogarithmischen Koordinatensystem die Graphen von a) $Y = 2 \cdot 1.5^x$, b) $Y = 10 \cdot 0.8^x$ ein ($0 \leq x \leq 8$).

18–11 Das sogenannte allometrische Wachstum (vgl. Aufgabe 15–6) führt auf eine Potenzfunktion der Form $Y = aX^b$. Gegeben ist die folgende Tabelle:

X	0.5	1.5	5	8	10
Y	0.10	0.55	3.35	6.68	9.50

a) Zeichnen Sie diese Werte in ein geeignetes logarithmisches Papier ein. b) Wie gross (ungefähr) ist Y für $X = 1$? c) Für welches X (ungefähr) ist $Y = 15$?

18−12 Von einem Wachstumsvorgang weiss man, dass er zumindest annähernd exponentiell verläuft, d.h., dass $Y = ab^t$ gilt, wo $Y = Y(t)$ die Grösse der Population zur Zeit t bezeichnet. Messungen ergeben folgende Tabelle:

t	1	3	4	6	7
Y	4.5	10	15	34	52

a) Bestimmen Sie mit einer graphischen Methode die Grössen a und b.

b) Man möchte Y in der Form $Y = Ce^{\lambda t}$ schreiben. Bestimmen Sie C und λ.

18−13 Von einer Funktion f kennt man einige Werte:

x	1.5	3	5	7	9
$f(x)$	9	5.6	3.5	2.1	1.3

Zeichnen Sie diese Punkte sowohl in ein halb- als auch in ein doppeltlogarithmisches Koordinatensystem ein, und entscheiden Sie, ob es sich eher um eine Potenz- oder um eine Exponentialfunktion handelt.

19. POTENZREIHEN

(19.1) Überblick

In diesem Kapitel geht es um die Darstellung von Funktionen durch unendliche Reihen, genauer durch sogenannte *Potenzreihen*. So ist bei- *(19.5)* spielsweise

$$e^x = 1 + \frac{x}{1!} + \frac{x^2}{2!} + \frac{x^3}{3!} + \cdots$$

für alle $x \in \mathbb{R}$.

Ein Weg, derartige Reihenentwicklungen zu finden, besteht darin, die sogenannte *Taylorreihe* (mit Zentrum x_0) der Funktion f zu bilden. Diese *(19.7)* hat die Form

$$\sum_{k=0}^{\infty} \frac{f^{(k)}(x_0)}{k!}(x - x_0)^k \ .$$

Für geeignete Werte von x (die in jedem Einzelfall zu bestimmen sind) konvergiert diese Reihe gegen $f(x)$. Dies liefert eine theoretische Möglichkeit zur Bestimmung der Funktionswerte $f(x)$. Für die praktische Berechnung muss man die Reihe irgendwo abbrechen und erhält so das *Taylorpolynom* *(19.9)*

$$\sum_{k=0}^{n} \frac{f^{(k)}(x_0)}{k!}(x - x_0)^k$$

als Näherung für $f(x)$.

Zu Beginn des Kapitels werden die wichtigsten Fakten im Zusam- *(19.2)* menhang mit Folgen und Reihen repetiert. *(19.3)*

(19.2) Folgen

Die Begriffe "Folge" und "Reihe" (siehe 19.3) werden an sich als bekannt vorausgesetzt (und kamen deshalb schon früher dann und wann vor). In diesem Kapitel wird aber sehr viel von Reihen die Rede sein. Deshalb repetieren wir die wichtigsten Grundbegriffe. Wir beginnen mit Folgen.

a) Der Begriff der Folge

Eine *Folge* (genauer eine Zahlenfolge)

$$a_0, a_1, a_2, \ldots$$

ist dadurch gegeben, dass jeder natürlichen Zahl n eine reelle Zahl a_n zugeordnet wird. Etwas präziser formuliert:

$$\boxed{\text{Eine Folge ist eine Funktion } f : \mathbb{N} \to \mathbb{R}, \quad n \mapsto a_n \,.}$$

Man schreibt dafür auch kurz

$$(a_n), \quad n = 0, 1, 2, \dots \,.$$

Selbstverständlich darf man mit der Numerierung auch bei 1 (oder sonst einer ganzen Zahl) beginnen. Wir nennen einige Beispiele:

a) Die arithmetische Folge (a_n) gegeben durch $a_n = an + b$, $(n = 0, 1, 2, \dots)$; zum Beispiel (mit $a = 3$, $b = 2$): $2, 5, 8, 11, \dots$.

b) Die geometrische Folge (b_n) gegeben durch $b_n = cq^n$, $(n = 0, 1, 2, \dots)$; zum Beispiel (mit $c = 5$, $q = 3$): $5, 15, 45, 135, 405, \dots$.

c) Die Folge $(\frac{1}{n})$, $n = 1, 2, 3, \dots$: $1, \frac{1}{2}, \frac{1}{3}, \frac{1}{4}, \dots$.

Es sei noch betont, dass alle hier betrachteten Folgen unendlich sein sollen. Sogenannte "abbrechende Folgen" werden wir nicht behandeln.

b) Der Grenzwert einer Folge

Wenn die Glieder a_n einer Folge mit wachsendem n beliebig nahe an eine feste reelle Zahl a herankommen, so sagt man, die Zahl a sei der *Grenzwert* (oder *Limes*) der Folge und schreibt

$$\boxed{a = \lim_{n \to \infty} a_n \quad \text{oder} \quad a_n \to a, \quad n \to \infty \,.}$$

Beispiele

1. Die Folge $(\frac{1}{n})$ $(n = 1, 2, \dots)$ hat den Grenzwert 0, denn $\frac{1}{n}$ liegt beliebig nahe bei 0, wenn nur n gross genug ist. ⊠

2. Die Folge a_n mit $a_n = 1 + \frac{(-1)^n}{n}$ $n = 1, 2, \dots$
$0, \frac{3}{2}, \frac{2}{3}, \frac{5}{4}, \dots$ strebt entsprechend gegen 1. ⊠

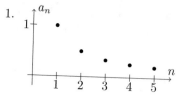

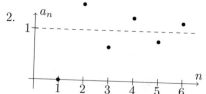

Nach dieser anschaulichen Erläuterung geben wir der Vollständigkeit halber noch die präzise Definition des Begriffs Grenzwert an. Es sei (a_n) eine Folge. Die Zahl $a \in \mathbb{R}$ heisst *Grenzwert* (oder *Limes*) dieser Folge, wenn die nachstehende Bedingung erfüllt ist:

Zu jeder (noch so kleinen) Zahl $\varepsilon > 0$ gibt es eine natürliche Zahl N (welche von ε abhängt), derart, dass gilt:

$$|a_n - a| < \varepsilon \quad \text{für alle} \quad n > N \ .$$

Bemerkungen

a) Diese Bedingung lässt sich als (vielleicht nicht übermässig attraktives) "Spiel" beschreiben: Ich möchte nachweisen, dass die Folge (a_n) konvergiert. Sie dürfen mir irgendeine kleine (aber positive) Zahl ε vorgeben. Meine Aufgabe ist es, einen Index N zu produzieren, derart, dass der Abstand $|a_n - a|$ von diesem Index an (d.h. für alle $n > N$) kleiner als Ihre Zahl ε ist. Gelingt mir dies, und zwar für *jedes* von Ihnen vorgeschlagene ε, so hat die Folge den Limes a (und ich habe gewonnen). Finden Sie aber auch nur ein einziges ε, auf das ich nicht reagieren kann, so habe ich verloren (und a ist nicht Grenzwert der Folge).

b) Als (ganz einfaches) Beispiel behaupte ich, der Grenzwert der Folge (a_n) mit $a_n = \frac{1}{n}$ sei Null. Sie wählen ein kleines ε, z.B. $\varepsilon = 0.001 = \frac{1}{1000}$. Dann ist aber $|a_n - a| = |\frac{1}{n} - 0| = \frac{1}{n} < \varepsilon$, sobald $n > 1000$ ist. Ich wähle also $N = 1000$ (oder eine grössere Zahl). Wenn Sie es erneut versuchen, etwa mit $\varepsilon = 10^{-6}$, so kontere ich mit $N = 10^6$ usw. Ich gewinne somit diese Spiel: Es ist $\lim_{n \to \infty} \frac{1}{n} = 0$.

c) Die Verifikation der obigen Bedingung erfordert, dass der Grenzwert a bekannt ist. Das Verfahren ist also keine Formel zur Bestimmung eines unbekannten Grenzwerts. Vielmehr handelt es sich um eine Art Test, der nachweist, dass eine Zahl, von der man vermutet, sie könnte den Grenzwert sein, dies auch tatsächlich ist.

d) Wenn eine Folge einen Grenzwert hat, so kann es keinen zweiten geben, wie man zeigen kann. Der Limes einer Folge ist also eindeutig bestimmt, was die Verwendung des bestimmten Artikels rechtfertigt.

Der Sachverhalt "$a = \lim_{n \to \infty} a_n$" wird auch dadurch ausgedrückt, dass man sagt: "Die Folge (a_n) *konvergiert* gegen a". Will man — ohne Bezugnahme auf a — festhalten, dass der Grenzwert der Folge existiert, so sagt man, sie sei *konvergent*. Eine nicht konvergente Folge heisst *divergent*.

So ist z.B. die Folge $(b_n) = ((-1)^n)$, $n = 0, 1, 2, \ldots$ divergent. Hätte sie nämlich einen Limes b, so müssten von einem bestimmten Index an alle Folgenglieder, das sind aber hier die Zahlen 1 und -1, beliebig nahe bei b liegen, was offensichtlich unmöglich ist.

Auch die Folge (c_n) mit $c_n = n$, $n = 0, 1, 2, \ldots$ ist divergent, allerdings auf eine etwas andere Art, worauf wir gleich zu sprechen kommen.

c) Uneigentliche Konvergenz

Die eben betrachtete Folge (c_n) : $0, 1, 2, 3, \ldots$ divergiert "anders" als die Folge (b_n) : $1, -1, 1, -1, 1 \ldots$ .Hier ist man versucht zu sagen, (c_n) habe den Grenzwert ∞, denn die Folgenglieder werden mit wachsendem n immer grösser. Da ∞ keine Zahl, sondern ein Symbol ist, spricht man aber im Falle von (c_n) nicht von Konvergenz im eigentlichen Sinne, wo der Grenzwert ja eine reelle Zahl sein muss. Auch hier lässt sich aber eine präzise Definition geben:

Eine Folge (c_n) konvergiert uneigentlich gegen ∞ (oder divergiert gegen ∞), wenn gilt: Zu jeder (noch so grossen) Zahl C gibt es eine natürliche Zahl N mit

$$c_n > C \quad \text{für alle} \quad n > N \ .$$

In Worten also: Die Folgenglieder werden schliesslich grösser als jede beliebige Zahl. Man schreibt dann

$$\lim_{n\to\infty} c_n = \infty \quad \text{oder} \quad c_n \to \infty \quad \text{für} \quad n \to \infty \,.$$

Der Ausdruck $\lim_{n\to\infty} c_n = -\infty$ ist entsprechend definiert.

Warnung

Das Symbol ∞ beschreibt einen Sachverhalt und ist nicht etwa eine Zahl. Insbesondere darf man nicht einfach die Rechenregeln der reellen Zahlen auf ∞ übertragen. Es wäre z.B. sinnlos, den Bruch $\frac{\infty}{\infty} = 1$ setzen zu wollen.

(19.3) Reihen

Nahe verwandt mit dem Begriff der Folge ist jener der Reihe (alle hier betrachteten Reihen sind unendlich, also nichtabbrechend).

Sie kennen die geometrische Reihe. Ein Beispiel dazu ist

$$1 + \frac{1}{2} + \left(\frac{1}{2}\right)^2 + \left(\frac{1}{2}\right)^3 + \left(\frac{1}{2}\right)^4 + \dots \,.$$

Man sagt, die Summe dieser Reihe sei gleich 2. Damit meint man folgendes: Wir berechnen der Reihe nach

$$
\begin{aligned}
s_0 &= 1 & &= 1 \\
s_1 &= 1 + \tfrac{1}{2} & &= 1.5 \\
s_2 &= 1 + \tfrac{1}{2} + (\tfrac{1}{2})^2 & &= 1.75 \\
s_3 &= 1 + \tfrac{1}{2} + (\tfrac{1}{2})^2 + (\tfrac{1}{2})^3 & &= 1.875 \\
s_4 &= 1 + \tfrac{1}{2} + (\tfrac{1}{2})^2 + (\tfrac{1}{2})^3 + (\tfrac{1}{2})^4 & &= 1.9375 \,,
\end{aligned}
$$

usw.

Die so konstruierte Folge (s_n) strebt gegen 2 (für einen Beweis siehe (19.4.a)). Man schreibt dies gewöhnlich so:

$$\sum_{k=0}^{\infty} \left(\frac{1}{2}\right)^k = 1 + \frac{1}{2} + \left(\frac{1}{2}\right)^2 + \left(\frac{1}{2}\right)^3 + \dots = 2 \,.$$

Man kann das obige Beispiel als Modell für die allgemeine Situation nehmen. Es sei

$$a_0, a_1, a_2, \dots$$

eine Folge reeller Zahlen. Wir konstruieren daraus eine neue Folge

$$s_0, s_1, s_2, \dots$$

die sogenannte *Teilsummen-* oder *Partialsummenfolge* von (a_k) durch die Bildungsvorschrift

$$s_0 = a_0$$

$$s_1 = a_0 + a_1$$

$$s_2 = a_0 + a_1 + a_2$$

$$\vdots$$

$$s_n = a_0 + a_1 + a_2 + \ldots + a_n = \sum_{k=0}^{n} a_k .$$

$$\vdots$$

Wenn nun die Folge (s_n) konvergiert und den Grenzwert $s \in \mathbb{R}$ hat, so sagt man, *die Reihe* $\sum_{k=0}^{\infty} a_k$ konvergiere (andernfalls *divergiert* die Reihe), und s heisst dann die *Summe* der Reihe:

$$s = \sum_{k=0}^{\infty} a_k .$$

Eine Reihe ist also nichts anderes als eine Folge, die unter einem speziellen Blickwinkel betrachtet wird.

Beachten Sie, dass das Zeichen

$$\sum_{k=0}^{\infty} a_k$$

nicht eine unendliche Summe von reellen Zahlen bezeichnet (die gar nicht zu definieren wäre), sondern den Limes einer gewissen Folge! Man darf deshalb nicht unbesehen die für endliche Summen bekannten Rechenregeln auf Reihen übertragen. Die folgenden Formeln haben aber trotzdem Gültigkeit, wie man zeigen kann:

$$\sum_{k=0}^{\infty} (a_k + b_k) = \sum_{k=0}^{\infty} a_k + \sum_{k=0}^{\infty} b_k, \quad \sum_{k=0}^{\infty} c a_k = c \sum_{k=0}^{\infty} a_k, \quad (c \in \mathbb{R}) ,$$

sofern die Reihen auf den rechten Seiten konvergieren.

(19.4) Beispiele von Reihen

a) Die geometrische Reihe

Die geometrische Reihe mit dem Quotienten q hat die folgende Form:

$$\sum_{k=0}^{\infty} q^k = 1 + q + q^2 + q^3 + \ldots .$$

Wir berechnen die Partialsummen s_n mit einem kleinen Trick. Es ist

$$s_n = 1 + q + q^2 + \ldots + q^n \;, \quad qs_n = q + q^2 + \ldots + q^n + q^{n+1} \;,$$

woraus $s_n - qs_n = 1 - q^{n+1}$ folgt. Man erhält daraus

$$s_n = \frac{1 - q^{n+1}}{1 - q} \quad (q \neq 1) \;.$$

Für $|q| < 1$ ist aber $\lim\limits_{n \to \infty} q^n = 0$, und somit ist

$$\lim_{n \to \infty} s_n = \frac{1}{1 - q} \;.$$

Also: Für $|q| < 1$ konvergiert die geometrische Reihe und es ist

$$\sum_{k=0}^{\infty} q^k = 1 + q + q^2 + \ldots = \frac{1}{1 - q} \;.$$

Für $|q| \geq 1$ divergiert die Reihe, wie man zeigen kann.

Setzt man $q = \frac{1}{2}$, so erhält man die Summe 2, wie in (19.3) schon gesagt wurde.

Etwas allgemeiner kann man die geometrische Reihe mit dem Anfangsglied $a \neq 0$ und dem Quotienten q betrachten:

$$\sum_{k=0}^{\infty} aq^k = a + aq + aq^2 + aq^3 + \ldots \;.$$

Sie konvergiert ebenfalls für $|q| < 1$ und hat die Summe $\frac{a}{1-q}$.

b) <u>Die harmonische Reihe</u>

Darunter versteht man die Reihe

$$1 + \frac{1}{2} + \frac{1}{3} + \frac{1}{4} + \frac{1}{5} + \frac{1}{6} + \ldots = \sum_{k=1}^{\infty} \frac{1}{k} \;.$$

Das allgemeine Glied ist $a_n = 1/n$. Für $n \to \infty$ strebt es gegen Null. Berechnet man einige Teilsummen, so könnte man bald einmal den Eindruck bekommen, die Reihe konvergiere:

$$s_1 = 1, \; s_2 = 1.5, \ldots, s_5 = 2.2833\ldots, \ldots\; s_{20} = 3.5977\ldots, \; s_{21} = 3.6453\ldots, \ldots\;,$$
$$s_{100} = 5.1873\ldots, \ldots, s_{1000} = 7.4854\ldots, \ldots\;.$$

Dieser Eindruck ist aber grundfalsch, die harmonische Reihe divergiert nämlich! Um dies einzusehen, betrachten wir die Teilsummen mit $2, 4, 8, 16, 32 \ldots$ Gliedern:

$$s_2 = 1 + \frac{1}{2} = \frac{3}{2},$$

$$s_4 = 1 + \frac{1}{2} + (\frac{1}{3} + \frac{1}{4}) > 1 + \frac{1}{2} + (\frac{1}{4} + \frac{1}{4}) = 1 + \frac{1}{2} + \frac{1}{2} = \frac{4}{2},$$

$$s_8 = 1 + \frac{1}{2} + (\frac{1}{3} + \frac{1}{4}) + (\frac{1}{5} + \frac{1}{6} + \frac{1}{7} + \frac{1}{8})$$

$$> 1 + \frac{1}{2} + (\frac{1}{4} + \frac{1}{4}) + (\frac{1}{8} + \frac{1}{8} + \frac{1}{8} + \frac{1}{8}) = 1 + \frac{1}{2} + \frac{1}{2} + \frac{1}{2} = \frac{5}{2},$$

$$s_{16} = 1 + \frac{1}{2} + (\frac{1}{3} + \frac{1}{4}) + (\frac{1}{5} + \ldots + \frac{1}{8}) + (\frac{1}{9} + \ldots + \frac{1}{16})$$

$$> 1 + \frac{1}{2} + (\frac{1}{4} + \frac{1}{4}) + (\frac{1}{8} + \ldots + \frac{1}{8}) + (\frac{1}{16} + \ldots + \frac{1}{16})$$

$$= 1 + \frac{1}{2} + \frac{1}{2} + \frac{1}{2} + \frac{1}{2} = \frac{6}{2},$$

usw.

Die Ungleichungen werden dadurch erhalten, dass man in jeder Klammer die Nenner gleich dem letzten (grössten) vorkommenden Nenner setzt. Jede der betrachteten Teilsummen ist also um mindestens $\frac{1}{2}$ grösser als die vorangehende, woraus man erkennt, dass die Teilsummenfolge über alle Grenzen wächst: Die harmonische Reihe divergiert.

Im allgemeinen ist es nicht leicht, bei einer gegebenen Reihe zu entscheiden, ob sie konvergent ist oder nicht, und die Bestimmung der Summe kann noch viel schwieriger sein. Wir wollen aber nicht näher auf diese Dinge eintreten.

(19.5) Potenzreihen

In diesem Abschnitt beschreiten wir Neuland. Wir betrachten Reihen, deren Summanden nicht einfach Zahlen, sondern Funktionen sind. Weil es sich im hier zu besprechenden Fall bei diesen Funktionen um Potenzfunktionen (wie z.B. $x \mapsto a_2(x - x_0)^2$, siehe unten) handelt, spricht man von Potenzreihen. (Eine andere Art von Funktionenreihen ist in (18.3) kurz erwähnt worden.) Nun führen wir die relevanten Begriffe ein:

Unter einer *Potenzreihe mit Zentrum* x_0 versteht man eine Reihe der Form

$$(1) \qquad \sum_{k=0}^{\infty} a_k(x - x_0)^k = a_0 + a_1(x - x_0) + a_2(x - x_0)^2 + a_3(x - x_0)^3 + \ldots$$

Dabei denkt man sich die a_k als fest gegebene reelle Zahlen, während man x als Variable betrachtet.

In den Anwendungen werden wir fast nur Potenzreihen mit Zentrum $x_0 = 0$ antreffen. Eine solche hat die Form

$$(2) \qquad \sum_{k=0}^{\infty} a_k x^k = a_0 + a_1 x + a_2 x^2 + a_3 x^3 + \ldots$$

Die Theorie schreiben wir aber doch stets für den allgemeinen Fall auf.

Setzt man in einer Potenzreihe für x irgendeine Zahl ein, so erhält man eine gewöhnliche Zahlenreihe, wie sie in (19.3) besprochen wurde. Bei jeder Reihe tritt sofort als Reflex die Frage nach der Konvergenz auf. Wir werden weiter unten darauf zurückkommen; es ist aber klar, dass die Antwort vom Wert von x abhängen wird. Zuerst betrachten wir jedoch zwei Beispiele:

Beispiele

1. Setzen wir in (1) $x_0 = 0$ (wir haben dann Fall (2) vor uns) und $a_k = 1$ für alle k, dann erhalten wir die geometrische Reihe

$$1 + x + x^2 + x^3 + \ldots ,$$

die genau dann konvergiert, wenn $|x| < 1$ ist und in diesem Fall die Summe $\frac{1}{1-x}$ hat; für $x = -\frac{1}{3}$ beispielsweise die Summe $\frac{3}{4}$.

⊠

2. Auch

$$1 + (x - 1) + (x - 1)^2 + (x - 1)^3 + \ldots$$

ist eine geometrische Reihe, diesmal mit dem Quotienten $x - 1$. Es handelt sich hier um eine Potenzreihe mit Zentrum 1. Sie konvergiert für $|x - 1| < 1$, was gleichbedeutend mit $0 < x < 2$ ist. Ihre Summe ist für diese Werte von x gleich

$$\frac{1}{1 - (x - 1)} = \frac{1}{2 - x} .$$

⊠

Nun kehren wir zur allgemeinen Situation zurück und betrachten die Potenzreihe (1). Wie schon erwähnt, muss man wie bei jeder Reihe als erstes nach der Konvergenz fragen.

Da für eine bestimmte Potenzreihe die a_k fest sind, hängt die Konvergenz bloss von x ab: Für gewisse x (z.B. sicher für $x = x_0$, denn hier sind alle Summanden ausser eventuell a_0 gleich Null) wird die Potenzreihe konvergieren; daneben kann es auch x geben, für welche sie divergiert.

Der *Konvergenzbereich* D einer Potenzreihe ist die Menge aller $x \in \mathbb{R}$, für welche die Reihe konvergiert. Dieses D hängt selbstverständlich von der betrachteten Potenzreihe, also von den Koeffizienten a_k ab*. Für jedes x aus D ist die Summe der Reihe eine reelle Zahl. Somit wird durch

$$p : D \to \mathbb{R} , \quad x \mapsto p(x) = \sum_{k=0}^{\infty} a_k (x - x_0)^k$$

eine Funktion p definiert: Diese *Potenzreihenfunktion* ordnet jedem x, für welches die Summe der Potenzreihe überhaupt definiert ist, diese Summe als Funktionswert zu.

---

* Man kann zeigen, dass D ein zu x_0 symmetrisch gelegenes offenes Intervall ist, zu dem eventuell (abhängig von der Reihe) noch Randpunkte hinzukommen. Vgl. die Beispiele in (19.8).

Betrachten wir in diesem Zusammenhang nochmals die beiden obigen Beispiele. Im Beispiel 1. ist $D = \{x \in \mathbb{R} \mid -1 < x < 1\} = (-1, 1)$ und für $x \in D$ ist

$$p(x) = \frac{1}{1-x} = 1 + x + x^2 + x^3 + \ldots = \sum_{k=0}^{\infty} x^k \ .$$

Im Beispiel 2. ist $D = \{x \in \mathbb{R} \mid 0 < x < 2\} = (0, 2)$ und für $x \in D$ gilt

$$p(x) = \frac{1}{2-x} = 1 + (x-1) + (x-1)^2 + (x-1)^3 + \ldots = \sum_{k=0}^{\infty} (x-1)^k \ .$$

Wir kommen nun nochmals auf die Potenzreihenfunktionen im allgemeinen zurück. Die Beziehung

$$p(x) = \sum_{k=0}^{\infty} a_k (x - x_0)^k$$

bedeutet, dass $p(x)$ der Limes der Teilsummen s_n von

$$\sum_{k=0}^{\infty} a_k (x - x_0)^k = a_0 + a_1(x - x_0) + a_2(x - x_0)^2 + \ldots + a_n(x - x_0)^n + \ldots$$

ist. Dabei ist die n-te Teilsumme

$$s_n = a_0 + a_1(x - x_0) + a_2(x - x_0)^2 + \ldots + a_n(x - x_0)^n \ ,$$

konkret etwa im Beispiel 2.

$$s_n = 1 + (x - 1) + \ldots + (x - 1)^n \ ,$$

einfach ein Polynom. Somit ist eine Potenzreihenfunktion ein Grenzwert von Polynomfunktionen, die wir nun mit $p_n(x)$ statt mit s_n bezeichnen wollen. Wegen $p_n(x) \to p(x)$ kann $p(x)$ mit beliebiger Genauigkeit angenähert werden, indem man das Polynom $p_n(x)$ für ein genügend grosses n berechnet (beachten Sie, dass man $p_n(x)$ einfach dadurch erhält, dass man die Potenzreihe für $p(x)$ "abschneidet"). Damit können die Werte von Potenzreihenfunktionen mit beliebiger Genauigkeit bestimmt werden.

Nun sehen wir uns noch einige weitere konkrete Beispiele an. Wir gehen von der geometrischen Reihe aus. Wie wir wissen, ist

(3) $$\frac{1}{1-x} = 1 + x + x^2 + x^3 + \ldots \quad \text{für} \quad |x| < 1 \ .$$

Wir können diese Formel auch dahingehend interpretieren, dass wir sagen, wir hätten eine Darstellung der Funktion $\frac{1}{1-x}$ als Potenzreihe gefunden. Man sagt auch, man habe diese Funktion *in eine Potenzreihe entwickelt*.

Es wird unser Ziel sein, einige der wichtigsten Funktionen (wie e^x, $\sin x$ usw.) in Potenzreihen zu entwickeln. In (19.8) werden wir sehen, dass gilt

$$(4) \qquad e^x = 1 + \frac{x}{1!} + \frac{x^2}{2!} + \frac{x^3}{3!} + \ldots \quad \text{für alle } x \in \mathbb{R} \;.$$

Wie wir weiter oben allgemein diskutiert haben, bedeutet dies, dass wir e^x als Limes von Polynomfunktionen mit beliebiger Genauigkeit effektiv berechnen können. (Dasselbe gilt natürlich auch für $\frac{1}{1-x}$, ist aber nicht so bedeutsam, da wir diese Funktionswerte auch direkt ausrechnen können!)

Wir können schon jetzt einige weitere Potenzreihen bestimmen. Ersetzen wir in (3) x durch $-x$ (was legitim ist, denn $|x| < 1 \Longleftrightarrow |-x| < 1$), so erhalten wir

$$(5) \qquad \frac{1}{1+x} = 1 - x + x^2 - x^3 + x^4 - \ldots \quad \text{für } \; |x| < 1 \;.$$

Ebenso dürfen wir in (3) und (5) x durch x^2 ersetzen und finden so

$$(6) \qquad \frac{1}{1-x^2} = 1 + x^2 + x^4 + x^6 + \ldots \quad \text{für } \; |x| < 1 \;,$$

$$(7) \qquad \frac{1}{1+x^2} = 1 - x^2 + x^4 - x^6 + \ldots \quad \text{für } \; |x| < 1 \;.$$

An dieser Stelle weisen wir auf einen wichtigen Punkt hin: Wenn wir eine Funktion f in eine Potenzreihe entwickeln, so braucht der Definitionsbereich von f nicht mit dem Konvergenzbereich D der Potenzreihe übereinzustimmen. So ist z.B. $f(x) = \frac{1}{1-x}$ für alle $x \neq 1$ definiert, $f(x) = \frac{1}{1+x^2}$ sogar für alle $x \in \mathbb{R}$; trotzdem konvergieren die Potenzreihen (3) und (7) nur für $|x| < 1$.

Ohne Beweis erwähnen wir schliesslich, dass die Koeffizienten a_k einer Potenzreihenentwicklung von f (mit gegebenem Zentrum x_0) *eindeutig* bestimmt sind. Dies hat folgende praktische Bedeutung: Wenn wir auf irgendeine Weise eine Potenzreihenentwicklung einer Funktion gefunden haben, dann ist dies auch die einzig mögliche.

(19.6) Rechnen mit Potenzreihen

Wie wir gesehen haben, sind Potenzreihenfunktionen Grenzwerte von Polynomfunktionen vom Grad n ($n \to \infty$). Es verwundert deshalb nicht, dass sich manche Eigenschaften von Polynom- auf Potenzreihenfunktionen übertragen. Dem wollen wir etwas nachgehen. Wir betrachten dazu eine Potenzreihe

$$p(x) = \sum_{k=0}^{\infty} a_k (x - x_0)^k$$

mit Konvergenzbereich D.

a) Potenzreihen mit gleichem Zentrum x_0 dürfen gliedweise addiert und subtrahiert werden: Ist

$$q(x) = \sum_{k=0}^{\infty} b_k(x - x_0)^k$$

eine weitere Potenzreihe, dann gilt

$$p(x) + q(x) = \sum_{k=0}^{\infty} (a_k + b_k)(x - x_0)^k \, ,$$

und zwar für alle x, für welche sowohl $p(x)$ als auch $q(x)$ konvergiert. Eine analoge Formel gilt für die Differenz.

b) Potenzreihen dürfen gliedweise mit einer Konstanten multipliziert werden: Für jede reelle Zahl c und alle $x \in D$ ist

$$cp(x) = \sum_{k=0}^{\infty} ca_k(x - x_0)^k \, .$$

Die Formeln a) und b) folgen aus den allgemeinen Regeln für Reihen (Schluss von (19.3)).

Beispiel

Durch Addition der Reihen (3) und (5)

$$\frac{1}{1 - x} = 1 + x + x^2 + x^3 + x^4 + \cdots$$

$$\frac{1}{1 + x} = 1 - x + x^2 - x^3 + x^4 - \cdots$$

finden wir

$$\frac{2}{1 - x^2} = \frac{1}{1 - x} + \frac{1}{1 + x} = 2 + 2x^2 + 2x^4 + \cdots .$$

Durch (nach Regel b) erlaubte) Multiplikation mit $\frac{1}{2}$ erhalten wir die Reihe (6) zurück. ⊠

Wichtig für die Infinitesimalrechnung sind die nächsten beiden Regeln:

c) Eine Potenzreihe darf (in D) gliedweise abgeleitet* werden: Aus

$$p(x) = a_0 + a_1(x - x_0) + a_2(x - x_0)^2 + a_3(x - x_0)^3 + \cdots$$

folgt

$$p'(x) = a_1 + 2a_2(x - x_0) + 3a_3(x - x_0)^2 + 4a_4(x - x_0)^3 + \cdots .$$

* In allfälligen Randpunkten des Konvergenzbereichs braucht dies nicht mehr zuzutreffen.

d) Eine Potenzreihe darf (in D) gliedweise integriert werden (die Integrationsgrenzen a, b müssen in D liegen): Aus

$$p(x) = a_0 + a_1(x - x_0) + a_2(x - x_0)^2 + a_3(x - x_0)^3 + \ldots$$

folgt

$$\int_a^b p(x)\, dx = \int_a^b a_0\, dx + \int_a^b a_1(x - x_0)\, dx + \int_a^b a_2(x - x_0)^2\, dx + \ldots$$

$$= a_0 x \Big|_a^b + \frac{1}{2} a_1 (x - x_0)^2 \Big|_a^b + \frac{1}{3} a_2 (x - x_0)^3 \Big|_a^b + \ldots .$$

Diese beiden Regeln sind nicht etwa unmittelbare Konsequenzen der Summenregel für die Ableitung bzw. das Integral, sondern müssten neu bewiesen werden, denn es werden ja nicht endliche Summen, sondern Limites von solchen abgeleitet bzw. integriert. Wir verzichten hier auf die Beweise.

Beispiele

1. Als erste Anwendung differenzieren wir die Beziehung (3)

$$\frac{1}{1 - x} = 1 + x + x^2 + x^3 + x^4 + \ldots$$

auf beiden Seiten und erhalten (mit Regel c)) die neue Potenzreihe

(8)
$$\frac{1}{(1 - x)^2} = 1 + 2x + 3x^2 + 4x^3 + \ldots \quad \text{für } |x| < 1 .$$

⊠

2. Als zweites integrieren wir die Reihe (7) von 0 bis t ($t \in D = (-1, 1)$):

$$\int_0^t \frac{1}{1 + x^2}\, dx = \int_0^t 1\, dx - \int_0^t x^2\, dx + \int_0^t x^4\, dx - \int_0^t x^6\, dx + \ldots .$$

Wir finden nach kurzer Rechnung ($\arctan x$ ist eine Stammfunktion von $1/(1+x^2)$):

(9)
$$\arctan t = t - \frac{t^3}{3} + \frac{t^5}{5} - \frac{t^7}{7} + \ldots \quad \text{für } |t| < 1 .$$

Man kann zeigen, dass diese Formel auch noch für $t = 1$ gilt, und erhält wegen $\arctan 1 = \frac{\pi}{4}$ die überraschende Beziehung:

$$\frac{\pi}{4} = 1 - \frac{1}{3} + \frac{1}{5} - \frac{1}{7} + \frac{1}{9} - \ldots .$$

⊠

3. Für eine etwas andere Anwendung verwenden wir die Potenzreihe (4) für e^x. In (12.3.e) wurde festgehalten, dass die Funktion $f(x) = e^{-x^2}$ keine elementare Stammfunktion hat. Insbesondere ist

$$\int_0^x e^{-t^2}\, dt$$

nicht in geschlossener Form durch elementare Funktionen darstellbar. Unter Verwendung von Potenzreihen lässt sich dieses Integral aber dennoch berechnen. Ersetzen wir nämlich in der Potenzreihe (4) x durch $-t^2$, so erhalten wir

$$e^{-t^2} = 1 - t^2 + \frac{1}{2}t^4 - \frac{1}{6}t^6 + \frac{1}{24}t^8 - \cdots,$$

und durch gliedweises Integrieren findet man (für alle $x \in \mathbb{R}$)

$$(10) \qquad \int_0^x e^{-t^2}\, dt = x - \frac{x^3}{3} + \frac{x^5}{2 \cdot 5} - \frac{x^7}{6 \cdot 7} + \frac{x^9}{24 \cdot 9} - \cdots.$$

Diese Potenzreihe stellt also eine Stammfunktion von e^{-x^2} dar. $\boxtimes$

(19.7) Taylorreihen

In den Beispielen (8) und (9) sind wir, ausgehend von der geometrischen Reihe, durch geschickte Manipulationen auf die Potenzreihenentwicklung von zwei weiteren Funktionen ($1/(1-x)^2$ und $\arctan x$) gestossen. In (10) geschah etwas Ähnliches, allerdings lag dieser Rechnung die Beziehung (4) zugrunde, deren Gültigkeit von vornherein sicher keineswegs klar ist. Wir werden aber im folgenden sehen, dass die Formel (4) nicht zufällig, sondern aufgrund eines systematischen Verfahrens zustande kommt.

Wir stellen uns also die Aufgabe, eine gegebene Funktion $f(x)$ (z.B. e^x oder $\sin x$) in eine Potenzreihe zu entwickeln. Dazu gehen wir so vor, dass wir annehmen, die Funktion $f(x)$ besitze eine Potenzreihenentwicklung mit Zentrum x_0:

$$(*) \qquad f(x) = a_0 + a_1(x - x_0) + a_2(x - x_0)^2 + a_3(x - x_0)^3 + \ldots + a_k(x - x_0)^k + \cdots.$$

Dies heisst also, dass die rechts stehende Potenzreihe für alle x in einer gewissen Umgebung von x_0 konvergiert* und $f(x)$ als Summe hat.

Unsere Aufgabe besteht nun zunächst darin, die Koeffizienten a_k zu bestimmen. Der Anfang ist ganz einfach: Setzt man in (*) für x den Wert x_0 ein, so fällt rechts mit Ausnahme von a_0 alles weg, und wir finden

$$a_0 = f(x_0)\,.$$

Die Fortsetzung des Verfahrens wird durch die Idee ermöglicht, die Beziehung (*) sukzessive abzuleiten, was wegen (19.6.c) erlaubt ist. Dazu müssen wir die (für unsere Zwecke überhaupt nicht einschneidende) Voraussetzung treffen, $f(x)$ sei in x_0 unendlich oft differenzierbar. Und nun geht's los.

---

* Wie gegen Ende von (19.5) festgestellt wurde, kann der Konvergenzbereich der Potenzreihe ohne weiteres kleiner sein als der natürliche Definitionsbereich von f.

Wir bilden die 1. Ableitung:

$$f'(x) = a_1 + 2a_2(x - x_0) + 3a_3(x - x_0)^2 + \ldots + ka_k(x - x_0)^{k-1} + \ldots$$

Setzen wir wieder $x = x_0$, so erhalten wir $f'(x_0) = a_1$, also ist

$$a_1 = f'(x_0) \,.$$

Berechnung der zweiten Ableitung liefert

$$f''(x) = 2a_2 + 3 \cdot 2a_3(x - x_0) + 4 \cdot 3a_4(x - x_0)^2 + \ldots + k(k-1)a_k(x - x_0)^{k-2} + \ldots$$

und für $x = x_0$ findet man $f''(x_0) = 2a_2$ oder umgeformt

$$a_2 = \frac{1}{2}f''(x_0) \,.$$

Genauso ist

$$f'''(x) = 3 \cdot 2a_3 + 4 \cdot 3 \cdot 2a_4(x - x_0) + \ldots + k(k-1)(k-2)a_k(x - x_0)^{k-3} + \ldots \,,$$

und folglich ist

$$a_3 = \frac{1}{3 \cdot 2}f'''(x_0) \,.$$

Im allgemeinen Fall ist

$$f^{(k)}(x_0) = k(k-1)(k-2)\ldots 3 \cdot 2 \cdot a_k = k!a_k$$

und wir haben die gesuchte Formel für a_n gefunden, nämlich

$$\boxed{a_k = \frac{f^{(k)}(x_0)}{k!}, \quad k = 0, 1, 2, \ldots}$$

Dabei ist wie üblich $k! = k(k-1)(k-2)\ldots 3 \cdot 2 \cdot 1$, (siehe (26.4.a)). Die Formel gilt auch für $k = 0$ wegen der Konventionen $0! = 1$ (26.4) und $f^{(0)}(x) = f(x)$ (4.5).

Nach diesen Rechnungen schadet es nichts, wenn wir uns nochmals genau überlegen, was wir eigentlich gemacht haben. Wir haben folgendes gezeigt: *Wenn die Funktion $f(x)$ in einer Umgebung von x_0 überhaupt als Potenzreihe darstellbar ist, dann müssen die Koeffizienten durch die obige Formel gegeben sein*; die Reihe hat also die Form

$$\boxed{\sum_{k=0}^{\infty} \frac{f^{(k)}(x_0)}{k!}(x - x_0)^k = f(x_0) + \frac{f'(x_0)}{1!}(x - x_0) + \frac{f''(x_0)}{2!}(x - x_0)^2 + \ldots \,.}$$

Diese Potenzreihe heisst die *Taylorreihe der Funktion f mit Zentrum* x_0. Für $x_0 = 0$ spricht man manchmal auch von der *Maclaurinreihe*.

Die Frage nach dem Konvergenzbereich D bleibt vorerst offen und ist separat abzuklären. Aufgrund der Herleitung der Formel hoffen wir natürlich, dass diese Reihe für alle $x \in D$ gegen $f(x)$ konvergiert.

Die schlechte Nachricht ist die, dass dies nicht unbedingt der Fall sein muss. Ein Beispiel dafür ist die Funktion

$$f : \mathbb{R} \to \mathbb{R}, \quad f(x) = \begin{cases} \exp(-\frac{1}{x^2}) & x \neq 0 \\ 0 & x = 0 \end{cases},$$

für die — wie ohne Beweis angegeben sei — $f^{(k)}(0) = 0$ ist, für alle k (insbesondere ist f im Nullpunkt unendlich oft differenzierbar). Somit sind alle $a_k = 0$ und die Taylorreihe mit Zentrum 0 nimmt für alle x den Wert 0 an. Sie kann also nicht die Funktion $f(x)$ darstellen.

Allerdings — und dies ist die gute Nachricht — treten solche "Pathologien" bei den üblichen elementaren Funktionen nicht auf. In diesen Fällen hat die Taylorreihe von $f(x)$ — wenigstens dort, wo sie konvergiert — tatsächlich die gegebene Funktion $f(x)$ als Summe. Immerhin kann auch in diesem günstigen Fall der Konvergenzbereich der Taylorreihe kleiner als der Definitionsbereich von $f(x)$ sein, eine Situation, die wir schon in (19.5) erwähnt haben.

Aus diesen Überlegungen ergibt sich, dass man bei einer gegebenen Funktion $f(x)$ zwei Fragen zu prüfen hat:

• Welches ist der Konvergenzbereich D der Taylorreihe?
• Konvergiert sie dort wirklich gegen $f(x)$?

Erst wenn die zweite Frage bejaht ist, darf man schreiben

$$f(x) = \sum_{k=0}^{\infty} \frac{f^{(k)}(x_0)}{k!} (x - x_0)^k \quad \text{für} \quad x \in D.$$

Die Beantwortung dieser beiden Fragen erfordert oft subtile Untersuchungen, auf die wir hier nicht eingehen können. Wir werden deshalb im nächsten Abschnitt die entsprechenden Tatsachen jeweils ohne Beweis zitieren.

Zum Schluss dieses Abschnitts noch ein Wort zum Begriff "Taylorreihe". Die Taylorreihe einer Funktion ist eine ganz gewöhnliche Potenzreihe. Der Name "Taylorreihe" weist nur auf die Methode hin, mit der diese Reihe gefunden wurde. Steht die Reihe einmal da, z.B.

$$\frac{1}{1-x} = 1 + x + x^2 + x^3 + \cdots,$$

so ist nicht mehr auszumachen, ob diese Reihe mit der Formel $a_k = f^{(k)}(x_0)/k!$ oder anderswie gewonnen wurde*.

---

* In der Tat ist die Formel für die geometrische Reihe direkt bewiesen worden (19.4). Dass auch die Berechnung der Taylorreihe mit Zentrum 0 auf dasselbe Resultat führt, ist mit einer einfachen Rechnung nachzuweisen.

Beachten Sie in diesem Zusammenhang die Eindeutigkeit einer Potenzreihenentwicklung, die am Schluss von (19.5) erwähnt wurde, und aus der folgt, dass die Art der Bestimmung der Potenzreihe für das Ergebnis keine Rolle spielt.

(19.8) Berechnung von Taylorreihen

Wir bestimmen nun für einige wichtige Funktionen die Taylorreihen, und zwar immer mit Zentrum 0. Dazu benötigen wir alle Ableitungen dieser Funktionen an der Stelle $x_0 = 0$.

a) <u>Exponentialfunktion</u> $f(x) = e^x$

$$
\begin{aligned}
f(x) &= e^x & f(0) &= 1 \\
f'(x) &= e^x & f'(0) &= 1 \\
f''(x) &= e^x & f''(0) &= 1 \\
&\;\;\vdots & &\;\;\vdots \\
f^{(n)}(x) &= e^x & f^{(n)}(0) &= 1 \\
&\;\;\vdots & &\;\;\vdots
\end{aligned}
$$

Damit können wir die Taylorreihe gemäss (19.7) angeben. Die Theorie zeigt, dass diese für alle $x \in \mathbb{R}$ konvergiert und zwar — wie erhofft — gegen e^x (wie oben erwähnt, sei auf die Beweise verzichtet). Damit gilt

$$
e^x = 1 + \frac{x}{1!} + \frac{x^2}{2!} + \frac{x^3}{3!} + \ldots + \frac{x^n}{n!} + \ldots \,, \quad x \in \mathbb{R} \,.
$$

In Kurzform:

$$
e^x = \sum_{k=0}^{\infty} \frac{x^k}{k!} \,, \quad x \in \mathbb{R} \,.
$$

Für $x = 1$ erhält man speziell die folgende Reihendarstellung von e:

$$
e = 1 + \frac{1}{1!} + \frac{1}{2!} + \frac{1}{3!} + \ldots \,.
$$

Der Reihe für e^x kann man allerlei Eigenschaften der Exponentialfunktion entnehmen. Wir beschränken uns auf die folgende Beziehung: Für jeden festen Exponenten n gilt

$$
\lim_{x \to \infty} \frac{e^x}{x^n} = \infty \,.
$$

Anschaulich bedeutet dies, dass die Exponentialfunktion mit $x \to \infty$ schneller wächst als jede feste Potenz x^n.

Dies sieht man so ein: Für $x > 0$ entnehmen wir der Potenzreihendarstellung, dass

$$e^x = 1 + \frac{x}{1!} + \frac{x^2}{2!} + \dots + \frac{x^{n+1}}{(n+1)!} + \dots > \frac{x^{n+1}}{(n+1)!}$$

ist. Division mit x^n führt auf

$$\frac{e^x}{x^n} > \frac{x}{(n+1)!} \, ,$$

und der rechts stehende Ausdruck strebt mit $x \to \infty$ gegen ∞, somit auch die linke Seite.

b) <u>Sinusfunktion</u> $f(x) = \sin x$

$$
\begin{aligned}
f(x) &= \sin x & f(0) &= 0 \\
f'(x) &= \cos x & f'(0) &= 1 \\
f''(x) &= -\sin x & f''(0) &= 0 \\
f^{(3)}(x) &= -\cos x & f^{(3)}(0) &= -1 \\
f^{(4)}(x) &= \sin x & f^{(4)}(0) &= 0 \\
&\;\;\vdots & &\;\;\vdots
\end{aligned}
$$

Wegen $f(x) = f^{(4)}(x)$ beginnt die Geschichte bei $f^{(4)}(0)$ von vorn. Nun lässt sich die Taylorreihe bilden. Auch hier kann man zeigen, dass sie für alle x gegen $f(x)$ konvergiert. Somit gilt:

$$\boxed{\sin x = \frac{x}{1!} - \frac{x^3}{3!} + \frac{x^5}{5!} - \frac{x^7}{7!} + \dots \,, \quad x \in \mathbb{R} \,.}$$

(Es ist nicht verwunderlich, dass nur ungerade Potenzen von x auftreten, denn es gilt ja $\sin(-x) = -\sin x$.) Mit dem Summenzeichen geschrieben lautet die Formel

$$\sin x = \sum_{k=0}^{\infty} (-1)^k \frac{x^{2k+1}}{(2k+1)!} \,, \quad x \in \mathbb{R} \,.$$

(Beachten Sie, wie man das wechselnde Vorzeichen sowie die Tatsache, dass nur ungerade Potenzen vorkommen, in den Griff bekommt.)

Wir weisen wieder einmal darauf hin, dass in der Analysis das Argument von trigonometrischen Funktionen immer im Bogenmass zu verstehen ist. Dies gilt sowohl für die obige Reihe als auch für die im nächsten Beispiel besprochene Cosinus-Reihe.

c) <u>Cosinusfunktion</u> $f(x) = \cos x$

$$
\begin{aligned}
f(x) &= \cos x & f(0) &= 1 \\
f'(x) &= -\sin x & f'(0) &= 0 \\
f''(x) &= -\cos x & f''(0) &= -1 \\
f^{(3)}(x) &= \sin x & f^{(3)}(0) &= 0 \\
f^{(4)}(x) &= \cos x & f^{(4)}(0) &= 1 \\
&\;\;\vdots & &\;\;\vdots
\end{aligned}
$$

$$\cos x = 1 - \frac{x^2}{2!} + \frac{x^4}{4!} - \frac{x^6}{6!} + \dots \,, \quad x \in \mathbb{R} \,.$$

(Wegen $\cos(-x) = \cos x$ kommen hier nur die geraden Potenzen vor.) Kurz formuliert:

$$\cos x = \sum_{k=0}^{\infty} (-1)^k \frac{x^{2k}}{(2k)!} \,, \quad x \in \mathbb{R} \,.$$

d) <u>Logarithmusfunktion</u> $f(x) = \ln(1+x)$

Da $\ln x$ an der Stelle $x = 0$ nicht definiert ist, betrachten wir nicht $\ln x$, sondern $\ln(1+x)$.

$$
\begin{aligned}
f(x) &= \ln(1+x) & f(0) &= 0 \\
f'(x) &= \frac{1}{1+x} & f'(0) &= 1 = 0! \\
f''(x) &= \frac{-1}{(1+x)^2} & f''(0) &= -1 = -1! \\
f^{(3)}(x) &= \frac{2}{(1+x)^3} & f^{(3)}(0) &= 2 = 2! \\
f^{(4)}(x) &= \frac{-2 \cdot 3}{(1+x)^4} & f^{(4)}(0) &= -2 \cdot 3 = -3! \\
f^{(5)}(x) &= \frac{2 \cdot 3 \cdot 4}{(1+x)^5} & f^{(5)}(0) &= 2 \cdot 3 \cdot 4 = 4! \\
&\;\;\vdots & &\;\;\vdots \\
f^{(n)}(x) &= \frac{(-1)^{n+1}(n-1)!}{(1+x)^n} & f^{(n)}(0) &= (-1)^{n+1}(n-1)! \\
&\;\;\vdots & &\;\;\vdots
\end{aligned}
$$

Es zeigt sich hier, dass die so hergeleitete Taylorreihe zwar nur für $x \in (-1, 1]$ konvergiert, dort aber wie gewünscht die Funktion $\ln(1+x)$ als Summe hat. Also gilt

$$\ln(1+x) = x - \frac{x^2}{2} + \frac{x^3}{3} - \frac{x^4}{4} + \frac{x^5}{5} - \dots \,, \quad x \in (-1, 1] \,.$$

oder

$$\ln(1+x) = \sum_{k=1}^{\infty} (-1)^{k+1} \frac{x^k}{k} \,, \quad x \in (-1, 1] \,.$$

Zur Herleitung der Formel wurde noch benützt, dass $(k-1)!/k! = 1/k$ ist. Für $x = 1$ ist speziell

$$\ln 2 = 1 - \frac{1}{2} + \frac{1}{3} - \frac{1}{4} + \frac{1}{5} - \dots \,.$$

e) Die allgemeine binomische Formel (Binomialreihe)

Wir betrachten $f(x) = (1+x)^s$, wo s eine beliebige reelle Zahl ist. (Wir sollten nicht etwa x^s betrachten, denn für $s = \frac{1}{2}$ beispielsweise wäre dann $x^s = \sqrt{x}$, und diese Funktion ist bekanntlich an der Stelle 0 nicht differenzierbar.) Die Ableitungen von $(1+x)^s$ sind ja sehr leicht zu berechnen:

$$
\begin{aligned}
f(x) &= (1+x)^s & \qquad f(0) &= 1 \\
f'(x) &= s(1+x)^{s-1} & \qquad f'(0) &= s \\
f''(x) &= s(s-1)(1+x)^{s-2} & \qquad f''(0) &= s(s-1) \\
&\ \ \vdots & \vdots \\
f^{(n)}(x) &= s(s-1)(s-2)\dots(s-n+1)(1+x)^{s-n} & \qquad f^{(n)}(0) &= s(s-1)\dots(s-n+1) \\
&\ \ \vdots & \vdots
\end{aligned}
$$

Die so erhaltene Taylorreihe konvergiert (wie man zeigen kann) jedenfalls für $x \in (-1, 1)$ gegen $(1+x)^s$:

$$
(1+x)^s = 1 + sx + \frac{s(s-1)}{2!}x^2 + \frac{s(s-1)(s-2)}{3!}x^3 + \dots
$$
$$
\dots + \frac{s(s-1)\dots(s-n+1)}{n!}x^n + \dots \, , \ x \in (-1, 1) \, .
$$

Die Ähnlichkeit der Koeffizienten der Taylorreihe mit den Binomialkoeffizienten (26.4.b) ist augenfällig. Man pflegt deshalb für $k \in \mathbb{N}$ und $s \in \mathbb{R}$ zu definieren:

$$
\binom{s}{0} = 1, \quad \binom{s}{k} = \frac{s(s-1)(s-2)\dots(s-k+1)}{k!} \quad (k \geq 1) \, .
$$

Mit dieser Festsetzung lautet die obige Formel einfach

$$
(1+x)^s = 1 + \binom{s}{1}x + \binom{s}{2}x^2 + \binom{s}{3}x^3 + \dots \, , \quad x \in (-1, 1) \, ,
$$

bzw.

$$
(1+x)^s = \sum_{k=0}^{\infty} \binom{s}{k} x^k \, .
$$

Zur Illustration berechnen wir einige $\binom{s}{k}$ für $s = -\frac{1}{2}$. Beachten Sie dabei, dass im Zähler von $\binom{s}{k}$ genau k Faktoren stehen.

$$
\binom{-\frac{1}{2}}{0} = 1, \quad \binom{-\frac{1}{2}}{1} = -\frac{1}{2}, \quad \binom{-\frac{1}{2}}{2} = \frac{(-\frac{1}{2})(-\frac{3}{2})}{2} = \frac{3}{8}
$$
$$
\binom{-\frac{1}{2}}{3} = \frac{(-\frac{1}{2})(-\frac{3}{2})(-\frac{5}{2})}{6} = -\frac{5}{16}, \quad \binom{-\frac{1}{2}}{4} = \frac{(-\frac{1}{2})(-\frac{3}{2})(-\frac{5}{2})(-\frac{7}{2})}{24} = \frac{35}{128} \, .
$$

Wenn s keine natürliche Zahl ist, so ist $\binom{s}{k}$ nie $= 0$. Ist aber $s \in \mathbb{N}$, so ist $\binom{s}{k} = 0$ für alle $k > s$, wie man anhand der Definition einsieht. In diesem Fall bricht die Taylorreihe ab und wird zu einem Polynom vom Grad s, nämlich zur üblichen binomischen Formel für $(1 + x)^s$. (Dann konvergiert sie natürlich für alle $x \in \mathbb{R}$.)

Spezielle Werte von s ergeben die Taylorreihen für

$$f(x) = \frac{1}{1+x} \quad (s = -1) , \quad \text{vgl. hierzu (5) von (19.5)} ,$$
$$f(x) = \sqrt{1+x} \quad (s = \tfrac{1}{2}) ,$$
$$f(x) = \frac{1}{\sqrt{1+x}} \quad (s = -\tfrac{1}{2}) .$$

Setzt man also z.B. $s = -\frac{1}{2}$ in die obige Formeln ein, so erhält man die Taylorreihe für $f(x) = 1/\sqrt{1+x}$:

$$\boxed{\frac{1}{\sqrt{1+x}} = 1 - \frac{1}{2}x + \frac{3}{8}x^2 - \frac{5}{16}x^3 + \frac{35}{128}x^4 - \dots , \quad x \in (-1, 1) .}$$

Die anderen Fälle liefern ähnliche Reihen.

f) Weitere Beispiele

Die Berechnung der höheren Ableitungen einer Funktion f geht nicht immer so einfach wie in den Fällen a) bis e). Man wird deshalb manchmal auch auf andere Weise versuchen, eine Potenzreihen-entwicklung zu finden. Beispiele hierzu sind die Formeln (3) sowie (5) bis (10) von (19.5) und (19.6). Weitere Beispiele dieser Art sind etwa die Beziehungen

$$\ln(1 - x) = -\left(x + \frac{x^2}{2} + \frac{x^3}{3} + \frac{x^4}{4} + \dots \right) , \quad x \in [-1, 1) ,$$
$$\sin(x^2) = x^2 - \frac{x^6}{3!} + \frac{x^{10}}{5!} - \frac{x^{14}}{7!} + \dots , \quad x \in \mathbb{R} ,$$

die man erhält, wenn man in der Reihe für $\ln(1 + x)$ bzw. für $\sin x$ die Grösse x durch $-x$ bzw. durch x^2 ersetzt. Wir geben nun noch eine weitere, etwas interessantere, Illustration dieser Methode.

Beispiel

Die Potenzreihenentwicklung von $\arcsin x$. Da eine Berechnung der k-ten Ableitung für grosse k sehr mühsam wäre, gehen wir anders vor. In der obenstehenden Potenzreihenentwicklung von $1/\sqrt{1+x}$ ersetzen wir x durch $-t^2$ und erhalten

$$\frac{1}{\sqrt{1-t^2}} = 1 + \frac{1}{2}t^2 + \frac{3}{8}t^4 + \frac{5}{16}t^6 + \frac{35}{128}t^8 + \dots , \quad t \in (-1, 1) .$$

Nun beachten wir, dass $\arcsin t$ eine Stammfunktion von $1/\sqrt{1-t^2}$ ist. Durch gliedweise Integration (Regel d) von (19.6)) finden wir

$$\arcsin x = \int_0^x \frac{1}{\sqrt{1-t^2}}\, dt = \int_0^x 1\, dt + \frac{1}{2}\int_0^x t^2 dt + \frac{3}{8}\int_0^x t^4\, dt + \frac{35}{128}\int_0^x t^8\, dt + \dots$$
$$= x + \frac{1}{6}x^3 + \frac{3}{40}x^5 + \frac{5}{112}x^7 + \frac{35}{1152}x^9 + \dots , \quad x \in (-1, 1) .$$

Nimmt man sich die Mühe, mit allgemeinen Grössen zu rechnen, so findet man die Formel

$$\arcsin x = \sum_{k=0}^{\infty} \frac{(2k)!}{2^{2k}(k!)^2(2k+1)} x^{2k+1} .$$

Die obigen Formeln gelten übrigens auch noch für $x = \pm 1$.

Die eben besprochene Darstellung von Funktionen durch Potenzreihen hat zwei Bedeutungen.

Man kann einerseits diese Reihen zur konkreten Berechnung von Funktionswerten verwenden. Dabei muss man notgedrungen nach einer gewissen Anzahl von Gliedern abbrechen. Man kommt so auf ein Polynom, das sogenannte Taylorpolynom (19.9), mit dessen Hilfe man die gesuchten Funktionswerte näherungsweise berechnen kann. In (19.10) wird etwas über den Fehler gesagt, den man dabei macht.

Der zweite Punkt ist eher theoretischer Natur. Die trigonometrischen Funktionen werden ja meist unter Bezugnahme auf die Geometrie eingeführt. Will man aber einen rein rechnerischen Aufbau der Analysis betreiben, so ist dieser Weg nicht zulässig. Deshalb verwendet man in der Theorie die obigen Potenzreihen direkt als Definition der Sinus- und der Cosinusfunktion. Auch die Exponentialfunktion wird meist durch ihre Potenzreihe definiert.

(19.9) Taylorpolynome

Wie wir eben gesehen haben, lassen sich die meisten für uns wichtigen Funktionen als Summe ihrer (unendlichen) Taylorreihe darstellen. Bricht man nun diese Reihe nach dem n-ten Glied ab, so erhält man auf diese Weise ein Polynom, nämlich

$$p_n(x) = \sum_{k=0}^{n} \frac{f^{(k)}(x_0)}{k!}(x - x_0)^k$$
$$= f(x_0) + \frac{f'(x_0)}{1!}(x - x_0) + \frac{f''(x_0)}{2!}(x - x_0)^2 + \ldots + \frac{f^{(n)}(x_0)}{n!}(x - x_0)^n .$$

Dieses Polynom heisst das *Taylorpolynom n-ten Grades* (mit *Zentrum* x_0) der Funktion f. Beachten Sie erneut, dass x_0 eine feste Zahl ist, nur x ist variabel.

Welcher Zusammenhang besteht nun zwischen der Funktion f und ihrem n-ten Taylorpolynom $p_n(x)$? Dieses Polynom ist nichts anderes als eine Teilsumme der Taylorreihe. Somit gilt

$$p_n(x) \to f(x) \quad \text{für} \quad n \to \infty ,$$

für alle x, für welche die Taylorreihe von f tatsächlich gegen f konvergiert (für $f(x) = e^x$ also für alle $x \in \mathbb{R}$, für $f(x) = \ln(1 + x)$ für alle $x \in (-1, 1]$, vgl. (19.8)). Dies bedeutet, dass $f(x)$ um so besser durch das (leicht berechenbare!) Polynom $p_n(x)$ angenähert wird, je grösser n ist, vgl. dazu die Zahlenbeispiele weiter unten.

Wir können die Frage der Annäherung noch etwas anders sehen. Dazu berechnen wir einige Ableitungen von

$$p_n(x) = f(x_0) + \frac{f'(x_0)}{1!}(x - x_0) + \frac{f''(x_0)}{2!}(x - x_0)^2 + \frac{f'''(x_0)}{3!}(x - x_0)^3 + \ldots + \frac{f^{(n)}(x_0)}{n!}(x - x_0)^n .$$

1. Ableitung: $\quad p_n'(x) = \frac{f'(x_0)}{1!} + 2 \cdot \frac{f''(x_0)}{2!}(x - x_0) + 3 \cdot \frac{f'''(x_0)}{3!}(x - x_0)^2 + \ldots + n\frac{f^{(n)}(x_0)}{n!}(x - x_0)^{n-1}$

2. Ableitung: $\quad p_n''(x) = 2 \cdot \frac{f''(x_0)}{2!} + 3 \cdot 2 \cdot \frac{f'''(x_0)}{3!}(x - x_0) + \ldots + n(n-1)\frac{f^{(n)}(x_0)}{n!}(x - x_0)^{n-2}$

3. Ableitung: $\quad p_n'''(x) = 3 \cdot 2 \cdot \frac{f'''(x_0)}{3!} + \ldots + n(n-1)(n-2)\frac{f^{(n)}(x_0)}{n!}(x - x_0)^{n-3} .$

Setzen wir nun $x = x_0$, so fallen alle Terme, die $x - x_0$ enthalten, weg. Es bleibt übrig (die Fakultäten im Nenner heben sich gerade weg)

$$p_n(x_0) = f(x_0), \quad p_n'(x_0) = f'(x_0), \quad p_n''(x_0) = f''(x_0), \quad p_n'''(x_0) = f'''(x_0) .$$

Es ist klar, wie die Sache weiterläuft. Wir erhalten folgende Beziehung:

Es ist

$$\boxed{p_n^{(k)}(x_0) = f^{(k)}(x_0) \quad \text{für } k = 0, 1, \ldots, n .}$$

In Worten: An der Stelle $x = x_0$ stimmen der Funktionswert und die Werte der ersten n Ableitungen der Funktionen p_n und f überein. Daraus folgt, dass die Approximation von f durch p_n vor allem in der Nähe von x_0 gut sein wird,

$$\boxed{p_n(x) \approx f(x) \quad \text{in der Nähe von } x_0 ,}$$

und zwar ist die Annäherung um so besser, je grösser n ist, wie wir oben schon gesehen haben. Geometrisch betrachtet schmiegt sich der Graph von $p_n(x)$ jenem von $f(x)$ um so besser an, je grösser n ist, vgl. Beispiel d) unten.

Wir bemerken noch, dass zur Bildung des Taylorpolynoms $p_n(x)$ nur die Existenz der ersten n Ableitungen von $f(x)$ (und nicht die Existenz der Taylorreihe) nötig ist.

Das Taylorpolynom 1. Grades ist gegeben durch

$$p_1(x) = f(x_0) + f'(x_0)(x - x_0) .$$

Dies ist nichts anderes als die beste Approximation von $f(x)$ durch eine lineare Funktion (in der Nähe von x_0), welche schon in (7.3) behandelt wurde. Ein Vergleich mit der Formel für die Taylorreihe zeigt, dass man diese lineare Approximation dadurch erhält, dass man in der Taylorreihe die Terme "von höherer Ordnung in Δx" ($\Delta x = (x - x_0)$), d.h. die Quadrate, Kuben, $\ldots$ von $(x - x_0)$ einfach weglässt.

Beispiele und Bemerkungen

Aus den in (19.8) hergeleiteten Formeln für die Taylorreihen lassen sich ohne weiteres Formeln für Taylorpolynome ablesen:

a) $f(x) = e^x$.

$p_1(x) = 1 + x,$

$p_2(x) = 1 + x + \frac{x^2}{2},$

$p_3(x) = 1 + x + \frac{x^2}{2} + \frac{x^3}{6}$ usw.

b) $f(x) = \dfrac{1}{\sqrt{1+x}}$.

Wir verwenden die Formel von (19.8.e) mit $s = -\frac{1}{2}$.

$p_1(x) = 1 - \frac{1}{2}x,$

$p_2(x) = 1 - \frac{1}{2}x + \frac{3}{8}x^2,$

$p_3(x) = 1 - \frac{1}{2}x + \frac{3}{8}x^2 - \frac{5}{16}x^3$ usw.

c) Wie schon erwähnt, sind diese Taylorpolynome Approximationen von $f(x)$. Die nachstehende Tabelle enthält einige Zahlwerte zum Vergleich von f und p_3.

$f(x)$	$p_3(x)$	$f(0.2)$	$p_3(0.2)$
e^x	$1 + x + \frac{x^2}{2} + \frac{x^3}{6}$	1.2214	1.2213
$\sin x$	$x - \frac{x^3}{6}$	0.1987	0.1987
$\cos x$	$1 - \frac{x^2}{2}$	0.9801	0.9800
$\ln(1+x)$	$x - \frac{x^2}{2} + \frac{x^3}{3}$	0.1823	0.1827
$\dfrac{1}{\sqrt{1+x}}$	$1 - \frac{x}{2} + \frac{3x^2}{8} - \frac{5x^3}{16}$	0.9129	0.9125

d) In der folgenden Figur können Sie den Graphen der Funktion $y = \sin x$ mit jenen der Taylorpolynome

$p_1(x) = x,$

$p_3(x) = x - \frac{x^3}{6},$

$p_5(x) = x - \frac{x^3}{6} + \frac{x^5}{120},$

vergleichen. Sie erkennen, dass in der Nähe von 0 die Annäherung sehr gut ist. In grösserer Entfernung vom Nullpunkt ist die Approximation durch $p_5(x)$ die beste, was kraft unserer Herleitung des Taylorpolynoms nicht verwundert.

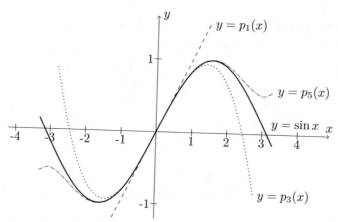

e) Schliesslich wollen wir das Taylorpolynom 2. Grades einer etwas komplizierteren Funktion ausrechnen. Es sei

$$f(x) = \frac{1+x}{1+e^x} \; .$$

Für $p_2(x)$ benötigen wir die ersten beiden Ableitungen von $f(x)$. Es ist

$$f'(x) = \frac{(1+e^x) - (1+x)e^x}{(1+e^x)^2} = \frac{1 - xe^x}{(1+e^x)^2}$$

$$f''(x) = \frac{-(1+e^x)^2(xe^x + e^x) - 2(1 - xe^x)(1+e^x)e^x}{(1+e^x)^4} = \frac{-xe^x - 3e^x - e^{2x} + xe^{2x}}{(1+e^x)^3} \; .$$

(i) Wir bestimmen zuerst das Taylorpolynom mit Zentrum $x_0 = 0$. Dazu brauchen wir den Funktionswert (d.h. die 0. Ableitung) und die ersten beiden Ableitungen an der Stelle 0:

$$f(0) = \frac{1}{2}, \quad f'(0) = \frac{1}{4}, \quad f''(0) = -\frac{1}{2} \; .$$

Die allgemeine Formel für $p_2(x)$ mit Zentrum 0,

$$p_2(x) = f(0) + f'(0)x + \frac{1}{2}f''(0)x^2 \; ,$$

ergibt in unserem Fall

$$p_2(x) = \frac{1}{2} + \frac{1}{4}x - \frac{1}{4}x^2 \; .$$

Dieses Polynom ist in der Nähe von $x_0 = 0$ eine gute Approximation für die Funktion $f(x)$. In der Tat ist z.B.

$$p_2(0.1) = 0.5225 \; ,$$

$$f(0.1) = 0.5225228\ldots \; .$$

(ii) Mit dem Zentrum $x_0 = 1$ erhalten wir (auf 4 Stellen gerundet):

$$f(1) = \frac{2}{1+e} = 0.5379 \,,$$

$$f'(1) = \ldots = -0.1243 \,,$$

$$f''(1) = \ldots = -0.2115 \,.$$

Es folgt

$$p_2(x) = 0.5379 - 0.1243(x-1) - 0.1058(x-1)^2 = 0.5564 + 0.0873x - 0.1058x^2 \,.$$

$\boxtimes$

(19.10) Das Restglied

Ersetzt man zwecks Berechnung eines Funktionswerts die Funktion f durch ihr Taylorpolynom p_n, so begeht man einen Fehler, der durch die Differenz

$$R_n(x) = f(x) - p_n(x)$$

beschrieben wird. Dieser Ausdruck heisst das *Restglied* und hängt neben f von x_0, x und n ab.

Es stellt sich die Aufgabe, dieses Restglied wenigstens grössenordnungsmässig abzuschätzen. Es gibt dazu verschiedene Möglichkeiten, eine davon ist die folgende Tatsache:

Es gibt die Zahl z zwischen x_0 und x (d.h. $x_0 < z < x$ für $x_0 < x$, $x < z < x_0$ für $x < x_0$), für welche gilt:

$$R_n(x) = \frac{f^{(n+1)}(z)}{(n+1)!}(x - x_0)^{n+1} \,.$$

Dieser Ausdruck sieht genau so aus wie der allgemeine Term der Taylorreihe, abgesehen davon, dass $f^{(n+1)}(z)$ statt $f^{(n+1)}(x_0)$ steht. Ein Beweis steht im Anhang (27.4).

Der genaue Wert von z ist allerdings nicht bekannt, eine grobe Kenntnis reicht aber manchmal aus, brauchbare Angaben über $R_n(x)$ zu machen.

Beispiel

Wir untersuchen die Sinusfunktion, wobei wir das Zentrum $x_0 = 0$ wählen. Mit $f(x) = \sin x$ ist $f^{(n+1)}(z) = \pm \sin z$ oder $\pm \cos z$, also sicher $|f^{(n+1)}(z)| \leq 1$. Es gilt somit

$$|R_n(x)| = \frac{|f^{(n+1)}(z)|}{(n+1)!}|x|^{n+1} \leq \frac{1}{(n+1)!}|x|^{n+1} \,.$$

Wollen wir also z.B. $\sin 0.5$ (Bogenmass!) mit einem Taylorpolynom $p_n(x)$ so bestimmen, dass der absolute Fehler dem Betrage nach < 0.0001 wird, so müssen wir n so gross wählen, dass

$$\frac{1}{(n+1)!}(0.5)^{n+1} < 0.0001$$

wird. Probieren ergibt, dass dies für $n \geq 5$ der Fall ist. Das Taylorpolynom

$$p_5(x) = x - \frac{x^3}{3!} + \frac{x^5}{5!}$$

leistet also das Gewünschte. (Kontrolle: $p_5(0.5) = 0.4794270\ldots$, $\sin 0.5 = 0.4794255\ldots$.) Für das Taylorpolynom 3. Grades erhält man $p_3(0.5) = 0.47916\ldots$, was einen zu grossen absoluten Fehler ergibt; p_3 genügt also noch nicht.

$\boxtimes$

Derartige Verfahren werden im Prinzip in Taschenrechnern und Computern verwendet, um Funktionswerte wie $\sin x$ zu berechnen. Natürlich werden dabei diese Methoden noch optimiert.

$(19.\infty)$ Aufgaben

19–1 Suchen (erraten) Sie den Grenzwert a der Folge (a_n), und bestimmen Sie die kleinste Zahl $N \in \mathbb{N}$, so dass gilt: $|a_n - a| < 0.001$ für alle $n > N$.

a) $a_n = \dfrac{1}{\sqrt{n}}$, b) $a_n = 1 + \dfrac{1}{n^2}$, c) $a_n = \dfrac{3n}{n+2}$, d) $a_n = \dfrac{1}{n^2 + n}$.

19–2 Der Grenzwert $\lim_{n \to \infty} a_n$ lässt sich manchmal dadurch berechnen, dass man die Folgenglieder geschickt umformt. Tun Sie dies für

a) $a_n = \dfrac{1 + 2n + 3n^2}{4 + 5n + 6n^2}$ (Division von Zähler und Nenner durch eine passende Potenz von n.)

b) $a_n = \sqrt{n+1} - \sqrt{n}$ (Multiplikation mit $\dfrac{\sqrt{n+1} + \sqrt{n}}{\sqrt{n+1} + \sqrt{n}}$).

19–3 Berechnen Sie die Summen der folgenden geometrischen Reihen:

a) $1 - x^3 + x^6 - x^9 + x^{12} - \cdots$, $|x| < 1$

b) $1 + \dfrac{1}{y} + \dfrac{1}{y^2} + \dfrac{1}{y^3} + \dfrac{1}{y^4} + \cdots$, $|y| > 1$

c) $2 + \dfrac{4}{3} + \dfrac{8}{9} + \dfrac{16}{27} + \cdots$

19–4 Untersuchen Sie die folgenden Reihen auf Konvergenz, und berechnen Sie gegebenenfalls die Summe:

a) $\dfrac{1}{1 \cdot 2} + \dfrac{1}{2 \cdot 3} + \dfrac{1}{3 \cdot 4} + \cdots$, b) $\ln(\tfrac{1}{2}) + \ln(\tfrac{2}{3}) + \ln(\tfrac{3}{4}) + \cdots$.

Tip für a): Schreiben Sie die einzelnen Summanden als Differenz.

19–5 Welche Funktionen werden durch die folgenden Potenzreihen dargestellt? (Vergleich mit bekannten Reihen.)

a) $1 - \dfrac{x}{1!} + \dfrac{x^2}{2!} - \dfrac{x^3}{3!} + \dfrac{x^4}{4!} - \cdots$, b) $1 - \dfrac{x^4}{2!} + \dfrac{x^8}{4!} - \dfrac{x^{12}}{6!} + \dfrac{x^{16}}{8!} - \cdots$,

c) $\dfrac{x^3}{3!} - \dfrac{x^5}{5!} + \dfrac{x^7}{7!} - \dfrac{x^9}{9!} + \cdots$.

19–6 Ermitteln Sie die Summe der folgenden Reihen durch Vergleich mit bekannten Potenzreihen:

a) $1 + 2 + \dfrac{4}{2!} + \dfrac{8}{3!} + \dfrac{16}{4!} + \cdots$, b) $\dfrac{1}{2} - \dfrac{1}{4 \cdot 2} + \dfrac{1}{8 \cdot 3} - \dfrac{1}{16 \cdot 4} + \dfrac{1}{32 \cdot 5} - \cdots$,

c) $\dfrac{2}{4!} - \dfrac{2}{6!} + \dfrac{2}{8!} - \dfrac{2}{10!} + \cdots$.

19–7 Verifizieren Sie die bekannten Ableitungsformeln für die Funktionen e^x, $\sin x$, $\cos x$ durch gliedweises Ableiten der Potenzreihen.

19–8 a) Leiten Sie aus der Taylorreihe für $\ln(1+x)$ die Taylorreihe für $f(x) = \ln(1 + x^2)$ $(-1 < x < 1)$ her.

b) Bestimmen Sie jetzt durch Ableiten die Taylorreihe von $g(x) = \dfrac{2x}{1 + x^2}$ $(-1 < x < 1)$.

c) Die Taylorreihe von $g(x)$ kann auch aus der geometrischen Reihe hergeleitet werden. Wie?

19–9 a) Leiten Sie aus der Taylorreihe für $\ln(1+x)$ jene von $\ln(1-x)$ her.

b) Leiten Sie unter Benutzung der Formel $\ln(a/b) = \ln a - \ln b$ die Reihendarstellung von $\ln(\frac{1+x}{1-x})$ $(-1 < x < 1)$ her.

c) Durch passende Wahl von x kann man eine Reihe für $\ln 3$ finden. Geben Sie die ersten vier von Null verschiedenen Glieder an, und vergleichen Sie die Teilsumme mit dem wahren Wert von $\ln 3$.

19–10 a) Bestimmen Sie die Taylorreihe des hyperbolischen Cosinus ($\cosh x$) mit Zentrum 0 durch Berechnung von $f^{(n)}(0)$ für alle n.

b) Zeigen Sie, dass die Formel $\cosh x = \frac{1}{2}(e^x + e^{-x})$ zusammen mit der Exponentialreihe dasselbe Resultat liefert.

19–11 Die Funktion $f(x) = \sin(x^2)$ hat keine elementare, d.h. durch die bekannten Funktionen ausdrückbare Stammfunktion. Nach (11.2) ist aber $\Phi(x) = \int_0^x \sin(t^2)\,dt$ eine Stammfunktion von $f(x)$. Geben Sie, ausgehend von der Sinusreihe, die ersten fünf von Null verschiedenen Summanden der Potenzreihe (mit Zentrum 0) von $\Phi(x)$ an.

19–12 Berechnen Sie das Taylorpolynom n-ten Grades mit Zentrum x_0.

a) $f(x) = \dfrac{x+1}{x+2}$, $x_0 = 0$, $n = 3$ b) $f(x) = \dfrac{x+1}{x+2}$, $x_0 = 1$, $n = 3$

c) $f(x) = \dfrac{e^x}{1+x}$, $x_0 = 0$, $n = 3$ d) $f(x) = \sqrt{1+\sin x}$, $x_0 = 0$, $n = 2$

e) $f(x) = \sqrt{x+1}\ln(x+1)$, $x_0 = 0$, $n = 3$ f) $f(x) = e^{\sin x}$, $x_0 = 0$, $n = 4$.

19–13 Schreiben Sie die Binomialreihe von a) $f(x) = 1/\sqrt[4]{1+x}$, b) $g(x) = \sqrt[3]{(1+x)^4}$ bis und mit x^4 an. c) Berechnen Sie $\sqrt[3]{(1.05)^4}$ exakt und mit dem in b) erhaltenen Taylorpolynom.

19–14 Berechnen Sie $\cos 0.5$ (Bogenmass!) unter Verwendung eines Taylorpolynoms, so dass der absolute Fehler dem Betrag nach $< 10^{-5}$ ist.

20. UNEIGENTLICHE INTEGRALE

(20.1) Überblick

Uneigentliche Integrale sind Integrale, in deren Grenzen das Symbol ∞ vorkommt, also Integrale der Form

$$\int_a^\infty f(x)\,dx, \int_{-\infty}^b f(x)\,dx, \int_{-\infty}^\infty f(x)\,dx \ .$$

Sie sind in naheliegender Weise als Grenzwerte definiert (und es kann deshalb vorkommen, dass sie nicht existieren). Dieser Begriff wird an einigen Beispielen illustriert.

Daneben wird noch ein weiterer Typ von uneigentlichen Integralen kurz vorgestellt.

(20.2), (20.3)

(20.4)

(20.2) Uneigentliche Integrale zweiter Art

Bis jetzt haben wir immer über ein endliches Intervall $[a, b]$ integriert ($a, b \in \mathbb{R}$). Es ist aber für viele Anwendungen zweckmässig, den Begriff des Integrals so zu erweitern, dass die Funktion auch über ein unendliches Intervall integriert werden darf. Man gelangt so zum Begriff des uneigentlichen Integrals. (Genauer spricht man hier von uneigentlichen Integralen zweiter Art; wir werden in (20.4) die uneigentlichen Integrale erster Art antreffen.)

Wir betrachten zuerst den Fall, wo die obere Integrationsgrenze $b = \infty$ ist. Dazu sei f auf $[a, \infty)$ ($a \in \mathbb{R}$) definiert und stetig. Es ist wohl ziemlich klar, was man unter

$$\int_a^\infty f(x)\,dx$$

verstehen soll, nämlich den Grenzwert

$$\lim_{t \to \infty} \int_a^t f(x)\,dx \ .$$

Natürlich braucht dieser Limes nicht zu existieren. Tut er das aber, so bezeichnen wir ihn mit

$$\int_a^\infty f(x)\,dx$$

und nennen ihn ein *uneigentliches Integral (zweiter Art)*. Es gilt also

$$\int_a^\infty f(x)\,dx = \lim_{t \to \infty} \int_a^t f(x)\,dx \ .$$

Ganz analog definiert man natürlich

$$\int_{-\infty}^{b} f(x)\, dx = \lim_{s \to -\infty} \int_{s}^{b} f(x)\, dx \ .$$

<u>Beispiele</u>

1. $\displaystyle\int_{1}^{\infty} \frac{1}{x^2}\, dx$.

   Bekanntlich ist $-\dfrac{1}{x}$ eine Stammfunktion von $\dfrac{1}{x^2}$. Somit ist

   $$\int_{1}^{t} \frac{1}{x^2}\, dx = -\frac{1}{x}\Big|_{1}^{t} = -\frac{1}{t} + 1 \ .$$

   Es folgt

   $$\lim_{t \to \infty} \int_{1}^{t} \frac{1}{x^2}\, dx = \lim_{t \to \infty} \left(1 - \frac{1}{t}\right) = 1 \ ,$$

   d.h., das uneigentliche Integral existiert und hat den Wert 1.   ⊠

2. $\displaystyle\int_{4}^{\infty} \frac{1}{\sqrt{x}}\, dx$.

   Hier ist entsprechend

   $$\lim_{t \to \infty} \int_{4}^{\infty} x^{-\frac{1}{2}}\, dx = \lim_{t \to \infty} 2x^{\frac{1}{2}}\Big|_{4}^{t} = \lim_{t \to \infty} (2\sqrt{t} - 2\sqrt{4}) = \infty \ ,$$

   denn $\sqrt{t}$ wird beliebig gross, wenn t immer mehr wächst. Dieses uneigentliche Integral existiert also nicht. (Beachten Sie, dass "∞" ein Symbol und keine Zahl ist.)   ⊠

3. $\displaystyle\int_{-\infty}^{-1} \frac{1}{x}\, dx$.

   Hier ist

   $$\lim_{s \to -\infty} \int_{s}^{-1} \frac{1}{x}\, dx = \lim_{s \to -\infty} \ln|x| \Big|_{s}^{-1} = \lim_{s \to -\infty} (0 - \ln|s|) = -\infty \ .$$

   Auch dieses uneigentliche Integral existiert nicht.   ⊠

   Wir geben zu den drei Beispielen noch eine anschauliche Interpretation des Sachverhalts: Die schraffierte (ins Unendliche reichende) Fläche hat

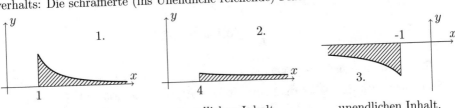

endlichen Inhalt,   unendlichen Inhalt,   unendlichen Inhalt.

4. $\int_0^\infty xe^{-x}\, dx$.

Wir integrieren partiell, vgl. Beispiel (13.6.a).

$$\int xe^{-x}\, dx = -xe^{-x} + \int e^{-x}\, dx = -xe^{-x} - e^{-x} \ (+C)\,.$$

Es folgt

$$\lim_{t\to\infty} \int_0^t xe^{-x}\, dx = \lim_{t\to\infty}\left(\left(-xe^{-x} - e^{-x}\right)\Big|_0^t\right) = \lim_{t\to\infty}\left((-te^{-t} - e^{-t}) - (0-1)\right) = 1\,,$$

denn es ist $\lim\limits_{t\to\infty} e^{-t} = 0$ (dies ist klar) sowie $\lim\limits_{t\to\infty} te^{-t} = 0$.

Am Ende von (19.8.a) wurde gezeigt, dass $e^x/x^n \to \infty$ strebt (mit $x\to\infty$) für alle $n \in \mathbb{N}$. Somit strebt $x^n/e^x \to 0$ für $x\to\infty$, und die Beziehung $\lim_{t\to\infty} te^{-t} = 0$ folgt, wenn wir $n=1$ setzen.

$\boxtimes$

5. Es geht darum, einen Körper der Masse $m = 1$ kg aus dem Gravitationsfeld der Erde zu schiessen. Welche Arbeit wird dabei geleistet? Es sei r (in m) der Abstand des Schwerpunktes des Körpers vom Erdmittelpunkt. Zwischen der Erde und dem Körper wirkt dann die Gravitationskraft

$$F(r) = G\frac{M\cdot m}{r^2} = G\frac{M}{r^2}\,,$$

wo G die Gravitationskonstante ($G = 6.67\cdot 10^{-11}$ Nm^{2}kg^{-2}) und $M = 5.976\cdot 10^{24}$ kg die Erdmasse ist. Zu Beginn sei der Körper auf der Erdoberfläche (Erdradius $r_0 = 6.37\cdot 10^6$ m). Nach (9.3) ist dann die geleistete Arbeit gleich

$$\int_{r_0}^\infty F(r)\, dr = GM \int_{r_0}^\infty \frac{1}{r^2}\, dr = GM \cdot \lim_{R\to\infty} \int_{r_0}^R \frac{1}{r^2}\, dr = \ldots = \frac{GM}{r_0} = 6.26\cdot 10^7 \text{ Nm}\,.$$

$\boxtimes$

(20.3) Uneigentliche Integrale zweiter Art, Fortsetzung

In diesem Abschnitt geht es um Integrale der Form

$$\int_{-\infty}^\infty f(x)\, dx\,,$$

deren Definition zunächst zu motivieren ist.

Stellt man sich den Wert dieses Integrals anschaulich als Flächeninhalt vor (für diese motivierende Betrachtung denken wir uns einfachheitshalber, es sei $f(x) \geq 0$ für alle x), so soll damit der Inhalt einer beidseitig bis ins Unendliche reichenden Fläche beschrieben werden.

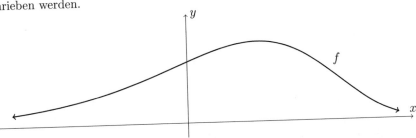

Diese Vorstellung führt auf eine einleuchtende Forderung: Wenn die obige Fläche einen "endlichen Inhalt" hat, dann soll dies auch für die beiden "kleineren" Teile gelten, die von $-\infty$ bis a bzw. von a bis ∞ reichen (wo a irgendeine Zahl ist), d.h., die uneigentlichen Integrale

$$\int_{-\infty}^{a} f(x)\,dx \quad \text{und} \quad \int_{a}^{\infty} f(x)\,dx$$

sollen beide im Sinne von (20.2) existieren.

Diese Forderung zeigt übrigens, dass die vielleicht naheliegende Definition $\int_{-\infty}^{\infty} f(x)\,dx = \lim_{r\to\infty} \int_{-r}^{r} f(x)\,dx$ nicht brauchbar ist, denn damit würde z.B. $\int_{-\infty}^{\infty} x\,dx = 0$, während $\int_{0}^{\infty} x\,dx$ gar nicht existiert! (Im Gegensatz zu unserer motivierenden Annahme nimmt $f(x)$ hier auch negative Werte an, was an der Sache nichts ändert.)

Wenn aber die beiden obigen uneigentlichen Integrale existieren, dann wird man vernünftigerweise

(∗) $$\int_{-\infty}^{\infty} f(x)\,dx = \int_{-\infty}^{a} f(x)\,dx + \int_{a}^{\infty} f(x)\,dx$$

setzen (siehe Skizze).

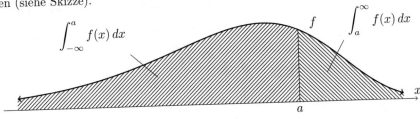

Man wird deshalb darauf geführt, die Formel (∗) (zusammen mit der Existenz der beiden Integrale rechterhand) als Definition von $\int_{-\infty}^{\infty} f(x)\,dx$ zu nehmen. Nun scheint (∗) noch von der Wahl der Zahl a abhängig zu sein. Dies trifft aber in Tat und Wahrheit nicht zu, denn es gilt folgendes: Wenn es überhaupt eine Zahl c gibt, so dass die beiden uneigentlichen Integrale

$$\int_{-\infty}^{c} f(x)\,dx \quad \text{und} \quad \int_{c}^{\infty} f(x)\,dx$$

existieren, dann existieren für jede reelle Zahl a die beiden Integrale

$$\int_{-\infty}^{a} f(x)\,dx \quad \text{und} \quad \int_{a}^{\infty} f(x)\,dx \;.$$

Zudem gilt dann

$$(**) \qquad \int_{-\infty}^{a} f(x)\,dx + \int_{a}^{\infty} f(x)\,dx = \int_{-\infty}^{c} f(x)\,dx + \int_{c}^{\infty} f(x)\,dx \;,$$

d.h., die Summe der beiden Teile hängt nicht von der Wahl der "Trennstelle" a ab. Diese Tatsache leuchtet geometrisch ein:

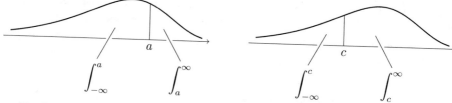

Man kann sie auch rechnerisch herleiten: (Wir lassen einfachheitshalber den Term $f(x)\,dx$ weg und nehmen an, es sei $a > c$. Der Fall $a < c$ geht analog.)

$$\int_{-\infty}^{a} = \lim_{s \to -\infty} \int_{s}^{a} = \lim_{s \to -\infty} \left(\int_{s}^{c} + \int_{c}^{a} \right) = \lim_{s \to -\infty} \int_{s}^{c} + \int_{c}^{a} = \int_{-\infty}^{c} + \int_{c}^{a} \;.$$

Somit existiert $\int_{-\infty}^{a}$ genau dann, wenn $\int_{-\infty}^{c}$ existiert. Entsprechendes zeigt man für $\int_{a}^{\infty}$. Hier ist $\int_{a}^{\infty} = \int_{c}^{\infty} - \int_{c}^{a}$. Nun sieht man sofort, dass die Beziehung $(**)$ gilt.

Motiviert von den eben gemachten Überlegungen, treffen wir nun die folgende Definition:

Das uneigentliche Integral $\int_{-\infty}^{\infty} f(x)\,dx$ existiert, wenn es eine Zahl c gibt, so dass sowohl

(1)
$$\int_{-\infty}^{c} f(x)\,dx$$

als auch

(2)
$$\int_{c}^{\infty} f(x)\,dx$$

existiert. Falls dies zutrifft, so setzt man

(3)
$$\int_{-\infty}^{\infty} f(x)\,dx = \int_{-\infty}^{c} f(x)\,dx + \int_{c}^{\infty} f(x)\,dx \;.$$

Wie wir oben gesehen haben, existieren dann die Integrale (1) und (2) für jede beliebige Zahl c, und der Wert von (3) ist für jede Wahl von c derselbe.

<u>Beispiele</u>

1. Wir betrachten

$$\int_{-\infty}^{\infty} \frac{dx}{1 + x^2} \ .$$

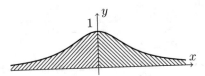

Dazu müssen wir eine Zahl c wählen und die uneigentlichen Integrale

$$\int_{-\infty}^{c} \frac{dx}{1 + x^2} \quad \text{und} \quad \int_{c}^{\infty} \frac{dx}{1 + x^2}$$

untersuchen. Aus Symmetriegründen drängt sich die Wahl $c = 0$ auf. Dann ist

$$\int_{0}^{\infty} \frac{dx}{1 + x^2} = \lim_{t \to \infty} \int_{0}^{t} \frac{dx}{1 + x^2} = \lim_{t \to \infty} \arctan x \Big|_{0}^{t} = \lim_{t \to \infty} \arctan t = \frac{\pi}{2} \ .$$

Wegen der Symmetrie ist dann auch

$$\int_{-\infty}^{0} \frac{dx}{1 + x^2} = \frac{\pi}{2} \quad \text{und es folgt} \quad \int_{-\infty}^{\infty} \frac{dx}{1 + x^2} = \pi \ . \qquad \boxtimes$$

Integrale vom hier behandelten Typ sind in der Wahrscheinlichkeitsrechnung (im Zusammenhang mit den sogenannten stetigen Verteilungen) von besonderer Bedeutung.

2. Wir betrachten

$$\int_{-\infty}^{\infty} x e^{-x^2} dx \ .$$

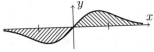

Auch hier wählt man $c = 0$. Das unbestimmte Integral $I = \int x e^{-x^2} dx$ berechnet man mit der Substitution $u = -x^2$, $du = -2x\,dx$ und findet $I = -\frac{1}{2} e^{-x^2}$ ($+ C$).
Also ist

$$\int_{0}^{\infty} x e^{-x^2} dx = \lim_{t \to \infty} \int_{0}^{t} x e^{-x^2} dx = \lim_{t \to \infty} \left(-\frac{1}{2} e^{-x^2} \Big|_{0}^{t} \right) = \lim_{t \to \infty} \left(-\frac{1}{2} (e^{-t^2} - 1) \right) = \frac{1}{2} \ ,$$

denn $e^{-t^2} \to 0$ für $t \to \infty$. Damit existiert dieses uneigentliche Integral und hat den Wert $\frac{1}{2}$. Entsprechend berechnet man $\int_{-\infty}^{0} x e^{-x^2} dx = -\frac{1}{2}$ und findet schliesslich einfach

$$\int_{-\infty}^{\infty} x e^{-x^2} dx = 0 \ . \qquad \boxtimes$$

Im Hinblick auf die Symmetrie erstaunt das Ergebnis kaum. Beachten Sie aber, dass Sie nicht einfach a priori aufgrund dieser Symmetrie sagen können, das Integral existiere und habe den

Wert 0. Vielmehr ist es tatsächlich notwendig zu zeigen, dass die beiden "halben" uneigentlichen Integrale $\int_{-\infty}^{0} xe^{-x^2}\,dx$ und $\int_{0}^{\infty} xe^{-x^2}\,dx$ beide für sich allein existieren. Das weiter oben besprochene Integral $\int_{-\infty}^{\infty} x\,dx$ hat dieselben Symmetrieverhältnisse, existiert aber nicht!

(20.4) Uneigentliche Integrale erster Art

Diese Art von uneigentlichen Integralen ist für uns von geringer Bedeutung. Wir beschränken uns deshalb auf zwei Beispiele, die auch den Begriff erläutern.

1. $\displaystyle\int_{0}^{1} \frac{1}{x}\,dx$.

Das Wesentliche ist hier, dass der Integrand $\frac{1}{x}$ an der Stelle $x = 0$ (der unteren Integrationsgrenze) nicht definiert ist. Dagegen ist er auf jedem abgeschlossenen Intervall $[s,1]$, $0 < s < 1$ definiert. Man ist also versucht, zu definieren:

$$\int_{0}^{1} \frac{1}{x}\,dx = \lim_{s\downarrow 0} \int_{s}^{1} \frac{1}{x}\,dx \ .$$

Nun ist aber $\int_{s}^{1} \frac{1}{x}\,dx = \ln 1 - \ln s = -\ln s$ und $-\ln s$ strebt gegen ∞ für $s \to 0$ $(s > 0)$. Dieses uneigentliche Integral existiert nicht. $\boxtimes$

2. $\displaystyle\int_{0}^{1} \frac{1}{\sqrt{x}}\,dx$.

Es gilt dieselbe Überlegung wie oben. Hier ist aber

$$\int_{s}^{1} \frac{1}{\sqrt{x}}\,dx = 2\sqrt{x}\,\Big|_{s}^{1} = 2 - 2\sqrt{s} \ .$$

Da $\sqrt{s} \to 0$ strebt für $s \to 0$ $(s > 0)$, existiert diesmal das uneigentliche Integral, und zwar ist

$$\int_{0}^{1} \frac{1}{\sqrt{x}}\,dx = 2 \ .$$
$\boxtimes$

Anschauliche Interpretation: Die schraffierte (ins Unendliche reichende) Fläche hat

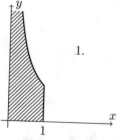

1.

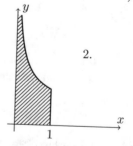

2.

unendlichen Flächeninhalt,

endlichen Flächeninhalt.

(20.∞) Aufgaben

20−1 Existieren die folgenden uneigentlichen Integrale? Wenn ja, geben Sie ihren Wert an.

a) $\displaystyle\int_0^\infty \frac{dx}{(x+1)^3}$,   b) $\displaystyle\int_{18}^\infty \frac{dx}{\sqrt[4]{x-2}}$,   c) $\displaystyle\int_{-\infty}^0 e^{3t}\,dt$,   d) $\displaystyle\int_1^\infty \frac{u}{1+u^2}\,du$.

20−2 Existieren die folgenden uneigentlichen Integrale? Wenn ja, geben Sie ihren Wert an.

a) $\displaystyle\int_{-\infty}^\infty \frac{dt}{2+8t^2}$,   b) $\displaystyle\int_{-\infty}^\infty \frac{x^3}{1+x^4}\,dx$,   c) $\displaystyle\int_{-\infty}^\infty \frac{e^u}{1+e^{2u}}\,du$,   d) $\displaystyle\int_{-\infty}^\infty x^2 e^{-|x|^3}\,dx$.

20−3 Existieren die folgenden uneigentlichen Integrale? Wenn ja, geben Sie ihren Wert an.

a) $\displaystyle\int_3^7 \frac{du}{\sqrt{u-3}}$,   b) $\displaystyle\int_2^4 \frac{dx}{(3x-6)^2}$,   c) $\displaystyle\int_0^1 \frac{e^t}{e^t-1}\,dt$,   d) $\displaystyle\int_1^5 \frac{x}{\sqrt{x-1}}\,dx$.

20−4 Für welche positiven Werte von r konvergiert das uneigentliche Integral

$$\int_1^\infty \frac{dx}{x^r}\,?$$

Wie gross ist dann sein Wert?

20−5 Für welche positiven Werte von r konvergiert das uneigentliche Integral

$$\int_0^1 \frac{dx}{x^r}\,?$$

Wie gross ist dann sein Wert?

20−6 Der Graph der Funktion $f(x) = \dfrac{1}{1+x}$ $(x \geq 0)$ rotiert um die x–Achse. Ist es sinnvoll zu sagen, der so entstandene unendlich ausgedehnte Körper habe ein endliches Volumen? Wenn ja, wie gross ist es? Was können Sie über den Inhalt des Flächenstücks sagen, das entsteht, wenn der Körper mit einer Ebene geschnitten wird, welche die Rotationsachse enthält?

21. NUMERISCHE METHODEN

(21.1) Überblick

Die numerische Mathematik (kurz *Numerik* genannt) befasst sich mit der konkreten zahlenmässigen Lösung von mathematischen Problemen, vor allem auch von solchen, die in der Praxis auftreten.

In diesem Kapitel werden drei Anwendungsbereiche von numerischen Methoden vorgestellt:
- Numerische Lösung von Gleichungen,
- Numerische Berechnung von Integralen,
- Numerische Lösung von Differentialgleichungen.

(21.2)
(21.3)
(21.4)

Die hier vorgeführten Verfahren sind recht einfach und in ihrer Funktionsweise gut zu verstehen; dies war mit ein Kriterium für ihre Auswahl.

In der Praxis werden solche Probleme natürlich auf dem Computer gelöst, die dort verwendeten Methoden sind effizienter, aber auch komplizierter als die hier besprochenen. Das vorliegende Kapitel soll Ihnen aber wenigstens die Existenz solcher Verfahren bewusst machen.

(21.2) Numerische Lösung von Gleichungen

Wir betrachten in diesem Abschnitt Gleichungen mit einer Unbekannten. Sie haben schon früh gelernt, dass man für quadratische Gleichungen eine Lösungsformel verwenden kann. Auch für Gleichungen 3. und 4. Grades gibt es solche Formeln, in denen gewisse Wurzelausdrücke vorkommen. Diese sind aber so kompliziert, dass sie für die Praxis nur schlecht geeignet sind. Für Gleichungen vom 5. und höheren Grad aber gibt es — wie man beweisen kann — keine derartigen Formeln mehr. Ebensowenig existieren Lösungsformeln für Gleichungen, in denen beispielsweise die Exponentialfunktion oder eine trigonometrische Funktion vorkommt. Um derartige Gleichungen zu lösen, bedient man sich in der Praxis sogenannter *numerischer Verfahren*, mit denen man die Lösung nicht exakt, sondern nur bis zu einer gewünschten Genauigkeit bestimmt. Von den vielen existierenden Verfahren sei hier exemplarisch die *Methode von Newton* (auch "Methode von Newton-Raphson" genannt) vorgestellt.

Eine Gleichung mit einer Unbekannten, wie etwa $x^2 - \ln x = 2$ oder $x^3 - x = 1$ kann stets auf die allgemeine Form

$$f(x) = 0$$

gebracht werden. Die Newtonsche Methode beruht nun darauf, dass man einen bereits bekannten Näherungswert x_0 für eine Nullstelle der Funktion f sukzessive verbessert.

Die erste Näherung x_0 kann etwa einer graphischen Darstellung entnommen werden. Anschliessend berechnet man den Funktionswert $y_0 = f(x_0)$ und ersetzt den Graphen der Funktion f durch die Tangente im Punkt (x_0, y_0).

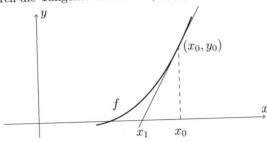

Der Schnittpunkt x_1 dieser Tangente mit der x-Achse wird dann (so hofft man) eine verbesserte Näherung für die gesuchte Nullstelle sein. Falls nötig, wiederholt man den Prozess und verbessert x_1 zu einer Näherung x_2 usw..

Formelmässig sieht die Sache so aus: Die Tangente an den Graphen von f im Punkt (x_0, y_0) hat die Steigung $f'(x_0)$. Ihre Gleichung lautet demnach

$$\frac{y - y_0}{x - x_0} = f'(x_0)$$

oder (vgl. auch (7.2))

$$y = f'(x_0)(x - x_0) + y_0 \, .$$

Ihren Schnittpunkt mit der x-Achse erhalten wir aus der Beziehung

$$0 = f'(x_0)(x_1 - x_0) + y_0$$

durch Auflösen nach x_1 zu

$$x_1 = x_0 - \frac{y_0}{f'(x_0)} = x_0 - \frac{f(x_0)}{f'(x_0)} \, .$$

Entsprechend findet man für die Fortsetzung des Verfahrens

$$\boxed{x_{n+1} = x_n - \frac{f(x_n)}{f'(x_n)} \, .}$$

Man berechnet also sukzessive die Approximationen $x_0, x_1, x_2, \ldots$ für die gesuchte Nullstelle und hört auf, wenn man mit der erzielten Genauigkeit zufrieden ist.

Dieses Verfahren führt im allgemeinen recht schnell auf eine Lösung, deren Genauigkeit für die Praxis genügt, und kann deshalb auch "von Hand" durchgeführt werden.

Selbstverständlich geht es mit einem programmierbaren Taschenrechner oder mit einem Computer noch schneller. Gewisse Taschenrechner und viele Computerprogramme verfügen aber über Routinen, die solche Gleichungen ohne weitere Programmierarbeit direkt und effizient lösen.

<u>Beispiel</u>

Zu lösen sei die Gleichung

$$x^2 - \ln x = 2 \ .$$

Wir bringen sie auf die Form

$$f(x) = x^2 - \ln x - 2 = 0 \quad (x > 0)$$

und berechnen gleich noch die Ableitung von f:

$$f'(x) = 2x - \frac{1}{x} \ .$$

Um die erste Näherung x_0 zu finden, skizzieren wir den Graphen von f. Zuerst stellt man fest, dass $f'(x) = 0$ ist für $x = 1/\sqrt{2}$. Ferner gilt:

Für $0 < x < \frac{1}{\sqrt{2}}$ ist $f'(x) < 0$, der Graph fällt.

Für $x > \frac{1}{\sqrt{2}}$ ist $f'(x) > 0$, der Graph wächst.

Nun berechnen wir noch einige Funktionswerte und können dann den Graphen grob skizzieren:

x	$f(x)$
0.1	0.30
0.5	-1.06
$1/\sqrt{2}$	-1.15
1.0	-1.00
2.0	1.31

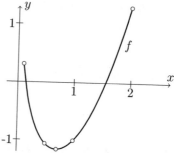

Der Zeichnung entnimmt man, dass die Funktion zwei Nullstellen hat. Als Beispiel bestimmen wir die grössere und wählen als ersten Näherungswert $x_0 = 1.5$. Daraus berechnet man $f(x_0) = -0.1555$. Der Wert x_0 ist also noch keine gute Näherung für die Nullstelle.

Nun verwenden wir die oben hergeleitete Formel für x_1:

$$x_1 = x_0 - \frac{f(x_0)}{f'(x_0)} = 1.5 - \frac{-0.1555}{2.3333} = 1.5666 \ .$$

Eine Kontrollrechnung zeigt, dass $f(x_1) = 0.0053$ schon recht nahe bei 0 liegt. Wir verbessern diesen Wert aber noch weiter:

$$x_2 = x_1 - \frac{f(x_1)}{f'(x_1)} = 1.5666 - \frac{0.0053}{2.4949} = 1.5645 \ .$$

Damit finden wir $f(x_2) = 0.0001$.

Wenn wir, wie hier, mit vier Stellen nach dem Komma rechnen, so ist es sinnvoll, mit dieser Näherung aufzuhören. Zur Beruhigung berechnen wir noch $f(1.5644) = -0.0002$. Da dieser Wert negativ ist, muss die Nullstelle irgendwo zwischen 1.5644 und 1.5645 liegen.

Bemerkungen

a) Der Prozess, der im Ersetzen der Kurve durch ihre Tangente besteht, ist nichts anderes als die schon in (7.3) besprochene Linearisierung (vgl. auch (19.9)).

b) Wie die folgende Figur zeigt, kann es vorkommen, dass x_1 nicht wie erhofft eine bessere, sondern eine schlechtere Näherung als x_0 ist:

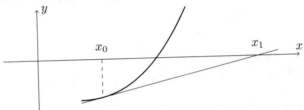

Wir verzichten auf theoretische Untersuchungen zu diesem Problemkreis (man könnte z.B. Bedingungen suchen, welche garantieren, dass die gemäss den obigen Formeln definierte Folge $x_0, x_1, x_2, \dots$ gegen eine Nullstelle konvergiert). Die skizzierte Situation wird in der Praxis kaum eintreten, wenn man anhand des Graphen den Wert x_0 nahe genug bei der Nullstelle wählt.

(21.3) Numerische Integration

Die Berechnung von Integralen mit dem Hauptsatz (vgl. (11.4)), also unter Verwendung der Formel

$$\int_a^b f(x)\,dx = F(b) - F(a) \ ,$$

erfordert die Kenntnis einer Stammfunktion $F(x)$ von $f(x)$. Es kann nun sein, dass man keine solche Stammfunktion angeben kann, sei es, weil die zugehörigen Rechnungen zu umfangreich werden oder weil der Integrand $f(x)$ gar keine elementare Stammfunktion besitzt (vgl. (12.3.e)).

In solchen Fällen helfen die sogenannten *numerischen Integrationsmethoden*, mit denen man den Wert des Integrals näherungsweise berechnen kann. Diese Methoden werden auch dann eingesetzt, wenn die Funktion $f(x)$ nicht formelmässig, sondern durch einige Wertepaare (x_i, y_i) gegeben ist.

In diesem Abschnitt werden wir die sogenannte *Simpson-Formel* als ein Beispiel eines solchen Verfahrens kennenlernen. Hierzu nehmen wir an, dass drei Funktionswerte bekannt seien, nämlich

$$y_0 = f(a),$$
$$y_1 = f\left(\frac{a+b}{2}\right),$$
$$y_2 = f(b).$$

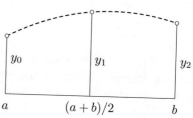

Die Simpson-Formel (auch "Keplersche Fassregel" genannt)* lautet mit diesen Bezeichnungen

$$\int_a^b f(x)\,dx \approx \frac{b-a}{6}\,(y_0 + 4y_1 + y_2)\,.$$

<u>Beispiele</u>

1. Gesucht sei $\int_0^1 \frac{dx}{x^2+1}$.

   Mit den Funktionswerten $f(0) = 1$, $f(0.5) = 0.8$, $f(1) = 0.5$ erhalten wir

   $$\int_0^1 \frac{dx}{x^2+1} \approx \frac{1}{6}(1 + 3.2 + 0.5) = 0.7833\ldots\,.$$

   In diesem Beispiel könnte man allerdings auch den Hauptsatz der Infinitesimalrechnung verwenden, denn wir wissen, dass $\arctan x$ eine Stammfunktion von $1/(1+x^2)$ ist. Der exakte Wert des Integrals ist demzufolge

   $$\int_0^1 \frac{dx}{x^2+1} = \arctan 1 - \arctan 0 = \frac{\pi}{4} - 0 = 0.7854\,.$$

   (Wie man sieht, ist die Übereinstimmung recht gut.)   ⊠

2. Gesucht sei $\int_0^1 e^{-x^2}\,dx$.

   In (12.3.e) ist gesagt worden, dass dieser Integrand keine elementare Stammfunktion besitzt. Wir verwenden deshalb die Simpson-Formel. Mit

   $$f(0) = 1, \quad f\left(\frac{1}{2}\right) = e^{-\frac{1}{4}} = 0.7788, \quad f(1) = e^{-1} = 0.3679$$

---

* J. KEPLER, 1571–1630, T. SIMPSON, 1710–1761.

finden wir

$$\int_0^1 e^{-x^2}\,dx \approx \frac{1}{6}(1 + 4 \cdot 0.7788 + 0.3679) = 0.7472 \;.$$

☒

3. Bei einer Vase der Höhe 40 cm beträgt der Radius oben 6 cm, in der Mitte 10 cm und unten 8 cm. Wie gross ist ihr Volumen V? Wir denken uns die Vase durch Rotation des Graphen von f um die x-Achse erzeugt. Gemäss (9.5) ist dann

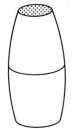

$$V = \pi \int_0^{40} f(x)^2\,dx \;.$$

Die Funktion f ist nicht formelmässig gegeben, wir kennen aber drei Werte

$$f(0) = 8, \quad f(20) = 10, \quad f(40) = 6 \;,$$

und somit auch deren Quadrate

$$f(0)^2 = 64, \quad f(20)^2 = 100, \quad f(40)^2 = 36 \;.$$

Damit lässt sich die Simpson-Formel (mit $a = 0$, $b = 40$) anwenden:

$$V = \pi \int_0^{40} f(x)^2\,dx \approx \pi \frac{40}{6}(64 + 4 \cdot 100 + 36) = 10471.98 \;.$$

Das Volumen der Vase beträgt also rund 10470 cm^3.

☒

Bemerkungen

a) Wie die Formel zeigt, stützt sich die näherungsweise Berechnung eines Integrals mit der Simpson-Formel bloss auf die Kenntnis der drei Funktionswerte y_0, y_1, y_2. Das Verhalten der Funktion an den anderen Stellen des Intervalls $[a, b]$ spielt überhaupt keine Rolle. Dies hat den Vorteil, dass das Integral auch berechnet werden kann, wenn nur die Werte y_0, y_1, y_2 bekannt sind, vgl. Beispiel 3. oben.

b) Auf der anderen Seite bedeutet dies, dass die Approximation nicht sehr genau sein kann. Eine Verbesserung kann durch Vermehrung der Anzahl "Stützstellen" erreicht werden, wie z.B. in der als nächstes zu besprechenden "grossen" Simpson-Formel.

Die "grosse" Simpson-Formel

Bei der Herleitung der Simpson-Formel haben wir das Intervall $[a, b]$ in zwei gleich grosse Teile geteilt. Eine bessere Approximation ist natürlich zu erwarten, wenn man das Intervall in mehr als zwei Teilintervalle zerlegt.

Für eine Unterteilung in $2n$ (also eine gerade Anzahl) gleich grosse Teile

$$a = x_0 \quad x_1 \quad x_2 \quad x_3 \quad x_4 \quad\quad\quad\quad\quad x_{2n-1} \quad x_{2n} = b$$

gilt die "grosse" Simpson-Formel

$$\int_a^b f(x)\,dx \approx \frac{b-a}{6n}\left(y_0 + 4y_1 + 2y_2 + 4y_3 + 2y_4 + 4y_5 + \ldots + 4y_{2n-1} + y_{2n}\right),$$

wobei $y_i = f(x_i)$ ist. Für $n = 1$ erhält man die zuerst besprochene "kleine" Simpson-Formel.

Die "grosse" Simpson-Formel ergibt sich, wenn man die kleine Simpson-Formel der Reihe nach auf die "Doppel-Intervalle"

$$\begin{array}{ccc} x_0, & x_1, & x_2 \\ x_2, & x_3, & x_4 \\ & \vdots & \\ x_{2n-2}, & x_{2n-1}, & x_{2n} \end{array}$$

anwendet und die Summe bildet. Für $n = 3$, also $2n = 6$, beispielsweise finden wir (vgl. (10.8.e))

$$\int_a^b f(x)\,dx = \int_a^{x_2} f(x)\,dx + \int_{x_2}^{x_4} f(x)\,dx + \int_{x_4}^b f(x)\,dx$$

$$\approx \frac{x_2 - a}{6}(y_0 + 4y_1 + y_2) + \frac{x_4 - x_2}{6}(y_2 + 4y_3 + y_4) + \frac{b - x_4}{6}(y_4 + 4y_5 + y_6)$$

$$= \frac{b-a}{6 \cdot 3}(y_0 + 4y_1 + 2y_2 + 4y_3 + 2y_4 + 4y_5 + y_6).$$

Wir erhalten so in der Tat die grosse Simpson-Formel für den Fall $n = 3$. Dabei wurde noch benutzt, dass

$$x_2 - a = x_4 - x_2 = b - x_4 = \frac{b-a}{3}$$

ist.

Diese Formel eignet sich gut für die Programmierung auf einem Taschenrechner oder Computer, sofern nicht bereits eingebaute Programme zur numerischen Integration vorhanden sind.

Wir erwähnen ohne Beweis eine Fehlerabschätzung. Es sei I der mit der grossen Simpson-Formel berechnete Wert des Integrals. Ferner sei M das Maximum des Betrags der 4. Ableitung von f im Intervall $[a, b]$. Dann gilt

$$\left| \int_a^b f(x)\,dx - I \right| \le \frac{(b-a)^5}{2880 n^4} \cdot M.$$

Beachten Sie, dass n in der 4. Potenz vorkommt. Wird also n z.B. verdoppelt, so wird der maximale Fehler 16-mal kleiner. Für $n = 1$ erhält man die entsprechende Abschätzung für die kleine Simpson-Formel. In der Praxis wird es natürlich nicht immer leicht sein, die 4. Ableitung zu untersuchen und so M zu finden.

Begründung der Simpson-Formel

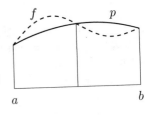

Wie kommt man überhaupt auf die ("kleine") Simpson-Formel? Die Idee ist die folgende: Es gibt genau eine Polynomfunktion 2. Grades $p(x)$, deren Graph durch die drei Punkte

$$(a, f(a)) = (a, y_0), \ \left(\frac{a+b}{2}, f(\frac{a+b}{2})\right) = \left(\frac{a+b}{2}, y_1\right), \ (b, f(b)) = (b, y_2)$$

geht. Diese Funktion $p(x)$ wird sich nicht allzusehr von $f(x)$ unterscheiden, woraus

$$\int_a^b f(x)\,dx \approx \int_a^b p(x)\,dx$$

folgt. Bestimmt man nun diese Polynomfunktion $p(x)$ und rechnet $\int_a^b p(x)\,dx$ effektiv aus, so kommt man auf den Wert

$$\int_a^b p(x)\,dx = \frac{b-a}{6}(y_0 + 4y_1 + y_2)\,,$$

der eine Näherung für $\int_a^b f(x)\,dx$ ist, was gerade die Simpson-Formel liefert. Die Einzelheiten der Rechnung können Sie in (27.7) nachschlagen.

(21.4) Numerische Lösung von Differentialgleichungen

In Kapitel 16 haben wir Differentialgleichungen der Form

(1) $$y' = F(x,y)$$

behandelt. Unser Ziel war damals, die Lösung dieser Differentialgleichung in der Form $y = f(x)$ mit einer explizit angegebenen Funktion $f(x)$ zu finden. Die allgemeine Lösung enthält noch eine Konstante (meist C genannt), deren Wert durch eine Anfangsbedingung

(2) $$(x_0, y_0)$$

festgelegt werden kann. Man erhält so die spezielle Lösung zur Anfangsbedingung (2), für die

(3) $$f(x_0) = y_0$$

gilt. Der Graph dieser Lösungsfunktion geht also durch den Punkt (x_0, y_0). Fasst man (1) und (2) zusammen, so spricht man auch von einem Anfangswertproblem.

Es ist nun nicht immer möglich, eine formelmässige Lösung eines Anfangswertproblems zu finden. In solchen Fällen kann man aber versuchen, das Problem numerisch zu lösen, in dem Sinne, dass man für gewisse x die Werte der speziellen Lösung $f(x)$ näherungsweise berechnet und so eine Art Wertetabelle für f erhält. Im folgenden sei das wohl einfachste dieser Verfahren, das sogenannte *Verfahren von Euler**, vorgestellt. Es orientiert sich an der Idee des Richtungsfeldes (16.3).

Dazu sei f die spezielle Lösung von (1) mit der Anfangsbedingung (2). Wie wir aus (16.3) wissen, können wir die Steigung der Funktion f an der Stelle (x_0, y_0) ausrechnen, ohne die Funktion selbst zu kennen, es ist ja

(4)
$$f'(x_0) = y' = F(x_0, y_0) \ .$$

Damit können wir aber die Gleichung der Tangente an den Graphen von f im Punkt (x_0, y_0) bestimmen, es ist

(5)
$$y = p(x) = f(x_0) + f'(x_0)(x - x_0) \ .$$

Nun verändern wir x_0 um einen kleinen Wert h. Statt auf dem Graphen von f gehen wir im Sinne einer Näherung auf der Tangente weiter. Dies ist nichts anderes als die bereits in (7.3) besprochene Linearisierung, vgl. auch (21.2). Die Zahl

(6) $y_1 = p(x_0 + h) = f(x_0) + f'(x_0)h$

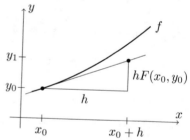

ist also eine Näherung für $f(x_0 + h)$. Wir kürzen nun $x_0 + h$ mit x_1 ab und setzen in (6) noch $f(x_0) = y_0$ und $f'(x_0) = F(x_0, y_0)$ (wegen (3) und (4)). So erhalten wir (vgl. auch die Figur)

$$f(x_1) \approx y_1 = y_0 + hF(x_0, y_0) \ .$$

Nun nehmen wir (x_1, y_1) als neuen Ausgangspunkt und wiederholen das Prozedere. Mit $x_2 = x_1 + h$ finden wir

$$f(x_2) \approx y_2 = y_1 + hF(x_1, y_1)$$

usw. Mit dieser Idee können wir dann $f(x)$ für beliebige x bestimmen.

Das Eulersche Verfahren lässt sich nach diesen Vorbereitungen wie folgt beschreiben: Zu lösen ist das Anfangswertproblem

$$y' = F(x, y) \text{ mit } y(x_0) = y_0 \ .$$

Gesucht ist der Wert der Lösung an der Stelle $x = z$. Wir teilen das Intervall mit den Endpunkten x_0 und z in n gleiche Teile der "Schrittweite"

$$h = \frac{z - x_0}{n}$$

---

* L. EULER, 1707–1783

(die auch negativ sein kann) und setzen $x_i = x_0 + ih$. Speziell ist dann $x_n = z$.

Mit Hilfe der gegebenen Funktion F berechnen wir der Reihe nach

$$y_1 = y_0 + hF(x_0, y_0)$$

$$y_2 = y_1 + hF(x_1, y_1)$$

$$\vdots$$

$$y_{i+1} = y_i + hF(x_i, y_i)$$

$$\vdots$$

$$y_n = y_{n-1} + hF(x_{n-1}, y_{n-1}) \,.$$

Dann ist y_n ein Näherungswert für $f(z)$.

Anschaulich bedeutet die Konstruktion, dass man dem Richtungsfeld folgt:

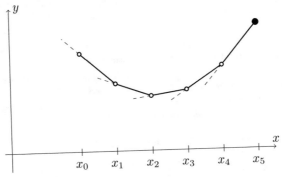

Beispiel

Wie in (16.3) betrachten wir die Differentialgleichung

$$y' = -y + x + 1 \,.$$

Als Anfangsbedingung nehmen wir $x_0 = 0$, $y_0 = 1$. Gesucht sei der Wert der speziellen Lösung an der Stelle $x = z = 1$. Wir wählen $n = 5$, d.h. $h = 0.2$. Dann ist $x_0 = 0$, $x_1 = 0.2, \ldots, x_4 = 0.8$, $x_5 = z = 1$. Mit $F(x, y) = -y + x + 1$ erhalten wir

i	x_i	y_i	$F(x_i, y_i)$	$y_{i+1} = y_i + hF(x_i, y_i)$	
0	0.0	1	0	$y_1 = 1 + 0.2 \cdot 0$	$= 1$
1	0.2	1	0.2	$y_2 = 1 + 0.2 \cdot 0.2$	$= 1.04$
2	0.4	1.04	0.36	$y_3 = 1.04 + 0.2 \cdot 0.36$	$= 1.112$
3	0.6	1.112	0.488	$y_4 = 1.112 + 0.2 \cdot 0.488$	$= 1.2096$
4	0.8	1.2096	0.5904	$y_5 = 1.2096 + 0.2 \cdot 0.5904$	$= 1.32768$
5	1.0	1.32768			

Es folgt $f(1) \approx y_5 = 1.33$.

In (16.6) haben wir die allgemeine Lösung bestimmt:

$$y = f(x) = x + Ce^{-x} \, .$$

Wir können deshalb in diesem Fall unsere Lösung kontrollieren. Die Anfangsbedingung $x_0 = 0$, $y_0 = 1$ wird erfüllt, wenn man $C = 1$ setzt. Als spezielle Lösung finden wir

$$y = f(x) = x + e^{-x} \, .$$

Der exakte Wert ist daher $f(1) = 1.367\ldots$. Unsere Näherungslösung ist schon recht genau. Durch Verkleinerung der Schrittweite h kann die Lösung verbessert werden. Mit $h = 0.01$ beispielsweise erhält man $f(1) \approx 1.366$.

⊠

Bemerkungen:

a) Das Eulersche Verfahren ist relativ einfach und nicht allzu genau; die Fehlerquellen sind leicht zu erkennen: Einmal ersetzt man die Lösungsfunktion in (x_i, y_i) durch ihre Linearisierung, dann wechselt man aber beim Übergang von (x_i, y_i) zu (x_{i+1}, y_{i+1}) auch noch die Lösungsfunktion, denn die spezielle Lösung, die durch (x_i, y_i) geht, wird i.a. nicht gleich der Lösung sein, die durch (x_{i+1}, y_{i+1}) geht.

b) In der Praxis, und insbesondere auf Rechenanlagen, verwendet man deshalb verbesserte (aber entsprechend kompliziertere) Methoden, auf die hier nicht eingegangen werden kann.

c) Das Verfahren setzt voraus, dass überhaupt eine Lösung existiert und dass sie eindeutig ist. Wir haben uns bisher nie gross um solche Fragen gekümmert (vgl. aber (16.5.d)). Die Theorie der Differentialgleichungen stellt Aussagen bereit, welche Existenz und Eindeutigkeit sicherstellen. Ein solcher Satz sei hier ohne Beweis zitiert:

Die Funktion $F(x, y)$ sei stetig auf dem Rechteck R der x-y–Ebene, gegeben durch

$$x_0 - a \le x \le x_0 + a, \ y_0 - b \le x \le y_0 + b.$$

Ferner habe sie dort eine stetige partielle Ableitung nach y. Dann hat das Anfangswertproblem

$$y' = F(x_0, y_0), \quad y(x_0) = y_0$$

genau eine auf dem Intervall $[x_0 - r, x_0 + r]$ definierte Lösung. Dabei ist r die kleinere der beiden Zahlen a und b/M, wo M das Maximum des Betrags von $f(x, y)$ in R ist.

Stetigkeit von Funktionen von zwei Variablen und partielle Ableitungen werden später besprochen ((22.8) und (23.2)).

⎡ (21.∞) Aufgaben ⎤

21–1 Lösen Sie die folgenden Gleichungen:

a) $x = e^{-x}$, b) $x^3 = \cos x$, c) $x \ln x - x - 1 = 0$.

21–2 a) Skizzieren Sie grob den Graphen von $f(x) = x^3 - 6x^2 + 9x + 1$, um die ungefähre Lage der Nullstellen zu ermitteln (suchen Sie die Extrema!). b) Bestimmen Sie diese Nullstellen x.

21.∞ Aufgaben

21–3 Geben Sie die Extremal- und die Nullstellen der Funktion $g(x) = x^4 + 2x^2 - 4x - 1$ an.

21–4 Berechnen Sie den Inhalt des von der y–Achse und den durch die Graphen von $y = x$ bzw. $y = \cos x$ begrenzten Flächenstücks.

21–5 Welcher Punkt auf dem Graphen der Funktion $f(x) = \ln x$ liegt am nächsten beim Nullpunkt? Wie gross ist dieser Abstand?

21–6 Ein Tank hat die Form eines liegenden Zylinders vom Radius 1 m. Auf einem Messstab soll eine Marke für die Füllmenge 25% angebracht werden. Auf welcher Höhe (auf mm genau) über dem tiefsten Punkt befindet sich diese Marke?

21–7 In der nebenstehenden Figur ist der Graph der Funktion $f(x) = \sin^2 x$ skizziert. Bestimmen Sie z so, dass der Inhalt des schraffierten Flächenstücks = 1 ist.

21–8 Berechnen Sie mit der "kleinen" Simpson-Formel näherungsweise die folgenden Integrale:

a) $\displaystyle\int_0^{\pi/4} \frac{dt}{\cos t}$, b) $\displaystyle\int_{-1}^1 \ln(1 + e^x)\,dx$, c) $\displaystyle\int_0^2 \frac{dx}{1 + x^5}$

Vergleichen Sie im Fall a) Ihr Resultat mit dem exakten Wert (13.7).

21–9 Ein Fass mit kreisförmigen Querschnitten wird ausgemessen. Es ist 2 m lang und sein Durchmesser an den Enden beträgt je 1.5 m. In der Mitte ist es einfacher, den Umfang zu bestimmen; dieser beträgt 6.2 m. Berechnen Sie näherungsweise das Volumen das Fasses.

21–10 Berechnen Sie näherungsweise die Länge der Sinuskurve im Intervall $[0, \frac{\pi}{2}]$ a) mit der kleinen Simpson-Formel, b) mit der grossen Simpson-Formel (6 Teilintervalle).

21–11 Es sei $f(x)$ die Lösungsfunktion des angegebenen Anfangswertproblems. Berechnen Sie näherungsweise den Wert von $f(z)$ (Eulersches Verfahren mit 5 Teilintervallen).

a) $y' = \dfrac{1 + y^2}{1 + x^2}$, $f(0) = 1$, $z = 0.5$.

b) $y' = \dfrac{x - y}{x + y}$, $f(1) = 1$, $z = 2$.

c) $y' = \sqrt{x + y}$, $f(1) = 3$, $z = 1.5$.

F. FUNKTIONEN VON MEHREREN VARIABLEN

22. ALLGEMEINES ÜBER FUNKTIONEN VON MEHREREN VARIABLEN

(22.1) Überblick

In diesem Kapitel werden die Grundtatsachen über Funktionen von mehreren Variablen sowie einige Beispiele vorgestellt, wobei wir uns aber meist auf den Fall von zwei Veränderlichen beschränken. *(22.2)* *(22.3)*

Daneben werden einige Möglichkeiten zur anschaulichen Darstellung von solchen Funktionen aufgezeigt:

- Graph,
- Niveaulinien, *(22.4)* *(22.5)* *(22.6)*
- Partielle Funktionen.

Zum Schluss werden einige mehr theoretische Dinge wie Grenzwert und Stetigkeit besprochen. *(22.8)*

(22.2) Einleitende Beispiele

Wir beginnen mit drei Beispielen zur Illustration des Begriffs der Funktion von mehreren Variablen.

a) Für ein reales Gas (Substanzmenge 1 Mol) besteht bei der Temperatur T zwischen dem Gasdruck p und dem Volumen V nach der VAN DER WAALSschen Zustandsgleichung die Beziehung

$$p = p(T, V) = \frac{RT}{V - b} - \frac{a}{V^2} \; .$$

Dabei ist R die allgemeine Gaskonstante, a und b sind Konstanten, die vom betrachteten Gas abhängen. Der Druck p ist also nicht nur von einer Grösse, sondern von zwei Grössen, nämlich T und V, abhängig. Man sagt dementsprechend, p sei eine Funktion von zwei Variablen. In unserem Fall ist diese Funktion formelmässig gegeben. Diese Formel gilt aber nur dann, wenn T und V innerhalb gewisser Grenzen variieren. Die derart zugelassenen Paare (T, V) bilden den Definitionsbereich der Funktion p.

b) Wir untersuchen die Temperaturverteilung im Raum. Dazu führen wir ein räumliches rechtwinkliges Koordinatensystem ein. Jeder Punkt ist dann durch seine

© Springer Nature Switzerland AG 2020
C. Luchsinger, H. H. Storrer, *Einführung in die mathematische Behandlung der Naturwissenschaften I*, Grundstudium Mathematik, https://doi.org/10.1007/978-3-030-40158-0_6

drei Koordinaten x, y, z bestimmt. Die Temperatur T hängt nun in experimentell feststellbarer Weise von den Zahlen x, y, z ab: T ist eine Funktion der drei Variablen x, y, z

$$T = T(x, y, z) .$$

Dies gilt für einen festen Zeitpunkt. Bedenkt man aber, dass die Temperaturverteilung auch von der Zeit t abhängt, so wird T sogar eine Funktion von vier Variablen:

$$T = T(x, y, z, t) .$$

c) Funktionen von zwei Variablen sind bei der Behandlung von Differentialgleichungen als bequeme Abkürzung bereits vorgekommen. Wir schrieben damals

$$y' = F(x, y) ,$$

wo $F(x, y)$ für einen Ausdruck wie $x - y + 1$ oder dergleichen stand (vgl. z.B. (15.4.d)).

(22.3) Der Begriff der Funktion von mehreren Variablen

Mit $\mathbb{R}^2$ bezeichnen wir die Menge aller *geordneten Paare* von reellen Zahlen. "Geordnet" heisst dabei, dass die 1. und die 2. Stelle zu unterscheiden sind: $(1, 2)$ ist nicht dasselbe wie $(2, 1)$. Geometrisch lässt sich $\mathbb{R}^2$ als Ebene deuten, indem man (x, y) als den Punkt P mit den kartesischen Koordinaten (x, y) interpretiert.

Analog ist $\mathbb{R}^n$ die Menge aller geordneten "*n–Tupel*"

$$(x_1, x_2, \ldots, x_n) , \quad x_i \in \mathbb{R} \ (i = 1, 2, \ldots, n) .$$

Die Menge $\mathbb{R}^n$ wird auch "*n–dimensionaler Raum*" genannt. Speziell besteht der 3–dimensionale Raum $\mathbb{R}^3$ aus allen geordneten "Tripeln" (x, y, z).

In vollkommener Analogie zum Fall einer Variablen (26.9) geben wir nun die folgende allgemeine Definition*:

Eine *Funktion von n Variablen* ist dadurch gegeben, dass jedem n–Tupel $(x_1, x_2, \ldots, x_n)$ aus einer gewissen (nicht-leeren) Teilmenge $D(f) \subset \mathbb{R}^n$ (dem Definitionsbereich von f) in eindeutiger Weise eine reelle Zahl $f(x_1, x_2, \ldots, x_n)$ zugeordnet wird.

Es ist klar, dass die Untersuchung einer Funktion von mehreren Variablen komplizierter ist als jene von Funktionen einer Variablen. Die meisten neuen Phänomene zeigen sich aber bereits beim Übergang von einer zu zwei Variablen. Dies erlaubt uns, die Theorie hauptsächlich an Beispielen von *Funktionen von zwei Variablen* zu illustrieren.

---

* Genauer spricht man von einer *reellwertigen* Funktion, da die Funktionswerte reelle Zahlen sind. Daneben gibt es auch vektorwertige Funktionen, die z.B. bei Vektorfeldern (14.3) auftreten, mit denen wir uns aber im Abschnitt F nicht weiter beschäftigen werden.

(22.4) Der Graph einer Funktion von zwei Variablen

Es sei $f : D(f) \to \mathbb{R}$ (mit $D(f) \subset \mathbb{R}^2$) eine Funktion von zwei Variablen. Ein Paar (x, y) aus $D(f)$ entspricht dabei einem Punkt der x-y–Ebene.

Wir betrachten nun ein räumliches Koordinatensystem und tragen über jedem Punkt $(x, y) \in D(f)$ den Funktionswert $f(x, y)$ in Richtung der z-Achse ab. Die so erhaltene Menge

$$G = G(f) = \{(x, y, f(x, y)) \mid (x, y) \in D(f)\}$$

heisst der Graph von f.

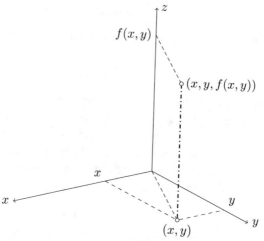

Der Graph einer Funktion einer Variablen ist (wenigstens für die üblicherweise vorkommenden Funktionen) eine Kurve in der Ebene. In Analogie dazu kann der Graph einer Funktion von zwei Variablen als Fläche im dreidimensionalen Raum aufgefasst werden.

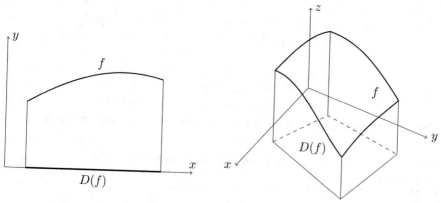

Beispiele:

a) Die lineare Funktion von zwei Variablen

Eine Funktion der Form

$$f(x,y) = ax + by + c \,,$$

wo a, b und c feste reelle Zahlen sind, heisst eine *lineare Funktion* (von zwei Variablen). Wir behaupten, dass der Graph dieser Funktion eine Ebene ist, welche durch den Punkt $(0,0,c)$ geht und senkrecht zum Vektor

$$\vec{n} = \begin{pmatrix} a \\ b \\ -1 \end{pmatrix}$$

steht.

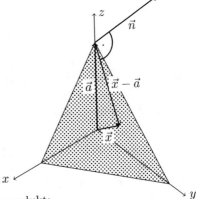

Dies sieht man so ein: Der Punkt (x,y,z) liegt genau dann auf dem Graphen von f, wenn $z = ax + by + c$ ist, d.h. wenn

(∗) $\qquad ax + by - z + c = 0$

gilt. Setzen wir noch

$$\vec{a} = \begin{pmatrix} 0 \\ 0 \\ c \end{pmatrix}, \qquad \vec{r} = \begin{pmatrix} x \\ y \\ z \end{pmatrix},$$

so schreibt sich (∗) als Gleichung für ein Skalarprodukt:

$$\vec{n}(\vec{r} - \vec{a}) = 0 \,.$$

Dies ist, wie wir in (1.10.b) gesehen haben, gerade die vektorielle Form der Ebenengleichung für die Ebene, welche durch den Punkt $(0,0,c)$ geht und senkrecht auf $\vec{n}$ steht.

b) Zur vorläufigen weiteren Illustration skizzieren wir die folgenden drei Graphen.

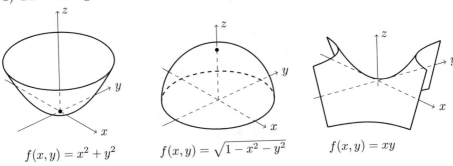

$f(x,y) = x^2 + y^2 \qquad\qquad f(x,y) = \sqrt{1 - x^2 - y^2} \qquad\qquad f(x,y) = xy$

Wir geben einige kurze Erläuterungen zu den drei Beispielen:

1) Weil $d = \sqrt{x^2 + y^2}$ der Abstand des Punktes (x, y) vom Nullpunkt (in der x-y–Ebene betrachtet) ist, hängt $z = f(x, y) = x^2 + y^2 = d^2$ nur von diesem Abstand ab. Man sieht nun ohne grosse Mühe ein, dass der Graph durch Rotation der Parabel $z = x^2$ um die z-Achse entsteht (Rotationsparaboloid).

2) Die Zahl $d = \sqrt{x^2 + y^2 + z^2}$ ist der Abstand des Punktes (x, y, z) vom Nullpunkt im Raum (vgl. (2.4), Regel 6) oder (22.8)). Aus $z = f(x, y) = \sqrt{1 - x^2 - y^2}$ folgt $x^2 + y^2 + z^2 = 1$. Die Punkte auf dem Graphen von f haben also alle den Abstand 1 vom Nullpunkt. Weiter ist z als Quadratwurzel definitionsgemäss stets ≥ 0. Daraus folgt, dass der Graph die "nördliche Halbkugel inkl. Äquator" vom Radius 1 ist.

3) Hier sei auf (22.5) verwiesen.

Natürlich ist es nicht immer leicht, eine übersichtliche räumliche Skizze des Graphen zu zeichnen. In (22.5) und (22.6) werden wir zwei andere Arten der Darstellung kennenlernen.

(22.5) Niveaulinien

Eine der Methoden, Funktionen von zwei Variablen anschaulich darzustellen, beruht auf der Verwendung von sogenannten *Niveaulinien*. Wenn wir uns die in den obigen Beispielen dargestellten Flächen als Landschaften mit Bergen und Tälern vorstellen, so sind die Niveaulinien nichts anderes als die von den Landkarten her bekannten Höhenkurven.

Man wählt nämlich eine Zahl c (die "Höhe") und bestimmt alle Punkte (x, y), deren Funktionswert $f(x, y) = c$ ist. Die Menge dieser Punkte bildet für ein festes c im Normalfall eine Kurve in der x-y–Ebene (Ausartungen sind möglich: Die Menge kann sich aus zwei oder mehr Teilkurven zusammensetzen, sie kann leer sein etc.). Diese Kurve heisst Niveaulinie. Wir illustrieren dies nun in einigen Fällen.

Beispiele

1. Sei $f : \mathbb{R}^2 \to \mathbb{R}$, $f(x, y) = xy$ (siehe (22.4.b)). Wir wählen einige Niveaus:

Niveau $\quad c = 0$: $\quad f(x, y) = xy = 0$.

Diese Gleichung ist dann erfüllt, wenn $x = 0$ oder $y = 0$ ist. Die Lösungsmenge wird gebildet durch die y–Achse und die x–Achse.

Niveau $\quad c = 1$: $\quad f(x, y) = xy = 1$ oder $y = \dfrac{1}{x}$.

Die Niveaulinie ist hier der Graph der Funktion $y = 1/x$, also eine Hyperbel, in der unten eingezeichneten Lage (1. bzw. 3. Quadrant).

Niveau $\quad c = -1$: $\quad f(x, y) = xy = -1$ oder $y = -\dfrac{1}{x}$.

Die Niveaulinie ist ebenfalls eine Hyperbel (2. und 4. Quadrant).

Auch alle anderen Niveaus $c \neq 0$ liefern Hyperbeln. Wir erhalten so die links wiedergegebene Figur, in der die Kurven mit den Niveaus $c = -1, \ldots, 2$ beschriftet sind. Dabei entspricht der Nullpunkt einer "Passhöhe", der Aufstieg erfolgt in Richtung der strichpunktierten Pfeile.

Zeichnet man diese Niveaulinien in die räumliche Darstellung von (22.4.b) ein, so erhält man noch eine weitere Darstellungsmöglichkeit, nämlich eine Art *Reliefbild* (rechts). Die durch die Gleichung $z = xy$ beschriebene Fläche wird übrigens "hyperbolisches Paraboloid" genannt.

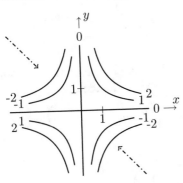 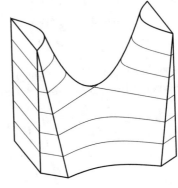

⊠

2. $f(x,y) = \sqrt{1 - x^2 - y^2}$, $(x^2 + y^2 \leq 1)$ (siehe (22.4.b)).

Hier sehen Niveaulinien und Reliefbild wie folgt aus:

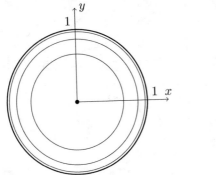 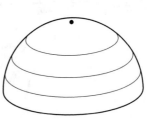

Für ein konstantes Niveau c ist die Niveaulinie durch

$$c = \sqrt{1 - x^2 - y^2}$$

gegeben. (Da eine Quadratwurzel stets ≥ 0 ist, kommen nur Niveaus $c \geq 0$ in Frage). Quadrieren und Umformen ergibt

$$x^2 + y^2 = 1 - c^2 \,,$$

und dies ist die Gleichung eines Kreises um den Nullpunkt mit Radius $\sqrt{1-c^2}$. (Daraus folgt übrigens, dass $c \leq 1$ sein muss, was die Tatsache reflektiert, dass der höchste Punkt der Halbkugel die Höhe 1 hat.) Die Niveaulinien sind also Kreise; als "ausgearteter Fall" tritt noch ein Punkt auf.

3. $f(x,y) = x^2(y+1)$

Wir wählen als typische Beispiele die drei Niveaus

$$
\begin{array}{lll}
c = -1, & x^2(y+1) = -1 : & y = -\dfrac{1}{x^2} - 1\,, \\[2mm]
c = 0, & x^2(y+1) = 0 : & y = -1 \quad \text{oder} \quad x = 0\,, \\[2mm]
c = 1, & x^2(y+1) = 1 : & y = \dfrac{1}{x^2} - 1\,.
\end{array}
$$

Dies ergibt zusammen mit einigen weiteren Niveaulinien folgendes mit den Werten von c beschriftete Bild (für $c = 0$ erhalten wir zwei Geraden):

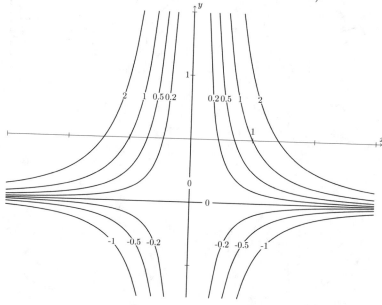

In der Praxis setzt das Zeichnen von solchen Niveaulinien voraus, dass die Gleichung $f(x,y) = c$ tatsächlich nach y (oder auch nach x) aufgelöst werden kann.

(22.6) Partielle Funktionen

Dies ist ein weiterer wichtiger Begriff bei Funktionen von mehreren Variablen. Wir werden ihn vor allem im Fall von zwei Veränderlichen benutzen und illustrieren ihn zunächst an einem Beispiel.

In (22.2) haben wir die VAN DER WAALSsche Zustandsgleichung angeschrieben

$$p = p(T, V) = \frac{RT}{V - b} - \frac{a}{V^2} \,,$$

welche den Druck eines Gases in Abhängigkeit von Temperatur und Volumen angibt.

Oft wird das Volumen fest vorgegeben, also konstant sein. Man schreibt dann $V = V_0 = \text{const}$. In diesem Fall hängt der Druck nur noch von der Temperatur T ab, ist also eine Funktion einer Variablen, die man durch die Formel

$$T \mapsto p(T, V_0) = \frac{RT}{V_0 - b} - \frac{a}{V_0^2}$$

angeben kann. Man spricht von einer *partiellen Funktion* der Funktion p.

Kürzt man übrigens die oben auftretenden Konstanten ab: $R/(V_0 - b) = r$, $-a/V_0^2 = s$, so lautet die Gleichung für die partielle Funktion einfach

$$T \mapsto rT + s \,.$$

Es handelt sich somit um eine lineare Funktion (einer Variablen).

Genausogut kann man anstelle des Volumens die Temperatur konstant halten ($T = T_0$) und das Volumen variieren. Auf diese Weise erhält man eine zweite partielle Funktion von p, nämlich

$$V \mapsto p(T_0, V) = \frac{RT_0}{V - b} - \frac{a}{V^2}$$

(wo also $T = T_0$ als Konstante und V als Variable aufzufassen ist).

Nach diesem Beispiel betrachten wir den allgemeinen Fall einer Funktion von zwei Variablen

$$f : D(f) \to \mathbb{R}, \quad (x, y) \mapsto f(x, y), \quad D(f) \subset \mathbb{R}^2 \,.$$

Nun halten wir y konstant ($y = y_0$) und fassen nur noch x als Variable auf. Die so erhaltene Funktion einer Variablen

$$x \mapsto f(x, y_0)$$

heisst eine partielle Funktion von f (genauer müsste man sagen: Die partielle Funktion in Richtung x durch y_0).

Wir bezeichnen diese Funktion im folgenden meist mit φ (genauer wäre φ_{y_0}, mit einem expliziten Hinweis auf y_0, doch ist diese Bezeichnung zu umständlich). Also:

$$\boxed{\varphi(x) = f(x, y_0) \,.}$$

Es sei noch erwähnt, dass y_0 natürlich so gewählt werden muss, dass es überhaupt Punkte (x, y_0) in $D(f)$ gibt, vgl. (22.7), Beispiel 1.

Entsprechend definiert man die partielle Funktion in Richtung y durch x_0:

$$y \mapsto f(x_0, y) \,,$$

wobei also jetzt x konstant ist $(x = x_0)$ und y variiert. Wir bezeichnen diese partielle Funktion im folgenden mit ψ:

$$\boxed{\psi(y) = f(x_0, y) \,.}$$

$\boxed{\text{(22.7) Geometrische Veranschaulichung der partiellen Funktionen}}$

Wir rufen zunächst in Erinnerung, dass der Graph von f eine Fläche im Raum ist. Nun betrachten wir die partielle Funktion

$$\varphi(x) = f(x, y_0) \text{ bei konstant gehaltenem } y_0 \,.$$

Wir interessieren uns also im Moment nur für die Funktionswerte an den Stellen (x, y_0), wo y_0 fest ist. Diese Punkte (x, y_0) liegen aber (in der x-y-Ebene) alle auf einer Parallelen g zur x-Achse, welche durch y_0 geht (vgl. Skizze unten). Die Funktionswerte

$$z = f(x, y_0) = \varphi(x)$$

werden wie üblich über (x, y_0) abgetragen. Die Menge aller so erhaltenen Punkte bildet eine Kurve im Raum. Diese liegt einerseits auf dem Graphen von f (der Fläche) und andererseits in der Ebene E, welche durch g geht und parallel zur x-z-Ebene ist. Mit anderen Worten:

Der Graph der partiellen Funktion φ ist die Schnittkurve des Graphen von f mit der Ebene E.

Ganz entsprechend sieht der Fall aus, wo $x = x_0$ konstant ist und wo y variiert, wo also

$$z = f(x_0, y) = \psi(y)$$

ist. Hier wird die Fläche mit einer Ebene parallel zur y-z-Ebene geschnitten.

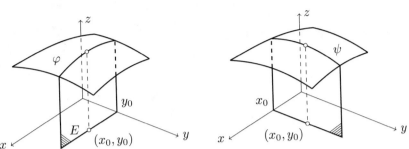

Bestimmt man nun mehrere partielle Funktionen und zeichnet diese in einer räumlichen Skizze in den entsprechenden Ebenen parallel zur x-z– bzw. y-z–Ebene ein, so erhält man ein anschauliches Bild des Graphen:

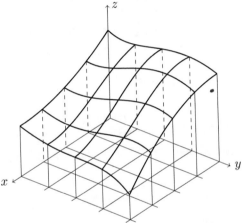

Manche Computerprogramme erlauben es, solche Zeichnungen sehr bequem herzustellen, siehe Beispiel 3. unten.

<u>Beispiele</u>

1. Betrachten wir nochmals das Beispiel 2) von (22.4.b):

$$z = f(x, y) = \sqrt{1 - x^2 - y^2} \ .$$

Für ein konstant gehaltenes y_0 lautet die Gleichung der partiellen Funktion

$$z = \varphi(x) = \sqrt{1 - x^2 - y_0^2} \ .$$

Mit einer Umformung erhalten wir

$$z^2 + x^2 = 1 - y_0^2 \ ,$$

und dies ist die Gleichung eines Kreises mit Radius $\sqrt{1-y_0^2}$. Er ist in der Ebene E zu zeichnen, welche durch y_0 geht. (Da z stets ≥ 0 sein muss, zeichnen wir nur einen Halbkreis ein). Ganz entsprechend geht man für konstantes $x = x_0$ vor.

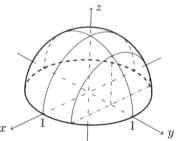

Eingetragen sind die Graphen der partiellen Funktionen

$$\varphi(x) \quad \text{für} \quad y_0 = 0 \text{ und für } y_0 = \frac{1}{2} ,$$
$$\psi(y) \quad \text{für} \quad x_0 = 0 .$$

Es ist auch geometrisch klar, dass die Schnittkurven der betrachteten Ebenen mit der Halbkugel Halbkreise sind.

Der Skizze entnimmt man noch, dass y_0 nicht beliebig gewählt werden darf, sondern im Intervall $[-1, 1]$ liegen muss, ebenso x_0. Vgl. die entsprechende Bemerkung in (22.6). ⊠

2. Im Fall des Beispieles 3) von (22.4.b), $f(x,y) = xy$, sind die partiellen Funktionen gegeben durch

$$\varphi(x) = f(x,y) \ = xy_0 ,$$
$$\psi(y) = f(x_0,y) = x_0y .$$

Es handelt sich hier um lineare Funktionen.

Die Schnittkurven des Graphen von f mit den Ebenen parallel zur x-z- bzw. zur y-z-Ebene sind also Geraden! ⊠

3. $f(x,y) = x^2(y+1)$
(vgl. (22.5.3) für die Niveaulinien).

Partielle Funktionen in x–Richtung (y konstant):

$$
\begin{aligned}
y &= -2 \quad : z = -x^2 \\
y &= -1 \quad : z = 0 \\
y &= 0 \quad\;\; : z = x^2 \\
y &= 1 \quad\;\; : z = 2x^2 \\
y &= 2 \quad\;\; : z = 3x^2 .
\end{aligned}
$$

Mit Ausnahme von $y = -1$ handelt es sich bei den Graphen dieser partiellen Funktionen um Parabeln.

Partielle Funktionen in y–Richtung (x konstant):

$$x = -1 \quad : z = y+1$$
$$x = -\tfrac{1}{2} \quad : z = \tfrac{1}{4}(y+1)$$
$$x = 0 \quad : z = 0$$
$$x = \tfrac{1}{2} \quad : z = \tfrac{1}{4}(y+1)$$
$$x = 1 \quad : z = y+1 \, .$$

Die Graphen sind Geraden.

Wir zeichnen nun alle diese Graphen (jeweils in der entsprechenden Ebene) in eine räumliche Skizze (links) ein. Vergrössert man die Anzahl der partiellen Funktionen, so wird das Bild anschaulicher (rechts).

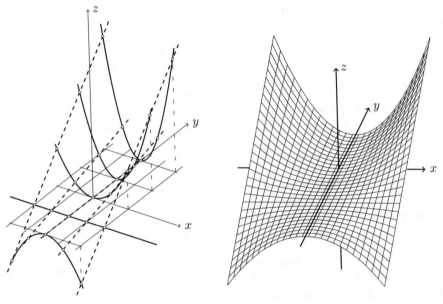

Zum Schluss sei noch erwähnt, wie partielle Funktionen im allgemeinen Fall von n Variablen definiert sind. Hier hält man alle Veränderlichen fest, bis auf eine einzige, und erhält so n partielle Funktionen. Für $n = 3$ beispielsweise sind das die drei Funktionen

$$x \mapsto f(x, y_0, z_0) \, , \quad y \mapsto f(x_0, y, z_0) \, , \quad z \mapsto f(x_0, y_0, z) \, .$$

(22.8) Grenzwerte und Stetigkeit

In diesem Abschnitt besprechen wir die im Titel erwähnten Begriffe. Da wir sie nur am Rande gebrauchen werden, fassen wir uns kurz und beschränken uns auf den Fall von zwei Variablen.

Zuerst sei nochmals die Formel für den *Abstand d* der zwei Punkte $P(x, y, z)$ und $P_0(x_0, y_0, z_0)$ im Raum $\mathbb{R}^3$ erwähnt.

Betrachten wir die Vektoren

$$\vec{r} = \begin{pmatrix} x \\ y \\ z \end{pmatrix}, \qquad \vec{r_0} = \begin{pmatrix} x_0 \\ y_0 \\ z_0 \end{pmatrix},$$

so ist $d = |\vec{r} - \vec{r_0}|$ und gemäss (2.4), Formel 6), ist

$$d = \sqrt{(x - x_0)^2 + (y - y_0)^2 + (z - z_0)^2} \ .$$

Entsprechend wird der Abstand d der zwei Punkte (x, y) und (x_0, y_0) in der Ebene $\mathbb{R}^2$ gegeben durch

$$d = d\big((x, y), (x_0, y_0)\big) = \sqrt{(x - x_0)^2 + (y - y_0)^2} \ .$$

Diesen Abstand werden wir nun einige Male gebrauchen.

Im Sinne einer Definition erweitert man die obigen Formeln auf den n-dimensionalen Raum $\mathbb{R}^n$ und sagt, der Abstand der Punkte $(u_1, u_2, \ldots, u_n)$ und $(v_1, v_2, \ldots, v_n)$ sei gleich

$$\sqrt{(u_1 - v_1)^2 + (u_2 - v_2)^2 + \ldots + (u_n - v_n)^2} \ .$$

Für $n = 1$, d.h. für $\mathbb{R}^1 = \mathbb{R}$, stimmt diese Formel wegen $\sqrt{(x - x_0)^2} = |x - x_0|$ übrigens mit jener von (26.8) überein.

Die anschauliche Definition des Grenzwerts einer Funktion von zwei Variablen entspricht jener im Fall einer Variablen gemäss (3.6.b).

> Die Zahl r heisst der *Grenzwert* der Funktion f (von zwei Variablen) an der Stelle (x_0, y_0), wenn $f(x, y)$ beliebig nahe bei r liegt, für alle Punkte (x, y), die genügend nahe bei (x_0, y_0) liegen, wobei aber stets $(x, y) \neq (x_0, y_0)$ sein muss.

Im Falle einer Variablen befinden sich die "nahe bei x_0" gelegenen Punkte einfach links oder rechts von x_0, während im Falle von zwei Variablen die "nahe bei (x_0, y_0)" gelegenen Punkte rund um (x_0, y_0) herum verteilt liegen. Es gibt dann also sozusagen sehr viele Möglichkeiten, sich dem Punkt (x_0, y_0) zu nähern: Wichtig ist, dass sich $f(x, y)$ für jeden dieser "Wege" demselben Wert r nähern muss, damit der Limes existiert! Eine Illustration dazu finden Sie in (24.6).

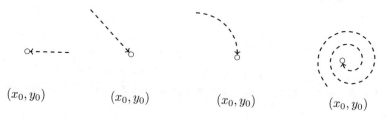

$$(x_0, y_0) \qquad\qquad (x_0, y_0) \qquad\qquad (x_0, y_0) \qquad\qquad (x_0, y_0)$$

Die nachstehende formale Definition (vgl. (3.6.b) für das "eindimensionale" Analogon) nimmt auf diese Gegebenheiten Rücksicht.

Es sei $f : D \to \mathbb{R}$ eine Funktion von zwei Variablen und es sei $(x_0, y_0) \in \mathbb{R}^2$. Die Zahl r heisst der *Grenzwert* von f an der Stelle (x_0, y_0), falls folgende Bedingung erfüllt ist:

Zu jedem $\varepsilon > 0$ existiert ein $\delta > 0$, so dass $|f(x,y) - r| < \varepsilon$ ist für alle $(x,y) \in D$, $(x,y) \neq (x_0, y_0)$, mit $d((x,y), (x_0, y_0)) < \delta$.

Dabei ist $|f(x,y) - r|$ der Abstand in $\mathbb{R}$, während $d((x,y), (x_0, y_0))$ jener in $\mathbb{R}^2$ ist.

An Bezeichnungen für den Grenzwert sind in Gebrauch:

$$\lim_{(x,y) \to (x_0,y_0)} f(x,y) = r \quad \text{oder} \quad f(x,y) \to r, \ (x,y) \to (x_0, y_0) \,.$$

Auch für die Definition der *Stetigkeit* einer Funktion f von zwei Variablen greifen wir auf den eindimensionalen Fall gemäss (4.6.c) zurück. Die anschauliche Beschreibung lautet wie folgt:

Die Funktion f heisst stetig an der Stelle (x_0, y_0), wenn $f(x,y)$ beliebig nahe, d.h. so nahe wie man nur will, bei $f(x_0, y_0)$ liegt, vorausgesetzt, dass (x, y) nahe bei (x_0, y_0) liegt.

Wie in (4.6.c) gibt es auch eine formelmässige Definition. Sie lautet:

Es sei $f : D \to \mathbb{R}$ eine Funktion von zwei Variablen und es sei $(x_0, y_0) \in D$. Die Funktion f heisst stetig an der Stelle (x_0, y_0), falls folgende Bedingung erfüllt ist: Zu jeder (noch so kleinen) Zahl $\varepsilon > 0$ gibt es eine (von ε abhängige) Zahl $\delta > 0$ mit $|f(x,y) - f(x_0, y_0)| < \varepsilon$ für alle $(x,y) \in D$ mit $d((x,y), (x_0, y_0)) < \delta$. Dabei bezeichnet $d(\cdot)$ den Abstand in $\mathbb{R}^2$.

Weiter definiert man wie in (4.6.c):

1) f heisst stetig auf der Teilmenge $X \subset D$, wenn f an jeder Stelle $(x_0, y_0) \in X$ stetig ist.

2) f heisst stetig, wenn f auf dem ganzen Definitionsbereich stetig ist.

In (4.6.e) haben wir die Begriffe Grenzwert und Stetigkeit miteinander in Beziehung gebracht. Ein analoger Zusammenhang besteht auch hier. Es gilt:

Die Funktion f ist genau dann an der Stelle (x_0, y_0) stetig, wenn

$$\lim_{(x,y) \to (x_0,y_0)} f(x,y) = f(x_0, y_0)$$

ist (die Schreibweise beinhaltet die Existenz des Grenzwerts).

Auf den Beweis, der ähnlich wie in (4.6.e) geht, sei verzichtet.

Ohne genauere Untersuchung und in etwas vager Form erwähnen wir, dass Funktionen von zwei Variablen stetig sind, wenn sie auf "vernünftige" Weise formelmässig unter Verwendung von stetigen Funktionen einer Variablen definiert sind. So sind etwa

$$f(x,y) = x^2 y + 2xe^y + \sin(xy) \,,$$
$$g(x,y) = \frac{\arctan(x+y)}{1+x^2} \,,$$
$$h(x,y) = \frac{\ln y}{x^2 + y^2}$$

auf ihrem Definitionsbereich stetig.

(22.∞) Aufgaben

22−1 Bestimmen Sie den maximalen Definitionsbereich D der nachstehend angegebenen Funktionen f, d.h. die Menge aller $(x, y) \in \mathbb{R}^2$, für welche $f(x, y)$ definiert ist. Stellen Sie D als Teilmenge der Ebene graphisch dar.

a) $f(x, y) = \sqrt{xy}$, b) $f(x, y) = \arcsin(x + y)$, c) $f(x, y) = \dfrac{1}{\ln(x^2 - y)}$, d) $f(x, y) = \sqrt{y - \sqrt{x}}$.

22−2 Gegeben ist die lineare Funktion $f(x, y) = 4 - x - 2y$.

a) Zeichnen Sie die Niveaulinien für $z = \text{const} = -4, -2, 0, 2, 4$.

b) Stellen Sie den Graphen von f in einem räumlichen Koordinatensystem dar.

22−3 Es sei $f(x, y) = \dfrac{x^2 + y^2}{2x}$, $(x > 0)$.

a) Zeichnen Sie die Niveaulinien für die Niveaus $c = 1$ und $c = 2$.

b) Was geschieht für $c = 0$?

22−4 Es sei $f(x, y) = \dfrac{1}{x^2 - y}$.

a) Zeichnen Sie in der x-y-Ebene alle Punkte ein, für welche f nicht definiert ist.

b) Zeichnen Sie die Niveaulinien für die Niveaus $c = \pm\frac{1}{2}$, ± 1, ± 2.

22−5 Es sei $f(x, y) = \dfrac{x^2 - 1}{y^2 + 1}$.

a) Zeichnen Sie die Niveaulinien für die Niveaus $c = 0$, $\pm\frac{1}{2}$, ± 1.

b) Wie hängt die Art der Niveaulinien von c ab?

22−6 Es sei $f(x, y) = x^2 + \dfrac{1}{y}$, $(y > 0)$.

a) Bestimmen Sie die partiellen Funktionen für $x = -1$, 0, 1 und für $y = 1, 2, 3$.

b) Zeichnen Sie eine räumliche Skizze.

22−7 Es sei $f(x, y) = x^2 + 4y^2$.

a) Zeichnen Sie die Niveaulinien für die Niveaus $c = 0, 1, 4$.

b) Bestimmen Sie die partiellen Funktionen für $x = 0, 1, 2$ und $y = 0, 1, 2$.

22−8 Es sei $f(x, y) = e^{-x}(1 + y)$ mit $0 \le x \le 1$ und $0 \le y \le 1$.

a) Bestimmen Sie die partiellen Funktionen für $x = 0, \frac{1}{2}, 1$ und $y = 0, \frac{1}{2}, 1$.

b) Zeichnen Sie eine räumliche Skizze.

22−9 Gegeben sind die Punkte $A(-1, 0)$ und $B(1, 0)$. Die Funktion $f : \mathbb{R}^2 \to \mathbb{R}$ wird dadurch definiert, dass jedem Punkt $P(x, y)$ die Summe der Quadrate der Abstände AP bzw. BP zugeordnet wird. Was bedeuten in diesem Fall die Niveaulinien? Wie sehen sie aus?

23. DIFFERENTIALRECHNUNG VON FUNKTIONEN VON MEHREREN VARIABLEN

(23.1) Überblick

Der wichtigste Begriff in diesem Kapitel ist jener der *partiellen Ableitung* einer Funktion von mehreren Variablen. Diese wird mit   *(23.2)*

$$\frac{\partial f}{\partial x} = f_x, \quad \text{bzw.} \quad \frac{\partial f}{\partial y} = f_y \quad \text{etc.}$$

bezeichnet und dadurch erhalten, dass man alle Variablen ausser x (bzw. y) festhält und die so entstandene partielle Funktion als Funktion einer Variablen nach x (bzw. nach y) ableitet.

Geometrisch stellt die partielle Ableitung nach x (im Fall von zwei   *(23.3)* Variablen) die Steigung der Tangente an die Schnittkurve des Graphen von f mit einer Ebene parallel zur x-z–Ebene dar.

Man kann auch *höhere partielle Ableitungen* bilden, wobei für die   *(23.4)* "gemischten" partiellen Ableitungen unter vernünftigen Voraussetzungen eine Vertauschbarkeitsbeziehung gilt, nämlich

$$f_{xy} = f_{yx}.$$

Ähnlich wie im Fall einer Variablen kann man die partiellen Ablei-   *(23.5)* tungen zum Auffinden von *relativen Extrema* benutzen: Wenn f in einem inneren Punkt (x_0, y_0) ein relatives Extremum hat (und wenn f dort partiell differenzierbar ist), dann muss gelten:

$$f_x(x_0, y_0) = f_y(x_0, y_0) = 0.$$

Die zweiten partiellen Ableitungen können zur Überprüfung von Existenz und Art des Extremums verwendet werden.

Als Anwendung behandeln wir die *Methode der kleinsten Quadrate,*   *(23.7)* die es erlaubt, eine Gerade an gegebene Punkte möglichst gut anzupassen.

(23.2) Partielle Ableitungen

a) <u>Erste Beispiele</u>

Eine Funktion von mehreren Variablen kann nach jeder dieser Variablen einzeln abgeleitet werden. Auf diese Weise erhält man die sogenannten partiellen Ableitungen dieser Funktion. Wir illustrieren dies zunächst an Beispielen von Funktionen $f(x,y)$ von zwei Variablen. Gemäss (22.6) können wir durch Festhalten der einen bzw. der anderen Variablen zwei partielle Funktionen bilden:

$$\varphi(x) = f(x, y_0) , \qquad y_0 \quad \text{konstant} ,$$
$$\psi(y) = f(x_0, y) , \qquad x_0 \quad \text{konstant} .$$

Da nun φ und ψ Funktionen einer Variablen sind, können wir sie in der üblichen Weise ableiten.

Beispiele

1. $f(x,y) = x^3 + x^2 y$.

   $\varphi(x) = f(x, y_0) = x^3 + x^2 y_0$ (y_0 konstant).
   $\varphi'(x) = 3x^2 + 2x y_0$.

   Beachten Sie, dass y_0 beim Ableiten als konstanter Faktor zu behandeln ist, der erhalten bleibt.

   $\psi(y) = f(x_0, y) = x_0^3 + x_0^2 y$ (x_0 konstant).
   $\psi'(y) = x_0^2$.

   Hier ist x_0^3 ein konstanter Summand, der beim Differenzieren null wird. Ferner ist x_0^2 ein konstanter Faktor, und die Ableitung von y (nach y) ist $= 1$.   ⊠

2. $f(x,y) = x \sin y + y^2 \cos x + y + 2$.

   Analog zum Beispiel 1. erhalten wir

   $\varphi(x) = f(x, y_0) = x \sin y_0 + y_0^2 \cos x + y_0 + 2$.
   $\varphi'(x) = \sin y_0 - y_0^2 \sin x$.

   $\psi(y) = f(x_0, y) = x_0 \sin y + y^2 \cos x_0 + y + 2$.
   $\psi'(y) = x_0 \cos y + 2y \cos x_0 + 1$.

   Die additive Konstante 2 fällt hier jeweils weg.   ⊠

Die so erhaltenen Ableitungen $\varphi'(x)$ bzw. $\psi'(y)$ heissen nun die *partiellen Ableitungen von f nach x bzw. nach y*.

b) Allgemeine Definition und Bezeichnungen

Die anschauliche Definition lautet in Worten (für die präzise Formulierung siehe d)):

> Die partielle Ableitung von f nach x ist die gewöhnliche Ableitung der partiellen Funktion in Richtung x von f .

Das Analoge gilt natürlich für y und — falls mehr als zwei Variablen vorhanden sind — auch für alle übrigen Variablen.

Für die partiellen Ableitungen sind verschiedene Bezeichnungen im Gebrauch. Für die partiellen Ableitungen an der Stelle $x = x_0$, $y = y_0$ schreibt man

$$\frac{\partial f}{\partial x}(x_0, y_0) \quad \text{oder} \quad f_x(x_0, y_0),$$

$$\frac{\partial f}{\partial y}(x_0, y_0) \quad \text{oder} \quad f_y(x_0, y_0).$$

Die runden ∂ sollen dabei andeuten, dass es sich um eine partielle und nicht um eine gewöhnliche Ableitung handelt.

c) Beispiele zur praktischen Berechnung

Die Definition der partiellen Funktion bestand ja gerade darin, dass man alle Variablen bis auf eine einzige konstant setzte. Daraus ergibt sich folgende praktische Regel:

Um die partielle Ableitung von f nach einer Variablen, z.B. nach x, zu berechnen, denkt man sich alle Variablen ausser x konstant und leitet dann mit den üblichen Differentiationsregeln nach x ab.

In den ersten Beispielen in a) haben wir der Verdeutlichung halber die konstant gehaltene "Variable" mit einem Index 0 gekennzeichnet. Dies tut man gewöhnlich nicht, sondern man *denkt* sich einfach diese Variablen als Konstante.

Beispiele

1. $f(x, y) = \sqrt{x^2 + y^2}$.

$$f_x(x, y) = \frac{2x}{2\sqrt{x^2 + y^2}} = \frac{x}{\sqrt{x^2 + y^2}}.$$

$$f_y(x, y) = \frac{2y}{2\sqrt{x^2 + y^2}} = \frac{y}{\sqrt{x^2 + y^2}}.$$

Hier wurde die Kettenregel angewendet. Beachten Sie auch die Symmetrie in bezug auf x und y. ⊠

2. Die Variablen brauchen durchaus nicht immer x und y zu heissen.

$$g(u, v) = \frac{u^2 v}{u + v^2}.$$

$$g_u(u, v) = \frac{(u + v^2) \cdot 2uv - 1 \cdot u^2 v}{(u + v^2)^2} = \frac{u^2 v + 2uv^3}{(u + v^2)^2}.$$

$$g_v(u, v) = \frac{(u + v^2) \cdot u^2 - 2v \cdot u^2 v}{(u + v^2)^2} = \frac{u^3 - u^2 v^2}{(u + v^2)^2}.$$

⊠

3. Und noch ein Beispiel mit drei Variablen:

$$F(x, y, z) = xy + x^3 y^2 z + 2z + 1.$$

$$\frac{\partial F}{\partial x} = y + 3x^2 y^2 z.$$

$$\frac{\partial F}{\partial y} = x + 2x^3 yz.$$

$$\frac{\partial F}{\partial z} = x^3 y^2 + 2.$$

d) <u>Präzisierungen zur Definition</u>

Natürlich braucht die partielle Ableitung (ebenso wie die gewöhnliche Ableitung) nicht unbedingt zu existieren. Wenn sie aber existiert, so sagt man, f sei partiell differenzierbar (nach der betreffenden Variablen).

Die Funktion $f(x, y) = \sqrt{x^2 + y^2}$ aus dem Beispiel 1. von c) ist für alle $(x, y) \in \mathbb{R}^2$ definiert. Dagegen existieren f_x und f_y an der Stelle $(0, 0)$ nicht.

Bevor wir die allgemeinen Begriffe notieren, halten wir fest, dass die Ableitungen (im Sinne von (4.2)) der partiellen Funktionen $\varphi(x)$ (bzw. $\psi(y)$) an der Stelle x_0 (bzw. y_0) auch direkt unter Verwendung der Funktion f geschrieben werden können. Wegen $\varphi(x) = f(x, y_0)$ ist ja

$$f_x(x_0, y_0) = \varphi'(x_0) = \lim_{x \to x_0} \frac{\varphi(x) - \varphi(x_0)}{x - x_0} = \lim_{x \to x_0} \frac{f(x, y_0) - f(x_0, y_0)}{x - x_0}$$

und analog für $f_y(x_0, y_0) = \psi'(y_0)$. Dies wird im Punkt 1) der folgenden Definition benutzt.

Wir fassen nun alles bisher Besprochene (für den Fall zweier Variablen) nochmals zusammen (vgl. (4.2) für den Fall einer Variablen).

Es sei $f : D(f) \to \mathbb{R}$ eine Funktion von zwei Variablen und es sei $(x_0, y_0) \in D(f)$.

1) Die Funktion f heisst an der Stelle (x_0, y_0) nach x bzw. nach y *partiell differenzierbar*, wenn die Grenzwerte

$$\lim_{x \to x_0} \frac{f(x, y_0) - f(x_0, y_0)}{x - x_0} \quad \left(\text{bzw. } \lim_{y \to y_0} \frac{f(x_0, y) - f(x_0, y_0)}{y - y_0}\right)$$

existieren. Diese Grenzwerte heissen dann die *partiellen Ableitungen* von f nach x (bzw. nach y) an der Stelle (x_0, y_0).

2) Wenn f in (x_0, y_0) sowohl nach x wie auch nach y partiell differenzierbar ist, so sagt man einfach, f sei dort *partiell differenzierbar*.

3) Wenn f für jedes (x_0, y_0) aus einer Teilmenge X von $D(f)$ partiell differenzierbar ist, so sagt man, f sei *auf X partiell differenzierbar*.

4) Wenn f für jedes $(x_0, y_0) \in D(f)$ partiell differenzierbar ist, so sagt man, f sei *partiell differenzierbar*.

Weiter sehen wir, dass durch

$$(x,y) \mapsto f_x(x,y) \quad \text{und} \quad (x,y) \mapsto f_y(x,y)$$

zwei neue Funktionen definiert werden. Wir können also die partiellen Ableitungen selbst auch als Funktionen von zwei Variablen auffassen. Ihr Definitionsbereich besteht aus allen Punkten (x,y), in denen die betreffende partielle Ableitung existiert.

Schliesslich sei noch erwähnt, dass sich die obigen Begriffsbildungen in offensichtlicher Weise auf Funktionen von mehr als zwei Variablen übertragen.

(23.3) Geometrische Interpretation der partiellen Ableitungen

In (22.7) haben wir die partielle Funktion $\varphi(x)$ (im Falle von zwei Variablen) geometrisch interpretiert: Ihr Graph ist die Schnittkurve des Graphen von f mit der Ebene E, welche durch (x_0, y_0) geht und parallel zur x-z-Ebene ist. Nun ist aber $\varphi'(x_0)$ geometrisch betrachtet nichts anderes als die Steigung der Tangente an den Graphen von φ (an der Stelle x_0). Es folgt wegen $f_x(x_0, y_0) = \varphi'(x_0)$:

Die partielle Ableitung von f nach x in (x_0, y_0) ist die Steigung der Schnittkurve des Graphen von f mit der Ebene E (parallel zur x-z-Ebene durch (x_0, y_0)) an der Stelle (x_0, y_0). Entsprechendes gilt für $f_y(x_0, y_0)$.

Die folgende Figur illustriert den Sachverhalt.

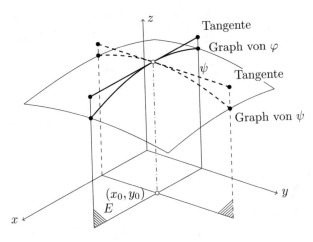

Für mehr als zwei Variablen versagt natürlich die geometrische Vorstellung!

$\boxed{\text{(23.4) Höhere partielle Ableitungen}}$

Es sei f auf D partiell differenzierbar. Dann können wir, wie schon erwähnt, die partiellen Ableitungen als Funktionen betrachten:

$$f_x : D \to \mathbb{R} , \quad f_y : D \to \mathbb{R} .$$

Diese Funktionen können nun wieder partiell differenzierbar sein, d.h., wir können sie nach x bzw. nach y ableiten. Es gibt die folgenden Möglichkeiten:

- f_x nach x ableiten: Ergebnis $\quad f_{xx}(x,y) \quad$ oder $\quad \dfrac{\partial^2 f}{\partial x^2}(x,y) ,$

- f_x nach y ableiten: Ergebnis $\quad f_{xy}(x,y) \quad$ oder $\quad \dfrac{\partial^2 f}{\partial y \partial x}(x,y) .$

- f_y nach x ableiten: Ergebnis $\quad f_{yx}(x,y) \quad$ oder $\quad \dfrac{\partial^2 f}{\partial x \partial y}(x,y) ,$

- f_y nach y ableiten: Ergebnis $\quad f_{yy}(x,y) \quad$ oder $\quad \dfrac{\partial^2 f}{\partial y^2}(x,y) .$

Die erhaltenen Grössen heissen natürlich die *zweiten partiellen Ableitungen* von f. Ganz entsprechend geht man für Funktionen von mehr als zwei Variablen vor. Wir wiederholen die eingeführten Bezeichnungen:

- f zweimal nach x abgeleitet: $f_{xx} = \dfrac{\partial^2 f}{\partial x^2}.$

- f zuerst nach x, dann nach y abgeleitet: $f_{xy} = \dfrac{\partial^2 f}{\partial y \partial x}.$

Im zweiten Fall ist die Reihenfolge von x und y unterschiedlich. Wie wir aber weiter unten sehen werden, spielt dies in den meisten Fällen keine Rolle.

Dieser Prozess lässt sich (entsprechende Differenzierbarkeit vorausgesetzt) weiter fortführen: So kann man etwa f_{xx} nach x oder nach y partiell differenzieren usw. und erhält so partielle Ableitungen 3. und (allgemein) höherer Ordnung:

$$f_{xxx} = \frac{\partial^3 f}{\partial x^3} , \qquad f_{xxy} = \frac{\partial^3 f}{\partial y \partial^2 x} \quad \text{etc.} .$$

<u>Beispiele</u>

1. $f(x,y) = x^3 y + x e^y .$

2 partielle Ableitungen 1. Ordnung:

$f_x(x,y) = 3x^2 y + e^y \qquad\qquad f_y(x,y) = x^3 + x e^y .$

4 partielle Ableitungen 2. Ordnung:

$f_{xx}(x,y) = 6xy \qquad\qquad\qquad f_{xy}(x,y) = 3x^2 + e^y$

$f_{yx}(x,y) = 3x^2 + e^y \qquad\qquad f_{yy}(x,y) = x e^y .$

8 partielle Ableitungen 3. Ordnung:

$$f_{xxx}(x,y) = 6y \qquad f_{xyx}(x,y) = 6x$$
$$f_{xxy}(x,y) = 6x \qquad f_{xyy}(x,y) = e^y$$
$$f_{yxx}(x,y) = 6x \qquad f_{yyx}(x,y) = e^y$$
$$f_{yxy}(x,y) = e^y \qquad f_{yyy}(x,y) = xe^y .$$

☒

2. $f(x,y,z) = x + yz + x^2 y^3 z^2$.

3 partielle Ableitungen 1. Ordnung (wir lassen das Argument (x,y,z) einfachheitshalber weg):

$$f_x = 1 + 2xy^3 z^2 \qquad f_y = z + 3x^2 y^2 z^2 \qquad f_z = y + 2x^2 y^3 z .$$

9 partielle Ableitungen 2. Ordnung:

$$f_{xx} = 2y^3 z^2 \qquad f_{xy} = 6xy^2 z^2 \qquad f_{xz} = 4xy^3 z$$
$$f_{yx} = 6xy^2 z^2 \qquad f_{yy} = 6x^2 yz^2 \qquad f_{yz} = 1 + 6x^2 y^2 z$$
$$f_{zx} = 4xy^3 z \qquad f_{zy} = 1 + 6x^2 y^2 z \qquad f_{zz} = 2x^2 y^3 .$$

27 partielle Ableitungen 3. Ordnung, davon nur zwei Beispiele:

$$f_{xyz} = 12xy^2 z \qquad f_{zxy} = 12xy^2 z .$$

☒

Man sieht, dass in diesen Beispielen die Reihenfolge der partiellen Ableitungen vertauscht werden darf. So ist z.B. $f_{yx} = f_{xy}$ (in beiden Beispielen) , $f_{xz} = f_{zx}$, $f_{yz} = f_{zy}$ (Beispiel 2.) , $f_{xxy} = f_{xyx} = f_{yxx}$ (Beispiel 1.) , $f_{xyz} = f_{zxy}$ (Beispiel 2.).

Dieses Ergebnis ist auf den ersten Blick gar nicht etwa selbstverständlich und auch gar nicht immer richtig! In der Tat gibt es Funktionen, für welche in gewissen Punkten gilt: $f_{xy}(x_0, y_0) \neq f_{yx}(x_0, y_0)$. Wir verzichten auf Beispiele.

Für die Praxis wichtig ist aber das folgende positive Resultat, für dessen nicht ganz einfachen Beweis auf die Lehrbücher der Differential- und Integralrechnung verwiesen sei:

Hat eine Funktion f von mehreren Variablen partielle Ableitungen von k-ter Ordnung und sind diese alle stetig (im Sinne von (22.8)), so ist bei den partiellen Ableitungen bis und mit k-ter Ordnung die Reihenfolge der Differentiationen vertauschbar. Der wichtigste Spezialfall hievon lautet:

Es sei $f(x,y)$ eine Funktion von zwei Variablen. Sind die 2. partiellen Ableitungen $f_{xy}(x,y)$ und $f_{yx}(x,y)$ beide stetig, so ist $f_{xy} = f_{yx}$.

(23.5) Extrema von Funktionen von zwei Variablen

---

a) <u>Vorbereitungen</u>

Genau wie bei Funktionen von einer Variablen kann man auch bei Funktionen von zwei Veränderlichen nach Extrema fragen. Zur exakten Formulierung der Ergebnisse benötigen wir die Begriffe der ε-Umgebung und des inneren Punktes, die schon im Falle einer Variablen eine Rolle spielten (vgl. (6.2)).

Unter einer ε-*Umgebung* $U_\varepsilon(x_0, y_0)$ $(\varepsilon > 0)$ versteht man die Menge aller Punkte (x, y), deren Abstand von $(x_0, y_0) < \varepsilon$ ist:

$$U_\varepsilon(x_0, y_0) = \{(x, y) \mid d((x, y), (x_0, y_0)) < \varepsilon\} \ .$$

Der Abstand d ist bereits in (22.8) definiert worden:

$$d((x, y), (x_0, y_0)) = \sqrt{(x - x_0)^2 + (y - y_0)^2} \ .$$

Eine solche ε-Umgebung ist also eine offene Kreisscheibe vom Radius ε. ("Offen" bedeutet, dass der Rand der Kreisscheibe nicht zur Umgebung gehört.)

Wenn D eine Teilmenge von $\mathbb{R}^2$ ist, so sagt man, ein Punkt $(x_0, y_0) \in D$ sei ein *innerer Punkt* von D, wenn es eine (wenn auch noch so kleine) ε-Umgebung von (x_0, y_0) gibt, welche ganz in D enthalten ist (vgl. auch (6.2)). Die anderen Punkte von D heissen *Randpunkte* von D.

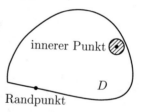

Die nachstehende Definition der verschiedenen Arten von Extrema (vgl. (6.5)) ist eigentlich selbstverständlich. Wir geben sie aber der Vollständigkeit halber an.

Die Funktion $f : D(f) \to \mathbb{R}$ hat an der Stelle (x_0, y_0) ein *absolutes Maximum*, wenn gilt:

$$f(x_0, y_0) \geq f(x, y) \quad \text{für alle} \quad (x, y) \in D(f) \ .$$

Das *absolute Minimum* wird entsprechend definiert. Maxima und Minima fasst man unter dem Begriff Extrema zusammen.

Die Funktion f hat an der Stelle (x_0, y_0) ein *relatives Maximum*, wenn es eine ε-Umgebung $U_\varepsilon(x_0, y_0)$ gibt mit

$$f(x_0, y_0) \geq f(x, y) \quad \text{für alle} \quad (x, y) \in D(f) \cap U_\varepsilon(x_0, y_0) \ .$$

Relatives Minimum bzw. *relatives Extremum* werden sinngemäss definiert.

---

b) Wie bestimmt man Extrema?

In Analogie zum Fall einer Variablen (6.5) gilt die folgende notwendige Bedingung:

Es sei (x_0, y_0) ein innerer Punkt von $D(f)$ und f sei an dieser Stelle partiell differenzierbar. Wenn f in (x_0, y_0) ein relatives Extremum hat, dann gilt

$$f_x(x_0, y_0) = 0 , \qquad f_y(x_0, y_0) = 0 .$$

Wir geben eine anschauliche Begründung für den Fall eines relativen Maximums:

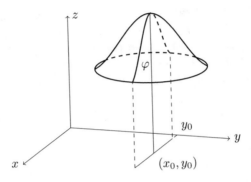

Wenn f an der Stelle (x_0, y_0) ein relatives Maximum hat, so hat die partielle Funktion

$$\varphi(x) = f(x_0, y_0)$$

an der Stelle x_0 ebenfalls ein relatives Maximum. Aufgrund der notwendigen Bedingung von (6.5.d)) für Funktionen einer Variablen muss dann $\varphi'(x_0) = 0$ sein. Nun ist aber $\varphi'(x_0) = f_x(x_0, y_0)$ (vgl. (23.2.d)), woraus die Bedingung

$$f_x(x_0, y_0) = 0$$

bereits folgt. Die zweite Bedingung

$$f_y(x_0, y_0) = 0$$

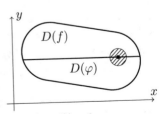

wird ganz analog bewiesen.

Für die Bedingung von (6.5.d)) wird wesentlich vorausgesetzt, dass x_0 ein innerer Punkt von $D(\varphi)$ ist. Diese Bedingung ist aber erfüllt, denn (x_0, y_0) ist voraussetzungsgemäss ein innerer Punkt von $D(f)$, vgl. Skizze.

Wir können auch ein Analogon zur Zusammenfassung von (6.5.d)) geben:

Ein relatives Extremum (wenn es überhaupt existiert) tritt an einer der folgenden Stellen auf:

1. Innere Punkte (x_0, y_0) mit $f_x(x_0, y_0) = f_y(x_0, y_0) = 0$,
2. Randpunkte von $D(f)$,
3. Stellen, wo f nicht partiell differenzierbar ist.

Unter diesen möglichen Kandidaten für Extrema ermittelt man dann durch Vergleich die absoluten Maxima bzw. Minima, sofern solche vorhanden sind. Wir müssen aber bei den absoluten Extrema mit Definitionsbereich im $\mathbb{R}^2$ eine Warnung aussprechen, weil im Gegensatz zu $\mathbb{R}$ im $\mathbb{R}^2$ eine Problematik dazukommt. Wir illustrieren dies an folgender anschaulichen Situation, illustriert am Minimum, Maximum analog: Wenn eine Funktion einer Variablen $f(x)$ nur *eine* Stelle x_0 besitzt mit $f'(x_0) = 0$ und dort ein lokales Minimum ist, dann ist es auch ein absolutes Minimum (zum Beispiel x^2). Dies gilt aber im $\mathbb{R}^2$ nicht! Die grössere Freiheit der zwei Dimensionen des Definitionsbereichs erlaubt es, Funktionen $f(x, y)$ zu konstruieren, welche nur eine einzige Stelle (x_0, y_0) mit $f_x(x_0, y_0) = f_y(x_0, y_0) = 0$ haben, diese ist auch ein lokales Minimum - aber es ist kein absolutes Minimum. Das nachfolgende Beispiel zeugt davon:

$$f(x, y) = e^{3x} + y^3 - 3ye^x.$$

Der *einzige* Punkt mit $f_x(x_0, y_0) = f_y(x_0, y_0) = 0$ ist $(0, 1)$, und mit Methoden, die gleich folgen, kann man zeigen, dass dort ein relatives Minimum ist. Aber $f(0, -3) = -17 < f(0, 1) = -1$. Es gibt also Orte mit kleineren Funktionswerten.

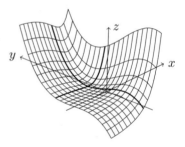

Das heisst für die Praxis: in einer Dimension konnten wir - dank der Differentialrechnung - die Form der Funktion so verstehen, dass wir einfach entscheiden konnten, ob ein relatives Extremum auch absolutes Extremum ist. Besteht der Definitionsbereich aus zwei Dimensionen, so lehrt uns obiges Gegenbeispiel, dass man nicht einfach von den relativen Extrema auf die absoluten schliessen kann. Im Rahmen dieses Buches kann dies nicht tiefer behandelt werden. Wir argumentieren in den nachfolgenden Beispielen wo nötig und möglich mit der Anschauung. Ein fundamentales Resultat aus der Mathematik ist jedoch derart leistungsfähig, dass wir es ohne Beweis hier aufführen wollen. In einer Dimension haben wir es bereits in (6.5.c) kennengelernt: Wenn der Definitionsbereich I ein abgeschlossenes Intervall und wenn $f : I \to \mathbb{R}$ stetig ist (dazu reicht Differenzierbarkeit), dann hat f in I (mindestens) ein absolutes Maximum und ein absolutes Minimum. In zwei Dimensionen gilt analog für stetige Funktionen beispielsweise bei den häufigen Definitionsbereichen $D(f) = \{(x, y) \mid x^2 + y^2 \leq r^2\}$ oder $D(f) = \{(x, y) \mid a \leq x \leq b, c \leq y \leq d\}$, dass diese (mindestens) ein absolutes Maximum und ein absolutes Minimum annehmen. Allgemein reicht es, wenn der Definitionsbereich zusammenhängt, nur endlich ausgedehnt ist und der Rand dazugehört (vgl. Beispiel 4 mit der Wanne in (23.6)).

c) Wie bestimmt man die Art des Extremums?

Schon im Falle einer Variablen ist das Verschwinden der Ableitung keine hinreichende Bedingung für ein Extremum. Man wird deshalb erwarten, dass dies im Falle zweier Veränderlicher nicht anders ist. Wir untersuchen dazu einige Beispiele (vgl. (22.4.b)):

Beispiele

1. $f(x,y) = x^2 + y^2$, $D(f) = \mathbb{R}^2$.

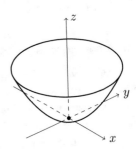

Hier ist $f_x(x,y) = 2x$,

$\quad f_y(x,y) = 2y$.

Wann sind die beiden partiellen Ableitungen gleichzeitig $= 0$? Es muss gelten: $2x_0 = 0, 2y_0 = 0$. Wir finden als einzige Lösung: $(x_0, y_0) = (0,0)$.

Der Skizze entnimmt man, dass dieser Punkt ein relatives und sogar ein absolutes Minimum liefert. Dagegen hat diese Funktion auf ihrem Definitionsbereich $\mathbb{R}^2$ kein absolutes Maximum, denn $f(x,y)$ nimmt beliebig grosse Werte an. ☒

2. $f(x,y) = \sqrt{1 - x^2 - y^2}$, $D(f) = \{(x,y) \mid x^2 + y^2 \leq 1\}$.

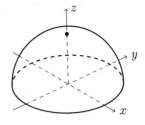

Es ist $f_x(x,y) = -\dfrac{x}{\sqrt{1 - x^2 - y^2}}$,

$\quad f_y(x,y) = -\dfrac{y}{\sqrt{1 - x^2 - y^2}}$.

Die partiellen Ableitungen werden nur im Nullpunkt $(x_0, y_0) = (0,0)$ gleichzeitig $= 0$.

Die Betrachtung des Graphen ergibt, dass an dieser Stelle ein Maximum (relativ und absolut) vorliegt. Am Rande von $D(f)$, d.h. für alle (x,y) mit $x^2 + y^2 = 1$, hat f dagegen überall ein absolutes Minimum. Die Untersuchung der partiellen Ableitungen kann uns diese Minima gleich aus zwei Gründen nicht liefern:

– Es handelt sich nicht um innere, sondern um Randpunkte.

– f ist an diesen Stellen gar nicht partiell differenzierbar (die Nenner werden 0). ☒

3. $f(x,y) = xy$, $D(f) = \mathbb{R}^2$.

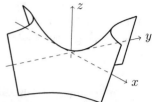

Hier ist $f_x(x,y) = y$,

$\qquad f_y(x,y) = x$,

und erneut ist der Punkt $(0,0)$ der einzige Punkt,
wo beide partiellen Ableitungen $= 0$ sind.

Die Skizze zeigt aber, dass f dort weder ein relatives Maximum noch ein relatives Minimum hat. (Man nennt einen solchen Punkt einen *Sattelpunkt*. In einer Landschaft entspricht er einer Passhöhe.)

Auf $\mathbb{R}^2$ hat f weder ein absolutes Maximum noch ein absolutes Minimum. Schränkt man aber zum Beispiel den Definitionsbereich auf die Menge $\{(x,y) \mid x \geq 0, y \geq 0\}$ ein, so nimmt f in jedem Punkt (x_0, y_0) mit $x_0 = 0$ oder $y_0 = 0$ sein absolutes Minimum, nämlich 0 an. $\boxtimes$

Gelegentlich lässt sich die Art eines Extremums auch dadurch ermitteln, dass man zum vornherein weiss, dass ein Maximum oder ein Minimum auftreten muss.

Ähnlich wie im Fall einer Variablen (6.5.e)) kann man aber auch die zweiten (partiellen) Ableitungen heranziehen, um den Charakter eines Extremums zu untersuchen. Man setzt dazu voraus, dass diese zweiten partiellen Ableitungen, also $f_{xx}, f_{yy}, f_{yx}, f_{xy}$ existieren und stetig sind. Insbesondere ist dann $f_{xy} = f_{yx}$ (23.4). Nun gilt der folgende, ohne Beweis angegebene Sachverhalt:

- Voraussetzungen:

    - (x_0, y_0) sei innerer Punkt von $D(f)$,
    - $f_x(x_0, y_0) = f_y(x_0, y_0) = 0$,
    - die 2. partiellen Ableitungen von f existieren und sind stetig.
- Bezeichnung: Wir definieren die Zahl A durch

$$A = A(x_0, y_0) = f_{xx}(x_0, y_0) \cdot f_{yy}(x_0, y_0) - [f_{xy}(x_0, y_0)]^2 \, .$$

- Behauptung:

    1. Ist $A > 0$, so hat f in (x_0, y_0) ein relatives Extremum und zwar liegt
        - für $f_{xx}(x_0, y_0) < 0$ ein relatives Maximum vor,
        - für $f_{xx}(x_0, y_0) > 0$ ein relatives Minimum vor.
    2. Ist $A < 0$, so hat f in (x_0, y_0) kein relatives Extremum.
    3. Ist $A = 0$, so kann auf diesem Wege keine Entscheidung gefällt werden.

Die "Bevorzugung" von $f_{xx}(x_0, y_0)$ in 1. ist nur scheinbar. Wenn $A > 0$ ist, dann müssen nämlich $f_{xx}(x_0, y_0)$ und $f_{yy}(x_0, y_0)$ gleiches Vorzeichen haben.

Für einen Beweis des oben genannten Kriteriums sei auf die Lehrbücher der Differential- und Integralrechnung verwiesen.

Beispiele

4. Im Beispiel 1. oben ist $f_{xx}(0,0) = f_{yy}(0,0) = 2$ und $f_{xy}(0,0) = 0$. Es folgt $A = 4 > 0$ und $f_{xx}(0,0) > 0$. Somit muss ein Minimum vorliegen, was wir schon wussten.

5. Im Beispiel 3. oben ist $f_{xx}(0,0) = f_{yy}(0,0) = 0$ und $f_{xy}(0,0) = 1$. Es folgt $A = -1 < 0$: f hat in $(0,0)$ — wie bekannt — kein Extremum.

Beachten Sie, dass im Fall, wo $A < 0$ ist, mit Bestimmtheit ausgesagt werden kann, dass f in (x_0, y_0) *kein* relatives Extremum hat. Im Fall einer Variablen kann eine solche Behauptung durch blosse Untersuchung der 2. Ableitung nie gemacht werden.

Wenn Sie das obige Kriterium mit jenem von (6.5.e)) für Funktionen, z.B. f, einer Variablen vergleichen wollen, so müssen Sie beachten, dass der Ausdruck A nicht das Analogon der 2. Ableitung $f''(x_0)$ ist. Vielmehr entspricht A der Grösse $(f''(x_0))^2$. Diese Zahl ist (im Gegensatz zu A) stets ≥ 0. Ist $f''(x_0) \neq 0$, so ist sogar $f''(x_0)^2 > 0$, was dem obigen Fall 1. $(A > 0)$ entspricht. Hier liegt sowohl für eine Variable als auch für zwei Variablen ein relatives Extremum vor, und das Vorzeichen der 2. Ableitung entscheidet darüber, ob es sich um ein Maximum oder Minimum handelt. Eine dem Fall 2. $(A < 0)$ entsprechende Situation kommt — wie eben erwähnt — für eine Variable nicht vor. Der Fall 3. $(A = 0)$ schliesslich entspricht der Beziehung $f''(x_0) = 0$, und sowohl für eine Variable wie für zwei Variablen ist hier keine Entscheidung möglich.

Zum Schluss dieses Abschnitts sei noch erwähnt, dass die obigen Überlegungen auch für *Funktionen von drei und mehr Variablen* durchgeführt werden können. Sämtliche Begriffe wie innerer Punkt, absolutes und relatives Extremum etc. übertragen sich sinngemäss. Dies gilt auch für das am Schluss von (23.5.b) genannte Kriterium; insbesondere sind jene Punkte, in denen alle partiellen Ableitungen den Wert Null annehmen, Kandidaten für ein relatives Extremum. Auch die in (23.5.c) erwähnte Grösse A, die es erlaubt, die Kandidaten näher zu prüfen, hat ein — wenn auch relativ kompliziertes — Analogon für Funktionen von mehr als zwei Variablen.

(23.6) Beispiele zur Bestimmung von Extrema

1. Gesucht seien die relativen Extrema der Funktion $f : \mathbb{R}^2 \to \mathbb{R}$, gegeben durch

$$f(x,y) = 3x^2 - 2xy + y^2 + 2x - 6y + 1 \ .$$

Der Definitionsbereich $\mathbb{R}^2$ hat keine Randpunkte. Ferner ist f überall partiell differenzierbar. Somit müssen die relativen Extrema (falls sie überhaupt existieren) in jenen Punkten angenommen werden, für welche

$$f_x(x_0, y_0) = f_y(x_0, y_0) = 0$$

gilt. Wir berechnen also zuerst diese partiellen Ableitungen und finden

$$f_x(x,y) = 6x - 2y + 2 \ ,$$
$$f_y(x,y) = -2x + 2y - 6 \ .$$

Wir setzen diese partiellen Ableitungen gleich Null und erhalten ein lineares Gleichungssystem für zwei Unbekannte:

$$6x - 2y + 2 = 0 \,,$$
$$-2x + 2y - 6 = 0 \,.$$

Dieses löst man mit bekannten Methoden und erhält als Lösung

$$x = 1, \quad y = 4 \,.$$

Damit ist der "kritische Punkt" (x_0, y_0) bestimmt:

$$(x_0, y_0) = (1, 4) \,.$$

Um nachzuprüfen, ob dort überhaupt ein Extremum (und wenn ja, von welcher Art) vorliegt, brauchen wir die zweiten partiellen Ableitungen:

$$f_{xx}(x, y) = 6 \,, \qquad f_{xy}(x, y) = -2 \,, \qquad f_{yy}(x, y) = 2 \,.$$

Die in (23.5.c) angegebene Grösse $A(x_0, y_0)$ berechnet sich zu $A(1, 4) = 6 \cdot 2 - (-2)^2 = 8 > 0$. Damit besitzt A ein relatives Extremum im Punkt $(1, 4)$ und wegen $f_{xx}(1, 4) = 6 > 0$ handelt es sich um ein relatives Minimum.

Da die 2. partiellen Ableitungen konstant sind, hängt A hier nicht vom Punkt (x_0, y_0) ab. Im allgemeinen wird dies nicht so sein (vgl. Beispiel 2.).   ⊠

2. Hier untersuchen wir die Funktion $g : \mathbb{R}^2 \to \mathbb{R}$, gegeben durch

$$g(x, y) = x^3 - 6xy + y^3 \,.$$

Wir berechnen gleich alle benötigten partiellen Ableitungen:

$$g_x(x, y) = 3x^2 - 6y, \ g_y(x, y) = -6x + 3y^2 \,,$$
$$g_{xx}(x, y) = 6x, \ g_{xy}(x, y) = -6, g_{yy}(x, y) = 6y \,.$$

Um die kritischen Punkte zu bestimmen, setzen wir g_x und g_y gleich Null:

$$3x^2 - 6y = 0$$
$$-6x + 3y^2 = 0 \,.$$

Der ersten Gleichung entnimmt man, dass $y = \frac{1}{2}x^2$ ist. Setzt man dies in die zweite Gleichung ein, so folgt

$$-6x + \frac{3}{4}x^4 = x(\frac{3}{4}x^3 - 6) = 0 \,.$$

Daraus ergeben sich sofort die zwei Lösungen $x_1 = 0$, $x_2 = \sqrt[3]{8} = 2$. Die zugehörigen y–Werte sind $y_1 = 0$, $y_2 = 2$. Damit haben wir zwei Kandidaten für Extrema gefunden:

$$(x_1, y_1) = (0, 0) \quad \text{und} \quad (x_2, y_2) = (2, 2) \; .$$

Es ist nicht verwunderlich, dass $x_1 = y_1$ und $x_2 = y_2$ ist, denn die Funktion g ist symmetrisch in x und y.

Für den Ausdruck A erhalten wir

$$A(x, y) = f_{xx}(x, y) f_{yy}(x, y) - [f_{xy}(x, y)]^2 = 36xy - 36 \; .$$

Es folgt

$$A(0, 0) = -36 < 0 \; , \quad A(2, 2) = 108 > 0 \; .$$

Im Punkt $(0, 0)$ hat g also kein relatives Extremum, wohl aber im Punkt $(2, 2)$. Wegen $g_{xx}(2, 2) = 12 > 0$ liegt im Punkt $(2, 2)$ ein relatives Minimum vor.

Randpunkte sind keine vorhanden, ebensowenig Stellen, wo g nicht partiell differenzierbar ist. ⊠

3. Zu konstruieren sei eine oben offene Schachtel mit gegebenem Rauminhalt V. Die Kantenlängen x, y, z seien so zu bestimmen, dass die Oberfläche (und damit der Materialverbrauch) minimal wird. Für die Oberfläche gilt

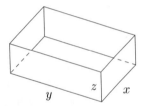

$$F(x, y, z) = xy + 2xz + 2yz \; .$$

In Wirklichkeit handelt es sich aber nicht um eine Funktion von drei Variablen. Wegen $V = xyz$ sind nur zwei Grössen x, y, z frei wählbar. Deshalb müssen wir eine dieser drei Grössen eliminieren: Wir setzen etwa

$$z = \frac{V}{xy}$$

in F ein und erhalten

$$F(x, y) = xy + \frac{2V}{y} + \frac{2V}{x} \; .$$

Wegen $xyz = V \neq 0$ muss $x > 0$ und $y > 0$ sein. Der für die Aufgabe sinnvolle Definitionsbereich von F, d.h. die Menge $\{(x, y) \mid x > 0, y > 0\}$, hat also keine Randpunkte.

Nun bilden wir die partiellen Ableitungen und setzen sie gleich Null:

$$F_x(x, y) = y - \frac{2V}{x^2} \qquad F_y(x, y) = x - \frac{2V}{y^2} \; .$$

Zu lösen ist das folgende Gleichungssystem:

$$y - \frac{2V}{x^2} = 0 \qquad\qquad y = \frac{2V}{x^2}$$
$$\text{oder}$$
$$x - \frac{2V}{y^2} = 0 \qquad\qquad x = \frac{2V}{y^2}$$

Aus der ersten Gleichung folgt $y^2 = \dfrac{4V^2}{x^4}$. Setzen wir dies in die zweite ein, so erhalten wir

$$x = 2V \frac{x^4}{4V^2} \quad \text{oder} \quad x = \frac{x^4}{2V}.$$

Wegen der Bedingung $xyz = V (\neq 0)$ ist sicher $x \neq 0$. Wir dürfen durch x dividieren und finden so

$$1 = \frac{x^3}{2V} \quad \text{oder} \quad x = \sqrt[3]{2V}.$$

Setzen wir dies in die Beziehung $y = \dfrac{2V}{x^2}$ ein, so folgt mit etwas Potenzrechnung $y = \sqrt[3]{2V}$ (also $y = x$), und wegen $xyz = V$ erhält man schliesslich noch $z = \frac{1}{2}\sqrt[3]{2V}$. Der einzige Punkt (x_0, y_0), wo beide partiellen Ableitungen verschwinden, ist also gegeben durch

$$x_0 = y_0 = \sqrt[3]{2V}.$$

Es fehlt uns jetzt leider die notwendige Theorie, um mathematisch sauber zu begründen, dass dies das *globale* Minimum ist (was es in der Tat ist). Nur dank Anschauung folgern wir, dass die Aufgabe eine Lösung hat, dass ein Minimum existiert, und wir schliessen, dass der fragliche Punkt wirklich das Minimum ergibt:

$$x_0 = y_0 = \sqrt[3]{2V}, \qquad z_0 = \frac{1}{2}\sqrt[3]{2V}.$$

Wir können aber mathematisch sauber zumindest zeigen, dass obiger Punkt ein *relatives* Minimum ist. Dies machen wir noch zur Übung und ziehen dazu auch die zweiten Ableitungen gemäss (23.5.c) zu Rate: Es ist

$$F_{xx}(x, y) = \frac{4V}{x^3}, \quad F_{yy}(x, y) = \frac{4V}{y^3}, \quad F_{xy}(x, y) = 1.$$

Einsetzen von $x_0 = y_0 = \sqrt[3]{2V}$ ergibt

$$A = 2 \cdot 2 - 1 = 3 > 0 \quad \text{und} \quad F_{xx}(x_0, y_0) > 0.$$

Damit ist mathematisch sauber gezeigt, dass es zumindest ein *relatives* Minimum ist.

$$\boxtimes$$

4. Zum Schluss betrachten wir noch ein etwas aufwendigeres Beispiel.

Aus einem rechteckigen Blechstück der Breite a und der Länge b soll durch (symmetrisches) Aufbiegen von zwei Längsstreifen und anschliessendes Anfügen von Seitenwänden eine Wanne von maximalem Volumen hergestellt werden. Wie breit (Breite x) müssen die Längsstreifen sein, und in welchem Winkel (φ) sind sie aufzubiegen?

Um die Aufgabe zu lösen, müssen wir offensichtlich den Inhalt der Querschnittsfläche F maximal machen.

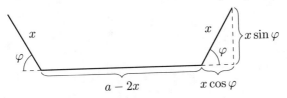

Das gesuchte Flächenstück setzt sich aus einem Rechteck mit den Seiten $a - 2x$ und $x \sin \varphi$ sowie zwei rechtwinkligen Dreiecken mit den Katheten $x \sin \varphi$ und $x \cos \varphi$ zusammen. Es folgt

$$F = F(x, \varphi) = (a - 2x)x \sin \varphi + x^2 \sin \varphi \cos \varphi = ax \sin \varphi - 2x^2 \sin \varphi + x^2 \sin \varphi \cos \varphi \,.$$

Für x und φ sind die folgenden Werte zulässig:
$$0 < x \leq \frac{a}{2}, \quad 0 < \varphi \leq \frac{\pi}{2}.$$
Der Definitionsbereich $D(F)$ hat also Randpunkte.

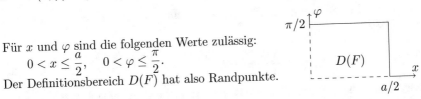

Beachten Sie, dass für $x = 0$ oder für $\varphi = 0$ gar keine Längsstreifen aufgebogen werden. Der Flächeninhalt ist also $= 0$, was sich auch aus der Formel für $F(x, \varphi)$ ergibt. Würde man also die Randpunkte $x = 0$ oder $\varphi = 0$ zulassen, so hätte die Funktion F dort ihr absolutes Minimum, nämlich 0. Da dies zum vornherein uninteressant ist, lassen wir diese Punkte eben weg und dürfen dann später unbesorgt durch x oder $\sin \varphi$ dividieren.

Wir berechnen nun die ersten partiellen Ableitungen und setzen sie $= 0$.

(1) $\qquad F_x(x, \varphi) = a \sin \varphi - 4x \sin \varphi + 2x \sin \varphi \cos \varphi = 0 \,,$

(2) $\qquad F_\varphi(x, \varphi) = ax \cos \varphi - 2x^2 \cos \varphi + x^2(\cos^2 \varphi - \sin^2 \varphi) = 0 \,.$

Wegen $\varphi \neq 0$ und $x \neq 0$ dürfen wir durch $\sin \varphi$ bzw. x dividieren. In (2) ersetzen wir noch $\sin^2 \varphi$ durch $1 - \cos^2 \varphi$. Wir erhalten

(1') $\qquad\qquad a - 4x + 2x \cos \varphi = 0$

(2') $\qquad\qquad a \cos \varphi - 2x \cos \varphi + 2x \cos^2 \varphi - x = 0 \,.$

Aus (1') folgt

$$\cos \varphi = \frac{4x - a}{2x} \,.$$

Dies setzen wir in $(2')$ ein:

$$(2'') \qquad \frac{a(4x-a)}{2x} - (4x-a) + \frac{(4x-a)^2}{2x} - x = 0 \, .$$

Nach Multiplikation mit $2x$ und Zusammenfassung erhalten wir schliesslich

$$(2''') \qquad 6x^2 - 2ax = 0 \, .$$

Da $x \neq 0$ ist, folgt $6x - 2a = 0$ oder

$$x = x_0 = \frac{a}{3} \, .$$

Weiter ist

$$\cos\varphi_0 = \frac{4x_0 - a}{2x_0} = \frac{1}{2} \, ,$$

also

$$\varphi_0 = \frac{\pi}{3} \quad \text{oder} \quad 60° \, .$$

Wir haben somit genau einen inneren Punkt von $D(f)$, nämlich

$$(x_0, \varphi_0) = \left(\frac{a}{3}, \frac{\pi}{3} \right)$$

gefunden, der ein Kandidat für ein Extremum ist. Der Flächeninhalt an dieser Stelle beträgt

$$F(x_0, \varphi_0) = a \cdot \frac{a}{3} \cdot \frac{\sqrt{3}}{2} - 2 \cdot \frac{a^2}{9} \cdot \frac{\sqrt{3}}{2} + \frac{a^2}{9} \cdot \frac{\sqrt{3}}{2} \cdot \frac{1}{2} = \frac{a^2}{12} \sqrt{3} \, .$$

Anschaulich ist (wieder) klar, dass es sich um unser gesuchtes Maximum handeln dürfte. Wir wollen dies jedoch jetzt noch systematisch nachweisen. Zuerst müssen wir nachprüfen, ob es sich hier tatsächlich um ein relatives *Maximum* handelt; dann untersuchen wir noch die Randpunkte, was aufwendiger als im Fall einer Variablen sein wird.

Zunächst berechnen wir also die 2. partiellen Ableitungen:

$$F_{xx}(x, \varphi) = -4\sin\varphi + 2\sin\varphi\cos\varphi \, ,$$
$$F_{x\varphi}(x, \varphi) = a\cos\varphi - 4x\cos\varphi + 2x(\cos^2\varphi - \sin^2\varphi) \, ,$$
$$F_{\varphi\varphi}(x, \varphi) = -ax\sin\varphi + 2x^2\sin\varphi - 4x^2\sin\varphi\cos\varphi \, .$$

Einsetzen der Werte $x_0 = \frac{a}{3}$, $\varphi_0 = \frac{\pi}{3}$ liefert

$$F_{xx}(x_0, \varphi_0) = -2\sqrt{3} + \frac{\sqrt{3}}{2} = -\frac{3\sqrt{3}}{2} \, ,$$
$$F_{x\varphi}(x_0, \varphi_0) = a\frac{1}{2} - \frac{4a}{3}\frac{1}{2} + 2\frac{a}{3}\left(-\frac{1}{2}\right) = -\frac{1}{2}a \, ,$$
$$F_{\varphi\varphi}(x_0, \varphi_0) = -\frac{a^2}{3}\frac{\sqrt{3}}{2} + \frac{2a^2}{9}\frac{\sqrt{3}}{2} - \frac{4a^2}{9}\frac{\sqrt{3}}{2}\frac{1}{2} = -a^2\frac{\sqrt{3}}{6} \, .$$

Es folgt

$$A(x_0, \varphi_0) = \left(-\frac{3\sqrt{3}}{2}\right)\left(-a^2\frac{\sqrt{3}}{6}\right) - \left(-\frac{1}{2}a\right)^2 = \frac{1}{2}a^2 > 0 .$$

Wegen $F_{xx}(x_0, \varphi_0) < 0$ hat F an der Stelle (x_0, φ_0) wie erwartet ein relatives Maximum.

Wir sind jedoch immer noch nicht ganz fertig, denn $D(F)$ hat auch Randpunkte, nämlich für $\varphi = \frac{\pi}{2}$ sowie für $x = \frac{a}{2}$. Der erste Fall entspricht einem rechteckigen, der zweite einem V-förmigen Querschnitt.

Fall 1: $\quad \varphi = \frac{\pi}{2}, \quad 0 < x \le \frac{a}{2}.$

Man erhält durch Einsetzen die partielle Funktion

$$F(x, \frac{\pi}{2}) = ax - 2x^2 .$$

Eine einfache Untersuchung (Differentialrechnung einer Variablen!), auf die hier verzichtet sei, zeigt, dass diese Funktion an der Stelle $x = \frac{a}{4}$ ihr Maximum annimmt. Der grösste Funktionswert von $F(x, \varphi)$ auf diesem Randstück ist also gegeben durch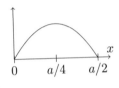

$$F(\frac{a}{4}, \frac{\pi}{2}) = a\frac{a}{4} - 2\frac{a^2}{16} = \frac{1}{8}a^2 = 0.125a^2 ,$$

und dieser Wert ist kleiner als der weiter oben berechnete Wert $F(x_0, \varphi_0) = a^2\sqrt{3}/12 \approx 0.144a^2$.

Fall 2: $\quad x = \frac{a}{2}, \quad 0 < \varphi \le \frac{\pi}{2}.$

Wir finden analog

$$F(\frac{a}{2}, \varphi) = \frac{a^2}{4}\sin\varphi\cos\varphi = \frac{a^2}{8}\sin(2\varphi)$$

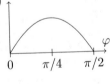

mit dem nebenstehenden Graphen, dessen Maximum bei $\varphi = \frac{\pi}{4}$ liegt. Es ist dann $F(\frac{a}{2}, \frac{\pi}{4}) = \frac{1}{8}a^2$, und wie vorher ist dieser Wert $< F(x_0, \varphi_0)$.

Wir sehen also, dass auf dem Rand von $D(F)$ der Wert von F stets kleiner als $F(x_0, \varphi_0)$ ist.

Fassen wir alles zusammen, so finden wir: Das Volumen der Wanne wird maximal für

$$x = \frac{a}{3} \quad \text{und} \quad \varphi = 60° ;$$

das maximale Volumen ist

$$V_{\max} = \frac{a^2 b}{12}\sqrt{3}\;.$$

⊠

(23.7) Die Methode der kleinsten Quadrate

Dieser wichtigen Anwendung der Theorie der Extrema von Funktionen zweier Variablen soll ein eigener Abschnitt gewidmet sein.

Es geht um folgendes Problem: Wir nehmen an, dass Messungen oder Untersuchungen Wertepaare $(x_1, y_1), \ldots, (x_n, y_n)$, $(n \geq 2)$ ergeben haben. Beispielsweise kann x_i die Körperlänge einer Person und y_i deren Gewicht sein. Diese Punkte können in ein Koordinatensystem eingetragen werden:

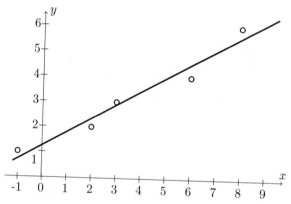

Es kann nun vorkommen, dass man weiss oder vermutet, dass die Grösse y (allenfalls bis auf gewisse Abweichungen) linear von x abhängt. Die Punkte werden dann annähernd auf einer Geraden liegen. Es stellt sich nun die Frage, wie man diese Gerade einzeichnen soll. Man kann zwar nach Augenmass vorgehen, doch gibt es auch eine rechnerische Methode, die wir nun kennenlernen wollen.

Noch ein Hinweis: Die x_i brauchen nicht notwendig alle voneinander verschieden zu sein. Im folgenden nehmen wir allerdings stillschweigend an, dass mindestens zwei der x_i verschieden seien. Sind nämlich alle x_i gleich, so liegen die Punkte (x_i, y_i) auf einer senkrechten Geraden, was uns nicht weiter beschäftigen wird.

Nun schreiten wir zur Bestimmung der gesuchten Geraden g. Ihre Gleichung sei

$$y = ax + b \;(= f(x))\,,$$

wobei a und b noch unbekannt sind.

Man wird nun diese Gerade so wählen, dass sie von den Punkten (x_i, y_i) möglichst wenig abweicht. Was dieses "möglichst wenig" genau bedeuten soll, ist natürlich eine

Frage der passenden Definition. Das folgende Vorgehen ist hier üblich: An der Stelle x_i ist der gegebene Wert gleich y_i. Die y–Koordinate des zu x_i gehörenden Punktes auf der Geraden g ist gegeben durch

$$f(x_i) = ax_i + b .$$

Die Abweichung dieses Werts vom beobachteten Wert y_i ist gleich

$$d_i = ax_i + b - y_i .$$

Man sucht nun die Gerade g so zu bestimmen, dass

$$\sum d_i^2 ,$$

also die Summe der Quadrate dieser Abweichungen, minimal wird. (Der Summationsindex i läuft hier stets von 1 bis n. Wir lassen ihn deshalb jeweils weg.)

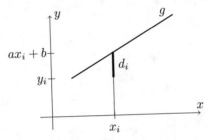

Warum nimmt man hier die Quadrate d_i^2 und nicht die d_i selbst? Der Grund ist der, dass die Abweichungen d_i positiv oder negativ sein können, je nachdem, ob der Punkt (x_i, y_i) unterhalb oder oberhalb von g liegt. Eine grosse Abweichung nach oben könnte sich dann mit einer grossen Abweichung nach unten kompensieren, was natürlich nicht brauchbar ist. Man könnte zwar diesem Umstand auch dadurch abhelfen, indem man $|d_i|$ betrachten würde, doch ist der rechnerische Umgang mit d_i^2 einfacher als mit $|d_i|$.

Diese Quadratsumme hängt offenbar von a und b ab. Wir schreiben deshalb

$$F(a,b) = \sum d_i^2 = \sum (ax_i + b - y_i)^2 .$$

Dabei ist zu beachten, dass hier x_i und y_i gegeben sind, und dass die Variablen ausnahmsweise a und b heissen. Die Aufgabe lautet somit schliesslich: Man bestimme a und b so, dass $F(a,b)$ minimal ist.

Im Hinblick auf die Theorie von (23.5) berechnen wir die partiellen Ableitungen:

$$F_a(a,b) = \sum 2x_i(ax_i + b - y_i) , \quad F_b(a,b) = \sum 2(ax_i + b - y_i) .$$

Dabei werden die einzelnen Summanden nach der Kettenregel abgeleitet. So ist etwa

$$\frac{\partial}{\partial a}(ax_i + b - y_i)^2 = 2x_i(ax_i + b - y_i) ,$$

dabei ist x_i die innere Ableitung.

Wir setzen die partiellen Ableitungen gleich Null, wobei wir zuerst noch durch 2 teilen:

$$\sum x_i(ax_i + b - y_i) = \sum(ax_i^2 + bx_i - x_iy_i) = 0$$
$$\sum(ax_i + b - y_i) = 0 \ .$$

Eine Anwendung der Regeln für das Summenzeichen* (26.5) liefert schliesslich das folgende Gleichungssystem für a und b:

(1)
$$a \sum x_i^2 + b \sum x_i - \sum x_iy_i = 0$$

(2)
$$a \sum x_i + nb - \sum y_i = 0 \ .$$

Zur Auflösung multiplizieren wir (1) mit n, (2) mit $-\sum x_i$ und addieren. Es folgt

$$an \sum x_i^2 - a\left(\sum x_i\right)^2 - \left(n \sum x_iy_i - \sum x_i \sum y_i\right) = 0 \ ,$$

und wir erhalten

(3)
$$a = \frac{n \sum x_iy_i - \sum x_i \sum y_i}{n \sum x_i^2 - (\sum x_i)^2} \ .$$

Aus (2) folgt für b:

(4)
$$b = \frac{1}{n}\left(\sum y_i - a \sum x_i\right) \ .$$

Setzt man hiefür a gemäss (3) ein und formt etwas um, so findet man

(5)
$$b = \frac{(\sum x_i^2)(\sum y_i) - (\sum x_iy_i)(\sum x_i)}{n \sum x_i^2 - (\sum x_i)^2} \ .$$

Damit haben wir den einzigen Punkt (a,b) mit $F_a(a,b) = F_b(a,b) = 0$ bestimmt. Hat dort F wirklich ein Minimum?

Von der Problemstellung her ist es klar, dass ein solches Minimum existieren muss, deshalb haben wir wirklich die Lösung gefunden. Man kann dies aber auch mit dem Kriterium von (23.5.c)) rechnerisch bestätigen, was wir weiter unten noch tun wollen.

Mit den durch (3) und (5) bestimmten Zahlen a und b ist damit auch die gesuchte, die Punkte (x_i, y_i) am besten approximierende, Gerade gefunden. Sie ist gegeben durch

$$y = ax + b \ .$$

---

* Die Rechnung lässt sich auch leicht dadurch nachvollziehen, dass man von den vorkommenden Summen einige Summanden anschreibt. Insbesondere ist dann klar, dass in (2) $\sum b = b+b+\ldots+b = nb$ ist.

Diese Gerade heisst die *Regressionsgerade*, das Verfahren selbst wird *lineare Regression* genannt. Der im Titel genannte Name "*Methode der kleinsten Quadrate*" sollte sich selbst erklären.

Beispiele

1. Gegeben seien die fünf Punktepaare $(-1, 1)$, $(2, 2)$, $(3, 3)$, $(6, 4)$, $(8, 6)$. Diese Zahlen entsprechen der Skizze am Anfang des Abschnitts.

   Am besten stellt man eine Tabelle auf:

x_i	y_i	$x_i y_i$	x_i^2
-1	1	-1	1
2	2	4	4
3	3	9	9
6	4	24	36
8	6	48	64
18	16	84	114

   Die unterste Zeile enthält jeweils die Summen. Somit ist

   $$\sum x_i = 18 \ , \quad \sum y_i = 16 \ , \quad \sum x_i y_i = 84 \ , \quad \sum x_i^2 = 114 \ ,$$

   ferner ist $n = 5$.

   Damit sehen die Gleichungen (1) und (2) so aus:

   $$114a + 18b = 84$$
   $$18a + 5b = 16 \ .$$

   Die Lösung dieses linearen Gleichungssystems wird wie üblich berechnet. Man findet

   $$a = 0.5366 \qquad b = 1.2683$$

   und die Gleichung der Regressionsgeraden lautet:

   $$y = 0.5366x + 1.2683 \ . \qquad \boxtimes$$

   (Man hätte auch die Formeln (3) und (5) benutzen können, doch ist die direkte Auflösung des Gleichungssystems eher einfacher.)

2. Wir kommen zu einer weiteren Anwendung. In (18.11) und (18.12) haben wir gesehen, dass nicht lineare Beziehungen durch Einführung von nicht linearen Skalen durch Geraden dargestellt werden können. Wir zeichneten damals diese Geraden nach Augenmass ein. Jetzt können wir die Regressionsgerade berechnen. Wir

betrachten dazu das Beispiel von (18.12) (Schweizerrekorde): Bezeichnet X die Distanz und T die Zeit, so gilt angenähert:

$$T = BX^a \ .$$

Durch Logarithmieren (statt des natürlichen könnte man auch den Zehnerlogarithmus nehmen) finden wir

$$\ln T = a \ln X + \ln B \ .$$

Setzen wir hier $t = \ln T$, $x = \ln X$ und $b = \ln B$, so erhalten wir eine lineare Beziehung

$$t = ax + b \ .$$

Wir ergänzen deshalb die Tabelle von (18.12) durch die Logarithmen der vorkommenden Werte:

X_i	T_i	$x_i = \ln X_i$	$t_i = \ln T_i$
100	10.11	4.61	2.31
200	20.04	5.30	3.00
400	44.99	5.99	3.81
800	102.55	6.68	4.63
1'000	135.63	6.91	4.91
1'500	211.75	7.31	5.36
1'609	230.38	7.38	5.44
2'000	294.46	7.60	5.69
3'000	461.05	8.01	6.13
5'000	787.54	8.52	6.67
10'000	1'664.36	9.21	7.42
20'000	3'554.02	9.90	8.18
25'000	4'734.80	10.13	8.46
30'000	5'740.80	10.31	8.66

Nun berechnet man die Regressionsgerade in bezug auf die 14 Punkte (x_i, t_i) und erhält (die Rechnung geht im Prinzip wie im ersten Beispiel, nur sind die Zahlen komplizierter)

$$a = 1.116 \qquad b = -2.839 \ .$$

Wegen $b = \ln B$ ist $B = e^b = 0.0585$.

Die Formel

$$T = B \cdot X^a = 0.0585 \cdot X^{1.116}$$

gibt nun ungefähr die Laufzeit T (in Sekunden) über die Distanz X (in Metern) an: Man erhält beispielsweise:

$$X = \quad 100 \text{ m}, \quad T = \quad 9.99 \text{ s}$$
$$X = \quad 1'500 \text{ m}, \quad T = \quad 205.30 \text{ s}$$
$$X = 10'000 \text{ m}, \quad T = 1'706.57 \text{ s} \ .$$

Die relativen Fehler liegen bei 1 bis 3%, die Annäherung ist also recht ordentlich.

Man kann auch die umgekehrte Fragestellung untersuchen: Wie weit rennt ein Spitzenathlet in einer Stunde? Dazu lösen wir die Gleichung

$$3600 = 0.0585 \cdot X^{1.116}$$

nach X auf. Wir erhalten

$$X = \sqrt[1.116]{3600/0.0585} = 19'516 \text{ m} .$$

(Die schweizerische Bestleistung über eine Stunde liegt allerdings bei 20'624 m.) $\boxtimes$

Es sei noch darauf hingewiesen, dass viele Taschenrechner über eingebaute Programme zur Berechnung der Regressionsgeraden verfügen.

Wir haben weiter oben bemerkt, dass die gemäss (3) und (5) bestimmten Werte von a und b die einzigen Zahlen mit $F_a(a,b) = F_b(a,b) = 0$ sind und daraus geschlossen, dass das Minimum von F an dieser Stelle angenommen wird, denn aus anschaulichen Gründen muss F ein Minimum haben. Nun wollen wir dies, wie weiter oben versprochen, noch rein rechnerisch nachweisen. Aus

$$F_a(a,b) = 2 \sum x_i(ax_i + b - y_i),$$
$$F_b(a,b) = 2 \sum (ax_i + b - y_i)$$

(vgl. oben) folgt

$$F_{aa}(a,b) = 2 \sum x_i^2 , \quad F_{ab}(a,b) = 2 \sum x_i , \quad F_{bb}(a,b) = 2n .$$

Wir erhalten weiter

$$A(a,b) = 4n \sum x_i^2 - 4 \Big(\sum x_i \Big)^2 .$$

(Die rechte Seite ist hier unabhängig von a und b.)

Wir möchten zeigen, dass $A(a,b) > 0$ ist und wenden dazu einen kleinen Trick an: Mit

$$\overline{x} = \frac{1}{n} \sum x_i$$

bezeichnen wir den Durchschnitt (arithmetisches Mittel) der Zahlen $x_1, \ldots, x_n$. Als Summe von Quadraten ist dann der Ausdruck

$$S = \sum (x_i - \overline{x})^2 \geq 0 .$$

Ferner gilt $S = 0$ genau dann, wenn jeder Summand gleich Null, d.h., wenn $x_i = \overline{x}$, ist für alle $i = 1, \ldots, n$. Dann sind aber alle x_i gleich, und diesen Fall haben wir von Anfang an ausgeschlossen. Somit ist $S > 0$. Nun multiplizieren wir aus:

$$S = \sum (x_i - \overline{x})^2 = \sum (x_i^2 - 2x_i\overline{x} + \overline{x}^2)$$
$$= \sum x_i^2 - 2\overline{x} \sum x_i + \sum \overline{x}^2 = \sum x_i^2 - 2\overline{x} \cdot n\overline{x} + n\overline{x}^2$$
$$= \sum x_i^2 - n\overline{x}^2 = \sum x_i^2 - n\Big(\frac{1}{n} \sum x_i\Big)^2 = \sum x_i^2 - \frac{1}{n}\Big(\sum x_i\Big)^2 .$$

Wegen $S > 0$ ist auch $nS > 0$, also

(*)
$$n \sum x_i^2 - \left(\sum x_i \right)^2 > 0 \, .$$

Daraus folgt $A > 0$: die Funktion F hat an der kritischen Stelle ein relatives Extremum, das wegen $F_{aa}(a,b) = 2 \sum x_i^2 > 0$ (es können ja nicht alle $x_i = 0$ sein) ein relatives Minimum ist (vgl. (23.5.c)).

Nebenbei bemerkt zeigt (*), dass der Nenner in den obenstehenden Formeln (3) und (5) stets $\neq 0$ ist.

(23.∞) Aufgaben

Wir haben bereits darauf aufmerksam gemacht, dass bei Funktionen von $\mathbb{R}^2$ nach $\mathbb{R}$ nicht von relativen Extrema auf absolute geschlossen werden kann (siehe Gegenbeispiel bei (23.5)). Die nachfolgenden Aufgaben sind jetzt aber der Übung halber so zu lösen, als ob dieser Schluss immer richtig sei — er stimmt in diesen Fällen auch tatsächlich.

23−1 Berechnen Sie alle partiellen Ableitungen 1. Ordnung von

a) $f(x,y) = xy^2 + x^2 \sqrt{y} + \dfrac{x}{y}$

         b) $g(r,s) = \ln(r^2 + rs + 1)$

c) $h(u,v) = \arctan \sqrt{u^2 + v^2}$

         d) $F(\alpha, \beta) = \alpha \sin(\alpha^2 - \beta^2)$

e) $G(r,s,t) = \exp(r + st + r^2 t^3)$

         f) $F(x,y,z) = \dfrac{x+y}{z} + \dfrac{x}{y+z}$

23−2 Berechnen Sie

a) $\dfrac{\partial^2}{\partial x \partial y} \cos(x^2 + xy)$

         b) F_{xyz} für $F(x,y,z) = \dfrac{x^2 y}{z} + \dfrac{zy}{x^2}$ $(x, z \neq 0)$

c) Alle partiellen Ableitungen 2. Ordnung von $G(x,y) = x \ln(xy^2)$.

d) Alle partiellen Ableitungen 2. Ordnung von $H(x,y,z) = \dfrac{x + y^2}{z^2 + 1}$.

23−3 Berechnen Sie die folgenden Ausdrücke und vereinfachen Sie sie soweit als möglich.

a) $f_\alpha + f_\beta$ für $f(\alpha, \beta) = \sin \alpha \cos \beta$.

b) $r_{xx} + r_{yy}$ für $r(x,y) = \sqrt{x^2 + y^2}$.

23−4 In der Differentialgleichung

$$\frac{\partial C}{\partial t} = \frac{\partial^2 C}{\partial x^2}$$

kommen partielle Ableitungen vor. Man spricht deshalb von einer *partiellen Differentialgleichung*.

a) Welche Beziehung müssen die Zahlen a und b erfüllen, damit $C(x,t) = \exp(ax + bt)$ eine Lösung der obigen Gleichung ist?

b) Bestimmen Sie c so, dass $C(x,t) = t^{-1/2} \exp\left(-\dfrac{x^2}{ct} \right)$ eine Lösung der obigen Gleichung ist.

23−5 Gegeben ist eine Funktion von zwei Variablen. Gesucht sind, wenn vorhanden, die relativen Extrema. Wo werden sie angenommen, welches ist der extremale Funktionswert?

a) $f : \mathbb{R}^2 \to \mathbb{R}$, $f(x,y) = 3x^2 - 3xy + 2y^2 - 9x + 2y + 1$.

b) $g : \mathbb{R}^2 \to \mathbb{R}$, $g(x,y) = x^2 - 3xy + y^2 - x - y + 7$.

23.∞ Aufgaben

23–6 Dasselbe für

    a) $f(x,y) = x^2(y+1) - 5xy + 6y + 1$.
    b) $f(x,y) = (6 - x - y)x^2 y^3 \ (x > 0, y > 0)$.
    c) $f(x,y) = x^3 - xy + y^2 - 5y$.

23–7 Die Wirkung $W(x,t)$, die x Einheiten eines Medikaments t Stunden nach der Einnahme auf einen Patienten haben, wird in manchen Fällen durch $W(x,t) = (x^2 a - x^3)t^2 \cdot e^{-t}$ $(0 < x < a, \ t > 0)$ dargestellt. Bestimmen Sie die Dosis x und die Zeit t so, dass $W(x,t)$ maximal ist.

23–8 Bestimmen Sie die Zahlen a, b, c so, dass deren Summe gleich 90 und deren Quadratsumme minimal ist.

23–9 Eine quaderförmige Pappschachtel hat einen Stülpdeckel, dessen Höhe h einen Viertel der Schachtelhöhe z beträgt. Das Volumen der Schachtel soll 6400 cm^3 betragen. Bestimmen Sie die Dimensionen x, y, z der Schachtel so, dass der Kartonverbrauch minimal wird. Dabei ist die Kartondicke zu vernachlässigen.

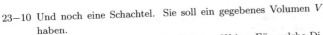

23–10 Und noch eine Schachtel. Sie soll ein gegebenes Volumen V haben.

    a) Wir verschnüren sie in der üblichen Weise. Für welche Dimensionen x, y, z wird der Schnurverbrauch minimal?
    b) Wie sieht die Sache aus, wenn die Schnur für den einen "Umlauf", nämlich parallel zu den Kanten x und z doppelt genommen wird?

Der Schnurverbrauch für den Knoten braucht nicht berücksichtigt zu werden.

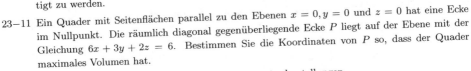

23–11 Ein Quader mit Seitenflächen parallel zu den Ebenen $x = 0, y = 0$ und $z = 0$ hat eine Ecke im Nullpunkt. Die räumlich diagonal gegenüberliegende Ecke P liegt auf der Ebene mit der Gleichung $6x + 3y + 2z = 6$. Bestimmen Sie die Koordinaten von P so, dass der Quader maximales Volumen hat.

23–12 Zwei Raumkurven sind gegeben durch die Parameterdarstellungen

$$\vec{r}(t) = \begin{pmatrix} t \\ 1 - t \\ \dfrac{1}{2} \end{pmatrix} \qquad \text{und} \qquad \vec{s}(u) = \begin{pmatrix} 0 \\ 1 - u \\ u^2 \end{pmatrix}$$

Bestimmen Sie den kleinsten Abstand der beiden Kurven (es genügt, das Quadrat des Abstands zu minimieren!).

23–13 Welcher Punkt der Ebene mit der Gleichung $2x - y + 2z = 16$ hat vom Nullpunkt den kleinsten Abstand?

23–14 Der Graph der Funktion $f(x,y) = \sqrt{1 + 2x^2 + y^2}$ ist eine Fläche im Raum. Welcher Punkt dieser Fläche hat vom Punkt $(6, 2, 0)$ minimalen Abstand? Wie gross ist dieser minimale Abstand?

23–15 Welcher Punkt der durch $z = xy + 1$ gegebenen Fläche hat vom Punkt $(1, 1, 0)$ minimalen Abstand? Wie gross ist dieser?

23–16 Das skizzierte, aus einem Rechteck und einem gleichschenkligen Dreieck bestehende Fünfeck hat einen gegebenen Umfang U. Bestimmen Sie x, y und α so, dass sein Flächeninhalt maximal wird.

23–17 Berechnen Sie mit Hilfe der Methode der kleinsten Quadrate diejenige Gerade, welche die Punkte (x_i, y_i) am besten approximiert.

x_i	0	2	4	6	8	10
y_i	1.3	2.6	3.4	4.5	5.3	6.4

Welchen y–Wert würden Sie für $x = 12$ erwarten? Für welchen x–Wert wird (ungefähr) der Wert $y = 5$ angenommen?

23–18 Es wird vermutet, dass die folgenden Daten zu einer Exponentialfunktion $Y = cr^x$ gehören.

x_i	2	4	6	8
Y_i	2	3.5	6	10

Bringen Sie die Gleichung durch Logarithmieren auf lineare Form ,und berechnen Sie die Koeffizienten der Regressionsgeraden sowie c und r.

23–19 Die folgende Tabelle enthält die Schweizerrekorde über einige Laufdistanzen bei den Damen (Stand 31.07.2019).

Distanz in m	100	400	1000	5000
Laufzeit	10.95	50.52	2:31.51	14:59.28

Versuchen Sie, näherungsweise die Rekordzeiten über 800 m und 1500 m zu berechnen.

24. DAS TOTALE DIFFERENTIAL

(24.1) Überblick

In Kapitel 7 haben wir versucht, eine Funktion einer Variablen in der Nähe eines Punktes möglichst gut durch eine lineare Funktion zu approximieren. Dabei wurde der Graph durch die Tangente ersetzt.

Hier wollen wir dasselbe im zweidimensionalen Fall tun. An die Stelle der Tangente tritt nun die *Tangentialebene*.

(24.2)

Ähnlich wie in Kapitel 7 wird man auf den Begriff des Differentials geführt, das hier genauer *totales Differential* heisst und durch

(24.3)

$$df = f_x(x_0, y_0)\, dx + f_y(x_0, y_0)\, dy$$

gegeben ist. Es kann z.B. zur Untersuchung der *Fehlerfortpflanzung* verwendet werden.

(24.4)

Im Gegensatz zum Fall einer Variablen ist hier das Differential df nicht immer eine "gute" Approximation des Funktionszuwachses Δf. Diese Tatsache führt dazu, den Begriff der *totalen Differenzierbarkeit* einzuführen.

(24.5)

Schliesslich erwähnen wir noch kurz den Zusammenhang mit Kurvenintegralen und *Differentialformen*, der in der Physik wichtig ist.

(24.7)

(24.2) Die Tangentialebene

In (7.3) und (7.4) haben wir eine Funktion f einer Variablen in der Umgebung eines Punktes x_0 linearisiert, d.h., wir haben sie durch die lineare Funktion

$$p(x) = f(x_0) + f'(x_0)(x - x_0)$$

approximiert. Geometrisch bedeutete dies, dass der Graph der Funktion durch die Tangente im Kurvenpunkt $(x_0, f(x_0))$ ersetzt wurde.

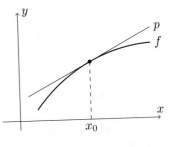

Wir stellen uns nun die Aufgabe, das analoge Problem für Funktionen von zwei Variablen zu lösen. Gegeben ist also eine Funktion f von zwei Variablen und ein innerer Punkt (x_0, y_0) ihres Definitionsbereichs. Gesucht ist eine lineare Funktion p von zwei Variablen, welche in der Nähe von (x_0, y_0) eine (zunächst im anschaulichen Sinn) gute Approximation von f sein soll. Der Graph einer solchen linearen Funktion ist eine

Ebene (22.4), und man kann sich vorstellen, dass der Graph von p die Tangentialebene an den Graphen von f im Punkt $P_0(x_0, y_0, z_0)$ (mit $z_0 = (x_0, y_0)$) sein wird.

Dazu müssen wir uns zuerst überlegen, wie man die Tangentialebene überhaupt definieren kann. Anschaulich wird man sagen, dass die Tangentialebene eine Ebene ist, die den Graphen im Punkt P_0 berührt, d.h. sich dort möglichst gut an diesen Graphen anschmiegt. Diese Idee kann nun in eine "mathematischere" Beschreibung verwandelt werden. Wir sagen, die Ebene E sei die Tangentialebene an den Graphen von f im Punkt P_0, wenn sie die folgende Eigenschaft hat: Für jede auf dem Graphen der Fläche verlaufende und durch P_0 gehende Kurve liegt die Kurventangente im Punkt P_0 in der Ebene E.

Zwei derartige Kurven haben wir schon oft angetroffen, nämlich die Graphen der partiellen Funktionen φ und ψ für festes y_0 bzw. x_0. Aufgrund unserer obigen Definition enthält die Tangentialebene E sicher die Tangenten an die Graphen von φ und ψ. Diese Tatsache leuchtet auch geometrisch ein, wenn man die folgende Skizze betrachtet, wo die Richtungsvektoren $\vec{u}$ und $\vec{v}$ dieser Tangenten eingetragen sind, also die sogenannten Tangentialvektoren. Dabei ist nur die Richtung von $\vec{u}$ und $\vec{v}$ wichtig, auf die Länge dieser Vektoren kommt es nicht an.

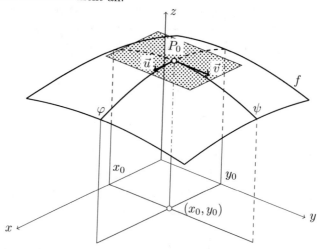

Wie findet man nun die Gleichung dieser Tangentialebene? Zunächst muss sie sicher durch den Punkt $P_0(x_0, y_0, z_0)$ mit $z_0 = f(x_0, y_0)$ gehen. Ferner enthält sie, wie erwähnt, die Tangenten an die Graphen der partiellen Funktionen φ und ψ, also auch die Tangentialvektoren $\vec{u}$ und $\vec{v}$. In (8.4) und (8.5) haben wir aber gelernt, dass man die Tangentialvektoren an eine mittels Parameterdarstellung gegebene Kurve durch Berechnung der Ableitung findet. Wir stellen deshalb eine Parameterdarstellung der durch φ gegebenen Raumkurve auf. Die Punkte auf dieser Kurve haben die Koordinaten $P(x, y_0, \varphi(x))$, wo $\varphi(x) = f(x, y_0)$ eine partielle Funktion ist. Um dieselbe Bezeichnung wie in Kapitel 8 zu haben, ersetzen wir x durch t. Für den Ortsvektor $\overrightarrow{OP} = \vec{r}(t)$ gilt dann

$$\vec{r}(t) = \begin{pmatrix} t \\ y_0 \\ \varphi(t) \end{pmatrix}.$$

Für $t = x_0$ ergibt sich der Ortsvektor $\overrightarrow{OP_0}$. Die Ableitung dieses Vektors nach t ist

$$\dot{\vec{r}}(t) = \begin{pmatrix} 1 \\ 0 \\ \varphi'(t) \end{pmatrix},$$

und wenn wir hier $t = x_0$ setzen, so erhalten wir den gesuchten Tangentialvektor $\vec{u}$. Dabei beachten wir noch, dass $\varphi'(x_0) = f_x(x_0, y_0)$ (partielle Ableitung) ist. Wir finden somit

$$\vec{u} = \begin{pmatrix} 1 \\ 0 \\ f_x(x_0, y_0) \end{pmatrix}.$$

Völlig analog berechnen wir

$$\vec{v} = \begin{pmatrix} 0 \\ 1 \\ f_y(x_0, y_0) \end{pmatrix}.$$

Da diese beiden Vektoren in der gesuchten Tangentialebene liegen, ist diese normal zu

$$\vec{n} = \vec{u} \times \vec{v} = \begin{pmatrix} -f_x(x_0, y_0) \\ -f_y(x_0, y_0) \\ 1 \end{pmatrix}.$$

Da aber die Tangentialebene auch noch durch $P_0(x_0, y_0, z_0)$ geht, können wir ihre Gleichung gemäss (1.7.b) bestimmen. Sie lautet

$$\vec{n}(\vec{r} - \vec{a}) = 0$$

mit

$$\vec{a} = \begin{pmatrix} x_0 \\ y_0 \\ z_0 \end{pmatrix}.$$

Ausrechnen liefert

$$-f_x(x_0, y_0)(x - x_0) - f_y(x_0, y_0)(y - y_0) + (z - z_0) = 0$$

oder, wenn z_0 durch $f(x_0, y_0)$ ersetzt und die Gleichung umgeformt wird,

$$\boxed{z = f(x_0, y_0) + f_x(x_0, y_0)(x - x_0) + f_y(x_0, y_0)(y - y_0).}$$

Dies ist also die gesuchte Gleichung der Tangentialebene. Beachten Sie die Analogie zur am Anfang des Abschnitts angegebenen Tangentengleichung im eindimensionalen Fall.

Beispiel

Wir betrachten die Funktion $z = f(x,y) = xy$ (vgl. (22.4.b) für Skizzen) und bestimmen die Tangentialebene für $x_0 = 2$, $y_0 = 3$. Wegen $f_x(x,y) = y$, $f_y(x,y) = x$ ist

$$f(x_0,y_0) = 6, \quad f_x(x_0,y_0) = 3, \quad f_y(x_0,y_0) = 2 .$$

Die Gleichung der Tangentialebene im Punkt $P_0(6,3,2)$ lautet also

$$z = 6 + 3(x - 2) + 2(y - 3) = 3x + 2y - 6$$

oder auch

$$3x + 2y - z - 6 = 0 .$$

⊠

Zur Frage der Existenz der Tangentialebene

Von unserer Tangentialebene haben wir eingangs dieses Abschnitts verlangt, dass sie für *jede* durch P_0 gehende und auf dem Graphen von f liegende Kurve die Tangente in P_0 enthält. Ob eine solche Ebene überhaupt existiert, haben wir ausser acht gelassen. Wenn es nun tatsächlich eine Tangentialebene gibt, so enthält sie sicher die Vektoren $\vec{u}$ und $\vec{v}$ (Tangentialvektoren an die durch φ bzw. ψ gegebenen Kurven) und hat deshalb die oben hergeleitete Gleichung

$$z = f(x_0,y_0) + f_x(x_0,y_0)(x - x_0) + f_y(x_0,y_0)(y - y_0) .$$

Es gibt aber noch viele weitere Kurven, die auf der Fläche liegen und durch P_0 gehen. Es ist a priori gar nicht klar, ob wirklich die Tangenten (in P_0) an *alle* diese Kurven in unserer Ebene liegen. In der Tat gibt es Beispiele, wo dies nicht zutrifft. In einem solchen Fall existiert die Tangentialebene nicht; die obige Gleichung beschreibt dann zwar eine durch P_0 gehende Ebene, aber eben nicht die Tangentialebene. In (24.6) werden wir ein Beispiel für diese Situation antreffen.

Für die Praxis ist die hier angesprochene Schwierigkeit aber von untergeordneter Bedeutung, denn für die üblicherweise vorkommenden Funktionen existiert die Tangentialebene stets. Für den nächsten Abschnitt setzen wir zunächst einfach die Existenz von $f_x(x_0,y_0)$ und $f_y(x_0,y_0)$ voraus, vgl. aber (24.5) und (24.6) für genauere Informationen.

(24.3) Das totale Differential

Unser Ziel war es, die Funktion $f(x,y)$ in der Nähe von (x_0,y_0) durch eine lineare Funktion $p(x,y)$ zu approximieren. Gemäss den Überlegungen von (24.2) wird man

(1) $$p(x,y) = f(x_0,y_0) + f_x(x_0,y_0)(x - x_0) + f_y(x_0,y_0)(y - y_0)$$

wählen.

Wir können nun die in (7.4) angestellten Untersuchungen auf die neue Situation ausdehnen: Wir betrachten die Punkte (x_0, y_0) und (x, y) aus dem Definitionsbereich von f und verwenden die üblichen Abkürzungen

$$\Delta x = x - x_0$$
$$\Delta y = y - y_0$$
$$\Delta f = f(x, y) - f(x_0, y_0) = f(x_0 + \Delta x, \ y_0 + \Delta y) - f(x_0, y_0) \ .$$

Hier ist Δf die Änderung des Funktionswerts von f, wenn man von (x_0, y_0) nach (x, y) geht. In der Nähe von (x_0, y_0) gilt

$$f(x, y) \approx p(x, y) \ ,$$

und wegen (1) können wir schreiben:

(2) $$f(x, y) - f(x_0, y_0) \approx f_x(x_0, y_0)(x - x_0) + f_y(x_0, y_0)(y - y_0)$$

oder

(3) $$\boxed{\Delta f \approx f_x(x_0, y_0)\Delta x + f_y(x_0, y_0)\Delta y \ .}$$

Den rechtsstehenden Ausdruck nennt man das *totale Differential* von f (an der Stelle (x_0, y_0)) und bezeichnet ihn mit df,

(4) $$\boxed{df = f_x(x_0, y_0)\Delta x + f_y(x_0, y_0)\Delta y \ ,}$$

oder, mit den Bezeichnungen $dx = \Delta x, \ dy = \Delta y$:

(5) $$\boxed{df = f_x(x_0, y_0)\, dx + f_y(x_0, y_0)\, dy \ .}$$

Die Formel (3) lautet dann kurz

(6) $$\boxed{\Delta f \approx df \ .}$$

Der Name "totales Differential" kann so gedeutet werden: Die Zahl df gibt den Zuwachs wieder, wenn man sowohl x als auch y verändert. Dagegen beschreibt $f_x(x_0, y_0)\, dx$ allein die "partielle" Änderung in x–Richtung, analog $f_y(x_0, y_0)\, dy$.

Setzt man in (1) $x = x_0, \ y = y_0$, so folgt zunächst $p(x_0, y_0) = f(x_0, y_0)$, und aus (1) erhält man

$$p(x, y) - p(x_0, y_0) = f_x(x_0, y_0)(x - x_0) + f_y(x_0, y_0)(y - y_0)$$

oder

(7)
$$df = p(x, y) - p(x_0, y_0) .$$

Die Zahl df ist also die Änderung des Werts der linearen "Ersatzfunktion" p, wenn man von (x_0, y_0) nach (x, y) geht. Auch hier ist die Analogie zum Fall einer Variablen (7.4) evident. Wie schon damals wird df gemäss (6) zur Approximation von Δf gebraucht, vgl. die Beispiele weiter unten. Die folgende Figur zeigt den Sachverhalt geometrisch auf.

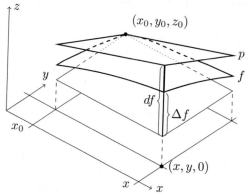

Genau gleich definiert man das totale Differential für Funktionen von mehr als zwei Variablen. Beispielsweise hat man für drei Veränderliche:

$$df = f_x(x_0, y_0, z_0)\Delta x + f_y(x_0, y_0, z_0)\Delta y + f_z(x_0, y_0, z_0)\Delta z .$$

Natürlich ist hier eine zeichnerische Darstellung im dreidimensionalen Raum nicht mehr möglich.

Beispiele

1. Es sei $f(x, y) = x^2 y + xy^3$. Gesucht ist das totale Differential an der Stelle $x_0 = 1$, $y_0 = 2$.

   Wegen $f_x(x, y) = 2xy + y^3$, $f_y(x, y) = x^2 + 3xy^2$ ist $f_x(x_0, y_0) = 12$, $f_y(x_0, y_0) = 13$. Wir erhalten somit

   $$df = 12\Delta x + 13\Delta y .$$

   Gibt man Δx und Δy noch zahlenmässig an, z.B. $\Delta x = 0.01$, $\Delta y = -0.05$, so findet man

   $$df = 12 \cdot 0.01 + 13 \cdot (-0.05) = -0.53 .$$

   Mit diesen Zahlen können wir Δf auch exakt ausrechnen.

   $$\Delta f = f(x_0 + \Delta x, \ y_0 + \Delta y) - f(x_0, y_0) = 9.48 - 10 = -0.52 .$$

   Dies bestätigt die Beziehung $\Delta f \approx df$.

   ⊠

2. Wir betrachten einen Zylinder vom Radius r und von der Höhe h. Sein Volumen ist gegeben durch

$$V = V(r,h) = \pi r^2 h .$$

Wir gehen jetzt von den Ausgangsgrössen r_0 und h_0 zu neuen Grössen r und h über und fragen uns, wie sich das Volumen V ändert. Mit $\Delta r = r - r_0$, $\Delta h = h - h_0$ wird

$$\Delta V = V(r,h) - V(r_0,h_0) .$$

Setzen wir $r = r_0 + \Delta r$, $h = h_0 + \Delta h$, so erhalten wir

$$\Delta V = \pi(r_0 + \Delta r)^2(h_0 + \Delta h) - \pi r_0^2 h_0$$
$$= 2\pi r_0 h_0 \Delta r + \pi r_0^2 \Delta h + \pi h_0(\Delta r)^2 + 2\pi r_0 \Delta r \Delta h + \pi(\Delta r)^2 \Delta h .$$

Das totale Differential dagegen errechnet sich zu

$$dV = 2\pi r_0 h_0 \Delta r + \pi r_0^2 \Delta h .$$

Es unterscheidet sich also von ΔV genau um die Terme, in welchen Δr bzw. Δh in "höherer Ordnung" (Produkte bzw. Potenzen) vorkommen (vgl. (19.9)). ⊠

(24.4) Anwendung auf die Fehlerfortpflanzung

Das totale Differential wird gebraucht, wenn man die Fortpflanzung von Fehlern bei Funktionen von zwei und mehr Variablen untersuchen will. Das eindimensionale Analogon wurde bereits in (7.5) betrachtet.

Es seien x, y Messgrössen mit den wahren Werten x_0, y_0 und den *absoluten Fehlern* $\Delta x = x - x_0$, $\Delta y = y - y_0$. Auf (x,y) werde nun eine Funktion f von zwei Variablen angewendet. Wie pflanzt sich der Fehler fort? Gesucht ist also der Fehler $\Delta f = f(x,y) - f(x_0,y_0)$ in Abhängigkeit von den Fehlern Δx und Δy. Die Formel (6) von (24.3) hilft uns weiter:

$$\Delta f \approx df .$$

Explizit ist

$$\Delta f \approx f_x(x_0,y_0)\Delta x + f_y(x_0,y_0)\Delta y .$$

Beispiele

1. In einem rechtwinkligen Dreieck werden die Hypotenuse c und der Winkel α gemessen. Man erhält $c = 100$ mm mit einer Genauigkeit von ± 0.1 mm und $\alpha = 40°$ mit einer Genauigkeit von $\pm 1°$. Anschliessend berechnet man die Kathete

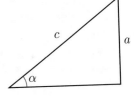

$$a = c \sin \alpha \ (= 64.28) .$$

Wie genau ist das Resultat ungefähr? Durch die Erfahrung gewitzigt (vgl. etwa die Beispiele 2. in (7.3) und (7.5)), arbeiten wir im Bogenmass. Es ist dann

$$c = 100, \ |\Delta c| \le 0.1 \ ,$$

$$\alpha = \frac{40\pi}{180}, \ |\Delta\alpha| \le \frac{\pi}{180} \ .$$

Gesucht ist

$$\Delta a \approx da = a_c(c_0, \alpha_0)\Delta c + a_\alpha(c_0, \alpha_0)\Delta\alpha = \sin\alpha_0\Delta c + c_0\cos\alpha_0\Delta\alpha \ .$$

Wie schon in (7.5) nähern wir die unbekannten wahren Werte c_0, α_0 durch die Messwerte c, α an. Dann ist

$$\Delta a \approx \sin\left(\frac{40\pi}{180}\right)\Delta c + 100\cos\left(\frac{40\pi}{180}\right)\Delta\alpha = 0.64\Delta c + 76.60\Delta\alpha \ .$$

Wir wissen, dass $|\Delta c| \le 0.1$ und $|\Delta\alpha| \le \pi/180$ ist. Daraus folgt*

$$|\Delta a| \lesssim |0.64\Delta c| + |76.60\Delta\alpha| \ \le 0.64 \cdot 0.1 + 76.60\frac{\pi}{180} = 1.40 \ .$$

Man findet also $a = 64.28 \pm 1.40$ mm.

⊠

2. Dieses Beispiel betrachten wir im Hinblick auf den relativen Fehler. Es sei

$$f(x, y) = xy \ .$$

Dann ist

$$f_x(x_0, y_0) = y_0 \ , \quad f_y(x_0, y_0) = x_0 \ ,$$

sowie

$$\Delta f \approx y_0\Delta x + x_0\Delta y \ .$$

Für $x_0 \ne 0$, $y_0 \ne 0$ können wir durch $x_0 y_0 = f(x_0, y_0)$ dividieren und erhalten

$$\frac{\Delta f}{f(x_0, y_0)} \approx \frac{\Delta x}{x_0} + \frac{\Delta y}{y_0} \ .$$

Die Grösse $\frac{\Delta x}{x_0}$ (absoluter Fehler geteilt durch den wahren Wert) heisst der *relative Fehler* (vgl. (7.5)). In der obigen Formel steht links der relative Fehler von $f(x, y) = xy$, also des Produkts. Wir haben somit gezeigt, dass gilt: Der relative Fehler eines Produkts ist näherungsweise gleich der Summe der relativen Fehler der Faktoren.

Misst man also eine Seite eines Rechtecks mit einem relativen Fehler von 1%, die andere mit einem solchen von 2%, so hat die daraus berechnete Rechtecksfläche einen relativen Fehler von 3%.

---

* Hier wird die "Dreiecksungleichung" benutzt, die besagt, dass $|x + y| \le |x| + |y|$ ist (vgl. (26.8)).

Wie schon in (7.5) sei darauf hingewiesen, dass wir hier den "maximalen Fehler einer Einzelmessung" behandelt haben. Für den "mittleren Fehler einer Reihe von Messungen" gelten andere Fehlerfortpflanzungsgesetze.

(24.5) Totale Differenzierbarkeit

Wie gut ist eigentlich die Approximation von $f(x,y)$ durch die lineare Funktion $p(x,y)$ bzw. jene des Zuwachses Δf durch das Differential df? In (7.6) haben wir diese Frage für Funktionen einer Variablen studiert. Im Fall zweier Variablen lautet die Formel für das Differential

$$df = f_x(x_0,y_0)\Delta x + f_y(x_0,y_0)\Delta y \ .$$

Natürlich müssen wir voraussetzen, dass f partiell differenzierbar ist.

In dieser Formel kommen die partiellen Ableitungen in der x- und der y-Richtung vor. Die Formel scheint also die Änderungen der Funktion beim Fortschreiten in andern Richtungen (z.B. auf der Winkelhalbierenden gemäss Figur) gar nicht zu berücksichtigen. Es ist deshalb eigentlich nicht zum vornherein klar, dass die Approximation beim Übergang von (x_0,y_0) zu einem beliebigen Punkt (x,y) immer gut ist.

Um diesen Problemkreis näher zu untersuchen, betrachten wir wie in (7.5) den "Fehler"

$$r(x,y) = f(x,y) - p(x,y) = \Delta f - df \ .$$

In (7.6) haben wir in der analogen Situation gesehen, dass gilt

$$(*) \qquad \lim_{x \to x_0} \frac{r(x)}{|x-x_0|} = 0 \ ,$$

d.h., dass $r(x)$ auch im Vergleich zum Abstand $|x-x_0|$ klein ist. Es wäre wünschenswert, wenn die analoge Formel auch für zwei Variablen gelten würde. Um sie aufzuschreiben, müssen wir den Nenner $|x-x_0|$, d.h. den Abstand von x und x_0, durch $d((x,y),(x_0,y_0))$ ersetzen (vgl. (22.8)). Wir erhalten so

$$(**) \qquad \lim_{(x,y) \to (x_0,y_0)} \frac{r(x,y)}{d((x,y),(x_0,y_0))} = 0 \ .$$

Beachten Sie, dass gemäss (22.8) die obige Grenzwertbeziehung besagt, dass der Bruch $r(x,y)/d((x,y),(x_0,y_0))$ für alle zum Punkt (x_0,y_0) führenden Wege dem Wert 0 beliebig nahekommt.

Leider gilt nun diese Formel $(**)$ nicht immer. Ein Beispiel dazu folgt in (24.6). Hier tritt also ein wesentlicher Unterschied zu den Funktionen einer Variablen auf:

<u>Eine Variable</u> (vgl. (7.5))

Wenn f in x_0 differenzierbar ist, d.h., wenn $f'(x_0)$ existiert, dann gilt $(*)$ immer.

<u>Zwei Variablen</u>

Wenn f in (x_0, y_0) partiell differenzierbar ist, d.h., wenn $f_x(x_0, y_0)$ und $f_y(x_0, y_0)$ existieren, dann ist es zwar möglich, dass $(**)$ gilt, dies muss aber nicht unbedingt der Fall sein.

Man macht nun aus der Not eine Tugend: Da es wünschenswert ist, dass $(**)$ gilt (die lineare Funktion $p(x, y)$ soll in der Nähe von (x_0, y_0) eine gute Approximation von $f(x, y)$ sein), fordert man diese Bedingung zusätzlich und kommt so auf folgenden neuen Begriff:

Die Funktion f von zwei Variablen heisst *total differenzierbar* an der Stelle (x_0, y_0), wenn sie dort partiell differenzierbar ist und wenn darüber hinaus die Beziehung

$(**)$
$$\lim_{(x,y) \to (x_0, y_0)} \frac{r(x, y)}{d((x, y), (x_0, y_0))} = 0$$

gilt.

Wie eben erwähnt wurde (vgl. das Beispiel in (24.6)), ist nicht jede partiell differenzierbare Funktion auch total differenzierbar. Für solche Funktionen kann man zwar das totale Differential immer noch bilden, aber es ist dann keine "gute" Approximation von f mehr, da $(**)$ verletzt ist.

Zum Glück ist diese Schwierigkeit für die Praxis kaum von Bedeutung. In den meisten Fällen sind nämlich die partiell differenzierbaren Funktionen auch total differenzierbar, denn es gilt die folgende, ohne Beweis mitgeteilte Tatsache:

Wenn f in einer gewissen Umgebung von (x_0, y_0) partiell differenzierbar ist und wenn die partiellen Ableitungen in (x_0, y_0) stetig sind, dann ist f in (x_0, y_0) total differenzierbar.

Da in der Praxis diese Stetigkeitsbedingung meist erfüllt ist, pflegt man das totale Differential ohne Skrupel zu verwenden.

Der Fall von mehr als zwei Variablen wird entsprechend behandelt. Der Begriff der totalen Differenzierbarkeit ist zum systematischen Studium von Funktionen von mehreren Variablen von fundamentaler Bedeutung. Wir werden aber diese Betrachtungen hier nicht weiterführen.

(24.6) Ein Gegenbeispiel

Hier geben wir für speziell Interessierte das versprochene Beispiel einer partiell, aber nicht total differenzierbaren Funktion an. Dasselbe Beispiel zeigt auch, dass die Tangentialebene nicht immer zu existieren braucht. Es sei

$$f : \mathbb{R}^2 \to \mathbb{R}, \quad f(x,y) = \sqrt[3]{x^3 + y^3} \,,$$

und wir wählen $(x_0, y_0) = (0,0)$. Die üblichen Ableitungsregeln ergeben

$$f_x(x,y) = \frac{x^2}{(\sqrt[3]{x^3 + y^3})^2} \,, \quad f_y(x,y) = \frac{y^2}{(\sqrt[3]{x^3 + y^3})^2} \,.$$

Für $x = y = 0$ liefern diese Formeln den undefinierten Ausdruck $\frac{0}{0}$. Trotzdem existieren dort die partiellen Ableitungen, wie man durch direkte Limesbildung erkennt: Es ist nämlich gemäss (23.2.d)

$$f_x(0,0) = \lim_{x \to 0} \frac{f(x,0) - f(0,0)}{x - 0} = \lim_{x \to 0} \frac{x}{x} = 1 \,.$$

Analog findet man

$$f_y(0,0) = 1 \,.$$

Für die lineare Funktion $p(x,y)$ erhalten wir

$$p(x,y) = f_x(0,0)x + f_y(0,0)y = x + y \,.$$

Somit ist

$$r(x,y) = f(x,y) - p(x,y) = \sqrt[3]{x^3 + y^3} - (x + y) \,.$$

Mit

$$d((x,y),(x_0,y_0)) = \sqrt{x^2 + y^2}$$

erhalten wir

$$\frac{r(x,y)}{d((x,y),(x_0,y_0))} = \frac{\sqrt[3]{x^3 + y^3} - (x + y)}{\sqrt{x^2 + y^2}} \,.$$

Wir wollen nun zeigen, dass der Limes dieses Ausdrucks für $(x,y) \to (x_0, y_0) = (0,0)$ nicht existiert. Wie in (22.8) erwähnt wurde, müsste er sich im Falle der Existenz stets derselben Zahl r nähern, wie immer man sich in der x-y–Ebene an den Punkt $(0,0)$ heranbewegt. Wir geben nun zwei solcher Wege an:

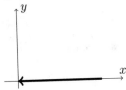

Entlang der x-Achse: $y = 0$, $x > 0$.

$$\frac{\sqrt[3]{x^3 + y^3} - x - y}{\sqrt{x^2 + y^2}} = \frac{x - x}{x} = 0.$$

Der Limes ist $= 0$.

Entlang der Winkelhalbierenden $y = x$, $x, y > 0$.

$$\frac{\sqrt[3]{x^3 + y^3} - x - y}{\sqrt{x^2 + y^2}} = \frac{\sqrt[3]{2x^3} - 2x}{\sqrt{2x^2}} = \frac{\sqrt[3]{2}x - 2x}{\sqrt{2}x} \,.$$

Der Limes ist $\dfrac{\sqrt[3]{2} - 2}{\sqrt{2}} \neq 0$.

Der Grenzwert

$$\lim_{(x,y)\to(x_0,y_0)} \frac{r(x,y)}{d((x,y),(0,0))}$$

existiert also nicht einmal, geschweige denn, dass er $= 0$ wäre. Die Formel $(**)$ ist somit sicher nicht richtig, d.h. diese Funktion f ist in $(0,0)$ nicht total differenzierbar, obwohl sie dort partiell differenzierbar ist, wie wir gesehen haben.

Im Hinblick auf die Bemerkung am Schluss von (24.2) zeigen wir noch, dass für diese Funktion im Punkt $(0,0)$ keine Tangentialebene existiert. Da in diesem Punkt die partiellen Ableitungen existieren (und beide $= 1$ sind) müsste die Tangentialebene E, wenn sie existieren würde, die Gleichung

$$z = x + y \quad \text{oder} \quad x + y - z = 0$$

haben. Dann wäre

$$\vec{n} = \begin{pmatrix} 1 \\ 1 \\ -1 \end{pmatrix}$$

ein Normalenvektor zu E (vgl. (2.6.6)).

Unser Ziel ist es, eine Kurve auf dem Graphen von f anzugeben, die durch $(0,0)$ geht und deren Tangente in diesem Punkt nicht in E liegt. Setzen wir $x = t$, $y = t$, $z = \sqrt[3]{t^3 + t^3} = \sqrt[3]{2}\,t$, so liegt der Punkt (x,y,z) sicher auf dem Graphen von f. Damit liegt die durch

$$\vec{r}(t) = \begin{pmatrix} t \\ t \\ \sqrt[3]{2}\,t \end{pmatrix}$$

gegebene Kurve (eine Gerade) vollständig auf dem Graphen von f. Ableiten liefert

$$\dot{\vec{r}}(t) = \begin{pmatrix} 1 \\ 1 \\ \sqrt[3]{2} \end{pmatrix}, \quad \text{speziell} \quad \dot{\vec{r}}(0) = \begin{pmatrix} 1 \\ 1 \\ \sqrt[3]{2} \end{pmatrix}.$$

Die Kurventangente im Nullpunkt hat die Richtung $\dot{\vec{r}}(0)$ und liegt *nicht* in der Ebene E, denn für den Normalenvektor $\vec{n}$ von E ist das Skalarprodukt

$$\vec{n}\,\dot{\vec{r}}(0) = \begin{pmatrix} 1 \\ 1 \\ -1 \end{pmatrix} \begin{pmatrix} 1 \\ 1 \\ \sqrt[3]{2} \end{pmatrix} = 2 - \sqrt[3]{2} \neq 0\,.$$

Damit ist gezeigt, dass die Funktion f in $(0,0)$ keine Tangentialebene besitzt.

Diese Situation tritt aber, wie schon früher erwähnt, in der Praxis kaum auf. Es gilt nämlich allgemein: Wenn f in (x_0,y_0) total differenzierbar ist (z.B. wenn die partiellen Ableitungen in einer Umgebung von (x_0,y_0) existieren und in (x_0,y_0) stetig sind (vgl. Schluss von (24.5)), dann existiert die Tangentialebene in (x_0,y_0).

(24.7) Differentialformen und Kurvenintegrale

Differentiale von Funktionen von mehreren Variablen werden auch in der Physik (vor allem in der Thermodynamik) verwendet. In diesem Abschnitt erläutern wir einige relevante Begriffsbildungen, ohne aber auf Details einzugehen.

24.7 Differentialformen und Kurvenintegrale

a) <u>Kurvenintegrale über totale Differentiale</u>

Wir betrachten eine Funktion $F(x,y)$ von zwei Variablen, welche total differenzierbar ist, sowie ihr totales Differential

$$dF = F_x(x,y)\,dx + F_y(x,y)\,dy \ .$$

Weiter sei C eine orientierte Kurve in der x-y–Ebene, gegeben durch die Parameterdarstellung

$$\vec{r}(t) = \begin{pmatrix} x(t) \\ y(t) \end{pmatrix}, \qquad a \le t \le b \ .$$

Unter Verwendung von Kurvenintegralen (14.4) kann man nun das totale Differential dF längs C integrieren. Man setzt dazu im Sinne einer Definition

$$\int_C dF = \int_C (F_x(x,y)\,dx + F_y(x,y)\,dy) = \int_C \vec{v}(\vec{r})\,d\vec{r} \ ,$$

wo $\vec{v}(\vec{r})$ das Vektorfeld

$$\vec{v}(\vec{r}) = \begin{pmatrix} F_x(\vec{r}) \\ F_y(\vec{r}) \end{pmatrix} = \begin{pmatrix} F_x(x,y) \\ F_y(x,y) \end{pmatrix}$$

ist.

Gemäss (14.4) rechnet man dieses Integral unter Verwendung der Parameterdarstellung von C als gewöhnliches Integral aus:

$$\int_C dF = \int_a^b \Big(F_x(x(t),\,y(t))\,\dot{x}(t) + F_y(x(t),\,y(t))\,\dot{y}(t) \Big)\,dt \ .$$

Man kann nun zeigen, dass folgende Formel gilt:

$$\int_C dF = F(x(b),\,y(b)) - F(x(a),\,y(a)) \ .$$

Der Wert des Kurvenintegrals hängt also nur vom Anfangspunkt $(x(a),y(a))$ und vom Endpunkt $(x(b),y(b))$ der Kurve und nicht von der Kurve selbst ab:

Jede dieser orientierten Kurven liefert denselben Wert des Integrals.

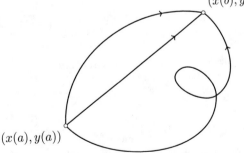

$(x(b),y(b))$

$(x(a),y(a))$

b) <u>Differentialformen</u>

Wir haben in a) Kurvenintegrale der Form

$$\int_C dF = \int_C (F_x(x,y)\,dx + F_y(x,y)\,dy)$$

angeschrieben. Man kann aber auch Kurvenintegrale der allgemeineren Form

$$\int_C (f(x,y)\,dx + g(x,y)\,dy)$$

berechnen und zwar mit der zu a) analogen Formel

$$\int_a^b \Big(f(x(t),\,y(t))\,\dot{x}(t) + g(x(t),\,y(t))\,\dot{y}(t) \Big)\,dt \ .$$

Der Unterschied zu a) ist der, dass hier die Funktionen f, g beliebig sind, während sie beim totalen Differential partielle Ableitungen ein und derselben Funktion F, also von der Form

$$(*) \qquad\qquad f = F_x \ , \quad g = F_y$$

sein müssen. Dies wird im allgemeinen nicht zutreffen. Notwendig für die Gültigkeit von $(*)$ ist auf alle Fälle, dass

$$(**) \qquad\qquad f_y = g_x$$

ist, denn wir wissen aus (23.4), dass $F_{xy} = F_{yx}$ sein muss, jedenfalls unter vernünftigen Voraussetzungen über die Funktion F. Der Ausdruck

$$f(x,y)\,dx + g(x,y)\,dy$$

heisst eine *Differentialform*. Nicht jede Differentialform ist ein totales Differential, da $(*)$ nicht zu gelten braucht. Man kann nun beweisen, dass das Kurvenintegral über eine Differentialform genau dann nur von Anfangs- und Endpunkt der Kurve (und nicht von der Kurve selbst) abhängt, wenn diese Differentialform ein totales Differential ist.

Wir illustrieren diese Tatsache an einem Beispiel: Die Differentialform

$$(x - y)\,dx + (x + y)\,dy$$

ist kein totales Differential, denn

$$\frac{\partial(x - y)}{\partial y} = -1 \neq \frac{\partial(x + y)}{\partial x} = 1 \ .$$

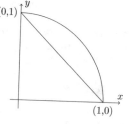

Wir integrieren nun diese Differentialform über zwei verschiedene von $(1, 0)$ nach $(0, 1)$ führende Wege:

C_1: Gerade: $\vec{r}(t) = \begin{pmatrix} 1 - t \\ t \end{pmatrix}$, $0 \leq t \leq 1$.

C_2: Viertelkreis: $\vec{r}(t) = \begin{pmatrix} \cos t \\ \sin t \end{pmatrix}$, $0 \leq t \leq \pi/2$.

Eine leichte Rechnung unter Verwendung der oben angegebenen Formel (vgl. auch (14.6)) zeigt:

$$\int_{C_1} ((x - y)\,dx + (x + y)\,dy) = 1 \ , \quad \int_{C_2} ((x - y)\,dx + (x + y)\,dy) = \pi/2 \ .$$

Das Kurvenintegral hängt also nicht nur von Anfangs- und Endpunkt, sondern vom Weg selbst ab.

c) Anwendung in der Thermodynamik

In der Thermodynamik formuliert man den 1. Hauptsatz mit der Formel

$$\delta Q^{\swarrow} = dU + \delta W^{\nearrow} .$$

Dabei ist $\delta Q^{\swarrow}$ eine dem Gas zugeführte kleine Wärmemenge, dU ist die Änderung der inneren Energie und $\delta W^{\nearrow}$ ist die geleistete Arbeit. Hier ist dU ein totales Differential. Dies bedeutet, dass die gesamte innere Energie

$$U = \int_C dU$$

nur vom Zustand (V, T) (V: Volumen, T: Temperatur) abhängt und nicht vom Weg (Kurve C in der V-T–Ebene), auf dem das System zu diesem Zustand gelangt ist, vgl. Schluss von (24.7.a). Man sagt deshalb, U sei eine Zustandsgrösse. Dagegen sind Q und W keine Zustandsgrössen, und $\delta Q^{\swarrow}$ sowie $\delta W^{\nearrow}$ sind keine totalen Differentiale (deshalb das Zeichen δ statt d), sondern allgemeinere Differentialformen, bei denen der Wert des Kurvenintegrals von der durchlaufenen Kurve in der V-T–Ebene abhängt.

(24.∞) Aufgaben

24–1 Bestimmen Sie die Gleichung der Tangentialebene

    a) der Funktion $f(x, y) = x^2 y + 2xy^3 + x + 1$ im Punkt $x_0 = 1$, $y_0 = -1$, $z_0 = ?$,

    b) der Funktion $g(x, y) = \frac{x}{y} + \frac{y}{x}$ $(x, y > 0)$ im Punkt $x_0 = 2$, $y_0 = 1$, $z_0 = ?$.

24–2 a) Durch die Gleichung $z = x^2 + y^2$ wird ein Rotationsparaboloid beschrieben (siehe (22.4.b)). In welchem Punkt dieser Fläche ist die Tangentialebene normal zum Vektor

$$\vec{n} = \begin{pmatrix} -2 \\ -4 \\ 1 \end{pmatrix} ?$$

    b) Die Gleichung $3x^2 + 2y^2 + z^2 = 15$ beschreibt ein Ellipsoid. In welchem Punkt mit positiver z–Koordinate ist die Tangentialebene parallel zur Ebene mit der Gleichung $-3x + 4y + 2z = 1$?

24–3 a) Bestimmen Sie das totale Differential der Funktion $f(x, y) = \ln(x + y^2)$ im Punkt $(1, 2)$.

    b) Bestimmen Sie das totale Differential der Funktion $g(x, y) = \frac{3x + 8y}{y^2 + 1}$ im Punkt $(-2, 2)$.

24–4 Berechnen Sie den Wert des Differentials von $f(x, y, z) = (x + yz)e^{xz}$ an der Stelle $x_0 = 0$, $y_0 = 1$, $z_0 = -1$ für die Werte $\Delta x = 0.01$, $\Delta y = 0.05$, $\Delta z = -0.05$.

24–5 Ein gerader Kreiskegel hat den Radius r und die Höhe h. Diese Grössen werden um Δr bzw. Δh geändert. Approximieren Sie die Änderungen des Volumens V und der Mantelfläche M durch das totale Differential. Vergleichen Sie dV und ΔV.

24–6 Der Flächeninhalt eines Kreissegments mit Radius r und Öffnungswinkel α ist gegeben durch $A = \frac{r}{2}(\alpha - \sin\alpha)$. Wir nehmen an, der Winkel könne auf $1°$ genau, der Radius auf 1 mm genau gemessen werden. Wie gross ist ungefähr der maximale Fehler für den Flächeninhalt, wenn eine Messung die Werte $r = 50$ mm, $\alpha = 70°$ ergibt?

24–7 Der (elektrische) Widerstand R (in Ω) eines Drahtes ist gegeben durch die Formel $R = \rho\ell/A$. Dabei ist ρ der spezifische Widerstand (in Ωm), ℓ die Länge (in m) und A die Querschnittsfläche des Drahtes (in m^2).

Ein Draht mit kreisförmigem Querschnitt habe eine Länge von 50 cm (auf 1 mm genau gemessen) und einen Durchmesser von 2 mm (auf 0.2 mm genau gemessen). Wie gross ist ungefähr der maximale Fehler für R

    a) Wenn $\rho = 1.7 \cdot 10^{-8}$ Ωm (dies ist der Wert für Kupfer) als exakt angenommen wird?

    b) Wenn ρ mit einem Fehler von $\pm 0.05 \cdot 10^{-8}$ Ωm behaftet ist?

25. MEHRDIMENSIONALE INTEGRALE

(25.1) Überblick

In diesem Kapitel werden Integrale von Funktionen von zwei Variablen besprochen, nämlich sogenannte *Gebietsintegrale*

$$\iint_D f(x,y)\,dx\,dy\;,$$

(25.2)

wo D eine Teilmenge der Ebene ist.

Es geht dabei vor allem um das Verständnis der Grundidee und von einigen einfachen Beispielen. Auf weitergehende Anwendungen wird verzichtet.

(25.4)

(25.2) Gebietsintegrale

In (10.2) wurde das bestimmte Integral einer Funktion f einer Variablen als Limes von Riemannschen Summen definiert:

$$\int_a^b f(x)\,dx = \lim_{\Delta x_i \to 0} \sum_{i=1}^n f(\xi_i)\Delta x_i\;.$$

Dabei lässt sich (wenigstens solange $f(x) \geq 0$ ist), das Integral anschaulich als Inhalt des Flächenstücks zwischen Kurve und x–Achse deuten, die Riemannsche Summe als Inhalt einer aus Rechtecken zusammengesetzten Näherung:

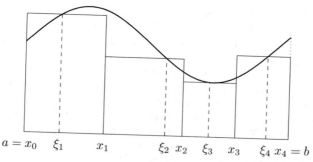

Eine ganz analoge Konstruktion lässt sich für den Fall einer Funktion von mehreren Variablen durchführen. Wie schon früher beschränken wir uns aber auf den Fall von zwei Veränderlichen (schon deshalb, weil man hier die Situation noch aufzeichnen kann).

Es sei also $f : D \to \mathbb{R}$ eine Funktion von zwei Variablen mit Definitionsbereich $D \subset \mathbb{R}^2$. Dabei setzen wir voraus, dass D *beschränkt*, d.h., dass D in einem genügend gross gewählten (und achsenparallelen) Rechteck enthalten sei. Die Seiten des Rechtecks sind durch Intervalle auf der x– und auf der y–Achse gegeben. Im Falle einer Variablen hatten wir den Definitionsbereich $[a, b]$ in Teilintervalle unterteilt. Hier unterteilen wir sowohl das Intervall auf der x–Achse als auch jenes auf der y–Achse durch Teilpunkte $x_0, x_1, \ldots, x_m$ bzw. $y_0, y_1, \ldots, y_n$:

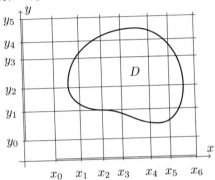

Auf diese Weise erhalten wir mn kleine Rechtecke. Um der Tatsache Rechnung zu tragen, dass gewisse Rechtecke über den Rand von D hinausreichen oder sogar ganz ausserhalb von D liegen, definieren wir f auch für Punkte, die nicht in D liegen, und zwar einfach dadurch, dass wir f dort überall den Funktionswert 0 zuordnen.

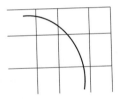

Mit $\Delta x_i = x_i - x_{i-1}$ und $\Delta y_k = y_k - y_{k-1}$ bezeichnen wir wie üblich die Länge der einzelnen Teilintervalle. Das Teilrechteck R_{ik} hat dann den Flächeninhalt $\Delta x_i \Delta y_k$.

$$y_k \quad \boxed{\quad R_{ik} \quad}$$
$$y_{k-1} \quad \underset{x_{i-1} \qquad\qquad x_i}{\rule{0pt}{0pt}}$$

Im Fall einer Variablen hatten wir zur Definition der Riemannschen Summe in jedem Teilintervall $[x_{i-1}, x_i]$ einen "Zwischenpunkt" ξ_i gewählt. Hier wählen wir nun auch noch in $[y_{k-1}, y_k]$ einen Zwischenpunkt η_k und erhalten so in jedem Rechteck R_{ik} einen Punkt mit den Koordinaten (ξ_i, η_k), $i = 1, \ldots, m$, $k = 1, \ldots, n$.

Der Ausdruck

$$f(\xi_i, \eta_k) \Delta x_i \Delta y_k$$

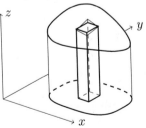

hat nun eine einfache geometrische Bedeutung (wenigstens für den Fall, wo $f(x, y) \geq 0$ ist, worauf wir uns in dieser motivierenden Betrachtung beschränken wollen): Er ist einfach das Volumen eines Quaders mit Grundfläche R_{ik} und Höhe $f(\xi_i, \eta_k)$.

Summiert man über alle diese Quader, so erhält man offensichtlich einen Näherungswert für das Volumen des Körpers zwischen D und dem Graphen G von f.

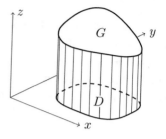

Formelmässig schreibt sich dieser Ausdruck als Doppelsumme

$$\sum_{k=1}^{n} \sum_{i=1}^{m} f(\xi_i, \eta_k) \Delta x_i \Delta y_k \,.$$

Man nennt dies in Analogie zu (10.2) eine *Riemannsche Summe*.

Je feiner man die Unterteilung wählt, desto besser wird das Volumen durch die Riemannsche Summe approximiert. Man wird deshalb dazu geführt, den Grenzwert

$$\lim_{\substack{\Delta x_i \to 0 \\ \Delta y_k \to 0}} \sum_{k=1}^{n} \sum_{i=1}^{m} f(\xi_i, \eta_k) \Delta x_i \Delta y_k$$

zu betrachten. Dieser Grenzwert heisst das *Gebietsintegral* (oder Bereichsintegral oder zweifaches Integral) der Funktion f über dem Bereich D, in Zeichen

$$\iint_D f(x, y) \, dx \, dy \,.$$

Es gilt also

$$\iint_D f(x, y) \, dx \, dy = \lim_{\substack{\Delta x_i \to 0 \\ \Delta y_k \to 0}} \sum_{k=1}^{n} \sum_{i=1}^{m} f(\xi_i, \eta_k) \Delta x_i \Delta y_k \,.$$

Dieses Gebietsintegral stellt für den Fall, wo $f(x, y) \geq 0$ ist, das oben beschriebene Volumen zwischen den Flächenstücken D und G dar. Selbstverständlich kann man die Definition auch für Funktionen benutzen, welche negative Werte annehmen (man erhält dann negative Beiträge zum Integral, vgl. z.B. (12.6.3)). Im übrigen ist die Interpretation des Integrals als Volumen nur eine von vielen Möglichkeiten. Es gibt viele andere Begriffe, die sich unter Verwendung von mehrfachen Integralen definieren lassen, z.B. die Masse eines Körpers, das Trägheitsmoment usw.

Bemerkungen

a) Man kann zeigen, dass für eine stetige Funktion f der obige Grenzwert, also das Integral, stets existiert und unabhängig von der Wahl der R_{ik} und der Zwischenpunkte ist; dies in Analogie zu (10.3). Zusätzlich muss dabei vorausgesetzt werden, dass der Definitionsbereich D eine einigermassen "vernünftige" Gestalt hat. Wir wollen hier nicht definieren, was das genau heissen soll, aber in allen praktisch auftretenden Fällen wird diese Situation vorliegen. Es genügt z.B., wenn D wie in der Figur durch endlich viele Graphen von differenzierbaren Funktionen berandet ist.

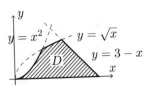

b) Für Funktionen von drei und mehr Variablen definiert man in analoger Weise mehrfache Integrale. Auf Einzelheiten sei hier verzichtet.

(25.3) **Berechnung von Gebietsintegralen**

Die obige Definition eines Integrals als Grenzwert von Riemannschen Summen ist zur konkreten Berechnung ungeeignet. Wir werden nun aber zeigen, wie man die Berechnung von Gebietsintegralen auf die Berechnung von zwei gewöhnlichen Integralen (einer Variablen) zurückführen kann. Die folgenden Ausführungen sind Plausibilitätsbetrachtungen. Ein strenger Beweis wäre recht kompliziert. Wir nehmen vorerst an, es sei $f(x,y) \geq 0$, so dass wir das Integral als Volumen interpretieren dürfen.

Zuerst beschreiben wir den Definitionsbereich D durch folgende Figur:

①

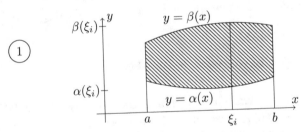

Dabei ist die "obere" Begrenzung von D durch die Funktion $y = \beta(x)$ mit $x \in [a,b]$ gegeben, die "untere" durch $y = \alpha(x)$ mit $x \in [a,b]$. Dabei muss stets $\alpha(x) \leq \beta(x)$ sein, es ist aber ohne weiteres zugelassen, dass z.B. $\alpha(a) = \beta(a)$ ist (vgl. Beispiel (25.4.1)).

Das gesuchte Integral

$$\iint_D f(x,y)\, dx\, dy$$

wird angenähert durch die Riemannsche Summe

(1)
$$\sum_{k=1}^{n}\sum_{i=1}^{m} f(\xi_i, \eta_k)\Delta x_i \Delta y_k \,,$$

welche wir wie folgt in Summanden zerlegen:

(2)
$$\sum_{k=1}^{n} f(\xi_1, \eta_k)\Delta x_1 \Delta y_k + \ldots + \sum_{k=1}^{n} f(\xi_m, \eta_k)\Delta x_m \Delta y_k \,.$$

Nun betrachten wir einen einzelnen solchen Summanden (i ist fest, k variabel):

$$(3) \qquad \sum_{k=1}^{n} f(\xi_i, \eta_k) \Delta x_i \Delta y_k = \Delta x_i \sum_{k=1}^{n} f(\xi_i, \eta_k) \Delta y_k \ .$$

Die geometrische Interpretation ist die folgende: Wir fassen gemäss Figur ② alle Quader mit Breite Δx_i (anders ausgedrückt die Quader mit den Grundflächen $R_{i1}, R_{i2}, \ldots R_{in}$) zu einem treppenförmigen Körper zusammen.

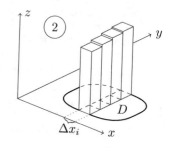

Hält man nun Δx_i fest und lässt Δy_k gegen Null streben, so erhält man annähernd das Volumen der Scheibe S_i, welche die Breite Δx_i hat (Figur ③).

Nun kann man aber das Volumen von S_i mit einem gewöhnlichen Integral ausdrücken. Die Summe

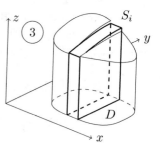

$$(4) \qquad \sum_{k=1}^{n} f(\xi_i, \eta_k) \Delta y_k$$

ist nämlich eine Riemannsche Summe der Funktion

$$y \mapsto f(\xi_i, y)$$

bei festgehaltenem ξ_i. (Dies ist eine partielle Funktion im Sinne von (22.6)).

Der Grenzwert von (4) beim Grenzübergang $\Delta y_k \to 0$ ist also einfach das Integral der Funktion $y \mapsto f(\xi_i, y)$, wobei ξ_i festgehalten wird. Wie man der Figur ① entnimmt, variiert y im Intervall $[\alpha(\xi_i), \beta(\xi_i)]$. Für das Volumen V_i der Scheibe S_i gilt also wegen (3) und (4)

$$(5) \qquad V_i = \Delta x_i \lim_{\Delta y_k \to 0} \sum_{k=1}^{n} f(\xi_i, \eta_k) \Delta y_k = \Delta x_i \int_{\alpha(\xi_i)}^{\beta(\xi_i)} f(\xi_i, y) \, dy \ .$$

Das zuletzt stehende Integral hängt von ξ_i ab. (Diese Grösse kommt sowohl im Integranden als auch in den Integrationsgrenzen vor.) Führen wir zur Abkürzung die Funktion

$$(6) \qquad F(x) = \int_{\alpha(x)}^{\beta(x)} f(x, y) \, dy, \quad x \in [a, b]$$

ein, so ist das erwähnte Integral gleich $F(\xi_i)$ und (5) kann kurz in der Form

$$(7) \qquad V_i = F(\xi_i) \Delta x_i$$

geschrieben werden.

Um das gesamte Volumen V zu erhalten, addieren wir die Volumina der einzelnen Scheiben $S_1, \ldots, S_n$ und finden

(8) $\qquad V \approx F(\xi_1)\Delta x_1 + F(\xi_2)\Delta x_2 + \ldots + F(\xi_m)\Delta x_m = \sum_{i=1}^{m} F(\xi_i)\Delta x_i \, .$

Diese Annäherung ist umso besser, je dünner die Scheiben S_i, d.h. je kleiner die Δx_i sind (Figur ④).

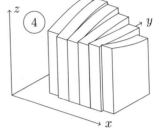

In (7) steht wieder eine Riemannsche Summe, und zwar diesmal eine solche der Funktion $F(x)$. Mit $\Delta x_i \to 0$ strebt diese gegen

$$\int_a^b F(x)\,dx \, .$$

Somit ist einerseits

(9) $\qquad V = \int_a^b F(x)\,dx \, .$

Anderseits ist V als Grenzwert der Riemannschen Summe (1) für $\Delta x_i \to 0$, $\Delta y_k \to 0$ auch gleich dem gesuchten Gebietsintegral:

(10) $\qquad V = \iint_D f(x,y)\,dx\,dy \, .$

Fassen wir (9) und (10) zusammen und setzen wir noch in (9) die Definition (6) von $F(x)$ ein, so erhalten wir die endgültige Formel

(11) $\qquad \boxed{\iint_D f(x,y)\,dx\,dy = \int_a^b \left(\int_{\alpha(x)}^{\beta(x)} f(x,y)\,dy \right) dx \, .}$

In Worten: Zur Berechnung des Gebietsintegrals integriert man $f(x,y)$ zunächst nur nach y (denkt sich also x als fest), wobei die Grenzen des Integrals im allgemeinen von x abhängen. Damit wird dieses "innere Integral" zu einer Funktion von x (die oben mit $F(x)$ bezeichnet wurde), die man nun noch nach x integriert.

Die Berechnung von solchen Gebietsintegralen ist also auf zwei gewöhnliche Integrationen zurückgeführt. Man spricht deshalb auch von Doppelintegralen.

Bemerkungen

a) Man kann zeigen, dass die obige Formel auch für beliebige (nicht notwendigerweise positive) stetige (oder stückweise stetige) Funktionen gilt.

b) Bei komplizierteren Definitionsbereichen ist manchmal eine Aufteilung nötig (vgl. die Figur für ein anschauliches Beispiel); gelegentlich empfiehlt es sich auch, die Rollen von x und y zu vertauschen.

c) Analoge Formeln gelten für Funktionen von mehr als zwei Variablen.

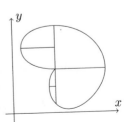

(25.4) Beispiele

1. D sei durch die nebenstehende Figur gegeben und es sei $f(x,y) = x + y$. Gesucht ist

$$I = \iint_D f(x,y)\, dx\, dy = \iint_D (x+y)\, dx\, dy \ .$$

Nach der Formel (11) ist

$$I = \iint_D (x+y)\, dx\, dy = \int_0^1 \left(\int_{x^2}^x (x+y)\, dy \right) dx \ .$$

Wir berechnen zuerst das "innere Integral" (x fest, y variabel).

$$\int_{x^2}^x (x+y)\, dy = xy + \frac{y^2}{2} \Big|_{x^2}^x = \left(x^2 + \frac{x^2}{2} \right) - \left(x^3 + \frac{x^4}{2} \right) = \frac{3x^2}{2} - x^3 - \frac{x^4}{2} \ .$$

Nun kommt das "äussere Integral".

$$\int_0^1 \left(\int_{x^2}^x (x+y)\, dy \right) dx = \int_0^1 \left(\frac{3x^2}{2} - x^3 - \frac{x^4}{2} \right) dx = \frac{x^3}{2} - \frac{x^4}{4} - \frac{x^5}{10} \Big|_0^1 = \frac{3}{20} \ .$$

Somit ist $I = 3/20 = 0.15$.

⊠

2. Der Bereich D sei durch die Koordinatenachsen und die Gerade $y = 1 - x$ begrenzt. Wir betrachten den Graphen der Funktion $f(x,y) = xy$ mit $(x,y) \in D$. ("Hyperbolisches Paraboloid", vgl. die Skizze in (22.5.1).) Zusammen mit D begrenzt dieser Graph einen Körper. Wie gross ist dessen Volumen? Nach den bisherigen Betrachtungen ist

$$V = \iint_D xy\, dx\, dy \ .$$

Mit Formel (11) berechnen wir

$$V = \iint_D xy\, dx\, dy = \int_0^1 \left(\int_0^{1-x} xy\, dy \right) dx \ .$$

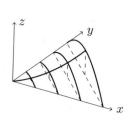

Für das innere Integral finden wir

$$\int_0^{1-x} xy\, dy = x \int_0^{1-x} y\, dy = x \frac{y^2}{2} \Big|_0^{1-x} = \frac{1}{2}(x^3 - 2x^2 + x) \ .$$

Die äussere Integration liefert nun

$$V = \frac{1}{2} \int_0^1 (x^3 - 2x^2 + x)\, dx = \frac{1}{2}\left(\frac{1}{4} - \frac{2}{3} + \frac{1}{2}\right) = \frac{1}{24}\, .$$ ⊠

3. Zwei Zylinder vom Radius 1, der eine parallel zur y-Achse, der andere parallel zur z-Achse, schneiden sich. Wie gross ist das Volumen des entstehenden Körpers?

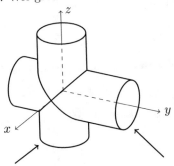

Zylindergleichung $x^2 + y^2 = 1$ \hspace{2cm} Zylindergleichung $x^2 + z^2 = 1$

Das im "2. Oktanten" $(x, y, z \geq 0)$ liegende Stück dieses Körpers hat die nebenstehende Form.

Das Gesamtvolumen ist das achtfache des Volumens dieses Teils. Wir fassen die Grundfläche dieses Teils als Definitionsbereich D auf.

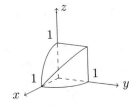

Die gekrümmte obere Begrenzung des Körpers ist als Teil der Zylinderfläche $x^2 + z^2 = 1$ gegeben durch

$$f(x, y) = z = \sqrt{1 - x^2}\, , \quad (x, y) \in D\, .$$

Somit erhalten wir für das Gesamtvolumen

$$V = 8 \iint_D f(x, y)\, dx\, dy = 8 \iint_D \sqrt{1 - x^2}\, dx\, dy\, .$$

Nach der oben erläuterten Methode finden wir

$$V = 8 \int_0^1 \left(\int_0^{\sqrt{1-x^2}} \sqrt{1 - x^2}\, dy \right) dx\, .$$

Für das "innere Integral" wird bei festem x nach y integriert, der Integrand ist eine konstante Funktion

$$\int_0^{\sqrt{1-x^2}} \sqrt{1 - x^2}\, dy = \sqrt{1 - x^2}\, y \,\Big|_0^{\sqrt{1-x^2}} = \sqrt{1 - x^2}\sqrt{1 - x^2} = 1 - x^2\, .$$

Für das "äussere Integral" erhalten wir

$$V = 8 \int_0^1 (1 - x^2)\, dx = 8\big(x - \frac{x^3}{3}\big)\Big|_0^1 = \frac{16}{3}\,.$$

Damit ist das Volumen bestimmt. Bemerkenswert ist, dass die Zahl π im Schlussresultat nicht mehr vorkommt.

⊠

(25.∞) Aufgaben

25–1 In den folgenden drei Fällen ist der Definitionsbereich D ein Rechteck.

a) $\iint_D e^{x-y}\, dx\, dy, \quad D = \{(x,y) \mid 0 \le x \le 2,\ 0 \le y \le 1\},$

b) $\iint_D x\sqrt{x^2 + y}\, dx\, dy, \quad D = \{(x,y) \mid 0 \le x \le 1,\ 0 \le y \le 1\},$

c) $\iint_D x\cos(x + y)\, dx\, dy, \quad D = \{(x,y) \mid 0 \le x \le \pi,\ 0 \le y \le \frac{\pi}{2}\}.$

25–2 a) $\iint_D (x + 2y)\, dx\, dy, \quad D = \{(x,y) \mid 0 \le x \le 4,\ 0 \le y \le \sqrt{x}\},$

b) $\iint_D (\frac{1}{\sqrt{x}} + \frac{1}{\sqrt{y}})\, dx\, dy, \quad D = \{(x,y) \mid 1 \le x \le 2,\ 1 \le y \le x^2\}.$

25–3 a) D sei begrenzt durch die Graphen von $y = x^2$ und von $y = \frac{1}{x}$ im Intervall $[0,1]$. Berechnen Sie $\iint_D \frac{x^2}{y^2}\, dx\, dy$.

b) D sei begrenzt durch die Graphen von $y = 1 + x$ und von $y = x^3$ im Intervall $[0,1]$. Berechnen Sie $\iint_D (x^2 + y)\, dx\, dy$.

25–4 a) D sei das Dreieck mit den Ecken $(0,0)$, $(1,0)$ und $(1,3)$. Berechnen Sie $\iint_D (x^4 y^2 + 1)\, dx\, dy$.

b) D sei der Bereich, der durch die Ellipse $x^2 + 3y^2 = 4$ und die Gerade $x = 1$ begrenzt wird und der den Nullpunkt enthält. Berechnen Sie $\iint_D (x + y)\, dx\, dy$.

25–5 a) Über dem durch die Graphen von $y = 3x$ und $y = 4 - x^2$ begrenzten endlichen Bereich der x-y–Ebene wird ein "Zylinder" (mit zur z–Achse parallelen Mantellinien) errichtet. Seine obere Begrenzung ist durch die Ebene $z = x + 5$ gegeben. Wie gross ist sein Volumen?

b) Über dem Dreieck mit den Eckpunkten $(0,0)$, $(0,1)$ und $(1,0)$ wird ein Prisma errichtet, dessen eine Kante die z–Achse ist. Die obere Begrenzung des Prismas wird durch die Fläche $z = x^2 + y^2 + 1$ gegeben. Berechnen Sie dessen Volumen.

G. ANHANG

26. ZUSAMMENSTELLUNG EINIGER GRUNDBEGRIFFE

(26.1) Überblick

> In diesem Kapitel sind einige wichtige Begriffe, Tatsachen und Formeln zusammengestellt, die im Skript mehr oder weniger stillschweigend gebraucht werden. Da es sich dabei um Mittelschulstoff handelt, der an sich als bekannt vorausgesetzt wird, stehen diese Dinge nur zur Auffrischung des Gedächtnisses hier und werden entsprechend kurz behandelt.

(26.2) Mengen

a) Der Begriff der Menge

Eine *Menge* ist eine wohlbestimmte Gesamtheit von Dingen oder Objekten, welche *Elemente* dieser Menge genannt werden. "Wohlbestimmt" bedeutet, dass von jedem denkbaren Objekt im Prinzip klar ist, ob es zur Menge gehört oder nicht. Wenn das Objekt x zur Menge M gehört, so schreibt man $x \in M$ (gelesen "x Element von M", "x in M", etc.), andernfalls schreibt man $x \notin M$.

Zwei Mengen M und N heissen *gleich* (in Zeichen $M = N$), wenn sie dieselben Elemente enthalten. So ist zum Beispiel

$$\{x \in \mathbb{N} \mid 0 < x < 3\} = \{x \in \mathbb{R} \mid x^2 - 3x + 2 = 0\} \,.$$

An diesem Beispiel sehen wir auch, wie man Mengen mit *geschweiften Klammern* beschreibt.

b) Teilmengen, die leere Menge

Wenn jedes Element der Menge N auch Element der Menge M ist, dann sagen wir, N sei *Teilmenge* von M und schreiben $N \subset M$ (der Fall $N = M$ ist dabei miteingeschlossen).

Als *leere Menge* (in Zeichen $\varnothing$) bezeichnet man die Menge, die überhaupt keine Elemente enthält. Jede Menge enthält $\varnothing$ als Teilmenge.

c) Durchschnitt und Vereinigung von Mengen

Wenn M und N Mengen sind, so versteht man unter dem *Durchschnitt* $M \cap N$ die Menge all jener Objekte x, die sowohl Element von M als auch Element von N sind:

$$M \cap N = \{x \mid x \in M \text{ und } x \in N\} \,.$$

© Springer Nature Switzerland AG 2020
C. Luchsinger, H. H. Storrer, *Einführung in die mathematische Behandlung der Naturwissenschaften I*, Grundstudium Mathematik, https://doi.org/10.1007/978-3-030-40158-0

Dieser Durchschnitt kann auch die leere Menge sein. In diesem Fall sagt man, M und N seien *disjunkt* (oder elementfremd).

Unter der *Vereinigung* $M \cup N$ der Mengen M und N versteht man die Menge all jener Objekte x, welche entweder zu M oder zu N (oder zu beiden) gehören:

$$M \cup N = \{x \mid x \in M \text{ oder } x \in N\} \,.$$

Diese Bildungen kann man sehr schön anhand der sogenannten *Venn-Diagramme* veranschaulichen:

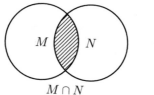 

Selbstverständlich lassen sich auch Durchschnitt und Vereinigung von mehr als zwei (sogar von unendlich vielen) Mengen bilden.

d) Differenz von Mengen

Unter der *Differenz* $M \setminus N$ (auch gelesen "M ohne N") der Mengen M und N versteht man die Menge aller Elemente von M, welche nicht zu N gehören:

$$M \setminus N = \{x \mid x \in M, \ x \notin N\} \,.$$

Beispielsweise ist $\mathbb{R} \setminus \{0\}$ die Menge aller von Null verschiedenen reellen Zahlen.

e) Das kartesische Produkt

Wiederum seien M und N Mengen. Wählen wir ein Element $m \in M$ und ein Element $n \in N$, so können wir die beiden zu einem *geordneten Paar* (m, n) zusammenfügen. "Geordnet" soll besagen, dass die Reihenfolge eine Rolle spielt: Die geordneten Paare (m, n) und (m', n') sind genau dann gleich, wenn sowohl $m = m'$ als auch $n = n'$ ist.

Die Menge aller solcher geordneter Paare wird mit $M \times N$ bezeichnet und heisst das *kartesische Produkt* (oder die *Produktmenge*) von M und N.

$$M \times N = \{(m, n) \mid m \in M, \ n \in N\} \,.$$

Besonders wichtig ist der Fall, wo $M = \mathbb{R}$ und $N = \mathbb{R}$ ist. Man schreibt dann statt $\mathbb{R} \times \mathbb{R}$ auch kurz $\mathbb{R}^2$. Somit ist $\mathbb{R}^2$ die Menge aller geordneter Paare (x, y) mit

$x, y \in \mathbb{R}$. Die konkrete Bedeutung von "geordnet" ist hier, dass die beiden Plätze gut zu unterscheiden sind: (1,2) ist ein anderes Paar als (2,1).

Sie wissen, dass man $\mathbb{R}^2$ geometrisch als die Ebene deuten kann, indem man (x, y) als Punkt P mit den *kartesischen* (d.h. auf ein rechtwinkliges Koordinatensystem bezogenen) *Koordinaten* (x, y) interpretiert:

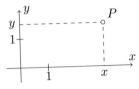

Die erste Zahl (hier x) heisst die *Abszisse* von P.

Die zweite Zahl (hier y) heisst die *Ordinate* von P.

Zahlenpaare, die Koordinaten eines Punktes sind, pflegt man manchmal mit einem senkrechten Strich zu bezeichnen: $(x|y)$ statt (x, y). Wir verwenden hier aber immer die Schreibweise mit dem Komma.

(26.3) Reelle Zahlen

a) Der Begriff der reellen Zahl

Wir befassen uns hier kurz mit dem Begriff der reellen Zahl. Es kann aber nicht darum gehen, eine strenge Definition der reellen Zahlen zu geben. Eine solche gehört in die "reine" Mathematik und ist überdies recht kompliziert und abstrakt.

Für uns genügt es, eine *reelle Zahl* als *unendlichen Dezimalbruch* aufzufassen, wie etwa

$$3.14159265\ldots \quad \text{oder} \quad -0.333333\ldots.$$

Dabei kennen wir als Spezialfall die abbrechenden *Dezimalbrüche*, wie

$$2.5 \quad \text{oder} \quad -8.125 \quad \text{oder} \quad 1000,$$

die man ja auch in Form eines unendlichen Dezimalbruchs schreiben könnte

$$2.50000\ldots, \quad -8.12500000\ldots, \quad 1000.00000\ldots.$$

Schliesslich sei darauf hingewiesen, dass

$$0.9999\ldots = 1, \quad 2.49999\ldots = 2.5 \quad \text{usw.}$$

ist.

b) Wichtige Teilmengen der reellen Zahlen

Die Menge der reellen Zahlen bezeichnen wir (wie üblich) mit $\mathbb{R}$. Wichtige Teilmengen sind:

1) Die Menge $\mathbb{N}$ der *natürlichen Zahlen*. Es ist

$$\mathbb{N} = \{0, 1, 2, 3, \ldots\} \, .$$

Beachten Sie, dass wir die Null mit zu den natürlichen Zahlen rechnen. Dies wird nicht in allen Büchern so gehandhabt. Ein Streit darüber ist müssig, es handelt sich um eine Definitionsfrage. Für uns massgebend sollte sein, dass beim Zählen von Häufigkeiten ohne weiteres auch die Null vorkommen kann. Es gibt ja z.B. Ehepaare mit 0, 1, 2, ... Kindern.

2) Die Menge $\mathbb{Z}$ der *ganzen Zahlen*. Es ist

$$\mathbb{Z} = \{\ldots, -3, -2, -1, 0, 1, 2, 3, \ldots\} = \{0, \pm 1, \pm 2, \ldots\} \, .$$

3) Die Menge $\mathbb{Q}$ der *rationalen Zahlen*. Eine reelle Zahl heisst rational, wenn sie von der Form $\frac{a}{b}$ mit $a, b \in \mathbb{Z}$, $b \neq 0$ ist. Rationale Zahlen sind beispielsweise $\frac{1}{2}$, $-\frac{3}{5}$, $\frac{7}{1}$ $(= 7)$ etc.

Ohne Beweis (vielleicht haben Sie einen solchen in der Mittelschule kennengelernt) sei erwähnt, dass jede rationale Zahl eine abbrechende oder eine periodische Dezimalbruchdarstellung besitzt:

$$\frac{1}{4} = 0.25, \quad \frac{4}{3} = 1.3333\ldots = 1.\overline{3}, \quad \frac{2}{7} = 0.285714285714285714\ldots = 0.\overline{285714} \, .$$

Umgekehrt stellt jeder derartige Dezimalbruch eine rationale Zahl dar.

Neben den rationalen Zahlen gibt es noch die *irrationalen* Zahlen, das sind einfach jene reellen Zahlen, welche nicht rational sind. Dazu gehören z.B. die wichtigen Zahlen π und e (die Beweise für die Irrationalität dieser Zahlen sind schwierig), aber auch Zahlen wie $\sqrt{2}$ und $\sqrt{3}$.

c) Potenzen

Auch hier geht es um eine Rekapitulation.

1) Für $n \in \mathbb{N}, n \neq 0$ und alle $a \in \mathbb{R}$ ist

$$a^n = \underbrace{a \cdot a \cdot a \cdot \ldots \cdot a}_{(n-\text{mal})} \, .$$

2) Für jedes $a \in \mathbb{R}, a \neq 0$ setzt man

$$a^0 = 1 \, .$$

3) Für $n \in \mathbb{N}, n \neq 0$ und alle $a \in \mathbb{R}, a \neq 0$ definiert man

$$a^{-n} = \frac{1}{a^n} \, .$$

Speziell ist

$$a^{-1} = \frac{1}{a} \, .$$

4) Es sei q eine rationale Zahl und a sei eine positive reelle Zahl $(a > 0)$. Wie definiert man a^q? Falls $q > 0$ ist, schreibt man $q = \frac{m}{n}$ mit $m, n \in \mathbb{N}$, $m, n \neq 0$ und setzt

$$a^q = \sqrt[n]{a^m} \; .$$

(Dies ist auch noch für $a = 0$ sinnvoll).

Falls $q < 0$ ist, schreibt man $q = -\frac{m}{n}$ mit $m, n \in \mathbb{N}$, $m, n \neq 0$ und setzt

$$a^q = \frac{1}{\sqrt[n]{a^m}} = \sqrt[n]{a^{-m}} \; .$$

Speziell ist

$$a^{1/n} = \sqrt[n]{a} \; .$$

Der Versuch, a^q für negative a und rationale, aber nicht ganze Exponenten q zu definieren, führt auf Schwierigkeiten. Deshalb setzten wir $a > 0$ voraus. Wenn man aber das Wurzelzeichen verwendet, so betrachtet man oft ungerade Wurzeln aus negativen Zahlen als sinnvoll: $\sqrt[3]{-8} = -2$, $\sqrt[5]{-243} = -3$ etc..

Wir erwähnen hier noch folgende Konvention bezüglich der Quadratwurzel: Es ist stets $\sqrt{a} \geq 0$, d.h., $\sqrt{a}$ bezeichnet die positive Zahl, deren Quadrat gleich a ist (vgl. (26.8)). (Entsprechendes gilt auch für alle n-ten Wurzeln für gerades n.)

5) Die Definition von a^x für beliebige reelle x verschieben wir auf (26.13).

(26.4) Einige Formeln

a) Fakultät

Es sei n eine natürliche Zahl und es sei $n \neq 0$. Dann ist $n!$ (gelesen "n Fakultät") definiert durch

$$n! = 1 \cdot 2 \cdot 3 \cdot \ldots \cdot (n-1) \cdot n \; ,$$

also z.B.

$$1! = 1,$$
$$2! = 1 \cdot 2 = 2,$$
$$3! = 1 \cdot 2 \cdot 3 = 6 \quad \text{usw.}$$

Ferner definiert man

$$0! = 1 \; .$$

b) Binomialkoeffizient

Es sei n eine natürliche Zahl ($n = 0$ ist von Anfang an zugelassen). Ferner sei k eine natürliche Zahl mit $0 \leq k \leq n$. Der Binomialkoeffizient $\binom{n}{k}$ (gelesen "n tief k") ist definiert durch

$$\binom{n}{k} = \frac{n!}{k!\,(n-k)!}\,.$$

So ist z.B.

$$\binom{7}{3} = \frac{7!}{3!\,4!} = \frac{7 \cdot 6 \cdot 5}{3 \cdot 2 \cdot 1} = 35\,.$$

Spezialfälle sind (wegen der Festsetzung $0! = 1$):

$$\binom{n}{0} = \frac{n!}{0!\,n!} = 1, \quad \binom{n}{n} = \frac{n!}{n!\,0!} = 1, \quad \binom{0}{0} = \frac{0!}{0!\,0!} = 1\,.$$

Wir treten hier nicht auf den Zusammenhang mit der Kombinatorik ein. Dagegen sei die für alle $n \in \mathbb{N}$ gültige *binomische Formel* erwähnt:

$$(a+b)^n = a^n + \binom{n}{1}a^{n-1}b + \binom{n}{2}a^{n-2}b^2 + \ldots$$

$$\ldots + \binom{n}{n-2}a^2 b^{n-2} + \binom{n}{n-1}ab^{n-1} + b^n\,.$$

(26.5) Das Summenzeichen

Es seien n Zahlen $x_1, x_2, \ldots, x_n$ gegeben. Die Summe

$$x_1 + x_2 + x_3 + \ldots + x_n$$

wird oft durch das Zeichen

$$\sum_{i=1}^{n} x_i$$

abgekürzt. Dabei heisst i der *Summationsindex*, 1 und n heissen die *Summationsgrenzen*. Es ist völlig willkürlich, welcher Buchstabe für den Summationsindex verwendet wird. So ist etwa

$$\sum_{i=1}^{4} x_i = \sum_{k=1}^{4} x_k \quad (= x_1 + x_2 + x_3 + x_4)\,.$$

Manchmal ist es auch zweckmässig, Index und Grenzen gleichzeitig zu ändern:

$$\sum_{i=1}^{4} x_i = \sum_{j=2}^{5} x_{j-1} = \sum_{h=0}^{3} x_{h+1}\,.$$

Trotz seines Namens braucht der Summationsindex nicht unbedingt als Index aufzutreten. Beispiele hierzu:

$$\sum_{k=1}^{n} k = 1 + 2 + 3 + \ldots + n, \qquad \sum_{k=2}^{m} kx_k = 2x_2 + 3x_3 + \ldots + mx_m \,.$$

Die obenerwähnte binomische Formel lässt sich nun kurz in folgender Gestalt schreiben:

$$(a + b)^n = \sum_{k=0}^{n} \binom{n}{k} a^{n-k} b^k \,.$$

Es kann vorkommen, dass in der Summe

$$\sum_{i=1}^{n} x_i$$

alle $x_i = x$ sind. In diesem Fall ist

$$\sum_{i=1}^{n} x_i = x_1 + x_2 + \ldots + x_n = x + x + \ldots + x = nx \,.$$

Ersetzen wir auch unter dem Summenzeichen x_i durch x, so erhalten wir die Formel

$$\sum_{i=1}^{n} x = nx \,.$$

Die beiden folgenden Rechenregeln für das Summenzeichen beweist man sehr leicht durch "Ausschreiben" der Summen:

$$\sum_{i=1}^{n} a_i + \sum_{i=1}^{n} b_i = \sum_{i=1}^{n} (a_i + b_i) \,,$$

$$c \sum_{i=1}^{n} a_i = \sum_{i=1}^{n} ca_i \,.$$

(26.6) Einige mathematische Symbole

a) Das Zeichen $\Longrightarrow$ (Implikation) steht zwischen zwei Aussagen und bedeutet, dass die zweite Aussage aus der ersten folgt, oder (etwas präziser): "Wenn die erste Aussage wahr ist, dann auch die zweite."

Zum Beispiel gilt

$$0 < x < \pi \Longrightarrow \sin x > 0 \,.$$

Dies besagt folgendes: *Wenn* x zwischen 0 und π liegt, *dann* ist der Sinus von x (im Bogenmass gemessen, vgl. (26.15)) positiv. Man beachte, dass die *umgekehrte Aussage*

$$\sin x > 0 \implies 0 < x < \pi$$

in diesem Fall nicht richtig ist (der Sinus ist nämlich z.B. auch dann positiv, wenn $2\pi < x < 3\pi$ ist).

b) Es gibt aber auch Fälle, wo nicht nur die Implikation $A \implies B$, sondern auch ihre Umkehrung $B \implies A$ zutrifft. In diesem Fall schreibt man $A \iff B$ und sagt, die Aussagen A und B seien *äquivalent*. Dies bedeutet folgendes: Wenn A wahr ist, dann ist auch B wahr *und umgekehrt*. Man sagt auch: A ist *genau dann* wahr, *wenn* B wahr ist. Zwei äquivalente Aussagen sind also gleichwertig. Ein einfaches Beispiel hierzu:

$$x^3 > 0 \iff x > 0 \,.$$

c) Das Zeichen $\approx$ bedeutet "ungefähr gleich". So ist z.B. $\pi \approx \frac{22}{7}$.

(26.7) Ungleichungen

Ein weiteres wichtiges Werkzeug im Umgang mit reellen Zahlen sind Ungleichungen. Die folgenden Bezeichnungen sind wohlbekannt:

$a < b$: a ist kleiner als b,

$a \le b$: a ist kleiner oder gleich b,

$a > b$: a ist grösser als b,

$a \ge b$: a ist grösser oder gleich b.

Das Rechnen mit Ungleichungen basiert auf vier einfachen Grundregeln:

Regel I: Aus $a < b$ folgt $a + c < b + c$ für jede reelle Zahl c.

Regel II: Aus $a < b$ folgt $ac < bc$ für jede *positive* reelle Zahl $c, (c > 0)$.

Regel III: Aus $a < b$ folgt $ac > bc$ für jede *negative* reelle Zahl $c, (c < 0)$.

Regel IV: Aus $0 < a < b$ folgt $0 < \dfrac{1}{b} < \dfrac{1}{a}\,.$

Die dritte Regel wird am ehesten verletzt, und zwar deshalb, weil man bei einer Zahl x oft gar nicht daran denkt, dass sie negativ sein könnte: Aus $3 < 4$ darf man nicht unbesehen schliessen, dass $3x < 4x$ ist, sondern muss ganz vorsichtig eine Fallunterscheidung machen: Für $x > 0$ ist $3x < 4x$, für $x < 0$ ist $3x > 4x$ (und für $x = 0$ ist $3x = 4x = 0$).

Setzt man in Regel III $c = -1$, so erhält man als Spezialfall

$$\boxed{\text{Aus } a < b \text{ folgt } -a > -b \,.}$$

(26.8) Der absolute Betrag

Der absolute Betrag $|a|$ (kurz der Betrag) einer Zahl a ist — anschaulich — diese Zahl ohne ihr Vorzeichen. Beispielsweise ist

$$|3| = 3 \quad |-2| = 2 \quad |0| = 0 \, .$$

Eine formelle Definition lautet:

$$|a| = \begin{cases} a & \text{für} \quad a \geq 0 \\ -a & \text{für} \quad a < 0 \end{cases} .$$

Wegen der Konvention über das Wurzelzeichen (26.3.c) gilt

$$\sqrt{a^2} = |a| \, .$$

Viele Leute meinen, es sei stets $\sqrt{a^2} = a$. Wie die obige Formel zeigt, gilt dies nur, wenn a positiv ist. Für negative a ist $\sqrt{a^2} = |a| = -a$. Ein Zahlenbeispiel: Sei $a = -2$. Dann ist $a^2 = 4$ und $\sqrt{a^2} = \sqrt{4} = 2 \neq a$ (es ist aber $2 = |a| = -a$).

Geometrische Bedeutung von $|a - b|$

Als Differenz von a und b ist $a - b$ offenbar die Länge der Strecke zwischen a und b, aber nur bis auf das Vorzeichen. Wenn wir nun den Betrag $|a - b|$ nehmen, so fällt ein allfälliges Minuszeichen fort. $|a - b|$ ist deshalb der *Abstand* zwischen a und b:

Wegen $b - a = -(a - b)$ ist natürlich $|b - a| = |a - b|$.

Die Dreiecksungleichung

Gelegentlich benutzt man die Dreiecksungleichung, die besagt, dass stets

$$|a + b| \leq |a| + |b|$$

ist. Die Bezeichnung wird verständlicher, wenn man an die entsprechende Ungleichung für Vektoren (1.6.d) denkt.

(26.9) Allgemeines über Funktionen

Der Begriff der Funktion wird als bekannt vorausgesetzt. Wir beschränken uns hier auf einige wenige Punkte.

a) Eine *Funktion* f (einer Variablen) ist dadurch gegeben, dass jeder reellen Zahl x aus einer gewissen (nicht leeren) Teilmenge $D = D(f) \subset \mathbb{R}$ (dem *Definitionsbereich* von f) in eindeutiger Weise eine reelle Zahl $f(x)$ (der *Funktionswert* von f an der Stelle x oder das Bild von x unter f) zugeordnet wird.

b) Man schreibt oft:

$$f : D(f) \to \mathbb{R}, \quad x \mapsto f(x) .$$

Der gewöhnliche Pfeil ($\to$) deutet an, wo die Funktion definiert ist und wo sie ihre Werte annimmt. Das andere Symbol ($\mapsto$) gibt an, auf welchen Wert die Zahl x abgebildet wird.

c) Eine Funktion kann

- formelmässig
- graphisch
- tabellarisch

gegeben sein. Die beiden letzten Fälle treffen insbesondere dann ein, wenn die Funktionswerte experimentell bestimmt wurden. Man stellt sich dann oft die Aufgabe, eine passende Formel zu finden.

d) Der Definitionsbereich $D = D(f)$ ist die Menge aller x, auf die man die Funktion anwenden kann oder will. Dies hängt vom betrachteten Problem ab: Beispielsweise ist $1/x$ für alle $x \neq 0$ sinnvoll. Die Funktion $f(x) = 1/x$ hat also als "natürlichen Definitionsbereich" die Menge $\{x \in \mathbb{R} \mid x \neq 0\}$. Stellt aber x in einer praktischen Anwendung z.B. ein Gewicht dar, so ist $f(x) = 1/x$ natürlich nur auf $\{x \in \mathbb{R} \mid x > 0\}$ definiert, denn negative Gewichte sind sinnlos.

e) In den Naturwissenschaften sollte man sich daran gewöhnen, dass die Funktion nicht immer f und die "unabhängige Variable" nicht immer x heisst. Die Grösse einer Population in Abhängigkeit von der Zeit t wird etwa mit $N(t)$ bezeichnet.

f) Man betrachtet auch Funktionen von mehreren Variablen, wie z.B.

$$f(x, y) = x + y$$

usw. (vgl. Kapitel 22).

Eine andere Verallgemeinerung ist die, dass die Funktionswerte nicht reelle Zahlen, sondern Vektoren sind (vgl. (14.3)).

g) Noch allgemeiner ist der Begriff der *Abbildung*: Es seien A, B irgendwelche Mengen. Eine Abbildung $f : A \to B$ ist dadurch gegeben, dass jedem Element $a \in A$ in eindeutiger Weise ein Element $f(a) \in B$ zugeordnet ist.

h) Der Graph einer Funktion: Sie kennen die graphische Darstellung einer Funktion: Man führt ein rechtwinkliges (kartesisches) Koordinatensystem ein und trägt über jedem x aus $D(f)$ den zugehörigen Funktionswert $y = f(x)$ ab. Die Menge $G = G(f)$ aller so erhaltenen Punkte der x-y–Ebene heisst der *Graph* der Funktion f:

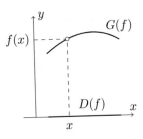

$$G = G(f) = \{(x, f(x)) \mid x \in D(f)\} \, .$$

i) Im folgenden werden einige wichtige Funktionen einer Variablen näher besprochen.

(26.10) Polynomfunktionen

Eine *Polynomfunktion* (kurz: ein *Polynom*) ist eine Funktion der Form

$$f(x) = a_n x^n + a_{n-1} x^{n-1} + \ldots + a_2 x^2 + a_1 x + a_0 \, ,$$

wobei $a_0, a_1, \ldots, a_n$ reelle Zahlen sind. Wenn $a_n \neq 0$ ist, so sagt man, f habe den *Grad* n.

So ist z.B. $f(x) = 2x^4 + x^3 - 3x + 1$ eine Polynomfunktion 4. Grades. Speziell gilt:

- Polynom vom Grad 0: Konstante Funktion $f(x) = a$
- Polynom vom Grad 1: Lineare Funktion $f(x) = ax + b$
- Polynom vom Grad 2: Quadratische Funktion $f(x) = ax^2 + bx + c$.

(26.11) Rationale Funktionen

Rationale Funktion Eine Funktion q heisst eine *rationale Funktion*, wenn sie Quotient von zwei Polynomfunktionen f und g ist :

$$q(x) = \frac{f(x)}{g(x)} \, .$$

Sie ist überall dort definiert, wo der Nenner nicht Null ist.

Beispiele:

$$q(x) = \frac{1}{x} \quad \text{definiert für } x \neq 0 \, ,$$

$$r(x) = \frac{x^2 + 1}{x - 1} \quad \text{definiert für } x \neq 1 \, ,$$

$$s(x) = \frac{1}{x^2 + 1} \quad \text{definiert für alle } x \, .$$

Jede Polynomfunktion kann als rationale Funktion aufgefasst werden (man wähle für den Nenner $g(x)$ die konstante Funktion $g(x) = 1$). Deshalb heissen Polynomfunktionen manchmal auch *ganze rationale Funktionen*.

Die *Graphen* der rationalen Funktionen kann man im Rahmen der Differentialrechnung untersuchen, vgl. (6.7). Den Graphen der Funktion $q(x) = \frac{1}{x}$, die *Hyperbel*, wollen wir aber auch an dieser Stelle skizzieren.

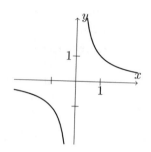

(26.12) Potenzfunktionen

Unter einer Potenzfunktion versteht man eine Funktion der Form

$$f(x) = ax^r ,$$

wobei der Exponent eine beliebige (positive oder negative) reelle Zahl sein darf.

Wir geben noch die Graphen der Potenzfunktionen $f(x) = x^r$ an. Wir dürfen hier den konstanten Faktor a getrost weglassen, bewirkt er doch nur eine Streckung oder Stauchung des Graphen in y–Richtung (bei negativem a noch verbunden mit einer Spiegelung an der x–Achse), vgl. hierzu (18.2). Diese Graphen lassen sich in drei Klassen einteilen:

A) Alle Potenzfunktionen mit $r > 1$ sehen ungefähr aus wie die Parabel ($r = 2$). Sie "beginnen horizontal" bei 0.

B) Alle Potenzfunktionen mit $0 < r < 1$ verhalten sich im wesentlichen wie die Wurzelfunktion ($r = \frac{1}{2}$). Sie "beginnen vertikal" bei 0.

C) Alle Potenzfunktionen mit $r < 0$ besitzen einen Graphen ähnlich jenem der Hyperbel ($r = -1$).

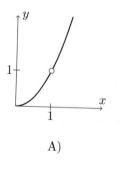

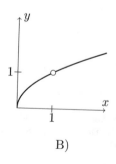

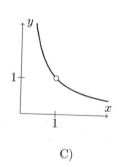

A)   B)   C)

(26.13) Exponentialfunktionen

In diesem Abschnitt werden die wichtigsten Grundtatsachen über die Exponential-funktionen zusammengestellt, dasselbe tun wir in (26.14) für die Logarithmusfunktionen. Für weitere Angaben siehe (17.3) und (18.5).

a) Definition:

Eine Funktion der Form

$$f(x) = a^x \quad (a \text{ eine reelle Zahl } > 0)$$

heisst eine *Exponentialfunktion* (weil die unabhängige Variable x im Exponenten steht), genauer die Exponentialfunktion mit Basis a.

Manchmal nennt man auch die etwas allgemeinere Funktion

$$g(x) = Ca^x \quad (a > 0, C \text{ eine beliebige Konstante})$$

eine Exponentialfunktion.

Man unterscheide gut zwischen

- Potenzfunktion (26.12) $x \mapsto x^a$,
- Exponentialfunktion $x \mapsto a^x$.

b) Eine eher theoretische Betrachtung:

Wir wollen uns überlegen, was $a^x (a > 0)$ eigentlich bedeutet: Für eine natürliche Zahl n ist klar, was a^n ist, ebenso für eine ganze Zahl m (z.B. ist $a^{-2} = 1/a^2$). Auch für rationale Exponenten kennen wir eine vernünftige Definition, vgl. (26.3.c):

$$a^{\frac{m}{n}} = \sqrt[n]{a^m} \quad (n > 0) .$$

Das eigentliche Problem besteht nun darin, die Zahl a^x auch für irrationale Exponenten x zu definieren. Zu diesem Zweck gewinnt man aus der Dezimalbruchdarstellung von x eine Folge von rationalen Zahlen x_n, welche gegen x konvergiert. Da x_n rational ist, ist a^{x_n} nach dem weiter oben Gesagten bereits definiert. Die gesuchte Zahl a^x kann dann als Grenzwert der Folge a^{x_n} definiert werden:

$$a^x = \lim_{n \to \infty} a^{x_n} .$$

Eine andere (vom mathematischen Standpunkt aus elegantere) Möglichkeit besteht darin, gemäss (19.8.a) e^x durch eine Potenzreihe und $\ln x$ als Umkehrfunktion von e^x zu definieren und anschliessend $a^x = e^{x \cdot \ln a}$ zu setzen.

c) Haupteigenschaften der Exponentialfunktionen

Nachdem nun die Definition von $a^x (a > 0)$ prinzipiell geklärt ist, stellen wir einige Eigenschaften der Funktion

$$f : \mathbb{R} \to \mathbb{R}, \quad f(x) = a^x$$

zusammen. Dabei wollen wir von jetzt an stets voraussetzen, dass $a \neq 1$ ist, denn wegen $1^x = 1$ für alle x ist die Funktion für $a = 1$ konstant und im Moment nicht weiter interessant.

1) $f(0) = 1$.

2) $f(1) = a$.

3) Es ist $f(x) > 0$ für alle $x \in \mathbb{R}$.

4) Die für natürliche Exponenten bekannten Potenzrechenregeln gelten weiterhin:

$$a^x a^y = a^{x+y}, \quad \frac{a^x}{a^y} = a^{x-y}, \quad (a^x)^y = a^{xy} \quad \text{für alle} \quad x, y$$
$$(ab)^x = a^x b^x \quad (a, b > 0) \,.$$

5) Eine "Nichtregel" als Warnung: $a^x + a^y$ kann nicht weiter vereinfacht werden.

d) Die Exponentialfunktion mit Basis e

Für die Theorie ist vor allem der Fall wichtig, wo die Basis a gleich der sogenannten *Eulerschen Zahl* e ist:

$$e = 2.718281828\ldots$$

Einer der Gründe für die Wichtigkeit dieser speziellen Wahl ist der, dass die Ableitung von e^x gerade gleich e^x ist.

Betrachten wir kurz die Zahl e: Sie ist definiert als Grenzwert einer Folge, nämlich der Folge

$$s_n = (1 + \frac{1}{n})^n \,.$$

In der nachstehenden Tabelle sind einige Glieder dieser Folge angegeben:

n	s_n
1	2
2	2.25
3	2.37037...
4	2.44140...
5	2.48832
10	2.593742460...
100	2.704813829...
1000	2.716923932...
10000	2.718145926...
100000	2.718268237...
1000000	2.718280469...

Beim Betrachten dieser Tabelle gewinnt man den Eindruck, dass die Folge (s_n) konvergiert, d.h. mit wachsendem n immer näher an eine gewisse Zahl, ihren Grenzwert, herankommt (dass dem auch wirklich so ist, liesse sich — mit einigem Aufwand — exakt beweisen). Dieser Grenzwert wird nun eben mit e bezeichnet:

$$e = \lim_{n \to \infty} (1 + \frac{1}{n})^n .$$

Genauere Rechnungen ergeben für die ersten Stellen von e:

$$e = 2.71828182845904\ldots$$

Beachten Sie, dass nach 2.7 (zufällig) zweimal die Ziffernfolge 1828 auftritt! Man kann aber zeigen, dass e eine irrationale Zahl ist; die Dezimalbruchentwicklung ist also nicht periodisch. Eine Darstellung von e als Summe einer Reihe finden Sie in (19.8.a).

Nach diesem Exkurs kehren wir wieder zur Exponentialfunktion mit der Basis e zurück. In diesem Fall spricht man einfach von der *Exponentialfunktion* (ohne weiteres Attribut, obwohl der Ausdruck "natürliche Exponentialfunktion" ganz vernünftig wäre).

Die Funktion e^x wird auch $\exp(x)$ geschrieben, was typographisch bequem ist. Ihre Werte kann man Tabellen oder dem Taschenrechner entnehmen. Die meisten Rechner können auch a^x ($a > 0$) berechnen. Sonst behilft man sich hier mit der in (26.14) bewiesenen Formel

$$a^x = e^{x \cdot \ln a} .$$

e) <u>Der Graph der Exponentialfunktion</u>

Der Graph von a^x hängt qualitativ vor allem davon ab, ob $a < 1$ oder $a > 1$ ist. Im ersten Fall fällt er, im zweiten wächst er. Wir skizzieren die Graphen für die beiden typischen Fälle $a = 1/e$ und $a = e$.

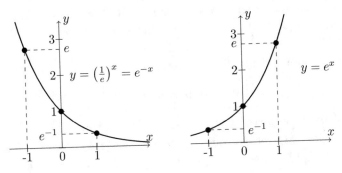

Beachten Sie, dass die "fallende" Funktion $f(x) = \left(\frac{1}{e}\right)^x$ häufig in der Form

$$f(x) = e^{-x}$$

geschrieben wird, was wegen $\frac{1}{e} = e^{-1}$ möglich ist.

(26.14) Der Logarithmus

a) Definition

Die folgenden Ausführungen finden sich in einem etwas allgemeineren Umfeld auch in (17.3). Ein Blick auf den Graphen der Exponentialfunktion $y = a^x$ (mit $a \neq 1$) zeigt uns, dass zu jeder positiven Zahl $y > 0$ genau ein x existiert mit $y = a^x$:

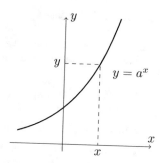

Wir können also die Gleichung $y = a^x$ bei gegebenem $y > 0$ eindeutig nach x auflösen. Die so erhaltene Zahl x heisst (wie Sie von der Schule her wissen) der *Logarithmus von y zur Basis a*, in Zeichen

$$x = \log_a y \ .$$

Die Zuordnung

$$y \mapsto \log_a y$$

liefert eine Funktion, die *Logarithmusfunktion zur Basis a*. Ihr Definitionsbereich besteht aus allen $y > 0$ (da $a^x > 0$ ist für alle x, lässt sich der Logarithmus für Zahlen ≤ 0 nicht definieren!).

Es liegen also zwei gleichwertige Aussagen vor,

(1)
$$\boxed{x = \log_a y \iff y = a^x}$$

welche als Definition des Logarithmus aufgefasst werden können.

In Worten: $\log_a y$ ist die eindeutig bestimmte Zahl x, so dass $a^x = y$ ist.

Ein Zahlenbeispiel: Da $2^3 = 8$ ist, ist $3 = \log_2 8$, ebenso folgt aus $5^{-1} = 1/5 = 0.2$, dass $\log_5 0.2 = -1$ ist.

Ersetzen wir in der Formel $y = a^x$ die Zahl x durch $\log_a y$ (was wegen (1) zulässig ist), so erhalten wir

(2)
$$\boxed{y = a^{\log_a y} \quad \text{für alle } y > 0 \ .}$$

Ganz entsprechend setzen wir in $x = \log_a y$ für y die Grösse a^x ein und finden

(3)
$$\boxed{x = \log_a a^x \quad \text{für alle } x \,.}$$

Die Formeln (2) und (3) sind nützlich, um Logarithmen wegzuschaffen oder "Exponenten herunterzuholen".

b) <u>Haupteigenschaften des Logarithmus</u>

1) $\log_a 1 = 0$.

2) $\log_a a = 1$.

3) $\log_a x$ ist nur für $x > 0$ definiert.

4) Rechenregeln für Logarithmen:

$$\boxed{\begin{aligned}
\log_a(rs) &= \log_a r + \log_a s \quad &&\text{für alle } r, s > 0 \\
\log_a\left(\frac{r}{s}\right) &= \log_a r - \log_a s \quad &&\text{für alle } r, s > 0 \\
\log_a(r^s) &= s \cdot \log_a r \quad &&\text{für alle } r > 0 \text{ und alle } \ s \in \mathbb{R} \,.
\end{aligned}}$$

5) Eine "Nichtregel" als Warnung: $\log_a(r + s)$ kann nicht weiter vereinfacht werden.

c) <u>Der natürliche Logarithmus</u>

Die Logarithmusfunktion zur Basis e (also die Umkehrfunktion von exp) heisst die *natürliche Logarithmusfunktion*. Man schreibt

$$\ln x \quad (\text{oder auch } \log x) \,.$$

Mit Hilfe des natürlichen Logarithmus kann man die "allgemeine" mit der "natürlichen" Exponentialfunktion in Beziehung bringen, und ebenso die "allgemeine" und die natürliche Logarithmusfunktion. Es gelten nämlich folgende Formeln:

$$\boxed{\begin{aligned}
a^x &= e^{x \cdot \ln a} \\
\log_a x &= \frac{\ln x}{\ln a}, \quad x > 0 \,.
\end{aligned}}$$

Die erste Formel folgt sofort aus den Beziehungen $e^{\ln a} = a$ und $e^{\ln a \cdot x} = \left(e^{\ln a}\right)^x$. Für die zweite Formel wendet man $\ln$ auf die Beziehung $x = a^{\log_a x}$ an und findet $\ln x = \ln\left(a^{\log_a x}\right) = \log_a x \cdot \ln a$, woraus das gesuchte Ergebnis folgt.

Der Graph des natürlichen Logarithmus sieht wie folgt aus (vgl. (17.3)):

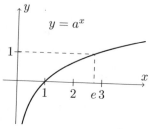

Zum Schluss sei nochmals auf den fundamentalen Zusammenhang hingewiesen ((26.14.a), Formel (1))

$$y = e^x \iff x = \ln y \quad (x, y, \in \mathbb{R}, y > 0) \,.$$

Ferner gilt gemäss (26.14.a), Formeln (2) und (3),

$$e^{\ln y} = y \text{ für alle } y > 0 \,,$$
$$\ln e^x = x \text{ für alle } x \,.$$

(26.15) Die trigonometrischen Funktionen

Auch hier geht es um Grundbegriffe. Einige zusätzliche Angaben zu den trigonometrischen Funktionen finden Sie in (17.2) und (18.3).

a) Geometrische Definition von Sinus und Cosinus

Die trigonometrischen Funktionen werden im Prinzip als bekannt vorausgesetzt. Im folgenden werden die wichtigsten Tatsachen rekapituliert.

Zunächst sei daran erinnert, dass wir für die theoretischen Betrachtungen die Winkel stets im *Bogenmass* messen (englisch: radian). Der volle Kreisumfang (360°) entspricht dann 2π, ein rechter Winkel (90°) entspricht $\frac{\pi}{2}$, allgemein:

$$t_{\text{Bogenmass}} = t_{\text{Grad}} \cdot \frac{\pi}{180} \,.$$

Wir betrachten nun den Einheitskreis, dessen Zentrum im Nullpunkt eines rechtwinkligen Koordinatensystems liegt. Den Winkel t tragen wir von der positiven x–Achse aus ab, und zwar so, dass dem Gegenuhrzeigersinn ein positiver Winkel entspricht. Der Winkel t bestimmt dann einen Punkt P auf dem Einheitskreis und somit auch dessen kartesische Koordinaten x und y in eindeutiger Weise. Deshalb sind x und y Funktionen von t. Man nennt x den Cosinus von t, y den Sinus von t:

$$x = \cos t, \qquad y = \sin t \,.$$

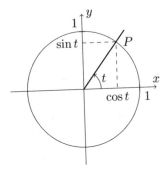

Die Winkel $t, t \pm 2\pi, t \pm 4\pi, \ldots$, allgemein $t + n2\pi$ $(n \in \mathbb{Z})$, ergeben alle denselben Punkt P auf dem Einheitskreis. Es folgt

$$\sin(t + 2\pi) = \sin t, \quad \cos(t + 2\pi) = \cos t$$

usw. Man sagt deshalb, Sinus und Cosinus seien *periodische Funktionen* mit der Periode 2π, vgl. (18.3).

b) Die Graphen von Sinus und Cosinus

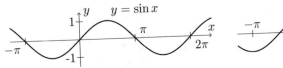 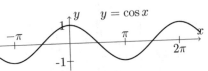

c) Die wichtigsten Beziehungen

Zwischen den trigonometrischen Funktionen bestehen viele Beziehungen, für welche auf Formelsammlungen verwiesen sei. Wir erwähnen hier nur die allerwichtigsten:

1) $\sin^2 x + \cos^2 x = 1$ für alle x.
2) $\sin(-x) = -\sin x$ für alle x.
3) $\cos(-x) = \cos x$ für alle x.
4) $\sin\left(x + \frac{\pi}{2}\right) = \cos x$ für alle x.
5) $\sin(x \pm y) = \sin x \cos y \pm \cos x \sin y$ für alle x, y.
6) $\cos(x \pm y) = \cos x \cos y \mp \sin x \sin y$ für alle x, y.

Die Formeln 5) und 6) heissen Additionstheoreme.

d) Tangens und Cotangens

Man definiert

$$\tan x = \frac{\sin x}{\cos x}, \quad \cot x = \frac{\cos x}{\sin x}.$$

Offenbar ist der Tangens überall dort definiert, wo

$$\cos x \neq 0 \text{ ist, also für alle } x \neq \frac{\pi}{2} + k\pi \quad (k \in \mathbb{Z}).$$

Entsprechend ist der Cotangens für alle x definiert, für die

$$\sin x \neq 0 \text{ ist, also für alle } x \neq k\pi \quad (k \in \mathbb{Z}).$$

Wegen der Periodizität von sin und cos haben tan und cot sicher die Periode 2π. In Wirklichkeit haben sie sogar die Periode π, denn es gilt

$$\tan(x + \pi) = \frac{\sin(x + \pi)}{\cos(x + \pi)} = \frac{-\sin x}{-\cos x} = \frac{\sin x}{\cos x} = \tan x$$

und analog für für den Cotangens. Die Graphen sehen wie folgt aus:

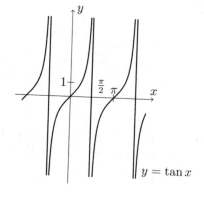

$y = \tan x$

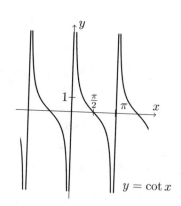

$y = \cot x$

e) Secans und Cosecans

Eher der Kuriosität halber seien noch die folgenden Funktionen erwähnt (man trifft sie in der amerikanischen Literatur gelegentlich an):

Secans: $\sec x = \frac{1}{\cos x}$ (Definitionsbereich wie tangens),

Cosecans: $\csc x = \frac{1}{\sin x}$ (Definitionsbereich wie cotangens).

(26.16) Das griechische Alphabet

A	α	Alpha	I	ι	Iota	P	ρ	Rho
B	β	Beta	K	κ	Kappa	Σ	σ	Sigma
Γ	γ	Gamma	Λ	λ	Lambda	T	τ	Tau
Δ	δ	Delta	M	μ	Mü	Y	υ	Ypsilon
E	ε	Epsilon	N	ν	Nü	Φ	φ	Phi
Z	ζ	Zeta	Ξ	ξ	Xi	X	χ	Chi
H	η	Eta	O	o	Omikron	Ψ	ψ	Psi
Θ	θ	Theta	Π	π	Pi	Ω	ω	Omega

27. EINIGE ERGÄNZUNGEN

(27.1) Überblick

In diesem Kapitel sind für speziell interessierte Leserinnen und Leser einige ausgewählte Beweise zusammengestellt, deren Einfügung in den laufenden Text nicht zweckmässig erschien.

(27.2) Skalar- und Vektorprodukt

a) Distributivität des Skalarprodukts

Hier geht es darum, die Formeln

$$(3a) \quad (\vec{a} + \vec{b})\vec{c} = \vec{a}\vec{c} + \vec{b}\vec{c} \quad \text{und} \quad (3b) \quad \vec{a}(\vec{b} + \vec{c}) = \vec{a}\vec{b} + \vec{a}\vec{c}$$

von (1.8.d) geometrisch zu begründen. Wegen der Kommutativität des Skalarprodukts (Regel (1) von (1.8.d)) genügt es, (3b) zu beweisen.

Für $\vec{a} = \vec{0}$ gilt die Formel sicher. Für $\vec{a} \neq \vec{0}$ setzen wir $\vec{e} = \frac{1}{|\vec{a}|}\vec{a}$; dies ist ein Einheitsvektor. Es reicht nun aus, die Formel

$$(*) \qquad \vec{e}(\vec{b} + \vec{c}) = \vec{e}\vec{b} + \vec{e}\vec{c}$$

nachzuweisen, denn aus (*) folgt durch Multiplikation mit $|\vec{a}|$ unter Benützung von Regel (2) von (1.8.d) die gewünschte Formel (3b).

Nun hat $\vec{e}\vec{b}$ eine einfache geometrische Bedeutung. Wenn wir mit $\vec{b}_1$ den auf $\vec{e}$ projizierten Vektor $\vec{b}$ bezeichnen, dann hat $\vec{b}_1$ bis aufs Vorzeichen die Länge $\vec{e}\vec{b} = |\vec{e}||\vec{b}| \cos\varphi$. Diese Zahl ist > 0, wenn φ ein spitzer und < 0, wenn φ ein stumpfer Winkel ist. Deshalb gilt in beiden Fällen die einheitliche Formel $\vec{b}_1 = (\vec{e}\vec{b})\vec{e}$ (dies ist ein Ausdruck der Form Skalar $(\vec{e}\vec{b})$ mal Vektor $(\vec{e})$). Analog ist $\vec{c}_1 = (\vec{e}\vec{c})\vec{e}$. Geometrisch ist klar, dass die Projektion des Summenvektors $\vec{b} + \vec{c}$ auf $\vec{e}$ gerade die Summe der Projektionen $\vec{b}_1$ bzw. $\vec{c}_1$ ist (vgl. die Figur, die räumlich aufzufassen ist, da $\vec{e}$, $\vec{b}$ und $\vec{c}$ nicht in einer Ebene zu liegen brauchen). Somit gilt

$$(\vec{e}(\vec{b} + \vec{c}))\vec{e} = (\vec{e}\vec{b})\vec{e} + (\vec{e}\vec{c})\vec{e} = (\vec{e}\vec{b} + \vec{e}\vec{c})\vec{e} \,,$$

also müssen die Skalare $\vec{e}(\vec{b} + \vec{c})$ und $\vec{e}\vec{b} + \vec{e}\vec{c}$ gleich sein. Dies ist aber genau die Formel (*).

b) Formel (2) für das Vektorprodukt

Die Formel (2) von (1.9.c) lautet

$$(r\vec{a}) \times \vec{b} = \vec{a} \times (r\vec{b}) = r(\vec{a} \times \vec{b}) \,.$$

Wegen der "Antikommutativität" des Vektorprodukts (Regel (1) von (1.9.c)) genügt es, zu zeigen, dass

$$(**) \qquad (r\vec{a}) \times \vec{b} = r(\vec{a} \times \vec{b})$$

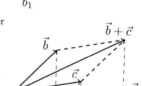

gilt. Für $r > 0$ haben $\vec{a}$ und $r\vec{a}$ dieselbe Richtung, und die Beziehung $(**)$ folgt wegen

$$|(r\vec{a}) \times \vec{b}| = |r\vec{a}|\,|\vec{b}|\sin\varphi = r\,|\vec{a}|\,|\vec{b}|\sin\varphi = |r(\vec{a} \times \vec{b})| \, .$$

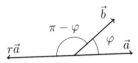

Für $r < 0$ hat $r\vec{a}$ die zu $\vec{a}$ entgegengesetzte Richtung, und es ist $|r\vec{a}| = |r|\,|\vec{a}| = -r|\vec{a}|$. Die von $r\vec{a}$ und $\vec{b}$ aufgespannte Ebene ist deshalb dieselbe wie die von $\vec{a}$ und $\vec{b}$ aufgespannte. Die kürzeste Drehung, welche $r\vec{a}$ in $\vec{b}$ überführt, und die kürzeste Drehung, welche $\vec{a}$ in $\vec{b}$ überführt, haben entgegengesetzten Drehsinn. Somit hat $(r\vec{a}) \times \vec{b}$ die zu $\vec{a} \times \vec{b}$ entgegengesetzte Richtung. Für den Betrag gilt weiter

$$|(r\vec{a}) \times \vec{b}| = |r\vec{a}|\,|\vec{b}|\sin(\pi - \varphi) = |r\vec{a}|\,|\vec{b}|\sin\varphi = |r|\,|\vec{a}|\,|\vec{b}|\sin\varphi = |r(\vec{a} \times \vec{b})| \, .$$

Schliesslich hat $r(\vec{a} \times \vec{b})$ wegen $r < 0$ die zu $\vec{a} \times \vec{b}$ entgegengesetzte Richtung, also dieselbe Richtung wie $(r\vec{a}) \times \vec{b}$. Alles zusammen liefert $(r\vec{a}) \times \vec{b} = r(\vec{a} \times \vec{b})$, d.h. die gesuchte Beziehung $(**)$.

c) Distributivität des Vektorprodukts

Hier sollen die Formeln (3) von (1.9.c), nämlich

$$(\vec{a} + \vec{b}) \times \vec{c} = \vec{a} \times \vec{c} + \vec{b} \times \vec{c} \quad \text{und} \quad \vec{a} \times (\vec{b} + \vec{c}) = \vec{a} \times \vec{b} + \vec{a} \times \vec{c}$$

begründet werden. Wegen der "Antikommutativität" des Vektorprodukts braucht nur eine der Formeln, beispielsweise die zweite, bewiesen zu werden.

Für $\vec{a} = \vec{0}$ ist alles klar. Für $\vec{a} \neq \vec{0}$ setzen wir (wie schon im Fall des Skalarprodukts in a)) $\vec{e} = \frac{1}{|\vec{a}|}\vec{a}$ (ein Einheitsvektor). Wir zeigen

$(***)$ $$\vec{e} \times (\vec{b} + \vec{c}) = \vec{e} \times \vec{b} + \vec{e} \times \vec{c} \, .$$

Daraus folgt dann durch Multiplikation mit $|\vec{a}|$ (unter Verwendung der Regel (2) von (1.9.c)) die gewünschte Formel.

Der Vektor $\vec{e} \times \vec{b}$ hat die Länge $|\vec{b}|\sin\varphi$. Dies ist gerade die Länge der Projektion von $\vec{b}$ auf die Normalebene E zu $\vec{e}$. Da $\vec{e} \times \vec{b}$ normal auf $\vec{e}$ und $\vec{b}$ steht, liegt $\vec{e} \times \vec{b}$ in der Ebene E, und man sieht, dass $\vec{e} \times \vec{b}$ die um einen rechten Winkel gedrehte Projektion von $\vec{b}$ ist. (Der Drehsinn ergibt sich aus der "Rechte-Hand-Regel".) Der Vektor $\vec{e} \times \vec{c}$ lässt sich analog deuten. Schliesslich ist $\vec{e} \times (\vec{b} + \vec{c})$ die um einen rechten Winkel gedrehte Projektion des Summenvektors $\vec{b} + \vec{c}$ auf E.

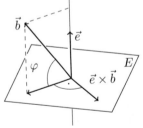

Nun läuft es aber auf dasselbe hinaus, ob wir die Vektoren $\vec{b}$ und $\vec{c}$ zuerst einzeln projizieren, drehen und dann die Summe bilden oder ob wir zuerst die Summe bilden und dann projizieren und drehen. Im ersten Fall erhalten wir $\vec{e} \times \vec{b} + \vec{e} \times \vec{c}$, im zweiten Fall $\vec{e} \times (\vec{b} + \vec{c})$, d.h. wir haben die gesuchte Gleichheit $(***)$ gefunden.

(27.3) Beweise der Ableitungsregeln und -formeln

In (5.7) sind im Sinne einer exemplarischen Auswahl einige Ableitungsregeln und -formeln hergeleitet worden. Wegen der Wichtigkeit dieser Regeln folgen hier die noch fehlenden Beweise. In a), b) und c) wird vorausgesetzt, dass f und g in x_0 differenzierbar sind.

a) Summenregel

Wir setzen $h(x) = f(x) + g(x)$. Gesucht ist

$$h'(x_0) = \lim_{x \to x_0} \frac{\Delta y}{\Delta x} \quad \text{mit} \quad \frac{\Delta y}{\Delta x} = \frac{h(x) - h(x_0)}{x - x_0} \ .$$

Wir formen den Differenzenquotienten um:

$$\frac{\Delta y}{\Delta x} = \frac{f(x) + g(x) - f(x_0) - g(x_0)}{x - x_0}$$

$$= \frac{f(x) - f(x_0)}{x - x_0} + \frac{g(x) - g(x_0)}{x - x_0} \ .$$

Nach Voraussetzung streben die beiden Summanden rechts mit $x \to x_0$ gegen $f'(x_0)$ bzw. $g'(x_0)$. Somit existiert

$$h'(x_0) = \lim_{x \to x_0} \frac{\Delta y}{\Delta x}$$

und es ist

$$h'(x_0) = f'(x_0) + g'(x_0) \ .$$

Der Fall $f(x) - g(x)$ wird genau gleich behandelt.

b) Regel vom konstanten Faktor

Wir setzen $h(x) = cf(x)$. Gesucht ist

$$h'(x_0) = \lim_{x \to x_0} \frac{\Delta y}{\Delta x} \quad \text{mit} \quad \frac{\Delta y}{\Delta x} = \frac{cf(x) - cf(x_0)}{x - x_0} \ .$$

Eine einfache Umformung liefert

$$\frac{\Delta y}{\Delta x} = c \frac{f(x) - f(x_0)}{x - x_0} \ ,$$

und da der Quotient gegen $f'(x_0)$ strebt, strebt die ganze rechte Seite gegen $cf'(x_0)$, woraus

$$h'(x_0) = cf'(x_0)$$

folgt.

c) Quotientenregel

Es sei $h(x) = \dfrac{f(x)}{g(x)}$ und es sei $g(x_0) \neq 0$.

Es ist

$$\frac{\Delta y}{\Delta x} = \frac{1}{x - x_0} \left(\frac{f(x)}{g(x)} - \frac{f(x_0)}{g(x_0)} \right)$$

$$= \frac{1}{x - x_0} \left(\frac{f(x)g(x_0) - f(x_0)g(x)}{g(x)g(x_0)} \right) \ .$$

Mit einem ähnlichen Trick wie bei der Produktregel (5.7.a) folgt:

$$\frac{\Delta y}{\Delta x} = \frac{1}{x - x_0} \left(\frac{f(x)g(x_0) - f(x)g(x) + f(x)g(x) - f(x_0)g(x)}{g(x)g(x_0)} \right)$$

$$= \frac{1}{g(x)g(x_0)} \left(g(x) \cdot \frac{f(x) - f(x_0)}{x - x_0} - f(x) \cdot \frac{g(x) - g(x_0)}{x - x_0} \right)$$

$$\Big\downarrow 1) \qquad \Big\downarrow 2) \qquad \Big\downarrow 3) \qquad \Big\downarrow 4) \qquad \Big\downarrow 5)$$

$$\frac{1}{g(x_0)g(x_0)} \qquad g(x_0) \qquad f'(x_0) \qquad f(x_0) \qquad g'(x_0)$$

Die angegebenen Grenzwerte gelten in den Fällen 1), 2), 4) wegen der Stetigkeit von f bzw. g in x_0, in den Fällen 3) und 5) nach Voraussetzung.

Man schliesst, dass $h'(x_0) = \lim_{x \to x_0} \frac{\Delta y}{\Delta x}$ existiert und dass

$$h'(x_0) = \frac{f'(x_0)g(x_0) - f(x_0)g'(x_0)}{g(x_0)^2}$$

ist.

d) Kettenregel

Die Voraussetzungen sind: g ist differenzierbar in x_0, f ist differenzierbar in $y_0 = g(x_0)$. In (5.7.b) haben wir eine Plausibilitätsbetrachtung für die Kettenregel durchgeführt, die aber einen i.a. nicht zulässigen Schritt, nämlich eine Erweiterung mit $\frac{0}{0}$ enthielt. Wir umgehen im nachstehenden Beweis diese Schwierigkeit, indem wir darauf achten, dass $y - y_0$ nie im Nenner steht, ausser es sei $y \neq y_0$. Wir setzen dazu

$$k(y) = \begin{cases} \dfrac{f(y) - f(y_0)}{y - y_0} & \text{für} \quad y \neq y_0 \\ f'(y_0) & \text{für} \quad y = y_0 \, . \end{cases}$$

Diese neue Funktion hat offenbar die Eigenschaft, dass

$$\lim_{y \to y_0} k(y) = \lim_{y \to y_0} \frac{f(y) - f(y_0)}{y - y_0} = f'(y_0) = k(y_0)$$

ist (k ist also in y_0 stetig).

Ferner gilt für alle y aus dem Definitionsbereich von f:

$$k(y)(y - y_0) = f(y) - f(y_0) \, .$$

(Für $y \neq y_0$ folgt dies aus der Definition, für $y = y_0$ sind beide Seiten der Gleichung $= 0$.)

Nun formen wir den Differenzenquotienten um:

$$\frac{\Delta y}{\Delta x} = \frac{f(g(x)) - f(g(x_0))}{x - x_0} = \frac{f(y) - f(y_0)}{x - x_0} = \frac{k(y)(y - y_0)}{x - x_0}$$

$$= k(y) \frac{g(x) - g(x_0)}{x - x_0} \qquad \text{für alle} \quad x \neq x_0 \, .$$

Für $x \to x_0$ strebt (wegen der Stetigkeit) $y = g(x)$ gegen $y_0 = g(x_0)$. Damit strebt $k(y)$ gegen $k(y_0) = f'(y_0)$ und der Differenzenquotient strebt gegen $g'(x_0)$.

Somit existiert

$$h'(x_0) = \lim_{x \to x_0} \frac{\Delta y}{\Delta x}$$

und es ist

$$h'(x_0) = f'(y_0) \cdot g'(x_0) = f'(g(x_0)) \cdot g'(x_0) \, .$$

e) Eine Bemerkung

In den vorangegangenen Betrachtungen haben wir stillschweigend einige Rechenregeln für Grenzwerte von Funktionen gebraucht, in a) z.B. "Der Grenzwert einer Summe ist die Summe der Grenzwerte". Mit einigem Aufwand kann man diese Behauptungen unter Verwendung der exakten Definition des Grenzwerts auch rechnerisch beweisen. Es gelten die folgenden Formeln:

1) $\lim\limits_{x\to x_0}(f(x)+g(x))=\lim\limits_{x\to x_0}f(x)+\lim\limits_{x\to x_0}g(x)$,

2) $\lim\limits_{x\to x_0}(f(x)-g(x))=\lim\limits_{x\to x_0}f(x)-\lim\limits_{x\to x_0}g(x)$,

3) $\lim\limits_{x\to x_0}c\cdot f(x)=c\cdot\lim\limits_{x\to x_0}f(x)$,

4) $\lim\limits_{x\to x_0}(f(x)\cdot g(x))=\lim\limits_{x\to x_0}f(x)\cdot\lim\limits_{x\to x_0}g(x)$,

5) $\lim\limits_{x\to x_0}\dfrac{f(x)}{g(x)}=\dfrac{\lim_{x\to x_0}f(x)}{\lim_{x\to x_0}g(x)}$ falls $\lim\limits_{x\to x_0}g(x)\neq 0$.

Die Formeln sind so zu interpretieren: Wenn die Grenzwerte auf der rechten Seite einer Formel existieren, dann existiert auch der Grenzwert auf der linken Seite und die angegebene Gleichheit gilt.

f) Ableitung der konstanten Funktion $f(x)=c$

Dies ist ganz einfach: Es ist

$$\frac{\Delta y}{\Delta x}=\frac{f(x)-f(x_0)}{x-x_0}=\frac{c-c}{x-x_0}=0$$

und somit auch

$$f'(x_0)=\lim_{x\to x_0}\frac{\Delta y}{\Delta x}=0\quad\text{für alle }x_0\text{ .}$$

g) Die Ableitung der Exponentialfunktion

In (5.7.c) ist die Ableitung des natürlichen Logarithmus bestimmt worden:

$$(\ln x)'=\frac{1}{x}\quad(x>0)\text{ .}$$

Nun ist aber der natürliche Logarithmus die Umkehrfunktion der Exponentialfunktion:

$$y=f(x)=e^x\Longleftrightarrow x=g(y)=\ln y\text{ .}$$

Wir können also die Formel von (17.4) anwenden und finden

$$f'(x)=\frac{1}{g'(y)}=\frac{1}{1/y}=y=e^x\text{ .}$$

Somit ist $(e^x)'=e^x$.

h) Die Ableitung der allgemeinen Exponential- und Logarithmusfunktion

Es sei

$$f(x)=a^x\ (=e^{x\cdot\ln a})\quad(\text{vgl. }(26.14.c))\text{ .}$$

Wir berechnen f' mit der Kettenregel, wobei die innere Ableitung gleich $\ln a$ ist:

$$f'(x)=\ln a\cdot e^{x\cdot\ln a}=\ln a\cdot a^x\text{ .}$$

Ferner sei

$$g(x)=\log_a x=\left(\frac{\ln x}{\ln a}\right)\quad(\text{vgl. }(26.14.c))\text{ ,}$$

und die Regel vom konstanten Faktor liefert

$$g'(x)=\frac{1}{x\cdot\ln a}\text{ .}$$

i) <u>Die Ableitung der allgemeinen Potenzfunktion</u>

Es sei $f(x) = x^n$ für einen beliebigen Exponenten $n \in \mathbb{R}$ und für $x > 0$. Dann ist

$$f(x) = e^{n \cdot \ln x} \ .$$

f' bestimmt sich durch die Kettenregel, wobei diesmal die innere Ableitung $= \frac{n}{x}$ ist. Man findet

$$f'(x) = \frac{n}{x} e^{n \cdot \ln x} = \frac{n}{x} x^n = n x^{n-1} \ .$$

j) <u>Die Ableitung der Sinusfunktion</u>

Als Vorbereitung zeigen wir mittels der geometrischen Definition der trigonometrischen Funktionen, dass folgende Beziehung gilt:

$$\lim_{x \to 0} \frac{\sin x}{x} = 1 \ .$$

Wie der Beweis zeigen wird, gilt dies aber nur dann, wenn der Winkel im Bogenmass gemessen wird!

Dazu stellen wir zunächst fest, dass es wegen $\frac{\sin(-x)}{-x} = \frac{-\sin x}{-x} = \frac{\sin x}{x}$ genügt, $x > 0$ zu betrachten.

Der untenstehenden Skizze entnimmt man, dass das Dreieck OAP einen kleineren Flächeninhalt hat als der Sektor OBP, und dieser wiederum hat einen kleineren Flächeninhalt als das Dreieck OBQ. Drückt man diese Flächeninhalte mit den aus der Geometrie bekannten Formeln aus, so folgt für alle x mit $0 < x < \pi/2$:

$(*)$
$$\frac{1}{2} \sin x \cdot \cos x < \frac{1}{2} x < \frac{1}{2} \tan x = \frac{1}{2} \frac{\sin x}{\cos x} \ .$$

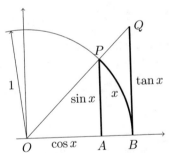

Dabei wurde noch benützt, dass die Strecke OB die Länge 1 hat (Radius des Einheitskreises) und dass $OA = \cos x$, $AP = \sin x$ und $BQ = \tan x$ ist.

Wir formen $(*)$ um, indem wir mit 2 multiplizieren und durch $\sin x$ dividieren:

$$\cos x < \frac{x}{\sin x} < \frac{1}{\cos x} \ .$$

Diese Ungleichung ist gleichbedeutend mit (bilde Kehrwerte!)

$(**)$
$$\cos x < \frac{\sin x}{x} < \frac{1}{\cos x}, \quad 0 < x < \pi/2 \ .$$

Nun lassen wir x gegen 0 streben. Wie erwähnt, dürfen wir $x > 0$ annehmen, und es ist auch keine Einschränkung, wenn wir $x < \pi/2$ voraussetzen, da ja ohnehin $x \to 0$ strebt. Für jedes x gilt dann wegen (∗∗):

$$\cos x < \frac{\sin x}{x} < \frac{1}{\cos x} \,.$$

Der Figur entnimmt man nun, dass $\cos x$ gegen 1 strebt, wenn $x \to 0$ geht. Ebenso strebt dann $1/\cos x$ gegen 1. Die Funktion $(\sin x)/x$ ist also zwischen zwei Funktionen "eingeklemmt", welche beide gegen 1 streben. Somit gilt auch

$$\frac{\sin x}{x} \to 1 \,,$$

wie behauptet wurde.

Wie schon erwähnt wurde, nimmt dieser Grenzwert nur deshalb den schönen Wert 1 an, weil wir den Winkel im Bogenmass gemessen haben (nämlich an der Stelle, wo wir den Flächeninhalt des Sektors OBP mit $\frac{1}{2}x$ angegeben haben).

Nun schreiten wir zur Berechnung der Ableitung: Wir wollen

$$\lim_{h \to 0} \frac{\sin(x + h) - \sin x}{h}$$

berechnen.

Aus der Goniometrie kennen Sie die folgende Formel, oder Sie wissen, dass Sie in Ihrer Formelsammlung steht.

$$\sin u - \sin v = 2 \sin \frac{1}{2}(u - v) \cos \frac{1}{2}(u + v) \,.$$

Setzen wir hier $u = x + h$, $v = x$, so finden wir

$$\sin(x + h) - \sin x = 2 \sin \frac{h}{2} \cos(x + \frac{h}{2})$$

sowie

$$\frac{\sin(x + h) - \sin x}{h} = \frac{\sin(h/2)}{h/2} \cos(x + h/2) = \frac{\sin k}{k} \cos(x + k) \,,$$

wobei $k = h/2$ gesetzt wurde. Mit $h \to 0$ hat man auch $k \to 0$. Oben haben wir aber gesehen, dass $\lim_{k \to 0} \frac{\sin k}{k} = 1$ ist. Wegen der Stetigkeit der Cosinusfunktion ist ferner $\lim_{k \to 0} \cos(x + k) = \cos x$. Zusammen erhalten wir

$$\lim_{h \to 0} \frac{\sin(x + h) - \sin x}{h} = 1 \cdot \cos x = \cos x \,.$$

Die Ableitung von $\sin x$ ist also $\cos x$.

k) Übrige trigonometrische Funktionen

Cosinus: Wir benutzen bekannte Beziehungen zwischen Sinus und Cosinus.

$f(x) = \cos x = \sin(x + \frac{\pi}{2})$. Die Kettenregel liefert $f'(x) = \cos(x + \frac{\pi}{2})$, also, wegen $\cos(x + \frac{\pi}{2}) = -\sin x$

$$f'(x) = -\sin x \,,$$

$$(\cos x)' = -\sin x \,.$$

Tangens: Wegen $\tan x = \frac{\sin x}{\cos x}$ können wir die Quotientenregel anwenden:

$$(\tan x)' = \frac{\cos x \cdot \cos x - \sin x \cdot (-\sin x)}{\cos^2 x}$$

$$= \frac{\cos^2 x + \sin^2 x}{\cos^2 x} = 1 + \tan^2 x \,.$$

Wegen $\sin^2 x + \cos^2 x = 1$ gilt auch

$$(\tan x)' = \frac{1}{\cos^2 x} \ .$$

<u>Cotangens:</u> Ganz analog.

l) <u>Die Ableitungen der übrigen Funktionen aus (5.3)</u>

Zyklometrische Funktionen:	siehe (17.4),
Hyperbolische Funktionen:	siehe (18.8),
Area-Funktionen:	siehe (18.8).

(27.4) Ein anderer Zugang zur Differenzierbarkeit

In (7.6) haben wir folgendes gesehen: Die Funktion f sei an der Stelle x_0 differenzierbar und es sei p die "lineare Ersatzfunktion"

$$p(x) = f(x_0) + f'(x_0)(x - x_0) \ .$$

Ferner sei

$$r(x) = f(x) - p(x) = f(x) - f(x_0) - f'(x_0)(x - x_0)$$

der Fehler, der beim Ersatz von f durch p entsteht. Dann gilt

(*)
$$\lim_{x \to x_0} \frac{r(x)}{|x - x_0|} = 0 \ .$$

Wir können also $f(x)$ so darstellen:

$$f(x) = f(x_0) + f'(x_0)(x - x_0) + r(x) \ ,$$

wobei $r(x)$ die Bedingung (*) erfüllt.

Man kann nun diese Aussage auch umkehren und erhält so eine neue Bedingung für die Differenzierbarkeit. Genauer formuliert gilt:

Gegeben sei $f : D(f) \to \mathbb{R}$ und ein innerer Punkt x_0 von $D(f)$. Wenn es eine Zahl a und eine Funktion $r(x)$ gibt, so dass

(i) f die folgende Darstellung erlaubt: $f(x) = f(x_0) + a(x - x_0) + r(x)$,

(ii) $\lim_{x \to x_0} \dfrac{r(x)}{|x - x_0|} = 0$ gilt,

dann ist f an der Stelle x_0 differenzierbar, und zudem ist $a = f'(x_0)$.

Dies sieht man so ein: Die Voraussetzung liefert

$$f(x) - f(x_0) = a(x - x_0) + r(x) \quad \text{für alle} \quad x \in D(f)$$
$$\frac{f(x) - f(x_0)}{x - x_0} = a + \frac{r(x)}{x - x_0} = a \pm \frac{r(x)}{|x - x_0|} \ , \quad (x \neq x_0) \ .$$

Nach Voraussetzung über r strebt mit $x \to x_0$ die rechte Seite gegen die Zahl a. Somit existiert auch der Limes der linken Seite, und er ist $= a$. Dieser Limes links ist aber gerade $= f'(x_0)$.

Diese Bedingung ist vor allem deshalb von Bedeutung, weil es sich beim weiteren Ausbau der Differentialrechnung zeigt, dass es zweckmässig ist, Differenzierbarkeit und die Ableitung $f'(x_0)$ nicht mehr als Grenzwert eines Differenzenquotienten, sondern direkt durch diese Bedingung zu definieren. Einen Schritt in dieser Richtung finden Sie in (24.5).

(27.5) Das Restglied für die Taylorpolynome

Es sei $f(x)$ eine Funktion und $p_n(x)$ das Taylorpolynom n-ten Grades mit Zentrum x_0. In (19.10) ist behauptet worden, dass das Restglied

$$R_n(x) = f(x) - p_n(x)$$

die Form

$$R_n(x) = \frac{f^{(n+1)}(z)}{(n+1)!}(x - x_0)^{n+1}$$

habe, für eine zwischen x und x_0 liegende Zahl z. Wir dürfen stets $x \neq x_0$ annehmen, denn für $x = x_0$ ist $R_n(x_0) = f(x_0) - p_n(X_0) = 0$ und die obige Formel stimmt sicher.

Setzt man für $p_n(x)$ die Definition ein (19.9), so erhält man die sogenannte Taylorsche Formel:

$$f(x) = f(x_0) + \frac{f'(x_0)}{1!}(x - x_0) + \ldots + \frac{f^{(n)}(x_0)}{n!}(x - x_0)^n + \frac{f^{(n+1)}(z)}{(n+1)!}(x - x_0)^{n+1} \ .$$

Diese Formel werden wir nun herleiten. Gleichzeitig wird damit natürlich bewiesen, dass das Restglied die gewünschte Form besitzt.

Wir betrachten x, x_0 und n als fest gewählt. Setzen wir zur Abkürzung

$$A = \frac{R_n(x)(n+1)!}{(x - x_0)^{n+1}} \ ,$$

dann gilt

(1)
$$R_n(x) = \frac{A}{(n+1)!}(x - x_0)^{n+1} \ .$$

Wir erhalten weiter

(2)
$$f(x) = f(x_0) + \frac{f'(x_0)}{1!}(x - x_0) + \ldots + \frac{f^{(n)}(x_0)}{n!}(x - x_0)^n + \frac{A}{(n+1)!}(x - x_0)^{n+1} \ .$$

Nun halten wir x, n und A weiter fest, ersetzen aber auf der rechten Seite x_0 durch eine Variable t. Wir subtrahieren noch $f(x)$ und erhalten so eine neue Funktion (von t), nämlich

(3)
$$F(t) = f(t) + \frac{f'(t)}{1!}(x - t) + \ldots + \frac{f^{(n)}(t)}{n!}(x - t)^n + \frac{A}{(n+1)!}(x - t)^{n+1} - f(x) \ .$$

Setzen wir $t = x$, so folgt aus (3) sofort $F(x) = 0$. Setzen wir aber $t = x_0$, so erkennen wir aus (2), dass $F(x_0) = 0$ ist.

Die Funktion $F(t)$ hat also Nullstellen in x und x_0. Es gibt daher eine Stelle z zwischen x und x_0 (auch im Fall $x > x_0$) mit $F'(z) = 0$. (Auf eine strenge Begründung sei verzichtet. Die Skizze zeigt eine der möglichen Situationen.)

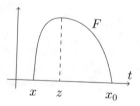

27.6 Die Taylorsche Formel für $n = 1$

Die Ableitung von $F(t)$ berechnet sich auf etwas langatmige, aber prinzipiell nicht schwierige Weise mit der Produkt- und der Kettenregel. (Beachten Sie: t ist variabel, x und x_0 sind konstant.)

$$F'(t) = f'(t) + \frac{f''(t)}{1!}(x - t) - \frac{f'(t)}{1!}$$

$$+ \frac{f'''(t)}{2!}(x - t)^2 - \frac{f''(t)}{2!} \cdot 2(x - t)$$

$$+ \frac{f^{(4)}(t)}{3!}(x - t)^3 - \frac{f'''(t)}{3!} \cdot 3(x - t)^2$$

$$\vdots$$

$$+ \frac{f^{(n+1)}(t)}{n!}(x - t)^n - \frac{f^{(n)}(t)}{n!} \cdot n(x - t)^{n-1} - \frac{A}{(n+1)!}(n + 1)(x - t)^n .$$

Wir haben mehr Terme als in (3) angeschrieben, damit man sieht, wie sich fast alles weghebt ($f'(t)$ und $\frac{f'(t)}{1!}$, $\frac{f''(t)}{1!}(x - t)$ und $\frac{f''(t)}{2!}2(x - t)$ usw.).

Es bleibt übrig:

(4)
$$F'(t) = \frac{f^{(n+1)}(t)}{n!}(x - t)^n - \frac{A}{n!}(x - t)^n .$$

Für die Zahl z mit $x < z < x_0$ (bzw. $x_0 < z < x$) gilt $F'(z) = 0$. Wir erhalten so:

$$\frac{f^{(n+1)}(z)}{n!}(x - z)^n = \frac{A}{n!}(x - z)^n ,$$

woraus sofort $A = f^{(n+1)}(z)$ folgt, was behauptet worden war. Damit ist die Taylorsche Formel bewiesen.

(27.6) Die Taylorsche Formel für $n = 1$

In diesem Fall hat diese Formel die Gestalt

$$f(x) = f(x_0) + f'(x_0)(x - x_0) + \frac{f''(z)}{2!}(x - x_0)^2$$

für ein z zwischen x und x_0. Hier ist

$$p(x) = f(x_0) + f'(x_0)(x - x_0)$$

gerade die in (7.3) besprochene lineare Ersatzfunktion. Damit wird

$$r(x) = f(x) - p(x) = \frac{f''(z)}{2!}(x - x_0)^2$$

und weiter

$$|f(x) - p(x)| = \frac{|f''(x)|}{2}(x - x_0)^2 .$$

Ist nun M das Maximum des Betrages der 2. Ableitung in $[x, x_0]$ bzw. $[x_0, x]$, so ist

$$|f(x) - p(x)| \leq \frac{M}{2}(x - x_0)^2 .$$

Dies ist die (7.3), Bemerkung b) erwähnte Formel.

(27.7) Die Simpson-Formel

In diesem Abschnitt wird die (kleine) Simpson-Formel begründet. Die dahintersteckende Idee ist es, die Funktion f durch ein quadratisches Polynom zu ersetzen. Es gibt genau eine Polynomfunktion 2. Grades $p(x)$, deren Graph durch die drei Punkte

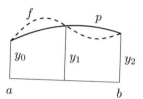

$$(a, f(a)) = (a, y_0), \ \left(\frac{a+b}{2}, f(\frac{a+b}{2})\right) = \left(\frac{a+b}{2}, y_1\right) \ (b, f(b)) = (b, y_2)$$

geht. Diese Funktion $p(x)$ wird sich nicht allzusehr von $f(x)$ unterscheiden, woraus

$$\int_a^b f(x)\,dx \approx \int_a^b p(x)\,dx$$

folgt. Nun benötigen wir zunächst eine Formel für $p(x)$. Es ist rechnerisch einfacher, nicht den eigentlich naheliegenden Ansatz $p(x) = r_0 + r_1 x + r_2 x^2$ mit noch zu bestimmenden Koeffizienten r_0, r_1, r_2 zu machen, sondern

$$p(x) = s_0 + s_1(x - a) + s_2(x - a)(x - b)$$

zu setzen*. Die scheinbare Komplizierung wird dadurch wettgemacht, dass $p(a) = 0$ ist. Wir bestimmen jetzt die Koeffizienten s_0, s_1, s_2 so, dass gilt:

$$p(a) = y_0 \ , \quad p(\frac{a+b}{2}) = y_1 \ , \quad p(b) = y_2 \ .$$

Dazu setzen wir ein: Aus $p(a) = s_0$ und der Forderung $p(a) = y_0$ finden wir sofort

$$s_0 = y_0 \ .$$

Analog: Aus $y_2 = p(b) = s_0 + s_1(b - a) = y_0 + s_1(b - a)$ folgt

$$s_1 = \frac{y_2 - y_0}{b - a} \ .$$

Die Rechnung für s_2 ist etwas länger:

$$p(\frac{a+b}{2}) = y_1 \implies y_1 = s_0 + s_1(\frac{b-a}{2}) + s_2(\frac{b-a}{2})(\frac{a-b}{2}) \ .$$

$$= y_0 + \frac{y_2 - y_0}{b - a}(\frac{b-a}{2}) - s_2(\frac{a-b}{2})^2 \ .$$

Weitere Umformungen liefern schliesslich

$$s_2 = \frac{2y_0 - 4y_1 + 2y_2}{(a - b)^2} \ .$$

---

* Man spricht hier vom Newtonschen Interpolationspolynom. Ein analoger Ansatz wird verwendet, wenn ein Polynom vom Grad n durch $n + 1$ Punkte gelegt werden soll.

27.7 Die Simpson-Formel

Gemäss Konstruktion gilt, wie schon erwähnt,

$$\int_a^b f(x)\,dx \approx \int_a^b p(x)\,dx \,.$$

Wir berechnen jetzt das rechtsstehende Integral.

$$\int_a^b p(x)\,dx = s_0 \int_a^b dx + s_1 \int_a^b (x-a)\,dx + s_2 \int_a^b (x-a)(x-b)\,dx$$

$$= s_0(b-a) + s_1 \cdot \frac{1}{2}(b-a)^2 + s_2 \cdot \frac{1}{6}(a-b)^3 \,.$$

(Die detaillierte Berechnung der drei Integrale sei Ihnen überlassen, wir haben gleich das Schlussresultat angegeben.)

Setzt man nun noch die vorher bestimmten Werte für die Koeffizienten s_0, s_1, s_2 ein, so folgt

$$\int_a^b p(x)\,dx = y_0(b-a) + \frac{y_2 - y_0}{b-a} \cdot \frac{1}{2}(b-a)^2 + \frac{2y_0 - 4y_1 + 2y_2}{(a-b)^2} \cdot \frac{1}{6}(a-b)^3 \,.$$

Kürzt und klammert man $b-a$ vor, so findet man

$$\int_a^b p(x)\,dx = (b-a)\left(y_0 + \frac{1}{2}(y_2 - y_0) - \frac{1}{6}(2y_0 - 4y_1 + 2y_2)\right) \,.$$

Mit einer weiteren Umformung folgt als gewünschtes Ergebnis die Simpson-Formel:

$$\int_a^b f(x)\,dx \approx \int_a^b p(x)\,dx = \frac{b-a}{6}(y_0 + 4y_1 + y_2) \,.$$

28. LÖSUNGEN DER AUFGABEN

1–1 Verkleinerte Zeichnung. Die Summe $\vec{a} + \vec{b}$ kann in der Ebene konstruiert werden; $\vec{c}$ wird in diese Ebene geklappt ($\vec{c}_1$). Dann ist $|\vec{a} + \vec{b} + \vec{c}| = |\vec{a} + \vec{b} + \vec{c}_1|$. Eine (nicht verlangte) Rechnung liefert für diese Länge 7.87 cm.

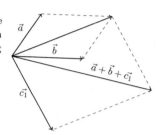

1–2 Im Endpunkt von $\vec{F}$ wird eine zu $\vec{G}$ parallele Gerade eingezeichnet und mit der Richtung von $\vec{R}$ geschnitten. Eine (nicht verlangte) Rechnung ergibt $|\vec{G}| = 9.85$ N, $|\vec{R}| = 9.40$ N.

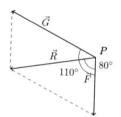

1–3 a) Wegen $\overrightarrow{PQ} = \overrightarrow{OQ} - \overrightarrow{OP}$ ist $\overrightarrow{PM} = \frac{1}{2}(\overrightarrow{OQ} - \overrightarrow{OP})$. Es folgt $\overrightarrow{OM} = \overrightarrow{OP} + \frac{1}{2}(\overrightarrow{OQ} - \overrightarrow{OP}) = \frac{1}{2}(\overrightarrow{OP} + \overrightarrow{OQ})$.

b) Analog ist $\overrightarrow{PN} = \frac{r}{r+s}(\overrightarrow{OQ} - \overrightarrow{OP})$ und $\overrightarrow{ON} = \overrightarrow{OP} + \frac{r}{r+s}(\overrightarrow{OQ} - \overrightarrow{OP}) = \frac{1}{r+s}(s\overrightarrow{OP} + r\overrightarrow{OQ})$.

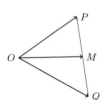

1–4 Es ist $\overrightarrow{AM_a} = \frac{1}{2}(\overrightarrow{AB} + \overrightarrow{AC})$, vgl Aufg. 1–3. Analog ist $\overrightarrow{BM_b} = \frac{1}{2}(\overrightarrow{BA} + \overrightarrow{BC})$, $\overrightarrow{CM_c} = \frac{1}{2}(\overrightarrow{CA} + \overrightarrow{CB})$. Wegen $\overrightarrow{AB} = -\overrightarrow{BA}$ usw. folgt $\overrightarrow{AM_a} + \overrightarrow{BM_b} + \overrightarrow{CM_c} = \vec{0}$.

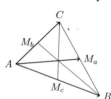

1–5 Es ist $\overrightarrow{OM} = \frac{1}{2}\vec{u} + \frac{1}{2}\vec{v} + \vec{w}$. Wegen Aufg. 1–3 ist dann $\overrightarrow{OP} = \frac{1}{2}(\overrightarrow{OM} + \overrightarrow{OV}) = \frac{1}{4}\vec{u} + \frac{1}{4}\vec{v} + \frac{1}{2}\vec{w} + \frac{1}{2}\vec{y} = \frac{1}{4}\vec{u} + \frac{3}{4}\vec{v} + \frac{1}{2}\vec{w}$. (Ein solcher Ausdruck heisst übrigens eine *Linearkombination* von $\vec{u}, \vec{v}, \vec{w}$.)

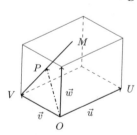

28.1 Lösungen zu Kapitel 1

1–6 a) Wenn $|\vec{a}| = |\vec{b}|$ ist, dann sind, wie man der Skizze (Rhombus!) entnimmt, $\vec{a} + \vec{b}$ und $\vec{a} - \vec{b}$ die Richtungen der beiden Winkelhalbierenden. b) Es kommt hier nur auf die Richtung der Vektoren $\vec{a}$ und $\vec{b}$ und nicht auf ihre Länge an. Wir ersetzen daher $\vec{a}$ durch den Einheitsvektor $\vec{a}_1 = \frac{1}{|\vec{a}|}\vec{a}$, analog $\vec{b}_1 = \frac{1}{|\vec{b}|}\vec{b}$.

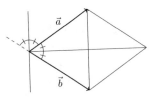

Da $\vec{a}_1$ und $\vec{b}_1$ gleiche Länge haben, können wir a) anwenden und finden für die Richtungen der beiden Winkelhalbierenden die Vektoren $\vec{a}_1 \pm \vec{b}_1$. Natürlich gibt jedes Vielfache dieser Vektoren ebenfalls die gewünschte Richtung an, z.B. (multipliziere mit $|\vec{a}||\vec{b}|$) die Vektoren $|\vec{b}|\vec{a} \pm |\vec{a}|\vec{b}$.

1–7 Aus der Zeichnung folgt $\overrightarrow{WX} = \frac{1}{2}\overrightarrow{AB} + \frac{1}{2}\overrightarrow{BC}$ und $\overrightarrow{YZ} = \frac{1}{2}\overrightarrow{CD} + \frac{1}{2}\overrightarrow{DA}$. Nun ist aber $\overrightarrow{AB} + \overrightarrow{BC} + \overrightarrow{CD} + \overrightarrow{DA} = \vec{0}$ (geschlossenes Viereck), woraus $\overrightarrow{WX} + \overrightarrow{YZ} = \vec{0}$ folgt. Die Vektoren $\overrightarrow{WX}$ und $-\overrightarrow{YZ}$ sind also in dem Sinne gleich, dass sie denselben freien Vektor vertreten, sie sind somit gleich lang und parallel. Dasselbe gilt für $\overrightarrow{XY}$ und $-\overrightarrow{ZW}$. Das Viereck $WXYZ$ ist daher ein Parallelogramm und liegt deshalb in einer Ebene, unabhängig von der Lage von A, B, C und D.

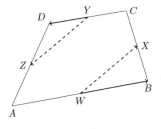

1–8 P sei der Mittelpunkt von OA, Q jener von BC. Dann ist $\overrightarrow{OP} = \frac{1}{2}\vec{a}$, $\overrightarrow{OQ} = \frac{1}{2}(\vec{b}+\vec{c})$. Damit ist $\vec{r}(t) = \frac{1}{2}\vec{a} + t \cdot \frac{1}{2}(\vec{b}+\vec{c}-\vec{a})$ eine Parameterdarstellung von g, analog ist $\vec{s}(u) = \frac{1}{2}\vec{b} + u \cdot \frac{1}{2}(\vec{a}+\vec{c}-\vec{b})$ eine solche von h. (Da zwei verschiedene Geraden vorliegen, müssen wir auch zwei verschiedene Parameter (t, u) verwenden.) Setzt man $t = u = \frac{1}{2}$, so wird $\vec{r}(\frac{1}{2}) = \vec{s}(\frac{1}{2}) = \frac{1}{4}(\vec{a}+\vec{b}+\vec{c})$. Die Geraden schneiden sich also im Punkt S mit $\overrightarrow{OS} = \frac{1}{4}(\vec{a}+\vec{b}+\vec{c})$.

PS. Da Parameterdarstellungen nie eindeutig bestimmt sind, sind Sie vielleicht auf andere Lösungen gekommen, z.B. auf $\vec{r}(t) = \frac{1}{2}\vec{a} + t(\vec{b}+\vec{c}-\vec{a})$. In jedem Fall müssen Sie aber denselben Ortsvektor $\overrightarrow{OS}$ erhalten.

1–9 Ausmultiplizieren (unter Verwendung der Regeln von (1.8.d)) ergibt $(\vec{a}-\vec{b})(\vec{a}+2\vec{b}) = \vec{a}^2 + \vec{a}\vec{b} - 2\vec{b}^2 = |\vec{a}|^2 + |\vec{a}||\vec{b}|\cos 45° - 2|\vec{b}|^2 = 1 + 2 \cdot \frac{\sqrt{2}}{2} - 8 = -5.586$.

1–10 Mit den eingezeichneten Vektoren $\vec{a}$ und $\vec{b}$ ($|\vec{a}| = a$, $|\vec{b}| = b$) sind die Diagonalen durch $\vec{d} = \vec{a} + \vec{b}$ und $\vec{e} = \vec{a} - \vec{b}$ gegeben. Dann ist $d^2 + e^2 = |\vec{d}|^2 + |\vec{e}|^2 = (\vec{a}+\vec{b})^2 + (\vec{a}-\vec{b})^2 = \vec{a}^2 + 2\vec{a}\vec{b} + \vec{b}^2 + \vec{a}^2 - 2\vec{a}\vec{b} + \vec{b}^2 = 2\vec{a}^2 + 2\vec{b}^2 = 2a^2 + 2b^2$.

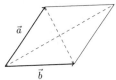

1–11 Die eingetragenen Vektoren $\vec{a}, \vec{b}$ bzw. $\vec{d}$ haben die Längen 2, 3 bzw. 4. Dabei ist $\vec{d} = \vec{a} + \vec{b}$. a) Es folgt $\vec{d}^2 = \vec{a}^2 + 2\vec{a}\vec{b} + \vec{b}^2$ und weiter $\vec{a}\vec{b} = \frac{1}{2}(\vec{d}^2 - \vec{a}^2 - \vec{b}^2) = \frac{1}{2}(16 - 4 - 9) = \frac{3}{2}$. Schreiben wir nun $\vec{a}\vec{b}$ in der Form $|\vec{a}||\vec{b}|\cos\alpha = 2 \cdot 3 \cdot \cos\alpha$, so finden wir $\frac{3}{2} = 2 \cdot 3 \cdot \cos\alpha$, also $\cos\alpha = \frac{1}{4}$, woraus $\alpha = 75.5°$ folgt. Für β berechnen wir ähnlich wie oben das Skalarprodukt $\vec{a}(\vec{a}+\vec{b})$ auf zwei Arten: $\vec{a}(\vec{a}+\vec{b}) = \vec{a}^2 + \vec{a}\vec{b} = 4 + \frac{3}{2} = \frac{11}{2}$, aber auch $\vec{a}(\vec{a}+\vec{b}) = |\vec{a}||(\vec{a}+\vec{b})|\cos\beta = 2 \cdot 4 \cdot \cos\beta$. Es folgt $\cos\beta = \frac{11}{16}$, $\beta = 46.6°$. b) Die zweite Diagonale ist durch $\vec{e} = \vec{a} - \vec{b}$ gegeben. Nun ist $\vec{e}^2 = (\vec{a}-\vec{b})^2 = \vec{a}^2 - 2\vec{a}\vec{b} + \vec{b}^2 = 4 - 2 \cdot \frac{3}{2} + 9 = 10$ (wir kennen den Wert von $\vec{a}\vec{b}$ von oben), und daher ist $|\vec{e}| = \sqrt{10}$.

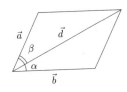

1–12 a) Es gilt $\overrightarrow{OQ} = \vec{a} + \vec{b} + \vec{c}$, $\overrightarrow{AP} = -\vec{a} + \vec{b} + \vec{c}$. b) Weil $\vec{a}\vec{b} = \vec{a}\vec{c} = \vec{b}\vec{c} = 0$ ist (dies wird im folgenden oft benützt), ist $|\overrightarrow{OQ}|^2 = (\vec{a} + \vec{b} + \vec{c})^2 = \vec{a}^2 + \vec{b}^2 + \vec{c}^2 = 14$. Somit haben OQ und AP die Länge $\sqrt{14}$. c) Einerseits ist $\overrightarrow{AP}\,\overrightarrow{OQ} = |\overrightarrow{AP}||\overrightarrow{OQ}|\cos\varphi$. Anderseits gilt auch $\overrightarrow{AP}\,\overrightarrow{OQ} = (-\vec{a} + \vec{b} + \vec{c})(\vec{a} + \vec{b} + \vec{c}) = -\vec{a}^2 + \vec{b}^2 + \vec{c}^2 = 12$. Es folgt $\cos\varphi = 12/14$, $\varphi = 31.0°$. d) Es ist $\overrightarrow{BA} = \vec{a} - \vec{b}$, $\overrightarrow{BC} = \vec{c} - \vec{b}$. Somit ist $|\overrightarrow{BA}|^2 = (\vec{a} - \vec{b})^2 = \vec{a}^2 + \vec{b}^2 = 5$, also $\overrightarrow{BA} = \sqrt{5}$. Analog $\overrightarrow{BC} = \sqrt{13}$. (Sie können auch den Satz von Pythagoras verwenden.) Ferner ist $\overrightarrow{BA}\,\overrightarrow{BC} = (\vec{a} - \vec{b})(\vec{c} - \vec{b}) = \vec{b}^2 = 4$. Aus $\overrightarrow{BA}\,\overrightarrow{BC} = |\overrightarrow{BA}||\overrightarrow{BC}|\cos\psi = \sqrt{5}\sqrt{13}\cos\psi$ folgt $\cos\psi = 4/\sqrt{65}$, $\psi = 60.26°$.

1–13 a) Es muss $\overrightarrow{OC}\,\overrightarrow{AM} = 0$ sein. Nun ist $\overrightarrow{OC} = \vec{a} + \vec{b}$, $\overrightarrow{AM} = \frac{1}{2}\vec{b} - \vec{a}$, und Einsetzen ergibt $\frac{1}{2}\vec{b}^2 - \vec{a}^2 = 0$ (da $\vec{a}\vec{b} = 0$). Es folgt $|\vec{b}| = \sqrt{2}|\vec{a}| \approx 29.7$ cm. b) Das Rechteck $OACD$ hat die Grösse eines DIN-A4-Blattes.

1–14 Da $\vec{c}$ ein Vielfaches von $\vec{a}$ ist, ist es zweckmässig, den Einheitsvektor $\vec{a}_1 = \frac{1}{|\vec{a}|}\vec{a}$ zu betrachten. Dann ist $\vec{a}_1\vec{b} = |\vec{a}_1||\vec{b}|\cos\varphi = |\vec{b}|\cos\varphi$, und dies ist bis aufs Vorzeichen die Länge von $\vec{c}$. Somit ist $\vec{c} = (\vec{a}_1\vec{b})\vec{a}_1$. (Beachten Sie die Form: Die Zahl $\vec{a}_1\vec{b}$ wird mit dem Vektor $\vec{a}_1$ multipliziert.) Ist φ stumpf, so ist $\vec{a}_1\vec{b} < 0$ und $\vec{c}$ zeigt in der zu $\vec{a}$ entgegengesetzten Richtung; die Formel stimmt auch hier. Ersetzt man $\vec{a}_1$ durch $\frac{1}{|\vec{a}|}\vec{a}$, so folgt $\vec{c} = \frac{\vec{a}\vec{b}}{|\vec{a}|^2}\vec{a} = \frac{\vec{a}\vec{b}}{\vec{a}\vec{a}}\vec{a}$.

1–15 $|\vec{a}|\,|\vec{r}|\cos\varphi = \vec{a}\vec{r} = |\vec{r}|$ bedeutet, dass entweder $\vec{r} = \vec{0}$ ist, oder dass $|\vec{a}|\cos\varphi = 1$, d.h. $\cos\varphi = 0.5$ oder $\varphi = 60°$ ist. Sie müssen sich Vektoren im Raum (und nicht bloss in der Ebene) denken. Die gesuchten Punkte bilden daher den Mantel eines Kegels mit Spitze in O und Achsenrichtung $\vec{a}$, dessen halber Öffnungswinkel (bzgl. $\vec{a}$) 60° beträgt.

1–16 a) Südpol, b) Nordpol, c) Punkt auf dem Aequator mit Länge 30°W, d) dito mit Länge 150°E, e) dies ist der Nullvektor, der keine Richtung hat. Ein Vergleich von d) und e) zeigt, dass das Vektorprodukt das Assoziativgesetz i.a. nicht erfüllt.

1–17 Es ist $|\vec{u}| = |\vec{b}|\,|\vec{c}|\sin(\frac{\pi}{2}) = \sqrt{2}$,

$|\vec{v}| = \frac{1}{2}|\vec{c}|\,|\vec{a} \times \vec{b}|\sin\frac{\pi}{4} = \frac{1}{2}\sqrt{2}\frac{\sqrt{2}}{2} = \frac{1}{2}$.

Da $\vec{v}$ die Richtung von $\vec{b}$ hat, ist $\vec{v} = \frac{1}{2}\vec{b}$.

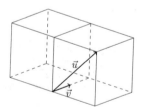

1–18 Wegen $|\vec{a} \times \vec{b}| = |\vec{a}|\,|\vec{b}|\sin\varphi$ ist $\vec{a} \times \vec{b} = \vec{0}$ genau dann, wenn $\vec{b} = \vec{0}$ oder $\sin\varphi = 0$ ist (denn $\vec{a} \neq \vec{0}$). Für $\vec{b} = \overrightarrow{OX} - \overrightarrow{OP}$ bedeutet dies, dass entweder $X = P$ gilt oder dass $\overrightarrow{OX} - \overrightarrow{OP}$ parallel ($\varphi = 0°$) oder "antiparallel" ($\varphi = 180°$) zu $\vec{a}$ ist. Die Punkte X liegen also auf der Geraden durch P in Richtung $\vec{a}$.

1–19 a) Eine in der Ebene liegende Horizontale steht sowohl auf $\vec{g}$ als auch auf $\vec{n}$ normal. Deshalb ist $\vec{h}_1 = \vec{g} \times \vec{n}$, $\vec{h}_2 = \vec{n} \times \vec{g}$ $(= -\vec{h}_1)$. b) $\vec{r}$ steht normal zu $\vec{n}$ und zur Horizontalen, hat also die Form $\pm\vec{n} \times \vec{h}_1$. Da der Apfel sicherlich nach unten rollt, überlegt man sich anhand einer Skizze, dass $\vec{r} = \vec{n} \times \vec{h}_1 = \vec{n} \times (\vec{g} \times \vec{n})$ ist. (Andere Lösungen ergeben sich auf Grund der Antikommutativität von $\times$.)

1–20 $|\vec{a} \times \vec{b}|^2 + |\vec{a}\vec{b}|^2 = |\vec{a}|^2|\vec{b}|^2\sin^2\varphi + |\vec{a}|^2|\vec{b}|^2\cos^2\varphi = |\vec{a}|^2|\vec{b}|^2$, wobei die Beziehung $\sin^2\varphi + \cos^2\varphi = 1$ (vgl. (26.15)) benutzt wurde.

(28.2) Lösungen zu Kapitel 2

Aus Platzgründen werden die Koordinaten der Vektoren meist neben- statt untereinander geschrieben.

2–1 a) Mit $\vec{a} = \overrightarrow{OA} = (3,2,-2)$ und $\vec{c} = \overrightarrow{OC} = (0,2,-1)$ ist $\vec{b} = \overrightarrow{OB} = \vec{a}+\vec{c} = (3,4,-3)$, also haben wir $B(3,4,-3)$. b) $|\overrightarrow{OB}| = \sqrt{3^2 + 4^2 + (-3)^2} = \sqrt{34} = 5.8310$, $|\overrightarrow{AC}| = |\vec{c} - \vec{a}| = |(-3,0,1)| = \sqrt{10} = 3.1623$. c) $\cos\varphi = \overrightarrow{OB}\,\overrightarrow{AC}/|\overrightarrow{OB}||\overrightarrow{AC}| = -12/(\sqrt{34}\sqrt{10}) = -0.6508$, also $\varphi = 130.6°$. Der verlangte spitze Winkel misst $49.4°$. d) Da $\vec{a}$ und $\vec{c}$ in der Ebene liegen, stehen die Vektoren $\pm\vec{a}\times\vec{c} = \pm(2,3,6)$ normal dazu. Um die gesuchten Einheitsvektoren zu erhalten, muss noch durch den Betrag 7 dividiert werden. Die Antwort lautet: $\pm(2/7, 3/7, 6/7)$.

2–2 Die Gerade g bzw. h haben die Parameterdarstellung $(1,0,1) + t(2,2,-2) = (1 + 2t, 2t, 1 - 2t)$ (denn $\overrightarrow{AB} = (3,2,-1) - (1,0,1) = (2,2,-2)$), bzw. $(5,8,-1)+u(3,1,-4) = (5+3u, 8+u, -1 - 4u)$. (Vgl. (2.6.4). (Da zwei Geraden gleichzeitig vorkommen, müssen wir zwei verschiedene Parameter t und u verwenden.) Für den Schnittpunkt müssen drei Gleichungen mit zwei Unbekannten erfüllt sein:

$$1 + 2t = 5 + 3u$$
$$2t = 8 + u$$
$$1 - 2t = -1 - 4u.$$

Aus den ersten beiden erhält man $t = 5, u = 2$, und da diese beiden Werte auch die dritte Gleichung erfüllen, schneiden sich g und h in dem zu diesen Werten gehörenden Punkt $R(11, 10, -9)$.

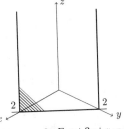

2–3 Gemäss (2.6.7) ist (mit offensichtlichen Bezeichnungen) der Normalenvektor $\vec{n} = (\vec{b}-\vec{a})\times(\vec{c}-\vec{a}) = (-3,3,1)\times(-5,5,-1) = (-8,-8,0)$. Für die Ebenengleichung $\vec{n}(\vec{r} - \vec{a}) = 0$ erhält man durch Einsetzen $-8x + 24 - 8y - 8 = 0$, also $8x + 8y = 16$, was zu $x + y = 2$ vereinfacht werden kann. In dieser Gleichung kommt z nicht vor, was bedeutet, dass die Ebene parallel zur z-Achse ist. Ihren Schnittpunkt mit der x-Achse erhalten wir, indem wir $y = 0$ setzen und so $x = 2$ bekommen; analog ist $x = 0$, $y = 2$ der Schnittpunkt mit der y-Achse.

2–4 Genau wie in (2.6.6) bestimmt man die Ebenengleichungen. $E\colon 2x+y-z = 2$, $F\colon x+3y+z = 5$. Da die Schnittgerade in beiden Ebenen liegt, hat sie einen Richtungsvektor $\vec{q}$, der normal zu $\vec{n}$ und $\vec{m}$ ist. Wir können deshalb $\vec{q} = \vec{n}\times\vec{m} = (4,-3,5)$ setzen. Nun brauchen wir noch einen Punkt der Schnittgeraden, d.h. einen gemeinsamen Punkt von E und F. Wir suchen beispielsweise den Punkt der Schnittgeraden, der in der x-y-Ebene liegt, für den also $z = 0$ gilt. Setzt man $z = 0$ in diese Gleichungen ein, so findet man

$$2x + y = 2$$
$$x + 3y = 5.$$

Die Lösungen sind $x = 1/5$, $y = 8/5$, d.h. $(1/5, 8/5, 0)$ ist ein gemeinsamer Punkt beider Ebenen. Nach (1.10.a) ist dann $(1/5, 8/5, 0) + t(4,-3,5)$ eine Parameterdarstellung der Schnittgeraden.
PS. Natürlich gibt es noch viele andere Möglichkeiten. Der Richtungsvektor kann ein beliebiges Vielfaches von $\vec{q}$ sein, und der Schnittpunkt $(1/5, 8/5, 0)$ kann durch irgendeinen andern gemeinsamen Punkt der Ebenen, etwa durch $(1, 1, 1)$, ersetzt werden. — Als Variante kann anstelle von $\vec{q} = \vec{n}\times\vec{m}$ ein zweiter gemeinsamer Punkt von E und F bestimmt und die Methode von (2.6.4) angewandt werden.

2–5 Wie in (2.6.4) bestimmen wir die Parameterdarstellungen $AB\colon (1,-2,2) + t(4,4,1)$ und $PQ\colon (1,3,4)+u(6,-4,-2)$. Die x- und y-Koordinaten des Kreuzungspunkts werden erhalten, indem wir die entsprechenden Koordinaten der beiden Parameterdarstellungen gleichsetzen:

$$1 + 4t = 1 + 6u$$
$$-2 + 4t = 3 - 4u.$$

Wir erhalten $t = 3/4, u = 1/2$ und den Kreuzungspunkt $K(4, 1, 0)$. Die zugehörigen Punkte auf den Strecken entsprechen diesen Parameterwerten. Auf AB ist es der Punkt $C(4, 1, 11/4)$, auf PQ der Punkt $R(4, 1, 3)$. Dabei liegt R um $1/4$ höher als C. (Es ist noch festzuhalten, dass der Punkt C tatsächlich zwischen A und B liegt, denn $0 \leq t \leq 1$; Entsprechendes gilt für R.)

2–6 Wir führen ein Koordinatensystem gemäss Skizze ein. Danach hat der Normalenvektor zur Dachebene 1 die Form $\vec{n}_1 = (0, 1, \tan 65°)$, analog $\vec{n}_2 = (1, 0, \tan 55°)$ für das Dach 2. Die Schnittgerade der beiden Dachebenen hat also die Richtung $\vec{q} = \vec{n}_1 \times \vec{n}_2 = (\tan 55°, \tan 65°, -1)$. Der Winkel φ zwischen der z–Achse, gegeben durch die Richtung $\vec{k} = (0, 0, 1)$ und $\vec{q}$ wird mit dem Skalarprodukt berechnet: $\vec{q}\vec{k} = |\vec{q}||\vec{k}| \cos \varphi$. Einsetzen ergibt $\cos \varphi = -1/|\vec{q}| = -1/2.7638$ und $\varphi = 111.2°$. Der zugehörige spitze Winkel ist $\psi = 180° - 111.2° = 68.8°$ und für den gesuchten Neigungswinkel ϑ bezüglich der Horizontalebene (die normal zu $\vec{k}$ ist) folgt $\vartheta = 90° - 68.8° = 21.2°$.

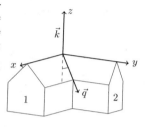

2–7 Aufgabe 1–14 liefert die Beziehung $\vec{q} = \dfrac{\vec{p}\vec{a}}{|\vec{a}|^2}\vec{a}$. Einsetzen ergibt $\vec{q} = 2\vec{a} = (2, -4, 4)$. Weiter ist $\vec{r} = \vec{p} - \vec{q} = (-8, 4, 8)$. (Kontrolle: Wegen $\vec{q}\vec{r} = 0$ stehen $\vec{q}$ und $\vec{r}$ tatsächlich senkrecht aufeinander.)

2–8 Jeder Punkt auf der x–Achse hat die Form $X(x, 0, 0)$. Wir müssen x so wählen, dass die Vektoren $\overrightarrow{XA} = (3 - x, 2, 1)$ und $\overrightarrow{XB} = (-4 - x, 4, 2)$ senkrecht aufeinander stehen. Wir setzen das Skalarprodukt $(3 - x)(-4 - x) + 8 + 2 = 0$ und erhalten die quadratische Gleichung $x^2 + x - 2 = 0$, welche die Lösungen $x = 1$ und $x = -2$ hat.

2–9 a) $|\overrightarrow{AB}| = |(3, -2, -2)| = \sqrt{17} = 4.1231$, $|\overrightarrow{BC}| = |(2, 4, 1)| = \sqrt{21} = 4.5826$, $|\overrightarrow{CA}| = |(-5, -2, 1)| = \sqrt{30} = 5.4772$. b) $\overrightarrow{AB}\,\overrightarrow{AC} = |\overrightarrow{AB}||\overrightarrow{AC}| \cos \alpha$. Es folgt $\cos \alpha = 0.5756$ und $\alpha = 54.85°$ (Winkel bei A). Analog: $\beta = 77.78°, \gamma = 47.37°$. c) Wie in (2.6.3) ist der Flächeninhalt $= \frac{1}{2}|\overrightarrow{AB} \times \overrightarrow{AC}| = \frac{1}{2}|(6, -7, 16)| = \frac{1}{2}\sqrt{341} = 9.2331$.

2–10 a) Die Dachebene E hat den Normalenvektor $\vec{n} = \overrightarrow{AB} \times \overrightarrow{AC} = (6, -7, 16)$ (vgl. Aufgabe 2–9, c)). Die Ebenengleichung lautet daher $\vec{n}(\vec{r} - \vec{a}) = 0$ mit $\vec{a} = (1, 3, 6)$ oder ausgerechnet $6x - 7y + 16z = 81$. Die Schnittgerade mit der x-y–Ebene erhält man, wenn man $z = 0$ setzt, also $6x - 7y = 81$ oder, in der üblichen Form der Geradengleichung $y = \frac{6}{7}x - \frac{81}{7}$. b) Die Normale zur x-y–Ebene hat die Richtung $\vec{k} = (0, 0, 1)$. Der Winkel zwischen $\vec{n}$ und $\vec{k}$ berechnet sich mit dem Skalarprodukt zu $29.95°$. Dies ist auch der gesuchte Schnittwinkel. c) Die Zahl z ist so zu bestimmen, dass der Punkt $D(4, 3, z)$ in der Ebene E liegt. Einsetzen in die Ebenengleichung ergibt $6 \cdot 4 - 7 \cdot 3 + 16z = 81$, also $z = 39/8 = 4.875$. Dies ist die gesuchte Höhe. d) Gemäss Aufgabe 1–19 ist $\vec{q} = \vec{n} \times (\vec{g} \times \vec{n})$ mit $\vec{g} = (0, 0, -1)$ (Richtung der Schwerkraft). Die in Aufgabe 1–19 gemachte Voraussetzung, der Winkel zwischen $\vec{g}$ und $\vec{n}$ sei stumpf, ist erfüllt.) Einsetzen von $\vec{n} = (6, -7, 16)$ liefert $\vec{q} = (96, -112, -85)$.

2–11 a) Der Lichtstrahl durch a in Richtung $\vec{q}$ hat die Parameterdarstellung $\vec{r}(t) = (1, 3, 6) + t(2, 1, -1) = (1 + 2t, 3 + t, 6 - t)$. Er schneidet dann die x-y–Ebene, wenn die z–Koordinate $= 0$ ist, also für $t = 6$. Der Schatten von A hat die Koordinaten $A_1(13, 9, 0)$. b), c) Analog: Der Schatten von B (bzw. C) hat die Koordinaten $B_1(12, 5, 0)$ (bzw. $C_1(16, 10, 0)$). Wie üblich berechnet man nun die Länge der Vektoren $\overrightarrow{A_1B_1} = \sqrt{17} = 4.1231$, $\overrightarrow{A_1C_1} = \sqrt{10} = 3.1623$ sowie den Zwischenwinkel $122.47°$.

2–12 In den Endpunkten der Ortsvektoren $\vec{r}_i$ (mit Anfangspunkt O) seien die Massen m_i angebracht. Die Physik lehrt, dass der Schwerpunkt S dieses Systems durch die Beziehung

$$\vec{s} = \overrightarrow{OS} = \frac{\sum\limits_i m_i \vec{r}_i}{\sum\limits_i m_i}$$

gegeben ist. Der Figur entnimmt man die vier Vektoren $\vec{r}_1 = \vec{a} = (1,0,1)$, $\vec{r}_2 = \vec{b} = (1,1,0)$, $\vec{r}_3 = \vec{c} = (1,2,1)$, $\vec{r}_4 = \vec{d} = (0,2,1)$. Die obige Formel liefert

$$\vec{s} = \overrightarrow{OS} = \frac{2\vec{a} + 3\vec{b} + 4\vec{c} + \vec{d}}{2+3+4+1} = \frac{1}{10}(9,13,7).$$

S hat die Koordinaten $(0.9, 1.3, 0.7)$.

2–13 $\vec{F}$ muss die Richtung $\vec{f} = (1,0,1)$ (mit $|\vec{f}| = \sqrt{2}$) und den Betrag 100 haben, es folgt $\vec{F} = (100/\sqrt{2}, 0, 100/\sqrt{2})$. $\vec{G}$ hat die Richtung $\vec{g} = (1,1,0)$ und daher die Gestalt $\vec{G} = (x,x,0)$ für ein zu bestimmendes $x > 0$. Nun ist $\vec{R} = \vec{F} + \vec{G} = (x + 100/\sqrt{2}, x, 100/\sqrt{2})$. Für den Betrag von $\vec{R}$ erhält man $\sqrt{2x^2 + 200x/\sqrt{2} + 100^2}$. Dies muss $= 150$ sein. Quadriert man, so bekommt man eine quadratische Gleichung für x, nämlich $2x^2 + 200x/\sqrt{2} + 100^2 = 150^2$, mit genau einer positiven Lösung $x = 51.2472$. Damit wird $|\vec{G}| = 72.4745$. Da man nun $\vec{F} = (70.7107, 0, 70.7107)$ und und $\vec{R} = (121.9579, 51.2472, 70.7107)$ kennt, kann man mit dem Skalarprodukt den Zwischenwinkel berechnen: $24.74°$.

2–14 Es ist $\vec{M}_O = \vec{r} \times \vec{F}$ mit $\vec{r} = (1,2,1)$. $\vec{F}$ hat die Richtung $(0,-1,-1)$ und den Betrag 4, d.h. $\vec{F} = (0, -2\sqrt{2}, -2\sqrt{2})$. Ausrechnen des Vektorprodukts liefert $\vec{M}_O = (-2\sqrt{2}, 2\sqrt{2}, -2\sqrt{2})$, $|\vec{M}_O| = 2\sqrt{6}$ Nm.

2–15 a) Wir setzen $\varphi = 47°24' = 47.4°$, $\psi = 8°33' = 8.55°$ (Achtung beim Umrechnen von Grad und Minuten in Dezimalzahlen!) sowie $r = 6371$ (mittlerer Erdradius) und $r' = r\cos\varphi$ (vgl. Skizze). Man liest dann ab: $\overrightarrow{OM} = (42278, 0, 0)$ sowie $\overrightarrow{OZ} =$

$$\begin{pmatrix} r'\cos\psi \\ r'\sin\psi \\ r\sin\varphi \end{pmatrix} = \begin{pmatrix} 6371\cos\varphi\cos\psi \\ 6371\cos\varphi\sin\psi \\ 6371\sin\varphi \end{pmatrix} = \begin{pmatrix} 4264 \\ 641 \\ 4690 \end{pmatrix}.$$

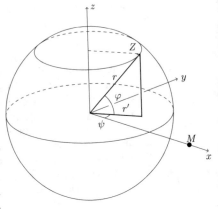

b) Der Normalenvektor $\vec{n}$ zur Horizontalebene in Zürich (Z) hat die Richtung von $\overrightarrow{OZ}$. Für den gesuchten Elevationswinkel α zwischen $\overrightarrow{ZM}$ und der Horizontalebene gilt $\alpha = 90° - \beta$, wo β der Winkel zwischen $\overrightarrow{ZM}$ und $\vec{n} = \overrightarrow{OZ}$ ist. Mittels a) berechnet man sofort $\overrightarrow{ZM} = \overrightarrow{OM} - \overrightarrow{OZ} = (38014, -641, -4690)$. Mit dem Skalarprodukt bestimmt man den Winkel $\beta = 55.1°$, woraus folgt, dass die gesuchte Elevation $\alpha = 34.9°$ ist.

$\boxed{\text{(28.3) Lösungen zu Kapitel 3}}$

Kapitel 3 enthält keine Aufgaben.

(28.4) Lösungen zu Kapitel 4

Vorbemerkung: Wegen der Vielzahl der Bezeichnungen für den Differenzenquotienten und für die Ableitung können die Lösungen der vorliegenden Aufgaben selbstverständlich auch in äusserlich anderer Form erscheinen.

4−1 (a) ↔ (2), (b) ↔ (1), (c) ↔ (4).

4−2 (a): Mittlere Verdunstungsgeschwindigkeit im Zeitintervall von t_0 bis t. (b): Verdunstungsgeschwindigkeit zur Zeit t_0. Wegen $F(t) < F(t_0)$ ist der Differenzenquotient (a) negativ.

4−3 a) Dieser Differenzenquotient gibt an, wieviel jedes zusätzlich produzierte Stück kostet, wenn die Produktion von s_1 auf s_2 erhöht wird. b) Die Ableitung (Differentialquotient) von K an der Stelle s_1 gibt näherungsweise an, wieviel ein zusätzlich erzeugtes Stück kostet, nachdem bereits s_1 Stück hergestellt worden sind.

4−4 Im Zeitintervall $\Delta t = t - t_0$ fliesst die Ladungsmenge $\Delta Q = Q(t) - Q(t_0)$ durch den Leiterquerschnitt. Die mittlere Stromstärke in diesem Intervall beträgt also $\Delta Q/\Delta t$, und die *momentane* Stromstärke wird als Grenzwert

$$\dot{Q}(t) = \frac{dQ}{dt} = \lim_{\Delta t \to 0} \frac{\Delta Q}{\Delta t}$$

definiert. Damit ist gleichzeitig die in der Aufgabenstellung verwendete, etwas ungenaue Formulierung "Ladung pro Zeiteinheit" präzisiert worden.

4−5 Unter dem mittleren Ausdehnungskoeffizienten im Temperaturintervall $[T_1, T_2]$ ist die durchschnittliche Längenänderung pro Temperatureinheit, also der Differenzenquotient

$$\frac{\Delta L}{\Delta T} = \frac{L(T_2) - L(T_1)}{T_2 - T_1}$$

zu verstehen. Lässt man nun T_2 gegen T_1 streben, so erhält man den Ausdehnungskoeffizienten für die Temperatur T_1 als Ableitung $L'(T_1)$.

4−6 Die mittlere Reaktionsgeschwindigkeit im gegebenen Zeitintervall ist durch den Differenzenquotienten

$$\frac{\Delta x}{\Delta t} = \frac{x(t_0 + \Delta t) - x(t_0)}{\Delta t}$$

gegeben. Er gibt an, um wieviel Mol die Konzentration des Stoffes C im betrachteten Zeitintervall pro Zeiteinheit zugenommen hat. Die Reaktionsgeschwindigkeit zum Zeitpunkt t_0 ist entsprechend der Grenzwert des Differenzenquotienten, also die Ableitung $\dot{x}(t_0)$, die hier üblicherweise mit Punkten bezeichnet wird.

4−7 Im Zeitintervall Δt beträgt die Winkeländerung $\Delta \varphi = \varphi(t + \Delta t) - \varphi(t)$. Die mittlere Winkelgeschwindigkeit ist der Quotient dieser Grössen, die (momentane) Winkelgeschwindigkeit ist ihr Grenzwert für $\Delta t \to 0$, also die Ableitung $\dot{\varphi}(t)$. Entsprechend ist die (momentane) Winkelbeschleunigung durch die zweite Ableitung $\ddot{\varphi}(t)$ gegeben.

4−8 a) Das Volumenstück zwischen h_0 und h hat das Volumen $\Delta V = Q\Delta h$, mit $\Delta h = h - h_0$. Darin befindet sich die Salzmenge $\Delta M = M(h) - M(h_0)$. Die mittlere Konzentration ist durch den Differenzenquotienten

$$\frac{\Delta M}{\Delta V} = \frac{1}{Q} \frac{\Delta M}{\Delta h}$$

gegeben.

b) Die Konzentration an der Stelle h_0 wird durch den Grenzübergang $\Delta h \to 0$ erhalten, ist also bis auf den Faktor $1/Q$ gleich der Ableitung, nämlich gleich

$$\frac{1}{Q} M'(h_0).$$

c) Wenn die Konzentration überall (unabhängig von der Höhe h) gleich c ist, dann enthält das Volumenstück $\Delta V = Q\Delta h$ die Stoffmenge $\Delta M = c\Delta V = cQ\Delta h$. Der obige Differenzenquotient nimmt dann stets den Wert c an, damit ist aber auch sein Grenzwert, also die Konzentration an der Stelle h_0, überall gleich c (unabhängig von h_0), was behauptet wurde.

4–9 a) Die Differenzenquotienten nähern sich immer mehr dem Wert 1; z.B. erhält man für $h = 0.01$ den Wert 1.00003, für $h = 0.001$ den Wert 1.0000003. Man darf also hoffen, der Grenzwert, d.h. die Ableitung der Tangensfunktion an der Stelle 0, sei gleich 1. Diese Hoffnung wird durch die Ableitungsformel (vgl. (5.3)) bestätigt.

PS. Wenn Sie 0.01745... erhalten haben, dann haben Sie entgegen der Anweisung Ihren Rechner auf Gradmass eingestellt. (Der obige Wert ist übrigens der Umrechungsfaktor $\pi/180$ vom Grad- ins Bogenmass.)

b) Für $h = 0.001$ bzw. $h = 0.0001$ ist der Differenzenquotient gleich 6.7793 bzw. gleich 6.7733. Die Ableitung dieser Funktion an der Stelle 2 wird also ungefähr 6.77 betragen. Wenn Ihnen dabei nicht ganz wohl ist, so können Sie in (5.5.12) nachsehen, dass die gesuchte Ableitung den exakten Wert $4(\ln 2 + 1) = 6.772588\ldots$ hat.

4–10 a) Es ist $f(x+h) = (x+h)^3 + (x+h)^2 + 1 = x^3 + 3x^2h + 3xh^2 + h^3 + x^2 + 2xh + h^2 + 1$, also $f(x+h) - f(x) = 3x^2h + 3xh^2 + h^3 + 2xh + h^2$. Es folgt für den Differenzenquotienten

$$\frac{f(x+h) - f(x)}{h} = \frac{3x^2h + 3xh^2 + h^3 + 2xh + h^2}{h} = 3x^2 + 3xh + h^2 + 2x + h.$$

Geht man zum Grenzwert $h \to 0$ über, so erhält man $f'(x) = 3x^2 + 2x$.

b) Es ist

$$f(x) - f(x_0) = \frac{x}{1-x} - \frac{x_0}{1-x_0} = \frac{x - x_0}{(1-x)(1-x_0)}.$$

Daraus folgt

$$\frac{f(x) - f(x_0)}{x - x_0} = \frac{1}{(1-x)(1-x_0)},$$

und für $x \to x_0$ nähert sich dieser Ausdruck immer mehr dem Wert $1/(1-x_0)^2$, d.h., es ist (wenn wir den Index $_0$ weglassen)

$$f'(x) = \frac{1}{(1-x)^2}.$$

c) Wir formen zuerst die Differenz $f(x) - f(x_0)$ um, wobei wir ähnlich wie in (4.4.b) passend erweitern:

$$f(x) - f(x_0) = \frac{1}{\sqrt{x}} - \frac{1}{\sqrt{x_0}} = \frac{\sqrt{x_0} - \sqrt{x}}{\sqrt{x}\sqrt{x_0}} = \frac{\sqrt{x_0} - \sqrt{x}}{\sqrt{x}\sqrt{x_0}} \cdot \frac{\sqrt{x_0} + \sqrt{x}}{\sqrt{x_0} + \sqrt{x}} = \frac{x_0 - x}{\sqrt{x}\sqrt{x_0}\left(\sqrt{x_0} + \sqrt{x}\right)}.$$

Es folgt

$$\lim_{x \to x_0} \frac{f(x) - f(x_0)}{x - x_0} = \lim_{x \to x_0} \frac{-1}{\sqrt{x}\sqrt{x_0}\left(\sqrt{x_0} + \sqrt{x}\right)} = \frac{-1}{x_0 \cdot 2\sqrt{x_0}}, \quad \text{d.h. } f'(x) = -\frac{1}{2\sqrt{x^3}}.$$

4–11 a) D, b) S, c) S, d) U, e) U, f) D.

Um zu erraten, welcher Fall vorliegt, genügt es, jeweils die Graphen zu zeichnen.

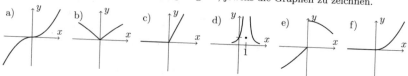

Wer es genauer wissen will, verwendet die Definitionen. Dazu drei Beispiele:

a) Es ist $f(x) = -x^2$ für $x \le 0$ und $f(x) = x^2$ für $x \ge 0$. Durch Einsetzen verifiziert man sofort, dass

$$\lim_{x\uparrow 0} \frac{f(x) - f(0)}{x - 0} = \lim_{x\downarrow 0} \frac{f(x) - f(0)}{x - 0} = 0$$

ist. d.h., f hat an der Stelle 0 die Ableitung 0. (Anschaulich: Die beiden "Hälften" der Kurve haben sowohl von links als auch von rechts kommend im Nullpunkt die Steigung 0.)

c) Es ist $f(x) = 0$ für $x \le 0$ und $f(x) = 2x$ für $x \ge 0$. Deshalb ist $\lim_{x\uparrow 0} f(x) = \lim_{x\downarrow 0} f(x) = 0$, was nach (4.6.f) Stetigkeit im Nullpunkt bedeutet. Da der Graph dort aber eine Ecke hat, ist f an der Stelle 0 nicht differenzierbar. Rechnerisch sieht dies so aus: Es ist der Grenzwert von

$$\frac{\Delta f}{\Delta x} = \frac{f(x) - f(0)}{x - 0}$$

für $x \to 0$ zu bestimmen. Wegen der Definition von f sind die Grenzwerte von links und von rechts getrennt zu berechnen. Man erhält

$$\lim_{x\uparrow 0} \frac{\Delta f}{\Delta x} = \lim_{x\uparrow 0} \frac{0 - 0}{x - 0} = 0, \quad \lim_{x\downarrow 0} \frac{\Delta f}{\Delta x} = \lim_{x\downarrow 0} \frac{2x - 0}{x - 0} = \lim_{x\downarrow 0} 2 = 2.$$

Diese Grenzwerte sind verschieden, somit ist f an der Stelle 0 nicht differenzierbar.

d) Da $f(x)$ beliebig gross wird, wenn nur x nahe genug bei 1 ist, existiert $\lim_{x\to 1} f(x)$ nicht; daher ist f an der Stelle 1 zwar (gewissermassen künstlich) definiert, aber nach (4.6.f) nicht stetig.

4–12 a) Für alle $x \neq 1$ ist $f(x) = x - 1$. Deshalb ist $\lim_{x\to 1} f(x) = 0$, und wenn wir $c = 0$ setzen, ist f nach (4.6.f) an der Stelle 1 stetig.

b) Für alle $x \neq 1$ ist $f(x) = \sqrt{x} + 1$, also ist $\lim_{x\to 1} f(x) = 2$, und wir müssen $c = 2$ setzen.

c) Der Skizze entnimmt man, dass $c = 2$ sein muss. Rechnerisch geht's so:

$$\lim_{x\uparrow 1} f(x) = \lim_{x\uparrow 1} x^2 = 1, \quad \lim_{x\downarrow 1} f(x) = \lim_{x\uparrow 1} c - x = c - 1.$$

Da die beiden Seiten gleich sein müssen, ist $c - 1 = 1$, d.h. $c = 2$ zu setzen.

d) Dies geht analog zu c). Man erhält $c = 0$.

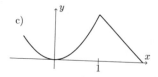

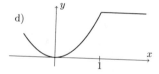

(28.5) Lösungen zu Kapitel 5

5–1 Summen, Differenzen und Vielfache von Grundfunktionen.

a) $-2x^{-2} + 6x^{-3} = -\dfrac{2}{x^2} + \dfrac{6}{x^3}$

b) $u^{-\frac{2}{3}} - 6u^{-\frac{5}{2}} = \dfrac{1}{\sqrt[3]{u^2}} - 6\dfrac{1}{\sqrt{u^5}}$

c) $\dfrac{5}{8}z^{-\frac{3}{8}} = \dfrac{5}{8}\dfrac{1}{\sqrt[8]{z^3}}$ (setze zuerst $\sqrt{z\sqrt[4]{z}} = z^{\frac{5}{8}}$)

d) $1 + \tan^2(\varphi) - \sin(\varphi) = \dfrac{1}{\cos^2(\varphi)} - \sin(\varphi)$

e) $\ln 2 \cdot 2^t - \ln 3 \cdot 3^t$

f) $e^a + \dfrac{1}{a}$

5–2 Produkt- und Quotientenregel.

a) $\dfrac{2}{(t+1)^2}$

b) $\dfrac{2(1-x^2)}{(x^2-x+1)^2}$

c) $\alpha \cdot \sin\alpha$

d) $2e^\xi \sin\xi$

e) $-\dfrac{\cos\sigma}{\sin^2\sigma}$

f) $\dfrac{2e^x}{(e^x+1)^2}$

g) $e^t(\cos t + t \cdot \cos t - t \cdot \sin t)$

h) $\dfrac{\rho e^\rho - 2e^\rho - 2}{\rho^3}$

i) $u(1 + 2\ln u) = u(1 + \ln(u^2))$

5–3 Kettenregel; einfachster Fall (innere Funktion linear).

a) $12(2+3x)^3$

b) $nb(a+by)^{n-1}$

c) $2e^{2X-1}$

d) $-\dfrac{3}{2\sqrt{1-3r}}$

e) $\dfrac{1}{a+bc}$

f) $\dfrac{b}{a+bc}$

g) $\alpha e^{\alpha\tau}\cos\beta\tau - \beta e^{\alpha\tau}\sin\beta\tau$

h) $\cos(\alpha+\gamma)\cos(\alpha-\gamma) + \sin(\alpha+\gamma)\sin(\alpha-\gamma) = \cos(2\gamma)$
Es wurde ein Additionstheorem (26.15.c) verwendet: $\cos(x-y) = \cos x\cos y + \sin x\sin y$. Das einfache Resultat ($\cos 2\gamma$) lässt vermuten, dass schon der gegebene Ausdruck vereinfacht werden kann. Dies trifft in der Tat zu. Auf Grund der Formel $2\sin x\cos x = \sin(x+y)\cos(x-y)$ gilt $\sin(\alpha+\gamma)\cos(\alpha-\gamma) = \frac{1}{2}(\sin 2\alpha + \sin 2\gamma)$. Leitet man diesen Ausdruck ab, so erhält man (da α konstant ist) wiederum $\cos 2\gamma$.

i) $\dfrac{\cos(\beta-\alpha)\cos(\beta+\alpha) + \sin(\beta-\alpha)\sin(\beta+\alpha)}{\cos^2(\beta-\alpha)} = \dfrac{\cos(2\alpha)}{\cos^2(\beta-\alpha)}$

Additionstheorem wie oben. Beachten Sie auch, dass $\cos(-2\alpha) = \cos(2\alpha)$ ist.

5–4 Kettenregel.

a) $4(x^3+x^2-1)^3(3x^2+2x)$

b) $-2\cos\delta\, e^{-2\sin\delta}$

c) $\dfrac{v^2}{\sqrt[3]{(v^3+1)^2}}$

d) $\dfrac{1}{\sqrt{1+x^2}}$

e) $\dfrac{1}{\sin\theta \cdot \cos\theta}$

f) $-\dfrac{1}{(\gamma+1)^2}\sin\left(\dfrac{\gamma}{\gamma+1}\right)$

g) $\dfrac{1}{T \cdot \ln T}$

h) $\dfrac{8u(u^2-1)}{(u^2+1)^3}$

i) $(\cos x \cdot \ln(\sin x) + \cos x)(\sin x)^{\sin x}$ (Ansatz: $(\sin x)^{\sin x} = \left(e^{\ln(\sin x)}\right)^{\sin x} = e^{\ln(\sin x) \cdot \sin x}$.)

5–5 Kettenregel; Verknüpfung von mehr als zwei Funktionen.

a) $\cos(e^{x^2}) \cdot 2x \cdot e^{x^2}$

b) $-2\varphi \cdot \tan(\varphi^2)$

c) $\dfrac{1}{2\sqrt{\ln(u^3+1)}}\dfrac{3u^2}{u^3+1}$

5–6 Allerlei.

a) $\dfrac{4x}{1-x^4}$

b) $\tan^3\alpha$

c) $-\dfrac{2u}{(u-1)^2\sqrt{u^2+2u-1}}$

5–7 a) $2 + \dfrac{6}{t^4} + \dfrac{3}{4\sqrt{t^5}}$

b) $\dfrac{1}{u^3}$

c) $-\dfrac{1}{x^2}$

d) $10! \ (= 10 \cdot 9 \cdot 8 \cdots 2 \cdot 1)$

e) $\sin\alpha + \cos\alpha$

f) $(x+n)e^x$ für alle $n \in \mathbb{N}$.

(28.6) Lösungen zu Kapitel 6

6–1 Zeichnet man sich die Graphen der Ableitungen auf, so erkennt man, dass $f_1' = f_3$ ist:

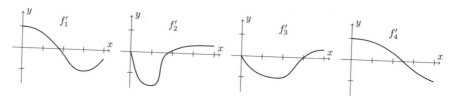

6–2 Es wird mehrfach verwendet, dass e^x stets > 0 ist. a) Es ist $f(x) > 0$ für $x > 1$, $f(x) = 0$ für $x = 1$ und $f(x) < 0$ für $x < 1$. b) $f'(x) = xe^x > 0$ (also f wachsend) für $x > 0$, $f'(x) = 0$ für $x = 0$ (rel. Min.), $f'(x) < 0$ (also f fallend) für $x < 0$. c) $f''(x) = (x+1)e^x > 0$ (Linkskurve) für $x > -1$, $f''(x) = 0$ für $x = -1$ (Wendepunkt), $f''(x) < 0$ (Rechtskurve) für $x < -1$.

6–3 Es wird mehrfach verwendet, dass $\frac{1}{1+x^2}$ stets > 0 ist. a) Es ist $f(x) > 0$ für $x > 0$, $f(x) = 0$ für $x = 0$ und $f(x) < 0$ für $x < 0$. b) $f'(x) = \frac{1-x^2}{(1+x^2)^2} > 0$, also f wachsend, für $|x| < 1$, $f'(x) = 0$ für $x = \pm 1$, $f'(x) < 0$, also f fallend, für $|x| > 1$. c) $f''(x) = \frac{2x^3-6x}{(1+x^2)^3}$. Das Vorzeichen hängt nur vom Zähler $2x^3 - 6x = 2x(x^2 - 3)$ ab. Er ist > 0 genau dann, wenn x und $x^2 - 3$ dasselbe Vorzeichen haben, also für $x > \sqrt{3}$ (beide positiv) und für $-\sqrt{3} < x < 0$ (beide negativ). In diesen Bereichen bildet der Graph eine Linkskurve, für $x < -\sqrt{3}$ und $0 < x < \sqrt{3}$ dagegen eine Rechtskurve. An den Stellen $x = \pm\sqrt{3}, 0$ hat der Graph Wendepunkte.

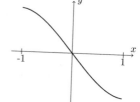

6–4 Ein möglicher Verlauf ist der Skizze zu entnehmen.

6–5 Es ist $f'(x) = 3x^2 - 12 = 0$ für $x = \pm 2$. Ferner ist $f(-2) = 16$, $f(2) = -16$. a) $D = [-3, 3]$. Dieses Intervall enthält die Werte ± 2, wo $f'(x) = 0$ ist. Werte am Rand: $f(-3) = 9$, $f(3) = -9$. Vergleich ergibt: f hat das absolutes Maximum (bzw. Minimum) an der Stelle -2 (bzw. 2). b) $D = (0, 1)$. Dieses Intervall enthält die Werte ± 2 nicht und hat auch keine Randpunkte: Auf D hat f keine Extrema (weder absolute noch relative). c) $D = [0, 1]$. Dieses Intervall enthält die Werte ± 2 nicht, hat aber Randpunkte, in denen die absoluten Extrema angenommen werden: $f(0) = 0$ (abs. Max.), $f(1) = -11$ (abs. Min.).

6–6 Es ist $g'(x) = \ln x + 1 = 0$ für $\ln x = -1$, d.h. $x = e^{-1} = \frac{1}{e} = 0.3679$. a) $D = [\frac{1}{4}, 2]$. Dieses Intervall enthält e^{-1}, ferner ist $g(e^{-1}) = -e^{-1} = -0.3679$. Werte am Rand: $g(\frac{1}{4}) = -0.3466$, $g(2) = 1.3863$. Vergleich ergibt: Abs. Maximum für $x = 2$, abs. Minimum für $x = e^{-1}$. b) $D = [\frac{1}{2}, 2]$. Dieses Intervall enthält e^{-1} nicht, die Extrema müssen am Rand auftreten: $g(\frac{1}{2}) = -0.3466$ (abs. Minimum), $g(2) = 1.3863$ (abs. Maximum). c) $D = (\frac{1}{2}, 2)$. Hier ist $e^{-1} \notin D$, und D hat auch keine Randpunkte: Keine abs. Extrema.

28.6 Lösungen zu Kapitel 6

6–7 Es ist (vgl. auch die Skizze)

$$h(x) = \begin{cases} x^2 - 1 & \text{für } x \le -1, \\ 1 - x^2 & \text{für } -1 < x < 1, \\ x^2 - 1 & \text{für } x \ge -1. \end{cases}$$

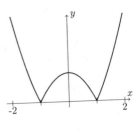

An den Stellen $x = \pm 1$ ist h nicht differenzierbar; dort liegt das absolute Minimum ($h(\pm 1) = 0$). Das abs. Maximum wird an den zwei Randpunkten ± 2 angenommen ($h(\pm 2) = 3$). Ferner ist $x_0 = 0$ der einzige Wert mit $f'(x_0) = 0$, dieses rel. Maximum ist aber kein absolutes Maximum.

6–8 Ähnlich wie in (5.5.12) setzen wir $\sqrt{x}^{\sqrt{x}} = \left(e^{\ln \sqrt{x}}\right)^{\sqrt{x}} = e^{\frac{1}{2}\sqrt{x}\ln x}$ (es wurde noch $\ln \sqrt{x} = \frac{1}{2}\ln x$ benützt). Fleissiges Rechnen ergibt

$$F'(x) = \sqrt{x}^{\sqrt{x}} \cdot \frac{1}{2\sqrt{x}} \cdot \left(1 + \frac{1}{2}\ln x\right), \quad F''(x) = \sqrt{x}^{\sqrt{x}} \cdot \frac{1}{4x} \cdot \left(1 + \ln x - \frac{1}{2\sqrt{x}}\ln x + \frac{1}{4}(\ln x)^2\right).$$

Damit ist $F'(x) = 0 \iff \ln x = -2 \iff x = e^{-2}$. Setzt man diesen Wert in $F''(x)$ ein, so erhalten wir $F''(e^{-2}) = (\frac{1}{e})^{(\frac{1}{e})} \cdot \frac{e^3}{4} > 0$. Es handelt sich um ein relatives Minimum.

6–9 Auszug aus EULERs Lösung im Original:

Posito $y = \dfrac{xx - 3x + 2}{xx + 3x + 2}$ erit

$$\frac{dy}{dx} = \frac{6x^2 - 12}{(xx + 3x + 2)^2} \quad \text{et} \quad \frac{ddy}{dx^2} = \frac{-12x^3 + 72x + 72}{(xx + 3x + 2)^3}.$$

Statuatur $\frac{dy}{dx} = 0$; fiet vel $x = +\sqrt{2}$ vel $x = -\sqrt{2}$. Priori casu $x = \sqrt{2}$ erit

$$\frac{ddy}{dx^2} = \frac{48\sqrt{2} + 72}{(4 + 3\sqrt{2})^3}$$

ideoque affirmativum ob [numeratorem et] denominatorem affirmativum; hinc erit y minimum

$$= \frac{4 - 3\sqrt{2}}{4 + 3\sqrt{2}} = 12\sqrt{2} - 17 = -0,02943725.$$

Posteriori casu $x = -\sqrt{2}$ fit

$$\frac{ddy}{dx^2} = \frac{-48\sqrt{2} + 72}{(4 - 3\sqrt{2})^3} = \frac{24(3 - 2\sqrt{2})}{(4 - 3\sqrt{2})^3},$$

cuius valor ob numeratorem affirmativum et denominatorem negativum erit negativus ideoque y fiet maximum

$$= \frac{4 + 3\sqrt{2}}{4 - 3\sqrt{2}} = -12\sqrt{2} - 17 = -33,97056274.$$

Anhand dieses Textes sollten Sie auch ohne Lateinkenntnisse in der Lage sein, Ihre Lösung nachzukontrollieren. Beachten Sie, dass EULER manchmal von den unsern leicht abweichende Notationen verwendet (xx, $\frac{ddy}{dx^2}$).

6–10 Es ist $L_1 = a/\cos\alpha$, $L_2 = b/\sin\alpha$, $L = L_1 + L_2$ ist die Gesamtlänge der Stange (die Dicke der Stange wird nicht berücksichtigt). Wir setzen

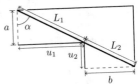

$$\frac{dL}{d\alpha} = \frac{a\sin\alpha}{\cos^2\alpha} - \frac{b\cos\alpha}{\sin^2\alpha} = 0$$

und finden $b\cos^3\alpha = a\sin^3\alpha$, woraus wegen $\tan\alpha = \frac{\sin\alpha}{\cos\alpha}$ die Beziehung $\tan\alpha = \sqrt[3]{b/a}$ folgt. Wenn a und b zahlenmässig gegeben wären, so könnten wir den Winkel α und damit L sofort bestimmen. Da dies nicht der Fall ist, führen wir eine geometrische Überlegung durch. Der Zeichnung entnimmt man die Beziehungen $u_1/a = b/u_2 = \tan\alpha = \sqrt[3]{b/a}$, also $u_1 = a\sqrt[3]{b/a}$, $u_2 = b\sqrt[3]{a/b}$. Damit erhalten wir für die maximale Länge

$$L = L_1 + L_2 = \sqrt{a^2 + u_1^2} + \sqrt{b^2 + u_2^2} = \sqrt{a^2 + \sqrt[3]{b^2 a^4}} + \sqrt{b^2 + \sqrt[3]{a^2 b^4}}.$$

Da anschaulich klar ist, dass ein Maximum existieren muss, verzichten wir auf die Verwendung der zweiten Ableitung.

6–11 Bekanntlich beträgt das DIN-A4-Format 297×210 [mm]. Wir setzen $r = 210$, $s = 297$. Der Strahlensatz liefert die Beziehung $(s-x)/a = t/b$, d.h. $t = \frac{b}{a}(s-x)$, und damit $y = r - b + \frac{b}{a}(s-x)$. Für den Flächeninhalt A erhalten wir $A = xy = (r-b)x + \frac{b}{a}(sx - x^2)$. Zulässig sind alle x mit $x \in D = [s-a, s]$. Wir finden $A' = r - b + \frac{b}{a}s - \frac{2b}{a}x$, $A'' = -\frac{2b}{a}$. Damit wird $A' = 0$ für $x_0 = \frac{ar}{2b} - \frac{a}{2} + \frac{s}{2}$. Wenn x_0 im Innern des zulässigen Intervalls liegt, dann haben wir sicher ein relatives Maximum, denn $A''(x_0) < 0$.

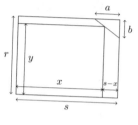

a) $a = 60$, $b = 40$. Einsetzen liefert $x_0 = 276$. Diese Zahl liegt im zulässigen Intervall $D = [237, 297]$, und man stellt fest, dass dort ein absolutes Maximum angenommen wird. Der zugehörige Wert von y bestimmt sich zu 184.

b) $a = 40$, $b = 60$. Einsetzen liefert $x_0 = 198.5 \notin D = [257, 297]$. Das absolute Maximum wird deshalb in einem der Randpunkte angenommen. Direktes Ausrechnen ergibt, dass dies für $x = 257$ (und $y = 210$) geschieht.

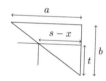

6–12 Die Länge des verfügbaren Zauns sei L.

Variante 1: Aus $x + 2y = L$ folgt $y = \frac{1}{2}(L-x)$. Da in allen Fällen $L > 8$ ist, durchläuft x das Intervall $D = (0, 8]$. Der Flächeninhalt ist $= F = xy = \frac{1}{2}(Lx - x^2)$. Die Gleichung $F'(x) = \frac{1}{2}L - x = 0$ hat die Lösung $x_0 = \frac{L}{2}$, ferner ist $F''(x) = -1 < 0$, d.h., F hat in x_0 ein relatives Maximum, sofern $x_0 \in D$ ist, was noch nicht feststeht. In der Tat gilt folgendes:

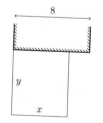

a) $L = 12$, $x_0 = 6 \in D$. Wegen $F(8) = 16$ und $F(6) = 18$ wird das absolute Maximum $F = 18$ für $x = 6$ angenommen.

b) $L = 20$, $x_0 = 10 \notin D$. Das Maximum $F = 48$ wird im Randpunkt $x = 8$ angenommen.

c) $L = 28$, $x_0 = 14 \notin D$. Das Maximum $F = 80$ wird im Randpunkt $x = 8$ angenommen.

Variante 2: Hier ist $L = x + 2y + (x-8) = 2x + 2y - 8$, also $y = \frac{1}{2}(L+8) - x$. Da $y > 0$ sein muss, ist das zulässige Intervall für x diesmal $= E = [8, \frac{1}{2}(L+8))$. Der Flächeninhalt ist $= G = xy = \frac{1}{2}(L+8)x - x^2$. Es ist $G'(x) = \frac{1}{2}(L+8) - 2x = 0$ für $x_0 = \frac{L}{4} + 2$ (und wieder ist $G''(x) < 0$). Wie oben unterscheiden wir drei Fälle.

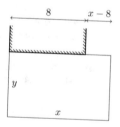

a) $L = 12$, $x_0 = 5 \notin E = [8, 10)$. Das Maximum $G = 16$ wird im Randpunkt $x = 8$ angenommen.

b) $L = 20$, $x_0 = 7 \notin E = [8, 14)$. Das Maximum $G = 48$ wird im Randpunkt $x = 8$ angenommen.

c) $L = 28$, $x_0 = 9 \in E = [8, 18)$. Wegen $G(8) = 80$ und $G(9) = 81$ wird das absolute Maximum $G = 81$ für $x = 9$ angenommen.

Fazit: Im Fall a) ist die Variante 1 besser, im Fall c) die Variante 2, im Fall b) liefern beide Varianten dasselbe.

6–13 Es sei w die Geschwindigkeit (besser: Schnelligkeit) im Wald, v jene am Waldrand, dann ist $v = aw$. Ferner sei r der Radius des Zauberwalds. Der Winkel bei $\mathfrak{B}$ ist $\beta/2$; dies folgt aus elementargeometrischen Überlegungen (der Peripheriewinkel ist halb so gross wie der Zentriwinkel).

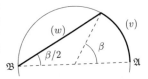

Der Zeitbedarf $z = z(\beta)$ beträgt

$$z(\beta) = r\left(\frac{\beta}{aw} + \frac{2\cos(\beta/2)}{w}\right), \quad \text{weiter ist} \quad \frac{dz}{d\beta} = r\left(\frac{1}{aw} - \frac{\sin(\beta/2)}{w}\right), \quad \frac{d^2z}{d\beta^2} = -r\frac{\cos(\beta/2)}{2w}.$$

Dabei ist $0 \le \beta \le \pi$. Der Prinz stellt leicht fest, dass $\frac{dz}{d\beta} = 0$ ist, wenn $\sin(\beta/2) = 1/a$ ist. Dies ist nur für $a \ge 1$ möglich, d.h., wenn das Ross am Waldrand schneller ist als im Gestrüpp (was es hoffentlich auch ist). Der Prinz merkt aber ferner, dass immer $\frac{d^2z}{d\beta^2} < 0$ ist (ausser im uninteressanten Fall $\beta = \pi$). Die Funktion z hat also dort, wo ihre Ableitung 0 ist, stets ein relatives Maximum. Ihr Graph beschreibt im Intervall $[0, \pi]$ eine Rechtskurve. Dies bedeutet nun aber, dass das absolute Minimum in einem der Randpunkte $\beta = 0$ oder $\beta = \pi$ angenommen wird. Er findet $z(0) = 2r/w$, $z(\pi) = \pi r/aw$. Für $2 > \pi/a$, d.h. für $a > \pi/2$ ist $z(0) > z(\pi)$, das Minimum wird für $\beta = \pi$ (Ritt dem Waldrand entlang) angenommen; entsprechend ist für $a < \pi/2$ der gerade Weg durch den Wald am schnellsten. Für $a = \pi/2$ sind beide Wege gleich schnell (so dass sich der Prinz beim Hin- und Rückritt etwas Abwechslung leisten kann).

6–14 Als Längeneinheit wählen wir Meter, als Zeiteinheit Minuten. Das Volumen bis zur Wasserhöhe 1 m beträgt (trapezförmiger Querschnitt!) $5 \cdot \frac{10+4}{2} = 35$ [m^3]. Bei einer Leistung von 0.2 m^3/min beträgt die Füllzeit für diesen Teil 175 Minuten. Das restliche Volumen (rechteckiger Querschnitt) beträgt 50 m^3, Füllzeit 250 Minuten. Es sei h die Füllhöhe.

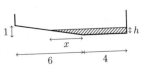

Fall 1: $0 \le h \le 1$. Das schraffierte Stück hat den Flächeninhalt $4h + xh/2 = 4h + 3h^2$ (denn $h : x = 1 : 6$). Das entsprechende Volumen beträgt $20h + 15h^2$. Für die Füllzeit $t = t(h)$ bis zur Höhe h gilt $0.2t = 20h + 15h^2$. Wir lösen diese Gleichung nach h auf, wobei nur die positive Lösung in Frage kommt, und finden

$$h(t) = \frac{-20 + \sqrt{400 + 12t}}{30}.$$

Die Steiggeschwindigkeit zur Zeit t (mit $0 \le t \le 175$, entsprechend $0 \le h \le 1$) ist die Ableitung

$$\frac{dh}{dt} = \frac{1}{30}\frac{12}{2\sqrt{400 + 12t}} = \frac{1}{\sqrt{10000 + 300t}} \ \text{[m/min] bzw.} \ \frac{100}{\sqrt{10000 + 300t}} \ \text{[cm/min]}.$$

Fall 2: $1 \le h \le 2$. Hier ist die Steiggeschwindigkeit offensichtlich konstant, nämlich $= 0.4$ cm/min, denn für den einen Meter Steighöhe werden 250 Minuten benötigt. (Dieser Wert wird übrigens auch erhalten, wenn man im Fall 1 $t = 175$ setzt.)

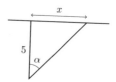

6–15 Wir messen den Drehwinkel α im Bogenmass. Da sich das Licht alle sechs Sekunden einmal dreht, ist $\alpha = \alpha(t) = \frac{2\pi}{6}t = \frac{\pi}{3}t$. Ferner ist $x = 5\tan\alpha$. Es folgt $\dot{x} = 5\left(1 + \tan^2\alpha(t)\right)^2 \cdot \frac{\pi}{3}$ oder, wenn wir $\tan\alpha$ wieder durch x ausdrücken: $\dot{x} = \frac{5\pi}{3}\left(1 + (\frac{x}{5})^2\right)$.

6–16 Wenn die Zeit t in Sekunden gemessen wird, dann gilt für den gemäss Skizze gemessenen Drehwinkel $\varphi = \varphi(t) = \frac{\pi}{60}t$. Ferner ist $z(t) = r\cos(\frac{\pi}{60}t) = 5\cos(\frac{\pi}{60}t)$. Die vertikale Komponente der Geschwindigkeit bzw. der Beschleunigung findet man durch Ableiten:

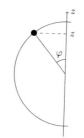

$$\dot{z}(t) = \frac{dz}{dt} = -\frac{\pi}{12}\sin(\frac{\pi}{60}t), \quad \ddot{z}(t) = \frac{d^2z}{dz^2} = -\frac{\pi^2}{720}\cos(\frac{\pi}{60}t),$$

Die Aufgabenstellung verlangt, Geschwindigkeit und Beschleunigung nach unten positiv zu rechnen. Da die z–Achse aber nach oben positiv orientiert wurde, sind noch die Vorzeichen zu wechseln:

$$\dot{z}(t) = \frac{dz}{dt} = \frac{\pi}{12}\sin(\frac{\pi}{60}t)\ [\mathrm{ms}^{-1}], \quad \ddot{z}(t) = \frac{d^2z}{dz^2} = -\frac{\pi^2}{720}\cos(\frac{\pi}{60}t)\ [\mathrm{ms}^{-2}]\,.$$

Damit ist (im betrachteten Intervall $0 \le t \le 60$) die Geschwindigkeit stets ≥ 0, was mit der Anschauung übereinstimmt.

6–17 Wir messen die Steigungswinkel der Tangenten jeweils im Gegenuhrzeigersinn von der positiven x–Achse aus.

a) Es ist $\sin x = \cos x \iff \frac{\sin x}{\cos x} = \tan x = 1$, also für $x = \pi/4$. In diesem Punkt ist die Steigung der Sinuskurve $= \cos(\pi/4) = \sqrt{2}/2$, der Steigungswinkel der Tangente beträgt 35.26°. Analog ist der Steigungswinkel im Fall der Cosinuskurve (negative Tangentensteigung!) gleich 144.74°. Der Schnittwinkel beträgt deshalb 109.48°.

b) Schnittpunkt bei $x = 1$. In diesem Punkt hat $y = x^4$ die Steigung 4, $y = \sqrt[4]{x}$ die Steigung $1/4$. Der Schnittwinkel beträgt hier $75.96° - 14.03° = 61.93°$.

6–18 Wir gehen gemäss (6.7) vor.

a) Es ist $D(f) = \{x \in \mathbb{R} \mid x \ne \pm 1\}$. b) Wegen $f(x) = f(-x)$ besteht eine Symmetrie bezüglich der y–Achse. c) Der Zähler $x^2 + 1$ ist stets > 0. Es folgt $f(x) > 0$ für $|x| > 1$, $f(x) < 0$ für $|x| < 1$. c) Es ist $f'(x) = -4x/(x^2 - 1)^2$, also $f'(x) > 0$ (Funktion wächst) für $x < 0$, $f'(x) < 0$ (Funktion fällt) für $x > 0$. Für $x = 0$ liegt wegen $f'(0) = 0$, $f''(0) < 0$ ein relatives Maximum vor. e) Es ist $f''(x) = (12x^2 + 4)/(x^2 - 1)^3$. Der Zähler ist stets > 0, also: $f''(x) > 0$ (Linkskurve) für $|x| > 1$ und $f''(x) < 0$ (Rechtskurve) für $|x| < 1$. Keine Wendepunkte, da f'' nie $= 0$ ist. f) Wegen $f(x) = \frac{x^2 + 1}{x^2 - 1} = \frac{1 + (1/x^2)}{1 - (1/x^2)}$ gilt $f(x) \to 1$ für $x \to \pm\infty$ (horizontale Asymptote). Ferner gilt $f(x) \to \infty$ für $x \uparrow -1$ und $x \downarrow 1$ sowie $f(x) \to -\infty$ für $x \downarrow -1$ und $x \uparrow 1$ (vertikale Asymptoten). g) Wichtiger Funktionswert: $f(0) = 1$. Graph siehe unten.

6–19 Auch hier gehen wir gemäss (6.7) vor. Für den Umgang mit Exponentialfunktion und Logarithmus siehe (26.13,14).

a) $D(g) = \mathbb{R}$. b) Keine Symmetrien. c) $g(x) = 0$ bedeutet $e^{-x} = e^{-2x}$, d.h. $-x = -2x$, also $x = 0$ (einzige Nullstelle). Für $x > 0$ ist $e^{-x} > e^{-2x}$, d.h. $g(x) > 0$. Für $x < 0$ ist $g(x) < 0$. d) Es ist $g'(x) = -e^{-x} + 2e^{-2x}$. Teilt man durch e^{-x}, so folgt für $x < 0$ ist $g(x) < 0$. also $-x = \ln\frac{1}{2}$ oder $x = \ln 2$. Für $x < \ln 2$ ist $g'(x) > 0$ (Funktion wächst), $g'(x) = 0 \iff 1 = 2e^{-x}$, $g'(x) < 0$ (Funktion fällt), relatives Maximum für $x = \ln 2$. e) Es ist $g''(x) = e^{-x} - 4e^{-2x}$. Wie in d) folgt $g''(x) = 0 \iff x = \ln 4$, $g''(x) > 0$ (Linkskurve) für $x > \ln 4$, $g''(x) < 0$ (Rechtskurve) für $x < \ln 4$, Wendepunkt für $x = \ln 4$. f) Für $x \to \infty$ streben e^{-x} und e^{-2x}

beide gegen 0 (horizontale Asymptote); für $x \to -\infty$ ist $g(x) \to -\infty$. g) $g(\ln 2) = 1/4$ (rel. Max.); $g(\ln 4) = 1/8$ (Wendepunkt). Graph siehe unten.

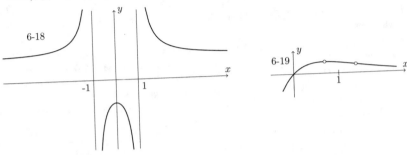

$\boxed{(28.7)\ \text{Lösungen zu Kapitel 7}}$

7-1 Es ist $f'(x) = 3x^2 + 12x + 9$, $f''(x) = 6x + 12$. Daraus folgt, dass -2 die einzige Nullstelle von f'' ist, und da $f''(x) < 0$ für $x < -2$ und $f''(x) > 0$ für $x > -2$ ist, liegt in -2 tatsächlich ein Wendepunkt vor. Die Steigung der Tangente in diesem Punkt beträgt $f'(-2) = -3$. Ferner ist $f(-2) = -1$, also geht die Tangente durch den Punkt $(-2, -1)$. Nach (7.2) hat sie die Gleichung $y = -3x - 7$.

7-2 Definitionsgemäss ist $p(x) = f(x_0) + f'(x_0)(x - x_0)$.

a) Es ist $f'(x) = 1/(1-x)^2$. Es folgt $f(x_0) = f(-1) = -\frac{1}{2}$, $f'(x_0) = \frac{1}{4}$ und damit $p(x) = -\frac{1}{2} + \frac{1}{4}(x+1) = \frac{1}{4}x - \frac{1}{4}$. Für die Abweichung gilt $f(x_1) - p(x_1) = 0.00032$.

b) Es ist $f'(x) = -e^{1-x}$. Es folgt $f(x_0) = f(1) = 1$, $f'(x_0) = -1$ und damit $p(x) = 1 - (x-1) = 2 - x$. Schliesslich ist $f(x_1) - p(x_1) = 0.0000498$.

7-3 a) Mit $f(x) = \sqrt[3]{x}$ ist $f'(x) = \frac{1}{3}x^{-2/3}$. Mit $x_0 = 64$ ist $f(x_0) = 4$, $f'(x_0) = 1/48$ ist die Linearisierung gegeben durch $p(x) = 4 + \frac{1}{48}(x - 64)$. Für $x = 63$ erhält man $\sqrt[3]{63} \approx p(63) = 4 + \frac{1}{48}(-1) = 3.9792$.

b) Hier ist im Bogenmass zu rechnen. Es ist $f'(x) = \cos x$. Mit $x_0 = \pi/6$ (entspricht $30°$) ist $f(x_0) = 0.5$, $f'(x_0) = \sqrt{3}/2$. Dann ist $p(x) = 0.5 + \frac{\sqrt{3}}{2}(x - \frac{\pi}{6})$ Für $x = 29\pi/180$ (entspricht $29°$) erhält man $\sin 29° \approx p(29\pi/180) = 0.4849$.

7-4 a) Es ist $f'(x) = \frac{1}{3}(x^2 + 2x + 3)^{-2/3} \cdot (2x + 2)$, also $f'(4) = 10/27$. Damit ist $df = \frac{10}{27}dx$.

b) Es ist $g'(t) = \cos t - \sin t$, $g'(\frac{\pi}{3}) = -0.3660$, also $dg = -0.3660dt$.

7-5 a) Es ist $f'(x) = e^x/(e^x + 1)^2$ und $f'(0) = 1/4$. Mit $dx = 0.05$ wird $df = \frac{1}{4}0.05 = 0.0125$.

b) Es ist $f'(x) = x/(x^2 + 1)$ und $f'(2) = 2/5$. Mit $dx = -0.1$ wird $df = -0.04$.

7-6 a) Mit $V(r) = \frac{4\pi}{3}r^3$ ist $dV = 4\pi r^2 \Delta r$.

b) Das Seifenwasser nimmt das Volumen $S = \pi \cdot 1.5^2 \cdot 4$ mm^3 ein. Die daraus entstehende Seifenblase vom 25 mm Radius hat näherungsweise das Volumen $4\pi \cdot 25^2 \cdot \Delta r$. Setzt man dies $= S$, so folgt $\Delta r = 0.0036$ mm.

7–7 Wir drücken die Querschnittsfläche $A = \pi r^2$ mit Hilfe des Umfangs $U = 2\pi r$ aus: $A = A(U) = \frac{U^2}{4\pi}$. Mit $U = 30.5$ erhalten wir den Flächeninhalt 74.0 cm². Weiter ist $A'(U) = \frac{U}{2\pi}$. Wir schätzen den absoluten Fehler ΔA mit dem Differential $dA = A'(U)\Delta U$ ab. Wegen $|\Delta U| < 0.1$ [cm] folgt wie in (7.5) $|\Delta A| \lesssim |A'(30.5)| \cdot 0.1 = 0.485$ cm². Der absolute Fehler beträgt höchstens etwa 0.5 cm².

7–8 Der Stein legt im freien Fall in t Sekunden die Strecke $s = \frac{1}{2}gt^2$ zurück, wo $g = 9.81$ ms⁻¹ die Fallbeschleunigung ist. Mit $t = 5$ ergibt sich eine Höhe von 122.6 m. Schätzt man den Fehler mit dem Differential $ds = gt\Delta t$ ab, so erhält man wie in (7.5) für den absoluten Fehler $|\Delta s| \lesssim 9.81 \cdot 5 \cdot 0.1 = 4.9$ m. Der absolute Fehler beträgt maximal ca. 5 m. Der relative Fehler ist maximal gleich $4.9/122.6 = 0.04$, also etwa 4%. Dies entspricht dem doppelten relativen Fehler von t (vgl. auch Aufgabe 7–11).

7–9 Wir berechnen c mit dem Cosinussatz: $c^2 = a^2 + b^2 - 2ab\cos\gamma = 64 + 36 - 96\cos\gamma$. Wir erhalten $c = c(\gamma) = \sqrt{100 - 96\cos\gamma}$, für $\gamma = 35°$ also $c = 4.6$ [cm]. Weiter ist $c'(\gamma) = 48\sin\gamma/\sqrt{100 - 96\cos\gamma}$. Wir schätzen den absoluten Fehler mit dem Differential dc ab, wobei $\gamma = 35\pi/180$ und $|\Delta\gamma| < 2\pi/180$ (Bogenmass!) ist: $|\Delta c| \lesssim |c'(35\pi/180)| \cdot |2\pi/180| = 0.2$ cm. Der absolute Fehler ist kleiner als etwa 2 mm.

7–10 Es sei b die Breite des Flusses, $b = 4/\tan\alpha = 4\cot\alpha$, mit $\alpha = 10°$ also $b = 22.7$ [m]. Ferner ist $b'(\alpha) = -4/\sin^2\alpha$. Ähnlich wie in Aufgabe 7–9 schätzen wir den absoluten Fehler durch das Differential db ab, mit $\alpha = 10\pi/180$ und $|\Delta\alpha| < \pi/180$. Es ist dann $|\Delta b| \lesssim |-4/\sin^2(10\pi/180)| \cdot |\pi/180| = 2.3$ m. Dies ist der ungefähre maximale absolute Fehler der Breitenbestimmung.

7–11 Der absolute Fehler $\Delta y = \Delta x^n$ wird durch das Differential $dy = nx_0^{n-1}\Delta x$ abgeschätzt. Der relative Fehler wird durch Division durch x_0^n erhalten:

$$\frac{\Delta x^n}{x_0^n} \approx \frac{nx_0^{n-1}\Delta x}{x_0^n} = n\frac{\Delta x}{x_0}\ .$$

Somit ist der relative Fehler von y ungefähr das n-fache des relativen Fehlers von x, also $\pm n\%$.

Hinweis zu 7–7 bis 7–10: Eine andere Methode, den Fehler abzuschätzen, besteht darin, dass man die gesuchte Grösse mit dem kleinst- und dem grösstmöglichen Messwert berechnet. In Aufgabe 7–7 etwa sind dies die Werte $U = 30.4$ und $U = 30.6$ cm. Im ersten Fall erhält man $A = 74.5$ cm², im zweiten $A = 73.5$ cm², woraus die Bandbreite des Fehlers ebenfalls ersichtlich ist. Die Verwendung des Differentials hat den Vorteil, dass sie das allgemeine Prinzip der Linearisierung verwendet und dass sie sich auf Funktionen von mehreren Variablen übertragen lässt (Kapitel 24).

(28.8) Lösungen zu Kapitel 8

Aus Platzgründen werden die Koordinaten der Vektoren neben- statt übereinander geschrieben.

8–1 Die x-Koordinate muss stets $= 0$ sein. Ähnlich wie in (8.2.3.b,c) finden wir $\vec{r}(t) = (0, 2 + 2\cos t, 2 + 2\sin t)$, $0 \le t \le 2\pi$.

8–2 Wir führen den Winkel t als Parameter ein. Der Punkt P liegt auf der Geraden $y = x$ und hat vom Nullpunkt den Abstand $\cos t$. Seine x-y-Koordinaten sind deshalb $(\frac{\sqrt{2}}{2}\cos t, \frac{\sqrt{2}}{2}\cos t)$, also können wir $\vec{r}(t) = (\frac{\sqrt{2}}{2}\cos t, \frac{\sqrt{2}}{2}\cos t, \sin t)$ mit $0 \le t \le \frac{\pi}{2}$ wählen.

8–3 Analog zu (8.2.4) ist $\vec{r}(t) = (2 + \cos(2\pi t), 2 + \sin(2\pi t), 3t)$, $0 \le t \le 1$ eine mögliche Parameterdarstellung.

8–4

Zu 8–5

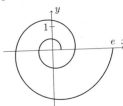

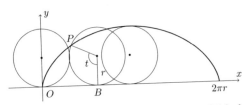

8–5 Wenn der Kreis abrollt, dann ist die Strecke OB bis zum Berührungspunkt gleich dem abgerollten Umfang, also $= rt$ (im Bogenmass). Wie man der Zeichnung entnimmt, hat der Kurvenpunkt P die x-Koordinate $x = rt - r\sin t$ und die y-Koordinate $y = r - r\cos t$. Es folgt $\vec{r}(t) = r(t - \sin t,\ 1 - \cos t)$, wobei das Parameterintervall $0 \le t \le 2\pi$ einer einmaligen Drehung entspricht. (Beachten Sie, dass die Formel für alle Werte von t gilt, also auch dann, wenn $\sin t$ oder $\cos t$ negativ ist. Für den in der Figur eingetragenen Winkel t gilt beispielsweise $\sin t > 0$, $\cos t < 0$.)

8–6 Ableiten ergibt

$$\dot{\vec{r}}(t) = (\tfrac{1}{2}(1+t)^{-1/2},\ t(t^2+7)^{-1/2},\ 2t), \qquad \ddot{\vec{r}}(t) = (-\tfrac{1}{4}(1+t)^{-3/2},\ 7(t^2+7)^{-3/2},\ 2).$$

Einsetzen liefert

$$\dot{\vec{r}}(t) = (\tfrac{1}{4},\ \tfrac{3}{4},\ 6), \qquad \ddot{\vec{r}}(t) = (-\tfrac{1}{32},\ \tfrac{7}{64},\ 2).$$

8–7 b) Der höchste Kurvenpunkt ist der Punkt mit der maximalen z-Koordinate. Nun ist $z = 4t - 4t^2$, und durch Ableiten findet man, dass für $t = 1/2$ das absolute Maximum vorliegt. Der zugehörige höchste Punkt hat die Koordinaten $(\tfrac{1}{2},\ 1,\ 1)$.

c) Gesucht ist der Parameterwert t, für welchen der Kurvenpunkt in der Ebene liegt, d.h. für welchen $-4(1-t) + 3 \cdot 2t + 2(4t - 4t^2) = 0$ ist. Zusammenfassen führt auf die quadratische Gleichung $8t^2 - 18t + 4$ mit den Lösungen 2 und $\tfrac{1}{4}$. Wegen $0 \le t \le 1$ kommt nur die zweite in Frage, zu ihr gehört der Punkt $(\tfrac{3}{4},\ \tfrac{1}{2},\ \tfrac{3}{4})$.

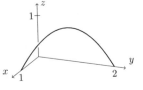

8–8 b) Es ist $\overrightarrow{OP} = (4,0,4)$, $\overrightarrow{OQ} = (0,4,4)$. Mit dem Skalarprodukt findet man sofort $\cos \varphi = 0.5$, also $\varphi = 60°$ (oder $\pi/3$).

c) Die Tangente im Punkt mit dem Parameterwert t hat die Richtung $\dot{\vec{r}}(t) = (-1,\ 1,\ 2t)$. Diese Richtung bildet mit der x-y-Ebene genau dann einen Winkel von $45°$, wenn sie mit dem Vektor $\vec{k} = (0,0,1)$ Winkel von $45°$ oder $135°$ einschliesst. Es muss also

$$\frac{\dot{\vec{r}}(t)\,\vec{k}}{|\dot{\vec{r}}(t)|\,|\vec{k}|} = \frac{2t}{\sqrt{2+4t^2}} = \pm\frac{\sqrt{2}}{2}$$

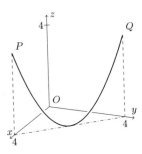

sein. Quadrieren führt auf die Lösungen $t = \sqrt{2}/2$ und $t = -\sqrt{2}/2$. Einsetzen liefert die gesuchten Kurvenpunkte $(2 - \tfrac{\sqrt{2}}{2},\ 2 + \tfrac{\sqrt{2}}{2},\ \tfrac{1}{2})$ bzw. $(2 + \tfrac{\sqrt{2}}{2},\ 2 - \tfrac{\sqrt{2}}{2},\ \tfrac{1}{2})$.

8–9 a), b). Zunächst stellt man fest, dass $\vec{r}(0) = \vec{r}(2\pi) = (2,1,0)$ ist. Die Kurve ist also geschlossen. Die Tangenten im Punkt $P(2,1,0)$ haben aber für die beiden Parameterwerte verschiedene Richtungen. Es ist $\dot{\vec{r}}(t) = (-\sin t, \cos t, \frac{1}{2}\cos(\frac{t}{2}))$, d.h. $\dot{\vec{r}}(0) = (0,1,\frac{1}{2})$, $\dot{\vec{r}}(2\pi) = (0,1,-\frac{1}{2})$. Wir kennen den Punkt P sowie die Richtungen der beiden Tangenten und können die Parameterdarstellungen angeben. Sie lauten $\vec{u}(s) = (2, 1+s, \frac{1}{2}s)$ bzw. $\vec{v}(s) = (2, 1+s, -\frac{1}{2}s)$.

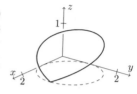

c) Die Projektion der Kurve auf die x-y–Ebene ist ein Kreis mit Zentrum $(1,1)$ und Radius 1. Die z–Koordinate $\sin(\frac{t}{2})$ wächst für $0 \leq t < \pi$ und fällt für $\pi < t \leq 2\pi$. Weil die in a) und b) ermittelten Tangenten in P je nach Parameterwert verschiedene Richtungen haben, hat die Kurve dort eine Spitze. Dieses Verhalten wird verständlicher, wenn man t von 0 bis 4π laufen lässt. Die Kurve hat dann die Form einer "geknickten" Ziffer 8 (für $t \in (0, 2\pi)$ oberhalb, für $t \in (2\pi, 4\pi)$ unterhalb der x-y–Ebene, siehe Figur).

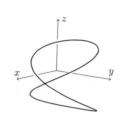

d) Der Abstand zum Nullpunkt ist gegeben durch $\sqrt{(1+\cos t)^2 + (1 + \sin t)^2 + \sin^2(\frac{t}{2})}$. Die Rechnung vereinfacht sich, wenn wir nicht diesen Ausdruck, sondern sein Quadrat, also $f(t) = (1+\cos t)^2 + (1+\sin t)^2 + \sin^2(\frac{t}{2}) = 3 + 2\cos t + 2\sin t + \sin^2(\frac{t}{2})$ minimieren. (Dabei wurde wieder einmal $\sin^2 t + \cos^2 t = 1$ benutzt.) Es ist $f'(t) = -2\sin t + 2\cos t + \frac{1}{2}\sin t$ (unter Berücksichtigung der Beziehung $\sin(\frac{t}{2})\cos(\frac{t}{2}) = \frac{1}{2}\sin t$). Damit ist $f'(t) = 0$ genau dann, wenn $\tan t = \sin t / \cos t = 4/3$ ist. Im Intervall $[0, 2\pi]$ gibt es genau 2 Werte t mit $\tan t = 4/3$, nämlich (im Bogenmass) $0.9272\ldots$ und $0.9272\ldots + \pi = 4.0688\ldots$. Betrachtet man die Kurve, so ist klar, dass der zweite Wert das absolute Minimum liefert. (Man könnte auch mit der zweiten Ableitung arbeiten.) Einsetzen dieses Werts in $\vec{r}(t)$ ergibt den gesuchten Punkt $(0.4, 0, 2, 0.8944)$.

8–10 b) Wegen $\dot{\vec{r}}(t) = (1, 2t, 2t - 2)$ ist $|\dot{\vec{r}}(0)| = \dot{\vec{r}}(1) = \sqrt{5}$. c) Gesucht ist das Minimum von $v(t) = |\dot{\vec{r}}(t)| = \sqrt{8t^2 - 8t + 5}$. Mit den üblichen Methoden sieht man, dass dieses Minimum für $t = \frac{1}{2}$ angenommen wird und dass der minimale Betrag von $v(t)$ gleich $\sqrt{3}$ ist.

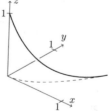

8–11 a) Wir können $\sin(2\pi t)$ vorklammern und finden so $\vec{r}(t) = \sin(2\pi t) \cdot (1, 2, -1)$. Der Vektor $\vec{r}(t)$ ist also stets ein Vielfaches von $(1, 2, -1)$. Wenn t das Intervall $[0, 1]$ durchläuft, so durchläuft $2\pi t$ das Intervall $[0, 2\pi]$. Deshalb durchläuft $\vec{r}(t)$ für $t \in [0, 1]$ die Strecke zwischen den Punkten $P(-1, -2, 1)$ und $Q(1, 2, -1)$.

b) Diese Bewegung verläuft wie folgt (man braucht einfach die Werte von $\sin(2\pi t)$ zu beachten): Für $t = 0, \frac{1}{4}, \frac{1}{2}, \frac{3}{4}, 1$ erhält man der Reihe nach den Nullpunkt O, den Punkt Q, nochmals den Nullpunkt, den Punkt P und landet schliesslich wieder bei O.

8–12 Wir wählen drei einfache Werte von t, z.B. $t = -1, 0, 1$ und erhalten so drei Punkte der Raumkurve, nämlich $(1, -3, 3)$, $(1, 0, 0)$ und $(3, 3, 1)$. Mit der Methode von (2.6.7) bestimmen wir die Gleichung der Ebene durch diese drei Punkte, sie lautet $-2x + y + z + 2 = 0$. Es bleibt nachzuprüfen, ob tatsächlich alle Punkte der Raumkurve (also für beliebiges t) in dieser Ebene liegen. Dies trifft aber zu, denn es ist $-2(t^2 + t + 1) + 3t + (2t^2 - t) + 2 = 0$.

8–13 Es ist zu prüfen, ob es Parameterwerte t, u gibt, mit $\vec{r}(t) = \vec{s}(u)$. Dazu müssen die drei Gleichungen $t^3 = 1 + u^2$, $t^2 = 1$ und $t = 1 - u$ erfüllt sein. Aus der zweiten Gleichung folgt $t = 1$ oder $t = -1$; die dritte liefert im ersten Fall $u = 0$, im zweiten Fall $u = 2$. Prüft man die beiden Paare mit der ersten Gleichung nach, so sieht man, dass $t = 1$, $u = 0$ die einzige Lösung ist. Es gibt also genau einen Schnittpunkt, nämlich $(1,1,1)$. Der Schnittwinkel ist der Winkel zwischen den beiden Tangenten in diesem Punkt, also zwischen den Vektoren $\dot{\vec{r}}(1)$ und $\dot{\vec{s}}(0)$. Man findet leicht $\dot{\vec{r}}(1) = (3, 2, 1)$ und $\dot{\vec{s}}(0) = (0, 0, -1)$ und berechnet mit dem Skalarprodukt den gesuchten Winkel zu $74.5°$ (oder $105.5°$).

8–14 Schnittpunkte mit der x-y-Ebene liegen für $z = t^2 - 2t = 0$, also für $t = 0$ und $t = 2$ vor, nämlich $S(1, 1, 0)$ und $T(9, 5, 0)$. Wegen $\dot{\vec{r}}(t) = (3t^2, 2t, 2t - 2)$ haben die Tangentialvektoren in S bzw. T die Richtung $(0, 0, -2)$ bzw. $(12, 4, 2)$. Der erste ist parallel zur z-Achse, also sieht man ohne Rechnung, dass der erste Schnittwinkel $= 90°$ ist. Für den zweiten berechnen wir zuerst den Winkel der Tangente mit der z-Achse, also mit dem Vektor $\vec{k} = (0, 0, 1)$, und finden $\cos\varphi = 2/\sqrt{164}$, d.h. $\varphi = 81.0°$. Der gesuchte Schnittwinkel beträgt daher $9.0°$.

(28.9) Lösungen zu Kapitel 9

Kapitel 9 enthält keine Aufgaben.

(28.10) Lösungen zu Kapitel 10

10–1 Das Intervall $[0, h]$ wird im Sinne von (10.2) unterteilt:

$$0 = z_0 < z_1 < \ldots < z_{i-1} < z_i < \ldots z_n = h \,.$$

Dadurch wird der Inhalt des zylindrischen Gefässes in (dünne) Scheiben mit Querschnittsfläche Q zerlegt. Das Volumen der i-ten Scheibe beträgt $V_i = Q \cdot (z_i - z_{i-1}) = Q \cdot \Delta z_i$. In jedem Teilintervall $[z_{i-1}, z_i]$ wählen wir weiter einen Zwischenpunkt ζ_i. Obwohl die Dichte an sich variabel ist, nehmen wir an, dass sie im Intervall $[z_{i-1}, z_i]$ konstant $= \rho(\zeta_i)$ ist. Gemäss der für konstante Dichte gültigen Formel "Masse = Dichte mal Volumen" hat die i-te Scheibe ungefähr die Masse $\rho(\zeta_i) \cdot V_i = \rho(\zeta_i) \cdot Q \cdot \Delta z_i$. Die Gesamtmasse der Substanz wird durch die Riemannsche Summe $\sum_{i=1}^{n} Q \cdot \rho(\zeta_i) \cdot \Delta z_i$ angenähert. Diese Approximation ist um so besser, je feiner die Unterteilung wird. Im Grenzfall erhalten wir die gesuchte Masse exakt als

$$\lim_{\Delta z_i \to 0} \sum_{i=1}^{n} Q \cdot \rho(\zeta_i) \cdot \Delta z_i = \int_0^h Q\rho(z)\,dz = Q \int_0^h \rho(z)\,dz \,.$$

Die letzte Gleichheit gilt wegen (10.8.a).

10–2 Die Aufgabe wird im Prinzip gleich wie die Aufgabe 10–1 gelöst. Der einzige Unterschied besteht darin, dass der Flächeninhalt des Querschnitts variabel ist: $Q = Q(z)$. Die Gesamtmasse der i-ten Scheibe beträgt daher $\rho(\zeta_i) \cdot V_i = \rho(\zeta_i) \cdot Q(\zeta_i) \cdot \Delta z_i$. Entsprechend ändert sich die Riemannsche Summe, und man erhält am Schluss das Integral $\int_0^h Q(z)\rho(z)\,dz$.

10–3 Unter dem "totalen Kalorienverbrauch" T ist die im betreffenden Zeitintervall (z.B. 6 Minuten) geleistete Arbeit zu verstehen. Innerhalb eines kleinen Zeitintervalls $\Delta t_i = t_i - t_{i-1}$ kann man die Leistung als konstant betrachten: $P = P(\tau_i)$ für ein τ_i mit $t_{i-1} \leq \tau_i \leq t_i$.

Somit wird T durch Summation als Riemannsche Summe $\sum_{i=1}^{n} P(\tau_i)\Delta t_i$ angenähert, und der übliche Grenzübergang liefert als exakten Wert für T das Integral $\int_0^{0.1} P(t)\,dt$. (Die obere Integrationsgrenze 0.1 kommt daher, dass P den Verbrauch pro Stunde angibt und dass 6 Minuten lang trainiert wurde.) Eine detaillierte Darstellung wäre leicht analog zur Lösung von Aufg. 10–1 aufzuschreiben.

10–4 Diese Aufgabe lässt sich gemäss (9.2) lösen. Es ist bloss zu beachten, dass die (variable) Gewichtskraft gleich $m(h)g$ ($g = $ Fallbeschleunigung) ist. Somit ist die geleistete Arbeit durch $= g \int_{h_0}^{h_1} m(h)\,dh$ gegeben.

10–5 Diese Aufgabe hat gewisse Parallelen zu (9.4) (Volumen eines Rotationskörpers). Wir teilen das Intervall $[a, b]$ wie üblich in kleine Teilintervalle $[x_{i-1}, x_i]$ ein und wählen in jedem Teilintervall einen Zwischenpunkt ξ_i. Durch diese Unterteilung wird der Körper in dünne Scheiben der Dicke $\Delta x_i = x_i - x_{i-1}$ zerlegt, welche (nahezu) die Form eines dreiseitigen Prismas haben, dessen Grundfläche ein gleichseitiges Dreieck und dessen Höhe $= \Delta x_i$ ist. Dieses gleichseitige Dreieck hat die Seitenlänge $s_i = 2f(\xi_i)$, also den Inhalt $\frac{\sqrt{3}}{4}s_i^2 = \sqrt{3}f(\xi_i)^2$. Das Volumen der dünnen Scheibe beträgt demgemäss $\sqrt{3}f(\xi_i)^2\Delta x_i$, das Gesamtvolumen wird durch die Riemannsche Summe $\sum_{i=1}^{n} \sqrt{3}f(\xi_i)^2\Delta x_i$ angenähert. Mit dem üblichen Grenzübergang erhalten wir für das Volumen den Wert $\int_a^b \sqrt{3}f(x)^2\,dx = \sqrt{3}\int_a^b f(x)^2 dx$. Der Unterschied zur Formel für das Volumen des Rotationskörpers (9.4) besteht also darin, dass der dort auftretende Faktor π durch $\sqrt{3}$ ersetzt wird.

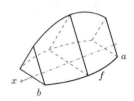

In den Lösungen von 10–6 bis 10–8 argumentieren wir im Stil von (10.4.c). Eine exakte Durchführung via Riemannsche Summen ist selbstverständlich in allen Fällen möglich.

10–6 Für einen sehr kleinen Winkel $d\varphi$ ist das schraffierte Flächenstück praktisch ein Kreissektor (denn r variiert nur wenig, wenn sich φ zu $\varphi + d\varphi$ ändert). Nach der üblichen Formel hat dieser Sektor den Inhalt $\frac{1}{2}r^2 d\varphi = \frac{1}{2}r(\varphi)^2 d\varphi$, und der Gesamtinhalt ergibt sich durch Integration zu $\frac{1}{2}\int_\alpha^\beta r(\varphi)^2 d\varphi$.

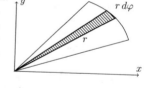

10–7 Die Grösse $(f(x) - g(x))\,dx$ steht für den Inhalt eines sehr schmalen Streifens gemäss Skizze. Deshalb liefert der Ausdruck $\int_a^b (f(x) - g(x))\,dx$ den Inhalt des durch die beiden Kurven begrenzten Flächenstücks. Beachten Sie, dass es nicht darauf ankommt, welches Vorzeichen $f(x)$ oder $g(x)$ hat; wichtig ist nur, dass stets $f(x) \geq g(x)$ ist.

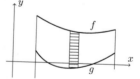

10–8 Im kleinen Zeitintervall dt fliesst die Wassermenge $L(t)\,dt$ aus der Röhre. Das Integral $\int_{t_0}^{t_1} L(t)\,dt$ gibt daher die im Zeitintervall $[t_0, t_1]$ gelieferte Wassermenge an.

10–9 Wir unterteilen das Intervall $[a, b]$ beliebig

$$a = x_0 < x_1 < \ldots < x_{i-1} < x_i < \ldots < x_n = b\,,$$

und wählen Zwischenpunkte ξ_i. Da f konstant ist ($f(x) = c$ für alle x), gilt für die Riemannsche Summe $\sum_{i=1}^{n} f(\xi_i)\Delta x_i = \sum_{i=1}^{n} c\Delta x_i = c\sum_{i=1}^{n} \Delta x_i$. Nun ist aber $\sum_{i=1}^{n} \Delta x_i$ offensichtlich $= b - a$. Jede Riemannsche Summe nimmt also den Wert

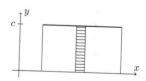

$c(b-a)$ an, und damit auch ihr Limes, das Integral. Also ist $\int_a^b c\,dx = c(b-a)$. (Falls $c > 0$ ist, so ist dies der Inhalt des Rechtecks mit Grundlinie $b-a$ und Höhe c; für $c < 0$ ist das Integral negativ; der Inhalt des entsprechenden Rechtecks ist dann der Betrag des Integrals.)

10–10 Wir gehen wie in (10.7) vor. Von dort übernehmen wir auch die Bezeichnungen. Im Falle unserer Aufgabe ist $b = 1$ und vor allem ist $f(x) = x$ (statt x^2). Deshalb erhalten wir für die analog berechnete Riemannsche Summe

$$S_n = \sum_{i=1}^n f(\xi_i)\Delta x_i = \sum_{i=1}^n \left(\frac{i}{n}\right)\cdot\frac{1}{n} = \frac{1}{n^2}\sum_{i=1}^n i \, .$$

Die letzte Summe aber ist $= n(n+1)/2$, und wir finden

$$S_n = \frac{1}{n^2}\cdot\frac{n(n+1)}{2} = \frac{n+1}{2n} = \frac{1}{2} + \frac{1}{2n} \, .$$

Für $n \to \infty$ strebt dieser Ausdruck offensichtlich gegen $1/2$, es folgt

$$\int_0^1 x\,dx = \frac{1}{2} \, ,$$

was bei geometrischer Interpretation (als Flächeninhalt) ohnehin klar ist.

(28.11) Lösungen zu Kapitel 11

11–1 In den Kapiteln 12 und 13 soll das "Erraten" durch systematischere Verfahren ersetzt werden. Diese Aufgaben dienen sozusagen als Vorübung.

a) Gesucht ist eine Funktion $F(x)$, deren Ableitung $= x^3$ ist. Nun ist die Ableitung von x^4 gleich $4x^3$, der störende Faktor 4 kann weggeschafft werden, indem man $F(x) = \frac{1}{4}x^4$ setzt. Nach dem Hauptsatz ist dann

$$\int_0^2 x^3\,dx = F(2) - F(0) = \frac{1}{4}x^4\Big|_0^2 = \frac{1}{4}\cdot 16 - \frac{1}{4}\cdot 0 = 4 \, .$$

b) Lassen Sie sich nicht durch die Bezeichnung der Variablen mit α stören. Gesucht ist eine Stammfunktion $F(\alpha)$ von $\sin\alpha$. Da $\cos\alpha$ die Ableitung $-\sin\alpha$ hat, können wir $F(\alpha) = -\cos\alpha$ wählen. Es folgt

$$\int_0^\pi \sin\alpha\,d\alpha = -\cos\alpha\Big|_0^\pi = -\cos\pi + \cos 0 = 2 \, .$$

c) Da e^t offensichtlich eine Stammfunktion von e^t ist, erhält man

$$\int_{-1}^1 e^t\,dt = e^t\Big|_{-1}^1 = e^1 - e^{-1} = e - \frac{1}{e} = 2.3504 \, .$$

11–2 Wir benutzen die Tatsache (I) von (11.2) sowie die dort verwendete Definition von $\Phi(x)$.

a) Da $\Phi'(x)$ gleich dem Integranden ist, folgt unmittelbar, dass die gesuchte Ableitung gleich $\sqrt{x^3 + 1}$ ist.

b) Das Integral hat noch nicht die Form $\Phi(x)$. Wegen (10.8.b) ist aber

$$\int_x^1 \sin(t^2)\,ft = -\int_1^x \sin(t^2)\,dt = -\Phi(x) \, .$$

Wegen der Tatsache (I) hat die Ableitung den Wert $-\sin(x^2)$.

c) Das Integral hat den Wert $\Phi(x^2)$. Die Ableitung dieser Funktion ist nach der Kettenregel gleich $\Phi'(x^2)\cdot 2x$ ($2x$ ist die innerer Ableitung), also gleich $2x\cdot f(x^2)$.

Als Lösungsvariante kann man auch den Hauptsatz verwenden. Dies sei an Beispiel b) gezeigt. Nach diesem Satz ist $\int_x^1 \sin(t^2)\,dt = F(1) - F(x)$, wo $F'(x) = \sin(x^2)$ ist. Da $F(1)$ konstant ist, erhält man als Ableitung des Integrals erneut den Wert $-F'(x) = -\sin(x^2)$. Es sei noch erwähnt, dass die Integranden von a) und b) keine elementare Stammfunktion haben (vgl. (12.2.e) für eine ähnliche Situation).

(28.12) Lösungen zu Kapitel 12

12–1   a) $\dfrac{1}{11}x^{11} + x^9 - \dfrac{1}{2}x^2 + x$

                          b) $3\ln|x| + \dfrac{1}{3}x^{-3}$

   c) $\dfrac{2}{3}x^{3/2} + 2x^{1/2}$

                          d) $2\tan x$

12–2   Die Bedingung $F(x_0) = y_0$ kann jeweils durch geeignete Wahl der Integrationskonstanten C erfüllt werden.

   a) $\dfrac{1}{3}x^3 + \dfrac{3}{4}x^{4/3} + x + 1$

                          b) $e^x + \dfrac{1}{x} - e$

   c) $\dfrac{3}{7}x^{7/3} + 4x^{1/4} - \dfrac{17}{7}$

                          d) $-2\cos x + \sin x - \dfrac{\sqrt{3}}{2}$

12–3   a) 4, b) $\dfrac{193}{105}$, c) $-11.5 - 3\ln 4 = -15.6589$, d) $e^4 - e + 1 = 52.8799$, e) $-2 - \dfrac{\sqrt{2}}{2} = -2.7071$,

   f) $1 - \dfrac{\pi}{4} = 0.9217$.

12–4   a) Aus $\displaystyle\int_1^x \sqrt[3]{u}\,du = \dfrac{3}{4}x^{4/3} - \dfrac{3}{4} = 60$ folgt $x = 27$.

   b) Aus $\displaystyle\int_x^2 \dfrac{1}{t}\,dt = \ln 2 - \ln x = \ln\dfrac{2}{x} = 1$ folgt $\dfrac{2}{x} = e$, also $x = \dfrac{2}{e} = 0.7358$.

12–5   Die Nullstellen von $f(x)$ sind $\pm\sqrt{3}$, 0. Wenn Sie einfach von $-\sqrt{3}$ bis $\sqrt{3}$ integrieren, so erhalten Sie den Wert 0, denn der unterhalb der x–Achse liegende Teil des Graphen liefert einen negativen Beitrag zum Integral. Sie müssen also getrennt von $-\sqrt{3}$ bis 0 und von 0 bis $\sqrt{3}$ integrieren. Nun ist

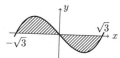

$$\int_{-\sqrt{3}}^0 \left(\dfrac{1}{3}x^3 - x\right) dx = \dfrac{3}{4}\,.$$

Aus Symmetriegründen ist dann das Integral von 0 bis $\sqrt{3}$ gleich $-\dfrac{3}{4}$, und der gesuchte Flächeninhalt ist gleich $\dfrac{3}{2}$.

12–6   Wegen $\int_1^a \dfrac{dx}{x} = \ln a$, $\int_1^{a^2} \dfrac{dx}{x} = \ln a^2 = 2\ln a$ ist der zweite Flächeninhalt doppelt so gross wie der erste.

12–7   Der Inhalt A des fraglichen Flächenstücks ist $= \int_{-1}^1 e^x dx = e - e^{-1}$. Der gesuchte Punkt b der x–Achse ist gegeben durch $\int_{-1}^b e^x dx = \dfrac{1}{2}A$. Es folgt $e^b - e^{-1} = \dfrac{1}{2}(e - e^{-1})$, woraus sich $b = \ln\dfrac{1}{2}(e + e^{-1}) = 0.4338$ ergibt.

12–8   Der ganze Flächeninhalt unter der Kurve beträgt $\int_0^2 (2x - x^2)\,dx = \dfrac{4}{3}$. Ferner benötigt man die x–Koordinate z des Schnittpunkts der Parabel mit der Geraden: $az = 2z - z^2$ führt auf $z = 0$ (uninteressant) und $z = 2 - a$. Die Zahl a ist so zu bestimmen, dass das Flächenstück F_1 den Inhalt $\dfrac{2}{3}$ hat. (Man könnte auch die Flächeninhalte von F_1 und F_2 gleich oder aber den Inhalt von F_2 gleich $\dfrac{2}{3}$ setzen, was auf ähnliche Rechnungen führt.) Der Inhalt von F_1 ist gleich

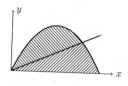

$(*)$ $A_1 = \int_0^z \left((2x - x^2) - ax \right) dx = x^2 - \frac{x^3}{3} - \frac{ax^2}{2} \Big|_0^{2-a} = (2-a)^2 \left(1 - \frac{2-a}{3} - \frac{a}{2} \right),$

wobei $z = 2 - a$ benützt wurde. Hier ist es gut, wenn man nicht zuviel ausmultipliziert (sonst kommt man auf einer Gleichung 3. Grades für a), sondern beachtet, dass die Klammer ganz rechts den Wert $(2-a)/6$ hat. Es folgt $A_1 = (2-a)^3/6 = 2/3$ und daraus $a = 2 - \sqrt[3]{4} = 0.4126$. Etwas kürzer wird die Rechnung, wenn man in $(*)$ die obere Grenze z belässt und $a = 2 - z$ einsetzt:

$$A_1 = \int_0^z \left((2x - x^2) - ax \right) dx = x^2 - \frac{x^3}{3} - \frac{ax^2}{2} \Big|_0^z = z^2 - \frac{z^3}{3} - (2-z)\frac{z^2}{2} = \frac{z^3}{6}.$$

So findet man $A_1 = \frac{z^3}{6} = \frac{2}{3}$, d.h. $z = \sqrt[3]{4}$ und $a = 2 - z = \sqrt[3]{4}$ wie oben. Natürlich ist dieser einfachere Weg nicht zum vornerein erkennbar.

12–9 Im Intervall $[0, 1]$ ist $\sqrt[4]{x} \geq x^4$. Der Flächeninhalt ist somit gegeben durch $\int_0^1 (\sqrt[4]{x} - x^4) \, dx = \frac{3}{5}$.

12–10 Die Schnittpunkte der beiden Kurven findet man durch Gleichsetzen: $\sin x = \cos x \iff \tan x = 1$, woraus sich $x_1 = -\frac{3\pi}{4}$ und $x_2 = \frac{\pi}{4}$ ergibt. Im Intervall $[x_1, x_2]$ ist $\cos x \geq \sin x$, weshalb der gesuchte Flächeninhalt gleich $\int_{-3\pi/4}^{\pi/4} (\cos x - \sin x) \, dx = 2\sqrt{2}$ ist.

12–11 Der Graph ist eine nach unten geöffnete Parabel. Die Nullstellen sind $x = 1$ und $x = 4$. Das Volumen des Rotationskörpers ist gegeben durch $V = \pi \int_1^4 (-x^2 + 5x - 4)^2 \, dx$. Durch Ausmultiplizieren des Integranden und durch Integration des erhaltenen Polynoms 4. Grades, nämlich $x^4 - 10x^3 + 33x^2 - 40x + 16$, erhält man $V = 8.1\pi$.

12–12 Da der Körper durch Rotation des Graphen von $y = x^3$ um die y–Achse entsteht, kann man nicht direkt die Formel von (9.5) anwenden. Vielmehr approximiert man das Volumen durch dünne zylinderförmige Scheiben, die senkrecht zur y–Achse stehen. Eine solche Scheibe hat den Radius $x = \sqrt[3]{y}$, und wenn x von 0 bis 2 läuft, dann läuft y von 0 bis 8. Das Volumen ist somit gegeben durch $\pi \int_0^8 (\sqrt[3]{y})^2 \, dy = \pi \frac{3}{5} y^{5/3} \Big|_0^8 = \frac{96}{5}\pi$.

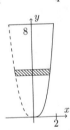

12–13 Der Ansatz ist völlig analog zu Aufgabe 10–5, es ist einzig das gleichseitige Dreieck mit Seitenlänge $2f(x)$ durch das Quadrat mit Seitenlänge $2f(x)$ zu ersetzen, welches den Inhalt $4f(x)^2$ hat. Das gesuchte Volumen ist also gegeben durch

$$4 \int_a^b f(x)^2 \, dx = 4 \int_1^4 (\sqrt{x})^2 \, dx = 30 \,.$$

12–14 Wenn wir die Höhe h das Sackes vom Boden aus messen, so ist die Masse $m(h)$ des Sackes gegeben durch

$$m(h) = \begin{cases} 50 & 0 \leq h \leq 5 \\ 50 + \frac{5-h}{3} & 5 \leq h \leq 20. \end{cases}$$

Der Term $\frac{5-h}{3}$ ist eine lineare (gleichmässige Abnahme!) Funktion von h, welche für $h = 5$ den Wert 0 und für $h = 20$ den Wert -5 annimmt und so die Gewichtsabnahme um 5 kg beschreibt. Für die ersten 5 m ist die Arbeit gegeben durch $W_1 = 50 \cdot g \cdot 5$, für die letzten 15 m aber durch $W_2 = g \int_5^{20} (50 + \frac{5-h}{3}) \, dh = g \cdot 712.5$. Die total geleistete Arbeit ist somit gleich $962.5g$ J, wo $g = 9.81 \text{ ms}^{-1}$ die Fallbeschleunigung ist. (Vgl. auch (9.3) und Aufgabe 10–4.)

12–15 a) Bei einer Belastung von $m = 5$ kg wird die Feder um 0.2 m ausgelenkt. In diesem Fall haben die Gewichtskraft und die Federkraft den gleichen Betrag, es ist also $5g = 0.2k$, woraus $k = 25g$ folgt.

b) Wenn die Feder um x m aus der Ruhelage ausgelenkt ist, so wirkt auf die angehängte Masse die Kraft $mg - kx$. (Für $x > 0.2$ ist diese Zahl negativ, denn die Resultierende von Feder- und Gewichtskraft zeigt nach oben, entgegen der Verlängerungsrichtung.) Wenn ich die Auslenkung der Feder von 0.2 m auf 0.25 m vergrössere, so leiste ich die Arbeit $W = \int_{0.2}^{0.25} (-(mg-kx))\, dx = -(mgx - \frac{k}{2}x^2)\big|_{0.2}^{0.25}$. Setzt man Zahlen ein ($m = 5$, $g = 9.81$, $k = 25g$), so folgt $W = 0.3066$ J.

12–16 Es sei $\rho_W = 1000$ kg m^{-3} die Dichte des Wassers, $\rho_H = 700$ kg m^{-3} jene des Holzes, h sei die Höhe des Balkens (gleich seiner Breite) und ℓ sei seine Länge.

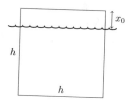

Wir bestimmen zuerst die Höhe x_0 des über Wasser befindlichen Teils des Balkens. Dieser ist im Gleichgewicht, wenn die Auftriebskraft F_A und die Gewichtskraft F_G denselben Betrag haben. Dabei ist $F_G = g\rho_H h^2\ell$, denn $h^2\ell$ ist das Volumen des Balkens. Die Auftriebskraft ist gleich der Gewichtskraft des vom Balken verdrängten Wassers, also ist $F_A = g\rho_W h(h-x_0)\ell$. Gleichsetzen von F_G und F_A ergibt $x_0 = h(\rho_W - \rho_H)/\rho_W$. Setzt man Zahlen ein, so folgt $x_0 = 0.06$ m.

Drückt man den Balken tiefer ins Wasser, so wird die Auftriebskraft immer grösser, die Gewichtskraft bleibt konstant. Für die Höhe x des noch über Wasser befindlichen Teils ist diese Differenz gleich $g\rho_W h(h-x)\ell - g\rho_H h^2\ell = gh\ell(\rho_W(h-x) - \rho_H h)$. Beim vollständigen Eintauchen variiert x zwischen $x_0 = 0.06$ und 0. Die zu leistende Arbeit ist gegeben durch

$$\int_0^{x_0} gh\ell(\rho_W(h-x) - \rho_H h)\, dx = gh\ell\Big((\rho_W - \rho_H)hx - \frac{\rho_W}{2}x^2\Big)\Big|_0^{x_0} = \ldots = 10.5948 \text{ J}.$$

12–17 Die gesuchte mittlere Temperatur $\overline{T}$ ist ein konkretes Beispiel eines Mittelwerts im Sinne von (12.6.8). Somit gilt

$$\overline{T} = \frac{1}{24}\int_0^{24} T(t)\, dt = \frac{1}{24}\int_0^{24}\Big(15 + \frac{1}{12}(24t - t^2)\Big)\, dt = \ldots = 23°\text{C}.$$

12–18 Zu bestimmen ist $L = \int_1^2 \sqrt{1 + f'(x)^2}\, dx$. Wir berechnen der Reihe nach

$$f'(x) = \frac{1}{2}(x^2 - \frac{1}{x^2}),\ f'(x)^2 = \frac{1}{4}(x^4 - 2 + \frac{1}{x^4}),\ 1 + f'(x)^2 = \frac{1}{4}(x^4 + 2 + \frac{1}{x^4}) = \Big(\frac{1}{2}(x^2 + \frac{1}{x^2})\Big)^2.$$

(Dies war die in der Aufgabenstellung angesprochene "geschickte Umformung".) Es folgt

$$L = \int_1^2 \frac{1}{2}(x^2 + \frac{1}{x^2})\, dx = \frac{1}{2}\Big(\frac{x^3}{3} - \frac{1}{x}\Big)\Big|_1^2 = \ldots = \frac{17}{12}.$$

12–19 Der Integrand $f(x) = \frac{1}{x^2}$ ist im Nullpunkt, der im Integrationsintervall $[-1, 1]$ liegt, gar nicht definiert. Bei der Herleitung des Hauptsatzes hatten wir aber vorausgesetzt, dass die betrachtete Funktion auf einem ganzen Intervall definiert ist. (In unserem Fall zerstört die "Definitionslücke" im Nullpunkt die ganze schöne Theorie.)

$\boxed{(28.13)\ \text{Lösungen zu Kapitel 13}}$

Zu 13−1 bis 13−7: Wenn Sie die hier gegebenen Lösungen ableiten, so werden (sollten) Sie natürlich den entsprechenden Integranden von der Vorderseite bekommen. Auf diese Weise erhalten Sie gratis 36 Übungsaufgaben zum Differenzieren.

Abkürzungen: P steht für partielle Integration, S für Substitution (mit Angabe einer möglichen "inneren Funktion").

13−1 Summen, Differenzen und Vielfache von Grundfunktionen.

a) $x^3 - \dfrac{x^4}{4} + x \ \Big|_{-1}^{1} = 4$

b) $\ln|t| + \dfrac{1}{t} \ \Big|_{-3}^{-1} = -\dfrac{2}{3} - \ln 3 = -1.7652$

c) $2u^{3/2} - 4u^{1/2} \ \Big|_{1}^{4} = 10$

d) $-\cos\varphi - \sin\varphi \ \Big|_{\pi/4}^{\pi/2} = \sqrt{2} - 1 = 0.4142$

e) $e^z - \dfrac{6}{5} z^{5/3} \ \Big|_{0}^{1} = e - \dfrac{11}{5} = 0.5182$

f) $2\tan x \ \Big|_{0}^{\pi/4} = 2$

13−2 Vorgängiges Umformen des Integranden.

a) $\dfrac{1}{5} x^5 + \dfrac{2}{3} x^3 + x + C$ (Ausmultiplizieren)

b) $\dfrac{1}{2} x^2 + 5x + \dfrac{4}{x} + C$ (Ausdividieren)

c) $\dfrac{2}{3}\sqrt{t^3} - \dfrac{2}{5}\sqrt{t^5} + C$ (Ausmultiplizieren)

13−3 Substitution; einfachster Fall (innere Funktion linear).

a) $-2e^u \ \Big|_{1}^{-2/3} = -2e^{-s/2} \ \Big|_{-2}^{3} = 4.9903$ (S: $u = -s/2$)

b) $\dfrac{1}{2}\ln|u| \ \Big|_{3}^{7} = \dfrac{1}{2}\ln|2t+1| \ \Big|_{1}^{3} = 0.4236$ (S: $u = 2t+1$)

c) $-4\cos u \ \Big|_{0}^{\pi/4} = -4\cos\dfrac{\alpha}{4} \ \Big|_{0}^{\pi} = 1.1716$ (S: $u = \dfrac{\alpha}{4}$)

13−4 Substitution; allgemeiner Fall.

a) $\dfrac{1}{12}(x^2+1)^6 + C$ (S: $u = x^2+1$)

b) $\dfrac{2}{9}\sqrt{(x^3-2)^3} + C$ (S: $u = x^3-2$)

c) $\dfrac{1}{4}(z^2+z)^4 + C$ (S: $u = z^2+z$)

d) $\dfrac{1}{5}\sin^5\psi + C$ (S: $u = \sin\psi$)

e) $\dfrac{1}{3}(e^x-1)^3 + C$ (S: $u = e^x-1$)

f) $2e^{\sqrt{x}} + C$ (S: $u = \sqrt{x}$)

13−5 Partielle Integration.

a) $\dfrac{x^3}{3}\ln x - \dfrac{x^3}{9} + C$

b) $-(x^2 e^{-x} + 2x e^{-x} + 2e^{-x}) + C$

c) $(1-t)\cos t + \sin t + C$

13−6 Verwendung von Integraltabellen.

a) $\dfrac{1}{4}\ln\left|\dfrac{3x+2}{3x+6}\right| + C$

b) $z - \ln|2z+1| + C$

c) $x\sqrt{x^2+9} + 9\ln\left|x + \sqrt{x^2+9}\right| + C$

13−7 Vermischte Beispiele.

a) $-\dfrac{1}{2(n+1)}(1-2x)^{n+1}$ (S: $u = 1 - 2x$)

b) $2\sqrt{x} + \dfrac{4}{3}\sqrt{x^3} + \dfrac{2}{5}\sqrt{x^5} + C$ (Ausmultiplizieren)

c) $\dfrac{2}{3}\sqrt{(\ln t)^3} + C$ (S: $u = \ln t$)

d) $-x^3\cos x + 3x^2\sin x + 6x\cos x - 6\sin x + C$ (3 × P)

e) $2e^{x^3-x} + C$ (S: $u = x^3 - x$)

f) $\cos\dfrac{1}{\sigma} + C$ (S: $u = \dfrac{1}{\sigma}$)

g) $\dfrac{1}{2}(x^2+1)(\ln(x^2+1)-1) + C$ (S: $u = x^2 + 1$ und Trick von (13.6.3))

h) $\dfrac{1}{2}\ln(1-\cos(2\alpha)) + C$ (S: $u = 1 - \cos(2\alpha)$)

i) $\dfrac{1}{2}(2x+1)^2 e^{2x+1} - (2x+1)e^{2x+1} + e^{2x+1} + C$ (S: $u = 2x + 1$ und 2 × P)

j) $\dfrac{2}{3}\sqrt{x+2}(x-4) + C$ (S: $u = x + 2$, vgl. (13.6.5))

k) $\dfrac{1}{2}\Big(\sin(t^2) - t^2\cos(t^2)\Big) + C$ (S : $u = t^2$, dann P)

l) $\dfrac{1}{b}\ln|a + be^x|$ für $b \neq 0$, $\dfrac{1}{a}e^x$ für $b = 0$.

13−8 Wegen der bekannten Rechenregeln für Logarithmen ist $\ln|2x| = \ln 2 + \ln|x|$. Somit unterscheiden sich die beiden Resultate um die additive Konstante $\frac{1}{2}\ln 2$, aber Stammfunktionen sind ja ohnehin nur bis auf solche additiven Konstanten bestimmt. Es besteht also kein Widerspruch! Hätten die beiden ihre Lösungen in der Form $\frac{1}{2}\ln|2x| + C$ bzw. $\frac{1}{2}\ln|x| + C$ aufgeschrieben, so wären sie vielleicht selbst zum obigen Schluss gekommen.

13−9 Zu berechnen ist $V = \pi\int_0^1 (2^x)^2\, dx$. Wir gehen zur Exponentialfunktion mit Basis e über und schreiben $(2^x)^2 = e^{2x\ln 2}$. Eine Stammfunktion von $e^{2x\ln 2}$ finden wir mit der Substitution $u = 2x\ln 2$, $du = 2\ln 2$:

$$\int 2^x\, dx = \int e^{2x\ln 2}\, dx = \frac{1}{2\ln 2}e^{2x\ln 2} = \frac{1}{2\ln 2}2^x.$$

Einsetzen der Grenzen und Multiplikation mit π liefert $V = \frac{3\pi}{2\ln 2} = 6.79856$.

13−10 Wegen $V = \pi\int_0^\pi (1+\sin x)^2\, dx$ benötigen wir eine Stammfunktion $F(x)$ von $(1+\sin x)^2 = 1 + 2\sin x + \sin^2 x$. Die ersten beiden Summanden sind einfach, für den dritten sei auf (13.6.4) verwiesen. Wir finden $F(x) = x - 2\cos x + \frac{1}{2}(x - \sin x\cos x)$. Einsetzen der Grenzen 0 und π und Multiplikation mit π ergeben $V = \pi\Big(4 + \frac{3\pi}{2}\Big) = 27.3708$.

13−11 Zu berechnen ist $\mu = \frac{1}{4}\int_0^4 x\sqrt{x^2+9}\, dx$. Wir verwenden die Substitution $u = x^2 + 9$ und transformieren die Grenzen (Variante 2 von (13.4)): $du = 2\, dx$, $u(0) = 9$, $u(4) = 25$. Es folgt

$$\mu = \frac{1}{4}\int_0^4 x\sqrt{x^2+9}\, dx = \frac{1}{8}\int_9^{25}\sqrt{u}\, du = \frac{1}{8}\frac{2}{3}u^{3/2}\Big|_9^{25} = \frac{49}{6}.$$

13−12 Eine ähnliche Aufgabe ist in (12.6.7) gelöst worden. Hier wird der Integrand etwas komplizierter. Zu bestimmen ist $L = \int_{-1}^1 \sqrt{1+f'(x)^2}\, dx = \int_{-1}^1 \sqrt{1+(2x)^2}\, dx$. Dieser Integrand findet sich nicht direkt in der Integraltabelle (13.7). Mit der Substitution $u = 2x\; du = 2\, dx$ erhalten wir aber gemäss (13.7):

$$\int \sqrt{1 + (2x)^2}\, dx = \frac{1}{2} \int \sqrt{1 + u^2}\, du = \frac{1}{2} \left(\frac{u}{2} \sqrt{u^2 + 1} + \frac{1}{2} \ln \left| u + \sqrt{u^2 + 1} \right| \right)$$

$$= \frac{x}{2} \sqrt{(2x)^2 + 1} + \frac{1}{4} \ln \left| 2x + \sqrt{(2x)^2 + 1} \right|.$$

Hier sind wir wieder zur Variablen x zurückgegangen (Variante 1 von (13.4)). Einsetzen der Grenzen -1 und 1 in diese Stammfunktion liefert nach einigem Rechnen $L = 2.9579$.

(28.14) Lösungen zu Kapitel 14

Aus Platzgründen werden die Koordinaten der Vektoren meist neben- statt untereinander geschrieben.

14–1 $\int_0^1 \vec{r}(t)\, dt = (\frac{1}{5}, \frac{3}{7}, \frac{5}{9})$.

14–2 a) $(\pi, -2, 0)$, b) $\sqrt{\pi^2 + 4} = 3.7242$, c) $\int_0^\pi |\vec{v}(s)|\, ds = \int_0^\pi \sqrt{s^2 + 1}\, ds = 6.1099$ (Tabelle (13.7)).

14–3 Nach Beispiel 1. von (14.2) ist $\vec{r}(t) = \vec{r}(2) + \int_0^2 \vec{v}(s)\, ds$. Es folgt a) $\vec{r}(2) = (0, 0, 0) + (4, -6, 18) = (4, -6, 18)$, b) $\vec{r}(2) = (1, -1, 2) + (4, -6, 18) = (5, -7, 20)$.

14–4 Gegeben sind der Ortsvektor $\vec{r}(0) = (0, 0, 0)$ des Massenpunkts zur Zeit $t = 0$ und sein Geschwindigkeitsvektor $\vec{v}(0) = (4, 32, 16)$. Dieser Vektor ergibt sich dadurch, dass er die Richtung $\vec{q} = (1, 8, 4)$ und den Betrag 36 hat ($\vec{q}$ hat den Betrag 9, also muss $\vec{v}(0) = 4\vec{q}$ sein). Ferner kennt man den Beschleunigungsvektor $\vec{a} = (0, 0, -10)$ (die Beschleunigung ist zeitlich konstant und wirkt senkrecht nach unten (deshalb das Minuszeichen) und hat den Betrag $g \approx 10$). Nun ist $\vec{a}(t) = \dot{\vec{v}}(t) = \ddot{\vec{r}}(t)$, und deshalb ist zunächst (koordinatenweise Integration)

$$\vec{v}(t) = \vec{v}(0) + \int_0^t \dot{\vec{v}}(s)\, ds = \int_0^t \vec{a}(s)\, ds = \begin{pmatrix} 4 \\ 32 \\ 16 \end{pmatrix} + \begin{pmatrix} 0 \\ 0 \\ -10t \end{pmatrix} = \begin{pmatrix} 4 \\ 32 \\ 16 - 10t \end{pmatrix}.$$

Analog wird wegen $\dot{\vec{r}}(t) = \vec{v}(t)$ der Ortsvektor $\vec{r}(t)$ durch Integration erhalten:

$$\vec{r}(t) = \vec{r}(0) + \int_0^t \dot{\vec{r}}(s)\, ds = \int_0^t \vec{v}(s)\, ds = \begin{pmatrix} 0 \\ 0 \\ 0 \end{pmatrix} + \begin{pmatrix} 4t \\ 32t \\ 16t - 5t^2 \end{pmatrix} = \begin{pmatrix} 4t \\ 32t \\ 16t - 5t^2 \end{pmatrix}.$$

Der Punkt trifft die x-y-Ebene wieder, wenn die z-Koordinate $= 0$ ist: $16t - 5t^2 = 0$ liefert $t = \frac{16}{5}$ ($t = 0$ ergibt den Startzeitpunkt) und den Auftreffpunkt $\vec{r}(\frac{16}{5}) = (\frac{64}{5}, \frac{512}{5}, 0)$.

14–5 a) b)

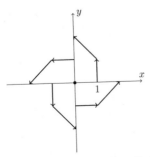

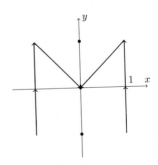

Dicke Punkte bezeichnen den Nullvektor.

14−6 Wir berechnen (vgl. das Schema in (14.6)) $\vec{F}(\vec{r}(t))$ und $\dot{\vec{r}}(t)$:

$$\vec{F}(\vec{r}(t)) = \begin{pmatrix} t - t^2 \\ t^2 - 1 \\ 1 - t \end{pmatrix}, \quad \dot{\vec{r}}(t) = \begin{pmatrix} 0 \\ 1 \\ 2t \end{pmatrix}.$$

Für das Skalarprodukt $\vec{F}(\vec{r}(t)) \cdot \dot{\vec{r}}(t)$ findet man $(t^2 - 1) + (1 - t) \cdot 2t = -t^2 + 2t - 1$. Dieser Ausdruck muss von 0 bis 1 integriert werden. Man erhält so $\int_C \vec{F}(\vec{r}) \, d\vec{r} = -\frac{1}{3}$.

14−7 Das Vorgehen ist dasselbe wie in Aufgabe 14−6:

$$\vec{F}(\vec{r}(t)) = \begin{pmatrix} \cos t + \sin t \\ -\cos t + \sin t \\ 0 \end{pmatrix}, \quad \dot{\vec{r}}(t) = \begin{pmatrix} -\sin t \\ \cos t \\ \cos t \end{pmatrix}.$$

Es ist dann $\vec{F}(\vec{r}(t)) \cdot \dot{\vec{r}}(t) = -\sin^2 t - \cos^2 t = -1$, und Integration von 0 bis 2π liefert $\int_C \vec{F}(\vec{r}) \, d\vec{r} = -2\pi$.

14−8 Wie in Beispiel 2. von (14.6) bestimmen wir zuerst eine Parameterdarstellung $\vec{r}(t)$ der Strecke AB. Es ist

$$\vec{r}(t) = \begin{pmatrix} 1 + t \\ t \\ -1 + t \end{pmatrix}, \ t \in [0, 1], \text{ somit } \dot{\vec{r}}(t) = \begin{pmatrix} 1 \\ 1 \\ 1 \end{pmatrix} \text{ und weiter } \vec{F}(\vec{r}(t)) = \begin{pmatrix} 1 + t^2 \\ t^2 - t \\ 1 + t^2 \end{pmatrix}.$$

Damit wird $\int_C \vec{F}(\vec{r}) \, d\vec{r} = \int_0^1 (2 - t + 3t^2) \, dt = \frac{5}{2}$.

14−9 Wir erhalten durch Einsetzen bzw. Ableiten von $\vec{r}(t)$

a) $\vec{F}(\vec{r}(t)) = \begin{pmatrix} 1 + t \\ -t \\ t \end{pmatrix}, \quad \dot{\vec{r}}(t) = \begin{pmatrix} 1 \\ 1 \\ 1 \end{pmatrix},$ \quad b) $\vec{F}(\vec{r}(t)) = \begin{pmatrix} 1 + t \\ -t^3 \\ t^2 \end{pmatrix}, \quad \dot{\vec{r}}(t) = \begin{pmatrix} 1 \\ 2t \\ 3t^2 \end{pmatrix}.$

Damit wird im Fall a) $\int_C \vec{F}(\vec{r}) \, d\vec{r} = \int_0^1 (1+t) \, dt = \frac{3}{2}$, im Fall b) $\int_C \vec{F}(\vec{r}) \, d\vec{r} = \int_0^1 (1+t+t^4) \, dt = \frac{17}{10}$. Diese Aufgabe zeigt übrigens, dass der Wert eines Kurvenintegrals i.a. nicht bloss von den Endpunkten der Kurve, sondern von der Kurve selbst abhängt.

14−10 Wir geben zuerst eine Parameterdarstellung für C an. Es ist

$$\vec{r}(t) = \begin{pmatrix} 2\cos t \\ 2\sin t \end{pmatrix}, t \in [0, \frac{\pi}{2}], \text{ somit } \dot{\vec{r}}(t) = \begin{pmatrix} -2\sin t \\ 2\cos t \end{pmatrix} \text{ und weiter } \vec{F}(\vec{r}(t)) = \begin{pmatrix} 2(\cos t - \sin t) \\ 2\cos t \end{pmatrix}.$$

Man erhält schliesslich $\int_C \vec{F}(\vec{r}) \, d\vec{r} = \int_0^{\pi/2} 4(1 - \sin t \cos t) \, dt = 2(\pi - 1)$. (Wie man $\int \sin t \cos t \, dt$ berechnet, ist in (13.3.4) und (13.3.9) beschrieben.)

14−11 Hier ist $\vec{F}(\vec{r}) = \vec{r} = \begin{pmatrix} x_1 \\ x_2 \end{pmatrix}$. Eine einfache Parameterdarstellung von C ist gegeben durch $\vec{r}(t) = \begin{pmatrix} t \\ t^3 - t \end{pmatrix}$, $t \in [-1, 1]$ (vgl. den Hinweis in (8.3)). Wegen $\dot{\vec{r}}(t) = \begin{pmatrix} 1 \\ 3t^2 - 1 \end{pmatrix}$ ist schliesslich $\int_C \vec{F}(\vec{r}) \, d\vec{r} = \int_{-1}^1 (3t^5 - 4t^3 + 2t) \, dt = 0$.

(28.15) Lösungen zu Kapitel 15

15–1 In einem kleinen Zeitintervall der Länge Δt ändert sich aufgrund des (zu $N(t)$ proportionalen) "internen" Wachstums die Grösse der Population um $\Delta N = aN(t)\Delta t$ $(a > 0)$. Dazu kommt die "externe" Zuwanderung. Diese ist zeitlich gleichförmig, d.h. proportional zur Länge des betrachteten Zeitintervalls, hat also die Form $b\Delta t$ $(b > 0)$. Zusammen erhalten wir $\Delta N = aN(t)\Delta t + b\Delta t$. Dividieren wir durch Δt und lassen anschliessend Δt gegen Null streben, so erhalten wir die gesuchte Differentialgleichung, nämlich

$$N'(t) = aN(t) + b, \ (a, b > 0) \ .$$

Hinweis: Dies ist eine sogenannte "lineare Differentialgleichung mit konstanten Koeffizienten" (vgl. auch die Gleichung (3) in (15.3.b)), die in (16.8) gelöst wird.

15–2 Ähnlich wie in Aufgabe 15–1 ist das "interne" Wachstum im Zeitintervall Δt gegeben durch $\Delta N = aN(t)\Delta t$ $(a > 0)$. Nach Annahme vermindert sich wegen der Wirkung des Giftstoffs die Anzahl der Bakterien in diesem Zeitraum um $bN(t)T(t)\Delta t$ für ein $b > 0$. Zusammen erhalten wir $\Delta N = aN(t)\Delta t - bN(t)T(t)\Delta t$. Division durch Δt und der übliche Grenzübergang $\Delta t \to 0$ führen auf die Differentialgleichung

$$N'(t) = N(t)(a - bT(t)), \ (a, b > 0) \ .$$

15–3 Die positive Achse soll nach unten zeigen. Auf den Körper wirkt die Gewichtskraft mit dem Betrag $F_G = mg$ nach unten sowie die Reibungskraft mit dem Betrag $F_R = av(t)^2$ (für ein $a > 0$) nach oben. Die resultierende Kraft $F_G - F_R$ ist gleich Masse m mal Beschleunigung $\dot{v}(t)$, was auf die Differentialgleichung

$$m\dot{v}(t) = mg - av(t)^2 \quad \text{oder} \quad \dot{v} = g - \frac{a}{m}v^2$$

führt. Wegen $v(t) = \dot{s}(t)$ hat die Differentialgleichung für $s(t)$ die Form $\ddot{s} = g - \frac{a}{m}\dot{s}^2$.

15–4 Die gegebenen Bedingungen führen direkt auf die Differentialgleichung

$$\frac{dh}{dt} = a\frac{h}{t^3} \ .$$

Hinweis: Diese Differentialgleichung kann mit der Methode der Separation der Variablen (16.9) gelöst werden.

15–5 Wenn V das Volumen und F die Oberfläche der Zelle bezeichnet, dann ist nach Aufgabenstellung $\frac{dV}{dt} = aF$. Weiter ist $V = \frac{4\pi}{3}r^3$, $F = 4\pi r^2$, wo r den (zeitabhängigen) Radius der Zelle bezeichnet. Nun drücken wir F durch V aus. Aus $V = \frac{4\pi}{3}r^3$ folgt $r = \sqrt[3]{\frac{3V}{4\pi}}$. Daraus ergibt sich durch Einsetzen und Umformen $F = \sqrt[3]{36\pi V^2}$. Somit lautet die gesuchte Differentialgleichung

$$\frac{dV}{dt} = a\sqrt[3]{36\pi V^2} = b\sqrt[3]{V^2} \ ,$$

wo b eine der Einfachheit halber eingeführte neue Konstante ist.

Hinweis: Diese Differentialgleichung kann mit der Methode der Separation der Variablen (16.9) gelöst werden.

15–6 a) Die Proportionalität drückt sich in der Form

$$\frac{1}{y}\frac{\Delta y}{\Delta t} = k\frac{1}{x}\frac{\Delta x}{\Delta t}$$

für ein $k > 0$ aus.

b) Eine einfache Umformung führt auf $\Delta y/\Delta x = ky/x$ und der Grenzübergang $\Delta x \to 0$ liefert die Differentialgleichung

$$\frac{dy}{dx} = k\frac{y}{x} \ .$$

Hinweis: Diese Differentialgleichung kann mit der Methode der Separation der Variablen (16.9) gelöst werden.

15–7 Der Punkt $P(x,y)$ soll die Strecke XY halbieren. Dann muss X die Koordinaten $X(2x,0)$ und Y die Koordinaten $Y(0,2y)$ haben. Die Steigung der Tangente ist einerseits gleich y', anderseits gleich $(0-2y)/(2x-0) = -y/x$. Dies führt bereits auf die gesuchte Differentialgleichung

$$y' = -\frac{y}{x} \ .$$

Hinweis: Diese Differentialgleichung kann mit der Methode der Separation der Variablen (16.9) gelöst werden. Es zeigt sich, dass die gesuchten Kurven Hyperbeln mit der Gleichung $y = C/x$ sind.

15–8 Mit $y = 2x/(2 - x^2)$ ist $y' = (2x^2 + 4)/(2 - x^2)^2$. Durch Einsetzen bestätigt man, dass $y' = y^2 + \frac{y}{x}$ ist.

15–9 Mit $y = (1 - 2x)e^{-x}$ ist $y' = 2xe^{-x} - 3e^{-x}$ und $y'' = -2xe^{-x} + 5e^{-x}$. Durch Einsetzen bestätigt man, dass $y'' + 2y' + y = 0$ ist.

(28.16) Lösungen zu Kapitel 16

16–1 a) $y = Cx$ b) $y = C\sqrt{1 + x^2}$

16–2 a) $y = Ce^{2x} + \dfrac{1}{2}$ b) $y = Ce^{-x/2} + 20$

Es stehen verschiedene Lösungsmethoden zur Verfügung:

- Lösen der homogenen Gleichung mit anschliessender Variation der Konstanten.
- Wenn die Gleichung $y' = ay + b$ in der Form $y' = a(y + \frac{b}{a})$ geschrieben wird, kann wie in (16.10.2) Separation der Variablen angewandt werden.
- Schliesslich kann auch einfach die in (16.8) angegebene Formel $y = Ce^{ax} - \frac{b}{a}$ verwendet werden.

16–3 a) $y = \dfrac{1}{2}e^x + Ce^{-x}$ b) $y = Ce^x - x^3 - 3x^2 - 6x - 6$ c) $y = x\ln x + Cx$

d) $y = -x^2 + Cx^3$ e) $y = \dfrac{1}{2}(\sin x + \cos x) + Ce^{-x}$ f) $y = Ce^{x^3/3} - x^3 - 3$

Zu e): Berechnung von $\int e^x \cos x \, dx$: Zweimaliges partielles Integrieren ergibt

$$\int e^x \cos x \, dx = e^x \cos x + e^x \sin x - \int e^x \cos x \, dx \ ,$$

woraus

$$\int e^x \cos x \, dx = \frac{1}{2}(e^x \cos x + e^x \sin x) + C$$

folgt.

Zu f) Berechnung von $\int x^5 e^{-x^3/3} \, dx$: Die Substitution $u = -x^3/3$ führt auf das Integral $3\int ue^u \, du$, das mit partieller Integration berechnet werden kann (13.6.1).

16-4 a) $y = \sqrt{1 + x^2} + C$ b) $y = \pm\sqrt{x + C}$ c) $y = \ln(e^x + C)$

d) $y = (x^2 + C)^2$, singuläre Lösung $y = 0$.

e) $y = \dfrac{1}{x - \frac{x^2}{2} + C}$, singuläre Lösung $y = 0$.

f) $y = 1 - \dfrac{1}{x^3 + C}$, singuläre Lösung $y = 1$.

In a), b) und c) gibt es keine singulären Lösungen. Beachten Sie in c), dass $e^{x-y} = e^x e^{-y}$ ist.

16-5 a) $y = 2 + \dfrac{2}{1 + Ce^{6x}}$ b) $y = \dfrac{1}{1 + Ce^{-4x}}$

gemäss der Formel von (16.12).

Die Differentialgleichungen in den Aufgaben 16-6 bis 16-9 sind linear.

16-6 b) Zur Lösung der homogenen Differentialgleichung berechnet man mit Substitution ($u = 1 + x^2$) eine Stammfunktion von $p(x)$, nämlich

$$\int \frac{x}{1 + x^2}\, dx = \frac{1}{2}\ln(1 + x^2) = \ln\sqrt{1 + x^2}$$

und erhält

$$y = Ke^{\ln\sqrt{1+x^2}} = K\sqrt{1 + x^2}.$$

Variation der Konstanten führt (mit derselben Substitution) auf

$$K(x) = \int \frac{x}{\sqrt{1 + x^2}}\, dx = \sqrt{1 + x^2} + C,$$

woraus sich die allgemeine Lösung $y = 1 + x^2 + C\sqrt{1 + x^2}$ ergibt.

c) $y = 1 + x^2$.

16-7 b) Lösung der homogenen Gleichung: Aus $p(x) = -2/x$ folgt $P(x) = -2\ln x$, und die Lösung lautet $y = Ke^{-2\ln x} = K/x^2$. Die Variation der Konstanten führt auf $K(x) = \int(x^3 - 2x^2)\, dx = \frac{x^4}{4} - \frac{2x^3}{3} + C$. Die allgemeine Lösung lautet $y = \frac{x^2}{4} - \frac{2x}{3} + \frac{C}{x^2}$.

c) Es ist $y' = \frac{x}{2} - \frac{2}{3} - \frac{2C}{x^3}$ und $y'' = \frac{1}{2} + \frac{6C}{x^4}$. Da $y'(2) = 0$ sein muss, ergibt sich $C = \frac{4}{3}$, ferner ist dann $y''(2) > 0$. Die spezielle Lösung lautet demnach $y = \frac{x^2}{4} - \frac{2x}{3} + \frac{4}{3x^2}$ und hat an der Stelle $x = 2$ ein relatives Minimum.

16-8 Mit der Vorgabe, dass die Gleichung eine lineare Lösung hat, können Sie den Ansatz $y = ax + b$ in die Gleichung einsetzen. Es folgt $y' = a = -(ax + b) + 2x$. Dies soll für alle x gelten, folglich muss $2 - a = 0$ und $-b = a$ sein, d.h., es ist $a = 2$, $b = -2$. Die spezielle Lösung der inhomogenen Gleichung lautet also $y = 2x - 2$. Die allgemeine Lösung der homogen Gleichung ist (offensichtlich) $y = Ce^{-x}$. Gemäss (16.7) ist dann $y = Ce^{-x} + 2x - 2$ die gesuchte allgemeine Lösung der inhomogenen Gleichung.

16-9 a) Aus $p(x) = 1/(2x + 2)$ folgt (Substitution $u = 2x + 2$) $P(x) = \frac{1}{2}\ln(2x + 2) = \ln\sqrt{2x + 2}$ und die Lösung der homogenen Gleichung lautet $y = K\sqrt{2x + 2}$. Variation der Konstanten führt (nochmals dieselbe Substitution) auf $K(x) = \sqrt{2x + 2} + C$ und $y = 2x + 2 + C\sqrt{2x + 2}$.

b) Diese Lösungsfunktion ist offensichtlich dann linear, wenn $C = 0$ ist. Sie hat in diesem Fall die Form $y = 2x + 2$. Setzt man $x_0 = 1$ ein, so folgt $y_0 = 4 + C\sqrt{4}$. Damit $C = 0$ wird, muss $y_0 = 4$ gewählt werden.

Die Differentialgleichungen in den Aufgaben 16–10 bis 16–14 können alle mit Separation der Variablen gelöst werden.

16–10 Separation führt auf $\int y\,dy = \int x\,dx$, also auf $\frac{y^2}{2} = \frac{x^2}{2} + C$. Als Lösung erhalten wir (mit $c = 2C$) die Kurve, die durch $y^2 - x^2 = c$ gegeben ist (es handelt sich um eine Hyperbel). Lösen wir nach y auf, so folgt $y = \pm\sqrt{x^2 + c}$. Hier hängt das Vorzeichen von den Anfangsbedingungen ab (eine ähnliche Situation trat in (16.10.3) auf). Man erhält im Fall a) $y = \sqrt{x^2 - 3}$, im Fall b) $y = -\sqrt{x^2 - 3}$.

16–11 b) Separation der Variablen führt auf die Gleichung $\ln(y+1) = \frac{1}{2}x^2 - 2x + C$ und auf die allgemeine Lösung

$$y = Ce^{\frac{1}{2}x^2 - 2x} - 1 \,.$$

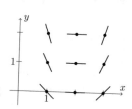

Die spezielle Lösung wird für $C = 2e^2$ erhalten. Diese Differentialgleichung ist übrigens linear ($y' = y(x-2) + (x-2)$) und hätte auch mit Variation der Konstanten gelöst werden können.

16–12 Die Separation der Variablen führt in beiden Fällen auf einfache Integrale. Man erhält als Lösungen: b) $y = \sqrt[3]{x^3 + C}$, c) $y = 1/(\frac{1}{x} - D) = \frac{x}{1 - Dx}$. (Im Fall c) gibt es noch die singuläre Lösung $y = 0$.) d) Für $C = 0$ bzw. $D = 0$ erhält man in beiden Fällen die Lösung $y = x$. Dies kann auch den Richtungsfeldern entnommen werden.

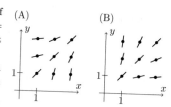

16–13 Separation der Variablen führt auf

$$\int \frac{dy}{(A - y)^2} = \int a\,dx + C \quad\text{und}\quad \frac{1}{A - y} = ax + C \,.$$

Als Lösung erhalten wir $y = A - \frac{1}{ax + C}$. Ferner existiert die singuläre Lösung $y = A$.

16–14 Separation der Variablen führt auf

$$\int \frac{dy}{(y+1)^2} = \int e^x\,dx + C \quad\text{und weiter}\quad y = \frac{-1}{e^x + C} - 1 \,.$$

Die Anfangsbedingung liefert im Fall a) die spezielle Lösung mit $C = -\frac{3}{2}$. Setzt man im Fall b) die Werte $x = 0$, $y = 1$ in die Formel für y ein, so erhält man $-1 = \frac{-1}{1+C} - 1$. Diese Gleichung ist für keinen Wert von C erfüllt. Dies heisst aber noch nicht, dass die Gleichung keine Lösung zur Anfangsbedingung b) hat. Vielmehr ist die spezielle Lösung in diesem Fall die singuläre Lösung $y = -1$.

16–15 Da die Tangente die Steigung y' hat, entnimmt man der Skizze sofort die Bedingung $y' = 2y/(x+1)$. Dies ist eine homogene lineare Differentialgleichung. Ihre allgemeine Lösung ist $y = C(x+1)^2$. Die Anfangsbedingung $x_0 = 0$, $y_0 = 1$ liefert den Wert $C = 1$, so dass die gesuchte Kurve durch die Formel $y = (x+1)^2$, $x \geq 0$ gegeben ist.

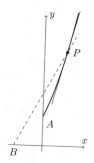

16–16 a) Für die Oberfläche der Kugel gilt $F = 4\pi r^2$, für ihr Volumen $V = \frac{4\pi}{3}r^3$. Da $r = r(t)$ von der Zeit abhängt, leiten wir nach der Kettenregel ab. Wir finden

$$\frac{dV}{dt} = \frac{4\pi}{3}\frac{d\,r(t)^3}{dt} = \frac{4\pi}{3}3r(t)^2 \cdot r'(t) \,.$$

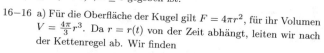

Setzt man dies in die gegebene Differentialgleichung ein, so erhalten wir

$$\frac{4\pi}{3}3r(t)^2 \cdot r'(t) = -a4\pi r(t)^2 \,,$$

und nach dem Wegkürzen bleibt die Differentialgleichung $r'(t) = -a$ übrig. Diese hat die allgemeine Lösung $r(t) = -at + C$ und mit $r(0) = r_0$ die spezielle Lösung $r(t) = -at + r_0$.
b) Dies ist keine exponentielle Abnahme.
c) Wenn $r(10) = -a \cdot 10 + r_0 = \frac{1}{2}r_0$ ist, dann folgt $a = \frac{1}{20}r_0$. Es ist dann $r(t) = -\frac{1}{20}r_0t + r_0$, und dieser Radius wird gleich Null für $t = 20$. Nach 20 Minuten ist der Genuss also vorbei!

16–17 a) Die auf das Boot wirkende Reibungskraft ist voraussetzungsgemäss proportional zur Schnelligkeit v. Die Beschleunigung $\dot{v}$ ist ihrerseits proportional zur Kraft, so dass wir den Ansatz $\dot{v} = -\lambda v$ ($\lambda > 0$) machen können. Das Minuszeichen (zusammen mit der Forderung, dass $\lambda > 0$ sei) ergibt sich daraus, dass die Beschleunigung entgegen der Bewegungsrichtung wirkt (sie bremst). Diese Differentialgleichung hat offensichtlich die Lösung $v = v(t) = Ce^{-\lambda t}$. Wir wissen, dass $v(0) = 15$ und $v(0.5) = 10$ ist, wobei die Zeit in Minuten nach dem Stillstand gemessen wird. Die erste Bedingung liefert sofort den Wert der Konstanten C, nämlich $C = 15$. Der zweiten Bedingung entnimmt man die Beziehung $e^{-\lambda \cdot 0.5} = 10/15 = 2/3$, und es folgt $\lambda = -2\ln(2/3) = 0.8109$. Die gesuchte Schnelligkeit $v(2)$ ist also gegeben durch $v(2) = 15e^{-\lambda \cdot 2}$. Nun ist $-\lambda \cdot 2 = 4\ln(2/3) = \ln((2/3)^4)$ (Rechenregeln für Logarithmen!). Damit ist $v(2) = 15e^{-\lambda \cdot 2} = 15 \cdot \left(\frac{2}{3}\right)^4 = 2.9626$. (Etwas weniger elegant ist es, für λ einfach den Näherungswert 0.8109 zu verwenden.)
b) Da $v(t)$ eine Exponentialfunktion ist, wird (unrealistischerweise) $v(t)$ nie Null.

16–18 a) Der Ansatz führt auf die Differentialgleichung $\frac{dT}{dt} = -a(T - T_c)$. (Das Minuszeichen bei der Konstanten a steht deshalb, weil a wie üblich positiv sein soll. Da die Temperatur abnimmt, ist $\frac{dT}{dt} < 0$, andererseits ist $T - T_c > 0$, was die Vorzeichen erklärt.) Dies ist eine lineare Differentialgleichung mit konstanten Koeffizienten für die Funktion $T(t)$, deren allgemeine Lösung durch $T(t) = T_c + Ke^{-at}$ gegeben ist.
b) Für $t = 0$ ist $T(0) = 180$. Diese Anfangsbedingung liefert zunächst den Wert $K = 160$ (da $T_c = 20$ ist). Um auch noch a zu bestimmen, benutzen wir die Beziehung $100 = T(10) = 20 + 160e^{-a \cdot 10}$. Es folgt $e^{-a \cdot 10} = 80/160 = 1/2$ und $a = -0.1 \cdot \ln(1/2)$. Gesucht ist nun τ mit $T(\tau) = 40$. Aus $T(\tau) = 20 + 160e^{-a\tau}$ ergibt sich $e^{-a\tau} = 20/160 = 1/8$ sowie $\tau = -\frac{1}{a}\ln(1/8)$. Wie in Aufgabe 16–17 könnten wir numerisch rechnen. Es geht auch exakt:

$$\tau = -\frac{1}{a}\ln(1/8) = 10\frac{\ln(1/8)}{\ln(1/2)} = 10\frac{3\ln(1/2)}{\ln(1/2)} = 30 \,.$$

Dabei wurde benutzt, dass $\ln(1/8) = \ln\big((1/2)^3\big) = 3\ln(1/2)$ ist.

(28.17) Lösungen zu Kapitel 17

17–1 Für a) bis c) entnimmt man der Figur (unter Verwendung des Satzes von Pythagoras) die folgenden Beziehungen:

a) $\sin\frac{\pi}{6} = \frac{1}{2} \implies \sin(-\frac{\pi}{6}) = -\frac{1}{2} \implies \arcsin(-\frac{1}{2}) = -\frac{\pi}{6}$.

b) $\cos\frac{\pi}{6} = \frac{\sqrt{3}}{2} \implies \cos\frac{5\pi}{6} = -\frac{\sqrt{3}}{2} \implies \arccos(-\frac{\sqrt{3}}{2}) = \frac{5\pi}{6}$.

c) $\tan\frac{\pi}{3} = \frac{\sqrt{3}/2}{1/2} = \sqrt{3} \implies \arctan\sqrt{3} = \frac{\pi}{3}$.

d) $\tan\frac{\pi}{4} = 1 \implies \tan(-\frac{\pi}{4}) = -1 \implies \arctan(-1) = \frac{\pi}{4}$.

(Für d) können Sie ein rechtwinklig-gleichschenkliges Dreieck betrachten.)

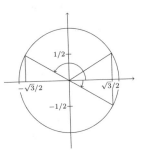

17–2 Da der Sinus die Periode 2π hat, genügt es, das Intervall $[0, 2\pi]$ zu betrachten. Für $x \in [0, \frac{\pi}{2}]$ ist $\arcsin(\sin x) = x$, vgl. Formel (4) in (17.2.a). Für $x > \frac{\pi}{2}$ aber ist $\arcsin(\sin x) \neq x$, denn $\arcsin x$ liegt stets in $[-\frac{\pi}{2}, \frac{\pi}{2}]$. Für solche x müsssen wir zuerst Winkel im Intervall $[-\frac{\pi}{2}, \frac{\pi}{2}]$ finden, die denselben Sinus haben. Nun gelten für alle x die Formeln $\sin x = \sin(\pi - x)$ und $\sin x = \sin(x - 2\pi)$.

Für $x \in [\frac{\pi}{2}, \frac{3\pi}{2}]$ ist $\pi - x \in [-\frac{\pi}{2}, \frac{\pi}{2}]$. Also gilt für diese x die Beziehung $f(x) = \arcsin(\sin x) = \arcsin(\sin(\pi - x)) = \pi - x$ (lineare Funktion).

Für $x \in [\frac{3\pi}{2}, 2\pi]$ ist $x - 2\pi \in [-\frac{\pi}{2}, \frac{\pi}{2}]$. Also gilt für diese x die Beziehung $f(x) = \arcsin(\sin x) = \arcsin(\sin(x - 2\pi)) = x - 2\pi$ (lineare Funktion).

Berücksichtigen wir noch die Periodizität, so können wir den aus verschiedenen Geradenstücken bestehenden Graphen zeichnen.

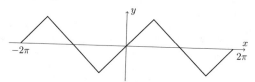

17–3 a) Die Ableitung $f'(x) = 1 - 2x$ ist < 0 für $x > \frac{1}{2}$, f ist somit auf $D(f) = [\frac{1}{2}, \infty)$ fallend. Wegen $f(\frac{1}{2}) = \frac{1}{4}$ ist $W(f) = (-\infty, \frac{1}{4}) = D(f^{-1})$. Zur Bestimmung von f^{-1} lösen wir die Gleichung $y = x - x^2$ nach x auf: $x = \frac{1}{2} \pm \sqrt{\frac{1}{4} - y}$. Da $x \geq \frac{1}{2}$ ist, kommt nur das Pluszeichen in Frage. Vertauschen wir noch x und y, so erhalten wir

$$f^{-1}(x) = \frac{1}{2} + \sqrt{\frac{1}{4} - x}\,.$$

b) Wegen $f'(x) = -e^{-x} < 0$ für alle x ist f überall fallend. Wegen $e^{-x} > 0$ ist $f(x) > 1$ für alle x; man findet $W(f) = (1, \infty) = D(f^{-1})$. Lösen wir $y = e^{-x} + 1$ nach x auf und vertauschen x und y, so finden wir

$$f^{-1}(x) = -\ln(x - 1)\,.$$

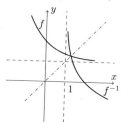

17–4 a) $D = (-273.15, \infty)$ (absoluter Nullpunkt!).

b) Die inverse Funktion ist gegeben durch $C(x) = \frac{5}{9}x - \frac{160}{9}$ mit Definitionsbereich $(-459.67, \infty)$. Sie rechnet °Fahrenheit in °Celsius um.

17–5 Die Behauptung $f'(x) = 0$ ergibt sich durch Nachrechnen (im Fall b) muss natürlich die Kettenregel benutzt werden). Wegen (6.3.c) ist dann f eine konstante Funktion, $f(x) = c$. Der Wert von c kann durch Einsetzen eines beliebigen Wertes von x, z.B. von $x = 0$ ermittelt werden.

a) Es ist $c = \arcsin 0 + \arccos 0 = \frac{\pi}{2}$. Daraus folgt die Formel

$$\arcsin x + \arccos x = \frac{\pi}{2}\,,$$

die übrigens auch für $x = \pm 1$ gilt. Geometrisch gesehen handelt es sich dabei um eine Umsetzung der bekannten Beziehung $\sin(\frac{\pi}{2} - x) = \cos(x)$.

b) Hier findet man $c = 0$, also ist

28.17 Lösungen zu Kapitel 17

$$\arctan x = \arcsin\left(\frac{x}{\sqrt{1+x^2}}\right)$$

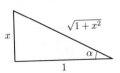

für alle x. Auch hier gibt es eine geometrische Erklärung. Im nebenstehenden rechtwinkligen Dreieck ist $\tan\alpha = x$, $\sin\alpha = x/\sqrt{1+x^2}$. Durch Auflösen nach α erhält man (zumindest für $\alpha \geq 0$) die Formel.

17–6 Ableitungen.

a) $\dfrac{1}{\sqrt{1-(x-1)^2}}$ b) $-\dfrac{2s}{\sqrt{1-s^4}}$ c) $\dfrac{1}{2\sqrt{z}(1+z)}$

d) $-\dfrac{1}{2\sqrt{1-z^2}}$ e) $-\dfrac{1}{1+x^2}$ f) $\dfrac{2}{1+t^2}\ (t<0);\ -\dfrac{2}{1+t^2}\ (t>0)$

Zu f): Bei der Berechnung der Ableitung tritt der Ausdruck $\frac{t}{\sqrt{t^2}}$ auf. Da die Quadratwurzel aus einer Zahl definitionsgemäss stets positiv ist, ist $\sqrt{t^2} = |t|$, was bewirkt, dass der obige Ausdruck $= -1$ ist für $t < 0$ und $+1$ für $t > 0$. (An der Stelle $t = 0$ ist die Funktion übrigens nicht differenzierbar.)

17–7 Die Figur zeigt, dass $\alpha = \alpha(x) = \arctan\frac{a}{x} - \arctan\frac{b}{x}$ ist. Leitet man $\alpha(x)$ ab und setzt die Ableitung $= 0$, dann erhält man die Beziehung

$$\frac{b}{x^2+b^2} = \frac{a}{x^2+a^2},$$

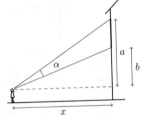

deren Auflösung den Wert $x = \sqrt{ab}$ liefert. Setzt man $a = 25 - 1.7 = 23.3$, $b = 20 - 1.7 = 18.3$ ein, so folgt $x = 20.65$ m. Der zugehörige maximale Winkel misst $6.90°$.

17–8 Integrale.

a) $\dfrac{1}{3}\arcsin(3x) + C$ (S: $u = 3x$)   b) $t\arctan t - \ln\sqrt{1+t^2} + C$

c) $\dfrac{1}{4}\arctan(2x) + C$ (S: $u = 2x$)   d) $\dfrac{1}{8}\arctan(4x^2) + C$ (S: $u = 4x^2$)

e) $\dfrac{1}{3}\arctan\dfrac{2t+1}{3} + C$ (13.7)   f) $\dfrac{x}{2}\sqrt{2-x^2} + \arcsin\dfrac{x}{\sqrt{2}} + C$ (13.7)

Die Abkürzung S bedeutet "Substitution". In b) wurde der in (13.6.3) erläuterte "Trick" benutzt.

17–9 Das Volumen ist durch $V = \pi\int_0^1 f(x)^2\,dx$ gegeben. Quadrieren liefert

$$f(x)^2 = x^2 + \frac{2x}{\sqrt{1+x^2}} + \frac{1}{1+x^2}.$$

Für das zweite Integral benutzen wir die Substitution $u = 1 + x^2$, das dritte ist gerade der Arcustangens. Braves Ausrechnen liefert dann $V = 6.1172$.

17–10 a) wird mit Separation der Variablen gelöst, b) und c) sind lineare Differentialgleichungen.

a) $y = \tan(e^x + C)$, b) $y = x(\arctan x + C)$, c) $y = x(\arcsin x + C)$.

(28.18) Lösungen zu Kapitel 18

18−1

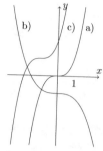

18−2

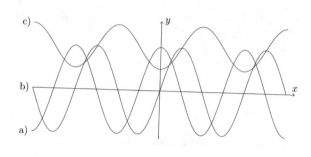

18−3

18−4 Es sei t die Zeit (in Tagen) nach dem 1. Januar, 00.00. Dann stellt die Funktion $f(t) = 50 + 50 \sin \frac{\pi}{14} t$ den gesuchten Stand des Gefühlslebens dar. Sie hat die Periode 28, die Amplitude 50, und ihr Graph ist um den Wert 50 nach oben verschoben, so dass $f(t)$ wie gewünscht zwischen 0 und 100 schwankt. Ferner ist $f(0) = 50$. Schliesslich ist wegen $f'(t) = \frac{50\pi}{14} \cos \frac{\pi}{14} t$ die Ableitung $f'(0) > 0$; die Tendenz am Neujahr ist aufsteigend. (Beachten Sie, dass auch $f(14) = 50$ ist, allerdings mit absteigender Tendenz, denn $f'(14) < 0$.) Nun vergehen vom 1. Januar, 00.00 bis zum 28. Februar, 00.00 genau 58 Tage, bis zum 28. Februar, 12.00 also 58.5 Tage. Der gesuchte Wert ist schliesslich $= f(58.5) = 76.6$. (Er ist auch gleich $f(2.5)$, da f die Periode 28 hat.)

18−5 a) Da $\frac{1}{4} = (\frac{1}{2})^2$ ist, vergehen genau zwei Halbwertszeitspannen, hier also $2 \cdot 23.5 = 47$ Minuten, bis noch ein Viertel der ursprünglichen Menge vorhanden ist.
b) Die Zerfallsgleichung lautet $N(t) = N_0 e^{-\lambda t}$, wo $\lambda = \ln 2 / T_{1/2}$ ist. Gesucht ist τ mit $N(\tau) = N_0 e^{-\lambda \tau} = N_0/5$. Es folgt $e^{-\lambda \tau} = \frac{1}{5}$, also $\tau = -\frac{1}{\lambda} \ln \frac{1}{5} = 54.56$ Minuten.
c) Es ist $N(60)/N_0 = e^{-\lambda 60} = 0.1704$. Der gesuchte Prozentsatz ist 17.04%.

18−6 a) $I(2)/I_0 = e^{-1.4 \cdot 2} = 0.0608$ Die Intensität beträgt nur noch 6.08%. b) Es muss $I(x)/I_0 = e^{-1.4x} = 0.1$ sein. Damit ist $-1.4x = \ln 0.1$, woraus $x = 1.64$ m folgt.

18−7 a) Wegen $f(t) \to 30$ für $t \to \infty$ ist $a = 30$. Weiter ist $f(0) = a + b = 10$, also $b = -20$ und $f(1) = a + be^{-c} = 20$. Daraus folgt $e^{-c} = (20 - a)/b = 0.5$ und $c = -\ln 0.5 = \ln 2$. Zusammengefasst: $f(x) = 30 - 20e^{-x \ln 2}$.
b) $f(2) = 30 - 20e^{-2 \ln 2} = 30 - 20 \cdot \frac{1}{4} = 25$.
c) Es ist $f'(x) = 20 \ln 2 e^{-x \ln 2} = \ln 2 (30 - f(x))$. Die Differentialgleichung lautet somit $y' = \ln 2 (30 - y)$.

18−8 Die Kurvenlänge L ist gemäss (10.6) durch $\int_a^b \sqrt{1 + f'(x)^2} \, dx$ gegeben. Mit $f(x) = \cosh x$ ist $f'(x) = \sinh x$ und $1 + f'(x)^2 = 1 + \sinh^2 x = \cosh^2 x$ (18.6). So findet man die einfache Formel $L = \int_{-1}^1 \cosh x \, dx = \sinh 1 - \sinh(-1) = 2.3504$.

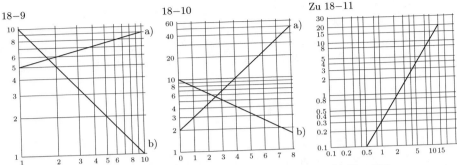

18−11 Der obenstehenden Figur entnimmt man die Werte a) $Y \approx 0.28$, b) $X \approx 13.5$.

18−12 a) Der untenstehenden Figur entnimmt man, dass $a \approx 3$ ist. Aus $52 = Y(7) \approx 3b^t$ folgt $t \approx \sqrt[7]{52/3} \approx 1.5$. b) $Y(t) \approx 3e^{t \ln 1.5} \approx 3e^{0.4t}$.

Zu 18−13

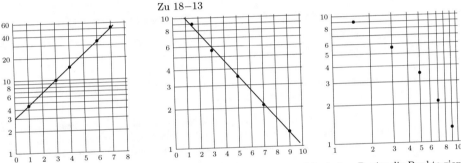

18−13 Die obenstehenden Figuren zeigen, dass auf dem halblogarithmischen Papier die Punkte ziemlich genau auf einer Geraden liegen. Es handelt sich also um eine Exponentialfunktion.

(28.19) Lösungen zu Kapitel 19

19−1 a) $a = 0$; die Bedingung $|a_n - a| = |a_n - 0| = 1/\sqrt{n} < 0.001$ ist für $1 < 0.001\sqrt{n}$, also für $n > 10^6$ erfüllt. Somit ist $N = 10^6$. b) Analog: $a = 1$; $|a_n - a| = 1/n^2 < 0.001$ für $n > \sqrt{1000} = 31.62$. Es folgt $N = 31$. c) Probieren mit einigen Werten von n lässt vermuten, dass $a_n \to 3$ strebt für $n \to \infty$, vgl. auch Aufgabe 19−2,a). Nun ist $|a_n - a| = \left| \frac{3n}{2+n} - 3 \right| = \frac{6}{2+n} < 0.001$ für $6 < 0.001(2+n)$. Es folgt $N = 5998$. d) $a = 0$. Nun ist $|a_n - a| = \frac{1}{n^2+n} < 0$ für $n^2 + n > 1000$. Die quadratische Gleichung $n^2 + n = 1000$ hat als einzige positive Lösung den Wert 31.126, somit ist $N = 32$.

19−2 a) Division von Zähler und Nenner durch n^2 ergibt

$$a_n = \frac{\frac{1}{n^2} + \frac{2}{n} + 3}{\frac{4}{n^2} + \frac{5}{n} + 6}.$$

Da $\frac{1}{n}$ und $\frac{1}{n^2}$ gegen 0 streben, erhält man $\lim_{n\to\infty} a_n = 3/6 = 1/2$.

b) Die vorgeschlagene Multiplikation ergibt

$$a_n = \frac{(n+1) - n}{\sqrt{n+1} + \sqrt{n}} = \frac{1}{\sqrt{n+1} + \sqrt{n}} \to 0 \text{ für } n \to \infty.$$

19–3 Es ist jeweils die Summenformel aus (19.4.a) zu verwenden. a) $q = -x^3$ ergibt $s = \frac{1}{1+x^3}$. (Dies ist sinnvoll, weil $|x^3| < 1 \iff |x| < 1$ ist.) b) $q = \frac{1}{y}$ führt auf $s = \frac{y}{y-1}$ (sinnvoll, weil $|\frac{1}{y}| < 1 \iff |y| > 1$). c) $s = 2\left(1 + (\frac{2}{3}) + (\frac{2}{3})^2 + (\frac{2}{3})^3 + \ldots\right) = 2/(1 - \frac{2}{3}) = 6$. Die Reihe in der Klammer hat den Quotienten $q = \frac{2}{3}$. (Siehe auch die Formel am Schluss von (19.4.a).)

19–4 a) Mit $a_k = \frac{1}{k \cdot (k+1)}$ ist $a_k = \frac{1}{k} - \frac{1}{k+1}$, $k = 1, 2, \ldots$. Es folgt

$$s_n = a_1 + \ldots + a_n = \left(\frac{1}{1} - \frac{1}{2}\right) + \left(\frac{1}{2} - \frac{1}{3}\right) + \left(\frac{1}{3} - \frac{1}{4}\right) + \ldots + \left(\frac{1}{n} - \frac{1}{n+1}\right).$$

Die meisten Terme heben sich weg, es bleibt $s_n = 1 - \frac{1}{n+1}$, und damit ist klar, dass $s_n \to 1$ strebt für $n \to \infty$. Die Reihe konvergiert und hat die Summe 1.

b) Gemäss der Formel $\ln(\frac{a}{b}) = \ln a - \ln b$ findet man für die Teilsummen

$$s_n = \ln(\frac{1}{2}) + \ln(\frac{2}{3}) + \ln(\frac{3}{4}) + \ldots + \ln(\frac{n}{n+1})$$
$$= \ln 1 - \ln 2 + \ln 2 - \ln 3 + \ln 3 - \ln 4 + \ldots + \ln n - \ln(n+1).$$

Ähnlich wie in a) hebt sich fast alles weg. Es bleibt $s_n = -\ln(n+1)$, und für $n \to \infty$ strebt s_n gegen $-\infty$. Die Reihe divergiert.

19–5 a) Das Auftreten von allen Fakultäten erinnert an die Exponentialreihe (19.8.a). Allerdings wechseln die Vorzeichen ab; man wird so auf die Funktion e^{-x} geführt.

b) Es kommen nur die Fakultäten der geraden Zahlen vor, und die Vorzeichen wechseln ab. Dies lässt an die Cosinusreihe (19.8.c) denken, wobei aber die Exponenten von x noch nicht stimmen. Eine entsprechende Anpassung zeigt, dass die Reihe die Funktion $\cos(x^2)$ darstellt (s.a. (19.8.f)).

c) Ähnlich wie in b) findet man, dass hier die Funktion $x - \sin x$ dargestellt wird.

19–6 a) Exponentialreihe (19.9.a): Summe $e^2 = 7.3891$. b) Logarithmusreihe (19.8.d) für $x = \frac{1}{2}$: Summe $\ln(\frac{3}{2}) = 0.4055$. c) Würde am Anfang noch der Ausdruck $2 - \frac{2}{2!} (= 1)$ stehen, so wäre die Summe (Cosinusreihe (19.8.c)) $= 2\cos 1$. Somit findet man für die gegebene Reihe die Summe $2\cos 1 - 1 = 0.0806$.

19–7 Anwendung der Regel c) aus (19.6) ergibt, dass die Ableitung der Exponentialreihe (19.8.a) wieder die Exponentialreihe, die Ableitung der Sinusreihe (19.8.b) die Cosinusreihe (19.8.c) und die Ableitung der Cosinusreihe die negative Sinusreihe liefert.

19–8 a) Ersetzt man in der Logarithmusreihe (19.8.d) x durch x^2, so folgt

$$\ln(1 + x^2) = x^2 - \frac{x^4}{2} + \frac{x^6}{3} - \frac{x^8}{4} + \frac{x^{10}}{5} - \ldots.$$

b) Gliedweises Ableiten (nach (19.6.d) erlaubt) ergibt

$$\frac{2x}{1 + x^2} = 2x - 2x^3 + 2x^5 - 2x^7 + 2x^9 - \ldots.$$

c) Multiplizieren Sie die Reihe (7) aus (19.5) mit $2x$, dann erhalten Sie gerade die Reihe aus b).

19–9 a) Diese Formel finden Sie in (19.8.f). b) Es ist

$$\ln\left(\frac{1+x}{1-x}\right) = \ln(1+x) - \ln(1-x)$$

$$= \left(x - \frac{x^2}{2} + \frac{x^3}{3} - \frac{x^4}{4} + \frac{x^5}{5} - \cdots\right) + \left(x + \frac{x^2}{2} + \frac{x^3}{3} + \frac{x^4}{4} + \frac{x^5}{5} + \cdots\right)$$

$$= 2\left(x + \frac{x^3}{3} + \frac{x^5}{5} + \frac{x^7}{7} + \cdots\right).$$

c) Setzt man $x = \frac{1}{2}$, so wird $\frac{1+x}{1-x} = 3$. Setzt man in den ersten vier Termen (bis und mit $\frac{x^7}{7}$) $x = \frac{1}{2}$, so erhält man den Wert $\ln 3 \approx 1.0981$. Der genaue Wert ist $1.0986\ldots$.

19–10 a) Gemäss den Ableitungsformeln von (5.3) (siehe auch (18.8)) ist $(\sinh x)' = \cosh x$ und $(\cosh x)' = \sinh x$. Deshalb wird (mit $f(x) = \cosh x$) $f(0) = 1$, $f'(0) = 0$, $f''(0) = 1$, $f'''(0) = 0$ usw.. In der Taylorreihe kommen nur gerade Potenzen von x vor; sie hat die Form

$$1 + \frac{x^2}{2!} + \frac{x^4}{4!} + \frac{x^6}{6!} + \cdots$$

b) Setzt man die Reihen für e^x und für e^{-x} in die Formel $\cosh x = \frac{1}{2}(e^x + e^{-x})$ ein, so erhält man genau die obige Reihe und weiss zudem, dass sie für alle x gegen $\cosh x$ konvergiert (weil die Exponentialreihe für alle x konvergiert).

19–11 Ersetzt man in der Sinusreihe (19.8.b) x durch t^2, so erhält man

$$\sin(t^2) = \frac{x^2}{1!} - \frac{x^6}{3!} + \frac{x^{10}}{5!} - \frac{x^{14}}{7!} + \cdots$$

Integriert man gliedweise von 0 bis x, so erhält man

$$\Phi(x) = \int_0^x \sin(t^2)\,dt = \frac{x^3}{1! \cdot 3} - \frac{x^7}{3! \cdot 7} + \frac{x^{11}}{5! \cdot 11} - \frac{x^{15}}{7! \cdot 15} + \cdots$$

19–12 a) $p_3(x) = \frac{1}{2} + \frac{1}{4}x - \frac{1}{8}x^2 + \frac{1}{16}x^3$.

b) $p_3(x) = \frac{2}{3} + \frac{1}{9}(x-1) - \frac{1}{27}(x-1)^2 + \frac{1}{81}(x-1)^3 = \frac{1}{81}x^3 - \frac{2}{27}x^2 + \frac{2}{9}x + \frac{41}{81}$.

c) $p_3(x) = 1 + \frac{1}{2}x^2 - \frac{1}{3}x^3$, d) $p_2(x) = 1 + \frac{1}{2}x - \frac{1}{8}x^2$.

e) $p_3(x) = x - \frac{1}{24}x^3$, f) $p_4(x) = 1 + x + \frac{1}{2}x^2 - \frac{1}{8}x^4$.

19–13 a) $1 - \frac{1}{4}x + \frac{5}{32}x^2 - \frac{15}{128}x^3 + \frac{195}{2048}x^4$.

b) $1 + \frac{4}{3}x + \frac{2}{9}x^2 - \frac{4}{81}x^3 + \frac{5}{243}x^4$.

c) $\sqrt[3]{(1.05)^4} = 1.067216175$ (Taschenrechner), bzw. $= 1.067216178$.

19–14 Wie in (19.10) ist

$$|R_n(0.5)| = \left|\frac{f^{(n+1)}(z)}{(n+1)!}(0.5)^{n+1}\right| \leq \frac{1}{(n+1)!}(0.5)^{n+1}.$$

Dieser Ausdruck ist sicher kleiner als 0.00001, wenn $n \geq 6$ ist (Ausprobieren von verschiedenen Werten von n). Somit muss die Cosinusreihe (19.8.c) bis und mit x^6 angeschrieben werden:

$$\cos(0.5) \approx 1 - \frac{0.5^2}{2!} + \frac{0.5^4}{4!} - \frac{0.5^6}{6!} = 0.87758 \pm 0.00001.$$

(28.20) Lösungen zu Kapitel 20

20–1 a) $\frac{1}{2}$. (Substitution $u = x+1$.) b) Existiert nicht. (Substitution $u = x-2$.) c) $\frac{1}{3}$. (Substitution $u = 3t$.) d) Existiert nicht. (Substitution $v = 1 + u^2$.)

20–2 a) $\frac{\pi}{4}$. (Schreibe den Integranden in der Form $\frac{1}{2(1+(2t)^2)}$; dies liefert die Stammfunktion $\frac{1}{4}\arctan(2t)$.) b) Existiert nicht. (Substitution $u = 1+x^4$.) c) $\frac{\pi}{2}$. (Substitution $v = e^u$ führt auf die Stammfunktion $\arctan(e^u)$. Wegen $\arctan(e^u) \to \frac{\pi}{2}$ für $u \to \infty$ und $\arctan(e^u) \to 0$ für $u \to -\infty$ ist $\int_0^\infty = \frac{\pi}{2} - \arctan 1$, $\int_{-\infty}^0 = \arctan 1 - 0$, woraus $\int_{-\infty}^\infty = \frac{\pi}{2}$ folgt. Der Wert $\arctan 1 = \frac{\pi}{4}$ wird hier gar nicht benötigt.) d) $\frac{2}{3}$. (Fallunterscheidung: Für $x > 0$ ist der Integrand $= x^2 e^{-x^3}$, mit Stammfunktion $-\frac{1}{3}e^{-x^3}$; für $x < 0$ ist er $= x^2 e^{x^3}$, mit Stammfunktion $\frac{1}{3}e^{x^3}$.)

20–3 a) 4. (Substitution $v = u-3$.) b) Existiert nicht. (Substitution $u = 3x-6$.) c) Existiert nicht. (Substitution $u = e^t - 1$ führt auf die Stammfunktion $\ln(e^t - 1)$, welche mit $t \to 0$ gegen $-\infty$ strebt.) d) $\frac{28}{3}$. (Substitution $u = x - 1$ führt auf den Integranden $\sqrt{u} + \frac{1}{\sqrt{u}}$.)

20–4 Für $r = 1$ ist $\int_1^t \frac{dx}{x^r}\,dx = \ln t$. Das uneigentliche Integral existiert nicht, da $\ln t \to \infty$ für $t \to \infty$.

Für $r \neq 0$ (aber > 0) ist $\int_1^t \frac{dx}{x^r}\,dx = \frac{t^{1-r}}{1-r} - \frac{1}{1-r}$.

Für $r > 1$ ist der Exponent $1 - r$ von t negativ und $t^{1-r} \to 0$ für $t \to \infty$. Das uneigentliche Integral existiert und hat den Wert $\frac{1}{r-1}$.

Für $0 < r < 1$ ist dieser Exponent positiv, also strebt $t^{1-r} \to \infty$. Das uneigentliche Integral existiert nicht.

20–5 Für $r = 1$ ist $\int_s^1 \frac{dx}{x^r}\,dx = -\ln s$. Das uneigentliche Integral existiert nicht, da $\ln s \to -\infty$ für $s \to 0$.

Für $r \neq 0$ (aber > 0) ist $\int_s^1 \frac{dx}{x^r}\,dx = \frac{1}{1-r} - \frac{s^{1-r}}{1-r}$.

Für $r > 1$ ist der Exponent $1 - r$ von s negativ und $s^{1-r} \to \infty$ für $s \to 0$. Das uneigentliche Integral existiert nicht.

Für $0 < r < 1$ ist dieser Exponent positiv, also strebt $s^{1-r} \to 0$. Das uneigentliche Integral existiert und hat den Wert $\frac{1}{1-r}$.

20–6 Für jedes $t > 0$ ist $\pi \int_0^t f(x)^2\,dx$ das Volumen des Rotationskörpers über dem Intervall $[0, t]$. Für $t \to \infty$ strebt in unserem Fall (mit $f(x) = \frac{1}{1+x}$) der obige Ausdruck gegen π. Diese Zahl kann als Volumen des unendlich ausgedehnten Rotationskörpers gedeutet werden. Die Schnittfläche dagegen ist durch $2 \int_0^\infty \frac{dx}{1+x}$ gegeben, und dieses uneigentliche Integral existiert nicht. Diese Fläche hat also keinen endlichen Inhalt.

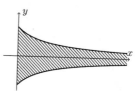

(28.21) Lösungen zu Kapitel 21

21–1 a) 0.567143, b) 0.865474, c) 3.591121.

Mögliche Startwerte können für a) und b) dadurch gefunden werden, dass man die Graphen von $f(x) = x$ und $g(x) = e^{-x}$ (bzw. $f(x) = x^3$ und $g(x) = \cos x$) grob aufzeichnet und den Schnittpunkt der Graphen von f und g sucht. Im Fall c) scheint die Kurvendiskussion etwas komplizierter; wenn man aber auf $\ln x = \frac{1}{x} + 1$ umformt und beide Graphen einzeln zeichnet, so findet man auch hier sofort den ungefähren Schnittpunkt.

21–2 Es ist $f'(x) = 3x^2 - 12x + 9 = 0$ für $x = 1$ und $x = 3$. Die Werte an diesen Extremalstellen sind $f(1) = 5$, $f(3) = 1$, ferner ist $f(0) = 1$. Damit kann der Graph grob skizziert werden. Insbesondere erkennt man, dass es nur eine Nullstelle gibt und dass diese nahe bei 0 liegt Ihr Wert bestimmt sich zu -0.103803.

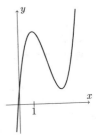

21–3 Es ist $g'(x) = 4x^3 + 4x - 4$, $g''(x) = 12x^2 + 4$. Wegen $g''(x) > 0$ für alle x ist $g'(x)$ wachsend, hat also genau eine Nullstelle x_0, die sich zu $x_0 = 0.682328$ berechnet. Dort hat $g(x)$ ein relatives (und absolutes) Minimum. Es ist $g(x_0) = -2.581412 < 0$. Wegen $g'(x) < 0$ für $x < x_0$ und $g'(x) > 0$ für $x > x_0$ fällt $g(x)$ links von x_0 und steigt rechts davon. Somit hat $g(x)$ genau zwei Nullstellen. Näherungsweise Berechnung liefert dafür die Werte -0.224229 und 1.296370.

21–4 Die Graphen von x und $\cos x$ schneiden sich für $x = x_0 = 0.739085$. Der Flächeninhalt ist gegeben durch $\int_0^{x_0} (\cos x - x)\, dx = \sin x_0 - x_0^2/2 = 0.400489$.

21–5 Der Abstand von $(0, 0)$ zu $(x, \ln x)$ ist gegeben durch $\sqrt{x^2 + (\ln x)^2}$. Es ist etwas einfacher (und gleichwertig), das Quadrat des Abstands, also die Funktion $f(x) = x^2 + (\ln x)^2$ zu minimieren. Wir setzen $f'(x) = 2x + \frac{2}{x}\ln x = 0$ und lösen diese Gleichung näherungsweise. Die Nullstelle ist $x_0 = 0.652919$, der gesuchte Punkt ist $(x_0, \ln x_0) = (0.652919, -0.426302)$, und der gesuchte Abstand ist $= 0.779767$.

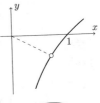

21–6 Das schraffierte Segment hat den Flächeninhalt $\frac{r^2}{2}(\alpha - \sin \alpha)$, wobei hier $r = 1$ ist. Damit der Tank zu 25% voll ist, muss das Segment den Flächeninhalt $\frac{\pi}{4}$ haben. Gesucht ist also α mit $\frac{1}{2}(\alpha - \sin \alpha) = \frac{\pi}{4}$. Mit diesem α ist dann $b = \cos \frac{\alpha}{2}$ und $a = 1 - \cos \frac{\alpha}{2}$. Die näherungsweise Berechnung ergibt $\alpha = 2.309881$ und $a = 0.596$ m (auf mm genau).

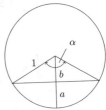

21–7 Gemäss (13.6.4) ist $\int_0^z \sin^2 x\, dx = \frac{1}{2}(z - \sin z \cos z)$. Dies ist $= 1$ zu setzen und nach z aufzulösen. Man findet $z = 1.788820$.

21–8 a) Näherungswert 0.8827. Exakt (gemäss einer Formel aus (13.7): $\ln|\tan(\frac{3\pi}{8})| = 0.88137$.
b) Näherungswert 1.4664. c) Näherungswert 1.0101.
Genauere numerische Verfahren liefern (auf vier Stellen nach dem Dezimalpunkt exakt): b) 1.4676, c) 1.0535.

21–9 $V \approx \frac{\pi}{3}\left(0.75^2 + 4(\frac{6.2}{2\pi})^2 + 0.75^2\right) \approx 5.26$ m^2. (Vgl. Beispiel 3. in (21.3).)

21–10 Nach (10.6.b) ist $L = \int_0^{\pi/2} \sqrt{1 + \cos^2 x}\, dx$. Mit der kleinen Simpson-Formel erhält man $L \approx 1.9146$, mit der grossen ($n = 3$) $L \approx 1.9101$.

21–11 Durch Erhöhung der Anzahl Teilintervalle und entsprechende Verkleinerung der Schrittweite h (was am besten einem Programm übertragen wird) erhalten Sie bessere Näherungen als die angegebenen, mit fünf Teilintervallen bestimmten Lösungen.

a) Mit $h = 0.1$ folgt $f(0.5) \approx 2.575$. Diese Differentialgleichung kann übrigens mit Separation der Variablen gelöst werden. Für die Anfangsbedingung $(0,1)$ erhält man nach einigen Umformungen $f(x) = \frac{1+x}{1-x}$. Der exakte Wert ist daher $f(0.5) = 3$.

b) Mit $h = 0.2$ folgt $f(2) = 1.14032$. Durch Ableitung und Einsetzen können Sie nachprüfen, dass $f(x) = -x + \sqrt{2}\sqrt{1 + x^2}$ eine Lösung zur Anfangsbedingung $(1,1)$ ist. Der exakte Wert ist deshalb $f(2) = 1.162278$.

c) Mit $h = 0.1$ folgt $f(1.5) = 4.073$. Eine Näherungslösung mit einem bessern Verfahren liefert $f(1.5) = 4.09198$.

(28.22) Lösungen zu Kapitel 22

22–1 a) $D = \{x, y \mid xy \geq 0\} = \{x, y \mid x, y \geq 0 \text{ oder } x, y \leq 0\}$.

b) $D = \{x, y \mid |x + y| \leq 1\} = \{x, y \mid -1 \leq x + y \leq 1\}$.

c) Es muss $x^2 - y > 0$, also $y < x^2$ sein. Ferner darf der Nenner des Bruchs nicht $= 0$ sein, d.h. $y \neq x^2 - 1$.

d) $D = \{x, y \mid x \geq 0, y \geq \sqrt{x}\}$.

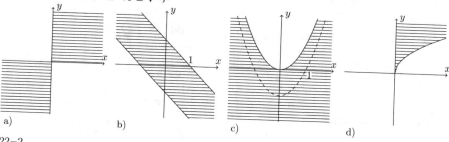

a)   b)   c)   d)

22–2

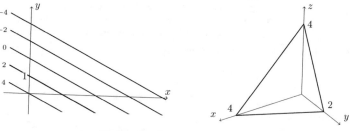

22–3 a) Für $c = 1$ erhält man die Beziehung $x^2 + y^2 = 2x$. In der Mittelschule haben Sie gelernt, dass man hier eine quadratische Ergänzung vornimmt und diese Gleichung in der Form $(x - 1)^2 + y^2 = 1$ schreibt. Es handelt sich um den Kreis mit Zentrum $(1,0)$ und Radius 1. Analog erhalten Sie für $c = 2$ den Kreis mit Zentrum $(2,0)$ und Radius 2.

b) Wegen $x > 0$ nimmt die Funktion nur Werte > 0 an: Das Niveau $c = 0$ liefert keine Kurve.

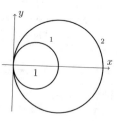

28.22 Lösungen zu Kapitel 22

22–4 a) Die Funktion ist nicht definiert für alle Punkte, die auf der Parabel $y = x^2$ liegen.

b) Aus $f(x,y) = 1/(x^2 - y) = c$ folgt $y = x^2 - \frac{1}{c}$. Die Niveaulinien gehen aus der Parabel von a) durch Parallelverschiebung hervor.

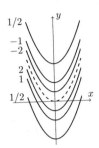

22–5 a) Man erhält (unter Verwendung einiger Mittelschulkenntnisse über Ellipsen und Hyperbeln) die folgenden Niveaulinien:

$c = 0$: $x^2 - 1 = 0$, also die zwei Geraden $x = \pm 1$.

$c = \frac{1}{2}$:   Hyperbel $2x^2 - y^2 = 3$.

$c = 1$:   Hyperbel $x^2 - y^2 = 2$.

$c = -\frac{1}{2}$:   Ellipse $x^2 + \frac{1}{2}y^2 = \frac{1}{2}$.

$c = -1$: $x^2 + y^2 = 0$. Die Niveaulinie reduziert sich auf den Nullpunkt.

b) Führt man ähnliche Überlegungen wie in a) mit allgemeinem c durch, so folgt:

$c < -1$:   Nicht möglich, da $f(x,y) \geq -1$ ist, für alle x, y.

$c = -1$:   Nullpunkt (vgl. a)).

$-1 < c < 0$:   Ellipsen.

$c = 0$:   Geraden $x = \pm 1$ (siehe a)).

$c > 0$:   Hyperbeln.

22–6 a) $x = \pm 1 : z = 1 + \frac{1}{y}$. $x = 0$: $z = \frac{1}{y}$.

$y = 1 : z = x^2 + 1$. $y = 2 : z = x^2 + \frac{1}{2}$. $y = 3 : z = x^2 + \frac{1}{3}$.

Figur unten.

22–7 a) Für $c = 0$ erhält man den Nullpunkt; die beiden andern Niveaulinien sind Ellipsen.

b) $x = 0 : z = 4y^2$. $x = 1 : z = 1 + 4y^2$. $x = 2 : z = 4 + 4y^2$.

$y = 0 : z = x^2$. $y = 1 : z = x^2 + 4$. $y = 2 : z = x^2 + 16$.

Figur unten.

22–8 a) $x = 0 : z = 1 + y$. $x = \frac{1}{2} : z = e^{-1/2}(1 + y)$. $x = 1 : z = e^{-1}(1 + y)$. (Drei Geraden.)

$y = 0 : z = e^{-x}$. $y = \frac{1}{2} : z = \frac{3}{2}e^{-x}$. $y = 1 : z = 2e^{-x}$.

Figur unten.

Zu 22–6   Zu 22–7   Zu 22–8

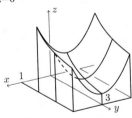 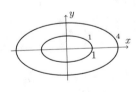 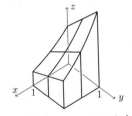

22–9 $f(x,y) = (x+1)^2 + y^2 + (x-1)^2 + y^2 = 2x^2 + 2y^2 + 2$. Die Niveaulinien bilden den geometrischen Ort aller Punkte P, für die die Summe der Quadrate der Abstände zu A und zu B konstant ist. Für $c = 2$ besteht die Niveaulinie aus dem Nullpunkt; für $c > 2$ handelt es sich um Kreise um den Nullpunkt mit Radius $\sqrt{\frac{c}{2} - 1}$.

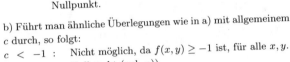

(28.23) Lösungen zu Kapitel 23

23–1 a) $f_x = y^2 + 2x\sqrt{y} + \dfrac{1}{y}$, $f_y = 2xy + \dfrac{x^2}{2\sqrt{y}} - \dfrac{x}{y^2}$.

b) $g_r = \dfrac{2r+s}{r^2+rs+1}$, $g_s = \dfrac{r}{r^2+rs+1}$.

c) $h_u = \dfrac{u}{(1+u^2+v^2)\sqrt{u^2+v^2}}$, $h_v = \dfrac{v}{(1+u^2+v^2)\sqrt{u^2+v^2}}$.

d) $F_\alpha = 2\alpha^2 \cos(\alpha^2 - \beta^2) + \sin(\alpha^2 - \beta^2)$, $F_\beta = -2\alpha\beta \cos(\alpha^2 - \beta^2)$.

e) $G_r = (1+2rt^3)\exp(r+st+r^2t^3)$, $G_s = t\exp(r+st+r^2t^3)$, $G_t = (s+3r^2t^2)\exp(r+st+r^2t^3)$.

f) $F_x = \dfrac{1}{z} + \dfrac{1}{y+z}$, $F_y = \dfrac{1}{z} - \dfrac{x}{(y+z)^2}$, $F_z = -\dfrac{x+y}{z^2} - \dfrac{x}{(y+z)^2}$.

23–2 a) $-(2x^2 + xy)\cos(x^2 + xy) - \sin(x^2 + xy)$.

b) $F_{xyz} = -\dfrac{2x}{z^2} - \dfrac{2}{x^3}$.

c) $G_{xx} = \dfrac{1}{x}$, $G_{xy} = G_{yx} = \dfrac{2}{y}$, $G_{yy} = -\dfrac{2x}{y^2}$.

d) $F_{xx} = F_{xy} = F_{yx} = 0$, $F_{xz} = F_{zx} = -\dfrac{2z}{(1+z^2)^2}$, $F_{yz} = F_{zy} = -\dfrac{4yz}{(z^2+1)^2}$, $F_{zz} = \dfrac{2(3z^2-1)(x+y^2)}{(z^2+1)^3}$.

In c) kann die Rechnung noch etwas vereinfacht werden, wenn man beachtet, dass $\ln(xy^2) = \ln x + 2\ln y$ ist.

23–3 a) $f_\alpha + f_\beta = \cos\alpha \cos\beta - \sin\alpha \sin\beta = \cos(\alpha + \beta)$. (Additionstheorem, (27.15.c).)

b) $r_{xx} = y^2(x^2+y^2)^{-3/2}$, $r_{yy} = x^2(x^2+y^2)^{-3/2}$, $r_{xx} + r_{yy} = (x^2+y^2)^{-1/2} = 1/r(x,y)$.

23–4 a) Es ist $C_t = b\exp(ax+bt)$, $C_{xx} = a^2\exp(ax+bt)$. $C(x,t)$ ist eine Lösung, falls $b = a^2$.

b) Es ist $C_t = (-\dfrac{1}{2}t^{-3/2} + \dfrac{x^2}{c}t^{-5/2})\exp(-\dfrac{x^2}{ct})$, $C_{xx} = -t^{-3/2}\dfrac{2}{c}(-\dfrac{2x^2}{ct}+1)\exp(-\dfrac{x^2}{ct})$. Multipliziert man aus und vergleicht die Koeffizienten von $t^{-3/2}$ und $t^{-5/2}$, so sieht man, dass $c = 4$ eine Lösung liefert.

23–5 a) Es ist $f_x = 6x - 3y - 9$, $f_y = -3x + 4y + 2$. Man setzt $f_x = f_y = 0$ und löst das lineare Gleichungssystem. Die Lösung ist $x_0 = 2$, $y_0 = 1$. Wegen $f_{xx} = 6$, $f_{xy} = -3$ und $f_{yy} = 4$ ist $A = A(2,1) = 15 > 0$: f hat in $(2,1)$ ein Extremum, wegen $f_{xx}(2,1) = 6 > 0$ liegt dort ein relatives Minimum vor. Es ist $f(2,1) = -7$.

b) Es ist $g_x = 2x - 3y - 1$, $g_y = -3x + 2y - 1$, ferner ist $g_{xx} = 2$, $g_{xy} = -3$, $g_{yy} = 2$, also $A = -5$ (für alle (x,y)), so dass diese Funktion keine relativen Extrema hat. (Es ist also gar nicht nötig, das Gleichungssystem $g_x = g_y = 0$ zu lösen; die Lösung wäre übrigens $(-1,-1)$.)

23–6 a) Man setzt $f_x = 2x(y+1) - 5y = 0$ und $f_y = x^2 - 5x + 6 = 0$. Die zweite Gleichung hat die Lösungen $x_1 = 2$, $x_2 = 3$. Die erste Gleichung liefert die zugehörigen Lösungen $y_1 = 4$, $y_2 = -6$. Weiter ist $f_{xx} = 2(y+1)$, $f_{xy} = 2x - 5$, $f_{yy} = 0$. Es folgt $A(2,4) < 0$, $A(3,-6) < 0$ und f hat keine relativen Extrema.

b) Wir setzen $f_x = 12xy^3 - 3x^2y^3 - 2xy^4 = 0$ und $f_y = 18x^2y^2 - 3x^3y^2 - 4x^2y^3 = 0$. Da $x > 0$, $y > 0$ vorausgesetzt wurde, können wir durch xy^3 bzw. x^2y^2 dividieren. Wir erhalten die Gleichungen $12 - 3x - 2y = 0$ und $18 - 3x - 4y = 0$ mit der Lösung $x_0 = 2$, $y_0 = 3$. Einsetzen in die 2. partiellen Ableitungen ergibt $f_{xx}(2,3) = -162$, $f_{yy}(2,3) = -144$, $f_{xy}(2,3) = -108$. Es folgt, dass f an der Stelle $(2,3)$ ein absolutes Maximum hat; es ist $f(2,3) = 108$.

c) $f_x = 3x^2 - y = 0$, $f_y = -x + 2y - 5 = 0$. Die zweite Gleichung liefert $x = 2y - 5$. Setzt man dies in die erste ein, so erhält man die quadratische Gleichung $12y^2 - 61y + 75$ mit den Lösungen

$y_1 = 3$, $y_2 = \frac{25}{12}$. Es ist dann $x_1 = 1$, $x_2 = -\frac{5}{6}$. Weiter ist $A(x, y) = 12x - 1$, so dass nur für $(x_1, y_1) = (1, 3)$ ein Extremum (und zwar ein rel. Minimum) vorliegt. Es ist $f(1, 3) = -8$.

23-7 $W_x = (2ax - 3x^2)t^2 e^{-t} = 0$, $W_t = (x^2 a - x^3)(2te^{-t} - t^2 e^{-t}) = 0$. Wegen $t^2 e^{-t} > 0$ (denn $t > 0$ nach Voraussetzung) folgt aus der ersten Gleichung $x_0 = \frac{2a}{3}$. Einsetzen in die zweite Gleichung liefert $t_0 = 2$.

Ferner ist $W_{xx} = (2a - 6x)t^2 e^{-t}$, $W_{xt} = (2xa - 3x^2)(2te^{-t} - t^2 e^{-t})$ und $W_{tt} = (x^2 a - x^3)(2e^{-t} - 4te^{-t} + t^2 e^{-t})$. Einsetzen liefert $A(\frac{2a}{3}, 2) = \frac{64}{27}a^4 e^{-4} > 0$ (Extremum vorhanden) und $W_{xx}(\frac{2a}{3}, 2) = -8ae^{-2} < 0$ (relatives Maximum).

23-8 Es ist $a + b + c = 90$ und $a^2 + b^2 + c^2$ soll minimal sein. Wir setzen $c = 90 - a - b$ in die obige Beziehung ein und erhalten $f(a, b) = 2a^2 + 2b^2 + 2ab - 180a - 180b + 8100$. Diese Funktion ist zu minimieren. Mit $f_a = 4a + 2b - 180$ und $f_b = 4b + 2a - 180$ findet man $a = 30$, $b = 30$ und damit auch $c = 30$ (die Symmetrie sollte nicht überraschen). Die Grösse A nimmt den Wert $12 > 0$ an; wegen $f_{aa} = 4 > 0$ haben wir tatsächlich das Minimum gefunden.

23-9 Der Bedarf an Karton berechnet sich zu $2xy + 2xz + 2yz + \frac{1}{2}xz + \frac{1}{2}yz = 2xy + \frac{5}{2}xz + \frac{5}{2}yz$. Wegen $V = xyz = 6400$ können wir $z = \frac{6400}{xy}$ einsetzen und finden die zu minimierende Funktion $F(x, y) = 2xy + \frac{16000}{y} + \frac{16000}{x}$. Dabei ist $x, y > 0$. Partielles Ableiten ergibt $f_x = 2y - \frac{16000}{x^2} = 0$, $F_y = 2x - \frac{16000}{y^2} = 0$. Setzt man $y = \frac{8000}{x^2}$ aus der ersten Gleichung in die zweite ein, so erhält man (da $y > 0$ ist) $y_0 = 20$ und damit $x_0 = 20$, $z_0 = 16$. Die Dimensionen sind damit bestimmt. Es ist weiter $F_{xx} = \frac{32000}{x^3}$, $F_{yy} = \frac{32000}{y^3}$ und $F_{xy} = 2$. Damit wird $A(20, 20) > 0$ und $F_{xx}(20, 20) > 0$; es liegt also in der Tat ein relatives Minimum vor.

23-10 a) Wenn L die Länge der Schnur ist, dann ist $L = 2x + 2y + 4z$. Aus $xyz = V$ folgt $z = \frac{V}{xy}$ und $L(x, y) = 2x + 2y + \frac{4V}{xy}$. Dabei ist sicher $x, y > 0$. Die partiellen Ableitungen werden wie üblich gleich Null gesetzt: $L_x = 2 - \frac{4V}{x^2 y} = 0$, $L_y = 2 - \frac{4V}{xy^2} = 0$. Aus der ersten Gleichung setzt man $y = \frac{2V}{x^2}$ in die zweite ein und findet so die Lösungen $x_0 = y_0 = \sqrt[3]{2V}$, $z_0 = \sqrt[3]{V/4}$. Weiter ist $A(x_0, y_0) = \frac{48V^2}{(\sqrt[3]{2V})^8} > 0$ und $L_{xx}(x_0, y_0) = \frac{8V}{(\sqrt[3]{2V})^4} = \frac{4}{\sqrt[3]{2V}} > 0$; wir haben wie gewünscht ein relatives Minimum.

b) Die Rechnungen gehen ganz ähnlich. Es ist diesmal $L = 4x + 2y + 6z$, und somit $L(x, y) = 4x + 2y + \frac{6V}{xy}$. Der gleiche Prozess wie in a) liefert $x_0 = \sqrt[3]{\frac{3V}{4}}$, $y_0 = \sqrt[3]{6V}$ und $z_0 = \sqrt[3]{\frac{2V}{9}}$. Hier ist $A(x_0, y_0) = \frac{108V^2}{(\sqrt[3]{9V/2})^4} > 0$ und $F_{xx}(x_0, y_0) = \frac{16}{\sqrt[3]{6V}} > 0$.

23-11 Wenn P die Koordinaten (x, y, z) hat, dann ist das Volumen des Quaders gleich $V = xyz$; ferner muss $6x + 3y + 2z = 6$ gelten. Es folgt $z = 3 - 3x - \frac{3}{2}y$. Einsetzen in $V = xyz$ liefert die Funktion $V(x, y) = 3xy - 3x^2 y - \frac{3}{2}xy^2$. Wir setzen $V_x = 3y - 6xy - \frac{3}{2}y^2 = 0$ und $V_y = 3x - 3x^2 - 3xy = 0$. Wegen $x, y > 0$ darf durch x bzw. y dividiert werden. Es entstehen zwei lineare Gleichungen: $3 - 6x - \frac{3}{2}y = 0$ und $3 - 3x - 3y = 0$ mit den Lösungen $x = \frac{1}{3}$, $y = \frac{2}{3}$ und es wird $z = 1$. Mit $V_{xx} = -6y$, $V_{yy} = -3x$ und $V_{xy} = 3 - 6x - 3y$ wird $A(\frac{1}{3}, \frac{2}{3}) = 3 > 0$ (Extremum vorhanden); wegen $V_{xx}(\frac{1}{3}, \frac{2}{3}) < 0$ handelt es sich wie erwartet um ein Minimum. Das maximale Volumen beträgt $\frac{2}{9}$.

23-12 Das Quadrat des Abstands der durch $\vec{r}(t)$ und $\vec{s}(u)$ gegebenen Kurvenpunkte beträgt $f(t, u) = t^2 + (u - t)^2 + (\frac{1}{2} - u^2)^2 = u^4 + 2t^2 - 2ut + \frac{1}{4}$. Wir setzen $f_t = 4t - 2u = 0$ und $f_u = 4u^3 - 2t = 0$. Aus der ersten Gleichung setzen wir $u = 2t$ in die zweite ein und erhalten $32t^3 - 2t = 0$ mit den Lösungen $t_0 = 0$, $t_1 = \frac{1}{4}$, $t_2 = -\frac{1}{4}$ und den zugehörigen Werten von u: $u_0 = 0$, $u_1 = \frac{1}{2}$, $u_2 = -\frac{1}{2}$. Wegen $A(t, u) = 48u^2 - 4$ wird $A(0, 0) < 0$, hier hat man kein Extremum, wohl aber für (t_1, u_1) und (t_2, u_2), wo relative Minima vorliegen. In diesen Fällen ist der minimale Abstand beide Male gleich $\sqrt{f(t, u)} = \sqrt{3}/4 = 0.4330$.

23–13 Wie in Aufgabe 23–12 ist es rechnerisch einfacher, das Quadrat des Abstands des Punktes $P(x, y, z)$ zum Nullpunkt zu minimieren. Dieses ist gegeben durch $x^2 + y^2 + z^2$; da P in der Ebene mit der Gleichung $2x - y + 2z = 16$ liegt, können wir (z.B.) y durch $y = -16 + 2x + 2z$ ausdrücken. Es wird dann $x^2 + y^2 + z^2 = 5x^2 + 5z^2 + 8xz - 64x - 64z + 256 = f(x, z)$. Nullsetzen der partiellen Ableitungen führt auf die Gleichungen $10x + 8z = 64$ und $10z + 8x = 64$ mit der Lösung $x = z = \frac{32}{9}$, $y = -\frac{16}{9}$. Wegen $A(x, z) = 36 > 0$ und $f_{xx} = 10 > 0$ haben wir tatsächlich das Minimum gefunden (dessen Existenz auch geometrisch klar ist). Der minimale Abstand beträgt 16/3. (Diese Aufgabe kann selbstverständlich auch mit Vektorgeometrie gelöst werden.)

23–14 Auch hier betrachten wir das Quadrat des Abstands vom Punkt $(6, 2, 0)$ zum Punkt $(x, y, \sqrt{1 + 2x^2 + y^2})$ auf der Fläche, nämlich $f(x, y) = (6-x)^2 + (2-y)^2 + (0 - \sqrt{1 + 2x^2 + y^2})^2 = 3x^2 + 2y^2 - 12x - 4y + 41$. Wir setzen $f_x = 6x - 12 = 0$, $f_y = 4y - 4 = 0$ und finden sofort den Kandidaten $(x_0, y_0) = (2, 1)$. Wegen $f_{xx} = 6 > 0$, $f_{yy} = 4$ und $f_{xy} = 0$ ist $A(2, 1) = 24$. Es liegt ein Minimum vor; der minimale Abstand beträgt $\sqrt{27}$.

23–15 Ähnlich wie in Aufgabe 23–14 betrachten wir das Quadrat des Abstandes von $(1, 1, 0)$ zum Punkt $(x, y, xy + 1)$ auf der Fläche, also den Ausdruck $f(x, y) = (x-1)^2 + (y-1)^2 + (xy+1)^2 = x^2y^2 + x^2 + y^2 + 2xy - 2x - 2y + 3$. Es folgt $f_x = 2xy^2 + 2x + 2y - 2 = 0$, $f_y = 2x^2y + 2y + 2x - 2 = 0$. Division durch 2 und Subtraktion der beiden Gleichungen führt auf die Beziehung $x^2y = xy^2$ d.h. auf $xy(x - y) = 0$. Es ist also entweder $x = 0$ oder $y = 0$ oder $x = y$. Einsetzen in eine der Gleichungen gibt im ersten Fall die Lösung $x_1 = 0$, $y_1 = 1$, im zweiten die Lösung $x_2 = 1$, $y_2 = 0$. Im dritten Fall $(x = y)$ erhält man die Gleichung 3. Grades $x^3 + 2x - 1 = 0$. Eine flüchtige Skizze des Graphen zeigt, dass diese Funktion nur eine Nullstelle hat, die sich z.B. mit dem Newtonschen Verfahren berechnen lässt. Man erhält $x_3 = y_3 = 0.4534$. Mit $f_{xx} = 2 + 2y^2$, $f_{yy} = 2 + 2x^2$, $f_{xy} = 4xy + 2$ prüfen wir noch Existenz und Art der Extrema. Wir finden $A(0, 1) > 0$, $A(1, 0) > 0$. In diesen beiden Fällen liegt ein relatives Minimum vor; der minimale Abstand beträgt $\sqrt{3}$. Dagegen ist $A(x_3, y_3) < 0$, diese Stelle liefert kein Extremum (und es wäre gar nicht nötig gewesen, die Gleichung 3. Grades zu lösen, wenn man $A(x_3, y_3) < 0$ vorgängig bestimmt hätte).

23–16 Einfache trigonometrische Überlegungen führen auf die Formeln für Umfang $U = x + 2y + \frac{x}{\cos\alpha}$ und Inhalt $F = xy + \frac{1}{4}x^2 \tan\alpha$. Der ersten entnimmt man $y = \frac{1}{2}(U - x - \frac{x}{\cos\alpha})$. Einsetzen in die zweite liefert $F = \frac{1}{2}\left(Ux - x^2 - \frac{x^2}{\cos\alpha} + \frac{x^2}{2}\tan\alpha\right)$. Es folgt $F_x = \frac{1}{2}U - x - \frac{x}{\cos\alpha} + \frac{x}{2}\tan\alpha$ und $F_\alpha = \frac{x^2}{2}\left(\frac{1}{2\cos^2\alpha} - \frac{\sin\alpha}{\cos^2\alpha}\right)$. Nun ist $F_\alpha = 0$ für $\sin\alpha = \frac{1}{2}$, also für $\alpha = \frac{\pi}{6}$ oder 30°. Für x erhält man dann unter Verwendung von $F_x = 0$ den Wert $x = U/(2 + \sqrt{3}) = (2 - \sqrt{3})U$. Dazu gehören die Werte $y = \frac{1}{6}(3 - \sqrt{3})U$ und $F = \frac{1}{4}(2 - \sqrt{3})U^2$. Es ist anschaulich klar, dass ein Maximum existieren muss; man kann aber auch mit einigem Aufwand die Grössen $A((2 - \sqrt{3})U, \pi/6) = \frac{1}{6}(2\sqrt{3} - 3)U^2 > 0$ und $F_{xx}((2 - \sqrt{3})U, \pi/6) = -1 - \sqrt{3}/2 < 0$ berechnen.

Wer es genauer wissen will, betrachtet noch allfällige Randpunkte des Definitionsbereichs (vgl. (23.6.4)). Offensichtlich ist $0 \le \alpha < \frac{\pi}{2}$ und $x > 0$. Da auch $y = \frac{1}{2}(U - x - \frac{x}{\cos\alpha}) > 0$ sein muss. muss $x < \frac{U\cos\alpha}{1 + \cos\alpha}$ sein. Randpunkte erhält man also nur für $\alpha = 0$. Hier ist $F(x, 0) = \frac{1}{2}(Ux - 2x^2)$. Diese Funktion wird maximal für $x = \frac{1}{4}$. Dann ist auch $y = \frac{1}{4}$, und das Fünfeck entartet zu einem Quadrat mit dem Inhalt $F(\frac{U}{4}, 0) = \frac{U^2}{16}$, welcher kleiner als der oben gefundene Wert $\frac{1}{4}(2 - \sqrt{3})U^2$ ist.

23–17 Es ist $\sum x_i = 30$, $\sum y_i = 23.5$, $\sum x_iy_i = 152.2$, $\sum x_i^2 = 220$, $n = 6$. Lösen des zugehörigen Gleichungssystems führt auf die Regressionsgerade $y = 0.4957x + 1.4381$. Mit $f(x) = 0.4957x + 1.4381$ wird $f(12) \approx 7.4$ und $f(7.2) \approx 5$.

23–18 Logarithmieren der Beziehung $Y = cr^x$ führt auf $y = \ln Y = \ln c + x \ln r$ (eine lineare Beziehung) und auf die neue Tabelle:

x_i	2	4	6	8
$y_i = \ln Y_i$	0.6931	1.2528	1.7918	2.3026

Man erhält $\sum x_i = 20$, $\sum y_i = 6.0403$, $\sum x_i y_i = 35.5690$, $\sum x_i^2 = 120$, $n = 4$.
Mit $a = \ln r$, $b = \ln c$ folgt durch Lösen des Gleichungssystems $a = 0.2684$, $b = 0.1682$ und
schliesslich $c = e^b = 1.1832$, $r = e^a = 1.3079$.

23–19 Das Vorgehen ist ganz analog zum Beispiel 2. in (23.7). Man erhält (mit den dortigen Bezeichnungen) $a = 1.131$, $b = -2.820$ und $B = e^b = 0.0596$. Die Formel für die Laufzeit T in Abhängigkeit von der Laufstrecke X lautet somit $T = 0.0596 \cdot X^{1.131}$. Es folgt $T(800) = 114.46$ s, $T(1500) = 233.03$ s. (Die effektiven Rekordzeiten betragen 117.95 s bzw. 238.20 s.)

(28.24) Lösungen zu Kapitel 24

24–1 a) Es ist $f_x(x,y) = 2xy + 2y^3 + 1$, $f_y(x,y) = x^2 + 6xy^2$. Mit $f(1,-1) = -1$, $f_x(1,-1) = -3$ und $f_y(1,-1) = 7$ erhält man die Ebenengleichung $z = -1 - 3(x-1) + 7(y+1)$ oder $-3x + 7y - z + 9 = 0$.

b) Es ist $g_x(x,y) = \frac{1}{y} - \frac{y}{x^2}$, $g_y(x,y) = \frac{-x}{y^2} + \frac{1}{x}$. Mit $g(2,1) = \frac{5}{2}$, $g_x(2,1) = \frac{3}{4}$ und $g_y(2,1) = -\frac{3}{2}$ erhält man die Ebenengleichung $z = \frac{5}{2} + \frac{3}{4}(x-2) - \frac{3}{2}(y-1)$ oder (z.B.) $3x - 6y - 4z + 10 = 0$.

24–2 Gemäss (24.2) ist ein Normalenvektor $\vec{n}_0$ zur Fläche (bzw. zur Tangentialebene) gegeben durch $\vec{n}_0 = (-f_x(x_0, y_0), -f_y(x_0, y_0), 1)$.

a) Wegen $f_x(x,y) = 2x$, $f_y(x,y) = 2y$ zeigt ein Vergleich von $\vec{n}_0$ mit $\vec{n} = (-2, -4, 1)$, dass im Punkt mit $x_0 = 1$, $y_0 = 2$ und damit $z_0 = 5$ die Tangentialebene normal zu $\vec{n}$ steht.

b) Der Ebenengleichung entnimmt man sofort einen Normalenvektor $\vec{n}_1 = (-3, 4, 2)$. Um mit $\vec{n}_0$ vergleichen zu können, muss die z-Koordinate $= 1$ sein. Wir betrachten daher den Normalenvektor $\vec{n} = (-\frac{3}{2}, 2, 1)$. Da ein Punkt mit positiver z-Koordinate gesucht ist, lösen wir die Gleichung wie folgt nach z auf: $z = g(x,y) = \sqrt{15 - 3x^2 - 2y^2}$. Es folgt $g_x(x,y) = -3x/\sqrt{15 - 3x^2 - 2y^2}$, $g_y(x,y) = -2y/\sqrt{15 - 3x^2 - 2y^2}$. Ein Vergleich von $\vec{n}_0$ und $\vec{n}$ ergibt nun die Beziehungen

$$(*) \qquad -\frac{3}{2} = \frac{3x}{\sqrt{15 - 3x^2 - 2y^2}}, \quad 2 = \frac{2y}{\sqrt{15 - 3x^2 - 2y^2}} .$$

Einfaches Umformen führt auf die Gleichungen $7x^2 + 2y^2 = 15$ und $3x^2 + 3y^2 = 15$, die linear in x^2 und in y^2 sind. Auflösen ergibt $x^2 = 1$ und $y^2 = 4$. Den Beziehungen $(*)$ ist die Vorzeichenwahl zu entnehmen, nämlich $x = -1$ und $y = 2$. Ferner ist dann $z = 2$.

24–3 a) Mit $f_x(x,y) = 1/(x + y^2)$ und $f_y(x,y) = 2y/(x + y^2)$ folgt $df = \frac{1}{5}\Delta x + \frac{4}{5}\Delta y$.

b) Mit $g_x(x,y) = 3/(y^2 + 1)$ und $g_y(x,y) = (8 - 8y^2 - 6xy)/(y^2 + 1)^2$ folgt $dg = \frac{3}{5}\Delta x$. (Es ist $g_y(-2, 2) = 0$.)

24–4 Mit $f_x = z(x + yz)e^{xz} + e^{xz}$, $f_y = ze^{xz}$ und $f_z = x(x + yz)e^{xz} + ye^{xz}$ folgt $f_x(0,1,-1) = 2$, $f_y(0,1,-1) = -1$, $f_z(0,1,-1) = 1$ und damit $df = -0.08$.

24–5 Es ist $V = \frac{\pi}{3}r^2 h$, $M = \pi r \sqrt{r^2 + h^2}$. Daraus folgt

$$dV = \frac{2\pi}{3}rh\Delta r + \frac{\pi}{3}r^2\Delta h, \quad dM = \pi \frac{2r^2 + h^2}{\sqrt{r^2 + h^2}}\Delta r + \frac{\pi r h}{\sqrt{r^2 + h^2}}\Delta h .$$

Mit $\Delta V = V(r + \Delta r, h + \Delta h) - V(r,h)$ ist ferner $\Delta V - dV = \frac{\pi}{3}\left((\Delta r)^2 h + 2r\Delta r\Delta h + (\Delta r)^2\Delta h\right)$.

24–6 Die partiellen Ableitungen sind $A_r = \frac{1}{2}(\alpha - \sin\alpha)$, $A_\alpha = \frac{r}{2}(1 - \cos\alpha)$. Damit wird $dA = \frac{1}{2}(\alpha - \sin\alpha)\Delta r + \frac{r}{2}(1 - \cos\alpha)\Delta\alpha$. Wir gehen analog zu (24.4.1) vor und setzen $r = 50$, $\alpha = 70\pi/180$, $|\Delta r| \leq 1, |\Delta\alpha| \leq \pi/180$. Man findet (unter Verwendung der "Dreiecksungleichung") $|\Delta A| \lesssim 0.428$.

24–7 Es sei d der Durchmesser. Dann ist $A = \pi(\frac{d}{2})^2$ und $R = \rho\frac{4\ell}{\pi d^2}$.

a) Es ist $R_\ell = \frac{4\rho}{\pi d^2}$, $R_d = -\frac{8\rho\ell}{\pi d^3}$. Damit wird $dR = \frac{4\rho}{\pi d^2}\Delta\ell - \frac{8\rho\ell}{\pi d^3}\Delta d$. Wie in (24.1.1) setzen wir nun (Masseinheiten beachten!) $\rho = 1.7 \cdot 10^{-8}$, $\ell = 0.5$, $|\Delta\ell| \leq 0.001$, $d = 0.002$, $|\Delta d| \leq 0.0002$. Wir finden so $|\Delta R| \lesssim 5.465 \cdot 10^{-4}$.

b) Wenn ρ nun auch noch als variabel aufgefasst wird, dann ist $R_\rho = \frac{4\ell}{\pi d^2}$. Zum in a) bestimmten Audruck für dR kommt noch ein Summand hinzu: $dR = \frac{4\ell}{\pi d^2}\Delta\rho + \frac{4\rho}{\pi d^2}\Delta\ell - \frac{8\rho\ell}{\pi d^3}\Delta d$. Mit $|\Delta\rho| \leq 0.05 \cdot 10^{-8}$ erhalten wir $|\Delta R| \lesssim 6.261 \cdot 10^{-4}$.

(28.25) Lösungen zu Kapitel 25

Abkürzungen: I1: Erste Integration (nach y) ergibt eine Funktion $F(x)$. I2: Zweite Integration (der Funktion $F(x)$ nach x) liefert das gesuchte Gebietsintegral $\iint_D$.

25–1 a) I1: $\int_0^1 e^{x-y}\,dy = -e^{x-1} + e^x = F(x)$. I2: $\int_0^2 F(x)\,dx = e^2 - e + \frac{1}{e} - 1 = 4.0387$.

b) I1: $\int_0^1 x\sqrt{x^2 + y}\,dy = \frac{2}{3}x(x^2+1)^{3/2} - \frac{2}{3}x^4 = F(x)$. I2: $\int_0^1 F(x)\,dx = \frac{8}{15}\sqrt{2} - \frac{4}{15} = 0.4876$.

c) I1: $\int_0^{\pi/2} x(\cos(x + y)\,dy = x\sin(x + \frac{\pi}{2}) - x\sin x = F(x)$. I2: $\int_0^\pi F(x)\,dx = \left[-x\cos(x + \frac{\pi}{2}) + \sin(x + \frac{\pi}{2}) + x\cos x - \sin x\right]\Big|_0^\pi = -2 - \pi = -5.1416$. (Partielle Integration).

25–2 a) I1: $\int_0^{\sqrt{x}}(x^2 + 2y)\,dy = x^{3/2} + x = F(x)$. I2: $\int_0^4 F(x)\,dx = \frac{104}{5}$.

b) I1: $\int_1^{x^2}\left(\frac{1}{\sqrt{x}} + \frac{1}{\sqrt{y}}\right)dy = x^{3/2} + 2x - x^{-1/2} - 2 = F(x)$. I2: $\int_1^2 F(x)\,dx = -\frac{2}{5}\sqrt{2} + \frac{13}{5} = 2.0343$.

25–3 a) I1: $\int_{1/x}^{x^2}\frac{x^2}{y^2}\,dy = -1 + x^3 = F(x)$. I2: $\int_0^1 F(x)\,dx = -\frac{3}{4}$.

b) I1: $\int_{x^3}^{1+x}(x^2 + y)\,dy = -\frac{1}{2}x^6 - x^5 + x^3 + \frac{3}{2}x^2 + x + \frac{1}{2} = F(x)$. I2: $\int_0^1 F(x)\,dx = \frac{127}{84} = 1.5119$.

25–4 a) Das Dreieck ist begrenzt durch $y = 0$ und $y = 3x$ im Intervall $0 \leq x \leq 1$. I1: $\int_0^{3x}(x^4 y^2 + 1)\,dy = 9x^7 + 3x = F(x)$. I2: $\int_0^1 F(x)\,dx = \frac{21}{8}$.

b) Aus der Ellipsengleichung folgt $-2 \leq x \leq 2$, und das gesuchte Gebiet ist durch $\alpha(x) = -\sqrt{\frac{1}{3}(4 - x^2)}$ und $\beta(x) = \sqrt{\frac{1}{3}(4 - x^2)}$ mit $-2 \leq x \leq 1$ begrenzt.

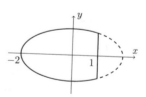

I1: $\int_{\alpha(x)}^{\beta(x)}(x + y)\,dy = 2x\sqrt{\frac{1}{3}(4 - x^2)} = F(x)$.

I2: $\int_{-2}^1 F(x)\,dx = -2$ (Substitution $u = \frac{1}{3}(4 - x^2)$).

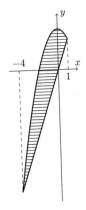

25–5 a) Die Gleichung $4 - x^2 = 3x$ hat die Lösungen -4 und 1. Das
Gebiet D hat somit die nebenstehende Gestalt. Damit die Idee
des Volumens Sinn macht, muss $z = x + 5 \geq 0$ sein, für alle
$(x, y) \in D$, was aber zutrifft, da hier $x \geq -4$ ist.

I1: $\int_{3y}^{4-x^2} (x+5)\, dy = -x^3 - 8x^2 - 11x + 30 = F(x)$.

I2: $\int_{-4}^{1} F(x)\, dx = \frac{875}{12} = 72.9167$.

b) Das Dreieck wird begrenzt durch $y = 0$ und $y = 1 - x$ mit
$0 \leq x \leq 1$.

I1: $\int_{0}^{1-x} (x^2 + y^2 + 1)\, dy = -\frac{4}{3}x^3 + 2x^2 - 2x + \frac{4}{3} = F(x)$.

I2: $\int_{0}^{1} F(x)\, dx = \frac{2}{3}$.

SACHVERZEICHNIS

© Springer Nature Switzerland AG 2020
C. Luchsinger, H. H. Storrer, *Einführung in die mathematische Behandlung der Naturwissenschaften I*, Grundstudium Mathematik, https://doi.org/10.1007/978-3-030-40158-0